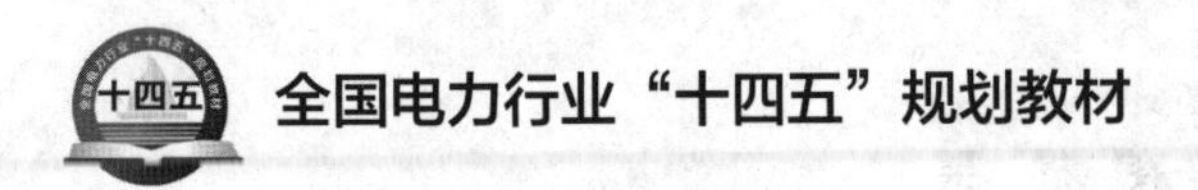

工程热力学

重难点分析及典型题精讲

李慧君 编

中国电力出版社
CHINA ELECTRIC POWER PRESS

内 容 提 要

本书基于“工程热力学”课程内容，对“工程热力学”的各知识点进行了归纳、分析及总结。主要内容包括工程热力学基础、热力学第一定律、气体和蒸汽的性质及过程、热力学第二定律、实际气体的性质及一般热力学关系式、气体和蒸汽的流动、压气机的热力过程、热力装置及循环、理想气体混合物及湿空气、化学热力学基础。针对各章节特点，除对重点与难点进行总结和剖析外，还配有一定数量的典型题的求解过程及分析，以及一定数量的思考题和习题，其对掌握各章知识点有很大帮助。

本书可作为高等院校相关专业本科生、硕士研究生以及在职学员、电厂运行人员学习“工程热力学”的参考书，也可作为从事透平机和热力系设计、研究、运行、改造及节能管理的科技工作者的辅助用书。

图书在版编目（CIP）数据

工程热力学重难点分析及典型题精讲/李慧君编．—北京：中国电力出版社，2023.8
ISBN 978-7-5198-7781-1

Ⅰ.①工… Ⅱ.①李… Ⅲ.①工程热力学 Ⅳ.①TK123

中国国家版本馆 CIP 数据核字（2023）第 074496 号

出版发行：中国电力出版社
地　　址：北京市东城区北京站西街 19 号（邮政编码 100005）
网　　址：http://www.cepp.sgcc.com.cn
责任编辑：吴玉贤（010-63412540）
责任校对：黄　蓓　王海南
装帧设计：赵丽媛
责任印制：吴　迪

印　　刷：廊坊市文峰档案印务有限公司
版　　次：2023 年 8 月第一版
印　　次：2023 年 8 月北京第一次印刷
开　　本：787 毫米×1092 毫米　16 开本
印　　张：19.25
字　　数：476 千字
定　　价：58.00 元

前言

自然界中存在着各种热现象，由此产生了热力学理论。而热力学是研究热现象中热力系达到平衡时的性质和建立能量的平衡关系，以及状态发生变化时系统与外界相互作用的学科。工程热力学是热力学发展的一个分支，它主要研究热能与机械能及其他能量之间相互转换的规律，以及能量的合理应用。随着能源危机与环境污染的加剧，如何提高能量的转换和利用率，是人类社会发展的重要前提之一。因此，“工程热力学”作为研究热功转换与利用的一门基础理论课，其作用非凡。

为了更好地帮助读者掌握“工程热力学”的各知识点及重要结论，本书根据高等院校热能动力工程专业“工程热力学”教学大纲编写而成。它体现了“工程热力学”课程的特点、任务和培养目标；同时，对研究对象、思路、方法和任务进行了详细总结，并加强了对知识点及其应用的归纳分析，以加深读者对基本概念、定律及基本方程的理解，培养读者的热力性能计算能力和分析处理实际问题的能力。

“工程热力学”主要包含基本概念及定律、气体性质、热力过程和热力循环等内容。为了突出各章节的主脉络，每章均由基本要求、基本概念、重点与难点解析、公式汇总、典型题精解（含解后分析）、思考题及习题七个部分组成。各部分通过详细分析、归纳总结、突出需掌握的重点和难点，循序渐进、不断深入，使读者易于理解和掌握各章节的知识体系和相互关系。

由于“工程热力学”理论性强，涉及面较广，读者在学习时常感到概念比较抽象，难以理解，许多问题不能得到解决，从而产生疑惑。为了便于掌握“工程热力学”中所涉及的内容，各章节列举了一定数量的典型题、思考题及习题（各章习题均附有答案，请扫描二维码获取）。每道典型题都有详细的解题过程及分析，力求使读者掌握解题技巧和方法，提高解题的能力；思考题和习题基于各章知识点和读者学习“工程热力学”时所面临的疑问而设置。

本书结构严谨，层次清楚，各章按基本要求、基本概念、重点与难点解析、公式汇总、典型题精解五部分编排，并配有一定的思考题与习题；基于各种版本的“工程热力学”教材归纳总结而成，对教学的适应性较强；适用于热能工程、建筑工程、冶金工程及能源的利用与管理等相关专业学习的有关的人员。

在本书的编写过程，得到了华北电力大学（保定）“双一流”建设人才培养类项目的资助以及同事和相关人员的帮助，在此表示衷心的感谢！

限于编者水平，书中难免出现疏漏和不足之处，希望读者批评指正。

编者

2023 年 6 月

主 要 符 号

一、变量

A 面积，m^2

c 比热容，J/(kg·K)；浓度，mol/m^3

c_f 流速，m/s

c_p 比定压热容，J/(kg·K)

c_V 比定容热容，J/(kg·K)

C_m 摩尔热容，J/(mol·K)

$C_{m,p}$ 定压摩尔热容，J/(mol·K)

$C_{m,V}$ 定容摩尔热容，J/(mol·K)

d 汽耗率，kg/J；含湿量，kg/kg

E 总能（储存能），J

E_k 动能，J

E_p 位能，J

E_x 㶲，J

$E_{x,H}$ 焓㶲，J

$E_{x,Q}$ 热量㶲，J

$E_{x,U}$ 热力学能㶲，J

F 力，N；亥姆霍兹函数，J

f 比亥姆霍兹函数，J/kg

G 吉布斯函数，J

H 焓，J

H_m 摩尔焓，J/mol

ΔH_c^0 标准燃烧焓，J/mol

ΔH_f^0 标准生成焓，J/mol

I 㶲损失，J

i 比㶲损失，J/kg

K 热量利用系数

K_c 以浓度表示的化学平衡常数

K_p 以分压力表示的化学平衡常数

M 摩尔质量，kg/mol

M_a 马赫数

M_{eq} 折合摩尔质量，kg/mol

m 质量，kg

$\dot{m}$ 质量流量，kg/s

n 多变指数；物质的量，mol

P_e 功率，W

p 绝对压力，Pa

p_b 背压或环境压力，Pa

p_e 表压力，Pa

p_i 分压力，Pa

p_s 饱和压力，Pa

p_v 真空度，Pa

p_0 大气环境压力，Pa

Q 热量，J

Q_p 定压热效应，J

Q_V 定容热效应，J

$\dot{Q}$ 热流量，J/s

R 通用气体常数，J/(mol·K)

R_g 气体常数，J/(kg·K)

S 熵，J/K

S_f 熵流，J/K

S_g 熵产，J/K

S_m 摩尔熵，J/(mol·K)

T 热力学温度，K

T_i 转回温度，K

t 摄氏温度，℃

t_s 饱和温度，℃

t_w 湿球温度，℃

U 热力学能，J

U_m 摩尔热力学能，J/mol

V 体积，m^3

V_m 摩尔体积，m^3/mol

$\dot{V}$ 体积流量，m^3/s

W 功，J

W_i 内部功，J

W_{net}　循环净功，J

W_s　轴功，J

W_t　技术功，J

W_u　有用功，J

$\dot{W}$　功率（表征某设备时），W

w_i　质量分数

x　干度

x_i　摩尔分数

Z　压缩因子

α　抽汽量，kg；当地声速，m/s；定容压力温度系数

α_v　体积膨胀系数，K^{-1}或$℃^{-1}$

γ　比热比；汽化潜热，J/kg

ε　制冷系数；压缩比

ε_{cr}　临界压力比

ε'　供暖系数

$\eta_{C,s}$　绝热效率

η_{ex}　㶲效率

$\eta_{s,T}$　相对内效率

η_t　循环热效率

$\eta_{t,C}$　卡诺循环热效率

κ　绝热指数

κ_T　等温压缩率，Pa^{-1}

λ　定容升压比

μ　化学势

μ_J　焦耳-汤姆逊系数（节流微分效应）

ξ_j　㶲损失系数

π　增压比

ρ　密度，kg/m^3；预胀比

σ　余容比；离解度；回热度

τ　时间，s；增温比

φ　相对湿度；速度系数

φ_i　体积分数

ω　化学反应速度，$mol/(m^3 \cdot s)$；偏心因子

二、脚标

C　卡诺循环；冷库参数；压气机

cr　临界点参数；临界流动状况参数

CV　控制体积

in　进口参数

iso　孤立系

m　每摩尔物质的物理量

rev　可逆过程

s　定熵过程；饱和参数；相平衡参数

out　出口参数

0　环境参数；滞止参数

目 录

第1章　工程热力学基础

为了更好地掌握工程热力学中相关的理论知识，必须要彻底理解和熟练应用工程热力学所涉及的基本概念、定律、定理及相应的推论，如热力系、工质、状态参数、平衡状态、可逆过程、热力学第零定律、热力学第一定律以及功和热量等。

1.1　基本要求

(1) 掌握热力系的定义，以及平衡状态的概念、平衡条件。

(2) 掌握基本状态参数的定义、计量，以及不同单位间的换算。

(3) 掌握准平衡过程的定义，理解提出准平衡过程概念的意义和作用。

1.2　基本概念

热力系：热力学中，人为分割出来作为热力学分析对象的有限物质系统（物系）称为热力学系统，简称热力系或系统。

工质：实现热能和机械能相互转化的媒介物质。

热源（高温热源）：工质从中吸取热能的有限物系。

冷源（低温热源）：接受工质排出热能的有限物系。

外界：热力系以外的物系。

边界：系统与外界之间的分界面。边界可以是实在的，也可以是假想的；可以是固定的，也可以是移动的。

闭口系：系统与外界无物质交换，系统内质量恒定不变的热力系，也称控制质量系。

开口系：系统与外界有物质交换，系统被划定在一定容积范围内的热力系，也称控制容积系。

绝热系：系统与外界无热量交换的热力系。

孤立系：系统与外界既无能量交换也无物质交换的热力系。

均匀热力系：系统内部各部分化学成分和物理性质都均匀一致的系统，是由单相组成的热力系。

非均匀热力系：由两个或两个以上的相态组成的热力系。

单元热力系：由一种化学成分组成的热力系。

多元热力系：由两种或两种以上物质组成的热力系。

可压缩系：由可压缩流体组成的热力系。

简单热力系：系统与外界只有热量与一种形式的准静功交换的热力系。

简单可压缩系：与外界只有热量和机械功交换的可压缩的热力系。

热力学状态：工质在热力变化过程中某一瞬间呈现出来的宏观物理状况，简称状态。

状态参数：描述工质所处状态的宏观物理量，如温度、压力等。

强度量：与系统质量无关的状态参数，如 p（Pa）、T（K）。强度量不具有可加性。

广延量：与系统质量成正比的状态参数，如 V（m^3）、U（J）、H（J）、S（J/K）。广延量具有可加性。

比参数：广延量的单位质量工质所有的具有强度量的性质，其不具有可加性。即在状态参数的名称前加“比”字，如比体积 v（m^3/kg）、比热力学能 u（J/kg）等。

热力学第零定律：分别与第三个系统处于热平衡（相互之间没有热量传递）的两个系统，它们彼此也必定处于热平衡状态。

温度：宏观上是物体冷热程度的标志。其实质为物质分子热运动剧烈程度的标志。

温标：温度的数值表示法。

热力学温标：又称开尔文温标、绝对温标，简称开氏温标，是开尔文在热力学第二定律的基础上，从理论上引入的与测温物质性质无关的温标。它可作为标准温标，一切经验温标均可以用其来校正。

温度的热力学定义：处于同一热平衡状态的各个热力系，必定有某一宏观特征彼此相同，用于描述该宏观特征的物理量称为温度。

压力：即压强，单位面积上所受的垂直作用力。其实质为大量气体分子撞击器壁的平均效果。符号：p；单位：Pa。

比体积：单位质量物质所占的体积。符号：v；单位：m^3/kg。

密度：单位体积物质的质量。符号：ρ；单位：kg/m^3。

平衡状态：一个热力系，如果在不受外界影响的条件下，系统的状态能够始终保持不变，则这种状态称为平衡状态。

热力过程：系统从初态出发，经历一系列的中间热力状态变化至终态，通常把系统经历的全部过程称为热力过程，简称过程。

准平衡过程：又称准静态过程。若热力过程进行得很缓慢，工质在平衡被破坏后自动恢复平衡所需要的时间（即所谓的弛豫时间）又很短，工质有足够的时间来恢复平衡，随时都不至于显著偏离平衡状态，这样的过程称为准平衡过程。

可逆过程：如果系统完成某一热力过程后，再沿原来路径逆向运行时，能使系统和外界都返回到原来的状态，而不留下任何变化，则称该过程为可逆过程，否则为不可逆过程。在能量传递或转换过程中，可逆过程没有能量损失，因此又称理想过程。不可逆过程存在能量损失。

耗散效应：通过摩擦、电阻、磁阻等使功变成热的效应。其实质是将高品位能量转换为低品位能量，使能量的转换能力下降。

功的热力学定义：热力系通过边界而传递的能量，且其全部效果可表现为举起重物。

有用功：工质在膨胀过程中所做的功，其中一部分被摩擦耗散，一部分用以排斥大气，余下的可被利用的功，称为有用功。符号：W_u；单位：J。

热量：热力系与外界之间仅仅由于温度不同而通过边界传递的能量。符号：Q；单位：J。

热力循环：工质由某一初态出发，经历一系列热力状态变化后，又回到原来初态所构成的封闭热力过程称为热力循环，简称循环。

可逆循环：全部由可逆过程组成的循环为可逆循环。循环中有一个过程不可逆，即为不可逆循环。

正向循环：把热能转化为机械能的循环称为正向循环，也称动力循环，它使外界得到功。正向循环按顺时针方向进行。

逆向循环：把热量从冷源传给热源的循环称为逆向循环，也称制冷循环或热泵循环，它消耗外界的功。逆向循环按逆时针方向进行。

1.3　重点与难点解析

1.3.1　热能在热机中的能量转换过程

1. 热能动力装置

能量的转换离不开装置，通常称该装置为热机。即热机指将热能转换为功的机械设备，通常是将燃料的化学能转化成热力学能再转化成机械能的动力机械。因此，热能动力装置是由热机产生原动力的成套热力设备。热能动力装置一般由热交换器、蒸发器、透平机、冷凝器、液体泵、充满循环物质的管道及保温材料等组成。能量的转换过程为

[化学能]→通过燃烧→[热力学能]→通过热机→[机械能]

热能动力装置分为两大类：一类是燃气动力装置（内燃机、燃气轮机等属内燃型）；另一类是蒸汽动力装置（蒸汽轮机属外燃型）。

例如，内燃机类的工作过程：吸气→压缩→燃烧、膨胀→排气→吸气；工作物质：燃气；能量转换过程：燃料化学能→在压缩空气内燃烧→燃气热能（不能转换为机械能排入大气）→机械能。

2. 蒸汽动力装置工作过程

（1）燃料在锅炉中燃烧，加热沸水管内具有一定压力的水，使之变为蒸汽，并在过热器内继续吸热，成为过热蒸汽，完成从化学能到热能的转变过程。

（2）高温高压（相对于环境）蒸汽膨胀推动汽轮机做功（机械能）。

（3）做功后的乏汽从汽轮机进入冷凝器，被冷却水冷凝成水，并由泵加压送入锅炉加热。

3. 内燃机与汽轮机的比较

（1）不同点：构造和工作特性不同。

（2）相同点：①从热源吸热（吸热过程）；②将其中一部分转变为功（对外做功过程）；③将其余部分传给冷源（对外放热过程）；④工质提高压力需要耗功（消耗外功）。

（3）结论：各种形式的热机都存在以下几个相同的热力过程——压缩、吸热、膨胀做功和放热等过程。

热能动力装置的工作过程可概括为：工质从热源吸热，将其中一部分转化为机械能而做功，并把余下部分传给冷源。

1.3.2　热力系

为了研究问题方便，热力学中常把分析对象从周围环境中分割出来，研究它与周围环境之间能量和物质的传递。因此。热力系根据不同情况，有不同的分类。

（1）根据系统与外界物质和热量交换的情况划分，热力系可分为闭口系、开口系、绝热

系和孤立系，如图 1-1 所示。

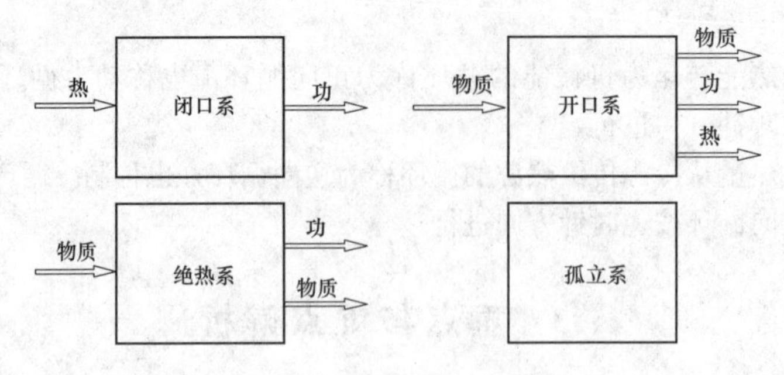

图 1-1 四种典型的热力系

(2) 按照系统内部的情况划分，热力系可分为均匀热力系、非均匀热力系、单元热力系、多元热力系、可压缩系、简单热力系和简单可压缩系。

工程热力学中的大多数热力系属于简单可压缩系。而热力系的划分要根据具体要求而定，如内燃机在气缸进、排气门关闭时，若取封闭于气缸内的工质为系统则为闭口系；把内燃机进、排气及燃烧膨胀过程一起研究时，若取气缸为划定的空间则为开口系。

1.3.3 工质的热力学状态及其基本状态参数

工质在能量的转换过程中起着重要的作用，其状态的变化对能量的转换效率有直接的影响。

1. 状态参数的特性

(1) 工程热力学只从总体上研究工质所处的状态及变化，不从微观角度研究个别粒子的行为和特性。因此，工程热力学中所采用的物理量都是宏观的物理量。

(2) 状态参数的全部或一部分发生变化，即表明物质的状态发生变化。物质的状态变化也必然由参数的变化表示出来。状态参数一旦确定，工质的状态也会完全确定。因此，状态参数是热力系的单值函数，其值只取决于初、终态，与过程无关，即满足$\oint \mathrm{d}z = 0$。

(3) 状态参数是点函数，其微分存在全微分。设 $z=f(x, y)$，则 $\mathrm{d}z=(\partial z/\partial x)_y \mathrm{d}x+(\partial z/\partial y)_x \mathrm{d}y$；反之，如能证明某物理量具有全微分的数学特征，则该物理量一定是状态参数，全微分是状态参数的充要条件。

2. 常用的状态参数

常用的状态参数有压力 p、温度 T、体积 V、热力学能 U、焓 H 和熵 S。其中，压力、温度和体积可直接用仪器测量，称为基本状态参数；其余状态参数可根据基本状态参数间的关系计算确定。

压力和温度等与工质质量无关的量称强度量，其他与工质质量有关的量称为广延量。在广延量中，单位质量的广延量称为比函数，符号与广延量相区别，用该广延量的小写字母表示，单位为该广延量的单位除以 kg。例如，焓和比焓，其符号为 H 和 h，单位为 J 和 J/kg。对于过程量，1kg 工质所具有的该过程量，也称比参数，但其不是状态参数。其符号为该过程量符号的小写字母，单位也为该广延量单位除以 kg。例如，1kg 工质所做的功称为比功，符号为 w，单位为 J/kg。

3. 温度

热力学温标是开尔文在热力学第二定律的基础上，从理论上引入的与测温物质性质无关的温标。它可作为标准温标，一切经验温标均可以用其来校正。在规定热力学温标时，以水的三相点为基准点，并规定该点的温度为273.16K，压力为611.659Pa。但其体积为不确定值，因为水的三相组分不确定。

除国际通用温标——热力学温标外，温标还有摄氏温标、华氏温标和郎肯温标。它们之间以热力学温标为基础，相互存在一定的转换关系。

摄氏温标（℃）与热力学温标（K）的关系为

$$t = T - 273.15 \tag{1-1}$$

由热力学第零定律引出温度的热力学定义，即处于同一热平衡状态的各个热力系，必定有某一宏观特征彼此相同，用于描述该宏观特征的物理量。

4. 压力

测量工质压力的仪器称为压力计。常见的压力计有压力传感器、压力表和U形管。由于压力计的测压元件处于某种环境压力的作用下，因此压力计所测得的压力是工质的绝对压力p（或称真实压力）与环境压力p_b之差，叫作表压力p_e或真空度p_v。绝对压力p、表压力p_e、真空度p_v及环境压力p_b之间的关系如图1-2所示，关系式为

$$\begin{cases} p = p_b + p_e (p > p_b) \\ p = p_b - p_v (p < p_b) \end{cases} \tag{1-2}$$

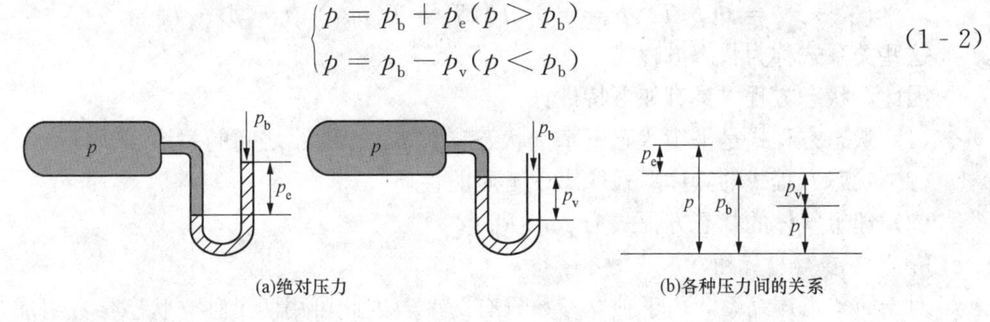

图1-2　绝对压力p、表压力p_e、真空度p_v及环境压力p_b之间的关系

5. 比体积

比体积的实质为工质聚集的疏密程度。其表达式为$v=V/m$，单位为m^3/kg。比体积v与密度ρ的乘积为1。

1.3.4　平衡状态、状态方程式及状态参数坐标图

1. 平衡状态

如果热力系在外界作用下其状态保持不变，则不属于平衡状态，如稳态导热。

实现平衡状态的充要条件：系统内部及系统与外界之间的一切不平衡势差（如力差、温差、化学势差等）消失。

热力平衡状态满足的条件：①组成热力系的各部分之间没有热量的传递，即热平衡；②组成热力系的各部分之间没有相对位移，即力平衡。

自然界中的物质实际上都处于非平衡状态，平衡只是一种极限的理想状态。工程热力学通常只研究平衡状态。

平衡与稳定的关系：稳定不一定平衡，但平衡一定稳定。热力系中的参数不随时间变化称为稳定。就平衡而言，不存在不平衡势是其本质，而参数不随时间变化只是其现象。

平衡与均匀的关系：平衡不一定均匀，单相平衡状态则一定是均匀的。平衡指在时间上没有任何势差；均匀指在空间上的一致性。

平衡状态与均匀状态之间的关系：

(1) 平衡状态是相对时间而言的，均匀状态是相对空间而言的。

(2) 对于处于热力平衡状态下的气体、液体（单相），如果不计重力的影响，则系统内部各处的性质是均匀一致的，各处的温度、压力、比体积等状态参数相同；如果考虑重力的影响，则系统中的压力和密度将沿重力方向而有所差别。

(3) 对于气液两相并存的热力平衡系统，气相和液相的密度不同，因而系统不是均匀的。

(4) 在未加特别说明之处，一律把平衡状态下的单相物系视作是均匀的，各处的状态参数相同。

2. 状态方程式

根据状态公理可知，简单可压缩系平衡状态的独立参数只有两个，因此一个状态参数均可以用其他任意两个不同的状态参数表示为

$$\xi = f(\xi_1, \xi_2) \tag{1-3}$$

对于基本状态参数之间则有

$$v = v(p,T), p = p(v,T), T = T(p,v) \text{ 或 } f(p,v,T) = 0$$

这些关系式称为状态方程式。

因此，状态方程式具有如下特性：

(1) 状态方程式是平衡状态下基本状态参数 p、v 和 T 之间的关系。

(2) 状态方程式的具体形式取决于工质的性质。

(3) 理想气体的状态方程式为 $pv=R_g T$。

3. 状态参数坐标图

对于简单可压缩系，由于独立参数只有两个，因此可用两个独立状态参数组成二维平面坐标系。坐标图中任意一点代表系统某一确定的平衡状态，任一平衡状态也对应坐标图上的一个点，这种坐标图称为状态参数坐标图，如图 1-3 所示。图 1-3 (a) 所示为 p-V 图，图 1-3 (b) 所示为 T-S 图，此外还有 h-s 图、p-T 图等。

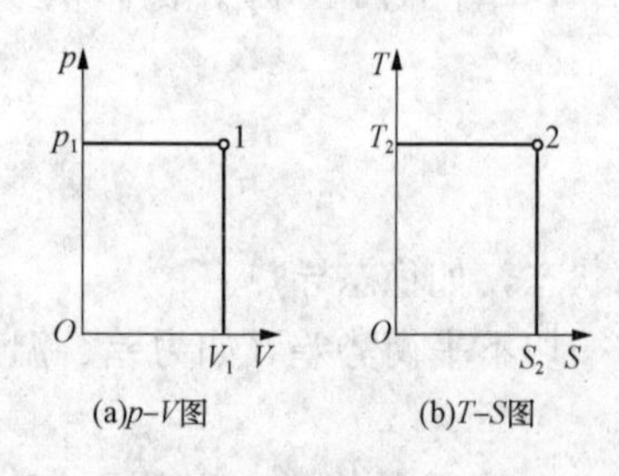

图 1-3 状态参数坐标图

只有平衡状态才能在状态参数坐标图上用点函数表示，不平衡状态没有确定的热力学状态参数，无法在状态参数坐标图上表示。

就热力系本身而言，工程热力学仅对平衡状态进行描述，“平衡”意味着在宏观上是静止的。要实现能量交换，热力系又必须通过状态的改变来实现，即由过程来完成。“过程”意味着变化，意味着平衡被破坏。“平衡”和“过程”这两个矛盾的概念，应如何实现统一呢？需要引入准平衡过程的概念。

1.3.5 工质的状态变化过程

处于平衡状态的系统，当受到外界作用的影响时，平衡将被打破，系统的状态也将随之改变。由于实际的热力过程具有一定的复杂性，因此要对其进行简化。

1. 准平衡过程

准平衡过程既是平衡的，又是变化的；既可以用状态参数来描述，又可进行热功转换。

实现准平衡过程的条件：推动过程进行的势差无限小，以保证系统在任意时刻都无限接近于平衡状态。

建立准平衡过程概念的好处：①有确定的状态参数变化描述过程；②在状态参数坐标图上可用一条连续曲线表示过程。

准平衡过程的工作条件：破坏平衡所需时间（外部作用时间）≫恢复平衡所需时间（弛豫时间）。即有足够时间恢复新平衡⇒准平衡过程。

2. 可逆过程条件与典型的不可逆过程

实现可逆过程的条件：①准平衡过程；②过程中不存在任何耗散效应。

典型的不可逆过程：①不等温传热；②节流过程（阀门）；③自由膨胀；④混合过程等。

3. 引入可逆过程的意义

（1）准平衡过程是将实际过程的理想化，但并非最优过程，可逆过程为最优过程。

（2）若热力过程为可逆过程，则功与热完全可用系统内工质的状态参数表达，可不考虑系统与外界的复杂关系，以方便分析。

（3）实际的热力过程不是可逆过程，但为了研究方便，首先按理想情况（可逆过程）处理，用系统参数加以分析，然后考虑不可逆因素加以修正。

4. 准平衡过程与可逆过程的区别

（1）准平衡过程只要求系统内部平衡，而边界有无摩擦对系统内部平衡无影响。所以，准平衡过程可以在边界上有耗散效应。

（2）可逆过程用于分析系统与外界作用的总效果，不仅要求系统内部平衡，而且要求系统与外界的作用可以无条件逆复，过程中不能存在任何能量上的耗散。

（3）可逆过程必为准平衡过程，准平衡过程是可逆过程的必要条件。

1.3.6　功量和热量

系统与外界进行能量转换时，只有功和热量两种形式。即系统与外界通过边界进行能量交换，而功和热量只有在进行能量转换时才能体现出来。而在能量不进行转换时，功和热量没有表现出来，但实质是存在的，只是以另一种形式存在而已。如不进行能量转换或传递时，热量以热能的形式存在。

1. 功量

功是系统与外界相互作用的一种方式，是在力差的推动下，通过有序运动方式传递的能量。

设有质量为 $m$kg 的气体在气缸中进行可逆膨胀，如图 1-4 所示的过程线 12。过程中所做膨胀功的微分式为

$$\delta W = F_{\text{ext}}\mathrm{d}x = F\mathrm{d}x = pA\,\mathrm{d}x = p\mathrm{d}V$$

故 $m$kg 的气体所做的膨胀功为

$$W_{12} = \int_1^2 p\mathrm{d}V \tag{1-4}$$

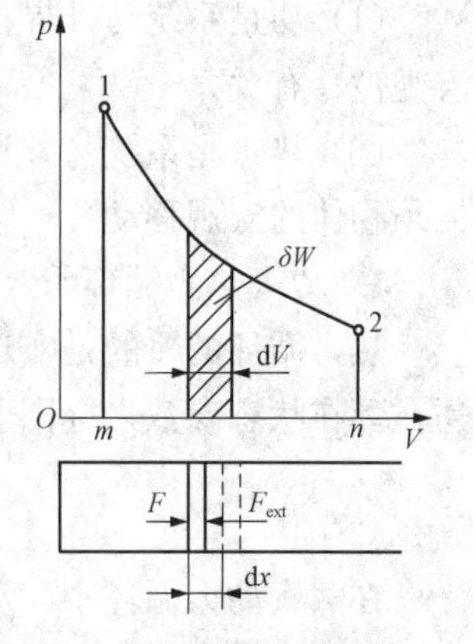

图 1-4　可逆膨胀做功过程

式（1-4）只有在过程可逆时才成立，而微分式不受此限制。功有正负之分。规定：系统对外界做功为正，外界对系统做功为负。

功的数值不仅决定于工质的初、终态，而且还和过程的中间途径有关，因此功不是状态

参数，而是过程量。膨胀功、压缩功均是通过工质体积变化与外界交换的功量，因此统称为体积变化功，简称体积功。体积功只与气体的压力及体积的变化量有关，与形状无关。

2. 热量

热量也是热力系与外界相互作用的一种方式，是在温差的推动下，以微观无序运动方式传递的能量。

设1kg气体的可逆吸热过程，如图1-5所示的过程线12。过程中所吸收热量的微分式为

$$\delta q = T\mathrm{d}s$$

故1kg气体所吸收的热量为

$$q_{12} = \int_1^2 T\mathrm{d}s \tag{1-5}$$

式（1-5）只有在可逆或准平衡过程时才成立，而微分式不受此限制。规定：系统吸热为正，系统放热为负。

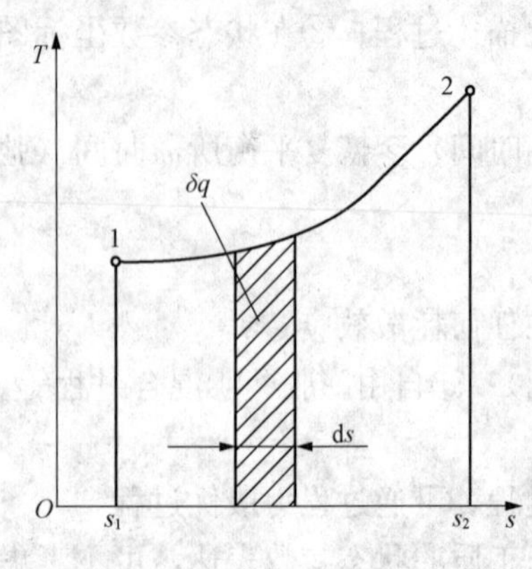

图1-5 可逆吸热过程

单位质量物质所交换的热量称为比热量。符号：q；单位：J/kg。

热量与体积功的比较，见表1-1。

表1-1 热量与体积功的比较

能量传递方式	体积功	热量
性质	过程量	过程量
推动力	压差	温差
标志	$\mathrm{d}V$，$\mathrm{d}v$	$\mathrm{d}S$，$\mathrm{d}s$
公式	$\delta W = p\mathrm{d}V$ $W_{12} = \int_1^2 p\mathrm{d}V$	$\delta q = T\mathrm{d}s$ $q_{12} = \int_1^2 T\mathrm{d}s$
条件	准平衡或可逆过程	准平衡或可逆过程

3. 功与热量的不同之处

（1）功是系统与外界在力差的推动下，通过宏观的有序运动传递的能量，做功与物体的宏观位移有关。

（2）热量是系统与外界在温差的推动下，通过微观粒子的无序运动传递的能量，传热量无须物体的宏观移动。

1.3.7 热力循环

热力循环的目的是实现预期连续的能量转换，而不可能是为了获得工质状态的变化。可逆循环在状态参数坐标图上为一封闭的曲线。循环的热力性能指标表达式为

$$\text{热力性能指标} = \frac{\text{得到的收益}}{\text{付出的代价}}$$

在蒸汽动力循环中，水在锅炉中吸热，生成高温高压蒸汽，输入汽轮机中膨胀做功，做完功的乏汽排入凝汽器，被冷却水冷却成凝结水，凝结水经过水泵升压后再一次进入锅炉吸热，工质完成一个循环。

工质正是通过不断的循环，连续地对外界输出能量，这种循环称为正向循环。正向循环

按顺时针方向进行。

在制冷装置中，循环消耗功而使热量由低温物系传输至高温物系，使低温物系（如冷库）保持低温。它是一种耗功的循环，这种由外界向系统输入功的循环称为逆向循环。逆向循环按逆时针方向进行。

在 p-V 图和 T-S 图上表示的两种循环，如图 1-6 和图 1-7 所示。

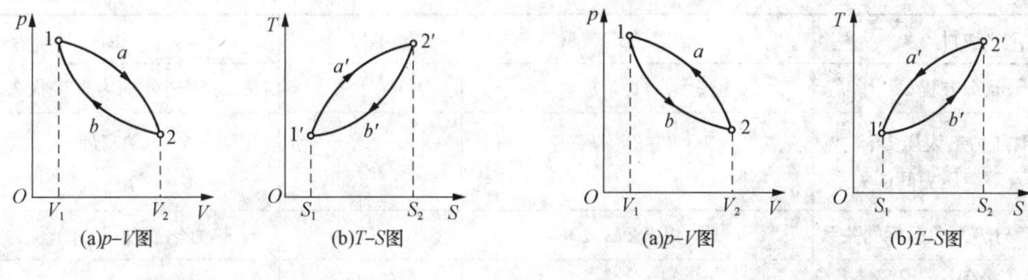

图 1-6　正向循环　　　　图 1-7　逆向循环

循环中各过程功的代数和称为循环净功，即 $W_{\text{net}}=\oint\delta W=\sum W_i$；循环中各过程热量的代数和称为循环净热，即 $Q_{\text{net}}=\oint\delta Q=\sum Q_i$。工质经过一个循环后，回到原始状态，其本身的储存能无变化，按能量守恒原理有

$$\oint\delta W=\oint\delta Q \tag{1-6}$$

循环的热力性能用循环的热力性能系数表示。其一般表达式为

$$\text{热力性能系数}=\frac{\text{循环得到的收益}}{\text{循环花费的代价}}$$

不同循环有不同种类的热力性能系数，如图 1-8 所示，其中实线为正向循环，虚线为逆向循环。动力循环的热力性能系数称为循环热效率。即循环中得到的净功 W，与加入循环的热量 Q_1 之比，表示输入热力系热量的有效利用程度，用 η_t 表示，其表达式为

$$\eta_t=\frac{W}{Q_1} \tag{1-7}$$

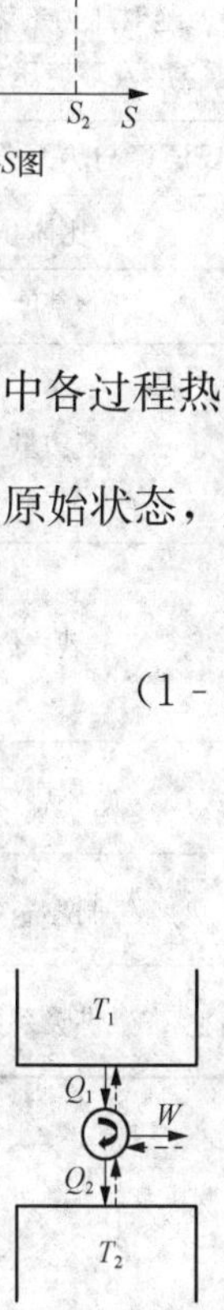

图 1-8　正逆循环

对制冷循环，其热力性能指标为制冷系数，用 ε 表示，其表达式为

$$\varepsilon=\frac{Q_2}{W} \tag{1-8}$$

式中：Q_2 为从冷库中提取的热量，J；W 为制冷循环消耗的净功，J。

制冷系数在制冷循环正常工作时，其值可大于 1，可小于 1，也可等于 1。

对热泵循环，其热力性能指标为供暖系数，用 ε' 表示，其表达式为

$$\varepsilon'=\frac{Q_1}{W} \tag{1-9}$$

供暖系数在热泵循环正常工作时，其值大于 1。

研究循环的组成和热力性能系数，对更好地实现能量转换过程，改进循环的热力性能有重要意义，是工程热力学的一项重要研究任务。

1.4 公 式 汇 总

本章在学习中应熟练掌握和运用的基本公式，见表 1-2。

表 1-2 **第 1 章基本公式汇总**

项目	表达式	单位	备注
状态方程	$\xi=f(\xi_1, \xi_2)$		ξ、ξ_1及ξ_2分别为直接状态参数
绝对压力、表压力、真空度及环境压力间的关系	$\begin{cases}p=p_b+p_e\\p=p_b-p_v\end{cases}$	Pa	$p>p_b$ $p<p_b$
摄氏温标与热力学温标的关系	$t=T-273.15$	℃	热力学温度 T 的单位为 K
比体积	$v=V/m$	m^3/kg	
密度	$\rho=m/V$	kg/m^3	
功量	$W_{12}=\int_1^2 p\mathrm{d}V$ $w_{12}=\int_1^2 p\mathrm{d}v$	J	可逆或准平衡过程
热量	$Q_{12}=\int_1^2 T\mathrm{d}S$ $q_{12}=\int_1^2 T\mathrm{d}s$	J	可逆或准平衡过程
循环热效率	$\eta_t=\frac{W}{Q_1}$		动力循环
制冷系数	$\varepsilon=\frac{Q_2}{W}$		制冷循环
供暖系数	$\varepsilon'=\frac{Q_1}{W}$		热泵循环

1.5 典 型 题 精 解

【例 1-1】 绝热刚性容器向气缸充气，如图 1-9 所示。试分别选取闭口系和开口系，画出充气前后的边界，标明功和热的方向。

解： 原热力系如图 1-9（a）。分别选取不同的热力系，则有：

（1）以容器内原有气体为闭口系，则气体对活塞所做的功为 W，气体通过活塞从外界吸收的热量为 Q，如图 1-9（b）所示。

（2）以容器内残留的气体为闭口系，则残留气体对放逸气体所做的功为 W'，残留气体从放逸气体吸收的热量为 Q'，如图 1-9（c）所示。

（3）以放逸气体为闭口系，则放逸气体的功量为 $W+W'$，热量为 $Q-Q'$，如图 1-9（d）所示。

（4）以容器为开口系，则容器对放逸气体所做的功为 W'，容器从放逸气体吸收的热量为 Q'，如图 1-9（e）所示。

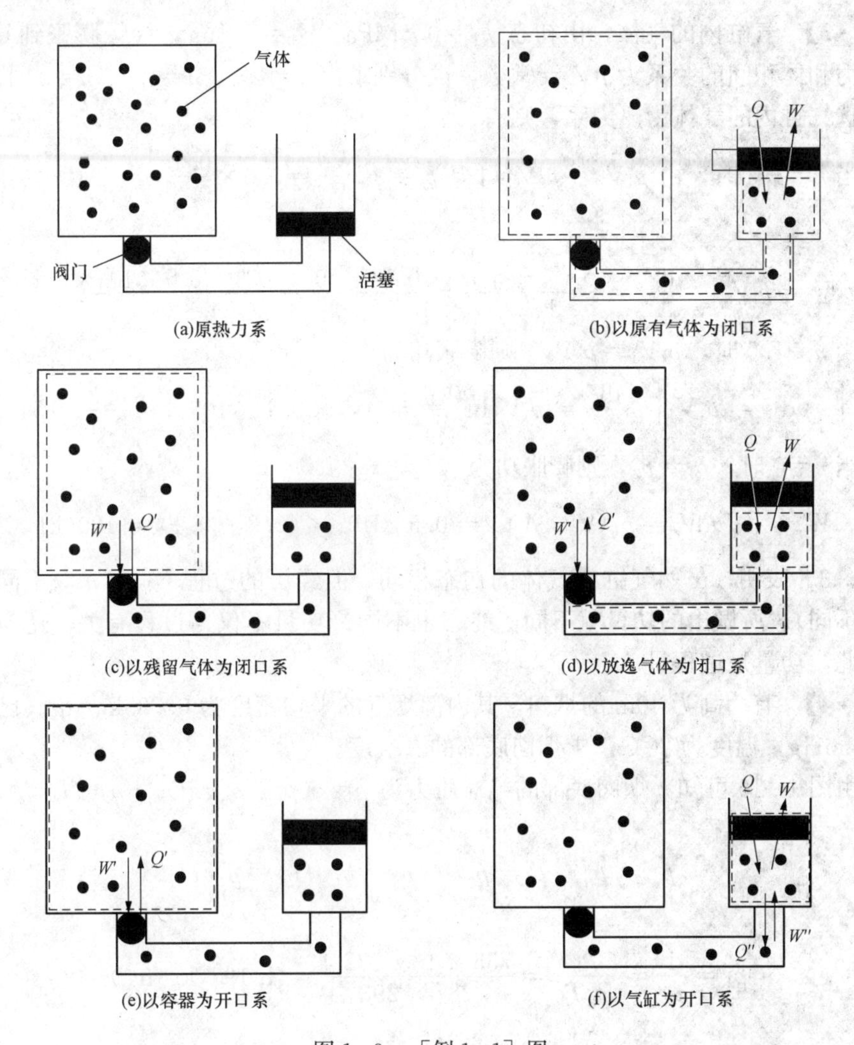

图1-9　[例1-1]图

(5) 以气缸为开口系，则气缸功量为$W+W''$，热量为$Q-Q''$，如图1-9 (f) 所示。

[例1-1] 表明，热力系的选择具有任意性，其中人为因素起主要作用。不同的热力系，具有不同的功量和热量。因此，在实际中应根据所解决问题最简单化的原则确定热力系。

【例1-2】 没有任何能量通过边界进入或排出热力系，则系统中工质的状态能否发生变化?

解: 若热力系中的工质已经处于平衡状态，则根据平衡不自发破坏原理，工质状态不会发生改变；若热力系内部本身就处于不平衡状态，即使没有能量通过边界进入或排出热力系，工质状态依然会发生变化。

[例1-2] 表明，考虑问题不能仅从表象出发，而要从内部进行挖掘。例[1-2]中外界对热力系并没有影响，热力系可以认为是孤立系，但不能认为孤立系内部就不发生变化。孤立系内部的状态要么为平衡状态，要么为非平衡状态。处于平衡状态则工质状态不会发生变化，否则就会发生变化。其实热力系的状态是通过工质的状态表现出来的，两者是一一对应的关系。

【例 1-3】 气缸内的气体，由初态 $p_1=0.5\text{MPa}$，$V_1=0.1\text{m}^3$，缓慢膨胀到 0.3m^3，过程中的压力和体积间的关系为 $pV^n=$常数，试分别求出 $n=1.3$、$n=1.0$、$n=0$ 时的膨胀功。

解：选气缸内的气体为热力系，则有：

（1）当 $n=1.3$ 时，由 $p_1V_1^n=p_2V_2^n$ 可得 $p_2=p_1\dfrac{V_1^n}{V_2^n}=0.5\times\dfrac{0.1^{1.3}}{0.3^{1.3}}=0.12$（MPa），则膨胀功为

$$W=\int_{V_1}^{V_2}p\mathrm{d}V=p_1V_1^n\int_{V_1}^{V_2}\frac{\mathrm{d}V}{V^n}=\frac{p_2V_2-p_1V_1}{1-n}=\frac{0.12\times10^6\times0.3-0.5\times10^6\times0.1}{1-1.3}=46.8(\text{kJ})$$

（2）当 $n=1.0$ 时，$p_1V_1=p_2V_2$，则膨胀功为

$$W=\int_{V_1}^{V_2}p\mathrm{d}V=p_1V_1\int_{V_1}^{V_2}\frac{\mathrm{d}V}{V}=p_1V_1\ln\frac{V_2}{V_1}=0.5\times0.1\times10^6\times\ln\frac{0.3}{0.1}=54.9(\text{kJ})$$

（3）当 $n=0$ 时，$p_1=p_2$，则膨胀功为

$$W=\int_{V_1}^{V_2}p\mathrm{d}V=p_1(V_2-V_1)=0.5\times10^6\times(0.3-0.1)=100(\text{kJ})$$

［例 1-3］表明，虽然气缸内气体的初态相同，但经历的过程不同（n 取不同的值，过程的性质不同），所做出的功量就不同，终态也不同。功量不仅与过程有关，还与初、终态有关。因此，功量是过程量。

【例 1-4】 有一高为 40m 的烟囱，其内部烟气的平均密度为 0.735kg/m^3。已知环境压力为 755mmHg，温度为 20℃，求烟囱底部的真空度。

解：由图 1-10 可知，烟囱底部的绝对压力为 $p=(p_\text{b}-\rho_\text{b}gH)+\rho_\text{s}gH$。

根据 $p=p_\text{b}-p_\text{v}$ 得

$$p_\text{v}=p_\text{b}-p=p_\text{b}-(p_\text{b}-\rho_\text{b}gH)-\rho_\text{s}gH$$

其中

$$\rho_\text{b}=\frac{1}{v_\text{b}}=\frac{p_\text{b}}{R_\text{g}T_\text{b}}=\frac{755\times133.3224}{287\times293}=1.197(\text{kg/m}^3)$$

故

$$p_\text{v}=(\rho_\text{b}-\rho_\text{s})gH=(1.197-0.735)\times9.80665\times40=181.2(\text{Pa})$$

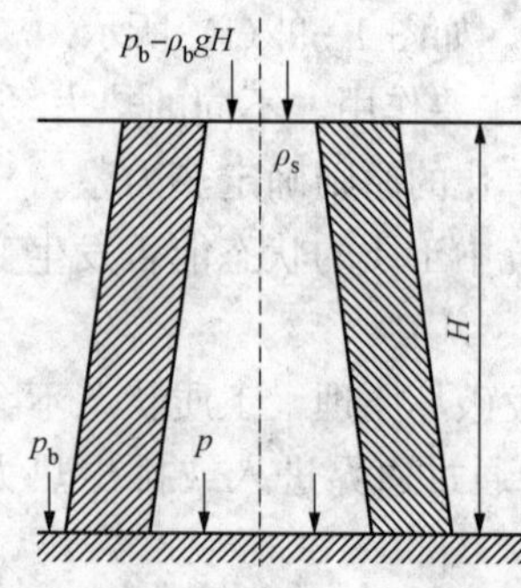

图 1-10 ［例 1-4］图

［例 1-4］表明，为分析绝对压力、表压力、真空度及环境压力间的换算关系，要对每个压力概念有比较深刻的理解。同时应注意的是：真空度就是压力，是小于环境压力的表压力。

【例 1-5】 环境压力可用气压计测定，其值随着测量的时间、地点、气候条件而异。（1）若取海平面处（$H_0=0$）的环境压力 $p_{\text{b}_0}=1\text{bar}$。经测定，$H_1=2000\text{m}$ 处，$p_{\text{b}_1}=0.7\text{bar}$；$H_2=6000\text{m}$ 处，$p_{\text{b}_2}=0.5\text{bar}$，求 $H_3=4500\text{m}$ 处的环境压力 p_{b_3} 为多少？（2）当 $t=25$℃时，气压计读数为 758.3mmHg，求此时环境压力的修正值。

解：

（1）按题意，设环境压力 p_b 和高度 H 之间关系为 H 的幂级数形式，即

$$p_\text{b}=a+bH+dH^2$$

常数 a、b、d 可根据已知数据求出。将 H_0、H_1、H_2 分别代入，联立求解（这里 H 以

10^3m为单位)，得 $a=1$，$b=-0.183$，$d=0.0167$，故有 $p_b=1-0.183H+0.01673H^2$。

当 $H_3=4500\text{m}=4.5\times10^3\text{m}$ 时，$p_{b_3}=1-0.183\times4.5+0.0167\times4.5^2=0.515$（bar）。

(2) 环境压力以0℃时的水银柱高度来表示，则对任意温度下的水银柱高度必须进行修正，其值为

$$H_0=H(1-0.000172t)=758.3\times(1-0.000172\times25)=755(\text{mmHg})$$

故此时环境压力为755mmHg。

[例1-5] 表明，解题关键在于了解环境压力与离地高度间的关系以及温度对环境压力的影响，同时掌握已知高度计算环境压力及对其进行修正的方法。

【例1-6】 某温度计是这样来定标的：水的冰点和汽点分别为0℃和100℃。为了确定刻度所选的热力学函数为 $t=a\ln x+b$。(1) 试确定 x 与 a 和 b 之间的关系；(2) 证明温度刻度为 $t=100\ln(x/x_i)/\ln(x_f/x_i)$。

解：

(1) $x=x_i$ 时，$t=0$℃；$x=x_f$ 时，$t=100$℃。代入 $t=a\ln x+b$ 得

$$0=a\ln x_i+b \tag{1-10}$$

$$100=a\ln x_f+b \tag{1-11}$$

将式(1-10)代入式(1-11)得

$$a=\frac{100}{\ln x_f-\ln x_i}=\frac{100}{\ln\dfrac{x_f}{x_i}}$$

$$b=-a\ln x_i=-\frac{100}{\ln\dfrac{x_f}{x_i}}\ln x_i$$

(2) 将 a、b 代入 $t=a\ln x+b$ 得

$$t=\frac{100}{\ln\dfrac{x_f}{x_i}}\ln x-100\frac{\ln x}{\ln\dfrac{x_f}{x_i}}=\frac{100}{\ln\dfrac{x_f}{x_i}}(\ln x-\ln x_i)=100\frac{\ln\dfrac{x}{x_i}}{\ln\dfrac{x_f}{x_i}}$$

[例1-6] 表明，掌握确定温度计刻度的热力学函数的方法，由此得知温度计刻度的由来，有利于更好地了解温度计这种测温工具的原理。

【例1-7】 在直径为40cm的活塞上放置3000kg的重物，气缸中盛有温度为18℃、质量为2.12kg的空气，加热后气体容积增为原容积的两倍。设大气压力为755mmHg，问：(1) 气缸中空气终态温度和比体积各为多少？(2) 空气初态和终态密度各为多少？

解：

(1) 将题中所述空气视为理想气体，根据任意气量的状态方程 $pV=mR_gT$，有：

初态时

$$p_1V_1=mR_gT_1$$

终态时

$$p_2V_2=mR_gT_2$$

由题意可知，活塞上承受固定载荷，故过程中缸内气体压力不变，即 $p_1=p_2$，得 $\dfrac{V_1}{V_2}=\dfrac{T_1}{T_2}$，则缸内空气的绝对压力

$$p=p_{b}+\frac{F}{A}=\frac{755}{750.06}+\frac{3000}{\frac{\pi\times 40^{2}}{4}}\times\frac{1}{1.019\ 72}=3.348(\mathrm{bar})$$

由气体状态方程得 $V_1=\frac{mR_gT_1}{p_1}$，按 $R=MR_g$，则有 $R_g=\frac{R}{M}$。

空气的摩尔质量 $M=28.97\mathrm{kg/kmol}$，通用气体常数 $R=8.314\mathrm{kJ/(kmol\cdot K)}$，则

$$V_1=\frac{mT}{p_1}\frac{R}{M}=\frac{2.12\times 291\times 8.314\times 10^{3}}{3.348\times 10^{5}\times 28.97}=0.528\ 8(\mathrm{m^3})$$

$$V_2=2V_1=2\times 0.528\ 8=1.057\ 6(\mathrm{m^3})$$

$$T_2=T_1\frac{V_2}{V_1}=291\times 2=582(\mathrm{K})\text{ 或 }t_2=309℃$$

$$v_2=\frac{V_2}{m}=\frac{1.057\ 6}{2.12}=0.498\ 9(\mathrm{m^3/kg})$$

（2）初态空气的密度 $\rho_1=\frac{m}{V_1}=\frac{2.12}{0.528\ 8}=4.01$（$\mathrm{kg/m^3}$），终态空气的密度 $\rho_2=\frac{m}{V_2}=\frac{2.12}{1.057\ 6}=2.01$（$\mathrm{kg/m^3}$）。

[例 1-7] 表明，将状态参数与状态方程相结合，可确定其他参数。但在计算过程中要注意的是压力为绝对压力，温度为热力学温度。

思考题

1-1 一个热力系与外界有能量交换，但保持热力系的能量不发生变化，热力系中工质的状态是否发生变化？

1-2 对于绝对真空，能认为热力学温度为 0K、绝对压力为零吗？

1-3 下列物理量，哪些是强度量，哪些是广延量？

质量 重量 容积 速度 密度 能量 重度 压力 温度 重力位能

1-4 有人说，不可逆过程是无法恢复到初态的过程，这种说法对吗？

1-5 气体的速度可否认为是热力学状态参数？为什么？

1-6 准平衡过程、平衡过程及可逆过程三者可否认为等同？为什么？

1-7 能否用式 $W=\int_{V_2}^{V_1}p_{外}\mathrm{d}V$ 计算不具有内部平衡的过程中系统对外所做的体积功？

1-8 判断下列过程中的可逆性，并扼要阐述原因。（1）对刚性容器内的水加热，使其在恒温下蒸发；（2）对刚性容器内的水做功，使其在恒温下蒸发；（3）对刚性容器中的空气缓慢加热，使其从 50℃升温到 100℃。

1-9 热量与功不是状态参数，是否与初、终态完全无关？为什么？

1-10 当初、终态确定后，过程是否可逆对状态参数的变化有无影响？为什么？

1-1 假定测压液体分别为水银（其密度为 $13.60\times 10^{3}\mathrm{kg/m^3}$）、水（其密度为 1×

10^3kg/m^3)、酒精（其密度为 0.78×10^3kg/m^3）。试确定与1MPa压力相当的液柱高度。

1-2　如果气压计压力为730mbar，试计算下列各项：(1) 绝对压力为2.3bar时的表压力（bar）；(2) 真空度为500mbar时气体的绝对压力（bar）；(3) 绝对压力为0.7bar时气体的真空度（mbar）；(4) 表压力为1.3bar时的绝对压力（kPa）。

1-3　某水银气压计中混入了一些空气泡，使其读数比实际的数值小。若精确的气压计读数为768mmHg时，它的读数只有748mmHg，这时管内水银面到管顶的距离为80mm。假定大气的温度保持不变，试问当读气压计的读数为734mmHg时，实际气压值为多少？

1-4　锅炉烟道中的烟气压力常用斜管式微压计测量，如图1-11所示。若已知斜管倾角 $\alpha=30°$，微压计中使用 $\rho=1$g/cm^3 的水，斜管中液柱长度 $L=160$mm。若当时当地大气压力 $p_b=740$mmHg，求烟气的真空度（用 mmH_2O 表示）及绝对压力（用bar及at表示）。

1-5　用刚性壁将容器分隔成两部分，在容器不同部位安有压差计，如图1-12所示。压力表B上的读数为0.175MPa，表C上的读数为0.110MPa。如果大气压力为0.097MPa，试确定表A上的读数，并确定两部分容器内气体的绝对压力各为多少？

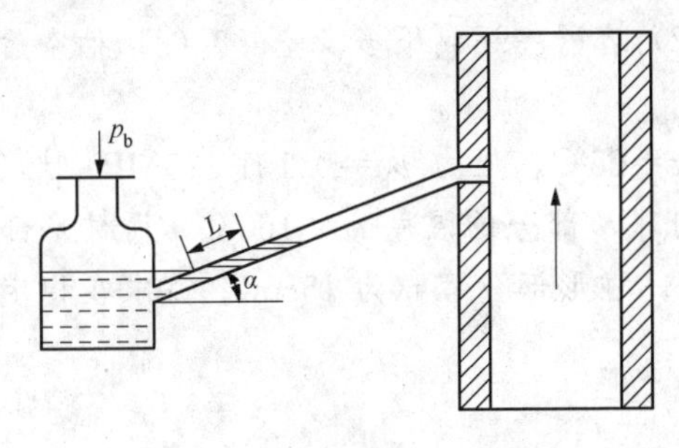

图1-11　习题1-4图

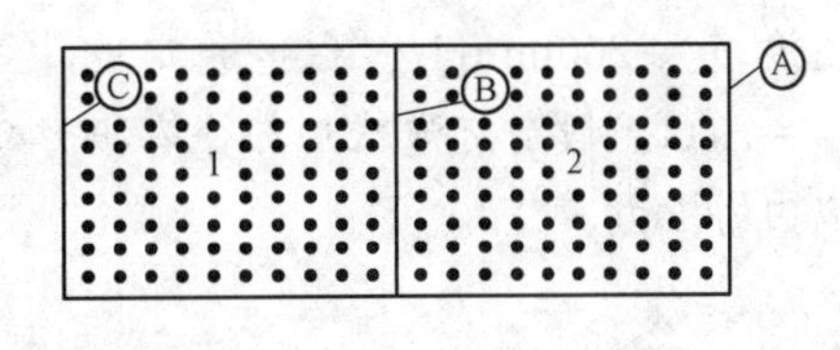

图1-12　习题1-5图

1-6　承习题1-5，当表B上的读数为0.220MPa，表C上的读数为0.570MPa时，压力表A上的读数为多少？若表C为真空计，其读数为350mbar，表B上的读数为0.047 0MPa时，表A上读数又为多少（用bar表示)？

1-7　为了测量封闭容器内液体燃料的存量（液面高度)，常采用由钟形口和U形压差计所构成的设备，如图1-13所示。已知水银压差计的读数 $h=220$mmHg，燃料密度 $\rho=0.840$g/cm^3，求燃料层的高度 H 为多少？

1-8　某电厂锅炉中的表压力 $p_e=30$bar，冷凝器中的真空度 $p_v=710$mmHg，当地大气压力 $p_b=740$mmHg，求锅炉及冷凝器内的绝对压力（用bar表示)。若电厂位于海平面之上2500m处，且锅炉及冷凝器中绝对压力不变时，压力表及真空计的读数为多少？设海平面处（$H_0=0$）的大气压力 $p_{b_0}=1$bar。

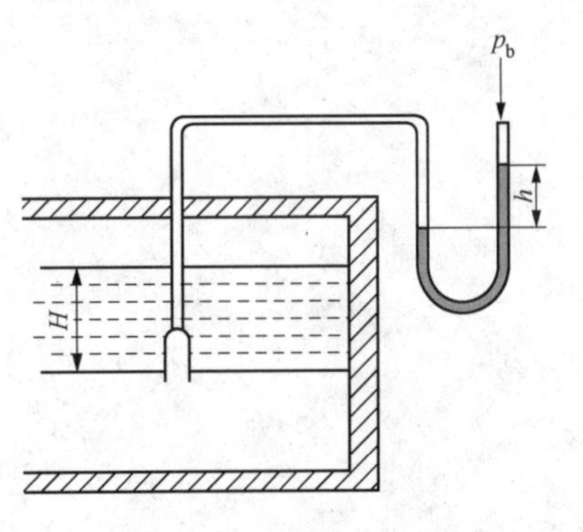

图1-13　习题1-7图

1-9　某登山运动员携带一只气压计，在出发地测得大气压力为950mbar；在登山过程中，他又连续测得另外三个读数：884、836、787mbar。若大气的平均密度 $\rho_m=0.001\ 2$g/cm^3，忽略高度变化对重力加速度的影响，试确定登山过程中的各垂直距离（m）。

1-10 若冷凝器中的真空度 p_v=420mmHg，真空计内水银温度 t_v=30℃，气压计上水银柱的高度为 p_b=760mmHg，气压计内水银温度 t_b=15℃，求容器中气体的绝对压力是多少（bar)？若真空计内水银温度上升到45℃，气压计中水银温度保持不变，问此时容器中气体的绝对压力变为多少（bar)？

1-11 试换算下列各温度值：(1) 华氏温标上的100℉所对应的摄氏温标上的读数为多少？(2) 摄氏温标上的45℃所对应的热力学温标上的读数为多少？(3) 热力学温标上的330K所对应的华氏温标上的读数为多少？

1-12 海平面处大气的压力为 p_{b_0}=0.101 325MPa，密度为 ρ_0=0.001 23g/cm^3。假定大气的温度保持不变，试按理想气体状态方程 $pv=R_gT$，确定海平面之上1000m处大气的压力和密度。

1-13 被长久搁置在室内的氧气瓶，体积为25L，瓶上压力表读数为5bar，若室内温度为20℃，气压计读数 p_b=750mmHg，求瓶内所储存的氧气质量为多少？

1-14 体积为4m^{3}的自由空间内充满压力为1.02bar、温度为20℃的空气。若抽出95%的空气，试确定：(1) 需抽出多少空气？(2) 容器中还剩下多少空气？(3) 抽空后气体的压力为多少？

1-15 盛有氮气的电灯泡内，当外界温度 t=25℃、压力 p_b=0.101 325MPa时，其内的真空度 p_v=200mmHg。通电稳定后，灯泡内球形部分的温度 t_1=160℃，而柱形部分的温度 t_2=70℃。假定灯泡球形部分容积为90cm^3，柱形部分容积为15cm^3。试求在稳定情况下灯泡内的压力。

第2章 热力学第一定律

热力学第一定律是热力学中重要的定律之一，是热变功计算的理论基础。它从能量的数量方面说明了能的本质。正确认识热力学第一定律的实质，并在此基础上，掌握热力学第一定律的基本关系式及其推导过程尤为重要。稳定流动能量方程在工程上有重要的实用意义。掌握常用热力设备的简化能量方程，将对热力设备的计算带来方便。热力学第一定律相关的一些概念对掌握工程热力学理论及运用也将起到关键作用。

2.1 基本要求

(1) 深入理解热力学第一定律的实质，熟练运用热力学第一定律及其表达式。

(2) 掌握导出热力学基本关系式的思路及推导方法。

(3) 能够正确、灵活地应用热力学第一定律表达式来分析、计算工程实际中的有关问题。

(4) 掌握能量、储存能、热力学能、焓及迁移能的概念。

(5) 掌握体积功、推动功、轴功和技术功的概念及计算式。

2.2 基本概念

热力学第一定律：热可以变为功，功也可以变为热，在相互转换过程中能量的总量是不变的。

储存能：系统储存的能量。储存能有内部储存能与外部储存能之分。系统的内部储存能即为热力学能；用系统外的参考坐标系测量工质的参数来表示的能量称为外部储存能，包括宏观动能和重力位能。

热力学能：分子具有的内动能（仅为温度的函数）、内位能（仅为比体积和温度的函数），以及维持一定分子结构的化学能、原子核内部的原子能、电磁场作用下的电磁能等的统称。热力学能，符号：U；单位：J。比热力学能，符号：u；单位：J/kg。

体积功：因体积的变化而引起的系统与外界间交换的功。符号：W；单位：J。

推动功：工质在开口系中流动而传递的功。符号：pV；单位：J。

流动功：工质在流动时，总是从后面获得推动功，而对前面做推动功，进、出系统的推动功之差称为流动功。符号：$\Delta(pV)$；单位：J。

内部功：工质在机器内部对机器所做的功。符号：W_i；单位：J。

焓：物质热力学能与推动功的代数和。焓，符号：H；单位：J。比焓，符号：h；单位：J/kg。

稳定流动：流动过程中开口系内部及其边界上各点工质的所有参数都不随时间而变。

技术功：技术上可资利用的功的统称。将系统的宏观动能、位能及系统对设备所做的内

部功 W_i 视为机械能，则技术功是指技术上可直接利用的机械能。符号：W_t；单位：J。

轴功：系统通过机械轴与外界传递的机械功。符号：W_s；单位：J。

第一类永动机：不消耗任何能量而能连续做功的循环机械。

2.3 重点与难点解析

2.3.1 热力学第一定律的实质

能量守恒与转换定律是自然界的基本规律之一。自然界中的一切物质都具有能量，能量不可能被创造，也不可能被消灭；但能量可以从一种形态转变为另一种形态，且在能量的转化过程中能量的总量保持不变。

热力学第一定律是能量守恒与转换定律在热现象中的应用。它确定了热力过程中热力系与外界进行能量交换时，各种形态的能量在数量上的守恒关系。不消耗任何能量就可以得到连续做功的机器，在热力学上叫作第一类永动机。第一类永动机至今也未造出来的事实，是该定律正确性的最有力的证明。因此，热力学第一定律的实质是能量守恒与转换定律在热现象中的应用。

热力学第一定律是在地球范围内大量宏观现象的经验总结，它能否适用于微观结构中的少量微粒，或推广至无限时空的整个宇宙，这个问题至今尚未有定论，而有待于进一步去研究。

2.3.2 热力学能和总能

1. 热力学能

能量是物质运动的度量，运动有各种不同的形态，相应地就有各种不同的能量。对于热力系而言，它有内部储存能与外部储存能之分。系统的内部储存能即为热力学能，外部储存能即为系统的宏观动能和重力位能。

热力学能与系统内工质的内部粒子的微观运动和粒子的空间位置有关，是下列各种能量的总和：

（1）分子热运动形成的内动能。它是温度的函数。

（2）分子间相互作用形成的内位能。它是比体积和温度的函数。

（3）维持一定分子结构的化学能、原子核内部的原子能及电磁场作用下的电磁能等。

在无化学反应及原子核反应的过程中，化学能、原子核能都不变化，可以不考虑。因此，热力学能的变化只是内动能和内位能的变化。根据气体分子运动学说，热力学能是热力状态的单值函数。在一定的热力状态下，分子有一定的均方根速度和平均距离，就有一定的热力学能，而与达到这一热力状态的路径无关。因而，热力学能是状态参数，即有 $\Delta U = U_2 - U_1$，$\oint \mathrm{d}U = 0$。

由于气体的热力状态可由两个独立状态参数决定，所以热力学能一定是两个独立状态参数的函数，即 $u=f(T, v)$，$u=f(T, p)$，$u=f(p, v)$。

2. 外部储存能

工质在参考坐标系中作为一个整体，因有宏观运动速度而具有动能，因有不同高度而具有位能。热力学中将这两种外在的能量称为外部储存能。

3. 总能

热力学能和机械能是不同形式的能量，但可同时储存在热力系内。热力学中把内部储存能和外部储存能的总和，即热力学能与宏观运动动能及重力位能的总和，称为系统或工质的总储存能，简称总能。总能符号：E；单位：J；动能和位能符号：E_k、E_p；单位：J。则总能的表达式为

$$E = U + E_k + E_p \tag{2-1}$$

若工质的质量为m，速度为c_f，在重力场中的高度为z，则宏观动能$E_k=0.5mc_f^2$，重力位能$E_p=mgz$。其中，c_f、z为力学参数，它们只取决于工质在参考系中的速度和高度。因此，工质的总能表达式为

$$E = U + \frac{1}{2}mc_f^2 + mgz \tag{2-2}$$

1kg 工质的总能，即比总能e，其表达式为

$$e = u + \frac{1}{2}c_f^2 + gz \tag{2-3}$$

2.3.3　能量的传递与转换

能量从一个物体传递到另一个物体有两种方式：一是做功；二是传热。借做功来传递能量总是和物体的宏观位移有关；借传热来传递能量不需要有物体的宏观移动。当热源和工质接触时，接触处两个物体中杂乱运动的粒子进行能量交换，其结果是高温物体把能量传递给低温物体，传递能量的多少用热量来度量。

1. 做功与传热

功量与热量都是系统与外界所传递的能量，而不是系统本身的能量，其值并不由系统的状态确定，而是与传递时所经历的具体过程有关。因此，功量和热量不是系统的状态参数，而是与过程特征有关的过程量，故又称迁移能。

做功：①借做功来传递能量总是和物体的宏观位移有关；②做功过程中往往伴随着能量形态的变化。

传热：①借传热来传递能量不需要物体的宏观移动；②传热是相互接触的物体间存在温差时发生的能量传递过程。

热能转换成机械能的过程实际上由两类过程所组成：

（1）能量转换的热力学过程。即首先由热能传递转变为工质的热力学能，然后由工质膨胀将热力学能转变为机械能。转换过程中工质的热力状态发生变化，能量的形式也发生变化。

（2）单纯的机械过程。即由热能转换而得的机械能再转换成设备的动能。若考虑工质本身的速度和离地面高度的变化，则应转换成工质的动能和位能，其余部分则通过机器轴对外输出。

2. 推动功和流动功

功的形式除了通过系统的边界移动传递的体积功外，还有因工质在开口系中流动而传递的推动功。对开口系进行功的计算时需要考虑这种功。

工质经管道进入气缸的过程，如图 2-1（a）所示。设工质的状态参数为p、v、T，工质移动过程中的状态参数不变，如p-v图中的C点。工质作用在面积为A的活塞上的力为

pA，当工质流入气缸时推动活塞移动了距离 Δl，所做的功为 $pA\Delta l = pV = mpv$，该功称为推动功。其中，m 为进入气缸的工质质量。1kg 工质的推动功等于 pv。

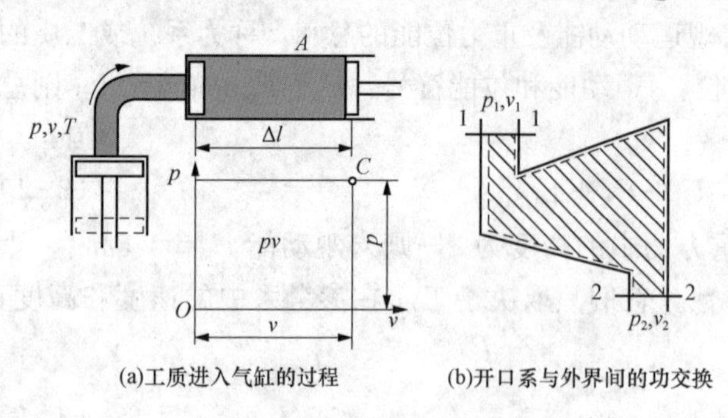

(a)工质进入气缸的过程　(b)开口系与外界间的功交换

图 2-1　开口系推动功

在做推动功时，工质的状态没有改变，因此推动功不是来自系统的热力学能，而是来自系统以外的物系，这样的物系称为外部功源。

工质在传递推动功时，只是单纯地传递能量，像传输带一样，能量的形态不发生变化。因此，取透平机为一开口系，分析开口系和外界之间功的交换，如图 2-1（b）所示。当 1kg 工质从截面 11 流入该热力系时，工质带入系统的推动功为 p_1v_1，工质在系统中进行膨胀，由状态 1 膨胀到状态 2，做膨胀功 w，然后从截面 22 流出，带出系统的推动功为 p_2v_2。推动功差 $\Delta(pv) = p_2v_2 - p_1v_1$，为系统维持工质流动所需的功，称为流动功。因此，在不考虑工质的动能及位能变化的情况下，开口系与外界交换的功量为膨胀功与流动功之差 $w - (p_2v_2 - p_1v_1)$；若计及工质的动能及位能变化，则还应计入动能差及位能差。

对推进功的说明：

(1) 与宏观流动有关，流动停止，推进功不存在。

(2) 作用过程中，工质仅发生位置变化，无状态变化。

(3) $w_{推} = pv$ 与所处状态有关，是状态量。

(4) 并非工质本身的能量（动能、位能）变化引起，而是由外界功源提供，为工质流动所携带的能量。

因此，对推动功可理解为：由于工质的进出，外界与系统之间所传递的一种机械能，表现为流动工质进出系统时所携带和传递的一种能量。

2.3.4 焓

热工计算中常出现 $U + pV$ 项，为简化公式和计算，把这两项用统一符号 H 表示，即为焓。

1. 焓的数学表达式

焓的数学表达式为

$$H = U + pV \tag{2-4}$$

显然，焓具有能量单位。在热力设备中，工质总是不断地从一处流到另一处，随着工质的移动而转移的能量不等于热力学能而等于焓，故在热力工程的计算中焓有更广泛的应用。

2. 焓的意义及说明

焓物理意义：物质进出开口系时带入或带出的热力学能与推动功之和，是随物质一起转移的能量。焓取决于热力状态的能量。

焓的说明：

(1) 焓是状态量，与工质是否流动无关，其满足状态参数的一切特征。

(2) H 为广延参数，$H = U + pV = m(u + pv) = mh$。

(3) 对流动工质，焓代表能量（热力学能＋推进功）；对静止工质，焓不代表能量，因为此时 pv 不存在。

2.3.5 热力学第一定律的基本能量方程式

热力学第一定律的能量方程式就是系统变化过程中的能量平衡方程式，是分析状态变化过程的基本方程式。它可以从系统在状态变化过程中各项能量的变化和它们的总量守恒这一原则推出。

1. 基本能量方程式

热力学第一定律的能量方程式就是系统变化过程中的能量守恒方程式，任何系统、任何过程均可根据以下原则建立能量方程式，其原则为

进入系统的能量 − 离开系统的能量 ＝ 系统中储存能量的增加

2. 闭口系的能量方程

闭口系的能量方程是热力学第一定律在控制质量系中的具体应用。对于闭口系，进入和离开系统的能量只有热量和做功两项。设闭口系中工质从外界吸热 Q 后，从状态 1 变化到状态 2，同时对外做功 W。一般在状态变化过程中，若系统的宏观动能与位能的变化很小，可以忽略不计，则能量方程为 $Q-W=U_2-U_1=\Delta U$，可整理为

$$Q = \Delta U + W \tag{2-5}$$

式（2-5）为闭口系的能量方程式。

若闭口系经过一个微元过程，则能量方程的微分形式为

$$\delta Q = \mathrm{d}U + \delta W \tag{2-6}$$

对于热力循环，则能量方程为

$$\left.\begin{aligned}\oint\delta Q &= \oint \mathrm{d}U + \oint \delta W \\ \oint \mathrm{d}U &= 0\end{aligned}\right\} \rightarrow \oint\delta Q = \oint\delta W \tag{2-7}$$

式（2-7）表明：闭口系完成一个循环后，与外界交换的净热量 Q_{net} 和外界交换的净功量 W_{net} 相等，即 $Q_{net}=W_{net}$。

闭口系能量方程可总结为

$m$kg 工质经过有限过程：$Q=\Delta U+W$；$m$kg 工质经过微元过程：$\delta Q=\mathrm{d}U+\delta W$。

1kg 工质经过有限过程：$q=\Delta u+w$；1kg 工质经过微元过程：$\delta q=\mathrm{d}u+\delta w$。

以上各能量方程式适用于闭口系的各种过程（可逆或不可逆）及各种工质（理想气体、实际气体或液体）。但前提是系统的宏观动能与位能的变化很小，可以忽略不计；反之，则应在方程式中加以考虑。

对于可逆过程，因 $\delta W=p\mathrm{d}V$，则有

$$Q = \Delta U + \int_1^2 p\mathrm{d}V \tag{2-8}$$

$$\delta Q = \mathrm{d}U + p\mathrm{d}V \tag{2-9}$$

$$q = \Delta u + \int_1^2 p\mathrm{d}v \tag{2-10}$$

$$\delta q = \mathrm{d}u + p\mathrm{d}v \tag{2-11}$$

3. 开口系的能量方程

在实际的热力设备中，能量转换过程常常是很复杂的，工质要在热力装置中循环不断地

流经各相互衔接的热力设备，完成不同的热力过程，实现能量转换。分析这类热力设备时，常采用开口系即控制体积的分析方法。

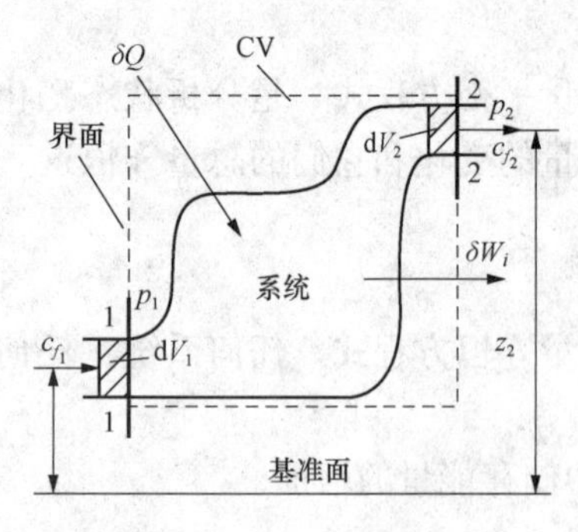

图 2-2 开口系能量平衡

控制体积内的开口系，如图 2-2 所示。在 $d\tau$ 时间内进行一个微元过程：质量为 δm_1、体积为 dV_1 的微元工质流入进口截面11；质量为 δm_2、体积为 dV_2 的微元工质流出出口截面 22；同时，系统从外界接受热量 δQ，对机器设备做功 δW_i。W_i 为工质在机器内部对机器所做的功，称为内部功，以区别于机器的轴上向外传出的轴功 W_s。两者的差额是机器各部分摩擦引起的损失，忽略摩擦损失时两者相等。完成该微元过程后系统的总能量增加了 dE_{CV}。

该微元过程中的能量分布为：

进入系统的能量：$dE_1+p_1dV_1+\delta Q$；离开系统的能量：$dE_2+p_2dV_2+\delta W_i$。

控制容积的储存能增量：dE_{CV}。

其中，$dE_1=d\ (U_1+E_{k_1}+E_{p_1})$、$dE_2=d\ (U_2+E_{k_2}+E_{p_2})$ 分别是微元过程中工质带进和带出系统的总能；$dE_{CV}=d\,(U+E_k+E_p)_{CV}$ 为控制体积内总能的增量；p_1dV_1 和 p_2dV_2 分别是微元工质流入、流出系统的推动功。则根据热力学第一定律，可得开口系微元过程的能量方程为

$$(dE_1+p_1dV_1+\delta Q)-(dE_2+p_2dV_2+\delta W_i)=dE_{CV}$$

整理上式得

$$\delta Q=dE_{CV}+(dE_2+p_2dV_2)-(dE_1+p_1dV_1)+\delta W_i$$

因 $E=me$ 和 $V=mv$，且 $h=u+pv$，则上式可改写为

$$\delta Q=dE_{CV}+\left(h_2+\frac{1}{2}c_{f_2}^2+gz_2\right)\delta m_2-\left(h_1+\frac{1}{2}c_{f_1}^2+gz_1\right)\delta m_1+\delta W_i \quad (2-12)$$

若流入、流出控制体积的工质各有若干股，则式（2-12）可写成

$$\delta Q=dE_{CV}+\sum\left(h+\frac{1}{2}c_f^2+gz\right)_{out}\delta m_{out}-\sum\left(h+\frac{1}{2}c_f^2+gz\right)_{in}\delta m_{in}+\delta W_i \quad (2-13)$$

若考虑单位时间内的系统能量关系，以热流量表示，则式（2-12）变为

$$\dot{Q}=\frac{dE_{CV}}{d\tau}+\sum\left(h+\frac{1}{2}c_f^2+gz\right)_{out}\dot{m}_{out}-\sum\left(h+\frac{1}{2}c_f^2+gz\right)_{in}\dot{m}_{in}+\dot{W}_i \quad (2-14)$$

式（2-12）～式（2-14）为开口系能量方程的一般表达式，结合具体情况，可简化为各种不同的形式。

4. 稳定流动能量方程

稳定流动为流动过程中开口系内部及其边界上各点工质的热力参数及运动参数都不随时间而变的流动过程。因此，$\frac{dE_{CV}}{d\tau}=0$，$\dot{m}_{out}=\dot{m}_{in}=\dot{m}$，能量方程式（2-14）可改写为

$$q=\Delta h+\frac{1}{2}\Delta c_f^2+g\Delta z+w_i \quad (2-15)$$

机械能可全部转变为功，故$\frac{1}{2}\Delta c_f^2$、$g\Delta z$ 及 w_i 之和称为技术功 w_t，其表达式为

$$w_t = \frac{1}{2}\Delta c_f^2 + g\Delta z + w_i \tag{2-16}$$

由式（2-15）并考虑到 $q-\Delta u=w$，则有

$$w_t = w - \Delta(pv) = w - (p_2v_2 - p_1v_1) \tag{2-17}$$

对可逆过程，则有

$$w_t = w - \Delta(pv) = \int_1^2 p\mathrm{d}v - \int_1^2 \mathrm{d}(pv) = -\int_1^2 v\mathrm{d}p \tag{2-18}$$

开口系稳定流动能量方程可总结为：

$m$kg 工质经过有限过程：$Q=\Delta H+W_t$；$m$kg 工质经过微元过程：$\delta Q=\mathrm{d}H-\delta W_t$。

1kg 工质经过有限过程：$q=\Delta h+w_t$；1kg 工质经过微元过程：$\delta q=\mathrm{d}h-\delta w_t$。

对于可逆过程，因 $\delta w_t=-v\mathrm{d}p$，$w_t=-\int_1^2 v\mathrm{d}p$，则有

$$Q = \Delta H - \int_1^2 V\mathrm{d}p \tag{2-19}$$

$$\delta Q = \mathrm{d}H - V\mathrm{d}p \tag{2-20}$$

$$q = \Delta h - \int_1^2 v\mathrm{d}p \tag{2-21}$$

$$\delta q = \mathrm{d}h - v\mathrm{d}p \tag{2-22}$$

对于循环热力系，若在一个循环周期内保持稳定流动，则可用稳定流动能量方程分析其能量的转换关系；反之，则应考虑时间变量的影响。对于不同的具体热力设备，可利用热力学的宏观分析方法，抓住过程的主要特点，对热力过程做适当的简化和抽象，针对不同的具体工程问题可以得到更加简单的应用计算式。

5. 几种功之间的关系

功作为一种能量传递形式有很多。在能量方程中已出现的有体积功 W、流动功 W_f、轴功 W_s 和技术功 W_t。在弄清几个功的概念后，掌握它们之间的关系尤为重要。

对于可逆过程，体积功和技术功的计算式分别为 $w=\int_1^2 p\mathrm{d}v$，$w_t=-\int_1^2 v\mathrm{d}p$，示于 p-v 图上，如图 2-3 所示。通过积分，体积功的数值为 w=面积 12ba1，体积功的数值为 w_t=面积 12dc1，故又将 p-v 图称为示功图。几种功之间的关系，见表 2-1。

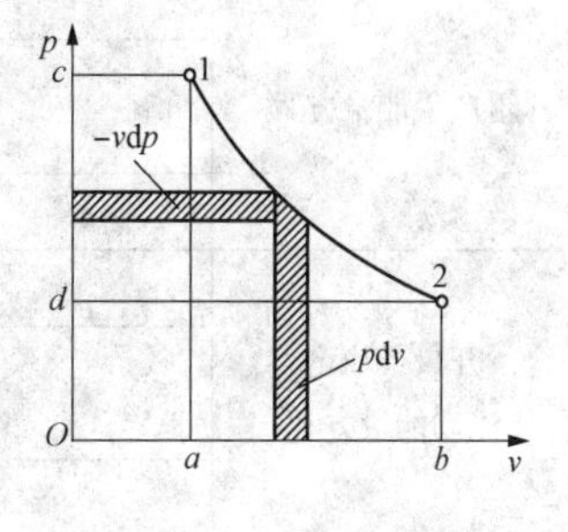

图 2-3　示功图

表 2-1　几种功之间的关系

功	含义	备注
体积功 W	系统体积变化所传递外界的功，可分膨胀功和压缩功	可逆时，$W=\int_1^2 p\mathrm{d}V$； 膨胀功是简单可压缩系热力学能转变的内部功； 膨胀功通常为闭口系所确定的功
流动功 W_f	开口系为传送工质而由外部功源提供的、非内储存能转换而来的功	流动功为进出开口系的推动功之差，即 $W_f=\Delta(pV)=p_2V_2-p_1V_1$

续表

功	含义	备注
轴功 W_s	系统通过机械轴与外界交换的功	轴功是开口系所确定的； 当忽略工质进出处的动、位能差和轴系摩擦时，轴功与技术功相等，即 $W_t=W_s$
内部功 W_i	工质在机器内部所做的功	与技术功 W_t 的关系为：$W_t=\frac{1}{2}m\Delta c_f^2+mg\Delta z+W_i$； 与轴功的关系为：不考虑轴系摩擦时，两者相等
技术功 W_t	技术上可资利用的功	可逆时，$W_t=-\int_1^2 V\mathrm{d}p$； 与 W、W_f 的关系为：$W_t=W-W_f=W-\Delta(pV)$

2.4 公 式 汇 总

本章在学习中应熟练掌握和运用的基本公式，见表 2-2。

表 2-2　　第 2 章基本公式汇总

项目	表达式	备注
总能	$E=U+E_k+E_p$	$E_k=0.5mc_f^2$；$E_p=mgz$
焓	$H=U+pV$	pV 为推动功
系统一般能量方程	$Q=\Delta E+W$	
闭口系能量方程	$Q=\Delta U+W$	适用于闭口系任何过程及工质
	$Q=\Delta U+\int_1^2 p\mathrm{d}V$	适用于闭口系任何工质及可逆过程
	$\delta Q=\mathrm{d}U+\delta W$	适用于闭口系任何过程及工质
开口系稳定流动能量方程	$Q=\Delta H+W_t$	适用于稳流开口系任何过程及工质
	$Q=\Delta H-\int_1^2 V\mathrm{d}p$	适用于稳流开口系任何工质及可逆过程
	$\delta Q=\mathrm{d}H-\delta W_t$	适用于稳流开口系任何过程及工质
技术功	$w_t=\frac{1}{2}\Delta c_f^2+g\Delta z+w_i$	w_i 为内部功
开口系一般能量方程	$\dot{Q}=\frac{\mathrm{d}E_{CV}}{\mathrm{d}\tau}+\sum\left(h+\frac{1}{2}c_f^2+gz\right)_{out}\dot{m}_{out}-\sum\left(h+\frac{1}{2}c_f^2+gz\right)_{in}\dot{m}_{in}+\dot{W}_i$	适用于一般开口系任何过程及工质

闭口系能量方程中的宏观动能与位能的变化为零，或可以忽略不计；在应用上述公式时注意热量和功的正负号问题及各变量的量纲。

2.5 典 型 题 精 解

【例 2-1】 判断下述各过程中热和功的传递方向。(1) 用打气筒向轮胎充入空气。胎、气壁、活塞和连接管都是绝热的，且摩擦损失忽略不计。（2）某刚性封闭容器内盛有 $t=150℃$的蒸汽，将其置于 $t_0=25℃$的大气中。（3）处于绝热气缸中的气体，当活塞慢慢地向外移动时发生膨胀。（4）将盛有水和蒸汽的封闭的金属容器加热时，容器内的压力和温度都上升。（5）按（4）所述，若加热量超过极限值，会使容器爆破，水和蒸汽爆散到大气中去。（6）绝热容器中的液体由初始的扰动状态进入静止状态。（7）将盛有 NH_3 的刚性容器，通过控制阀门与抽真空的刚性容器相连接，容器、阀门和连接管路都是绝热的。打开控制阀门后，两个容器中的 NH_3处于均匀状态。（8）1kg 空气迅速地从大气环境中流入抽真空的瓶子里，可忽略空气流动中的热传递。

解：

（1）取打气筒及轮胎中的空气为热力系。由于活塞的位移量大于轮胎的膨胀量，空气被压缩，且摩擦损失忽略不计，则可逆过程中所做的功为

$$W_{12}=\int_{V_1}^{V_2} p\mathrm{d}V<0$$

W_{12}为负值，即外界对系统做功。由于各部分都是绝热的，且摩擦损失忽略不计，则 $Q=0$。

（2）选取刚性封闭容器内蒸汽为热力系。对于封闭的刚性容器，$\mathrm{d}V=0$，则功 $W_{12}=\int_{V_1}^{V_2} p\mathrm{d}V=0$。由于热力系的温度比大气环境温度高，故在此过程中将由系统向环境放热，即 Q 为负值。

（3）选取气缸中的气体为热力系。当活塞慢慢地向外移动时，系统的边界向外膨胀，$\mathrm{d}V>0$，则功 $W_{12}=\int_{V_1}^{V_2} p\mathrm{d}V>0$，即系统对外做功。由于热力系是绝热的，则 $Q=0$。

（4）选取封闭金属容器内的水和蒸汽为热力系。对于封闭的金属容器，$\mathrm{d}V=0$，则功 $W_{12}=\int_{V_1}^{V_2} p\mathrm{d}V=0$。过程中系统的压力和温度同时升高，系统是吸入热的，则 Q 是正值。

（5）系统边界由于无阻抗膨胀而被破坏，故不对外做功，$W_{12}=0$。破坏前是吸热的，破坏发生后 Q 无法确定。

（6）选取容器内的液体为热力系。由于系统无确定边界，则 $W_{12}=0$。热力系是绝热的，且流体扰动应看作宏观运动的表现形式，而从宏观扰动到微观分子运动，理论上应有热效应，但液体表面有散热，故可不予考虑，则 $Q=0$。

（7）选取容器内的 NH_3 为热力系。在系统所进行的自由膨胀过程中，无边界的变化（因为初始、终态系统的边界都包括两个容器），故 $W_{12}=0$。由于系统和外界均无热传递，则 $Q=0$。

（8）选取空气和瓶子为热力系。过程开始时，系统边界包含空气和容器；而过程终了时，系统边界只包含容器本身。在此过程中，系统边界发生了变化。由于环境推动空气流入瓶中，环境对系统做功，则 W_{12}为负值。设空气进入瓶子之前的状态为 p、v、u，空气进入瓶中后，环境对空气做功为 pv（推进功），则进入瓶中空气的净能量为 $pv+u=h$（该状态下空气的比焓值）。由于热力系是绝热的，则 $Q=0$。

［例 2-1］表明，要清楚了解热力系的概念，以及如何更加方便地划分热力系；同时应掌握功和热量正负的确定方法。对于该类问题应能够做到举一反三、彻底掌握。

【例 2-2】 某气缸中装有容积为V的气体，气体作用在活塞上的压力为p。假定气体缓慢地膨胀推动活塞外移，在该膨胀过程中记录了p与V的实测数据，见表 2-3。试用图解法和图解积分法计算过程中气体对活塞所做的功。

表 2-3 **p与V的实测数据**

p（bar）	V（m³）	p（bar）	V（m³）
15（初始值）	0.030 0（初始值）	6	0.064 4
12	0.036 1	4	0.090 3
9	0.045 9	2（终了值）	0.100 8（终了值）

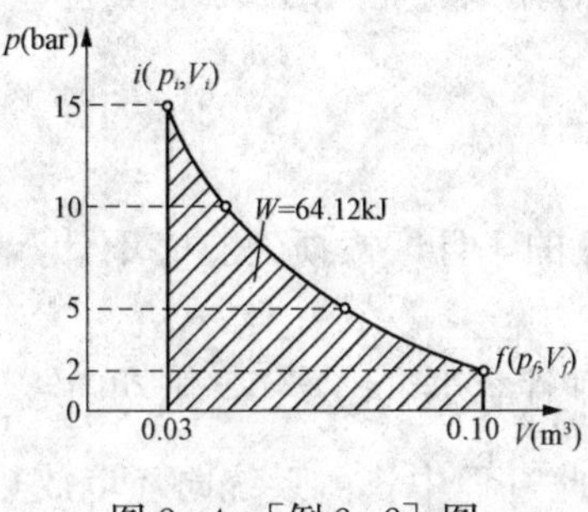

图 2-4 ［例 2-2］图

解：

（1）图解法：由已测得的一组p-V数据，在p-V图上做出热力过程曲线，如图 2-4 所示。图 2-4 中阴影面积则为该实际过程中的膨胀功量W=64.12kJ。

（2）图解积分法：由已测得的一组p-V数据的模拟方程与经验方程pV^n=常数的对比关系，确定n指数。若过程是可逆的，则膨胀功量为

$$W = pV^n\int_{V_i}^{V_f}\frac{\mathrm{d}V}{V^n} = \frac{pV^n}{1-n}(V_f^{1-n}-V_i^{1-n}) = \frac{p_fV_f - p_iV_i}{1-n}$$

这种方法经常用于表示真实气体在压缩和膨胀过程中的p-V关系。根据实测数据，本例可用误差较小的拟合方程$pV^{1.2}$=22 320。由该拟合方程与经验方程pV^n=常数的对比关系，得n=1.2。由于该过程进行得很缓慢，可视为可逆过程，从而得膨胀功量为

$$W = \int_{V_i}^{V_f} p\,\mathrm{d}V = pV^n\int_{V_i}^{V_f}\frac{\mathrm{d}V}{V^n} = \frac{pV^n(V_f^{1-n}-V_i^{1-n})}{1-n}$$

而

$$pV^n = p_iV_i^n = p_fV_f^n$$

则

$$W = \frac{p_fV_f - p_iV_i}{1-n} = \frac{2\times10^5\times0.160\,8-15\times10^5\times0.030\,0}{1-1.2} = 64.81(\mathrm{kJ})$$

［例 2-2］表明，使用图解法和图解积分法的前提为过程是可逆的，否则这种方法不可用。图解法直观方便，但误差相对较大；图解积分法是利用实测值进行拟合，相对误差较小，比较常用。

【例 2-3】 图 2-5 所示的气缸内充以空气，气缸截面面积A=100cm²，活塞距底面高度H=10cm，活塞及其上重物的总质量G_1=195kg。当地的大气压力p_b=771mmHg，环境温度t_0=27℃。当气缸内气体与外界处于热力平衡时，把活塞上的重物去掉 100kg，活塞将突然上升，最后重新达到热力平衡。假定活塞和气缸壁之间无摩擦，气体可以通过气缸壁和外界充分换热，试求活塞上升的距离和气体的换热量。

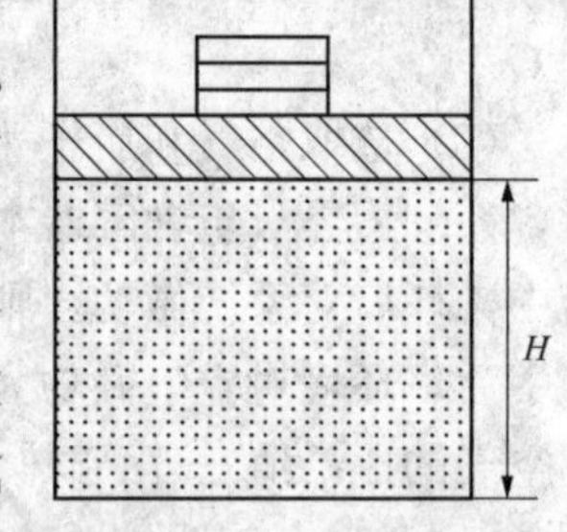

图 2-5 ［例 2-3］图

解：

（1）确定空气的初态参数。p_1、V_1、T_1 分别为

$$p_1 = p_b + p_{G_1} = p_{b_1} + \frac{G_1}{A} = 771 \times 13.6 \times 10^{-4} + \frac{195}{100} = 3(\text{kg/cm}^2)$$

或

$$p_1 = 3 \times 0.980\,665 = 2.942(\text{bar}) = 294\,200(\text{Pa})$$
$$V_1 = AH = 100 \times 10 = 1000(\text{cm}^3)$$
$$T_1 = 273 + 23 = 300(\text{K})$$

（2）确定空气的终态参数。由于活塞无摩擦，又能充分与外界进行热交换，故当重新达到热力平衡时，气缸内的压力和温度与外界的压力和温度相等。则有

$$p_2 = p_b + p_{G_2} = p_b + \frac{G_2}{A} = 771 \times 13.6 \times 10^{-4} + \frac{195 - 100}{100} = 2(\text{kg/cm}^2)$$

或

$$p_2 = 2 \times 0.980\,665 = 196\,100(\text{Pa})$$
$$T_2 = 273 + 23 = 300(\text{K})$$

由理想气体状态方程 $pV=mR_gT$ 及 $T_1=T_2$，可得

$$V_2 = V_1 \frac{p_1}{p_2} = 1000 \times \frac{294\,200}{196\,100} = 1500(\text{cm}^3)$$

由上可得，活塞上升距离为

$$\Delta H = (V_2 - V_1)/A = \frac{1500 - 1000}{100} = 5(\text{cm})$$

对外做功量为

$$W_{12} = p_2 \Delta V = p_2 A \Delta H = 196\,100 \times 100 \times 5 \times 10^{-6} = 98.06(\text{kJ})$$

由热力学第一定律 $Q=\Delta U+W$，由于 $T_1=T_2$，故 $U_1=U_2$，即 $\Delta U=0$，则

$$Q_{12} = W_{12} = 98.06(\text{kJ})(\text{系统由外界吸入热量})$$

［例 2-3］表明，以气缸与其内的空气为闭口系，在初、终态与外界达到热力平衡时，因气缸内空气压力的变化，导致体积发生变化。在活塞和气缸壁之间无摩擦的条件下，计算与外界的换热量和气缸的移动距离。计算过程中还要利用一个条件，即质量守恒定律。因此，运用热力学第一定律及理想气体状态方程及质量守恒定律，可求得最终结果。对于此类问题，不仅要将各已知条件相互结合，而且要正确理解功和压力的概念。

【例 2-4】 压力为 1.0MPa、体积为 0.085m³ 的空气，由一质量为 90kg、直径为 60cm 的无摩擦活塞封闭在一垂直放置的气缸内。若突然释放活塞，活塞向上运动。试确定当活塞上升 1.2m 时的速度及气缸内空气的压力。设空气按 $pV^{1.35}$＝定值的规律膨胀，空气的速度可以忽略不计，作用在活塞上的大气环境压力 p_0＝760mmHg。

解： 活塞上升 1.2m 时扫过的体积为

$$V' = \pi \frac{D^2}{4} H = 3.141\,593 \times \frac{0.6^2}{4} \times 1.2 = 0.339(\text{m}^3)$$

空气的终体积为

$$V_2 = V_1 + V' = 0.085 + 0.339 = 0.424(\text{m}^3)$$

由空气的膨胀规律可知：$p_1 V_1^{1.35} = p_2 V_2^{1.35}$，故有

$$p_2 = p_1\left(\frac{V_1}{V_2}\right)^{1.35} = 1.0\times\left(\frac{0.085}{0.424}\right)^{1.35} = 0.114(\text{MPa})$$

活塞上升 1.2m 时，空气膨胀所做的总功

$$W_{12} = \int_{V_1}^{V_2} p\mathrm{d}V = pV^{1.35}\int_{V_1}^{V_2}\frac{\mathrm{d}V}{V^{1.35}} = \frac{1}{1.35-1}(p_1V_1 - p_2V_2)$$

$$= \frac{1.0\times10^6\times0.085\times(-0.114)\times10^6\times0.424}{1.35-1} = 10\ 475\times10^5(\text{J})$$

由能量守恒原理，得

$$W = W' + \Delta E_k + \Delta E_p$$

式中：W'为克服大气阻力所做的功，J；ΔE_p 为由于活塞升高，其位能的增量，J；ΔE_k为由于活塞运动，其动能的增量，J。

则 $$\Delta E_k = W - W' - \Delta E_p = W - p_0\pi\frac{D^2}{4}H - mgH$$

$$= 1.047\ 5\times10^5 - (760\times133.322\times3.141\ 593\times0.6^2/4\times1.2) - 90\times9.81\times1.2$$
$$= 6391\times10^3(\text{kJ})$$

由于 $\Delta E_k = \frac{1}{2}mc_f^2$，则

$$c_f = \sqrt{\frac{2\Delta E_k}{m}} = \sqrt{\frac{2\times69.31\times10^3}{90}} = 39.2(\text{m/s})$$

[例 2-4] 表明，本例与 [例 2-3] 有类似之处，但也有不同，即本例要考虑活塞外部储存能量的变化。

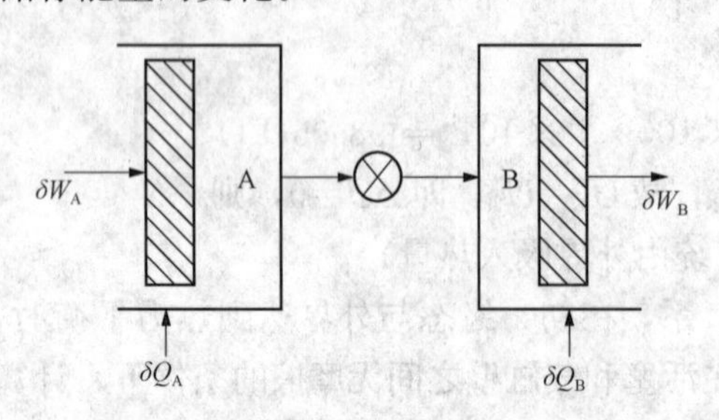

图 2-6 [例 2-5] 图

【例 2-5】 按图 2-6 所示的装置，说明计算系统热力学能变化的一般方法。

解： 取整个装置为热力系。因为热力学能是广延状态参数，所以具有可加性，即

$$\mathrm{d}U = \mathrm{d}(m_Au_A + m_Bu_B)$$
$$= m_A\mathrm{d}u_A + u_A\mathrm{d}m_A + m_B\mathrm{d}u_B + u_B\mathrm{d}m_B \quad (2-23)$$

式中：$\mathrm{d}u_A$、$\mathrm{d}u_B$ 分别为气缸 A 和气缸 B 中气体比热力学能的变化；$\mathrm{d}m_A$、$\mathrm{d}m_B$ 分别为气缸 A 和气缸 B 中气体质量的变化。

一个热力系内热力学能发生变化可能有两个原因：一个是系统中物质数量的变化；另一个是系统中物质特性（热力学能）的变化。这是计算系统热力学能变化的方法之一。

因为系统的总质量不变，故 $\mathrm{d}m_A + \mathrm{d}m_B = 0$，得

$$|\mathrm{d}m_A| = |\mathrm{d}m_B| = |\mathrm{d}m| \quad (2-24)$$

$\mathrm{d}m$ 表示微元过程中，气体从气缸 A 流入气缸 B 中的质量。将式（2-24）代入式（2-23），得

$$\mathrm{d}U = m_A\mathrm{d}u_A + m_B\mathrm{d}u_B + (u_B - u_A)\mathrm{d}m \quad (2-25)$$

[例 2-5] 表明，当系统由多部分组成时，系统热力学能的变化等于每个部分的质量与对应比热力学能乘积的叠加。由此可知，过程中系统热力学能的变化由三部分组成：①过程发生后保留在气缸 A 中的那部分气体（质量为 m_A，比热力学能变化为 $\mathrm{d}u_A$）热力学能的变

化；②过程中从气缸A流入气缸B的那部分气体（质量为 dm、有限的热力学能变化为 u_B-u_A）热力学能的变化；③过程中一直保留在气缸B中的那部分气体（质量为 m_B，比热力学能变化为 du_B）热力学能的变化。式（2-25）为计算由多部分组成的热力系热力学能变化的一般方法。

【例2-6】 一个质量为4.5kg的石头和装有45kg水的槽构成热力系。开始时，石头在水面之上23.7m（水槽深度不计），假定石头和水的温度相同，然后让石头落入水中，试确定下述各状态变化中的量 ΔU、ΔE_k、ΔE_p、Q 和 W。(1) 石头即将进入水中；(2) 石头在槽中刚好静止下来；(3) 使石头和水的温度恢复到初始温度。

解： 根据热力系的能量方程式

$$Q=\Delta E+W=\Delta U+\Delta E_k+\Delta E_p+W=\Delta U+\frac{1}{2}m\Delta c_f^2+mg\Delta z+W$$

(1) 石头即将进入水中。假定石头降落时，没有热量从石头传入或传出，在这一状态变化中 $Q=0$，$W=0$，$\Delta U=0$，则

$$-\Delta E_k=\Delta E_p=mg(z_2-z_1)=4.5\times9.81\times(0-23.7)=-1.046(\mathrm{kJ})$$

即

$$\Delta E_p=-1.406\mathrm{kJ},\Delta E_k=1.046\mathrm{kJ}$$

计算结果表明：动能的增加是重力位能减小的结果。

(2) 石头在槽中刚好静止下来。在这一状态变化中，$Q=0$，$W=0$，$\Delta E_k=0$，则

$$\Delta U=-\Delta E_p=mg(z_1-z_2)=4.5\times9.81\times(23.7-0)=1.046(\mathrm{kJ})$$

计算结果表明：热力学能的增加是重力位能减小的结果。

(3) 使石头和水的温度恢复到初始温度。这时热力系充分向环境放热。在这一状态变化中，$\Delta U=0$、$\Delta E_k=0$、$W=0$，则

$$Q=\Delta E_p=mg(z_2-z_1)=4.5\times9.81\times(0-23.7)=-1.046(\mathrm{kJ})$$

计算结果表明：系统向外放出的热量等于重力位能的减少量。

[例2-6] 表明，将石头与水槽构成热力系，分析石头在不同状态时系统的能量变化。结果表明，石头的状态不同，引起的能量变化的种类也不同。因此，应掌握系统能量守恒方程中各项的含义。

【例2-7】 一闭口系沿 acb 途径变化，由状态 a 变化到状态 b 时，吸入热量84kJ，对外做功32kJ，如图2-7所示。试求：(1) 若沿途径 adb 变化时，对外做功10kJ，则进入系统的热量是多少？(2) 当系统沿着曲线途径从状态 b 返回到初态 a 时，外界对系统做功20kJ，则系统与外界交换热量的大小和方向是？(3) 若当 $U_a=0$，$U_d=42\mathrm{kJ}$ 时，过程 ad 和过程 db 中交换的热量又是多少？

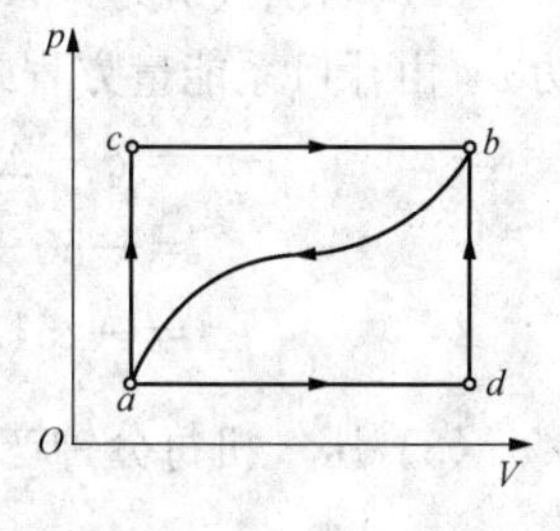

图2-7 [例2-7] 图

解： 对途径 acb，由闭口系的能量方程式，得

$$U_b-U_a=Q_{acb}-W_{acb}=84-32=52(\mathrm{kJ})$$

(1) 对途径 adb，由闭口系的能量方程式，得

$$U_b-U_a=Q_{adb}-W_{adb}$$

则

$$Q_{adb}=U_b-U_a+W_{adb}=52+10=62(\mathrm{kJ})$$

(2) 对曲线 ba 途径，由闭口系的能量方程式，得 $U_a-U_b=Q_{ba}-W_{ba}$，则

$$Q_{ba}=-(U_b-U_a)+W_{ba}=-52+(-20)=-72(\text{kJ})$$

即系统向外界放出 72kJ 的热量。

(3) 若当 $U_a=0$，$U_d=42\text{kJ}$ 时，由于 $W_{adb}=W_{ad}+W_{db}$，而 $W_{db}=0$（过程 db 为定容过程），则

$$W_{ad}=W_{adb}=10(\text{kJ})$$

对 ad 过程，由闭口系的能量方程式，得 $U_d-U_a=Q_{ad}-W_{ad}$，则

$$Q_{ad}=(U_d-U_a)+W_{ad}=(42-0)+10=52(\text{kJ})$$

即系统从外界吸入 52kJ 的热量。

同理同法，对 db 过程，由闭口系的能量方程式，得 $U_b-U_d=Q_{db}-W_{db}$，而

$$U_b-U_d=(U_b-U_a)-(U_d-U_a)=52-42=10(\text{kJ})$$

则

$$Q_{db}=(U_b-U_a)+W_{db}=10+0=10(\text{kJ})$$

即系统从外界吸入 10kJ 的热量。

[例 2-7] 表明，热力学能是状态参数，其变化值只取决于初、终状态，与变化所经历的途径无关。而热与功则不然，它们都是过程量，其变化不但与初、终态有关，还取决于变化所经历的途径。

【例 2-8】 空气在某压气机中被压缩。压缩前空气的参数为：$p_1=0.1\text{MPa}$，$v_1=0.845\text{m}^3/\text{kg}$；压缩后的参数为：$p_2=0.8\text{MPa}$；$v_2=0.7\text{m}^3/\text{kg}$。假定在压缩过程中 1kg 空气的热力学能增加 146kJ，同时向外放出热量 50kJ。压气机每分钟生产压缩空气 10kg。试求：(1) 压缩 1kg 气体所需的压缩功？(2) 气体消耗的技术功？(3) 带动该压气机至少需要多大功率的电动机？

解：

(1) 取气体为闭口系。压缩过程中 1kg 气体与外界交换的压缩功 w_{12} 由闭口系能量方程式求得，即

$$w_{12}=q-\Delta u=-50-146=-196(\text{kJ/kg})$$

(2) 取压气机为开口系。气体进出气缸的整个压缩过程中，1kg 气体与外界交换的技术功 w_t 由开口系能量方程式求得，即

$$\begin{aligned}w_t&=q-\Delta h=q-\Delta u-\Delta(pv)\\&=-50-146-(0.8\times10^6\times0.175-0.1\times10^6\times0.845)\times10^{-3}\\&=-251.5(\text{kJ/kg})\end{aligned}$$

(3) 压气机每分钟产生压缩空气 10kg，质量流量 $\dot{m}=\dfrac{10}{60}$ (kg/s)，则压气机功率为

$$P_e=\dot{m}w_t=\frac{10}{60}\times251.5=41.9(\text{kW})$$

[例 2-8] 表明，通过选择不同的热力系展开计算，将热量、功、热力学能和焓的变化量由热力学第一定律相关联，确定过程功，最后利用功与功率间的关系得到压气机功率。其中，热力学第一定律的应用最为重要。

【例 2-9】 将一根钢丝装在充有纯氧的封闭气缸里，钢丝里的铁元素与氧发生缓慢的

化学反应，化学反应式为

$$2Fe+\frac{3}{2}O_2 \longrightarrow Fe_2O_3$$

反应在定压、定温环境中进行。在气缸中配有一个无摩阻的活塞，使缸内氧气的压力保持在 $p=101.325\text{kPa}$，用放出的热量 $Q=831.08\text{kJ}$，使缸内氧气的温度保持在 $T=298\text{K}$，求生成 1mol 的 Fe_2O_3 时 W 及 ΔU 各为多少？

解： 取气缸内氧气、钢丝及其反应生成物 Fe_2O_3 作为热力系。因为 Fe 及 Fe_2O_3 都是固态，与气态氧相比，其体积可以忽略不计，所以可以把系统的总体积 V 近似地认为是氧气的体积。假定氧气是理想气体，由理想气体状态方程，得

$$V_m = nRT/p$$

由于过程中 p 和 T 都是常数，因此总体积随摩尔数变化而变化，即

$$\Delta V_m = RT\Delta n/p$$

过程功为

$$W = \int_{V_1}^{V_2} p\mathrm{d}V_m = p\Delta V_m = RT\Delta n$$

根据化学反应方程式可知，生成 1mol 的 Fe_2O_3，需要 $\frac{3}{2}$mol 的氧气量，即 $\Delta n=-\frac{3}{2}$mol。则过程功为

$$W = RT\Delta n =-8.314\times(273+25)\times1.5=-3.716(\text{kJ})$$

负号表示活塞对系统做功。

已知 $Q=-831.08\text{kJ}$，由闭口系的能量方程式，得

$$\Delta U = Q-W =-831.08+3.716=-827.364(\text{kJ})$$

［例 2-9］表明，通过化学反应方程，利用理想气体摩尔数表示的状态方程、可逆过程膨胀功的积分式和热力学第一定律之间的相互关系，可确定所求变量。其中的重要假设为氧气是理想气体以及活塞无摩阻，这是解决问题的关键。同时，在应用能量守恒定律时忽略了外部储存能和固体的体积，符合实际情况，所引起的误差不会太大。

【例 2-10】 某燃气轮机装置如图 2-8 所示。已知压气机进口处空气的比焓 $h_1=290\text{kJ/kg}$，经压缩后，空气升温使比焓增为 $h_2=580\text{kJ/kg}$；在截面 2 处空气和燃料的混合物以 $c_{f_2}=20\text{m/s}$ 的速度进入燃烧室，在定压下燃烧，使工质吸入 $q=670\text{kJ/kg}$ 的热量。燃烧后燃气进入喷管绝热膨胀到状态 3′，$h_{3'}=800\text{kJ/kg}$，流速增加到 $c_{f_{3'}}$，该燃气进入动叶片后热力状态不变，最后离开燃气轮机的速度 $c_{f_4}=100\text{m/s}$。试求：(1) 若空气流量为 100kg/s，压气机消耗的功率为多少（kW）？(2) 若燃料的发热值 $q_d=43\,960\text{kJ/kg}$，燃料的耗量为多少？(3) 燃气在喷管出口处的流速 $c_{f_{3'}}$ 是多少？(4) 燃气轮机的功率为多少（kW）？(5) 燃气轮机装置的总功率为多少（kW）？

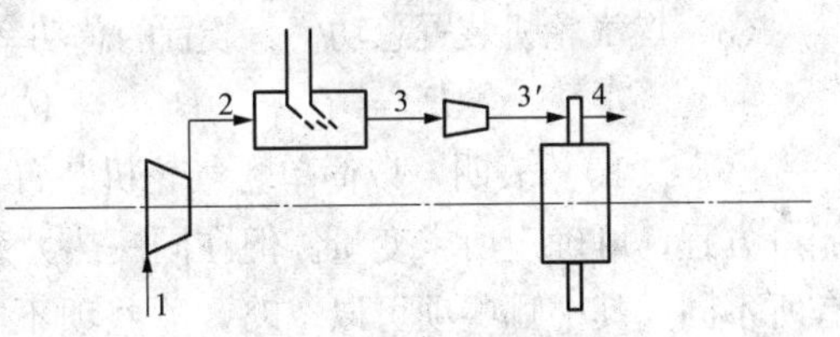

图 2-8 ［例 2-10］图

解：

(1) 压气机消耗的功率。取压气机为开口系。假定压缩过程是绝热的，则 $q=0$。忽略

宏观动能差和重力位能差的影响，即$\frac{1}{2}\Delta c_f^2\approx 0$，$g\Delta z\approx 0$。由稳定的能量方程式可得$0=\Delta h+w_t$，则

$$w_t=-\Delta h=h_1-h_2=290-580=-290(\text{kJ/kg})$$

可见，压气机中所消耗的轴功增加了气体的焓值。

则压气机消耗的功率

$$P_{e,C}=\dot{m}w_t=100\times 290=29\ 000(\text{kW})$$

(2) 燃料的耗量。当$q_d=43\ 960\text{kJ/kg}$时，燃料的耗量

$$B=\frac{\dot{m}q}{q_d}=\frac{100\times 670}{43\ 960}=1.52(\text{kg/s})$$

(3) 燃气在喷管出口处的流速$c_{f_{3'}}$。取截面2至截面3′的空间作为热力系，工质做稳定流动，若忽略重力位能差值，则能量方程为

$$q=(h_{3'}-h_2)+\frac{1}{2}(c_{f_{3'}}^2-c_{f_2}^2)+w_{net}$$

因$w_{net}=0$，故

$$c_{f_{3'}}=\sqrt{2[q-(h_{3'}-h_2)]+c_{f_2}^2}$$

(4) 燃气轮机的功率。若整个燃气轮机装置做稳定流动，则燃气流量等于空气流量。取截面3′至截面4的空间作为热力系，由于截面3′和截面4上工质的热力状态参数相同，则$h_4=h_{3'}$。忽略重力位能差值，则能量方程为

$$q=\Delta h+\frac{1}{2}(c_{f_4}^2-c_{f_{3'}}^2)+w_{net}$$

其中，$q=0$，$\Delta h=0$，则

$$w_{net}=\frac{1}{2}(c_{f_{3'}}^2-c_{f_4}^2)=\frac{1}{2}\times(949^2-100^2)\times 10^{-3}=445.3(\text{kJ/kg})$$

则燃气轮机功率为

$$P_{e,T}=\dot{m}w_{net}=100\times 445.3=44\ 530(\text{kW})$$

(5) 燃气轮机装置总功率。装置的总功率=燃气轮机产生的功率−压气机消耗的功率，即

$$P_e=P_{e,T}-P_{e,C}=44\ 530-29\ 000=15\ 530(\text{kW})$$

[例2-10] 表明，以简单燃气轮机装置为研究对象，利用热力学第一定律的稳定流动系统能量方程，可确定所求变量。但在同一热力系中，对不同设备，稳定流动系统能量方程的形式有所不同。其中哪些项可以忽略，哪些项不能忽略，要根据实际设备的特性而定。如本例中，对于压气机，可以忽略外部储存能量的变化量（动能与位能的变化量）；而对喷管和燃气轮机，则可以忽略位能的变化量。因此，在计算中正确地选择忽略项，可以使问题由繁化简。

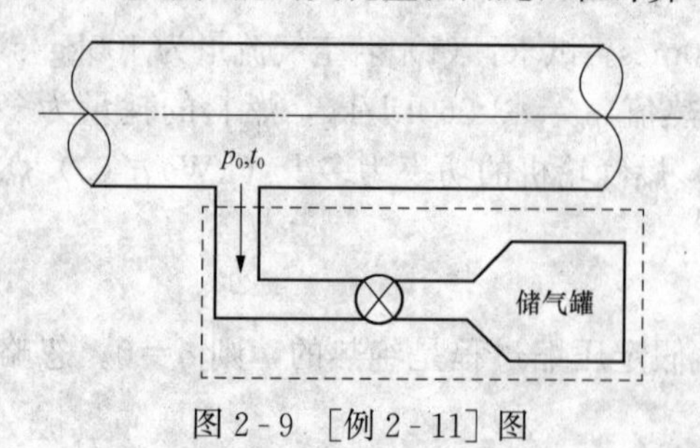

图2-9 [例2-11] 图

【例2-11】 工程热力学中一个典型的不稳定流动问题是气体或蒸汽从一个压力和温度保持不变的气源中，流入一个已知容积的封闭容器内，如图2-9所示。试建立该过程的能量方程式。

解：取容器为热力系。因为只有一股流体流入容器，所以能量方程为

$$\mathrm{d}(mu)-\left(h_0-\frac{c_{f_0}^2}{2}+gz_0\right)\mathrm{d}m_0=\delta Q-\delta W$$

流动过程中，$\delta W=0$。忽略动能和位能项，则

$$\mathrm{d}(mu)-h_0\mathrm{d}m_0=\delta Q$$

根据质量平衡原理，$\mathrm{d}m_0=\mathrm{d}m$，则

$$\mathrm{d}(mu)-h_0\mathrm{d}m=\delta Q$$

在此过程中，$h_0=0$ 定值，对上式积分得

$$m_2u_2-m_1u_1-h_0(m_2-m_1)=Q$$

或

$$m_2(u_2-h_0)-m_1(u_1-h_0)=Q \tag{2-26}$$

$$n_2(U_{\mathrm{m}_2}-H_{\mathrm{m}_0})-n_1(U_{\mathrm{m}_1}-H_{\mathrm{m}_0})=Q \tag{2-27}$$

式（2-27）中的U_{m_1}、U_{m_2}及H_{m_0}都是摩尔状态参数。如果流体比热容为定值的理想气体，则

$$H_{\mathrm{m}_0}=U_{\mathrm{m}_0}+p_0V_{\mathrm{m}_0}=U_{\mathrm{m}_0}+RT_0$$

代入式（2-27），则有

$$n_2(U_{\mathrm{m}_2}-U_{\mathrm{m}_0}-RT_0)-n_1(U_{\mathrm{m}_1}-U_{\mathrm{m}_0}-RT_0)=Q$$

因为$\Delta U_{\mathrm{m}}=C_{\mathrm{m},V}\Delta T$，$R=C_{\mathrm{m},p}-C_{\mathrm{m},V}$，则

$$n_2(C_{\mathrm{m},V}T_2-C_{\mathrm{m},p}T_0)-n_1(C_{\mathrm{m},V}T_1-C_{\mathrm{m},p}T_0)=Q \tag{2-28}$$

对于理想气体流入一个真空容器的绝热过程，$n_1=0$，$Q=0$，则

$$C_{\mathrm{m},V}T_2=C_{\mathrm{m},p}T_0 \text{ 或 } T_2=\kappa T_0 \tag{2-29}$$

由式（2-29）可见，在绝热过程中容器内工质的温度与流入容器里的气体量无关。

[例2-11] 表明，该过程为一充气过程，属于不稳定流动或变质量系统，其最大特点是过程功为零及质量在整个过程中都是变化的，但仍适用于热力学第一定律。所导出的式（2-26）～式（2-29）为适用于解决该类问题的计算式。在分析中，忽略了实际充气过程中的分子摩擦发热，所引起的误差不会很大。

【例2-12】 从空气参数为$p_0=0.5\mathrm{MPa}$，$t_0=25℃$的干管向某储气瓶充气，如图2-10（a）所示。充气开始时，瓶内空气参数为$p_1=0.05\mathrm{MPa}$，$t_1=10℃$。假定充气是在绝热条件下进行的，求充气过程终了时瓶内空气温度。

解： 取阀门及储气瓶为热力系。充气过程初始和终了时，瓶内空气的状态，如图2-10（b）和图2-10（c）所示。

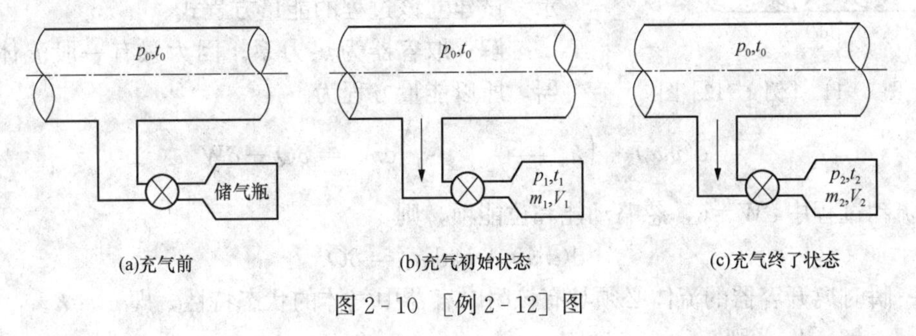

图2-10 ［例2-12］图

充气过程能量方程为

$$\mathrm{d}(mu)-\left(h_0-\frac{c_{f_0}^2}{2}+gz_0\right)\mathrm{d}m_0=\delta Q-\delta W$$

已知过程是在绝热条件下进行的，则 $\delta Q=0$；过程中不做功，则 $\delta W=0$；若忽略宏观动能差及重力位能差，则 $0.5c_f^2+gz=0$。

于是能量方程简化为 $h_0\mathrm{d}m_0=\mathrm{d}(mu)$，对整个过程积分，得

$$h_0m_0=(mu)_2-(mu)_1=m_2u_2-m_1u_1$$

设比热容为定值，则

$$c_pT_0m_0=m_2c_VT_2-m_1c_VT_1$$

因为 $m_0=m_2-m_1$，由理想气体状态方程，得

$$m_1=\frac{p_1V_1}{R_gT_1},m_2=\frac{p_2V_2}{R_gT_2}$$

代入后得

$$c_pT_0\left(\frac{p_2V_2}{R_gT_2}-\frac{p_1V_1}{R_gT_1}\right)=c_V\left(\frac{p_2V_2}{R_gT_2}T_2-\frac{p_1V_1}{R_gT_1}T_1\right)$$

因为 $V_1=V_2$，则

$$\frac{c_pT_0}{c_V}\left(\frac{p_2}{T_2}-\frac{p_1}{T_1}\right)=(p_2-p_1)=\kappa T_0\left(\frac{p_2}{T_2}-\frac{p_1}{T_1}\right)$$

故

$$T_2=T_1\frac{\kappa T_0}{T_1+(\kappa T_0-T_1)p_1/p_2}$$

已知数据：$T_0=273+25=298$（K），$T_1=273+10=283$（K），$\kappa=1.4$，$p_1=0.05\text{MPa}=5\times10^4\text{Pa}$，$p_2=0.5\text{MPa}=5\times10^5\text{Pa}$，故

$$T_2=283\times\frac{1.4\times298}{283+(1.4\times298-283)\times\dfrac{5\times10^4}{5\times10^5}}=398.3(\text{K})\text{ 或 }t_2=398.3-273=125.3(℃)$$

［例 2-12］表明，本例与［例 2-11］相类似，都属于变质量热力系，因此在考虑变量时，应将质量作为变量来考虑。本例利用［例 2-11］所得相关计算进行了实例计算，所得结果不同于稳定流动系统。

【例 2-13】 工程热力学中另一个典型的不稳定流动问题是气体或蒸汽流出一个已知容器，如图 2-11 所示。试建立该过程的能量方程式。

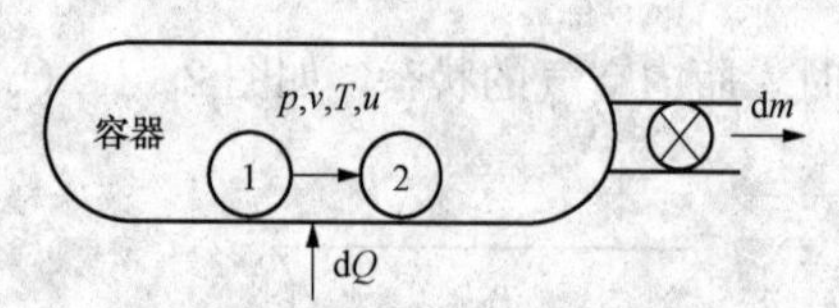

图 2-11 ［例 2-13］图

解： 取容器为热力系。因为只有一股流体流出容器，所以能量方程为

$$\mathrm{d}(mu)+\left(h_0+\frac{c_{f_0}^2}{2}+gz_0\right)\mathrm{d}m_0=\delta Q-\delta W$$

在流动过程中 $\delta W=0$，忽略动能和位能项，则

$$\mathrm{d}(mu)+h_0\mathrm{d}m_0=\delta Q \tag{2-30}$$

任一瞬时离开容器的流体必须具有该瞬时容器中气体的状态特性，即 $h_0=h$。

又 $\mathrm{d}m_0=-\mathrm{d}m$，则

$$d(mu) - h dm_0 = \delta Q$$

即

$$m du + u dm - h dm = \delta Q$$

因 $h-u=pv$，故

$$m du - pv\, dm = \delta Q \tag{2-31}$$

或

$$n dU_m - pV_m dn = \delta Q \tag{2-32}$$

式（2-32）中的 U_m 及 V_m 都是摩尔状态参数。

如果流体是理想气体，则有 $pV_m=RT$，$dU_m=C_{m,V}dT$，代入式（2-32）得

$$nC_{m,V}dT - RT\, dn = \delta Q \tag{2-33}$$

当 $C_{m,V}$ 为定值时，式（2-33）可按下述两种情况求解：

第一种情况，气体与器壁不发生热交换，则为绝热过程，$\delta Q=0$。由式（2-33）得

$$nC_{m,V}dT = RT\, dn \text{ 或 } dT/T = (R/C_{m,V})(dn/n)$$

因 $V=nV_m=$定值，故 $dn/n=-dV/V$，则有 $dT/T=-(R/C_{m,V})(dV_m/V_m)$，积分得

$$\ln\frac{T_2}{T_1} = \frac{R}{C_{m,V}}\ln\frac{V_{m_1}}{V_{m_2}}$$

由于 $R/C_{m,V}=\kappa-1$（对于理想气体 $\gamma=\kappa$），则 $T_2/T_1=(V_{m_1}/V_{m_2})^{\kappa-1}$。该式为比热容为定值的理想气体在可逆绝热过程中参数的关系式。

应该指出，此时虽然未做可逆条件的假设，但建立能量方程时曾提及离开容器的流体与容器中气体的状态特性相同，这实际上为可逆性的假设。

由此可得，对绝热放气过程，留在容器中的气体，在任一瞬时都可完成从初态开始的可逆绝热膨胀过程，即定熵膨胀过程，从而得到绝热放气过程的任一方程。

第二种情况，如果气体以足够的速率与器壁发生热交换，使气体温度与壁温相同。容器壁的传热量为

$$\delta Q' = C' dT \qquad (C = mc)$$

式中：m 为器壁的质量，kg；c 为器壁的比热容，kJ/(kg·K)。

则气体的传热量 $\delta Q=-\delta Q'=-C'dT=-(mc)'dT$，代入式（2-33），得

$$\frac{dT}{T} = \frac{R dn}{nC_{m,V}+(mc)'} = \frac{R}{nC_{m,V}+(mc)'}\,\frac{d(nC_{m,V})}{C_{m,V}}$$

积分得

$$\frac{T_2}{T_1} = \left[\frac{n_2C_{m,V_0}+(mc)'}{n_1C_{m,V_0}+(mc)'}\right]^{\kappa-1} \tag{2-34}$$

由理想气体状态方程

$$p_1V = n_1RT_1,\ p_2V = n_2RT_2$$

式中：V 为容器的体积。

若已知 p_1、p_2、T_1、$C_{m,V}$ 及容器的有关数据（V、m 及 C），可以用试凑法即式（2-34）解出 T_2 及 n_2。当器壁的总热容量 $(mc)'$ 比 $nC_{m,V}$ 大得多时，将得到 $T_2\approx T_1$。

[例 2-13] 表明，一定体积的气罐放气问题，其热力系与充气过程中的热力系类似，属于变质量热力系。所推导出的计算式适用于放气过程的变质量热力系。在使用中，应注意推

导过程的假设和其他条件。

思考题

2-1 “热力学能是状态的单值函数”为什么被认为是热力学第一定律的一种表述？

2-2 不采用任何加热的方法能否使气体的温度升高？另外，放热又升温同时进行是否也能实现？为什么？

2-3 开口系的稳定流动过程，是否同时满足：$\delta Q=\mathrm{d}U+\delta W$、$\delta Q=\mathrm{d}H+\delta W_{\mathrm{t}}$、$\delta Q=\mathrm{d}H+m\mathrm{d}c_f^2/2+mg\mathrm{d}z+\delta W_i$。式中$W$、$W_{\mathrm{t}}$、$W_i$的相互关系是什么？

2-4 定容过程是否一定不做功？为什么？

2-5 定温过程是否一定不传热？为什么？

2-6 门窗紧闭时（认为是绝热的），房间内能否用电冰箱降温？为什么？

2-7 阐述膨胀功、技术功和流动功的意义，并将可逆过程的膨胀功和技术功表示在p-V图上。

2-8 利用稳定流动能量方程，分析锅炉、汽轮机、给水泵和冷凝器的能量转换特点，并写出相应的能量转换方程。

2-9 一个门窗打开的房间，若空气的温度上升而压力不变，则房间内空气的比热力学能和总热力学能会如何变化（空气被视为理想气体，比热容为定值）？为什么？

2-10 过程功有技术功与膨胀功之分。循环功是循环中过程功的代数和。那么循环功是技术功的代数和还是膨胀功的代数和？为什么？

2-11 没有任何能量通过边界进入（或排出）系统时，系统中工质的状态可能发生变化，可能不发生变化，请分别加以说明。

2-12 有人认为，开口系中系统与外界有物质交换，而物质又与能量不可分割，所以开口系不可能是绝热系。这种观点对不对？为什么？

2-13 理想气体的热力学能和焓只和温度有关，而和压力及比体积无关。但是，根据给定的压力和比体积又可以确定热力学能和焓。其间有无矛盾？请说明原因。

2-14 气体定温膨胀过程中，Q与W是什么关系？为什么？

2-15 在绝热过程中技术功等于过程初态到终态的焓降。该结论适用于什么工质？与过程可逆与否有无关系？为什么？

2-16 在炎热的夏天，有人试图用关闭厨房的门窗和打开电冰箱门的办法使厨房降温。开始时会感到凉爽，但过一段时间后这种效果逐渐消失，甚至会感到更热，这是为什么？

习题

2-1 某气缸中装有定量的SO_2，在膨胀过程的实测数据，见表2-4。试求：(1) 1kg的SO_2所做的膨胀功是多少？(2) 如果气缸与活塞间的摩擦力为$0.15p$，则气体对环境所做的膨胀功是多少？(3) 将 (1) 与 (2) 的功量表示在p-v图上。

表 2-4　　p 与 v 的实测数据

p (MPa)	v (m^3/kg)	p (MPa)	v (m^3/kg)
0.345	0.125	0.138	0.268
0.275	0.150	0.069	0.474
0.207	0.187		

2-2　某闭口系中的理想气体在一可逆过程中压力与容积的关系，如图 2-12 所示。试计算 12、23、31 各段及整个过程 1231 系统所做的功。

2-3　气体由 $V_1=0.1m^3$ 膨胀到 $V_2=0.3m^3$，膨胀过程中维持以下关系：$p=2.4V+0.4$（p 与 V 的单位为 MPa 与 m^3）。试计算：(1) 过程所做的功；(2) 若活塞和气缸间的摩擦力为 2000N，活塞面积为 $0.2m^2$，过程所做的功。

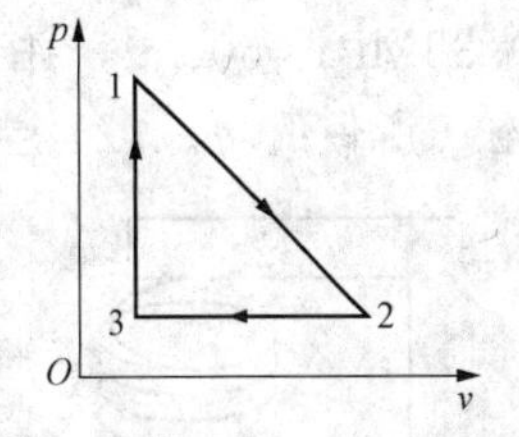

图 2-12　习题 2-2 图

2-4　某气缸中 $0.09m^3$ 的气体由初态 0.12MPa、20℃定温压缩到终态 0.36MPa，试计算：(1) 过程所需功量，并表示在 p-v 图上。(2) 假定在 p-v 图上，按给定的初、终态点引一直线，该过程压缩功为多少？在 p-v 图上对两个压缩过程进行比较。

2-5　某气缸中 0.5kg 的气体从初态 0.7MPa、$0.02m^3$ 膨胀到终态 $0.05m^3$，各膨胀过程维持以下关系：(1) p=定值；(2) pV=定值；(3) $pV^{1.3}$=定值；(4) $pV^{1.4}$=定值；(5) pV^2=定值。试计算各过程所做的功，并在 p-V 图上表示出来。

2-6　某直径为 20cm、体积为 $0.157m^3$ 的气缸内充有压力为 0.2MPa、温度为 17℃的气体。初始时，活塞及其上放置的重物与缸内气体处于热力平衡，如图 2-13 所示。当向气体加热时，无摩擦的活塞缓慢地上升。假定该气体遵循理想气体状态方程，且活塞上的重物保持不变，求气体温度上升到 47℃时，(1) 活塞上升的距离；(2) 气体对活塞所做的功。

2-7　1kmol 理想气体经历两个不同的可逆过程，即过程 1231 与过程 4564，如图 2-14 所示。其中，曲线 T_a 与曲线 T_b 为定温线；直线 23 与直线 56 为定压线；直线 31 与直线 64 为定容线。试证明两可逆过程的功量相等。

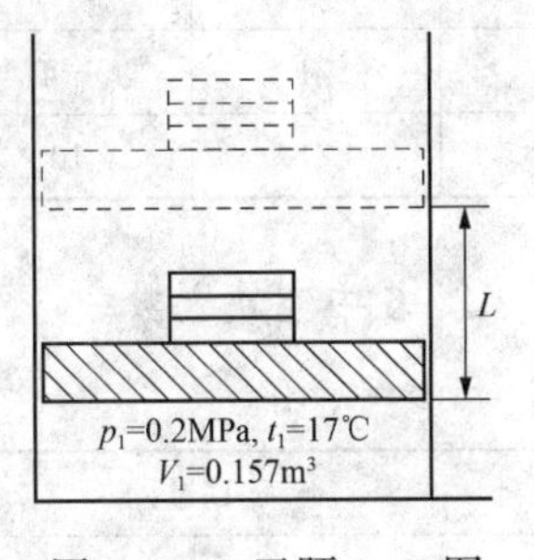

图 2-13　习题 2-6 图

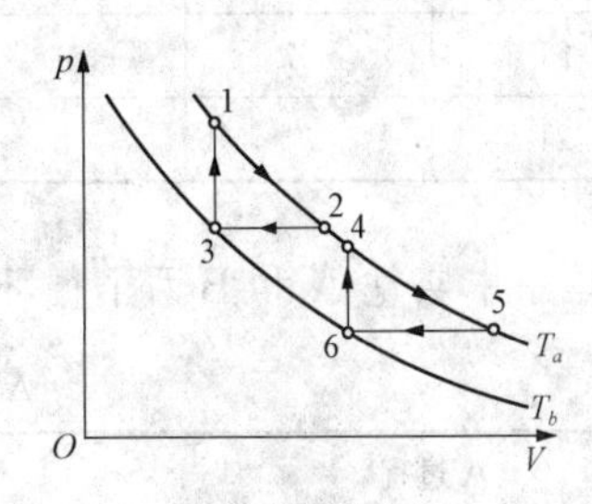

图 2-14　习题 2-7 图

2-8　1kmol 气体由初态容积 $V_{m,i}$ 可逆定温地膨胀到终态容积 $V_{m,f}$，该气体服从状态方程 $p(V_m-b)=RT$，其中 b 为常数且 $0<b<V_m$。试推导过程中完成的功量的表达式；

若为理想气体，进行同样的过程所完成的功量是多些还是少些？

2-9 1kg氮气从初态0.12MPa、30℃定温压缩到终态0.3MPa，试计算：(1) 可逆定温压缩过程所需的功，并表示在p-v图上。(2) 假定该压缩过程是在往复式压气机中进行的，过程中除连杆对活塞的作用外，还有p_0=0.097MPa的大气压力作用在活塞背面。在相同的状态变化中，外界加入的净功量为多少？并表示在p-v图上。(3) 在实际压缩过程中除（2）所述之外，气缸和活塞之间还有摩擦作用，假定摩阻与一个0.05MPa的定值有效阻滞压力等价，则过程中沿着连杆传递的净功量为多少？并表示在p-v图上。

2-10 某气缸中的空气初态为0.103MPa、30cm^3，此时刚好与大气压力和活塞重量相平衡，弹簧与活塞接触但未产生力的作用，如图2-15所示。若使气体加热到终态为0.35MPa、60cm^3，并假定过程中弹簧力与活塞移动的距离成正比。试计算：(1) 气缸内空气所做的功。(2) 空气反抗弹簧力的功占总功的百分比。

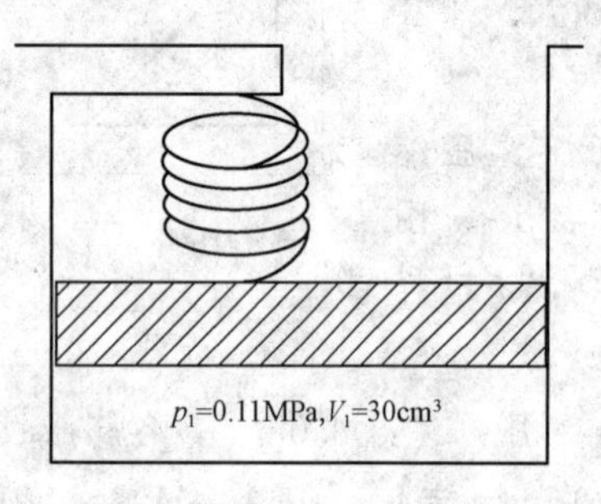

图2-15 习题2-10图

2-11 某闭口系中的定量气体由12、23、34、41完成一个循环。已知：12过程中气体吸热210kJ，外界对气体做功180kJ；23过程中气体向外放热20kJ，气体对外做功200kJ；34过程中气体向外放热190kJ，外界对气体做功300kJ；41过程中气体吸热40kJ。求：(1) 41过程中气体与外界交换的功量；(2) 过程中气体的热力学能变化量，以及循环中气体的总热力学能变化量。

2-12 某闭口系中气体在过程中向外放出9kJ的热量，对外做功27kJ。欲使气体恢复初态，外界向气体加入6kJ的热量，试求该过程中气体与外界相互作用的功量大小和方向。

2-13 某闭口系由状态1沿着a途径变化到状态2，然后由状态2沿着b或c途径恢复到状态1。现有A和B两个不同的过程，试填补表2-5中空缺之数。

表2-5 **A和B过程**

A过程				B过程			
途径	过程	Q	W	途径	过程	Q	W
a	12	10		a	12		−7
b	21	−7	4	b	21	−4	9
c	21		8	c	21	10	

2-14 闭口系中实施A和B两个循环，试填补表2-6中空缺之数。

表2-6 **A和B循环**

A过程				B过程			
过程	Q	W	ΔU	过程	Q	W	ΔU
12	1040	0		12		0	1390
23	0	142		23	0	395	

续表

A过程				B过程			
34	−900	0		34		0	−1000
41	0			41	0		

2-15 某试验中能量转换器输入的能量为$\dot{Q}=80\ 000\text{kJ/h}$和$P_e=1.6\text{kW}$。若输出的电功率为18kW，求该转换器在4min内所转换的能量。

2-16 一辆5000kg的汽车，以40 000m/h的速度行驶，试确定制动时闸和制动轮热力学能的变化量。假定制动时热损失忽略不计。

2-17 汽车以45 000m/h的速度行驶，在1h内消耗汽油$37.5\times10^{-3}\text{m}^3$。已知汽油的发热值为44 000kJ/kg，汽油的密度为0.75g/cm^3，通过车轮输出的功率为66.2kW。求汽车每分钟内通过排气及水箱散出的总热量。

2-18 质量为1.5kg的气体从初态1000kPa、0.2m^3膨胀到终态200kPa、1.2m^3，膨胀过程中维持以下关系：$p=aV+b$，其中a、b均为常数。$u=1.5pv-85\text{kJ/kg}$，其中p、v的单位为kPa、m^3/kg。求：(1) 过程的传热量；(2) 气体所获得的最大热力学能增量。

2-19 气体的质量为8kg，在塑性容器内从初态1000kPa、1m^3膨胀到500kPa。过程中气体热力学能变化量为−40kJ/kg，$pV^{1.2}=$定值，求传热量的大小和方向。

2-20 一辆1350kg的汽车从山上下滑，驾驶员发现有红灯停车信号。开始刹车时，汽车的速度为28m/s，当时车位于山脚下垂直距离30m处，若忽略风及其他摩阻，问由制动器散出的热量是多少？

2-21 落差为100m的瀑布。假定水与环境不发生能量交换，求：(1) 水在瀑布顶部相对于底部的比位能为多少？(2) 水落下撞击底部之前的比动能为多少？(3) 1kg水进入瀑布下面的河流之后，其水温升高多少？

2-22 冬季车间内通过墙壁和门窗向外的散热率为$30\times10^6\text{kJ/h}$，车间内各种生产设备的总功率为500kW。假定设备在运行中将动力全部转变为热量，另外还用50盏100W的电灯照明。为使车间温度保持不变，求每小时还需向车间加入多少热量？

2-23 由生物力学测定可知，一个人在静止时向环境的散热率为400kJ/h。在一个可容纳2000人的礼堂里，由于空调系统发生故障，求：(1) 故障后的20min内，礼堂中空气的热力学能增加量。(2) 假定礼堂和环境无热量交换，将礼堂和所有的人取为热力系，该系统热力学能的变化量为多少？应如何解释礼堂里空气温度的升高？

2-24 有人试图用绝热量热计来测定液体的比热容。该设备用一个搅拌轮在绝热容器中做功，根据测出的搅拌功及液体温升就可算出该液体的比热容。为了验证这一测定的准确性，用10mol、$C_{m,p}=133.1\text{J/(mol}\cdot\text{K)}$的苯进行试验，结果搅拌轮所做的功为6256J，液体温升为4K。假定试验中压力不变，苯的比热容为定值。试论证试验结果与测定要求是不一致的，并解释其原因。

2-25 某绝热的静止气缸内装有无摩擦的不可压缩流体。试问：(1) 气缸中的活塞能否对流体做功？为什么？(2) 流体的压力会改变吗？为什么？(3) 假定用某种方法使流体的压力从0.2MPa提高到4.0MPa，则流体的热力学能和焓有无变化？

2-26 某蒸汽锅炉中，锅炉给水的比焓为62kJ/kg，产生的蒸汽的比焓为2721kJ/kg。

已知：锅炉的蒸汽产量为 4000kJ/h，锅炉的热效率为 70%，燃煤的发热值为 25 120kJ/kg，求锅炉每小时的耗煤量。

2-27　空气在某压气机中被压缩。压缩前空气的参数为：$p_1=0.1\text{MPa}$，$t_1=27℃$；压缩后的参数为：$p_2=0.5\text{MPa}$，$t_2=150℃$。压缩过程中空气比热力学能变化为 $\Delta u=0.716\times(t_2-t_1)$，压气机消耗的功率为 40kW。假定空气与环境无热交换，进、出口的宏观动能差值和重力位能差值可以忽略不计，求压气机每分钟生产的压缩空气量。

2-28　某气体通过一根内径为 15.24cm 的管子流入动力设备。设备进口处气体的参数为：$v_1=0.336\,9\text{m}^3/\text{kg}$，$h_1=2326\text{kJ/kg}$，$c_{f_1}=3\text{m/s}$；出口处气体的参数为：$h_2=2093\text{kJ/kg}$。若不计气体进、出口的宏观动能差值和重力位能差值，忽略气体与设备的热交换，求气体向设备输出的功率。

2-29　某稳定流动系统，已知进口处气体参数为：$p_1=620\text{kPa}$，$v_1=0.37\text{m}^3/\text{kg}$，$u_1=2100\text{kJ/kg}$，$c_{f_1}=300\text{m/s}$；出口处参数为：$p_2=130\text{kPa}$，$v_2=1.2\text{m}^3/\text{kg}$，$u_2=1500\text{J/kg}$，$c_{f_2}=150\text{m/s}$。气体的质量流量 $\dot{m}=4\text{kg/s}$，流过系统时向外传出的热量为 30kJ/kg。假定气体流过系统时重力位能的变化忽略不计，求向外输出的功率。

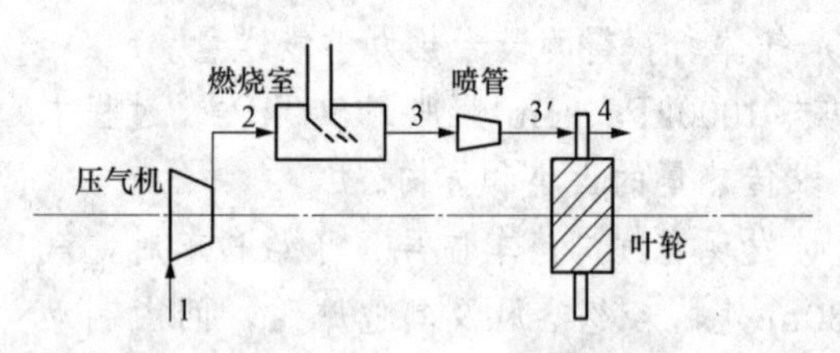

图 2-16　习题 2-30 图

2-30　某燃气轮机装置，如图 2-16 所示。已知在各截面处的参数为：截面 1 处 $p_1=0.1\text{MPa}$，$t_1=28℃$，$v_1=0.88\text{m}^3/\text{kg}$；截面 2 处 $p_2=0.6\text{MPa}$，$t_2=82℃$，$v_2=0.173\text{m}^3/\text{kg}$；截面 3 处 $p_3=p_2$，$t_3=600℃$，$v_3=0.427\text{m}^3/\text{kg}$；截面 3′处 $p_{3'}=p_1$，$t_{3'}=370℃$，$v_{3'}=1.88\text{m}^3/\text{kg}$；且 $\Delta u_{12}=u_2-u_1=40\text{kJ/kg}$，$\Delta u_{23}=375\text{kJ/kg}$，$\Delta u_{33'}=-167\text{kJ/kg}$。若取速度 $c_{f_1}=c_{f_2}=c_{f_3}=c_{f_4}=0$，求：(1) 压气机消耗的功；(2) 燃烧室加给工质的热量；(3) 喷管出口的流速；(4) 叶轮输出的功。

2-31　1kg 气体从初态 0.2MPa、$1\text{m}^3/\text{kg}$ 经历了一可逆过程后膨胀到终态 0.1MPa、$2\text{m}^3/\text{kg}$。已知过程中热力学能不变，压力与比体积保持关系 $pv=$定值。求：(1) 若过程发生在闭口系中，气体做的功量以及与外界交换的热量为多少？在 p-v 图上表示出过程的轨迹。(2) 若过程发生在稳定流动的开口系中，假定过程中气体不对外做功，气体的焓变化量、宏观动能增加量以及与外界交换的热量各是多少？在 p-v 图上表示出宏观动能的增加量。

2-32　一台锅炉给水泵将冷凝水由 $p_1=0.006\text{MPa}$ 升高至 $p_2=2.0\text{MPa}$。若冷凝水流量为 200 000kg/h，水的密度为 $\rho_{H_2O}=1000\text{kg/m}^3$。假定水泵的效率为 0.88，问带动该水泵至少需要多大功率的电动机？

2-33　有一台双侧进风的高效风机，铭牌上标明：风量为 $18\times10^4\text{m}^3/\text{h}$，风压为 300mm$H_2O$，转速为 960r/min。现从风机产品目录中查得该风机的效率为 85%。问带动该风机至少需要多大功率的电动机？为了考虑启动，安全系数取 1.5 倍。

2-34　某空气液化装置中，空气以 $\dot{m}=250\text{kg/h}$ 的流量流过膨胀机，膨胀机进口处空气的参数为：$p_1=1.5\text{MPa}$，$t_1=-62℃$；出口处的参数为：$p_2=0.17\text{MPa}$，$t_2=-112℃$。过程中比热力学能变化为 $\Delta u=0.716(t_2-t_1)$，由空气传出的热流量等于膨胀机输出功率的

10%，试计算：(1) 膨胀机输出的功率；(2) 每小时传递的热流量。

2-35　某离心式压气机在稳定流动的情况下，每分钟吸入温度为15℃、压力为0.1MPa、比体积为0.843m^3/kg的空气10kg；排出时空气的压力为0.2MPa，比体积为0.528m^3/kg。空气在压气机出、入口处的热力学能增量为50kJ/kg。假定压缩过程中与外界不发生热交换，求：(1) 压缩过程中每千克气体的压缩功；(2) 气体消耗的技术功；(3) 带动该压气机至少需要多大功率的电动机。

2-36　某蒸汽动力厂中，锅炉以40×10^3kg/h的速度向汽轮机供给蒸汽。汽轮机进口处压力表读数为9.0MPa，蒸汽的比焓为3440kJ/kg；汽轮机出口处真空表读数为730.6mmHg，当时当地的大气压力为760mmHg，出口蒸汽的比焓为2245kJ/kg，汽轮机对环境放热率为6.85×10^5kJ/h。求：(1) 进、出口处蒸汽的绝对压力各是多少？(2) 若不计蒸汽进、出口处的宏观动能差值和重力位能差值，汽轮机的功率是多少？(3) 如进口处蒸汽速度为70m/s，出口处蒸汽速度为140m/s，对汽轮机的功率有多大影响？(4) 如进、出口的高度差为1.6m，对汽轮机的功率有多大影响？

2-37　有一个压缩空气储气罐通过输气管向外输气，如图2-17所示。已知输气管内空气的状态保持稳定，其压力为p、焓为h。若储气罐输出空气的流量为$\dot{m}_{out}$，输气过程可持续进行直到容器中空气的压力等于输气管中空气的压力为止。试证明输气过程中储气罐内空气热力学能减少的数值等于输气管所得空气的焓的数值，即$(\dot{m}u)_1-(\dot{m}u)_2=\dot{m}_{out}h_{out}$或$\dot{U}_1-\dot{U}_2=\dot{m}_{out}h_{out}$。

2-38　有一个储气罐，连接在输气管路上进行充气。充气开始时储气罐内为真空状态。已知输气管内气体状态保持不变，其压力为p、焓为h。经过足够长的时间后，容器内气体的压力等于输气管中空气的压力，此时储气罐内气体的热力学能为u_0。若气体的宏观动能及重力位能忽略不计，试证明容器中的气体热力学能值等于管路中的气体焓值，即$u_0=h$。

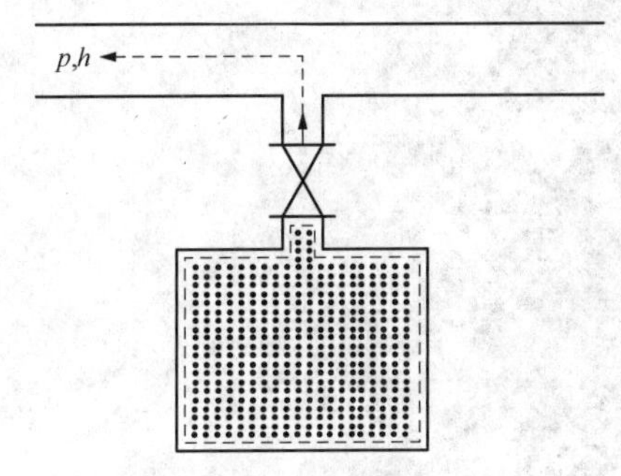

图2-17　习题2-37图

2-39　一只容积为0.06m^3的空罐与温度为27℃、压力为7.0MPa的压缩空气干管相连。若将阀门打开，空气流入罐内直到压力达到5.0MPa时，关闭阀门。由于充气过程进行迅速，故可认为过程是绝热的。假设让罐在阀门关闭后放置很长时间，最后罐内温度恢复到室温，问罐内最后压力是多少？

2-40　某输气管内气体的参数为：$p=2.0$MPa，$t=30$℃，$h=30.3$kJ/kg。有一体积为0.53m^3的绝热容器通过阀门与输气管相连。容器内最初为真空状态，将阀门打开，使容器充气，充气过程进行到容器内的压力为2.0MPa时为止。若该气体的热力学能与温度有$u=0.72t$的关系（t:℃），求充气过程进行后，容器内气体的温度。

2-41　某压缩空气管内气体的参数为：$p=500$kPa，$t=30$℃。有一容积为13m^3的绝热钢质容器通过阀门与压缩空气管相连，容器内最初气体参数为：$p_1=100$kPa，$t_1=22$℃。此时将阀门打开，使容器充气，充气进行到容器内的压力$p_2=300$kPa时为止。若该气体的热力学能与温度有$u=0.72t$的关系（t:℃），焓与温度有$h=1.006t$的关系（t:℃）。已知钢质容器的质量为1200kg，钢的比热容为$c_{钢}=448\mathrm{J/(kg\cdot K)}$。试计算充气按下列条件进行时，过程终了时容器里的空气量是多少？温度为多少？(1) 充气过程在绝热条件下进行，容器壁与气体无热交换；(2) 充气过程在定温条件下进行，容器壁与气体热交换进行得非常迅速，容器壁和气体温度始终保持一致。

第3章　气体和蒸汽的性质及过程

能量转换或传递的普遍规律是客观存在的，并不以人们的意志而改变。因此，能量转换或传递要受具体的内、外部环境条件的影响。工质作为能量转换或传递过程的媒介，是实现能量转换或传递的内部条件。热变功的过程主要利用气（汽）相工质的体积膨胀来实现。工质的性质会影响能量转换或传递的效果。仅满足内部条件还不能有效地实现能量转换或传递，还必须满足外部条件。工质在某热力设备中，通过某热力过程而完成状态变化，以实现能量转换或传递，即为外部条件。

气（汽）相工质分为理想气体和实际气体。在工程实践中，理想气体可视为在 $p \to 0$ 时实际气体的一种极限概念。工程上许多气体在常用参数范围内可作为理想气体来处理。因此，理想气体作为气体的一个理想化模型有实际意义。本章研究理想气体、蒸汽的热力性质以及在热力过程中的规律。

3.1　基　本　要　求

（1）掌握理想气体的概念（两条假设），理想气体状态方程及通用气体常数。

（2）掌握理想气体的热容、比热容、热力学能、焓和熵及其计算。

（3）掌握饱和参数、三相点、临界点的概念。

（4）熟悉蒸汽的定压加热过程。

（5）掌握蒸汽 T-s 图、p-v 图、h-s 图和 p-T 图（相图）。

（6）熟悉蒸汽的热力性质表。

（7）熟悉分析热力过程的目的与方法。

（8）熟练掌握四种基本热力过程（可逆定容、可逆定压、可逆定温及可逆绝热过程）以及多变过程的初、终态基本状态参数 p、v、T 之间的关系。

（9）熟练掌握四种基本热力过程以及多变过程中系统与外界交换的热量、功量的计算。

（10）能将各过程表示在 p-v 图和 T-s 图上，并能正确地应用 p-v 图和 T-s 图判断过程的特点，即 Δu、Δh、q 及 w 等的正负值区域。

3.2　基　本　概　念

理想气体： 分子间没有相互作用力，分子是不具有体积的弹性质点的假想气体。

实际气体： 在工程使用范围内离液态较近，分子间作用力及分子本身的体积不可忽略，热力性质复杂，工程计算主要靠图表的气体。

热容： 物体温度升高 1K 所需的热量。热容，符号：C；单位：J/K。比热容，符号：c；单位：J/(kg·K)。

摩尔热容： 1mol 物质的热容。符号：C_m；单位：J/(mol·K)。

体积热容：标准状态下 $1m^3$ 物质的热容。符号：C'；单位：$J/(m^3 \cdot K)$。

比定容热容：可逆定容过程的比热容，也称质量定压热容。符号：c_V；单位：$J/(kg \cdot K)$。

比定压热容：可逆定压过程的比热容，也称质量定容热容。符号：c_p；单位：$J/(kg \cdot K)$。

比热比：比定压热容与比定容热容的比值，也称质量热容比。符号：γ。

熵：系统中可逆过程的热温之比 $\delta Q/T$ 称为熵的变化值 dS，其中 S 称为熵。熵，符号：S；单位：J/K。比熵，符号：s；单位：$J/(kg \cdot K)$。

汽化：物质由液态转变为气态的过程。

凝结：物质由气态转变为液态的过程。

沸腾：在水表面和内部同时进行的强烈汽化过程。

饱和状态：液体分子脱离其表面的汽化速度与气体分子回到液体中的凝结速度相等，此时液体与蒸汽处于动态平衡的状态。

饱和温度：处于饱和状态的汽、液相同的温度。符号：t_s；单位：℃。

饱和压力：处于饱和状态的汽、液相同的压力。符号：p_s；单位：Pa。

三相点：固、液、气三相共存的状态。水的三相点温度和压力值：$t_{tp} = 273.16K$，$p_{tp} = 611.659Pa$。

干度：湿蒸汽中饱和蒸汽所占的质量百分比。符号：x。

过热度：工质的温度超过饱和温度的差值。

临界点：当工质温度大于某一温度时，无论压力如何增加都不可能液化，即汽化潜热为零，该温度与之对应的饱和压力所确定的状态点即为饱和状态的上限。水的临界参数：$t_{cr} = 373.99℃$，$p_{cr} = 22.064MPa$，$v_{cr} = 0.003\ 106m^3/kg$。

3.3 重点与难点解析

3.3.1 理想气体及其状态方程

1. 理想气体的意义及实际气体简化

理想气体是为了分析问题而提出的一个假想的物理模型，不仅可以定性分析气体的某些热现象，而且可以定量导出状态参数间存在的简单函数关系，而实际上是不存在的。因此，可以把理想气体视为在 $p \to 0$ 时实际气体的一种极限情况。

在热力工程中常见的水蒸气或 O_2、N_2，H_2、空气等这一类气体，只要它们的压力足够小，其分子间的吸引力和分子体积都小到可忽略的程度，工程误差在允许范围之内，也可按理想气体处理，以方便分析问题和定量计算。反之，如果气体的压力较高，温度较低，分子间的吸引力较明显，或与气体所占据的空间相比，分子体积较大，离临界点不远，仍把它视为理想气体，就会在计算中产生较大的误差。因此，在实践中遇到的各种气体能否按理想气体处理，要看工质的性质和状态是否远离饱和区，也要看工程计算对精确度的要求。

2. 理想气体状态方程

理想气体在任一平衡状态时，p、v、T 之间关系的方程式即为理想气体状态方程式，或称克拉珀龙（Clapeyron）方程，即

$$pv = R_g T \text{ 或 } pV = mR_g T \tag{3-1}$$

式中：R_g 为气体常数，与气体所处的状态无关，随气体的种类而异，$J/(kg \cdot K)$。

利用式（3-1）中的两个独立变量，可以确定第三个状态变量。若三个状态变量均为已知，可以确定工质的质量。由于气体常数 R_g 与气体的种类有关，可利用工质物性表查得，较为繁琐，故引入通用气体常数 R。通用气体常数 R 是与状态无关，也与气体性质无关的普适恒量。同温同压下，各种气体的摩尔体积 V_m 相同，但比热容不同。不同气体的通用气体常数 R 相同，即 $R=8.314\text{J/(mol}\cdot\text{K)}$。

若工质的物量参数用摩尔数 n 表示，则用通用气体常数 R 表示的状态方程为

$$pV_m = RT \text{ 或 } pV = nRT \tag{3-2}$$

气体常数 R_g 与通用气体常数 R 的关系为

$$R_g = \frac{R}{M} \tag{3-3}$$

式中：M 为气体的摩尔质量，kg/mol。

3.3.2　理想气体的比热容

1. 比热容的定义

1kg 物质温度升高 1℃或 1K 所需的热量为比热容，单位为 J/(kg · K)。比热容可表示为

$$c = \frac{\delta q}{\mathrm{d}T} \tag{3-4}$$

除了比热容 c 外，还有摩尔热容 C_m 和体积热容 C'。三者间的关系为

$$C_m = Mc = 0.022\,414\,1C' \tag{3-5}$$

热量是过程量，因而比热容也和过程特性有关。不同的热力过程，比热容也不相同，故比热容是过程函数，如图 3-1 所示。T-s 图为示热量图，不同的过程，物质温度每升高 1℃或 1K 所需的热量是不同的。

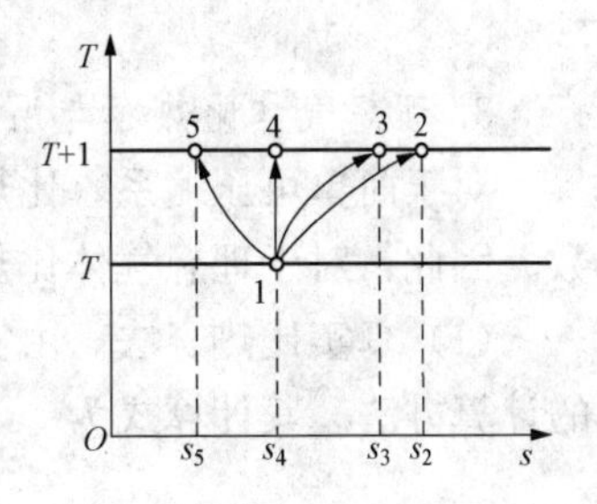

图 3-1　比热容与过程有关的 T-s 图

热力设备中，工质通常在压力或体积近似不变的条件下进行吸热或放热。因此，最常用的是定压过程和定容过程的比热容，故分别称为比定压热容和比定容热容，分别以 c_p 和 c_V 表示。

比定容热容

$$c_V = \left(\frac{\delta q}{\mathrm{d}T}\right)_V = \left(\frac{\mathrm{d}u + p\mathrm{d}v}{\mathrm{d}T}\right)_V = \left(\frac{\partial u}{\partial T}\right)_V \tag{3-6}$$

比定压热容

$$c_p = \left(\frac{\delta q}{\mathrm{d}T}\right)_p = \left(\frac{\mathrm{d}h - v\mathrm{d}p}{\mathrm{d}T}\right)_p = \left(\frac{\partial h}{\partial T}\right)_p \tag{3-7}$$

式（3-6）和式（3-7）直接由 c_V、c_p 的定义导出，故适用于一切工质，不限于理想气体。因过程已定，其只与状态有关，故为状态参数。对于理想气体，热力学能只取决于温度的内动能，与比体积无关。理想气体的热力学能和焓只是温度的单值函数，则比定压热容和比定容热容的表达式为

$$c_V = \frac{\mathrm{d}u}{\mathrm{d}T} \text{ 或 } \mathrm{d}u = c_V\,\mathrm{d}T \tag{3-8}$$

$$c_p = \frac{\mathrm{d}h}{\mathrm{d}T} \text{ 或 } \mathrm{d}h = c_p\mathrm{d}T \tag{3-9}$$

对于理想气体，c_V、c_p 是温度的单值函数。

2. 迈耶公式及比热比

由理想气体的焓值表达式 $h=u+R_g T$ 对 T 求导得 $dh/dT=du/dT+R_g$，整理则有

$$c_p - c_V = R_g \tag{3-10}$$

式（3-10）中 R_g 为气体常数，恒大于零。因此，同样温度下任意气体的 c_p 总是大于 c_V，其差值恒等于气体常数 R_g。从能量守恒的观点分析，气体定容加热时，吸热量全部转变为分子的内动能，使温度升高；而定压加热时体积增大，吸收的热量中有一部分转变为机械能对外做膨胀功，所以同样温度升高 1K 定压加热时所需热量更大，故 $c_p > c_V$。式（3-10）两侧同乘以摩尔质量 M，则有

$$C_{m,p} - C_{m,V} = R \tag{3-11}$$

式（3-10）和式（3-11）统称为迈耶公式。

比定压热容和比定容热容的比值称为比热比。它在热力学理论研究和热功计算方面是一个重要参数，以 γ 表示，其表达式为

$$\gamma = \frac{c_p}{c_V} = \frac{C_{m,p}}{C_{m,V}} \tag{3-12}$$

将式（3-12）代入式（3-10），可得

$$\left.\begin{aligned} c_V &= \frac{1}{1-\gamma} R_g \\ c_p &= \frac{\gamma}{1-\gamma} R_g \end{aligned}\right\} \tag{3-13}$$

3. 理想气体比热容与温度的关系

对于简单可压缩系，比热容为压力和温度的函数。但对理想气体，则仅为温度的单值函数。因此，对于理想气体比热容的计算方法有以下几种。

（1）真实比热容法。由实验测得气体的比热容随温度变化的数值，并将其拟合成多项式的计算方法。其计算式为

$$c = \alpha_0 + \alpha_1 T + \alpha_2 T^2 + \alpha_3 T^3 + \cdots \tag{3-14}$$

由于该比热容是通过实验数据得到，其值接近真值，所以在计算热力学能、焓和熵等参数时，所得结果较准确。

（2）平均比热容法。温度由 t_1 升高到 t_2 时，取吸热量与温升的比值的计算方法。由于热量需要通过积分确定，故比热容值为积分平均值。其计算式为

$$c\Big|_{t_1}^{t_2} = \frac{q}{t_2 - t_1} = \frac{\int_{t_1}^{t_2} c\mathrm{d}t}{t_2 - t_1} = \frac{\int_0^{t_2} c\mathrm{d}t - \int_0^{t_1} c\mathrm{d}t}{t_2 - t_1} = \frac{c\Big|_0^{t_2} t_2 - c\Big|_0^{t_1} t_1}{t_2 - t_1} \tag{3-15}$$

式中：$c\Big|_0^{t_1}$、$c\Big|_0^{t_2}$ 分别为温度自 0℃到 t_1 和 0℃到 t_2 的平均比热容值［J/（kg·K）］，可以从平均比热容表中查取。

若真实比热容值与温度成近似直线关系，可推得平均比热容的线性计算关系式为

$$c\Big|_{t_1}^{t_2} = a + \frac{b}{2}(t_1 + t_2) \tag{3-16}$$

这种比热容的计算方法，其精度不及平均比热容表法，但高于定值比热容法。

（3）定值比热容法。工程上，当气体温度在室温附近，温度变化范围不大或者计算精确

度要求不太高时，将比热容视为定值。通过对多原子气体的适当修正，可得定值比热容的数值计算式，见表 3 - 1。

表 3 - 1　理想气体的定值比热容及比热比

气体种类	c_V [J/ (kg·K)]	c_p [J/ (kg·K)]	$\gamma=c_p/c_V$
单原子	$3R_g/2$	$5R_g/2$	1.67
双原子	$5R_g/2$	$7R_g/2$	1.40
多原子	$7R_g/2$	$9R_g/2$	1.30

3.3.3　理想气体的热力学能、焓、熵

理想气体的热力学能和焓是温度的单值函数，其计算式为

$$\Delta u=\int_1^2 c_V\,\mathrm{d}T \tag{3-17}$$

$$\Delta h=\int_1^2 c_p\mathrm{d}T \tag{3-18}$$

比热容的计算方法不同，热力学能和焓的求解过程也不同。具体选取哪种方法，取决于计算结果的精度。通常采用的方法有：①按真实比热容法求解；②按平均比热容法求解；③按定值比热容法求解；④按气体热力性质表实验数值直接计算。该表一般规定 0K 为基准点，即 $T=0\mathrm{K}$，$h=0$，$u=0$。从该表中所求得的是任意温度下的 h 和 u 值。

对于理想气体，任何一个过程热力学能的变化量都和温度变化量相同的定容过程的热力学能变化量相等，即 $\mathrm{d}u=c_V\,\mathrm{d}T$；任何一个过程焓的变化量都和温度变化量相同的定压过程的焓变化量相等，即 $\mathrm{d}h=c_p\mathrm{d}T$。

理想气体的熵参数不仅与温度有关，且因为熵是状态参数，故可用任意两个独立的状态参数表示。其计算式可根据已知条件选取不同的形式。

已知（T，p），其计算式为

$$\Delta s=\int_1^2 c_p\frac{\mathrm{d}T}{T}-R_g\ln\frac{p_2}{p_1}\quad\text{（真实比热容）} \tag{3-19}$$

$$\Delta s=c_p\ln\frac{T_2}{T_1}-R_g\ln\frac{p_2}{p_1}\quad\text{（定值比热容）} \tag{3-20}$$

已知（T，v），其计算式为

$$\Delta s=\int_1^2 c_V\frac{\mathrm{d}T}{T}+R_g\ln\frac{v_2}{v_1}\quad\text{（真实比热容）} \tag{3-21}$$

$$\Delta s=c_V\ln\frac{T_2}{T_1}+R_g\ln\frac{v_2}{v_1}\quad\text{（定值比热容）} \tag{3-22}$$

已知（p，v），其计算式为

$$\Delta s=\int_1^2 c_V\frac{\mathrm{d}p}{p}+\int_1^2 c_p\frac{\mathrm{d}v}{v}\quad\text{（真实比热容）} \tag{3-23}$$

$$\Delta s=c_V\ln\frac{p_2}{p_1}+c_p\ln\frac{v_2}{v_1}\quad\text{（定值比热容）} \tag{3-24}$$

借助查表确定 $\int_1^2 c_V\frac{\mathrm{d}T}{T}$ 的方法是较精确的方法。选择基准状态 $p_0=101\ 325\mathrm{Pa}$、$T_0=0\mathrm{K}$，规定 $\{s_{0\mathrm{K}}^0\}=0$。从 0K 到任意温度（T，p_0）时，$s_T^0=\int_0^T c_V\frac{\mathrm{d}T}{T}$，则有

$$\Delta s = s_{T_2}^0 - s_{T_1}^0 - R_g \ln \frac{p_2}{p_1} \tag{3-25}$$

热力学能、焓和熵都是状态参数，与过程是否可逆无关，只取决于初、终态。因此，式（3-17）～式（3-25）适用于理想气体的任何过程。

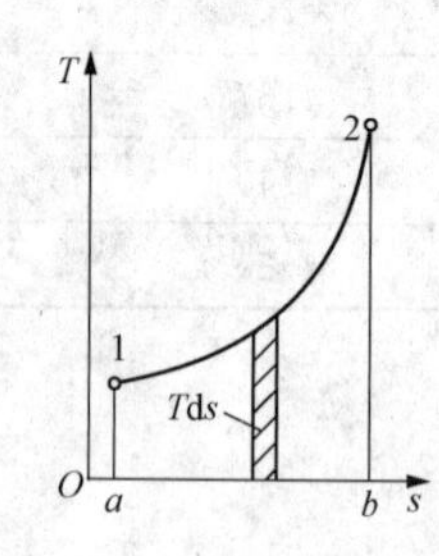

图 3-2 示热量图

利用熵定义式 $ds = \delta q/T$，对于可逆过程，则可得过程的热量计算式 $q = \int_1^2 T ds$。将其表示在坐标图上，如图 3-2 所示。过程中进行热量交换的值 q＝面积 $12ba1$，故又将 T-s 图称为示热量图。

3.3.4 蒸汽饱和状态

水由液相通过汽化即蒸发和沸腾转变为气相，再由气相通过凝结转变为液相。在热变功过程中，工质水就是通过相态的转变完成了能量的传输。

水和蒸汽达到饱和状态的主要特征为：液相和气相的压力和温度相同，此时分别称为饱和压力和饱和温度，且两者的关系为单值函数。

饱和蒸汽的特点：在一定体积中，不能再含有更多的蒸汽，即蒸汽压力与密度为对应温度下的最大值。

对一定温度的液态水减压，也可使水达到饱和状态。此时所需的能量由液态水本身的热力学能供给，因此液态水的温度要降低，但仍满足饱和压力与饱和温度的对应关系。

水的 p-T 三相点相图，如图 3-3 所示。T_{tp}为三相点温度，C 为临界点。$T_{tp}A$、$T_{tp}B$ 和 $T_{tp}C$ 曲线分别为气固、液固和气液相平衡分界线。由于液态水凝固时体积增加，依据克拉珀龙-克劳修斯方程，固液相平衡分界线 $T_{tp}B$ 的斜率为负。

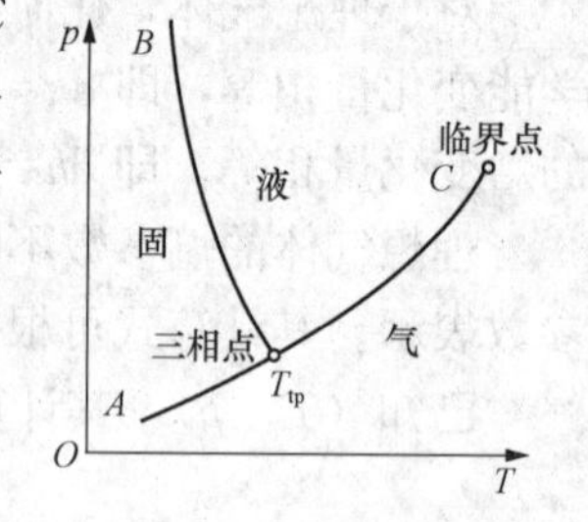

图 3-3 水的 p-T 三相点相图

三条相平衡分界线的交点称为三相点。据相律，三相点的自由度为零。水的三相点的平衡压力和温度分别为：$p_{tp} = 611.659\text{Pa}$，$T_{tp} = 273.16\text{K}$。

同相平衡分界线上的各点一样，水三相点的成分可以变化，故水三相点的比体积不是定值，但三相点液相比体积为确定值，即 $v'_{tp} = 0.001\,002\,1\text{m}^3/\text{kg}$。

因此，当压力低于 p_{tp}时，液相不可能存在，而只可能是气相或固相；三相点温度和压力是最低的饱和温度和饱和压力；各种物质在三相点的温度与压力分别为定值，但固、气相比体积则随固、液、气三相的混合比例不同而不同；水和蒸汽饱和状态的上限为临界点 C，即汽化潜热为零，下限为三相点即汽化潜热为最大值。

3.3.5 水的汽化过程和临界点

工程上所用的蒸汽通常是水在定压条件下吸热产生的，如图 3-4 所示。其中，变量上角标“′”“″”分别表示饱和水、干饱和汽的参数。一定压力下，对过冷水加热，其温度逐渐升高，比体积略有增加，直到温升至该压力下所对应的饱和温度 t_s 而形成饱和水。该过程为预热阶段，所吸收的热量为液体热 q_l。

对饱和水继续加热，开始出现沸腾汽化。此时，压力和温度也不变，汽和水的混合物称为湿饱和蒸汽，简称湿蒸汽。随着加热过程的继续进行，水全部变成蒸汽，即为干饱和蒸汽，简称饱和蒸汽。该过程为汽化阶段，所吸收的热量为汽化潜热 γ。此时，汽、液温度不变。

对干饱和蒸汽继续定压加热，比体积增大，温度继续升高，成为过热蒸汽。其温度超过饱和温度，称为过热度。该过程为过热阶段，所吸收的热量为过热热 q_{sup}。

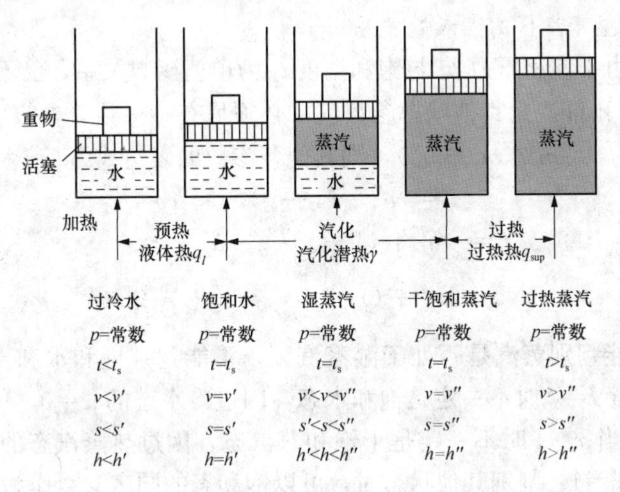

图 3-4　水的定压汽化过程及各参数关系

p-v 及 T-s 图上的过冷水在不同定压下加热为过热蒸汽的过程，如图 3-5 所示。

将图 3-4 和图 3-5 可总结为：一点，即临界点 C；二线：上界线（饱和水）和下界线（干饱和蒸汽）；三区，即液态区、湿蒸汽区及过热区；五状态，即未饱和水、饱和水、湿蒸汽、干饱和蒸汽及过热蒸汽。

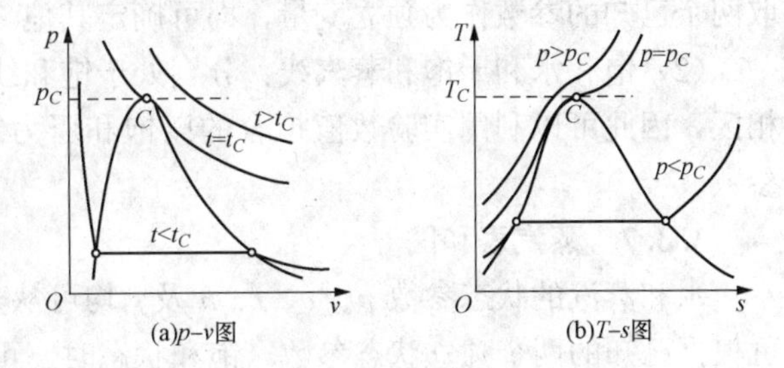

图 3-5　不同压力下过冷水汽化过程的 p-v 及 T-s 图

影响 v 的主要因素是 p 和 T。对液态而言，T 对 v 的影响比 p 的影响大，因而当 p 增大时，对应的饱和温度升高，则饱和液体的比体积增大；对气态而言，正好相反，随着 p 的增大，饱和蒸汽的比体积减小；饱和液体线与饱和蒸汽线必相交于一点 C（临界点）。

水的临界点参数为：$t_{cr}=373.99$℃，$p_{cr}=22.064$MPa，$v_{cr}=0.003\,106\text{m}^3/\text{kg}$。

3.3.6　水和蒸汽的状态参数

对水和蒸汽的状态参数 p、v、t、h、s 及 x，通过实验数据拟合的计算式进行编程计算可得较高精度的值，而对 u 可按式 $u=h-pv$ 计算得到。然而，湿蒸汽区各种状态参数间的一般关系在工程应用中较为重要，应该熟练掌握并能灵活运用。

1. 零点规定

水和蒸汽的参数计算中不必求其绝对值，仅求其增量或减少量，故可规定一任意起点。

国际蒸汽会议规定，以水的三相点即 273.16K 的液相水作为基准点，规定其热力学能及熵为零，即对于 $t_0=0.01$℃、$p_0=611.659$Pa 的饱和水，其热力学能、焓及熵为零，比体积为 $0.001\,000\,21\text{m}^3/\text{kg}$。

2. 压力为 p 的干饱和蒸汽的汽化潜热

压力为 p 的干饱和蒸汽，由饱和水全部汽化成干饱和蒸汽，需要吸收汽化潜热 γ，则其计算式为

$$\gamma = T_s(s' - s'') = h' - h'' = u' - u'' + p(v' - v'') \tag{3-26}$$

3. 压力为 p 的湿蒸汽区的各参数关系

在湿蒸汽区，由于饱和压力 p_s 与饱和温度 t_s 为单值函数关系，已不是相互独立的参数，故此时仅知 p_s 及 t_s 不能决定其他状态参数值，必须另有一个独立参数才行。此时通常引入干度 x，其表达式为 $x=m_v/(m_v+m_w)$，则其他各参数的表达式为

$$v = xv'' + (1-x)v' \approx xv'' \tag{3-27}$$

$$h = xh'' + (1-x)h' = h' + x\gamma \tag{3-28}$$

$$= xs'' + (1-x)s' = s' + x\frac{\gamma}{T_s} \tag{3-29}$$

利用干度 x 只能判别蒸汽是否处于湿蒸汽区，不能判别饱和水和干饱和蒸汽，即湿蒸汽区内 $0<x<1$。当 $x=0$ 时不一定是饱和水态，因过冷水态的 $x=0$，但处于饱和水态时一定是 $x=0$；同理，当 $x=1$ 时不一定是干饱和蒸汽态，因过热蒸汽态的 $x=1$，但处于干饱和蒸汽态时一定是 $x=1$。判别其他状态时，可以饱和态的同名参数作为基准进行比较。

4. 非湿蒸汽区的各参数关系

(1) 过冷水和过热蒸汽区：两区内分别为单相的水和过热蒸汽，属于单相区，故任意选取两个已知的参数作为独立变量，即可确定其他参数。

(2) 饱和水和干饱和蒸汽线：分别处于饱和线上的饱和水态和饱和蒸汽态，也都属于单相区，因此可以利用实验数值拟合的以饱和压力或饱和温度为单一变量的计算式确定其他参数。

3.3.7　蒸汽表和图

水和蒸汽的状态参数 p、v、t、h 及 s 均可从蒸汽图表中查到，蒸汽图表中没有的参数，可根据已知的两个独立状态参数（饱和状态时，可由饱和压力或饱和温度确定，湿蒸汽区除外），利用 IAPWS-IF97 工业计算式确定。

实际应用时，常利用 T-s 图和 h-s 图进行分析。T-s 图通过界限曲线，将水和蒸汽划分成五个状态区，并利用干度线划分出湿蒸汽区中饱和水和干饱和蒸汽各自所占的质量份额。因此，T-s 图在进行循环分析工质所处的状态时尤显重要。T-s 图在分析过程和循环时虽有特殊优点，但由于热量和功在 T-s 图上均以面积表示，故而进行数值计算时有其不便之处。而 h-s 图因可以用焓差表示热量和功而得到广泛应用。据热力学第一定律，定压过程的热量等于焓差；绝热过程的技术功也等于焓差。由于蒸汽的产生过程可看作等压过程，而蒸汽在汽轮机内膨胀以及水在水泵内加压均可看作绝热过程，所以可利用 h-s 图分析计算蒸汽循环中的功、热量及热效率等，从而得到广泛应用。

3.3.8　研究热力过程的目的及一般方法

能量转换都是在具体的内、外部环境条件下实现的，因此为提高能量的转换效率，研究不同过程中的热变功转换特性是很重要的。在工程实际中，热力设备的能量转换过程十分复杂。为了便于分析，可利用热力学的宏观研究方法，对实际过程加以简化、抽象。即采用将实际的不可逆过程简化成可逆过程，并以理想气体为工质讨论可逆定容、可逆定压、可逆定

温和可逆绝热（或可逆定熵）四种典型的热力过程，同时得到其方程式和初、终态参数关系以及在 p - v 图和 T - s 图上表示热力过程的方法，可进行热力性能分析计算。

1. 研究热力过程的目的

（1）提高热力学过程的热变功转换效率。

（2）研究外部条件（工质在一定的热力设备中通过不同热力过程的状态变化，实现能量转换或传递）对热变功转换的影响，实现预期的能量转换。

（3）利用外部条件，合理安排过程，以达到预期的状态变化，形成最佳循环。

（4）揭示过程中工质状态参数的变化规律以及能量转化情况，进而找出影响能量转化的主要因素。

（5）对已确定的过程，进行热力性能计算。

2. 一般方法及步骤

实际过程是一个复杂过程，很难确定其变化规律，一般所采用的方法为：

（1）根据实际过程的特点，将实际过程简化、抽象为四种典型的热力过程，即可逆定容、可逆定压、可逆定温和可逆绝热过程。

（2）先不考虑实际过程中不可逆的耗损，将其视为可逆过程，再借助一些经验系数进行修正。

（3）将工质视为理想气体。

（4）对比热容取定值。

在上述方法的基础上，利用热力学第一定律之稳定流动方程和理想气体状态参数关系，采用以下步骤对热力过程进行分析。

（1）确定过程方程 $p=f(v)$、$T=f(v)$ 及 $T=f(p)$。

（2）确定初、终态参数的关系及热力学能、焓、熵的变化量。

（3）确定过程中系统与外界交换的能量。

（4）在 p - v 图和 T - s 图上画出过程曲线，直观地表达过程中工质状态参数的变化规律及能量转换。

3.3.9　理想气体的多变过程

工程中实际的热力过程都是非常复杂的，不能利用基本热力过程进行简化。但都可以近似地用 $pv^n=$定值来描述一般的可逆热力过程，即多变过程。其中，n 为多变指数。对于某一多变过程，n 为定值，但不同的多变过程 n 的取值各不相同。对比较复杂的多变过程，可以将其分成 n 值不同的若干段，但每一段的 n 值保持不变。

1. 多变过程方程

多变过程方程式为

$$pv^n = \text{定值} \tag{3-30}$$

由式（3-30）得多变指数 n 的计算式为

$$n = \frac{\ln p_2 - \ln p_1}{\ln v_2 - \ln v_1} \tag{3-31}$$

多变指数 n 在理论上可以取 $-\infty \sim +\infty$ 的任意数值。但由多变过程方程得到的斜率为 $\frac{dp}{dv}=-n\frac{p}{v}$，因此当 $n<0$ 时，斜率为正值，即热力过程表现出工质膨胀时压力增大或工质

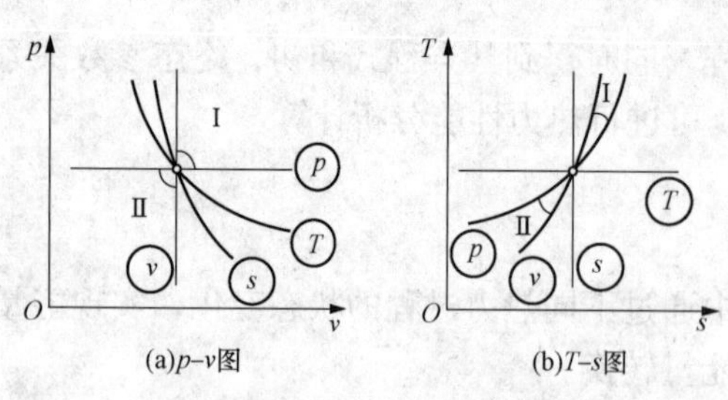

图 3-6 基本热力过程的 p-v 图和 T-s 图

压缩时压力减小的现象。但在实际工程中，对于气体这种现象很少出现，故 $n<0$ 的热力过程不必考虑，如图 3-6 中的Ⅰ区域和Ⅱ区域。而当 $n>0$ 时，实际工程中多为这类过程。

2. 初、终态参数关系

由理想气体状态方程 $pv=R_g T$ 及多变过程方程式（3-30），可得初、终态参数间的关系为

$$\frac{p_2}{p_1}=\left(\frac{v_1}{v_2}\right)^n,\ \frac{T_2}{T_1}=\left(\frac{v_1}{v_2}\right)^{n-1},\ \frac{T_2}{T_1}=\left(\frac{p_2}{p_1}\right)^{\frac{n-1}{n}} \tag{3-32}$$

3. 理想气体 Δu、Δh、Δs 的计算

利用式（3-17）～式（3-24）可确定理想气体 Δu、Δh、Δs 三个状态参数的变化量。

4. 能量转换计算

多变过程的体积功计算式为

$$w=\frac{1}{n-1}(p_1v_1-p_2v_2)=\frac{1}{n-1}R_g(T_1-T_2) \tag{3-33}$$

对于稳定开口系，多变过程的技术功计算式为

$$w_t=\frac{n}{n-1}(p_1v_1-p_2v_2)=\frac{n}{n-1}R_g(T_1-T_2)=nw \tag{3-34}$$

由热力学第一定律可得过程热量计算式为

$$q=\Delta u+w=c_V(T_2-T_1)+\frac{1}{n-1}R_g(T_1-T_2)=\frac{n-\kappa}{n-1}c_V(T_2-T_1) \tag{3-35}$$

由式（3-35）可知多变过程的比热容为 $c_n=\frac{n-\kappa}{n-1}c_V$。

5. 多变过程的 p-v 图和 T-s 图

在 p-v 图和 T-s 图上，多变过程不能简单地用一条曲线来表示。因为多变指数可从 $-\infty$～$+\infty$变化，所以它包括了 p-v 图和 T-s 图上所有的区域，如图 3-6 所示。

基本热力过程是多变过程的特例。当 n 取某定值时，分别对应四种基本热力过程。

（1）$n=0$，$p=$定值，即为可逆定压过程；

（2）$n=1$，$pv=$定值，即为可逆定温过程；

（3）$n=\kappa$，$pv^\kappa=$定值，即为可逆绝热（或定熵）过程；

（4）$n=\pm\infty$，$v=$定值，即为可逆定容过程。

过程方程和初、终态参数关系，以及 Δu、Δh、Δs、q、w 及 w_t 的计算式见公式汇总。

3.3.10 过程中各能量项正负方向分析

1. 多变过程线在 p-v 图和 T-s 图上的分布规律

对于基本热力过程线，因 n 不同而其斜率也不同。

（1）在 p-v 图上，由多变过程方程得 $\frac{\partial p}{\partial v}=-n\frac{p}{v}$，则基本热力过程线如图 3-7（a）所示，其斜率分别为：

$n=0$，$\frac{dp}{dv}=0$，即可逆定压过程线为一水平线。

$n=1$，$\frac{dp}{dv}=-\frac{p}{v}<0$，即可逆定温过程线为负斜率的等边双曲线。

$n=\kappa$，$\frac{dp}{dv}=-\kappa\frac{p}{v}<0$，即可逆绝热（或定熵）过程线为负斜率的不等边双曲线，比可逆定温过程线更陡。

$n=\pm\infty$，$\frac{dp}{dv}\to\infty$，即可逆定容过程线为一垂直线。

（2）在 T-s 图上，由 $\delta q_{re}=T\mathrm{d}s=c_n\Delta T$ 得 $\frac{dT}{ds}=\frac{T}{c_n}=\frac{T}{c_V}\frac{(n-1)}{(n-\kappa)}$，则基本热力过程线如图 3-7（b）所示，其斜率分别为：

$n=0$，$\frac{dT}{ds}=\frac{T}{c_p}>0$，即可逆定压过程线为正斜率对数曲线。

$n=1$，$\frac{dT}{ds}=0$，即可逆定温过程线为一水平线。

$n=\kappa$，$\frac{dT}{ds}\to\infty$，即可逆绝热（或定熵）过程线为一垂直线。

$n=\pm\infty$，$\frac{dT}{ds}=\frac{T}{c_V}>0$，即可逆定容过程线为正斜率对数曲线，比可逆定压过程线更陡。

2. 各能量项正负区间判别

（1）Δu、Δh 的正负区间判别。因理想气体 $\Delta u=c_V\Delta T$、$\Delta h=c_p\Delta T$ 只与温度的变化量有关，当温度不变时，Δu、Δh 的变化为零，故可逆定温过程线是Δu、Δh 正负的分界线。若 $\Delta T>0$，则 $\Delta u>0$，$\Delta h>0$，反之亦然。

（2）功量 w、w_t的正负区间判别。体积功 $w=p\Delta v$ 只与体积的变化量有关，故可逆定容过程线是 w 正负的分界线。当 $\Delta v>0$ 时，$w>0$，反之亦然。技术功 $w_t=-v\Delta p$ 只与压力的变化量有关，故可逆定压过程线是 w_t正负的分界线。当 $\Delta p>0$ 时，$w_t>0$，反之亦然。

（3）热量 q 的正负区间判别。由式 $q_{re}=T\Delta s$ 可知，热量 q 的变化量只与 Δs 有关，故可逆绝热过程线是 q 正负的分界线。当 $\Delta s>0$ 时，$q>0$，反之亦然。

利用基本热力过程，可将所确定的 Δu、Δh、q、w 及 w_t 的正负区间示于 p-v 图和 T-s 图上，如图 3-7 所示。

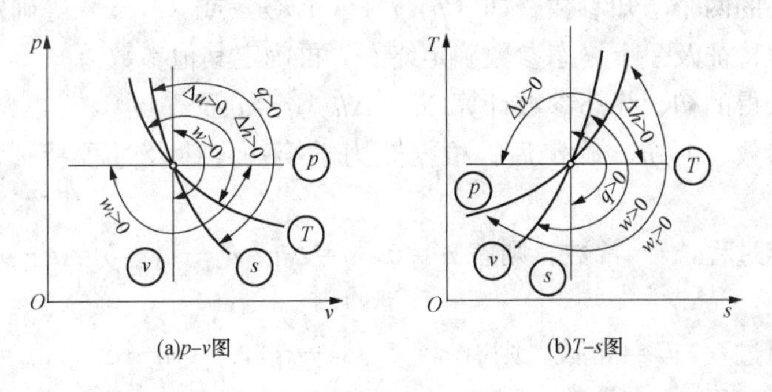

图 3-7　p-v 图和 T-s 图上的 Δu、Δh、q、w 及 w_t 正负区间

3. 各基本热力过程线簇在 p-v 图和 T-s 图上的大小变化趋势

在 p-v 图上，定压过程线簇和定容过程线簇的大小变化趋势很容易判别，但定温过程

线簇和定熵过程线簇不易判别，如图 3-8、图 3-9 所示。

在 T-s 图上，定温过程线簇和定熵过程线簇的大小变化趋势很容易判别，但定容过程线簇和定压过程线簇不易判别，如图 3-10、图 3-11 所示。

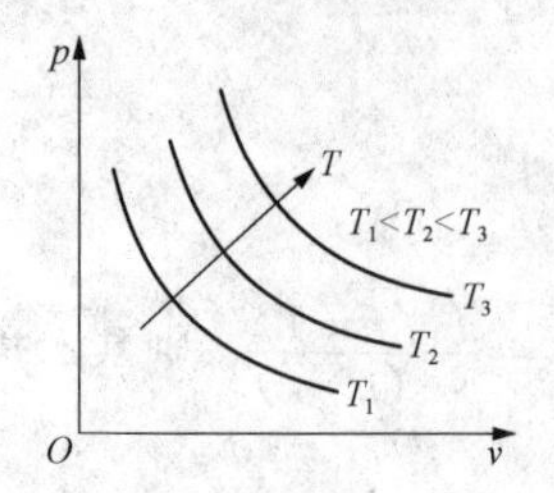

图 3-8　定温过程线簇大小变化趋势

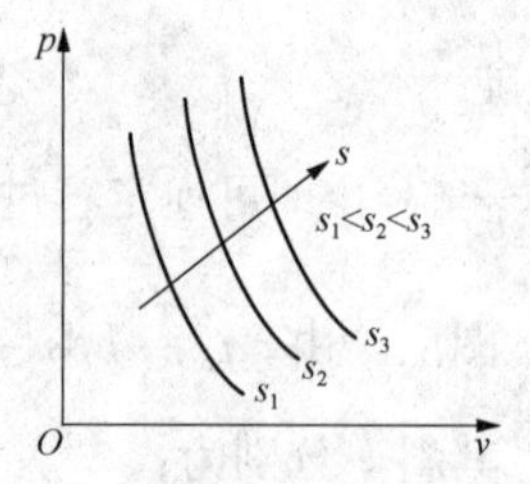

图 3-9　定熵过程线簇大小变化趋势

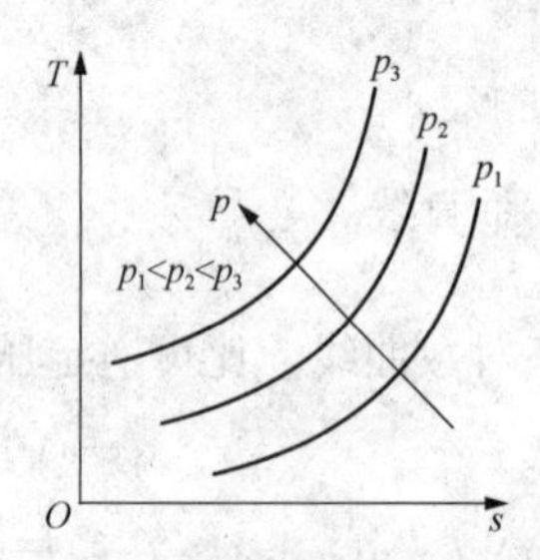

图 3-10　定压过程线簇大小变化趋势

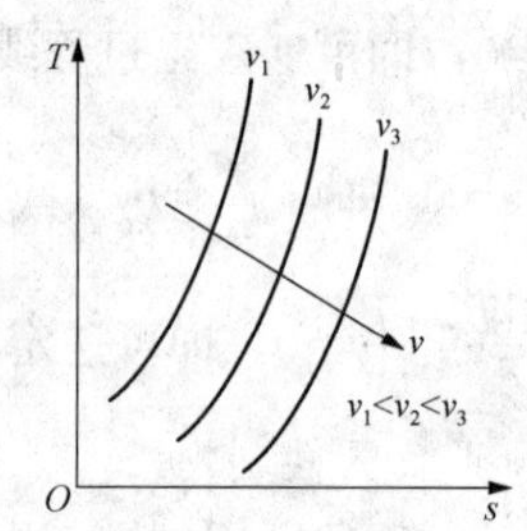

图 3-11　定容过程线簇大小变化趋势

3.3.11　蒸汽的基本热力过程

蒸汽的基本热力过程可分为可逆定容、可逆定压、可逆定温和可逆绝热（或定熵）四种。其求解任务主要是确定过程中初、终态的参数和能量 q、w 及 w_t 的变化。但由于蒸汽没有适当而简单的状态方程式，较难用解析的方法求得各个参数，所以宜用查图表的方式或由专用水和蒸汽性质软件计算得出。

利用查图表的方式或由专用水和蒸汽性质软件分析计算蒸汽的状态变化过程，其步骤为：

（1）根据初态的两个已知参数，如（p，t）、（p，x）或（t，x）等确定其他参数。

（2）根据过程特征及一个终态参数确定终态，再确定其他参数。

（3）根据已求得的初、终态参数计算 Δu、Δh、q、w 及 w_t。

在初、终态参数（u，h）确定后，根据热力学第一定律及过程特征，则可确定 q、w 及 w_t。

对于可逆定容过程，v=常数，则有 $w=0$，$q=\Delta u=u_2-u_1$，$h=u+pv$，$w_t=q-\Delta h=v(p_2-p_1)$。

对于可逆定温过程，T=常数，则有 $q=T(s_2-s_1)$，$w=q-\Delta u$，$w_t=q-\Delta h$。

对于可逆定压过程，p=常数，则有 $w_t=0$，$q=\Delta h+w_t$，$w=q-\Delta u=\Delta(pv)$。

对于可逆绝热过程，s=常数，则有 $q=0$，$w=-\Delta u$，$w_t=-\Delta h$。

在工程实际中，定压过程和绝热过程最为常见。如水在锅炉中的加热、汽化和过热，汽轮机排汽在冷凝器中的凝结，给水在回热器中的预热，以及回热用抽汽在回热器中的冷却和凝结都是定压过程；蒸汽在汽轮机中的膨胀做功、水在给水泵中的升压都是绝热过程。而上述计算式对不可逆过程也是适用的。将定压过程和绝热过程示于坐标图上，如图 3-12、图 3-13 所示。

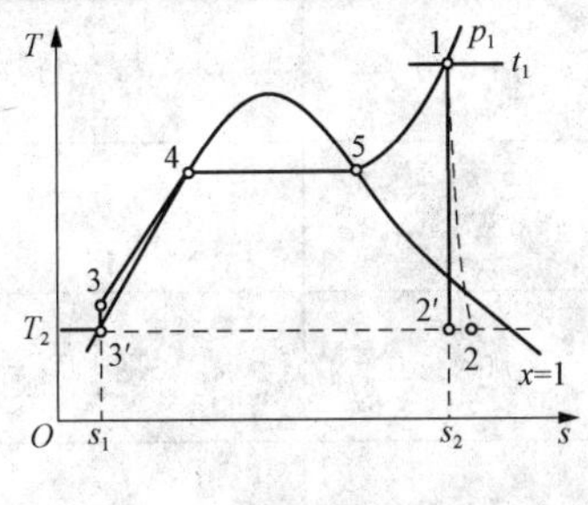

图 3-12　蒸汽定压吸热过程

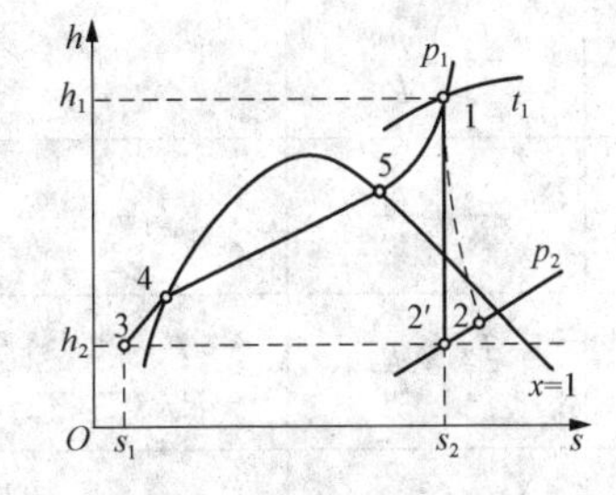

图 3-13　蒸汽绝热膨胀过程

蒸汽从初态绝热膨胀到 p_2 的过程为不可逆过程。2 点参数的确定，可用除温度以外的其他两个参数计算，但由于 12 为不可逆过程，所以 2 点参数的确定，计算出过程的损失值即可。具体的算法要根据实际情况而定。

蒸汽为实际气体，故绝热过程不能用 pv^{κ} = 定值来表示。为了便于定性分析，有时利用 pv^{κ} = 定值的形式，但绝热指数不再具有 $\kappa = c_p/c_V$ 的意义，而是一个纯经验数字。根据实际的过程实验数据测算，取过热蒸汽的 $\kappa=1.3$，干饱和蒸汽的 $\kappa=1.135$，而湿蒸汽的 $\kappa=1.035+0.1x$，由此所得结果误差甚大。因此，κ 值的估算主要是计算蒸汽在喷管中流动的临界压力比。

3.4　公 式 汇 总

本章在学习中应熟练掌握和运用的基本公式，见表 3-2 和表 3-3。

（1）理想气体的热力学能、焓和熵的计算式，见表 3-2。

表 3-2　理想气体的热力学能、焓和熵的计算式

热力学能(kJ/kg)	焓（kJ/kg)	熵［kJ/（kg·K)］	备注
$du=c_V\,dT$	$dh=c_p dT$	$\Delta s=c_p\dfrac{dT}{T}-R_g\dfrac{dp}{p}$	微元变化
$\Delta u=\int_1^2 c_V\,dT$	$\Delta h=\int_1^2 c_p dT$	$\Delta s=\int_1^2 c_p\dfrac{dT}{T}-R_g\ln\dfrac{p_2}{p_1}$	有限变化（真实比热容）
$\Delta u=c_V\|_0^{t_2}t_2-c_V\|_0^{t_1}t_1$	$\Delta h=c_p\|_0^{t_2}t_2-c_p\|_0^{t_1}t_1$	$\Delta s=s_{T_2}^0-s_{T_1}^0-R_g\ln\dfrac{p_2}{p_1}$	有限变化（平均比热容）
$\Delta u=c_V\Delta T$	$\Delta h=c_p\Delta T$	$\Delta s=c_p\ln\dfrac{T_2}{T_1}-R_g\ln\dfrac{p_2}{p_1}$	有限变化（定值比热容）

注　表中熵的计算式还有：$\Delta s=c_V\dfrac{dT}{T}+R_g\dfrac{dv}{v}$，$\Delta s=c_p\dfrac{dv}{v}+c_V\dfrac{dp}{p}$。可根据不同条件进行选择。

（2）理想气体各可逆热力过程的数学表达式，见表 3-3。

表 3-3　理想气体各可逆热力过程的数学表达式

过程	过程方程	初、终态参数关系	能量交换			备注
			体积功 w(kJ/kg)	技术功* w_t(kJ/kg)	热量** q(kJ/kg)	
定容	v=常数	$\frac{T_2}{T_1}=\frac{p_2}{p_1}$	0	$v(p_1-p_2)$	$c_V(T_2-T_1)$	$v_1=v_2$
定温	pv=常数	$\frac{p_2}{p_1}=\frac{v_1}{v_2}$	$p_1v_1\ln\frac{v_2}{v_1}$	w	w	$T_1=T_2$
定压	p=常数	$\frac{T_2}{T_1}=\frac{v_2}{v_1}$	$p(v_2-v_1)$ $R_g(T_2-T_1)$	0	$c_p(T_2-T_1)$	$p_1=p_2$
绝热	pv^κ=常数	$\frac{p_2}{p_1}=\left(\frac{v_1}{v_2}\right)^\kappa$ $\frac{T_2}{T_1}=\left(\frac{v_1}{v_2}\right)^{\kappa-1}$ $\frac{T_2}{T_1}=\left(\frac{p_2}{p_1}\right)^{\frac{\kappa-1}{\kappa}}$	$\frac{R_g(T_1-T_2)}{\kappa-1}$ $\frac{R_gT_1\left[1-\left(\frac{p_2}{p_1}\right)^{\frac{\kappa-1}{\kappa}}\right]}{\kappa-1}$	κw	0	$s_1=s_2$. $\kappa>1$
多变	pv^n=常数	$\frac{p_2}{p_1}=\left(\frac{v_1}{v_2}\right)^n$ $\frac{T_2}{T_1}=\left(\frac{v_1}{v_2}\right)^{n-1}$ $\frac{T_2}{T_1}=\left(\frac{p_2}{p_1}\right)^{\frac{n-1}{n}}$	$\frac{R_g(T_1-T_2)}{n-1}$ $\frac{R_gT_1\left[1-\left(\frac{p_2}{p_1}\right)^{\frac{n-1}{n}}\right]}{n-1}$	nw	$c_n(T_2-T_1)$ $\frac{c_V(n-\kappa)(T_2-T_1)}{n-1}$	$-\infty<n<+\infty$

* 当忽略工质的动能 $0.5\Delta c_f^2$、位能 $g\Delta z$ 的变化时，技术功 w_t 的数值就是稳定开口系的轴功 w_s。

** c_V、c_p 为定值。若要提高计算精度，可用真实比热容值，或由 IAPWS-IF97 工业计算式确定。

3.5　典型题精解

【例 3-1】 已知空气的摩尔质量为 28.97kg/kmol，求：(1) 空气的气体常数；(2) 在标准状态下空气的比体积和密度；(3) 在标准状态下 1m³空气的质量；(4) 空气状态为 p=0.1MPa、t=20℃时的比热容、密度和摩尔体积。

解：

(1) 空气的气体常数。因为空气在一般状态下可视为理想气体，理想气体的通用气体常数为

$$R_g=\frac{R}{M}=\frac{8.3143}{28.97}=0.2870[\text{kJ/(kg}\cdot\text{K)}]$$

(2) 在标准状态下空气的比体积和密度。所谓标准状态，即 $p_0=760$mmHg、$T=273.15$K 的状态。由理想气体状态方程，得

$$v_0=\frac{R_gT_0}{p_0}=\frac{0.2870\times10^3\times273.15}{760\times133.322}=0.76(\text{m}^3/\text{kg})$$

$$\rho_0=\frac{1}{v_0}=\frac{1}{0.76}=1.3158(\text{kg/m}^3)$$

(3) 在标准状态下 1m³空气的质量。在标准状态下，气体的摩尔体积为 $V_m=22.4\text{m}^3/$

kmol，则 $1m^3$ 的摩尔数为 $n=\frac{1}{V_m}$，$1m^3$ 空气的质量为

$$m=nM=\frac{1}{V_m}M=\frac{1}{22.4}\times 28.97=1.293(\mathrm{kg})$$

（4）空气状态为 $p=0.1\mathrm{MPa}$、$t=20℃$ 时的比体积、密度和摩尔体积。由理想气体状态方程，得

$$v=\frac{R_g T}{p}=\frac{0.287\ 0\times 10^3\times(273+20)}{0.1\times 10^6}=0.840\ 9(\mathrm{m^3/kg})$$

$$\rho=\frac{1}{v}=1.189\ 2(\mathrm{kg/m^3})$$

摩尔体积为

$$V_m=Mv=28.97\times 0.849=24.36(\mathrm{m^3/kmol})$$

或由理想气体状态方程得

$$V_m=\frac{RT}{p}=\frac{8.314\ 3\times 10^3\times 297}{0.1\times 10^6}=24.36(\mathrm{m^3/kmol})$$

[例 3 - 1] 表明，由理想气体摩尔体积 V_m 的计算式可知其只与状态参数有关，而与理想气体性质无关。对于各种理想气体，只要状态相同，其摩尔体积也相同。

【例 3 - 2】 一定量的空气在环境状态下压力为 $p_1=730\mathrm{mmHg}$，温度为 $t_1=20℃$，体积为 $V_1=3\mathrm{m^3}$。求：（1）标准状态下气体的体积是多少？（2）气体通过加热器被加热到 $t_2=400℃$、压力 $p_1=p_2$ 的状态，其体积增加到多少？

解：

（1）由理想气体状态方程得 $p_1V_1=mR_gT_1$，$p_0V_0=mR_gT_0$，则

$$\frac{p_0V_0}{p_1V_1}=\frac{T_0}{T_1}$$

在标准状态下气体的体积为

$$V_0=V_1\frac{p_1T_0}{p_0T_1}=3\times\frac{730\times 273.15}{760\times(273+20)}=2.686(\mathrm{m^3})$$

（2）加热后的气体体积为

$$V_2=V_1\frac{p_1T_2}{p_2T_1}=3\times\frac{273+400}{273+20}=6.891(\mathrm{m^3})$$

[例 3 - 1] 表明，在节能工作中常遇到“标准体积”与“实际体积”之间的换算，本例考察的就是两者之间的换算关系。

例如，某蒸汽锅炉燃煤需要的标准状态下的空气量为 $\dot{V}_0=66\ 000\mathrm{m^3/h}$。若鼓风机送入的热空气的温度 $t_1=250℃$，表压力 $p_{e_1}=150\mathrm{mmHg}$，当时当地的大气压力为 $p_b=760\mathrm{mmHg}$，则实际的送风量为多少？

按理想气体状态方程，同理同法可得 $\dot{V}_1=\dot{V}_0\frac{p_0T_1}{p_1T_0}$，而 $p_1=p_{e_1}+p_b=150+760=910$（mmHg），或 $p_1=\frac{910}{750.06}=0.121\ 32$（MPa），故

$$\dot{V}_1=66\ 000\times\frac{1.013\ 25\times(273+250)}{1.213\ 2\times 273.15}=105\ 543(\mathrm{m^3/h})$$

【例 3-3】 某车间从温度为－23℃的仓库中领来一只体积为 0.04m³、指示压力为 15.0MPa 的氧气瓶。该氧气瓶长期未经使用，为了车间的安全，车间安全检查员检查发现该氧气瓶上压力表指示压力为 15.2MPa，车间的温度为 17℃。当时当地的大气压力为 760mmHg，问该氧气瓶是否漏气？如漏气试计算漏去的氧气量。

解： 氧气瓶刚领来时，瓶中的氧气量 $m_1=\dfrac{p_1V_1}{R_gT_1}$，检查时的氧气量 $m_2=\dfrac{p_2V_2}{R_gT_2}$。而氧气的气体常数为

$$R_g=\frac{R}{M}=\frac{8.3143}{32}=0.2598[\mathrm{kJ/(kg\cdot K)}]$$

若 $m_1=m_2$，则氧气瓶不漏气，否则漏气。

$$\Delta m=m_1-m_2=\frac{p_1V_1}{R_gT_1}-\frac{p_2V_2}{R_gT_2}$$

其中，$p_1=p_b+p_{e_1}=\dfrac{76.0}{750.06}+15.0=15.101325$ (MPa)，$p_2=p_b+p_{e_2}=0.101325+15.2=15.301325$ (MPa)，故

$$\Delta m=\frac{15.101325\times10^6\times0.04}{0.2598\times10^3\times(273-23)}-\frac{15.301325\times10^6\times0.04}{0.2598\times10^3\times(273+17)}=1.766(\mathrm{kg})$$

可见，该氧气瓶漏气，漏去的氧气量为 1.766kg。

［例 3-3］表明，通过理想气体状态方程，可以确定两状态的工质质量，但前提是认为该气体为理想气体。若为实际气体，则会产生较大的误差，故不能利用理想气体方程进行计算。

【例 3-4】 某活塞式压气机向体积为 9.5m³的储气箱中充入压缩空气。压气机每分钟从压力为 $p_0=750$mmHg、温度为 $t_0=15$℃的环境中吸入 0.2m³的空气。若充气前储气箱压力表读数为 0.05MPa，温度为 $t_1=17$℃。问经过多少分钟后压气机才能将储气箱内气体的压力提高到 $p_2=0.7$MPa，温度升为 $t_2=50$℃。

解： 压气机每分钟从大气中吸入的空气量为 $\dot{m}_0=\dfrac{p_0\dot{V}_0}{R_gT_0}$，储气箱内原有气体质量为 $m_1=\dfrac{p_1V_1}{R_gT_1}$，储气箱内最后的气体质量为 $m_2=\dfrac{p_2V_2}{R_gT_2}$，则充气过程所需要的时间为

$$\tau=\frac{m_2-m_1}{\dot{m}_0}=\frac{V(p_2/T_2-p_1/T_1)}{p_0\dot{V}_0/T_0}$$

其中，$p_0=\dfrac{750}{750.06}=0.09999$ (MPa)，$p_1=p_0+p_{g_1}=0.09999+0.05=0.14999$ (MPa)，故

$$\tau=\frac{9.5\times(0.7/323-0.14999/290)\times10^6}{\dfrac{0.09999\times0.2\times10^6}{288}}=225(\mathrm{min})$$

［例 3-4］表明，对于充气问题，过程中气体的质量不断发生变化，当达到某一状态时，其能量和质量依然守恒，因此初、终态确定后可利用能量和质量守恒方程确定所求目标。

【例 3-5】 在燃气轮机装置中，用从燃气轮机中排出的乏气对空气进行加热（加热在回热加热器中进行），然后将加热后的空气送入燃烧室进行燃烧。若空气在回热器中从 127℃

定压加热到 327℃，试按下列比热容值计算对每千克空气所加入的热量。(1) 平均比热容表；(2) 空气的热力性质；(3) 比热容随温度变化的经验公式；(4) 比热容随温度变化的直线关系式；(5) 定值比热容。

解：空气在回热加热器中定压加热，则 $q_p=\Delta h_{12}$。

(1) 按平均比热容表进行计算，则

$$q_p = c_p\big|_0^{t_2} t_2 - c_p\big|_0^{t_1} t_1$$

查平均比热容表，可得

$$t = 100℃, c_p = 1.006\text{kJ/(kg·K)};\ t = 200℃, c_p = 1.012\text{kJ/(kg·K)}$$

$$t = 300℃, c_p = 1.019\text{kJ/(kg·K)};\ t = 400℃, c_p = 1.028\text{kJ/(kg·K)}$$

用插入法，得

$$\begin{aligned} c_p\big|_0^{127} &= c_p\big|_0^{100} + \frac{c_p\big|_0^{200} - c_p\big|_0^{100}}{200-100}\times(127-100) \\ &= 1.006 + \frac{1.012-1.006}{100}\times 27 \\ &= 1.007\,6[\text{kJ/(kg·K)}] \\ c_p\big|_0^{327} &= c_p\big|_0^{300} + \frac{c_p\big|_0^{400} - c_p\big|_0^{300}}{200-100}\times(327-300) \\ &= 1.019 + \frac{1.028-1.019}{100}\times 27 \\ &= 1.021\,4[\text{kJ/(kg·K)}] \end{aligned}$$

故 $q_p=1.021\,4\times327-1.007\,6\times127=206.03$ (kJ/kg)。

(2) 按空气的热力性质表进行计算，查空气热力性质表，可得

$$T_1 = 273+127 = 400(\text{K})\text{ 时}, h_1 = 400.98\text{kJ/kg}$$

$$T_2 = 273+327 = 600(\text{K})\text{ 时}, h_2 = 607.02\text{kJ/kg}$$

故 $q_p=\Delta h_{12}=h_2-h_1=6097.02-400.98=206.04$ (kJ/kg)。

(3) 按比热容随温度变化的经验公式，可得

$$q_p = \int_{T_1}^{T_2}\frac{c_p}{M}\text{d}T$$

其中

$$c_p = \alpha_0+\alpha_1 T+\alpha_2 T^2+\alpha_3 T^3$$

据空气的定压摩尔热容公式，得

$$\alpha_0 = 28.15, \alpha_1 = 1.967\times10^{-3}, \alpha_2 = 4.801\times10^{-6}, \alpha_3 = -1.966\times10^{-9}$$

故

$$\begin{aligned} q_p &= \frac{1}{M}\int_{T_1}^{T_2}(\alpha_0+\alpha_1 T+\alpha_2 T^2+\alpha_3 T^3)\text{d}T \\ &= \frac{1}{M}\left(\alpha_0 T+\frac{\alpha_1}{2}T^2+\frac{\alpha_2}{3}T^3+\frac{\alpha_3}{4}T^4\right)\Bigg|_{T_1}^{T_2} \\ &= \frac{1}{28.97}\times\Bigg[28.15\times(600-400)+\frac{1.967\times10^{-3}}{2}\times(600^2-400^2)+ \\ &\quad \frac{4.801\times10^{-6}}{3}\times(600^3-400^3)-\frac{1.966\times10^{-9}}{4}\times(600^4-400^4)\Bigg] = 207.79(\text{kJ/kg}) \end{aligned}$$

（4）按比热容随温度变化的直线关系式，查气体的平均比热容直线关系式，则对空气

$$c_p = 0.9956 + 0.00009299t$$
$$= 0.9956 + 0.00009299 \times (127 + 327)$$
$$= 1.0378[\text{kJ/(kg}\cdot\text{K)}]$$

故

$$q_p = c_p(t_2 - t_1) = 1.0378 \times (327 - 127) = 207.76(\text{kJ/kg})$$

（5）按定值比热容（不考虑温度对比热容的影响）进行近似计算，因空气为双原子气体，其定压摩尔热容 $C_{m,p}=29.10\text{kJ/(kmol}\cdot\text{K)}$，则比定压热容为

$$c_p = \frac{C_{m,p}}{M} = \frac{29.10}{28.97} = 1.004[\text{kJ/(kg}\cdot\text{K)}]$$

$$q_p = c_p(t_2 - t_1) = 1.004 \times (327 - 127) = 200.80(\text{kJ/kg})$$

［例 3-5］表明，计算气体比热容值不外乎本题所述的几种形式，其中平均比热容表、气体热力性质表及经验公式可用于表述比热容随温度变化的曲线关系。由于平均比热容表和气体热力性质表都是根据比热容的精确数值编制的，因此可以求得最可靠的结果。相比而言，按比热容的经验公式求得的结果，其误差在1%左右。由于直线计算式是近似的，略有误差，因此在一定的温度范围内（0～1500℃）有足够的准确度。定值比热容是近似计算得到的，虽计算简便，但误差较大。在计算定压条件下的热交换量时，用气体热力性质表中的焓数据进行计算，既方便又精确，是最好的方法。

【例 3-6】 将温度为 $t_1=20$℃的空气由 p_1 经可逆绝热过程压缩到 p_2，空气的温度将升到 $t_2=400$℃。试计算：（1）可逆绝热过程中压缩每千摩尔空气所消耗的技术功是多少？（2）如因摩擦损失使实际绝热压缩过程所消耗的功是可逆绝热过程的 1.2 倍，此时压缩空气的终温将是多少？

解：

（1）可逆绝热压缩过程消耗的功。按开口系能量方程，对于绝热过程有 $q=\Delta h+w_t$ 或 $Q_m=\Delta H_m+nw_t=0$，故

$$nw_t = -\Delta H_m$$

式中：ΔH_m 为每千摩尔物质焓的变化量。

$$\Delta H_m = C_{m,p}|_0^{t_2} t_2 - C_{m,p}|_0^{t_1} t_1$$

查气体平均比热容表，得

$$t = 0℃, C_{m,p} = 29.073\text{kJ/(kmol}\cdot\text{K)}$$
$$t = 100℃, C_{m,p} = 29.153\text{kJ/(kmol}\cdot\text{K)}$$
$$t = 400℃, C_{m,p} = 29.798\text{kJ/(kmol}\cdot\text{K)}$$

由插入法，得

$$C_{m,p}|_0^{20} = C_{m,p}|_0^{100} - \frac{C_{m,p}|_0^{100} - C_{m,p}|_0^{0}}{100} \times (100 - 20)$$
$$= 29.153 - \frac{29.153 - 29.037}{100} \times 80$$
$$= 29.089[\text{kJ/(kmol}\cdot\text{K)}]$$
$$C_{m,p}|_0^{400} = 29.789[\text{kJ/(kmol}\cdot\text{K)}]$$

故

$$\Delta H_{\mathrm{m}} = 29.789 \times 400 - 29.089 \times 20 = 11\,334(\mathrm{kJ/kmol})$$

$$nw_{\mathrm{t}} = -11\,334(\mathrm{kJ/kmol})$$

（2）实际绝热压缩过程空气的终温。实际绝热压缩过程消耗的功为

$$nw'_{\mathrm{t}} = 1.2nw_{\mathrm{t}} = 1.2 \times (-11\,334) = -13\,601(\mathrm{kJ/kmol})$$

实际绝热压缩过程空气的焓增为

$$\Delta H_{\mathrm{m}} = -Mw'_{\mathrm{t}} = 13\,601(\mathrm{kJ/kmol})$$

设压缩空气的终温为 t'_2，则

$$\Delta H_{\mathrm{m}} = C_{\mathrm{m},p}\big|_0^{t'_2} t'_2 - C_{\mathrm{m},p}\big|_0^{20} \times 20 = C_{\mathrm{m},p}\big|_0^{t'_2} t'_2 - 29.089 \times 20 = 13\,601(\mathrm{kJ/kmol})$$

$$C_{\mathrm{m},p}\big|_0^{t'_2} t'_2 = 14\,183(\mathrm{kJ/kmol}) \tag{3-36}$$

其中，$C_{\mathrm{m},p}\big|_0^{t'_2}$ 及 t'_2 均为未知数。t'_2 可按比热容表试算法确定。假定 $t'_2=470℃$，由空气平均比热容表，用插入法，可得

$$\begin{aligned} C_{\mathrm{m},p}\big|_0^{470} &= C_{\mathrm{m},p}\big|_0^{500} - \frac{C_{\mathrm{m},p}\big|_0^{500} - C_{\mathrm{m},p}\big|_0^{400}}{100} \times (500 - 470) \\ &= 30.095 - \frac{30.095 - 29.789}{100} \times 30 \\ &= 30.003\,2[\mathrm{kJ/(kmol \cdot K)}] \end{aligned}$$

而

$$C_{\mathrm{m},p}\big|_0^{t'_2} t'_2 = 30.003\,2 \times 470 = 14\,102(\mathrm{kJ/kmol}) \tag{3-37}$$

式（3-37）与式（3-36）比较，该结果已有足够的准确性，故可确定压缩后空气终温约为 470℃。若要求更精确的答案，可以重新假定一个温度，再做验算。

［例 3-6］表明，有摩擦损失的实际绝热压缩过程比无摩擦损失的可逆绝热压缩过程需要的功更多，终温更高。这是多余的那部分功转变为热量被气体所吸收的缘故。

【例 3-7】 如图 3-14 所示，已知 12 为定容过程，12″为定压过程，12′为任意过程。各状态点的参数为 $p_1=0.1\mathrm{MPa}$，$v_1=1.2\mathrm{m^3/kg}$，$t_1=137℃$；$p_2=0.4\mathrm{MPa}$，$v_{2''}=4.8\mathrm{m^3/kg}$；$p_{2'}=0.15\mathrm{MPa}$，$v_{2'}=3.2\mathrm{m^3/kg}$。假设工质具有空气性质，比热容为定值且 $c_V=0.716\mathrm{kJ/(kg \cdot K)}$，$c_p=1.004\mathrm{kJ/(kg \cdot K)}$，气体常数 $R_{\mathrm{g}}=0.287\mathrm{kJ/(kg \cdot K)}$。试计算：（1）各状态点的基本状态参数，并根据机损结果判断点 2、2′及 2″在一条什么线上；（2）各过程中比热力学能、比焓及比熵的变化量。

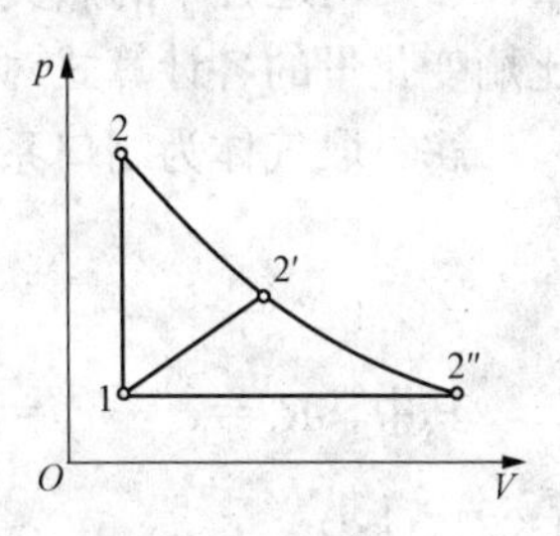

图 3-14 ［例 3-7］图

解：

（1）各状态点的基本参数。

点 1：$p_1=0.1\mathrm{MPa}$，$v_1=1.2\mathrm{m^3/kg}$，$T_1=273+137=410$（K）。

点 2：$p_2=0.4\mathrm{MPa}$，$v_2=1.2\mathrm{m^3/kg}$，$T_2=\dfrac{p_2 v_2}{R_{\mathrm{g}}}=\dfrac{0.4\times10^6\times1.2}{0.287\,1\times10^3}\cong1672$（K）。

点 2′：$p_{2'}=0.15\mathrm{MPa}$，$v_{2'}=3.2\mathrm{m^3/kg}$，$T_{2'}=\dfrac{p_{2'} v_{2'}}{R_{\mathrm{g}}}=\dfrac{0.15\times10^6\times3.2}{0.287\,1\times10^3}\cong1672$（K）。

点 2″：$p_{2''}=p_1=0.1\mathrm{MPa}$，$v_{2''}=4.8\mathrm{m^3/kg}$，$T_{2''}=\dfrac{p_{2''} v_{2''}}{R_{\mathrm{g}}}=\dfrac{0.1\times10^6\times4.8}{0.287\,1\times10^3}\cong1672$（K）。

可见，$T_2=T_{2'}=T_{2''}=1672\text{K}$，则 2、2′及 2″在一条定温线上，在 p-v 图上三点在一条等边双曲线上。

（2）各过程中比热力学能、比焓和比熵变化量。

12 过程中：

$$\Delta u_{12}=c_V(T_2-T_1)=0.716\times(1672-410)=903.6(\text{kJ/kg})$$

$$\Delta h_{12}=c_p(T_2-T_1)=1.004\times(1672-410)=1276(\text{kJ/kg})$$

$$\Delta s_{12}=c_V\ln\frac{T_2}{T_1}=0.716\times\ln\frac{1672}{410}=1.0064[\text{kJ/(kg}\cdot\text{K)}]$$

12′过程中：

$$\Delta u_{12'}=c_V(T_{2'}-T_1)=0.716\times(1672-410)=903.6(\text{kJ/kg})$$

$$\Delta h_{12'}=c_p(T_{2'}-T_1)=1.004\times(1673-410)=1276(\text{kJ/kg})$$

$$\Delta s_{12'}=c_V\ln\frac{T_{2'}}{T_1}+R_g\ln\frac{v_{2'}}{v_1}=0.716\times\ln\frac{1672}{410}+0.2871\times\ln\frac{3.2}{1.2}=1.288[\text{kJ/(kg}\cdot\text{K)}]$$

12″过程中：

$$\Delta u_{12''}=c_V(T_{2''}-T_1)=0.716\times(1672-410)=903.6(\text{kJ/kg})$$

$$\Delta h_{12''}=c_p(T_{2''}-T_1)=1.004\times(1673-410)=1276(\text{kJ/kg})$$

$$\Delta s_{12''}=c_p\ln\frac{T_{2''}}{T_1}=1.004\times\ln\frac{1672}{410}=1.4112[\text{kJ/(kg}\cdot\text{K)}]$$

［例 3-7］表明，$\Delta u_{12}=\Delta u_{12'}=\Delta u_{12''}=906.3\text{kJ/kg}$，$\Delta h_{12}=\Delta h_{12'}=\Delta h_{12''}=1276\text{kJ/kg}$。这是因为理想气体的 u 和 h 都是温度的单值函数；而 $\Delta s_{12}\neq\Delta s_{12'}\neq\Delta s_{12''}$，这是因为 s 虽是状态参数，但它不仅是温度的函数，也是压力或比热容的函数。

【例 3-8】 0.14m³ 气体从初态 $p_1=0.14\text{MPa}$、$t_1=25℃$，按 $pV^{1.23}$=定值的规律被压缩到 $p_2=1.4\text{MPa}$。设气体 $c_p=1.041\text{kJ/(kg}\cdot\text{K)}$，$c_V=0.743\text{kJ/(kg}\cdot\text{K)}$。求：（1）气体熵的变化量；（2）用过程中的热交换量除以算术平均绝对温度而得到近似的熵变化量；（3）理想气体比熵变化量的各计算式对该过程都适用吗？

解： 取气体为闭口系。按理想气体状态方程，得

$$m=\frac{p_1V_1}{R_gT_1}$$

其中，$R_g=c_p-c_V=1.041-0.743=0.298[\text{kJ/(kg}\cdot\text{K)}]$，故 $m=\dfrac{0.14\times10^6\times0.14}{0.298\times10^3\times298}=0.221$（kg）。

（1）理想气体的比熵变化量为

$$s_2-s_1=c_p\ln\frac{V_2}{V_1}+c_V\ln\frac{p_2}{p_1}$$

根据 $pV^{1.23}$=定值，得

$$V_2=V_1\left(\frac{p_2}{p_1}\right)^{\frac{1}{1.25}}=0.14\times\left(\frac{0.14}{1.4}\right)^{\frac{1}{1.25}}=0.0222(\text{m}^3)$$

故 $s_2-s_1=1.041\times\ln\dfrac{0.0222}{0.14}+0.743\times\ln\dfrac{1.4}{0.14}=-0.205[\text{kJ/(kg}\cdot\text{K)}]$。

可见，该过程中气体的比熵是减少的。总熵的变化量为 $S_2-S_1=m(s_2-s_1)=0.221\times(-0.205)=-0.0453$（kJ/K）。

（2）过程中近似的熵变化量。过程中气体接受的功

$$W_{12}=\int_{V_1}^{V_2}p\mathrm{d}V=pV^{1.23}\int_{V_1}^{V_2}\frac{\mathrm{d}V}{V^{1.23}}=\frac{1}{1.25-1}(p_1V_1-p_2V_2)$$
$$=\frac{0.14\times10^6\times0.14-1.4\times10^6\times0.222}{1.25-1}=-1164.8(\mathrm{kJ})$$

由闭系能量方程得

$$Q_{12}=\Delta U_{12}+W_{12}=mc_V(T_2-T_1)+W_{12}$$

其中，$T_2=\frac{p_2V_2}{mR_g}=\frac{1.4\times10^6\times0.222}{0.221\times0.298\times10^5}=472$ (K)，故

$$Q_{12}=0.221\times0.743\times(472-298-1164.8)=-1136.23(\mathrm{kJ})$$

则算术平均绝对温度为

$$T_m=\frac{T_1+T_2}{2}=\frac{298+472}{2}=385(\mathrm{K})$$

近似的熵变化量为

$$\Delta S_{12}=\frac{Q_{12}}{T_m}=-\frac{1136.23}{385}=-2.95(\mathrm{kJ/K})$$

(3) 理想气体的比熵变化量计算式除 $s_2-s_1=c_p\ln\frac{V_2}{V_1}+c_V\ln\frac{p_2}{p_1}$之外，还有

$$s_2-s_1=c_p\ln\frac{T_2}{T_1}-R_g\ln\frac{p_2}{p_1}$$
$$=1.041\times\ln\frac{472}{298}-0.298\times\ln\frac{1.4}{0.14}$$
$$=-0.207[\mathrm{kJ/(kg\cdot K)}]$$

$$s_2-s_1=c_p\ln\frac{T_2}{T_1}+R_g\ln\frac{V_2}{V_1}$$
$$=0.743\,1\times\ln\frac{472}{298}+0.298\times\ln\frac{0.022\,2}{0.14}$$
$$=-0.207[\mathrm{kJ/(kg\cdot K)}]$$

$$s_2-s_1=c_V(\kappa-n)\ln\frac{V_2}{V_1}=c_V\left(\frac{c_{p_0}}{c_{V_0}}-n\right)\ln\frac{V_2}{V_1}$$
$$=0.743\times\left(\frac{1.041}{0.743}-1.25\right)\times\ln\frac{0.022\,2}{0.14}$$
$$=-0.207[\mathrm{kJ/(kg\cdot K)}]$$

$$s_2-s_1=c_V\frac{\kappa-n}{n-1}\ln\frac{T_1}{T_2}$$
$$=0.743\times\frac{1.041\,1-1.25}{1.25-1}\times\ln\frac{298}{472}$$
$$=-0.207[\mathrm{kJ/(kg\cdot K)}]$$

$$s_2-s_1=c_V\frac{\kappa-n}{n}\ln\frac{p_1}{p_2}$$
$$=0.743\times\frac{1.041\,1-1.25}{1.25}\times\ln\frac{0.14}{1.4}$$
$$=-0.207[\mathrm{kJ/(kg\cdot K)}]$$

［例 3 - 8］表明，利用理想气体比熵变化量的各种计算式计算所得的结果均相同。因为熵是状态参数，在计算中可根据题意及已知条件选择最适用的一种。当然，过程不可逆时，比熵变化量的各种计算式也是适用的，但前提是气体为理想气体。

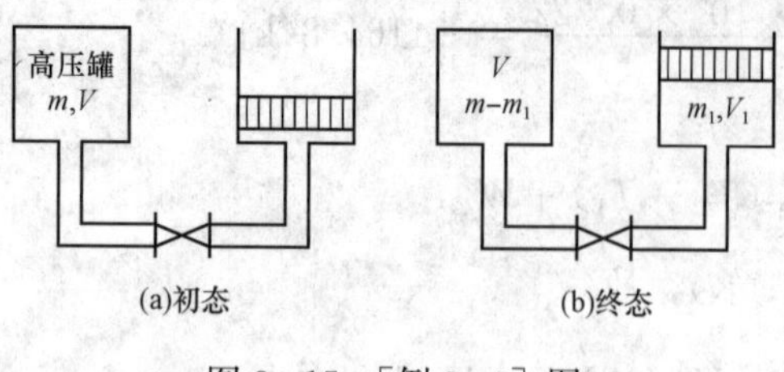

图 3 - 15 ［例 3 - 9］图

【例 3 - 9】 某高压罐内装有压力为 $p=3.5\text{MPa}$、温度为 $t=60℃$ 的气体，通过阀门使其与一垂直放置的气缸相连接，如图 3 - 15（a）所示。将阀门开启，气体进入气缸，推动活塞从底部向上运动，当缸内气体压力达到 0.55MPa 时阀门关闭。此时，高压罐内剩余气体的压力为 $p_2=1.7\text{MPa}$，温度为 $t_2=25℃$。假定过程中气体与外界无热交换，$c_p/c_V=1.4$。求气缸内气体的温度。

解： 设高压罐的体积为 V，质量为 m，进入气缸气体的质量为 m_1，如图 3 - 15（b）所示。罐内气体的初态为 $p=3.5\text{MPa}$，$t=60℃$。按理想气体状态方程，得

$$R_g=\frac{pV}{mT}=\frac{3.5\times10^6\times V}{m\times(273+60)}$$

高压罐内气体的终态为 $p_2=1.7\text{MPa}$，$t_2=25℃$，质量为 $m-m_1$。按理想气体状态方程得

$$R_g=\frac{p_2V}{(m-m_1)T_2}=\frac{1.7\times10^6\times V}{(m-m_1)\times(273+25)}$$

代入相关数据，则有

$$\frac{3.5\times10^6\times V}{m\times333}=\frac{1.7\times10^6\times V}{(m-m_1)\times298}$$

得 $m=2.19m_1$。

取高压罐及气缸为热力系，由于整个系统无质量变化，故能量方程为 $Q=\Delta U+W$；过程中系统与外界无热交换，即 $Q=0$，则

$$W=-\Delta U=-(U_2-U_1)=U_1-U_2$$

式中：U_1、U_2 分别为系统的初、终态热力学能，J。

过程中系统对外界虽无功量交换，但阀门开启时气体由高压罐进入气缸内，要对气体做流动功。令气缸内气体的终压力为 p_1，终温度为 T_1，终体积为 V_1，则 $W=p\Delta v=p_1V_1=m_1R_gT_1$。

系统的初态热力学能为 $U=mc_VT$，系统的终态热力学能为高压罐气体热力学能与气缸气体热力学能之和，即

$$U_2=(m-m_1)c_VT_2+m_1c_VT_1$$

故 $m_1R_gT_1=mc_VT-[(m-m_1)c_VT_2+m_1c_VT_1]$。

又 $R_g=c_p-c_V$，则 $m_1(c_p-c_V)T_1=c_V[mT-(m-m_1)T_2-m_1T_1]$，即有

$$m_1(c_p/c_V-1)T_1=mT-(m-m_1)T_2-m_1T_1$$

代入相关数据，则有

$$m_1(1.4-1)T_1=2.19m_1\times333-(2.19m_1-m_1)\times298-m_1T_1$$

得 $T_1=267.6\text{K}$ 或 $t_1=-5.4℃$。

［例 3 - 9］表明，将充气做功的整个装置视为热力系，其能量和质量守恒，问题即可求

解。若将高压罐与有活塞的罐分别视为热力系，则能量和质量不守恒，故热力系的选择应有利于问题的解决。在实际过程中，系统与外界有热量交换，但本例忽略了热量交换，故结果存在一定的误差，但也说明被充气罐内的气体温度要高于有热量交换时的情况。

【例 3-10】 某高压罐（充气前为真空）通过阀门与气体参数为 $p_1=1.4\text{MPa}$、$t_1=85℃$的管路相连，如图 3-16 所示。若开启阀门，使高压罐充气，充气过程进行到罐内气体质量为 27kg，气体参数为 $p_2=0.7\text{MPa}$，$t_2=60℃$时为止。假定过程中气体的动能变化可以忽略不计，气体比热容为定值且 $c_p=0.88\text{kJ/(kg·K)}$，$c_V=0.67\text{kJ/(kg·K)}$。求：罐内气体与外界交换的热量、罐的体积及 27kg 气体输入罐前在管路内所占的体积。

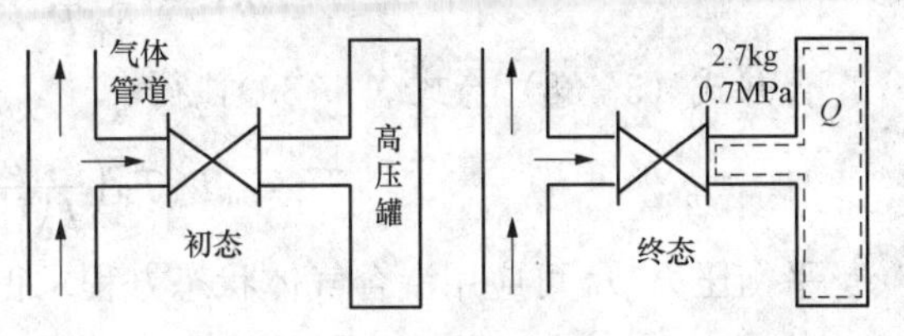

图 3-16 ［例 3-10］图

解：按充气能量方程并考虑散热影响，则 $h_{\text{in}}=u_2-q$。而 $h_{\text{in}}=u_1+p_1v_1$，故有

$$\begin{aligned}q&=(u_2-u_1)-p_1v_1=c_V(T_2-T_1)-p_1v_1\\&=c_V(T_2-T_1)-R_gT_1=c_V(T_2-T_1)-(c_p-c_V)T_1\\&=0.67\times(333-358)-(0.88-0.67)\times358=-91.93(\text{kJ/kg})\end{aligned}$$

$$Q=mq=2.7\times(-91.93)=-248.2(\text{kJ})$$

$$v_1=(c_p-c_V)\frac{T_1}{p_1}=\frac{(0.88-0.67)\times10^3\times358}{14\times10^5}=0.0537(\text{m}^3/\text{kg})$$

2.7kg 气体输入罐前所占体积 $V_1=mv_1=2.7\times0.0537=0.145$（$\text{m}^3$）。

高压罐体积可由 2.7kg 气体输入罐前、后状态求得。由于 $m=\dfrac{p_1V_1}{T_1}=\dfrac{p_2V_2}{T_2}$，则

$$V_2=\frac{p_1T_2}{p_2T_1}V_1=\frac{14\times10^5\times333}{7\times10^5\times358}\times0.145=0.27(\text{m}^3)$$

［例 3-10］表明，充气过程是非质量守恒系统，但初、终态确定后，质量和能量的值即可确定。气体在管道中流动时，应该选择迁移能量的焓表示；而气体充入充气罐后因不再移动，此时应选择热力学能表示，进而建立初、终态能量守恒方程，问题即可求解。因此，在选择表示能量的参数时，就根据工质所处的实际情况（流动还是静止）而定。

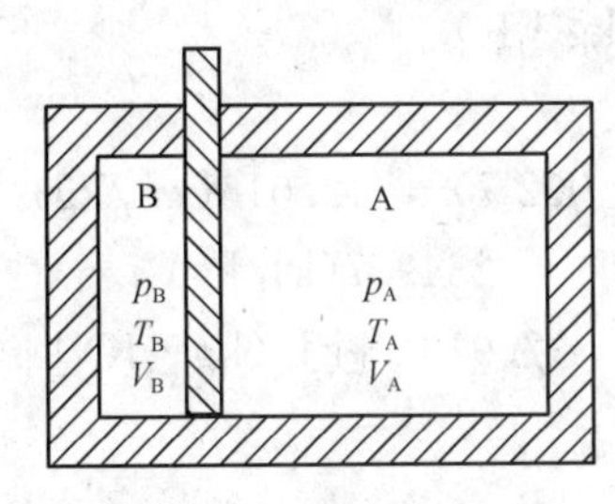

图 3-17 ［例 3-11］图

【例 3-11】 某绝热的刚性容器，其热容量可以忽略不计。若用一隔板将其分为 A 和 B 两个不相等的部分，A、B 两部分内各装有不同数量的同种理想气体，如图 3-17 所示。气体状态参数初始值是已知的。试推导隔板抽出后气体的平衡温度和平衡压力表达式。假定气体的比热容为定值。

解：取整个容器为热力系。因为该容器是刚性的，不受外力作用，不产生位移，所以与外界无功量交换，即 $W=0$；又因该容器是绝热的，所以与外界无热量交换，即 $Q=0$。根据闭口系能量方程 $Q=\Delta U+W$ 得 $U=0$，或 $\Delta U_A+\Delta U_B=0$。其中，ΔU_A 及 ΔU_B 是混合前后A与 B 中气体热力学能的变化量。

对于比热容为定值的理想气体，有 $\Delta U=mc_V\Delta T$，得

$$m_Ac_V(T_m-T_A)+m_Bc_V(T_m-T_B)=0 \tag{3-38}$$

式中：m_A、m_B 分别为 A、B 两部分中气体质量的初始值，kg；T_m 为混合后的平衡温

度，K。

由理想气体状态方程，得

$$m_A = \frac{p_A V_A}{R_g T_A},\ m_B = \frac{p_B V_B}{R_g T_B} \tag{3-39}$$

合并式（3-38）与式（3-39），得

$$T_m = T_A T_B \left(\frac{p_A V_A + p_B V_B}{p_A V_A T_B + p_B V_B T_A} \right) \tag{3-40}$$

平衡压力 p_m 可应用混合气体状态方程求得，即

$$p_m = \frac{m R_g T_m}{V} = \frac{(m_A + m_B) R_g T_m}{V_A + V_B} = \frac{p_A V_A + p_B V_B}{V_A + V_B} \tag{3-41}$$

应该指出，平衡压力也可以用另外的方法求得。如用比热比 $\gamma = c_p / c_V$ 乘以式(3-38)，得

$$m_A c_p (T_m - T_A) + m_B c_p (T_m - T_B) = 0 \tag{3-42}$$

对于比热容为定值的理想气体，有 $\Delta H = m c_p \Delta T$，式（3-42）可写为 $\Delta H_A + \Delta H_B = 0$。又 $\Delta U_A + \Delta U_B = 0$，将这两式相减，得

$$(\Delta H_A - \Delta U_A) + (\Delta H_B - \Delta U_B) = 0$$

而 $\Delta H - \Delta U = \Delta(pV)$，则 $\Delta(pV)_A + \Delta(pV)_B = 0$，得

$$p_m = \frac{p_A V_A + p_B V_B}{V_A + V_B} = \frac{(m_A + m_B) R_g T}{V_A + V_B} = \frac{p_A V_A + p_B V_B}{V_A + V_B}$$

结果与式（3-41）相同。

[例 3-11] 表明，在本例条件下，利用闭口系能量方程及理想气体状态方程，即可得到本题的解。根据压力平衡，利用热力学能和焓之间的关系，也可得到最终结果。

【例 3-12】 利用蒸汽表，确定冷凝器中 $p=3\text{kPa}$、$x=0.02$ 时，湿蒸汽的 v_x、h_x、s_x 值；若该蒸汽定压凝结成水，试比较其体积的变化程度。

解： 由饱和蒸汽表中查出 $p=3\text{kPa}$ 时，饱和水和干饱和蒸汽的相关参数为

$$v' = 0.001\,002\,7\text{m}^3/\text{kg};\ v'' = 45.668\text{m}^3/\text{kg}$$

$$h' = 101.0\text{kJ/kg};\ h'' = 2545.2\text{kJ/kg}$$

$$s' = 0.354\,3\text{kJ/(kg}\cdot\text{K)};\ s'' = 8.577\,6\text{kJ/(kg}\cdot\text{K)}$$

因此，$p=3\text{kPa}$、$x=0.02$ 时湿蒸汽的 v_x、h_x、s_x 值为

$$v_x = v' + x(v'' - v') = 0.001\,002\,7 + 0.92 \times (45.668 - 0.001\,002\,7) = 42.015(\text{m}^3/\text{kg})$$

$$h_x = h' + x(h'' - h') = 101.0 + 0.92 \times (2545.2 - 101.0) = 2349.7(\text{kJ/kg})$$

$$s_x = s' + x(s'' - s') = 0.354\,3 + 0.92 \times (8.577\,6 - 0.354\,3) = 7.919\,7[\text{kJ/(kg}\cdot\text{K)}]$$

若湿蒸汽全部凝结成水，则体积变化程度为

$$\frac{v_x}{v'} = \frac{42.015}{0.001\,002\,7} = 41\,902$$

即湿蒸汽全部凝结成水后，体积缩小的倍数为 41 902 倍。由于 v' 很小，所以湿蒸汽的体积可以近似认为 $v_x \approx x v''$。

[例 3-12] 表明，湿蒸汽在某一干度下，相关参数不等于饱和水和干饱和蒸汽，但干度越大，湿蒸汽的相关参数越接近饱和蒸汽的相关参数，相反则接近于饱和水的相关参数。在对蒸汽透平进行近似热力计算时，可以利用该方法确定湿蒸汽的相关参数。同时，全部湿蒸

汽凝结成水时，体积缩小4万多倍。因此，火电厂凝汽器若要维持高真空，湿蒸汽必须及时全部凝结，以保证生产需要。

【例3-13】 体积为0.6m³的密闭容器内装有压力为0.36MPa的干饱和蒸汽，则蒸汽的质量为多少？若对蒸汽进行冷却，当压力降低到0.2MPa时，蒸汽的干度为多少？冷却过程中由蒸汽向外传出的热量为多少？

解： 查压力为0.36MPa的饱和蒸汽表，得干饱和蒸汽的相关参数为 $v''_1=0.510\ 56\text{m}^3/\text{kg}$，$h''_1=2733.8\text{kJ/kg}$，则蒸汽的质量为

$$m=\frac{V}{v''_1}=\frac{0.6}{0.510\ 56}=1.175\ 2(\text{kg})$$

当压力为0.2MPa时，查饱和蒸汽表，得相关参数为

$$v'_2=0.001\ 060\ 8\text{m}^3/\text{kg};v''_2=0.885\ 92\text{m}^3/\text{kg}$$
$$h'_2=504.7\text{kJ/kg};h''_2=2706.9\text{kJ/kg}$$

因容器的体积和工质的质量冷却前后不变，故工质冷却前后的比体积不变，即 $v''_1=v_{x_2}$，或 $v''_1=(1-x_2)v'_2+x_2v''_2$。

又因 $v'_2\ll v''_2$，所以 $v''_1\approx x_2v''_2$，则干度为

$$x_2\approx\frac{v''_1}{v''_2}=\frac{0.510\ 56}{0.885\ 92}=0.576\ 3$$

取蒸汽为闭口系，由热力学第一定律得 $q=\Delta u+w$。因系统为定容放热，故 $w=0$，且 $u=h-pv$，则有

$$q_{12}=\Delta u_{12}=u_2-u_1=(h_{x_2}-p_2v_{x_2})-(h''_1-p_1v''_1)$$

其中，$h_{x_2}=(1-x_2)\ h'_2+x_2h''_2=(1-0.576\ 3)\times504.7+0.576\ 3\times2706.9=1773.8$ (kJ/kg)。

因此，冷却过程中由蒸汽向外传出的热量为

$$\begin{aligned}Q_{12}&=m\Delta u_{12}=m(u_2-u_1)=m[(h_{x_2}-p_2v_{x_2})-(h''_1-p_1v''_1)]\\&=1.175\ 2\times[(1773.8-0.2\times10^6\times0.510\ 56\times10^{-3})-\\&\quad(2733.8-0.36\times10^6\times0.510\ 56\times10^{-3})]\\&=-1032.3(\text{kJ})\end{aligned}$$

[例3-13] 表明，在计算湿蒸汽状态变化过程中，有些是可以忽略的，其所带来的误差，对计算结果影响不大。在求解过程的能量变化时，选择的热力系及相关参数间的关系转换很重要。因此，加强对概念及相关参数间的关系的掌握是解题的关键。

【例3-14】 蒸汽压力为1.0MPa，密度 $\rho_1=5\text{m}^3//\text{kg}$。若质量流量 $\dot{m}=5\text{kg/s}$，定温放出热流量 $\dot{Q}=6\times10^6\text{kJ/h}$。求终态参数及做功量。

解：

(1) 终态状态参数。由题意得初态的比体积 $v_1=1/\rho_1=1/5=0.2$ (m^3/kg)，则由初压及比体积得初态的相关参数为 $t_1=189.2℃$，$s_1=6.636\text{kJ/(kg}\cdot\text{K)}$，$h_1=2800\text{kJ/kg}$。

由于是定温放热，故有 $\dot{Q}=\dot{m}T\Delta s_{12}$，则从初态至终态的熵的变化量为

$$\Delta s_{12}=\dot{Q}/\dot{m}T=\frac{(-6\times10^6/3600)}{5\times(273+189.2)}=-0.72[\text{kJ/(kg}\cdot\text{K)}]$$

则终态的熵值为 $s_2=s_1+\Delta s_{12}=6.636-0.72=5.916[\text{kJ/(kg}\cdot\text{K)}]$。

由温度和熵参数查蒸汽表得终态参数为 $p_2=1.23\text{MPa}$，$h_2=2509\text{kJ/kg}$，$v_2=0.137\,3\text{m}^3/\text{kg}$。

（2）做功量。由闭口系热力学第一定律方程得

$$\begin{aligned}\dot{W}_{12} &= \dot{Q}-\Delta U_{12}=\dot{Q}-\dot{m}\Delta(h-pv)=\dot{Q}-\dot{m}[(h_2-p_2v_2)-(h_1-p_1v_1)]\\&=-6\times10^6-5\times3600\times[(2509-1.23\times0.137\,3\times10^3)-(2800.5-1\times10^3)]\\&=-1313\times10^3(\text{kJ/h})\end{aligned}$$

[例 3-14] 表明，交换热量的计算除可利用比热容外，也可利用温度与熵的变化量的乘积，其适用的范围更广，在使用过程中应注意其应用条件。

【例 3-15】 压力为 2.1MPa、体积为 0.256 2m³、干度为 0.9 的湿蒸汽，按照 $pv^{1.25}=$定值规律可逆膨胀到 $p_2=0.7\text{MPa}$，试求：（1）湿蒸汽的质量；（2）湿蒸汽对外所做的功；（3）湿蒸汽热力学能的变化量；（4）湿蒸汽与外界所交换的热量。

解： 由于是可逆膨胀，故初态湿蒸汽的相关状态参数可由蒸汽表查得，即

$$h_1=2611.4\text{kJ/kg},\ v_1=0.085\,5\text{m}^3/\text{kg},s_1=5.936\text{kJ/(kg}\cdot\text{K)}$$

因按 $pv^{1.25}=$定值规律可逆膨胀到 $p_2=0.7\text{MPa}$，则终态比体积为

$$v_2=v_1\left(\frac{p_1}{p_2}\right)^{1/1.25}=0.085\,5\times\left(\frac{2.1}{0.7}\right)^{1/1.25}=0.205\,8(\text{m}^3/\text{kg})$$

因此，终态湿蒸汽的相关参数可由蒸汽表查得，即 $h_2=2254\text{kJ/kg}$，$s_2=5.545\text{kJ/(kg}\cdot\text{K)}$。

（1）湿蒸汽的质量为

$$m=\frac{V}{v_1}=\frac{0.256}{0.085\,5}=3(\text{kg})$$

（2）湿蒸汽对外所做的功为

$$\begin{aligned}w_{12}&=\int_1^2 p\mathrm{d}v=\frac{1}{n-1}(p_1v_1-p_2v_2)\\&=\frac{10^6}{1.25-1}\times(2.1\times0.085\,5-0.7\times0.205\,8)=141.1(\text{kJ/kg})\end{aligned}$$

故 $m$kg 的湿蒸汽对外所做的功为

$$\Delta W_{12}=m\Delta w_{12}=3\times141.1=423.3(\text{kJ})$$

（3）湿蒸汽热力学能的变化量

$$\begin{aligned}\Delta u_{12}&=(h_2-p_2v_2)-(h_1-p_1v_1)\\&=(2254-0.7\times10^6\times0.205\,8)-(2611.4-2.1\times10^6\times0.085\,5)=-321(\text{kJ/kg})\end{aligned}$$

故 $m$kg 的湿蒸汽热力学能的变化量为

$$\Delta U_{12}=m\Delta u_{12}=3\times(-321)=-963(\text{kJ})$$

（4）湿蒸汽与外界所交换的热量。根据热力学第一定律则有

$$Q=\Delta U_{12}+W_{12}=-963+423.3=-539.7(\text{kJ})$$

[例 3-15] 表明，热力学第一定律适用于实际气体。本题给出的已知条件中说明蒸汽为湿蒸汽，那么在压力和温度中只有一个是独立变量。因此，本例中选取了湿蒸汽的压力和干度为独立变量，以确定初态相关参数。当然，也可以利用干度和饱和液、汽的单相参数确定湿蒸汽其他相关参数。同时，要注意比参数的概念。

【例 3-16】 参数为 $p_1=5\text{MPa}$、$t_1=400℃$ 的蒸汽进入汽轮机进行绝热膨胀至 $p_2=4\text{kPa}$，设环境温度为 20℃。求：（1）若过程是可逆的，1kg 蒸汽所做的膨胀功及技术功各为多少？（2）若汽轮机相对内效率 $\eta_{s,\text{T}}=0.88$，其做功能力损失为多少？

解：

（1）由参数 $p_1=5\text{MPa}$，$t_1=400℃$ 查蒸汽表得相关参数为 $h_1=3197\text{kJ/kg}$，$v_1=0.058\text{m}^3/\text{kg}$，$s_1=6.65\text{kJ/(kg}\cdot\text{K)}$，则热力学能为 $u_1=h_1-p_1v_1=3197-5\times10^6\times0.058\times10^{-3}=2907$（kJ/kg）。

由于蒸汽在汽轮机内为可逆膨胀，终态熵与初态熵相等。根据 $p_2=40\text{kPa}$ 及 $s_1=s_2=6.65\text{kJ/(kg}\cdot\text{K)}$，查蒸汽表得终态相关参数为 $h_2=2020\text{kJ/kg}$，$v_1=26.5\text{m}^3/\text{kg}$，$s_2=6.65\text{kJ/(kg}\cdot\text{K)}$，则热力学能为 $u_2=h_2-p_2v_2=2020-4\times10^3\times26.5\times10^{-3}=1914$（kJ/kg）。

则膨胀功和技术为

$$w=u_1-u_2=2907-1914=993(\text{kJ/kg})$$

$$w_t=h_1-h_2=3197-2020=1177(\text{kJ/kg})$$

（2）由于实际过程存在不可逆因素，故做功损失为

$$w'=(1-\eta_{s,\text{T}})w_t=(1-0.88)\times1177=141.24(\text{kJ/kg})$$

则汽轮机实际终态点的焓值为 $h_{2'}=h_2+w'=2020+141.24=2161.24$（kJ/kg），由该焓值及 $p_2=4\text{kPa}$，查蒸汽表得实际终态熵为 $s_{2'}=7.12\text{kJ/(kg}\cdot\text{K)}$。

由于过程是绝热的，故熵流为零，不可逆因素造成的熵的变化即为熵产，其值为

$$s_g=s_{2'}-s_2=7.12-6.65=0.47[\text{kJ/(kg}\cdot\text{K)}]$$

蒸汽实际绝热膨胀过程的做功能力损失为

$$i=T_0s_g=(273+20)\times0.47=137.7(\text{kJ/kg})$$

[例 3-16] 表明，要充分掌握膨胀功和技术功的概念和所需求解的变量。通过计算可知两个功有时是不相等的。若相等，要满足一定的条件。同时，应充分理解做功损失和做功能力损失的区别，两者是不同的概念。

【例 3-17】 在刚性的封闭气缸内，2kg 的空气由初始温度 $t_1=15℃$ 加热到 $t_2=135℃$。已知气缸的体积为 0.7m^3，空气的比定容热容为 $c_V=0.72\text{kJ/(kg}\cdot\text{K)}$，气缸与外界是绝热的，求传给气体的热量、热力学能变化量及过程的终压力。

解： 由题意可知，气体进行的是定容过程。对于理想气体定容过程

$$Q_{12}=\Delta U_{12}=mc_V(t_2-t_1)=2\times0.72\times(135-15)=172.8(\text{kJ})$$

可见，向气体加入的热量增加了气体的热力学能。

按理想气体状态方程，得

$$p_1=\frac{mR_gT_1}{V_1}$$

其中，$R_g=\dfrac{R}{M}=\dfrac{8.3143}{28.97}=0.2870$ [kJ/(kg·K)]，故 $p_1=\dfrac{2\times0.2870\times(273+15)}{0.7}=236.16$（kPa）。

按定容过程参数间关系 $\dfrac{p_1}{T_1}=\dfrac{p_2}{T_2}$，得

$$p_2=p_1\frac{T_2}{T_1}=236.16\times\frac{273+135}{273+15}=0.335(\text{MPa})$$

[例 3-17] 根据过程的特点，利用热力学第一定律之闭口系的能量方程和状态方程以及过程的状态参数的关系式，可确定所求结果。计算过程中，应注意 R_g 与 R 的区别。

【例 3-18】 某盛有氮气的气缸中，活塞上承受一定的重量，试计算当气体从外界吸入

3349kJ 的热量时，气体对活塞所做的功及热力学能的变化量。已知氮气的比定容热容 $c_V=0.741\text{kJ}/(\text{kg}\cdot\text{K})$，气体常数 $R_g=0.297\text{kJ}/(\text{kg}\cdot\text{K})$。

解： 在压力较低、密度较小的情况下，氮气可视为理想气体。按理想气体比定压热容与比定容热容之间的关系，得

$$c_p = c_V + R_g = 0.741 + 0.297 = 1.038[\text{kJ}/(\text{kg}\cdot\text{K})]$$

由题意可知氮气进行的是定压过程，故 $Q_{12}=mc_p(T_2-T_1)$，得

$$m(T_2-T_1)=\frac{Q_{12}}{c_p}=\frac{3349}{1.038}=3226.4(\text{kg}\cdot\text{K})$$

理想气体的热力学能变化量为

$$\Delta U_{12}=mc_V(T_2-T_1)=0.741\times 3226.4=2391(\text{kJ})$$

按闭口系能量方程 $Q=\Delta U+W$，则气体对活塞所做的功为

$$W=Q-\Delta U=3349-2391=958(\text{kJ})$$

［例 3-18］表明，在求解过程中，必须对题意进行详细分析，从中找出解题的关键因素。题中的“活塞上承受一定的重量”说明过程为定压过程，在该过程中与外界交换的热量，应利用比定压热容求解。由于题中没有给出比定压热容，因此应利用迈耶公式求得。在计算热力学能变化量时，必须利用比定容热容求解；而计算焓变化量时必须利用比定压热容，这是因为“对于理想气体，任何一个过程热力学能的变化量都和温度变化量相同的定容过程的热力学能变化量相等；任何一个过程焓的变化量都和温度变化量相同的定压过程的焓变化量相等。”

【例 3-19】 1kmol 的理想气体从初态 $p_1=500\text{kPa}$、$T_1=340\text{K}$ 绝热膨胀到原来体积的 2 倍。设气体 $C_{m,p}=33.44\text{kJ}/(\text{kmol}\cdot\text{K})$，$C_{m,V}=25.12\text{kJ}/(\text{kmol}\cdot\text{K})$。试确定在下述情况下气体的终温，以及对外所做的功及熵的变化量。(1) 可逆绝热过程；(2) 气体向真空进行自由膨胀。

解：

(1) 可逆绝热膨胀过程的绝热指数 $\kappa=C_{m,p}/C_{m,V}=33.44/25.12=1.331$，按题意可知 $\frac{V_1}{V_2}=0.5$，由可逆绝热过程中状态参数间的关系得

$$T_2=T_1(V_1/V_2)^{\kappa-1}=340\times 0.5^{0.331}=270.3(\text{K})$$

按闭口系能量方程 $Q=\Delta U+W$，因为 $Q=0$，所以

$$W=-\Delta U=-nC_{m,V}(T_2-T_1)=-1\times 25.12\times(270.3-340)=1751(\text{kJ})$$

$$\Delta S_{12}=0$$

(2) 气体向真空进行自由膨胀，与外界无功量交换，即 $W=0$。因为该过程是绝热过程，所以 $Q=0$。由闭口系能量方程，得

$$\Delta U_{12}=0 \text{ 或 } \Delta U_{12}=nC_{m,V}(T_2-T_1)=0$$

故 $T_2=T_1$，过程中气体熵的变化量为

$$\Delta S_{12}=nR\ln\frac{V_2}{V_1}=1\times 8.3143\times\ln 2=5.763(\text{kJ/K})$$

［例 3-19］表明，对于可逆绝热过程，利用状态参数间的关系和热力学第一定律可以求得所要求的变量。当气体向真空进行自由绝热膨胀时，虽然温度不变，体积却会发生变化，但其做功量为零，熵的变化量并不为零，即过程为不可逆过程。

【例 3 - 20】 2kg 空气分别经过定温膨胀和绝热膨胀的可逆过程，如图 3 - 18 所示。从初态 $p_1=0.980\ 7\text{MPa}$，$t_1=300℃$膨胀到终态体积为初态体积的 5 倍。试计算不同过程中空气的终态参数、对外界所做的功和交换的热量，以及过程中热力学能、焓和熵的变化量。设空气 $c_p=1.004\text{kJ/(kg·K)}$，$R_g=0.287\text{kJ/(kg·K)}$，$\kappa=1.4$。

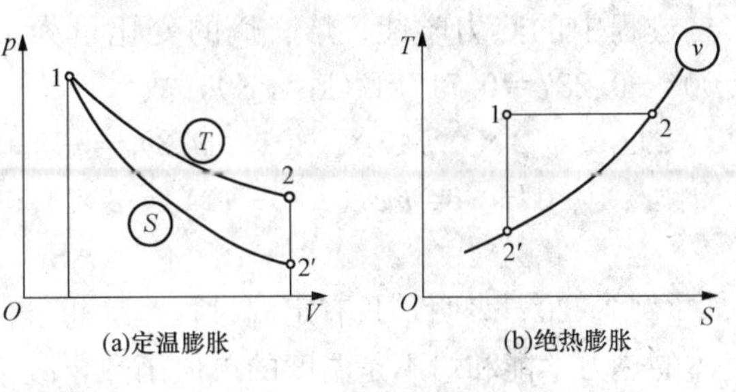

图 3 - 18 ［例 3 - 20］图

解：将空气取作闭口系。

(1) 可逆定温过程 12。由过程的参数间关系，得

$$p_2=p_1=\frac{v_1}{v_2}=0.980\ 7\times\frac{1}{5}=0.196\ 1(\text{MPa})$$

按理想气体状态方程，得

$$v_1=\frac{R_gT_1}{p_1}=\frac{0.287\times10^3\times(273+300)}{0.908\ 7\times10^6}=0.167\ 7(\text{m}^3/\text{kg})$$

$$v_2=5v_1=5\times0.166\ 7=0.838\ 5(\text{m}^3/\text{kg})$$

$$T_2=T_1=573(\text{K})\text{ 或 }t_2=300(℃)$$

气体对外做的膨胀功及交换的热量为

$$W_T=Q_T=p_1v_1\ln\frac{v_2}{v_1}=0.908\ 7\times10^6\times(2\times0.167\ 7)\times\ln5=529.4(\text{kJ})$$

过程中热力学能、焓、熵的变化量为

$$\Delta U_{12}=0;\Delta H_{12}=0$$

$$\Delta S_{12}=\frac{Q_T}{T_1}=\frac{529.4}{573}=0.923\ 9(\text{kJ/K})$$

或

$$\Delta S_{12}=mR_g\ln\frac{v_2}{v_1}=2\times0.287\times\ln5=0.923\ 8(\text{kJ/K})$$

(2) 可逆绝热过程 12′。由可逆绝热过程参数间关系可得

$$p_{2'}=p_1\left(\frac{v_1}{v_{2'}}\right)^{\kappa}$$

其中，$v_{2'}=v_1=0.838\ 5\text{m}^3/\text{kg}$，故

$$p_{2'}=0.980\ 7\times\left(\frac{1}{5}\right)^{1.4}=0.103(\text{MPa})$$

$$T_{2'}=\frac{p_{2'}v_{2'}}{R_g}=\frac{0.103\times10^6\times0.838\ 5}{0.287\times10^3}=301(\text{K})\text{ 或 }t_{2'}=28(℃)$$

气体对外界做的膨胀功及交换的热量为

$$W_i=\frac{1}{\kappa-1}(p_1V_1-p_2V_2)=\frac{1}{\kappa-1}mR_g(T_1-T_{2'})$$

$$=\frac{2\times0.287\times10^3}{1.4-1}\times(573-301)=390.3(\text{kJ})$$

$$Q_i=0$$

过程中的热力学能、焓、熵的变化量为 $\Delta U_{12'}=mc_V(T_{2'}-T_1)$，其中 $c_V=c_p-R_g=1.004-0.287=0.717\text{kJ/(kg·K)}$，故

$$\Delta U_{12'}=2\times0.717\times(301-573)=-390.1(\text{kJ})\text{ 或 }\Delta U_{12'}=-W_2=-390.1(\text{kJ})$$

$$\Delta H_{12'}=mc_p(T_{2'}-T_1)=2\times1.004\times(301-573)=-546.2(\text{kJ})$$

$$\Delta S_{12'}=0$$

［例 3-20］表明，只有定温过程，理想气体的热力学能和焓的变化量才能为零。而实际气体的热力学能和焓不是温度的单值函数，故不为零。因此，掌握理想气体与状态参数间的关系很重要。

【例 3-21】 1kg 空气在多变过程中吸取 41.87kJ 的热量时，将使其体积增大 10 倍，压力降低 8 倍。求：(1) 过程中空气的热力学能变化量；(2) 空气对外所做的膨胀功及技术功。设空气 $c_V=0.716\text{kJ/(kg·K)}$，$\kappa=1.4$。

解： 由题意可知，$q_n=41.87\text{kJ/kg}$，$v_2=10v_1$，$p_2=\frac{1}{8}p_1$。

(1) 过程中空气的热力学能变化量。由理想气体状态方程 $p_1v_1=R_gT_1$，$p_2v_2=R_gT_2$，得$\frac{T_2}{T_1}=\frac{p_2}{p_1}\frac{v_2}{v_1}=\frac{10}{8}$，即 $T_2=\frac{10}{8}T_1$。

多变指数为

$$n=\frac{\ln(p_1/p_2)}{\ln(v_2/v_1)}=\frac{\ln8}{\ln10}=0.903$$

多变过程中气体吸取的热量为

$$q_n=c_n(T_2-T_1)=c_V\frac{n-\kappa}{n-1}(T_2-T_1)=c_V\frac{n-\kappa}{n-1}\left(\frac{10}{8}T_1-T_1\right)=\frac{1}{4}c_V\frac{n-\kappa}{n-1}T_1$$

故

$$T_1=4\frac{n-1}{n-\kappa}\frac{q_n}{c_V}=\frac{4\times(0.903-1)\times41.87}{(0.903-1.4)\times0.716}=45.7(\text{K})$$

$$T_2=\frac{10}{8}T_1=\frac{10}{8}\times45.7=57.1(\text{K})$$

气体热力学能变化量为

$$\Delta u_{12}=c_V(T_2-T_1)=0.716\times(57.1-45.7)=8.16(\text{kJ/kg})$$

(2) 空气对外所做的膨胀功及技术功。膨胀功由闭口系能量方程得 $w_{12}=q_n-\Delta u_{12}=41.87-8.16=33.71\ (\text{kJ/kg})$，或 $w_{12}=\frac{1}{n-1}R_gT_1\left[1-\left(\frac{p_2}{p_1}\right)^{\frac{n-1}{n}}\right]$，其中，$R_g=(\kappa-1)\ c_V=(1.4-1)\times0.716=0.2864[\text{kJ/(kg·K)}]$。

因此

$$w_{12}=\frac{1}{0.903-1}\times0.2864\times45.7\times\left[1-\left(\frac{1}{8}\right)^{-\frac{0.097}{0.903}}\right]=33.77(\text{kJ/kg})$$

技术功为

$$w_t=\frac{n}{n-1}R_gT_1\left[1-\left(\frac{p_2}{p_1}\right)^{\frac{n-1}{n}}\right]=nw_{12}=0.903\times33.77=30.49(\text{kJ/kg})$$

［例 3-21］表明，在计算多变过程的吸热量时，应利用多变指数和闭口系能量方程进行求解。而计算热力学能时，依然可按定容过程进行求解，同时应注意多变过程的膨胀功与技

术功之间的关系。

【例 3-22】 测得 1kg 氮气膨胀过程中三点的参数，即点 1：$p_1=4.0\text{MPa}$，$t_1=300℃$；点 2：$p_2=2.0\text{MPa}$，$v_2=0.1\text{m}^3/\text{kg}$；点 3：$t_3=50℃$，$v_3=0.427\text{m}^3/\text{kg}$。试问：整个过程是不是一个多变过程？

解： 首先利用两个点（如点 1 和点 3）的参数，假定在这两点之间的过程是多变过程（n=常数），则该过程的多变指数

$$n=\frac{\ln p_1-\ln p_3}{\ln v_3-\ln v_1}=\frac{\ln\left(\frac{p_1}{p_3}\right)}{\ln\left(\frac{v_3}{v_1}\right)}$$

其中，$v_1=\frac{R_g T_1}{p_1}=\frac{8.3143\times10^3\times(273+300)}{28\times4.0\times10^6}=0.0425\ (\text{m}^3/\text{kg})$，$p_3=\frac{R_g T_3}{v_3}=\frac{8.3143\times10^3\times(273+50)}{28\times0.427\times10^6}=0.2246\ (\text{MPa})$。

因此

$$n=\frac{\ln(4.0/0.2246)}{\ln(0.427/0.425)}=1.25$$

假定过程是多变的，则点 2 的比体积应为

$$v_2=v_1\left(\frac{p_1}{p_2}\right)^{\frac{1}{n}}=0.0425\times\left(\frac{4.0}{2.0}\right)^{\frac{1}{1.25}}=0.074(\text{m}^3/\text{kg})$$

而实际测得的比体积 $v_2=0.074\text{m}^3/\text{kg}\neq0.1\text{m}^3/\text{kg}$，因此不能把 123 过程看作是多变过程。

［例 3-22］表明，也可用图解法求解，将点 1 和点 3 画在 $\ln p$-$\ln v$ 对数坐标图上，若所有各点都在一条直线上，则过程是多变的。如欲求得 123 过程中的功和热量，必须通过实验在点 1 和点 3 之间多测几个点的参数，然后分段计算或用图解法来积分求解。

【例 3-23】 有一气缸活塞装置，如图 3-19 所示。气缸及活塞均由理想绝热材料制成，活塞与气缸壁间无摩擦。开始时活塞将气缸分为 A、B 两个相等的部分，两部分中各有 1kmol 的同一种理想气体，其压力和温度均为 $p_1=0.1\text{MPa}$，$t_1=5℃$。若对 A 中气体缓慢加热（电热），使气体缓慢膨胀，推动活塞压缩 B 中的气体，直至 A 中气体温度升高至 172℃。试计算该过程中 B 中气体吸取的热量。设气体 $C_{m,V}=12.56\text{kJ}/(\text{kmol}\cdot\text{K})$，$C_{m,p}=20.88\text{kJ}/(\text{kmol}\cdot\text{K})$。气缸与活塞的热容量可以忽略不计。

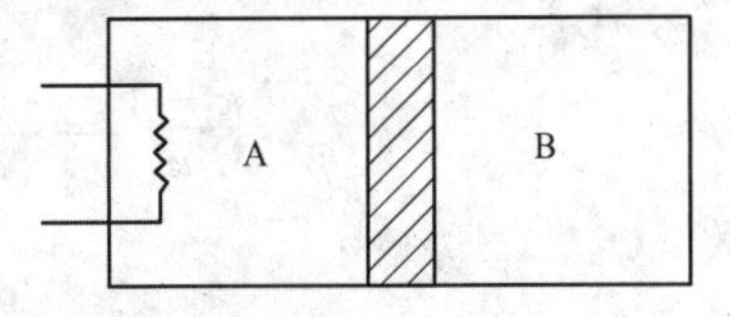

图 3-19 ［例 3-23］图

解： 取整个气缸内气体为闭口系。由闭口系能量方程 $\Delta U=Q-W$，因为没有系统之外的力使其移动，所以 $W=0$，则 $Q=\Delta U=\Delta U_A+\Delta U_B=n_A C_{m,V}\Delta T_A+n_B C_{m,V}\Delta T_B$，其中 $n_A=n_B=1\text{kmol}$，故

$$Q=C_{m,V}(\Delta T_A+\Delta T_B) \tag{3-43}$$

在该方程式中 ΔT_A 是已知的，即 $\Delta T_A=T_{A_2}-T_{A_1}=T_{A_2}-T_1$，只有 ΔT_B 是未知量。

当向 A 中气体加热时，A 中气体温度和压力将升高，并发生膨胀推动活塞右移，使 B 中的气体受到压缩。因为气缸和活塞都不是导热的，而且其热容量可以忽略不计，所以 B

中气体进行的是绝热过程。又因为活塞与气缸壁间无摩擦，而且过程是缓慢进行的，所以B中气体进行的是可逆绝热压缩过程。

按理想气体可逆绝热过程参数间的关系

$$\frac{T_{B_2}}{T_1}=\left(\frac{p_2}{p_1}\right)^{\frac{\kappa-1}{\kappa}} \tag{3-44}$$

由理想气体状态方程，得：

初态时

$$V_{m_1}=\frac{(n_A+n_B)RT_1}{p_1}$$

终态时

$$V_{m_2}=\frac{n_ART_{A_2}+n_BRT_{B_2}}{p_2}$$

其中，V_{m_1} 和 V_{m_2} 是过程初、终态气体的总体积，即气缸的体积，其在过程前后不变，故 $V_{m_1}=V_{m_2}$，得

$$\frac{(n_A+n_B)RT_1}{p_1}=\frac{n_ART_{A_2}+n_BRT_{B_2}}{p_2}$$

因 $n_A=n_B=1\text{kmol}$，故有

$$2\left(\frac{p_2}{p_1}\right)=\frac{T_{A_2}}{T_1}+\frac{T_{B_2}}{T_1} \tag{3-45}$$

合并式（3-44）与式（3-45），得

$$2\left(\frac{p_2}{p_1}\right)=\frac{T_{A_2}}{T_1}+\left(\frac{p_2}{p_1}\right)^{\frac{\kappa-1}{\kappa}}$$

比值 $\frac{p_2}{p_1}$ 可用试算法求得。由题意可知，$T_{A_2}=273+172=445$（K），$T_1=273+5=278$（K）。

$$\frac{\kappa-1}{\kappa}=1-\frac{1}{\kappa}=1-\frac{C_{m,V}}{C_{m,p}}=1-\frac{12.56}{20.88}=0.40$$

故

$$2\left(\frac{p_2}{p_1}\right)=\frac{445}{278}-\left(\frac{p_2}{p_1}\right)^{0.4}$$

由试算法可得

$$\frac{p_2}{p_1}=1.367$$

代入式（3-44），得 $T_{B_2}=T_1\left(\frac{p_2}{p_1}\right)^{\frac{\kappa-1}{\kappa}}=278\times1.367^{0.4}=315$（K），代入式（3-43），得

$$Q=12.56\times[(445-278)+(315-278)]=2562(\text{kJ})$$

[例3-23] 表明，在将整个气缸内气体作为闭口系后，系统对外做功为零。虽然系统内活塞有位移，但没有对外界做功，因为闭口系在接受外界传递的热量后，热力学能发生了变化，这是解决问题的一个关键点。在求解 p_2/p_1 时，可利用试算求解，这也是求解复杂方程的一种方法。

思考题

3-1　能否计算内部处于不平衡过程中，系统对外所做的体积功？为什么？

3-2　用温度的变化能否判断过程热量交换为正或为负？如果用熵参数的变化能否判断？为什么？

3-3　热量计算式 $q=\int_{s_1}^{s_2}T\mathrm{d}s$ 和 $q=\int_{T_1}^{T_2}c\mathrm{d}T$ 都能用来计算过程中交换的热量。在选用时这两个计算式各有什么条件？

3-4　工程实际中是否存在多变指数及多变过程比热容为负值的过程实例？为什么？

3-5　在 p-v 图上，理想气体的两定温过程线之间、定熵过程线之间的水平距离、垂直距离是否相等？在 T-s 图上，理想气体的两定容过程线之间、定压过程线之间的水平距离、垂直距离是否相等？为什么？

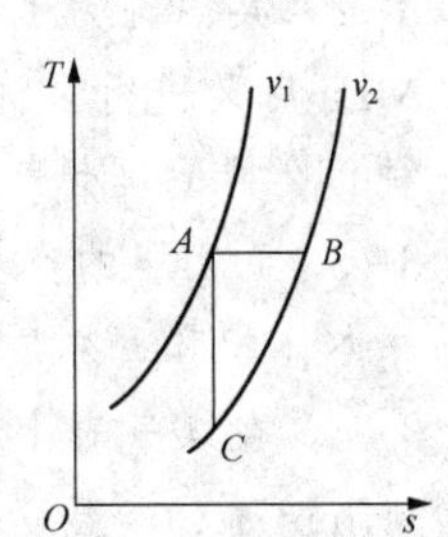

图3-20　思考题3-6图

3-6　如图3-20所示，理想气体在相邻的两条定容过程线上有A、B、C三点。若 $T_A=T_B$，$s_A=s_C$，问A、B两点的斜率是否相等？A、C两点的斜率是否相等？为什么？

3-7　如图3-21所示，理想气体在相邻的两条定熵过程线上有A、B、C三点。若 $p_A=p_B$，$v_A=v_C$，问A、B两点的斜率是否相等？A、C两点的斜率是否相等？为什么？

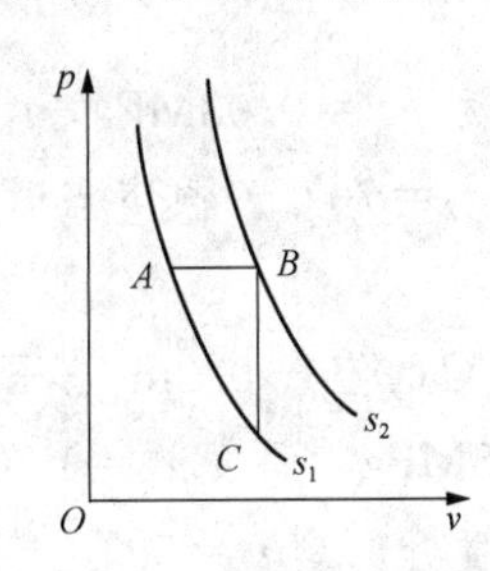

图3-21　思考题3-7图

3-8　理想气体由同一初态分别经历、定温过程、定容过程、定压过程加热至各自的终态，设各自终态的熵相等。若分别以加热量、力学能、$v_{终态}/v_{初态}$ 作为评价指标，问将各过程的评价指标按大小排序，是什么关系？

3-9　设比热容为定值时，理想气体的任意过程的熵变化量的计算式为 $\Delta s=c_p\ln\dfrac{T_2}{T_1}-R_g\ln\dfrac{p_2}{p_1}$。当把该式中的温度和压力换成滞止温度和压力即 $\Delta s=c_p\ln\dfrac{T_2^*}{T_1^*}-R_g\ln\dfrac{p_2^*}{p_1^*}$ 时能否成立？为什么？

3-10　由定义可知比定压热容 $c_p=\left(\dfrac{\partial h}{\partial T}\right)_p$，对于理想气体和实际气体能否写成 $c_p=\left(\dfrac{\partial h}{\partial T}\right)_V$？为什么？

3-11　热力学能的计算式 $\Delta u=\int_{T_1}^{T_2}c_V\,\mathrm{d}T$，对于蒸汽的定容过程是否适用？为什么？

3-12　湿蒸汽有下列关系：$v_x=xv''+(1-x)v'$，$h_x=xh''+(1-x)h'$。类比该关系能否将湿蒸汽的密度与干度的关系写为 $\rho_x=x\rho''+(1-x)\rho'$？为什么？其中，$v_x$、$h_x$分别为干度为 x 的比体积、比焓；上角标“′”“″”分别表示饱和水、干饱和蒸汽的参数。

3-13　湿蒸汽区能否用$\Delta h=c_p\Delta T$ 计算定压过程的比焓变化量？为什么？

3-14 比定压热容 c_p 和比定容热容 c_V 是状态参数吗？为什么？

3-15 理想气体的自由膨胀过程能否在 p-v、T-s 和 h-s 图上表示出来？为什么？

3-16 将理想气体的热力学能、焓的变化量分别在 p-v、T-s 图上表示出来。

习 题

3-1 某气球半径为 0.3m，当时当地的大气压 $p_b=760$mmHg，温度 $t_0=15$℃。求：(1) 球内空气的质量和摩尔数是多少？(2) 若球内充满压力为 0.101 3MPa、温度为 15℃的氦气，氦气的质量和摩尔数是多少？

3-2 某内径为 15.24cm 的金属球抽空后放在一精密的天平上称重，当填充某种气体至 0.76MPa 后又进行了称重，两次称重的质量之差为 2.25g，当时的室温为 27℃，试确定这是一种什么样的理想气体。

3-3 1.2kg 的空气，在压力为 $p=3.0$MPa 时占有体积 $V=0.08$m^3。问其温度、比体积、摩尔体积和摩尔质量各为多少？

3-4 在煤气表上读得煤气的消耗量为 683.7m^3。若在煤气消耗期间煤气表压力的平均值为 44mmH_2O，温度平均值为 17℃，当地的大气环境压力为 $p_0=751.4$mmHg，试计算：(1) 消耗了标准状态下多少立方米的煤气？(2) 假定在节假日，由于煤气消耗量增大，使煤气表压力降低到 30mmH_2O，若煤气表读数相同，实际上消耗了标准状态下多少立方米的煤气？(3) 煤气温度变化时，对煤气量的测量有什么影响？试以温度达到 30℃时为例予以说明。

3-5 盛有二氧化碳的某储气罐，体积为 3m^3。罐内气体的初态为 $p_{e_1}=0.03$MPa，$t_1=45$℃。若向储气罐内充气，过程终了时气体的状态为 $p_{e_2}=0.3$MPa，$t_2=70$℃。假定当时当地的大气压为 $p_b=760$mmHg，求充入的二氧化碳质量为多少？

3-6 压气机每分钟吸入压力为 $p_0=750$mmHg、温度为 $t_0=17$℃的空气 0.2m^3。压气机储气罐的有效体积为 1m^3。储气罐中原有空气的表压力 $p_{e_1}=0.05$MPa，温度 $t_1=17$℃。问经过多少分钟才能将储气罐中空气的压力提高到 $p_2=0.7$MPa，温度升高到 $t_2=50$℃。

3-7 某体积为 0.027m^{3}的刚性储气筒内盛有压为 $p_1=0.7$MPa、温度为 $t_1=20$℃的空气。筒上装有一排气阀，当压力达到 $p_2=0.875$MPa 时，开启阀门；压力降到 $p_3=0.84$MPa 时，关闭阀门。假定筒内空气温度在排气过程中保持不变，当外界加热时，筒内压力升高导致阀门开启，问：(1) 阀门开启时筒内气体的温度为多少？(2) 因加热而失掉多少空气量？

3-8 某锅炉每小时烧煤 500kg。据估算，每千克煤燃烧时可产生 10m^3（标准状态）的烟气。测得烟囱出口处烟气的压力为 0.1MPa，温度为 200℃，烟气的流速为 $c_f=3$m/s。若烟囱截面为圆形，求烟囱出口处的内直径为多少？

3-9 某发电厂锅炉燃煤需要的空气量 $\dot{V}_0=66\ 000$m^3/h（已折算至标准状态下的体积）。若鼓风机送入的热空气温度 $t=250$℃，表压力 $p_e=150$mmHg，当时当地的大气环境压力 $p_0=765$mmHg，求鼓风机的实际送风量为多少？

3-10 某发电厂的汽轮发电机，功率 $P_e=25\ 000$kW，发电机效率 $\eta_g=0.96$。若发电机采用空气冷却，已知环境温度 $t_0=20℃$，要求冷却空气出口温度不得超过55℃，求通过发电机的最大空气流量。

3-11　某立式气缸的活塞上放一定量载荷。加热前缸内装有体积为0.3m^3、压力为 $p_1=0.3MPa$、温度为 $t_1=20℃$ 的空气，加热后空气体积增加到0.5m^3。求空气温度升高了多少度？

3-12　在一个配有无摩阻活塞和一套行程限制器的立式气缸内装有空气，如图3-22所示。若活塞的横截面面积为0.04m^3，空气的初态压力为 $p_1=0.2MPa$，温度为 $t_1=430℃$。气缸向周围环境散热使气体得到冷却。假定限制器不占有体积。求：(1) 当活塞到达限制器时，缸内空气的温度为多少？(2) 若气体冷却到温度为 $t_2=20℃$ 时，缸内气体的压力是多少？

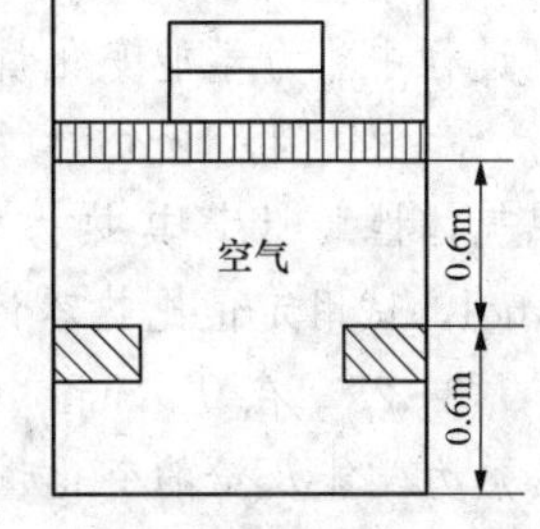

图3-22　习题3-12图

3-13　如图3-23所示，一个刚性容器A与一个弹性球B通过控制阀门相连。A与B中都充有处于环境温度 $t_0=27℃$ 的空气。若容器A的体积 $V_A=0.283m^3$，空气的压力 $p_A=0.276MPa$；球B的初始直径为0.3m，空气的初始压力 $p_B=0.103\,4MPa$。将阀门打开并保持开启状态。假定球内终温仍为27℃，球内压力与直径成正比。试确定球的终态压力和体积。

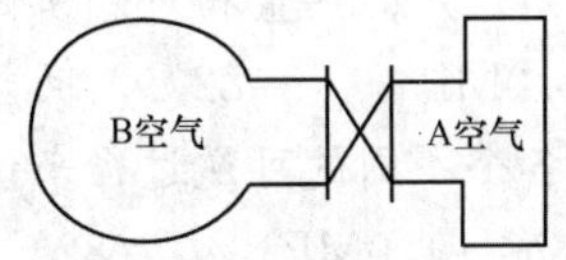

图3-23　习题3-13图

3-14　已知理想气体的比定压热容 $c_p=a+bT$，其中 a、b 为常数。试推导其热力学能、比焓和比熵变化量的计算式。

3-15　对于比热容为定值的理想气体，若 $S=C_{m,V}\ln T+R\ln V_m+S_0$ 或 $S=C_{m,p}\ln T-R\ln p+S_0'$，式中 S_0、S_0' 均为积分常数。试证明：$S=C_{m,V}\ln p+C_{m,p}\ln V_m+S''_0$，其中 $S''_0=S_0-C_{m,V}\ln R$。

3-16　求1kmol二氧化碳在冷凝器中从 $t_1=727℃$ 冷却到 $t_2=527℃$ 时所放出的热量。(1) 按二氧化碳的平均比热容表计算；(2) 按二氧化碳的热力性质表计算；(3) 按比热容的经验公式计算；(4) 按比热容随温度变化的直线关系式计算；(5) 按定值比热容计算。

3-17　求5kg空气由 $t_1=300℃$ 加热到 $t_2=1550℃$ 时的定容吸热量和定压吸热量。(1) 按平均比热容表计算；(2) 按定值比热容计算；(3) 按照 (1) 所得的结果求它的误差百分比，并且说明产生误差的原因。

3-18　某锅炉空气预热器在定压下将空气由 $t_1=25℃$ 加热到 $t_2=250℃$。空气流量为 $\dot{m}=3500m^3/h$（标准状态），求每小时加给空气的热量。(1) 按平均比热容表计算；(2) 按定值比热容算。

3-19　在燃气轮机装置中，从燃气轮排出的废气在回热器中对空气加热，加热后的空气送入燃烧室进行燃烧。若空气在回热器中由 $t_1=150℃$ 加热到 $t_2=350℃$，试按平均比热容表计算比热力学能、比焓变化量。

3-20　柴油机气缸中的燃气在膨胀过程开始时状态为 $p_1=8.0MPa$，$t_1=1300℃$；过程终了时状态为 $p_2=0.4MPa$，$t_2=400℃$。假定燃气具有空气性质，试分别按平均比热容表及定值比热容计算燃气的比熵变化量，并分析该过程是吸热还是放热。

3-21　氮的定压摩尔热容与温度的曲线关系式为 $C_{m,p}=27.314\,6+5.238\,5\times10^{-3}\times T-0.004\,2\times10^{-6}\times T^2$。问：1kg氮气由 $T_1=300K$ 定压加热到 $T_2=1000K$ 时，其比焓变化量为多少？若氮的比定压热容与温度的直线关系式为 $c_p=1.024\,1+0.000\,088\,55t$，在相同温

度范围内比焓变化量又为多少？并计算它的误差百分比。

3-22 1kg某气体由 $p_1=0.104\text{MPa}$、$t_1=20℃$压缩到 $p_2=0.4\text{MPa}$、$t_2=250℃$。已知其比热比 $\gamma=\frac{c_p}{c_V}=\kappa=1.30$，气体常数 $R_g=0.2986\text{kJ/(kg·K)}$。按理想气体性质计算其热力学能和熵的变化量。

3-23 某气体的摩尔质量为 $M=29\text{kg/kmol}$，由 $t_1=320℃$定容加热到 $t_2=940℃$。若加热过程中热力学能变化量 $\Delta u_{12}=700\text{kJ/kg}$，试按理想气体性质计算其焓和熵的变化量。

3-24 将1kmol氧气由 $p_1=0.1\text{MPa}$、$t_1=25℃$压缩到 $p_2=6.0\text{MPa}$、$t_2=250℃$。按理想气体性质计算其热力学能、焓和熵的变化量。如压缩过程消耗技术功量为20 000kJ/kmol，试用定值比热容计算过程中放出的热量。

3-25 在 T-S 图中表示出某理想气体从同一初态经过任意一个过程达到同一终温时，其热力学能及焓的变化量。

3-26 1kmol理想气体，已知比热容为定值且 $C_{m,p}=29.20\text{kJ/(kmol·K)}$，$C_{m,V}=20.88\text{kJ/(kmol·K)}$，初态参数为 $p_1=0.1\text{MPa}$，$t_1=22℃$，求：(1) 气体在定容条件下加热到 $t_2=82℃$，求热力学能、焓及熵化量，以及气体吸入的热量和对外所做的功。(2) 气体在定压条件下加热到 $t_2=82℃$，求热力学能、焓及熵化量，以及气体吸入的热量和对外所做的功。(3) 气体从初态经历几个不同的可逆过程变化到终态 $p_2=1.0\text{MPa}$、$t_2=82℃$。问热力学能、焓、熵的变化量，以及气体吸入的热量和对外所做的功对各个不同的可逆过程来说都相同吗？(4) 气体从初态经历几个不同的不可逆过程变化到终态 $p_2=1.0\text{MPa}$、$t_2=82℃$。问热力学能、焓、熵的变化量，以及气体吸入的热量和对外所做的功对各个不同的不可逆过程来说都相同吗？

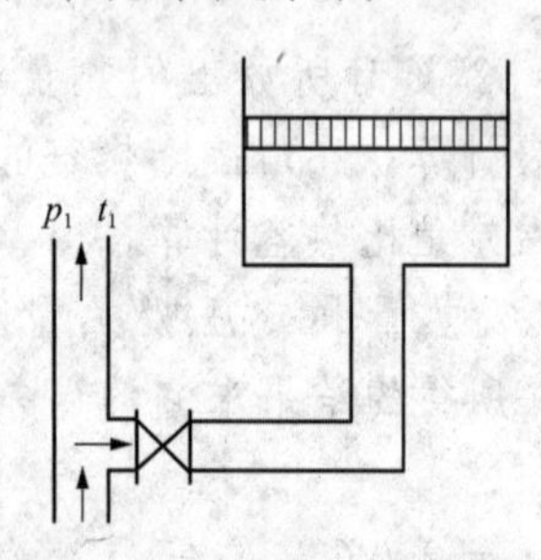

图3-24 习题3-27图

3-27 某气缸通过阀门与气体参数为 $p_1=1.0\text{MPa}$、$t_1=40℃$的管路相连，如图3-24所示。充气前缸内的气体压力 $p_0=0.14\text{MPa}$，体积 $V_0=0.003\text{m}^3$。若开启阀门，当流入缸内的气体质量为0.11kg时将阀门关闭，此时缸内气体的压力为 $p_2=0.7\text{MPa}$，体积为 $V_2=0.015\text{m}^3$。假定过程是绝热的，气体比热容为定值且 $c_p=1.006\text{kJ/(kg·K)}$，$c_V=0.717\text{kJ/(kg·K)}$。求气体对活塞所做的功。

3-28 8kg的湿蒸汽在3.0MPa的压力下所占体积为 0.277m^3，求湿蒸汽的干度为多少？

3-29 体积为 0.283m^3的密闭容器中装有压力为0.7MPa的湿蒸汽1.36kg，求：(1) 饱和水的体积和质量；(2) 干饱和蒸汽的体积和质量。

3-30 某密闭容器内充满空气和湿蒸汽的混合物，其初态为 $p_1=0.1\text{MPa}$，$t_1=39℃$，加热使温度升高到120.2℃，蒸汽仍为湿蒸汽状态，求：(1) 空气和蒸汽各自的初态压力和终态压力；(2) 混合物的终压力。

3-31 冷凝器的真空表读数为660mmHg，当地大气压力为765mmHg。若进入冷凝器的蒸汽的温度为41.5℃，干度为0.8时，求：(1) 冷凝器中空气和蒸汽各自的压力是多少？(2) 若蒸汽的冷凝速率为1500kg/h，与该蒸汽相融合的空气的质量为多少？设空气 $R_g=0.29\text{kJ/(kg·K)}$。

3-32　气缸内装有空气和湿蒸汽的混合物，其压力为0.13MPa，温度为75.9℃，蒸汽的干度为0.92。当混合物被压缩到原来体积的1/5时，其温度为120.2℃。求：(1) 气缸内混合物的终压力；(2) 过程终了时蒸汽的干度。

3-33　压力为0.7MPa、干度为0.95的湿蒸汽经过内径为25mm的管路流入混合式换热器，蒸汽在管内的流速为12m/s。若冷却水进入换热器时的温度为20℃，冷凝水流出换热器时的温度为90℃，设过程无热损失，求：(1) 进入换热器的蒸汽的质量流量；(2) 进入换热器的冷却水的质量流量。

3-34　一台功率为20MW的汽轮机，每千瓦时消耗蒸汽为4.76kg。汽轮机排汽压力为4kPa，干度为0.88的废气进入冷凝器。若冷却水进入冷凝器时的温度为15℃，流出冷凝器时的温度为25℃，冷凝水的温度较其饱和温度降2℃，求冷却水的质量流量。

3-35　某燃煤锅炉生产蒸汽量为20t/h，蒸汽的绝对压力 $p_1=3$MPa，温度 $t_1=400$℃。锅炉的给水温度 $t=40$℃，压力为4.74MPa，锅炉热效率为80%，1kg煤的发热量为28 000kJ/kg，求锅炉每小时的燃煤量。

3-36　37.4kg的蒸汽，当压力 $p_1=3.5$MPa时所占的体积为 $V_1=2.62\text{m}^3$，因定容加热，蒸汽的压力增加为 $p_2=4.5$MPa，求过程中向蒸汽加入的热量。

3-37　1kg蒸汽由初态 $p_1=3$MPa、$t_1=300$℃可逆定温压缩至原来体积的1/3。试确定蒸汽终态参数、压缩消耗的功及放热量。

3-38　1kg蒸汽由初态 $p_1=0.35$MPa、$x_1=0.52$ 被定容加热到 $p_2=0.7$MPa，然后按 $pV=$定值的规律膨胀到 $p_3=0.2$MPa。试计算：(1) 确定定容加热至终态为什么状态；(2) 定容过程中加入的热量；(3) 膨胀过程中蒸汽的终态温度；(4) 在 p-v 图上表示该热力过程。

3-39　某刚性封闭容器内盛有压力为0.101 3MPa的湿饱和蒸汽，如果对其加热时将经过临界点，求该状态下的质量百分数。

3-40　一个体积为 0.1m^3 的刚性封闭容器中盛有温度为15℃、压力为0.1MPa的氢气，问在加入20kJ的热量后，其压力及温度将上升至多少？气体熵变化量是多少？设氢气 $c_V=10.22$kJ/(kg·K)，$R_g=4212.4$J/(kg·K)。

3-41　一个体积为 1.5m^3 的刚性封闭容器中盛有温度为20℃、压力为0.1MPa的空气。若用电动机带动一个叶轮来搅拌空气，直到压力上升至0.4MPa为止。设空气与外界无热交换，气体比热容为定值且 $c_V=0.716$kJ/(kg·K)，$c_p=1.004$kJ/(kg·K)。求：(1) 空气所做的功；(2) 熵变化量。

3-42　某气缸中盛有温度为27℃、压力为0.1MPa、质量为0.1kg的二氧化碳气体。气缸中的活塞承受一定的重量，且假设活塞移动时没有摩擦。当热力学能增加12kJ时，问气体对外做了多少功？气体熵变化量是多少？

3-43　在一直径为50cm的气缸中，有温度为185℃、压力为0.275MPa、体积为 0.09m^3 的气体。气缸中的活塞承受一定的重量，且假定活塞移动时没有摩擦。当温度降低到15℃时，问活塞下降多少距离？气体向外放出多少热量？对外做了多少功？设气体 $c_p=1.005$kJ/(kg·K)，$R_g=0.290$kJ/(kg·K)。

3-44　用于高炉的冷空气，其温度为30℃，以每小时 3500m^3（标准状态）通过直径为500mm的管道而送入预热器，在压力 $p=830$mmHg下被加热到800℃，然后该热风再经热风管道进入高炉。假设热风管道中的风速和冷风管道中一样，试求每小时消耗的热量及热风管道的直径（分别按定值比热容和平均比热容表计算）。

3-45 有温度为22℃、压力为0.1MPa的1kmol气体。设气体比热容为定值且$C_{m,V}$=20.88kJ/(kmol·K)，$C_{m,p}$=29.20kJ/(kmol·K)。试计算：(1) 在定容下可逆地加热到355K时，气体的热力学能、焓和熵的变化量，以及气体与外界交换的功和热量。(2) 在定压下可逆地加热到355K时，气体的热力学能、焓和熵的变化量，以及气体与外界交换的功和热量。(3) 经过几个不同的可逆过程变化到p_2=1.0MPa、t_2=82℃时，气体的热力学能、焓和熵的变化量对所有的过程是否都一样？(4) 若几个不同过程都是不可逆的，对 (3) 中所求重新进行计算。

3-46 1kg二氧化碳气体分别经过两个不同的可逆过程从初态p_1=0.15MPa、t_1=27℃变化至同一终温t_2=177℃。这两个过程为：(1) 定压加热过程；(2) 首先定温地膨胀到$p_{2'}$=0.1MPa，再定容地压缩至t_2=177℃。试确定两个不同过程气体的热力学能、熵的变化量，以及气体与外界交换的热量，并对两个不同过程的计算结果进行分析比较。设二氧化碳c_p=0.850kJ/(kg·K)，R_g=0.189kJ/(kg·K)。

3-47 内燃机在膨胀过程中，由于气缸套中冷却水的冷却作用，气体要向外界放热；同时又有少量燃油仍在燃烧，因而又向气体加入热量。假定放热量与吸热量相等，则气体实现了一个定温膨胀过程。膨胀过程开始时，气缸内盛有温度为300℃、压力为0.980 7MPa、质量为2kg的燃气；膨胀过程终了时，燃气体积增加了4倍。试求：(1) 终态各参数。(2) 膨胀过程中加入的热量、所做的功、热力学能的变化量，并画出p-V及T-S图。(3) 在新型的绝热发动机中实现绝热膨胀过程。设燃气具有空气性质，R_g=0.287kJ/(kg·K)，κ=1.4，重新计算上述各项。

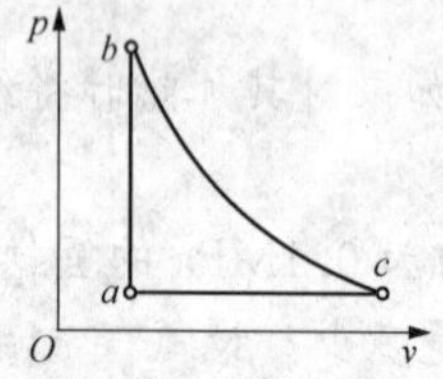

图3-25 习题3-48

3-48 如图3-25所示，ab为可逆定容过程，ac为可逆定压过程。试比较：(1) b点和c点在同一条绝热线上时，q_{ab}和q_{ac}的大小。(2) b点和c点在同一条定温线上时，q_{ab}及q_{ac}的大小。

3-49 试证明比热容为定值的理想气体在可逆绝热过程中的p-V曲线具有负斜率，并且斜率的绝对值要大于在同样的p与V数值下的定温过程中的p-V曲线的斜率。

3-50 气缸中的空气由初态绝热地膨胀到原来体积的5倍。若膨胀过程一次是可逆的，另一次是不可逆的，试在p-V及T-S图上画出两个过程的终状，并且比较膨胀功及热力学能变化量的大小。

3-51 1kg的气体绝热膨胀到原来体积的2倍，温度从37℃下降到−40℃，膨胀过程中膨胀功为60kJ，求气体的c_p和c_V值。

3-52 盛在柴油机气缸中压力为0.7MPa、体积为0.015m^{3}的燃气被绝热膨胀到0.14MPa，问过程的终体积、气体所做的膨胀功、气体的热力学能变化量。设燃气比热容为定值，且c_V=0.752kJ/(kg·K)，c_p=1.046kJ/(kg·K)。

3-53 若进入涡轮中的废气温度为200℃，压力为0.5MPa，体积流量为$\dot{V}=5\times10^4$ m^3/h，废气在涡轮中绝热地膨胀到0.101 3MPa后再排出。问：(1) 假定废气在涡轮中进行的是可逆绝热膨胀过程，发电机效率η_g=100%，则所发功率为多少？(2) 若涡轮机出口气体的温度为100℃，进行的是不可逆绝热膨胀过程，则所发功率为多少？设废气具有理想气体性质，且 $c_p=1.5\text{kJ}/(\text{m}^3\cdot\text{K})$。

3-54 将气缸中温度为20℃、压力为0.1MPa、体积为0.3m³的气体可逆定温地压缩到0.5MPa，然后又可逆绝热地膨胀到初始体积。求：气体质量、压缩过程中气体与外界交换的热量，以及膨胀过程中气体的热力学能变化量。设气体 $c_p=1.0\text{kJ}/(\text{kg}\cdot\text{K})$，$\kappa=1.4$。

3-55 气缸内盛有温度为323℃、压力为0.5MPa、质量为1kg的空气。由于绝热膨胀的结果，空气的终压力为0.1MPa，按下列方法求膨胀过程终了时空气的温度及比热容。(1) 按定值比热容计算；(2) 按空气热力性质表的数据计算。

3-56 某空气涡轮机，输入压缩空气的状态为 $p_1=0.6\text{MPa}$，$t_1=227℃$，空气在涡轮机中经绝热膨胀到 $p_2=0.1\text{MPa}$。若气流的宏观动能及重力位能的变化可忽略不计，按下列方法求膨胀终了时空气的温度、涡轮机所做的轴功。(1) 按定值比热容计算；(2) 按空气热力性质表的数据计算。

3-57 气缸中盛有温度为267℃、比体积为0.062 5m³/kg、质量为1kg的气体。若：(1) 可逆绝热地膨胀到终态比体积为0.187 5m³/kg时，温度下降了170℃；(2) 气体进入真空空间绝热膨胀到终态比体积为0.187 5m³/kg时，温度只下降了30℃。试根据已知条件在 T-s 图上表示出两过程曲线，并且计算两个绝热过程中气体熵的变化量。设气体比热容为定值，且 $c_V=1.256\text{kJ}/(\text{kg}\cdot\text{K})$。

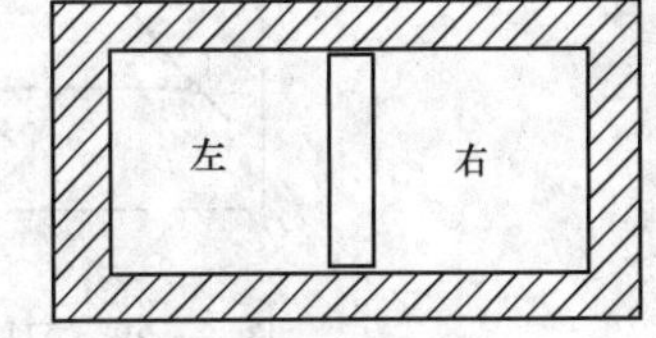

图3-26 习题3-58图

3-58 在一个绝热的封闭气缸中配有一无摩擦的导热活塞，活塞将气缸分为左、右两部分，如图3-26所示。初始时活塞被固定在气缸中间，左、右两部分体积相等。左半部分中盛有温度为300K、压力为0.2MPa、体积为0.001m³的空气，右半部分盛有温度为300K、压力为0.1MPa、体积为0.001m³的空气。求活塞释放后，空气达到新的温度及压力平衡时其温度、压力及熵的变化量。

3-59 柴油机的气缸吸入温度 $t_1=50℃$、压力 $p_1=0.1\text{MPa}$ 的空气0.032m³。由于多变压缩的结果，$p_2=3.2\text{MPa}$，$V_2=0.002\,13\text{m}^3$，求：(1) 多变过程指数 n；(2) 多变压缩过程中气体与外界交换的功量、热量及气体热力学能的变化量；(3) 将该过程表示在 p-V 及 T-S 图上，并讨论过程曲线如何反映气体与外界交换的功量及热量情况。

3-60 活塞式压气机中盛有压力为0.14MPa、体积为0.15m³、质量为0.25kg的空气。空气压力按 $n=1.25$ 被多变地压缩到1.4MPa，求气体与外界交换的功量及热量，以及气体的热力学能变化量。设空气 $c_V=0.718\text{kJ}/(\text{kg}\cdot\text{K})$，$c_p=1.005\text{kJ}/(\text{kg}\cdot\text{K})$。

3-61 0.5kg的空气从初态 $p_1=1.4\text{MPa}$，$V_1=0.06\text{m}^3$，按 $n=1.2$ 的多变过程膨胀到 $p_2=0.35\text{MPa}$。(1) 求过程中气体与外界交换的热量。(2) 证明气体与外界交换的热量近似地等于气体的熵变化量与气体平均温度的乘积，即 $Q_{12}\approx T_m\Delta S_{12}$，$T_m=(T_1+T_2)/2$。设空气比热容为定值，且 $c_V=0.717\text{kJ}/(\text{kg}\cdot\text{K})$，$c_p=1.006\text{kJ}/(\text{kg}\cdot\text{K})$。

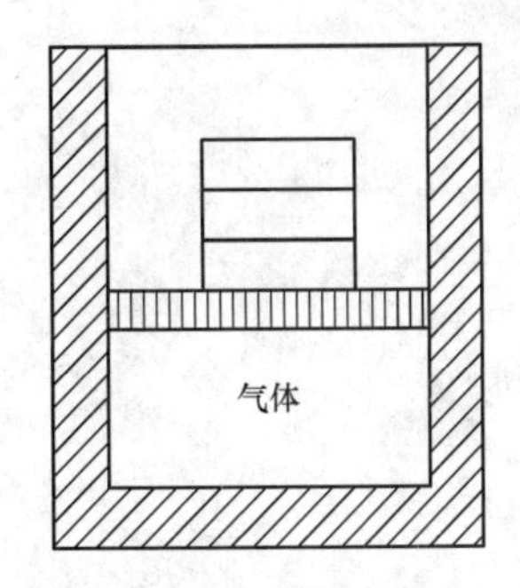

图3-27 习题3-62图

3-62 如图3-27所示，气缸内盛有某定量气体，活塞上放置许多小重块。气体的初态为 $p_1=0.14\text{MPa}$，$V=0.03\text{m}^3$。试计算：(1) 在定压下向气体加热，使气体体积增加2倍，则气体对外所做的功量为多少？(2) 由于外界向气体加热，活塞向上运动。此时从活塞上移走重块，移走的速率要求在过程中使 $pV=$定值，并且终了体积仍为初始体积的3倍，则气体对外所做的功量为多少？(3) 所给条件同 (2)，只是重块移走的速率要求在过程中使$pV^{1.3}$=定值，并且终了体积仍为初始体积的3倍，则气体对外所做的功量为多少？(4) 若活塞固定不动，由于气体向外散热，使压力降低到0.07MPa，则气体对外所做的功量为多少？将上述过程表示在p-V图上。

3-63 试比较下列多变过程的特点，并在p-V及T-S图上把三个过程曲线的相对位置表示出来。多变指数分别为$n=0.8$，$n=1.3$，$n=1.5$。设绝热指数$\kappa=1.4$。

3-64 试将满足下列要求的多变过程曲线在p-V及T-s图上表示出来。(1) 工质既膨胀又放热；(2) 工质既膨胀又升温；(3) 工质既压缩又升温还放热；(4) 工质既压缩又升温还吸热；(5) 工质既压缩又降温还降压；(6) 工质既放热又降温还升压。

3-65 试证明比热容为定值的理想气体在T-S图（见图3-28）上任意两条定压过程线（或定容过程线）之间的水平距离相等，即线段$\overline{14}=\overline{23}$。

3-66 试证明比热容为定值的理想气体在T-S图（见图3-29）上任意两条定压过程线（或定容过程线）之间，线段$\overline{26}:\overline{16}=\overline{35}:\overline{45}$。

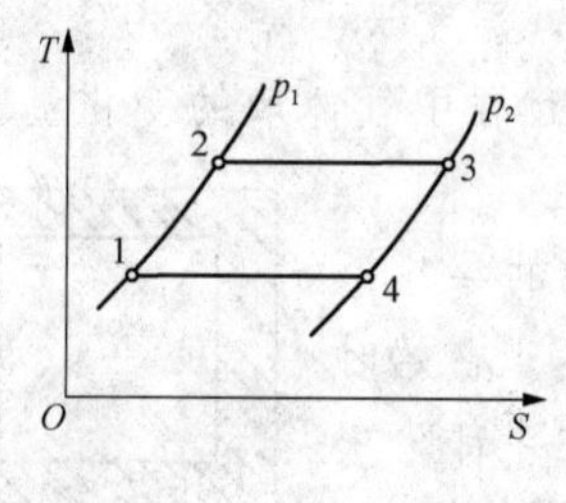

图3-28 习题3-65图

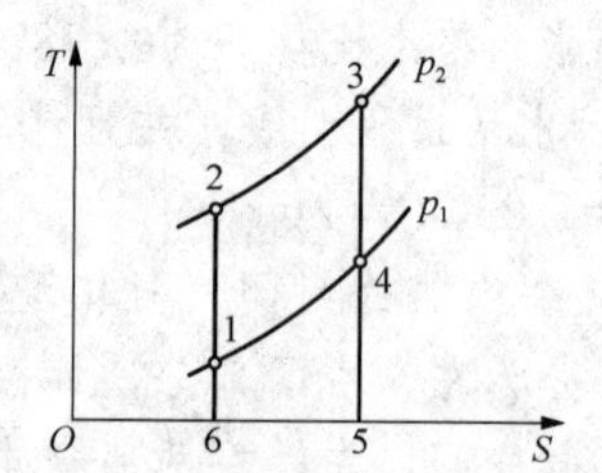

图3-29 习题3-66图

第4章　热力学第二定律

热力学第一定律揭示了能量是可以传递和转换的，且在数量上是守恒的，但并没有表明能量传递和转换的条件。自然界中大量现象表明：能量的传递和转换是有条件的，即能量传递和转换具有方向性、条件和限度。热力学第二定律从根本上解决了这些问题，其中最根本的就是方向性问题。因此，只有同时满足热力学第一、第二定律的过程才能实现。热力学的两个相互独立的基本定律，共同构成了热力学的理论基础。

4.1　基本要求

（1）掌握热力学第二定律的实质及两种不同的表述方法。

（2）掌握卡诺循环、概括性卡诺循环的概念、循环热效率及各性能系数的表达式，并能熟练运用与计算，同时掌握卡诺定理及证明过程。

（3）掌握熵参数的实质和热力学第二定律表达式及物理意义。

（4）掌握孤立系熵增原理及实质。

（5）掌握闭口系、开口系的熵方程及熵产、熵流的含义及表达式。

（6）掌握㶲（exergy）、㶲损失和𬽾（anergy）的概念及计算式，熟练运用能量贬值原理做定性分析。

（7）了解工质㶲和㶲平衡方程。

4.2　基本概念

热力学第二定律克氏说法：不可能把热从低温物体传到高温物体而不引起其他变化。

热力学第二定律开氏说法：不可能从单一热源取热，使之完全变为有用功，而不引起其他变化。

第二类永动机：设想的从单一热源吸取热量并使之完全变为功的热机。

热力学第二定律的实质：自发过程都具有方向性、条件和限度。

自发过程：自然过程中凡是能够独立地、无条件自动进行的过程。

非自发过程：不能独立地自动进行而需要外界帮助作为补充条件的过程。

卡诺循环：工作于温度分别为 T_1 和 T_2 的两个热源之间的正向循环，由可逆定温吸热、可逆定温放热、可逆绝热膨胀和可逆绝热压缩四个过程组成的循环。

概括性卡诺循环：工作于不等的恒温双热源之间的极限回热可逆循环。或由可逆定温吸热、可逆定温放热、膨胀和压缩两个多变指数 n 相同的可逆过程组成的循环。

熵产：由耗散效应产生的熵增量。符号：S_g；单位：kJ/K。

熵流：包括热熵流和质熵流。由热流引起的那部分熵变称为热熵流 $S_{f,Q}$，由工质进出系统自身携带的熵所引起的熵变称为质熵流 $S_{f,m}$，两者的代数和称为熵流。符号：S_f；单位：

kJ/K。

孤立系熵增原理：凡是使孤立系总熵减小的过程是不可能发生的。

㶲：在给定环境条件下，能量中可转换为有用功的最高份额。符号：E_x；单位：kJ。

㶲效率：设备或系统有效利用的㶲与能源供给的㶲之比。符号：η_{ex}。

𬀩：在给定环境条件下，系统中不能转变为有用功的那部分能量。符号：A_n；单位：kJ。

热量㶲：系统温度高于给定环境温度所具有的㶲。符号：$E_{x,Q}$；单位：kJ。

冷量㶲：系统温度低于给定环境温度所具有的㶲。符号：E_{x,Q_0}；单位：kJ。

能量贬值原理：孤立系中㶲只会减少，不会增加，极限情况下（可逆过程）保持不变。

4.3 重点与难点解析

4.3.1 热力学第二定律的实质

自然界中所发生的过程都可以分为自发过程和非自发过程。自发过程的反向过程为非自发过程。因而，不可逆是自发过程的重要特征和属性。

1. 自然过程的方向性

自然过程具有方向性。自然现象的变化是通过自发过程来完成的。例如，热变功、热量由低温物体传向高温物体，以及气体自发压缩、流体组分的分离等，都存在着一定的方向性。热力系中若进行了一个自发过程，虽然可以通过反向的非自发过程使系统复原，但后者会给外界留下影响，无法做到使热力系和外界全部恢复原状。自从人类掌握这一规律后，就致力于以最小代价从自发过程中获取所需的能量，如火力、水力及风力发电等。这都是在遵守热力学第二定律的前提下获取的。

2. 热力学第二定律的表述及实质

热力学第二定律是人们在长期的生活、生产实践和科学实验中所获得的经验的总结。它既不涉及物质的微观结构，也不能用数学来推导和证明，但其正确性已被无数次的实验结果所证实。由热力学第二定律严格推导出的结论都是非常精确和可靠的。那么，热力学第二定律的实质是如何表述的？

能量是物质运动的量度，物质的运动形式多种多样，但总体可分为有序运动和无序运动两类。量度有序运动的能量称为有序能；量度无序运动的能量称为无序能。显然，一切宏观整体运动所具有的能（如机械能）及大量电子定向运动的电能等都是有序能，而物质内部分子杂乱无章的热运动所具有的能则是无序能。大量自然现象表明，有序能可以完全、无条件地转变为无序能，相反的转换却是有条件、不完全的。因此，有序能的品质要高于无序能，该能量的转换过程存在方向性问题。

热力学第二定律的实质：自发过程都具有方向性（自发过程进行中存在一定势差）、条件（自发过程进行中不需要任何外界作用，而非自发过程的实现必须有外界帮助）和限度（自发过程最终达到某一状态）。所以，热力学第二定律的意义在于：能量不但有数量关系还有品质关系；能量在传递和转换过程中具有不可逆性；能量可以相互转换，但不同能量的转换能力是不同的。因此，热力学第二定律解决了哪些过程能够发生，哪些不能发生，以及发生的限度等问题。

既然自然界不可逆过程的种类是无穷的，那么某一过程的选择也是无穷的。因此，热力学第二定律的表述方法可以有多种不同的形式。但它们所反映的是同一个规律，因此各种表述有内在联系，是等效的，其实质是相同的。最早提出热力学第二定律的是克劳修斯（克氏说法，1850年）与开尔文（开氏说法，1851年），他们的描述是比较经典的。克氏说法表述的是热传导过程的不可逆性，开氏说法表述的是摩擦生热过程的不可逆性。能够从单一热源取热，使之完全转变为功而不引起其他变化的机器叫第二类永动机。因此，开尔文的说法也可表述为：第二类永动机是不可能制造成功的，即普朗克说法。

比较热力学第一、第二定律可知：热力学第一定律否定了第一类永动机，即不可能存在热机循环热效率 $\eta_t>100\%$；热力学第二定律否定了第二类永动机，即不可能存在热机循环效率 $\eta_t\geqslant100\%$。

4.3.2　卡诺循环和多热源可逆循环分析

热力学第二定律的表述仅仅是对经验的总结，不具备理论基础，而卡诺循环的提出及其证明，则为热力学第二定律奠定了理论基础。

1. 卡诺循环

热变功的过程，由于是无序能向有序能的转换，故为不可逆过程。由热力学第二定律可知，单热源的热效率为100%的热机是不可能存在的，因此至少要有两个热源。那么，热机的热效率最大能达到多少？热机的热效率又与哪些因素有关？卡诺循环和卡诺定理是否解决了这些问题？

卡诺循环排除不利于热变功的一切不可逆因素，它由两个可逆等温过程和两个可逆绝热过程组成，如图4-1所示。通过证明，当工质为理想气体时，卡诺循环热效率为

$$\eta_{t,C}=\frac{w_{net}}{q_1}=1-\frac{q_2}{q_1}=1-\frac{T_2}{T_1} \quad (4-1)$$

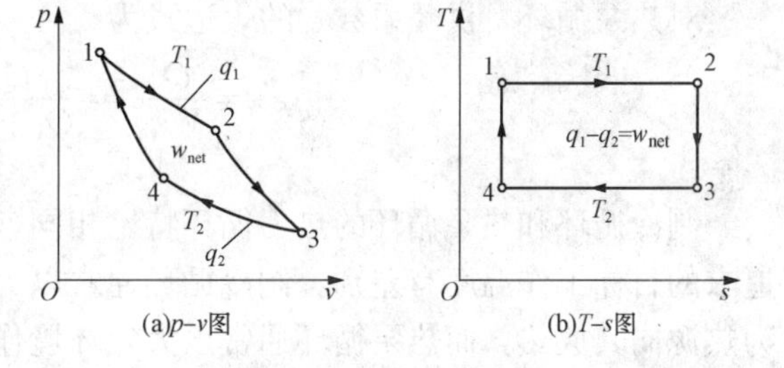

图4-1　卡诺循环的 p-v 图及 T-s 图

由于排除了一切不可逆因素，因此卡诺循环为可逆循环，且为理想正向循环。在相同条件下，卡诺循环热效率最高。

由式（4-1）可得以下重要结论为：

（1）卡诺循环热效率 $\eta_{t,C}$ 只取决于工质的吸、放热温度 T_1、T_2，提高 T_1 和降低 T_2 都可以提高热效率。

（2）卡诺循环热效率小于1。

（3）当 $T_1=T_2$ 时，$\eta_{t,C}=0$，所以借助单一热源连续做工的机器是制造不出来的。

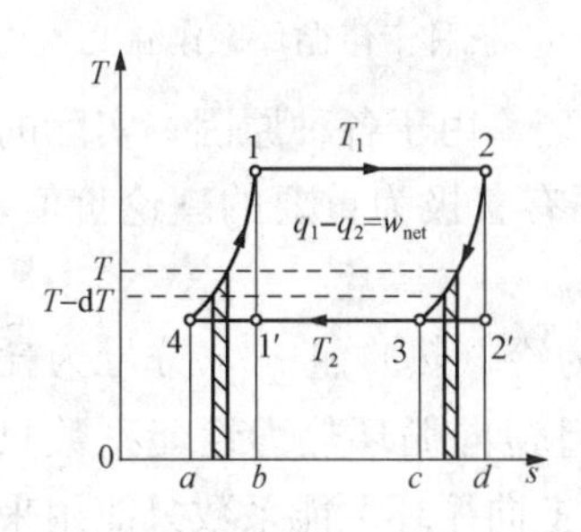

图4-2　概括性卡诺循环

2. 概括性卡诺循环

概括性卡诺循环由两个可逆定温过程和两个多变指数 n 相同的可逆过程组成（工质为理想气体），如图4-2所示。其中，两个多变指数 n 相同的可逆过程之间不与热源进行热量交换，而是相互间交换热量。这种利用工质排出的部分热量来加热低温工质本身的方法称为回热。故概括性卡诺循环又称极限回热循环，也是一种理想循环。回热是提高热效率的一种行之有效的方法，被广泛采用。图4-2中23过程通过可逆放热，加热

41 过程，因此面积 $23cd2$=面积 $1ba41$。概括性卡诺循环 12341 通过极限回热转变成 $122'1'1$ 的卡诺循环，故概括性卡诺循环热效率计算式为

$$\eta_{t,C}=1-\frac{q_2}{q_1}=1-\frac{T_2\Delta s_{12}}{T_1\Delta s_{12}}=1-\frac{T_2}{T_1} \tag{4-2}$$

概括性卡诺循环为改造实际循环提供了理论基础，但在实际中，出于综合经济性及安全性考虑不可能采用极限回热，而通常采用 7～8 级加热。如此虽然热效率有所提高，但依然存在一定的能量损失。

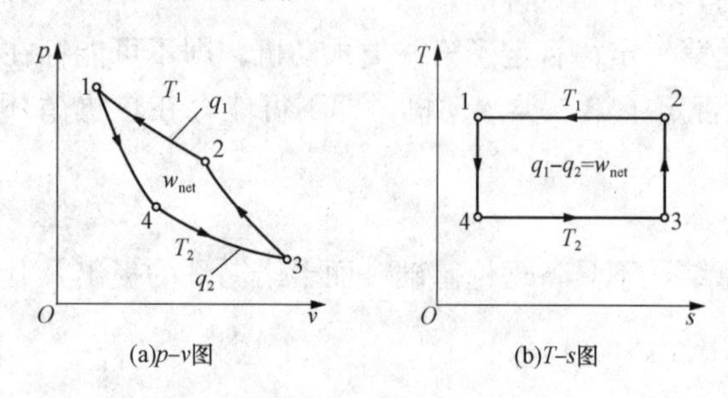

图 4-3 逆向卡诺循环的 p-v 图及 T-s 图

3. 逆向卡诺循环

逆向卡诺循环的各过程组成与卡诺循环的相同，但循环方向恰好相反，如图 4-3 所示。逆向卡诺循环一般分制冷和热泵两种循环。制冷循环和热泵循环都是将低温环境的热量传递至高温环境。区别在于人们所需的环境温度有所不同。例如，对于制冷循环，人们所需要的是低温环境；而对于热泵循环，人们所需要的是高温环境。逆向循环热力性能的评价指标与正向循环的不同，但实质是相同的。

对制冷循环，制冷系数 ε 的表达式为

$$\varepsilon=\frac{Q_2}{W_{net}}=\frac{Q_2}{Q_1-Q_2}=\frac{1}{\dfrac{T_1}{T_2}-1} \tag{4-3}$$

对热泵循环，供暖系数 ε′的表达式为

$$\varepsilon'=\frac{Q_1}{W_{net}}=\frac{Q_1}{Q_1-Q_2}=\frac{1}{1-\dfrac{T_2}{T_1}} \tag{4-4}$$

制冷循环和热泵循环的热力循环特性相同，只是两者追求的目标工作温度有差别。制冷循环通常以大气环境作为热源向其放热，而热泵循环通常以大气环境作为冷源从中吸热，如图 4-4 所示。由图可知，对于制冷循环，环境温度 T_0 越低，冷库温度 T_2 越高，则制冷系数 ε 越大；对于热泵循环，环境温度 T_0 越高，室内温度 T_1 越低，则供暖系数 ε′越大，且 ε′总大于 1。而正向循环的最低温度也比环境温度 T_0 高。

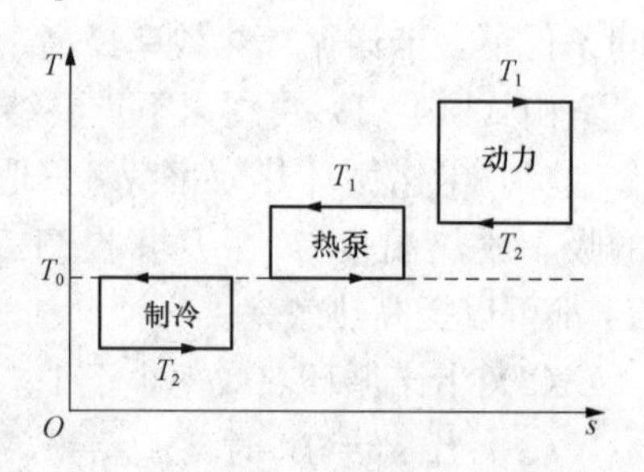

图 4-4 三种卡诺循环工作温度区

在相同条件下，逆向卡诺循环是理想的、热力性能最高的循环。由于各种原因，实际的制冷循环和热泵循环难以按逆向卡诺循环工作。但逆向卡诺循环有着极为重要的理论价值，它为提高制冷循环和热泵循环的热力性能指出了方向。

制冷系数或供暖系数也是不同“质”的能量的比值，分子为冷（热）量 q_0，分母为耗功 w。因此，逆向循环性能指标将 q_0 与 w“等量齐观”了。而且逆向循环热力性能系数只反映外部损失的影响，并不能揭示装置内部的薄弱环节。此外，逆向循环性能系数只能用来比较相同温度范围内工作的各种逆向装置的热力性能。当比较工作在不同温度范围内的各逆

向装置时，可能会给出错误信息。

4. 多热源可逆循环

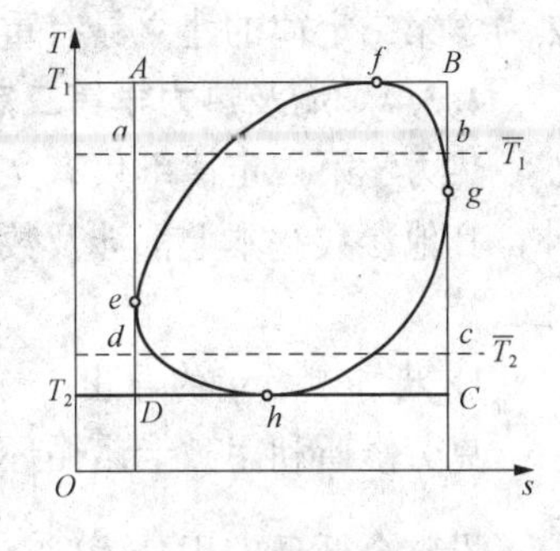

图 4-5　多热源可逆循环

热源多于两个及以上的可逆循环，由于其吸、放热温度低于同温度限之间的卡诺循环，因此多热源可逆循环的热力性能弱于卡诺循环的热力性能，如多热源可逆循环热效率小于卡诺循环热效率。多热源可逆循环可视为由多变指数不同的可逆过程组成，如图 4-5 所示。

利用平均温度，将多热源可逆循环中的吸热量和放热量过程的温度分别等效为平均温度 $\overline{T}_1$ 和放热温度 $\overline{T}_2$，则循环与外界交换的功量相等。即将多热源可逆循环 $efghe$ 等效为卡诺循环 $abcda$，$w_{net,efghe}=w_{net,abcda}$。则多热源可逆循环的热效率为

$$\eta_t=1-\frac{q_2}{q_1}=1-\frac{\overline{T}_2}{\overline{T}_1} \tag{4-5}$$

多热源可逆循环若考虑各过程的不可逆性，就非常接近工程实际。因此，对于实际循环系统，在保证安全的前提下，由式（4-5）可知，提高平均吸热温度和降低平均放热温度都可以增加循环的热效率，但其热效率低于同温度限下卡诺循环 $ABCDA$ 的热效率。

4.3.3　卡诺定理

通过对卡诺循环的热力性能分析可知，影响循环热效率的主要因素为热源、冷源的温度。但对与工质的性质是否有关，热源、冷源的温度分别相同的可逆与不可逆循环热效率的关系如何等问题还没有结论。因此，卡诺针对这些问题，总结为两个定理。

定理一：在相同温度的热源和相同温度的冷源之间工作的一切可逆循环，其热效率都相等，与可逆循环的种类无关，与采用哪一种工质也无关。

定理二：在温度同为 T_1 的热源和温度同为 T_2 的冷源之间工作的一切不可逆循环，其热效率必小于可逆循环。

卡诺定理是通过卡诺循环，对组成循环的过程、工质的性质及热源的特性对循环的热力性能的影响进行了普遍性的总结，对实际工程有一定的指导意义。

卡诺定理之所以正确，是因为基于热力学第二定律，并利用反证法进行了严格数学证明。由卡诺定理推导出的几点结论也具有重要的理论和实用价值。卡诺定理推论为：

（1）在两个热源间工作的一切可逆循环，循环热效率相等，与工质无关，只取决于冷、热源温度；由于 $T_1\to\infty$，$T_2=0$ 都不可能实现，因此循环热效率恒小于 1。

（2）温度界限相同，具有两个以上热源的可逆循环，其循环热效率低于由温度界限构成的卡诺循环热效率。

（3）不可逆循环热效率必定小于同样条件下的可逆循环热效率。

由于循环热效率恒小于 1，所以在热变功过程中，热不可能 100%转换为功。因此，所吸收的热量中，总存在一部分热能损失。故在相同条件下，卡诺循环热效率最高，即热变功的份额最大，这也是热变功的极限。对于实际循环，除根据卡诺定理指出的提高循环热效率的方法外，还要尽量降低过程的不可逆性，这往往是提高实际循环热效率的又一关键措施。

因此，卡诺定理的意义在于从理论上确定了通过热机循环实现热能转变为机械能的条

件，指出了提高循环热效率的方向，因此卡诺定理成为研究热力系性能不可缺少的准绳，对热力学第二定律的建立具有重大意义。

4.3.4 熵及热力学第二定律的数学表达式

热力学第二定律不仅有文字描述，还应有数学表达式。在热力学第二定律中，除熵参数外，其他参数基本上都涉及数学计算式。那么，熵参数及计算式是如何导出的，其实质又是什么？

1. 状态参数熵的导出

克劳修斯利用微卡诺循环热效率，对工质所经任意可逆循环，通过数学积分理论证明了$\frac{\delta Q_{re}}{T}$沿整个循环的积分为

$$\oint\frac{\delta Q_{re}}{T}=0 \tag{4-6}$$

因此，$\frac{\delta Q_{re}}{T}$所表示的物理量只与过程初、终状有关，具有状态参数的特征，故定义为熵，表达式为

$$dS=\frac{\delta Q_{re}}{T} \tag{4-7}$$

对于1kg工质，比熵的表达式为

$$ds=\frac{\delta q_{re}}{T} \tag{4-8}$$

式（4-6）～式（4-8）中的δQ_{re}和δq_{re}为工质与热源进行可逆过程时交换的热量和比热量，而T为热源的绝对温度。因过程可逆，故此时热源与工质的温度相同。若过程不可逆，存在热量交换，T为计算对象的温度。

由状态参数的性质可知：一切状态参数只与过程初、终态有关，与过程无关。故式（4-6）～式（4-8）所确定的熵变表达式适用于任何过程。

2. 克劳修斯积分不等式

克劳修斯积分不等式的研究对象是循环方向性的判据。因此，克劳修斯基于卡诺定理，对任意不可逆循环，利用循环热效率推导出熵变的循环积分式为

$$\oint\frac{\delta Q_{re}}{T}<0 \tag{4-9}$$

式（4-9）称为克劳修斯积分不等式。若与可逆过程熵变的循环积分式结合，则式（4-9）变为

$$\oint\frac{\delta Q_{re}}{T}\leqslant 0 \tag{4-10}$$

式（4-10）表明：一切可逆循环的克劳修斯积分等于零，一切不可逆循环的克劳修斯积分小于零，任何循环的克劳修斯积分都不会大于零。这也是判断循环及过程是否可逆及能否进行的判据。

3. 热力学第二定律的数学表达式

式（4-10）即为热力学第二定律的数学表达式，用于判断循环及过程是否可逆。

对于不可逆过程，克劳修斯积分不等式为

$$dS > \frac{\delta Q}{T}\bigg|_{不可逆} \tag{4-11}$$

结合可逆过程，式（4-11）可改写为

$$dS \geqslant \frac{\delta Q}{T} \tag{4-12}$$

$$S_2 - S_1 \geqslant \int_1^2 \frac{\delta Q}{T} \tag{4-13}$$

式（4-12）和式（4-13）表明：可逆过程的熵变大于不可逆过程因热量交换引起的熵变；可逆过程时，熵变是因热量交换引起的。因此，熵参数代表了过程的方向性，可作为可逆过程的判据，也为热力学第二定律的数学表达式。

4. 绝热过程分析

绝热过程无论是否可逆，均有 $\delta Q=0$。对于可逆绝热过程，有 $\Delta S=S_2-S_1=0$，即$S_2=S_1$，熵不变；对于不可逆绝热过程，有 $\Delta S=S_2-S_1>0$，即 $S_2>S_1$，熵变增加。例如，对于绝热闭口系，其初、终压相同，因在不可逆过程中有熵增，则存在功损，其膨胀功 W 小于可逆过程中的 W_{re}。

不可逆过程中熵增大的原因主要是存在耗散效应（耗散效应的实质是高品位的能量转换成低品位的能量）。内部存在的不可逆耗散是绝热闭口系熵增大的唯一原因，其熵变量等于熵产，即 $\Delta S=S_g>0$。过程中不可逆损失越大，耗散作用越大，熵产也越大。熵产是过程不可逆程度的量度。熵产只可能是正值，极限情况下（可逆过程）为零。

5. 相对熵及熵变量计算

基准点选得不同，熵的相对值可能不同，但是熵变值与基准点的选择无关。热力学温度为 0K 时，纯物质的熵为零。

在通常的热力过程计算中，工质化学成分不变，若只需确定初、终态的熵差 ΔS_{12}，可以采用相对熵。人为规定一个参照状态下的熵值 $S_{基准点}=0$（或为某一定值），从而得出的熵的相对值称为相对熵。

p、T 状态下的相对熵的计算式为

$$S_{p,T} = S_{基准点} + \int_{基准点}^{p,T} \frac{\delta Q}{T} \tag{4-14}$$

4.3.5 熵方程

由于熵是热力学第二定律特有的状态参数，且代表了过程的方向性，是过程的判据，因此由热力学第二定律的数学表达式，可得到各种热力系的熵方程，进而揭示出过程不可逆性、方向性和熵之间的内在联系。

1. 闭口系（控制质量）熵方程

由热力学第二定律数学表达式 $dS\geqslant\frac{\delta Q}{T}$可知，当过程可逆时为等式，过程不可逆时为不等式。这表明不可逆过程的熵变大于过程与热源进行热量交换所引起的熵变（即热熵流 $S_{f,Q}$）。因闭口系无质量流，不存在质熵流$S_{f,m}$，故熵变主要是由不可逆因素引起的熵产和热熵流造成。因此，在不等式的热熵流侧增加熵产，则不等式变为等式，即

$$dS = \frac{\delta Q}{T} + \delta S_g = \delta S_{f,Q} + \delta S_g \tag{4-15}$$

或

$$\Delta S = S_g + S_{f,Q} \tag{4-16}$$

式（4-15）和式（4-16）为闭口系的熵方程。其表明闭口系的熵变为热熵流和熵产的代数和。

若闭口系绝热，热熵流为零，则由热力学第二定律数学表达式和式（4-16）可得 $\Delta S = S_g \geqslant 0$，故熵变等于零；在不可逆绝热过程中，工质的熵变大于零。

需要注意：

（1）系统的熵变只取决于系统的初、终态，可正可负；热熵流和熵产不只取决于系统的初、终态，还与过程有关。

（2）熵产是非负的，任何可逆过程均为零，不可逆过程永远大于零；热熵流取决于系统与外界的换热情况，系统吸热为正，放热为负，绝热为零。

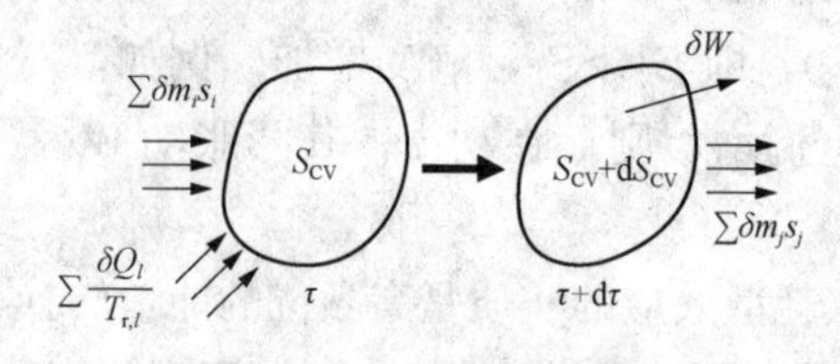

图 4-6 开口系熵方程导出模型

（3）系统与外界传递任何形式的可逆功时，都不会引起系统熵的变化，也不会引起外界熵的变化。

2. 开口系（控制体积）熵方程

开口系因有工质进出，因此除热熵流外，还有质熵流，已知条件如图 4-6 所示。故开口系的熵方程为

$$dS_{CV} = \sum s_j \delta m_j - \sum s_i \delta m_i + \sum \frac{\delta Q_l}{T_{r,l}} + \delta S_g \tag{4-17}$$

或

$$dS_{CV} = \delta S_{f,m} + \delta S_{f,Q} + \delta S_g \tag{4-18}$$

式（4-17）和式（4-18）为一般开口系的熵方程。其表明开口系的熵为熵流（热熵流和质熵流的总称）和熵产的代数和。

当开口系为一股稳定流时，$dS_{CV}=0$，$\delta m_j = \delta m_i = \delta m$。系统的熵方程为

$$\delta S_g = (s_j - s_i)\delta m + \sum \frac{\delta Q_l}{T_{r,l}} \tag{4-19}$$

$$\delta S_g = \delta S_{f,m} + \delta S_{f,Q} \tag{4-20}$$

$$S_g = m(s_j - s_i) + S_{f,Q} \tag{4-21}$$

绝热稳态流过程的熵方程为

$$S_g = S_2 - S_1 \tag{4-22}$$

式（4-22）表明绝热稳态流过程中，若过程可逆，则进出口工质的熵相等；若过程不可逆，则工质出口的熵值大于进口的熵值，其差值等于熵产，且大于零。

4.3.6 孤立系熵增原理及应用

作为一个特殊的热力系，孤立系更能体现熵参数与过程的特性和方向性的一般规律。通过对孤立系的熵分析，可以得到一个重要的原理，即孤立系熵增原理。

1. 孤立系熵增原理

对于任何一个热力系（闭口系、开口系、绝热系、非绝热系），总可以将它连同与其相互作用的一切物体组成一个复合系统，该复合系统不再与外界有任何形式的能量和质量交换，该复合系统即为孤立系。因此，对于孤立系有

$$\Delta S_{iso}=S_g\geqslant 0 \tag{4-23}$$

式（4-23）表明，不可逆孤立系熵增其实为系统内熵产的增加，即 $\Delta S_{iso}=S_g>0$。不可逆非孤立系的熵不一定增加，但熵产一定是增加的。这是因为熵流可正可负。

孤立系的熵的变化量可以增大或保持不变，但不可能减少，即为孤立系熵增原理，简称熵增原理。

对于熵增原理可以理解为：

（1）对于孤立系，在任意不可逆过程中，熵的变化量大于该过程加入系统的热量除以热源温度所得的熵的变化量，即热熵流。

（2）如果某一过程的进行会导致孤立系中各物体的熵减小或各有增减，但其总和使系统的熵减小，则这种过程不能单独进行，除非有熵增大的过程作为补偿，使孤立系的总熵增大，至少保持不变。

2. 熵参数的意义

（1）可逆过程熵变表明了与外界交换的热量的方向（质熵流为零时）。而对于可逆绝热过程，其熵变为零。

（2）孤立系的熵变即为熵产，表明了系统内部不可逆性的程度。孤立系熵增越大，不可逆程度越高，有效能损失越大。对于非孤立系，熵变的变化不确定，必须视具体情况而定。

（3）自然界中的一切过程总是向熵产增加的方向进行。因此，熵产可以作为判别过程方向的依据。

因此，熵参数的实质可以理解为：孤立系通常是由有序向无序发展，最终达到平衡，此时熵最大，故熵参数实质为体现系统内能量的混乱程度的量。

3. 熵参数的应用

（1）利用熵参数计算可逆过程的热量，即 $Q_{re}=\int_1^2\frac{dS}{T}$。

（2）利用熵参数判断过程的方向性及可逆性，以及时间的前、后。若过程使熵产增加，则为不可逆过程且能实现；若熵产为零，则为可逆过程且理论上可实现；若熵产减少，则过程不可能实现。

（3）利用熵参数确定系统达到平衡的条件。系统若处于非平衡状态，则一定会自发地趋于平衡状态；当达到平衡后，其状态将不发生任何变化。一切非自发过程都将不可能自动发生，除非改变外界条件。若系统处于非平衡状态，一切自发过程都将使孤立系的熵增加，并随其状态达到平衡而使熵达到极大，即孤立系达到平衡的充要条件是熵值为最大。因此，熵可作为判定平衡状态的判据。

（4）利用熵产计算有效能及损失。

4.3.7 㶲参数和热量㶲的基本概念

热力学第二定律指出：能量在转换过程中具有方向性，即不是每一种形式的能量都能全部无条件地转换为另一种形式的能量；不同形式的能量能够转变为有用功的部分是不相同的，即转换的能力不同。能量在转换时具有“量”的守恒性和“质”的差异性这两种性质，因此将“量”和“质”相结合，才能正确评价能量的“价值”。㶲参数是恰能单独正确评价能量品质的物理量。

1. 㶲参数

能量转换除受热力学第二定律的制约，还与给定环境条件、转换过程的性质（是否可逆）有关。为了有共同的比较基础，就必须附加两个约束条件：①以给定环境为基准；②以可逆条件下的最大限度为前提。

因此，㶲参数的定义如下：

以给定的环境为基准，任一形式的能量能够在理论上最大限度地转变为有用功的那部分能量称为㶲或者有效能。符号：E_x；单位：J。

1kg 工质所具有的㶲称为比㶲。符号：e_x；单位：J/kg。

以给定的环境为基准，能量中不能够转变为有用功的那部分能量称为炕或无效能。符号：A_n；单位：J。

任一形式的能量 E 的表示形式为

$$E \equiv E_x + A_n \tag{4-24}$$

1kg 工质所具有能量方程式为

$$e \equiv e_x + a_n \tag{4-25}$$

能量中，㶲部分和炕部分之一可以为零。例如，机械能、电能以及有用功都是㶲，其炕为零。若以大气环境为基准，则大气介质所具有的热能都是炕，其㶲为零。

引入㶲的概念后，热力学第一定律也可表述为：在任何能量的转换过程中㶲和炕的总和保持不变。

㶲是状态参数且为广延量，因此与质量有关，相对于质量具有可加性。而比㶲与质量无关，具有强度量的特点，所以用比㶲的大小反映能量转换能力（或品质的高低）更准确些。

㶲参数所具有的性质包括：

（1）反映了各种形态能量的转换能力。

（2）从能的“量”与“质”相结合的角度反映了能量的价值，代表了能量中“量”与“质”相统一的部分。

（3）具有互比性，为各种形式能量的量度规定了统一尺度，便于互相比较。

（4）能量中含有的 E_x 越多，其动力利用价值越高，即其“质”越高。

2. 热量㶲

如果以给定环境温度 T_0 为基准，那么所传递的热量中就会有一部分不能被有效利用。而能利用的部分称为热量㶲，其计算式为

$$E_{x,Q} = \int\left(1 - \frac{T_0}{T}\right)\delta Q \tag{4-26}$$

不能利用的部分为热量炕，其计算式为

$$A_{n,Q} = E - E_{x,Q} = \int \frac{\delta Q}{T} \tag{4-27}$$

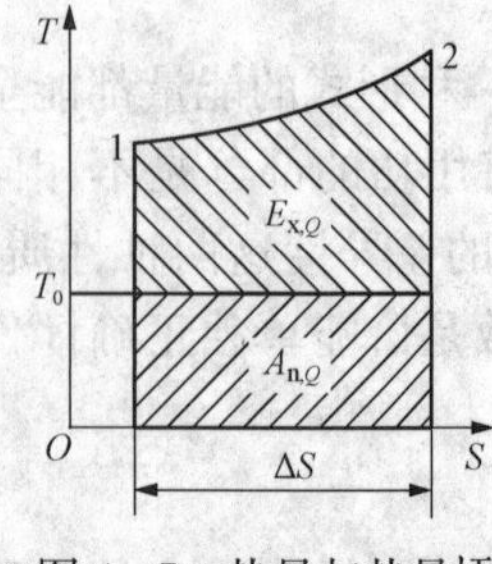

图 4-7　热量与热量炕

热量㶲与热量炕在 T-S 图上的表示，如图 4-7 所示。相同数量的 Q，在给定环境温度 T_0 下，工质温度 T 越高，所具有的热量㶲就越多，热量的品质也越高。

热量㶲和热量炕具有下列特性：

（1）热量㶲是热量 Q 理论上所能转换的最大有效能，是热量 Q 本身的固有特性。热量㶲始终伴随热量存在，但其数值随系统条件的变化而变化。

(2) 热量㶲的大小不仅与热量 Q、给定环境温度 T_0 有关，还与 ΔS 有关。当 T_0、ΔS 确定后，热量㶲是热源的温度 T 的单值函数。

(3) 热量炾 $A_{n,Q}$ 除与 T_0 有关外，还与 ΔS 有关。系统在可逆过程中的熵变 ΔS，可作为热量炾的一种度量。

(4) 热量㶲、热量炾与热量一样，都是过程量。

(5) 当 T（或 $\overline{T}$）$=T_0$ 时，$E_{x,Q}=0$，即在给定环境状态下传递的热量 Q 无法转换为有效能，$Q=A_{n,Q}$；当 T（或 $\overline{T}$）$\to\infty$时，$Q=E_{x,Q}$，当然实际上是不可能的。

(6) 相同数量的热量，在不同热源温度下所具有热量㶲是不同的。当热源温度下降时，若热量的数量不变，其具有的㶲减少，即减少的㶲退化为炾成为㶲损失。

3. 冷量㶲

冷量是系统温度低于给定环境温度时所交换的热量。冷量也可表述为制冷设备或导热设施在单位时间或一段时间内通过制冷所消耗掉的目标空间热量的总能量值或从目标空间所导出的热量的总能量值。因为要获得比给定环境更低的温度，必须消耗能量才能获得。低温系统吸收冷量 Q_0 时所做出的最大功称为冷量㶲 E_{x,Q_0}，其计算式为

$$E_{x,Q_0}=T_0\Delta S-Q_0=\int\left(\frac{T}{T_0}-1\right)\delta Q_0 \tag{4-28}$$

循环从给定环境中吸收的热量称为冷炾 A_{n,Q_0}，其计算式为

$$A_{n,Q_0}=\frac{T_0}{T}Q_0=T_0\Delta S \tag{4-29}$$

冷量㶲与冷量炾具有下列特性：

(1) 冷量㶲是热源（给定环境温度 T_0）与冷源 T（$T<T_0$）之间对外所做出的最大理论有用功，或为了维持冷源温度 T（$T<T_0$）而传出冷量时消耗的最小有用功。

(2) E_{x,Q_0} 不仅与 Q_0 有关，还与 T、T_0 有关；当 $T=T_0$ 时，$E_{x,Q_0}=0$；当 $T<T_0$ 时，T 越低 E_{x,Q_0} 越大。这表明冷源温度越低，制冷消耗的冷量㶲就越大。

(3) 冷量㶲、冷量和冷量炾都是过程量。

4. 㶲损失及能量贬值原理

给定环境条件下，因不可逆过程而造成损失并进入环境中的有效能称为㶲损失。因为熵产是衡量不可逆程度的量，根据孤立系的熵增等于熵产，则不可逆过程的㶲损失计算式为

$$I=T_0\Delta S=T_0S_g \tag{4-30}$$

式（4-30）表明：给定环境温度 T_0 一定时，孤立系的㶲损失与其熵增成正比。虽由特例导出，但式（4-30）是普适计算式，适用于任何不可逆因素引起的㶲损失的计算，即不只限于孤立系，也适用于开口系或闭口系。

由于不可逆过程存在㶲损失，虽然能量总量守恒，但㶲的份额减少，炾增加，能量的转换能力下降，㶲和炾都不守恒（可逆过程两者守恒）。孤立系中进行热力过程时，㶲只会减少不会增加大，极限情况（可逆过程）下保持不变，即为能量贬值原理。该原理也可以描述为：㶲减炾增，极限情况（可逆过程）不变。能量贬值原理是普适原理，适用于一切过程和系统。因此，㶲损失是真正意义上的能量损失。减少㶲损失是合理用能及节能的有效措施。

5. 㶲分析法

基于热力学第一、第二定律，并依据㶲平衡方程，能够准确地揭示出能量中㶲的转换、

传递、利用和损失的情况，并确定系统或装置的㶲利用或转换的效率。由于这种分析方法和所确定的效率是基于热力学第一、第二定律的，故称为“㶲分析法”和“㶲效率法”。为评价设备或系统对有效利用供给㶲的程度，反映设备或系统的热力学完善程度，引入㶲效率的概念，即㶲效率 η_{ex} 是能源供给的㶲与被设备或系统有效利用的㶲之比，其计算式为

$$\eta_{ex}=\frac{\text{有效利用的㶲}}{\text{能源供给的㶲}}=1-\frac{\text{总㶲损失}}{\text{能源供给的㶲}} \tag{4-31}$$

式（4-31）表明：㶲效率值越接近1，有效能利用程度越好，设备或系统热力学完善程度越高，㶲损失越小。

6. 熵分析法

可逆的系统或过程在能量的传递或转换过程中没有能量损失，而不可逆的系统或过程则在能量的传递或转换过程中存在能量损失。熵产是判别系统或过程是否可逆的唯一参数，其数值的大小（在给定环境条件下）可以体现能量损失的程度。因此，基于热力学第一、第二定律，提出了熵分析方法，即通过计算各子系统或过程的熵产，可以计算出各子系统或过程及总的有效能损失，以此进行能量的分析。该方法把熵产和有效能的损失联系了起来。

若系统或过程是由许多子系统或子过程组成，则总的㶲损失 I 为各子系统或过程的㶲损失之和，计算式为

$$I=\sum I_j=T_0\sum S_{g,j} \tag{4-32}$$

㶲分析法与熵分析法从两种不同的角度（㶲的有效利用程度和㶲损失程度）对设备或系统进行热力性能分析，但最终结论是一致的。

4.3.8　工质㶲及系统㶲平衡方程

工质㶲 E_x 主要有工质热力学能㶲 $E_{x,U}$ 和焓㶲 $E_{x,H}$。系统㶲平衡方程主要针对闭口系和稳定流开口系。

1. 工质热力学能㶲 $E_{x,U}$ 与炕 $A_{n,U}$

工质热力学能㶲 $E_{x,U}$ 可从闭口系的状态改变获得。闭口系从给定状态可逆变化到与给定环境平衡的状态，所能做出的最大功称为该状态下闭口系的㶲或热力学能㶲 $E_{x,U}$。因此，闭口系由初态 U、S、T、p、V，变化到与给定环境平衡的状态 U_0、S_0、T_0、p_0、V_0 时，工质热力学能㶲和炕的表达式为

$$E_{x,U}=(U-U_0)-T_0(S-S_0)+p_0(V-V_0) \tag{4-33}$$

$$A_{n,U}=U_0+T_0(S-S_0)-p_0(V-V_0) \tag{4-34}$$

工质热力学能 $E_{x,U}$ 与 $A_{n,U}$ 的说明：

（1）闭口系工质热力学能 U，只有一部分是热力学能㶲 $E_{x,U}$，其余的为热力学能炕 $A_{n,U}$。

（2）当给定环境 p_0、T_0 时，$E_{x,U}$ 是状态参数。

（3）给定环境的热力学能不为零，但热力学能㶲 $E_{x,U}=0$。

（4）闭口系由初态1至终态2的可逆过程中，工质所做的最大功 $W_{12,\max}=E_{x,U_1}-E_{x,U_2}=(U_1-U_2)-T_0(S_1-S_2)+p_0(V_1-V_2)$。

2. 工质焓㶲 $E_{x,H}$ 与 $A_{n,H}$

工质焓㶲 $E_{x,H}$ 可从稳定流开口系得出。开口系从给定状态可逆变化到与给定环境平衡的状态，所能做出的最大有用功称为稳定流工质的物流㶲 E_x。而工质的焓㶲 $E_{x,H}$ 是指能量焓

中所具有的㶲。1kg工质由初状态 p、T、v、h、s、流速 c_f 及高度 z 变化到与环境相平衡的状态 p_0、T_0、v_0、h_0、s_0、流速 $c_{f,0}=0$ 及高度 $z=0$ 时，气体工质的比焓㶲 $e_{x,H}$ 和比焓𬊤 $a_{n,H}$ 的表达式为

$$e_{x,H}=h-h_0-T_0(s-s_0) \tag{4-35}$$

$$a_{n,H}=h-e_{x,H}=h_0+T_0(s-s_0) \tag{4-36}$$

$m$kg气体工质的焓㶲和焓𬊤表达式为

$$E_{x,H}=H-H_0-T_0(S-S_0) \tag{4-37}$$

$$A_{n,H}=H-E_{x,H}=H_0+T_0(S-S_0) \tag{4-38}$$

稳定流工质的焓㶲 $E_{x,H}$ 与焓𬊤 $A_{n,H}$ 的说明：

（1）稳定流工质的焓 H，只有一部分是焓㶲 $E_{x,H}$，其余为焓𬊤 $A_{n,H}$。

（2）当给定环境 p_0、T_0 时，$E_{x,H}$ 是状态参数。

（3）当工质状态与给定环境相平衡时，焓 $E_{x,H}=0$。

（4）稳定流开口系由初态1至终态2的可逆过程中，工质所做的最大功 $W_{12,\max}=E_{x,H_1}-E_{x,H_2}=(H_1-H_2)-T_0(S_1-S_2)$。

3. 系统㶲平衡方程

㶲分析法是通过㶲平衡方程来实现系统热力性能定量分析的。任何可逆过程都不会产生㶲损失，而任何不可逆过程都存在㶲损失。因此，系统㶲平衡方程应为：进入系统的㶲减去离开系统的㶲及㶲损失的差值等于系统的㶲增量。

（1）闭口系㶲平衡方程。任意闭口系经热力变化过程后，若从状态1变到状态2，从外界吸收热量 Q，所做的过程功为 W。若系统与给定环境交换的热量和功均为零，输入系统的㶲仅为热量㶲，输出系统的㶲仅为有用功㶲，则闭口系㶲平衡方程为

$$E_{x,Q}-W+p_0(V_1-V_2)-I=E_{x,Q}-W_{u,\max}-I=E_{x,U_2}-E_{x,U_1} \tag{4-39}$$

若系统可逆，则最大输出有用功

$$W_{u,\max}=E_{x,Q}+E_{x,U_1}-E_{x,U_2}-I \tag{4-40}$$

式（4-40）表示闭口系与除环境外的其他热源交换热时所做出的最大有用功。若闭口系进行可逆压缩，则为消耗的最小有用功。

（2）开口系㶲平衡方程。设1kg单股流体流入、流出任意稳定流动系。若不计位能差及摩擦损失，下角标“1”和“2”表示入口和出口参数，则系统㶲平衡方程为

$$e_{x,Q}+e_{x,H_1}-e_{x,H_2}+\frac{1}{2}(c_{f_1}^2-c_{f_2}^2)-w_u-i=\Delta e_{x,CV} \tag{4-41}$$

因为工质稳定流动，故 $\Delta e_{x,CV}=0$，则系统㶲平衡方程改写为

$$e_{x,Q}=e_{x,H_2}-e_{x,H_1}+\frac{1}{2}(c_{f_2}^2-c_{f_1}^2)+w_u+i \tag{4-42}$$

若系统可逆，则最大输出有用功为

$$w_{u,\max}=e_{x,Q}-(e_{x,H_2}-e_{x,H_1})-\frac{1}{2}(c_{f_2}^2-c_{f_1}^2) \tag{4-43}$$

式（4-43）表示稳定流开口系与环境外的其他热源交换热量时所做出的最大有用功。若稳定流开口系中进行可逆压缩，则为消耗的最小有用功。

4.4 公 式 汇 总

本章在学习中应熟练掌握和运用的基本公式，见表 4 - 1。

表 4 - 1 第 4 章基本公式汇总

项目	表达式	备注
卡诺循环热效率	$\eta_{t,C}=\frac{w_{net}}{q_1}=1-\frac{q_2}{q_1}=1-\frac{T_2}{T_1}$	同温度限回热循环热效率
制冷循环系数	$\varepsilon=\frac{Q_2}{W_{net}}=\frac{Q_2}{Q_1-Q_2}=\frac{1}{\frac{T_1}{T_2}-1}$	通常以环境为热源
制热循环系数	$\varepsilon'=\frac{Q_1}{W_{net}}=\frac{Q_1}{Q_1-Q_2}=\frac{1}{1-\frac{T_2}{T_1}}$	通常以环境为冷源
多热源可逆循环热效率	$\eta_t=1-\frac{q_2}{q_1}=1-\frac{\overline{T}_2}{\overline{T}_1}$	与平均吸、放热温度有关
克劳修斯积分不等式	$\oint\frac{\delta Q_{re}}{T}\leqslant 0$	判别循环方向性及性质，也称热力学第二定律数学式
	$S_2-S_1\geqslant\int_1^2\frac{\delta Q}{T}$	判别过程方向性及性质，也称热力学第二定律数学式
相对熵的计算式	$S_{p,T}=S_{基准点}+\int_{基准点}^{p,T}\frac{\delta Q}{T}$	工质处于 p、T 状态的计算式
闭口系熵方程	$\Delta S=S_g+S_{f,Q}$ 或 $dS=\delta S_{f,Q}+\delta S_g$	也称控制质量系熵方程
开口系熵方程	$dS_{CV}=\delta S_{f,m}+\delta S_{f,Q}+\delta S_g$	也称控制体积系熵方程
	$\delta S_g=\delta S_{f,m}+\delta S_{f,Q}$	系统为稳定流开口系熵方程
	$S_g=S_2-S_1$	绝热稳态流过程熵方程
孤立系熵增方程	$\Delta S_{iso}=S_g\geqslant 0$	孤立系熵增原理
能量方程	$E\equiv E_x+A_n$	由㶲和炾构成的能量方程
热量㶲	$E_{x,Q}=\int\left(1-\frac{T_0}{T}\right)\delta Q$	以环境为基准，热量中的有效能
热量炾	$A_{n,Q}=E-E_{x,Q}=\int\frac{\delta Q}{T}$	以环境为基准，热量中的无用能
冷量㶲	$E_{x,Q_0}=T_0\Delta S-Q_0=\int\left(\frac{T}{T_0}-1\right)\delta Q_0$	冷量 Q_0 具有的㶲
冷量炾	$A_{n,Q_0}=\frac{T_0}{T}Q_0=T_0\Delta S$	环境中的能量
㶲效率	$\eta_{ex}=\frac{有效利用的㶲}{能源供给的㶲}$	有效能的利用程度、热力学完善程度
㶲损失	$I=\sum I_j=T_0\sum S_{g,j}$	进入环境中的有效能
工质热力学能㶲	$E_{x,U}=(U-U_0)-T_0(S-S_0)+p_0(V-V_0)$	闭口系状态改变工质的有效能

续表

项目	表达式	备注
工质热力学能炕	$A_{n,U}=U_0+T_0(S-S_0)-p_0(V-V_0)$	闭口系状态改变工质的无用能
工质焓㶲	$E_{x,H}=H-H_0-T_0(S-S_0)$	开口系状态改变工质的有效能
工质焓炕	$A_{n,H}=H-E_{x,H}=H_0+T_0(S-S_0)$	开口系状态改变工质的无用能
闭口系㶲平衡方程	$E_{x,Q}-W+p_0\Delta V-I=E_{x,U_2}-E_{x,U_1}$	闭口系不可逆
	$W_{u,max}=E_{x,Q}+E_{x,U_1}-E_{x,U_2}-I$	闭口系可逆
开口系㶲平衡方程	$e_{x,Q}=\Delta e_{x,H}+\frac{1}{2}\Delta c_f^2+w_u+i$	不可逆稳定流开口系，忽略位能及摩擦
	$w_{u,max}=e_{x,Q}-\Delta e_{x,H}-\frac{1}{2}\Delta c_f^2$	可逆稳定流开口系，忽略位能及摩擦

注　表中$\Delta V=V_1-V_2$，$\Delta e_{x,H}=e_{x,H_2}-e_{x,H_1}$，$\Delta c_f^2=c_{f_2}^2-c_{f_1}^2$。

4.5　典型题精解

【例4-1】　某小型蒸汽发电机组，蒸汽产量为$\dot{m}=14\ 600$kg/h，功率为$P_e=3800$kW，耗煤量为$\dot{B}=1450$kg/h，煤的发热值为$q_d=29\ 000$kJ/kg，求：(1) 机组的装置效率（即热能转变为电能的效率）是多少？(2) 如果蒸汽锅炉供给蒸汽的焓为$h=2550$kJ/kg，锅炉的热效率为多少？

解：

(1) 该机组每小时燃煤发出的热量为

$$\dot{Q}=\dot{B}q_d=1450\times 29\ 000=4.205\times 10^7(\text{kJ/h})$$

每小时转变为电能的热量（即做功的热量）为

$$\dot{Q}_e=3600P_e=3600\times 3800=1.368\times 10^7(\text{kJ/h})$$

机组的装置效率为

$$\eta_i=\frac{\text{每小时做功的热量}}{\text{每小时燃料发出的热量}}=\frac{\dot{Q}_e}{\dot{Q}}=\frac{1.368\times 10^7}{4.205\times 10^7}=0.325$$

(2) 锅炉的热效率

$$\eta_b=\frac{\dot{m}h}{\dot{B}q_d}=\frac{14\ 460\times 2250}{4.205\times 10^7}=0.885$$

[例4-1] 表明，锅炉的热效率η_b远大于机组的装置效率η_i。由于机组效率很低，因此用电变热是不经济的。发电量过小的蒸汽发电机组，热效率也不高，即便将热能转变为电能，也会造成大量的有用能的损失。因此应提高发电机组的发电量。

【例4-2】　某蒸汽发电厂工作在1650℃的热源（锅炉炉膛燃气温度）和15℃的冷源（河水中引来的循环水）之间，求：(1) 发电厂按卡诺循环工作时的热效率？(2) 如果发电厂是按卡诺循环工作并产生1000MW的功率，此时吸入热流量和放出热流量各为多少？(3) 如果发电厂的实际热效率只有40%，同样产生1000MW的功率时，其吸入热流量和放出热流量又各为多少？

解:

(1) 卡诺循环热效率

$$\eta_{t,C}=1-\frac{T_2}{T_1}=1-\frac{273+15}{273+1650}=0.85$$

(2) 按卡诺循环工作时，因 $\eta_{t,C}=\frac{\dot{W}}{\dot{Q}_1}$，则 $\dot{Q}_1=\frac{\dot{W}}{\eta_{t,C}}$，故有

$$\dot{W}=1000\text{MW}=1\,000\,000\times3600=3.6\times10^9(\text{kJ/h})$$

$$\eta_{t,C}=0.85$$

则吸入热流量为

$$\dot{Q}_1=\frac{3.6\times10^9}{0.85}=4.235\,3\times10^9(\text{kJ/h})$$

由热力学第一定律可知，对于一个循环而言，有 $\oint\delta\dot{Q}=\oint\delta\dot{W}$，因 $\dot{Q}$、$\dot{W}$ 是过程量，故写成 $\delta\dot{Q}$、$\delta\dot{W}$，得 $\dot{Q}_1-\dot{Q}_2=\dot{W}$，则放出热流量为

$$\dot{Q}_2=\dot{Q}_1-\dot{W}=4.235\,3\times10^9-3.6\times10^9=6.353\times10^8(\text{kJ/h})$$

(3) 实际循环热效率 $\eta'_t=0.40$ 时，其吸收热流量和放出热流量分别为

$$\dot{Q}'_1=\frac{\dot{W}}{\eta'_t}=\frac{3.6\times10^9}{0.4}=9\times10^9(\text{kJ/h})$$

$$\dot{Q}'_2=\dot{Q}'_1-\dot{W}=9\times10^9-3.6\times10^9=5.4\times10^9(\text{kJ/h})$$

[例 4-2] 表明，①实际热效率 η'_t 远小于卡诺循环热效率 $\eta_{t,C}$，这是因为受金属材料耐高温性能的限制。蒸汽的一般许用温度在 600～650℃，比 1650℃低得多。②如在蒸汽许用温度 650℃热源下进行卡诺循环，其循环热效率 $\eta''_{t,C}=1-T_2/T''_1=1-\frac{273+15}{273+650}=0.688$。可是在实际蒸汽动力循环中，由于蒸汽性质的限制，加热过程不可能在 650℃下做定温加热而实现卡诺循环，实际热效率一般仅在 40%左右。因此，热能利用率还有相当大的潜力。③由于发电厂的实际热效率较低，要获得同样的功率，吸入热流量就要增大（$\dot{Q}'_1>\dot{Q}_1$），从而造成了能源的浪费；相应地，放出热流量也随之增大（$\dot{Q}'_2>\dot{Q}_2$），从而增加了环境的热污染。为了节约能源和减轻环境的污染，必须力求提高蒸汽发电厂的循环热效率。其途径是研制出耐高温性能更强的金属材料及改善循环方式等。

【例 4-3】 某热机在热源 $T_1=670\text{K}$ 和冷源 $T_2=270\text{K}$ 之间完成可逆循环。循环中热机从热源 T_1 取得热量 $Q_1=100\text{kJ}$，求可逆热机所做的功。如果由热源 T_1 取得相同的热量 Q_1，若冷源温度降低到 $T'=220\text{K}$ 时，那么该热机对外做功将增加。有人设想，将一个有限大的冷箱用制冷的办法使其温度 T' 保持在 220K，另外用一可逆热泵将热量从冷箱中移走，如图 4-8 所示，求该过程的净功，并将两种计算结果加以比较。

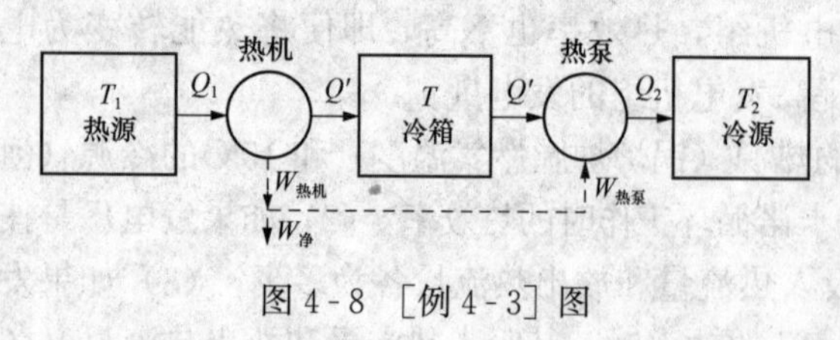

图 4-8 [例 4-3] 图

解:

(1) 可逆热机所做的功。首先计算热机的循环热效率

$$\eta_t = 1 - \frac{T_2}{T_1} = 1 - \frac{270}{670} = 0.597 = 59.7\%$$

因 $\eta_t = \dfrac{W}{Q_1}$，故有

$$W = \eta_t Q_1 = 0.597 \times 100 = 59.7(\text{kJ})$$

(2) 过程净功。因 $W_{净} = W_{热机} - W_{热泵}$，对于可逆热机有

$$W_{热机} = \eta'_t Q_1 = \left(1 - \frac{T'}{T_1}\right) Q_1 = (T_1 - T') \frac{Q_1}{T_1}$$

对于可逆热泵

$$W_{热泵} = \frac{Q'}{\varepsilon'} = \frac{Q'}{T'/(T_2 - T')} = (T_2 - T') \frac{Q'}{T'}$$

所以

$$W_{净} = (T_1 - T') \frac{Q_1}{T_1} - (T_2 - T') \frac{Q'}{T'}$$

对于可逆热机

$$Q' = Q_1 - W_{热机} = Q_1 - \left[\left(1 - \frac{T'}{T_1}\right) Q_1\right] = \left(\frac{T'}{T_1}\right) Q_1$$

则 $Q'/Q_1 = T'/T_1$ 或 $Q_1/T_1 = Q'/T'$，得

$$\begin{aligned} W_{净} &= (T_1 - T') Q_1/T_1 - (T_2 - T') Q'/T' = (T_1 - T_2) Q_1/T_1 \\ &= \eta_t Q_1 = 0.597 \times 100 = 59.7(\text{kJ}) \end{aligned}$$

[例4-3] 表明，两种计算结果相同。通过对该系统的计算可知，从热源吸收的热量，通过热机后，一部分转换为功，另一部分不能转换为功的热量，排向冷源，成为无用的能量，即热量炕。但若消耗少量高品位的功量后，将这部分无用的能量转换成有用的能量，即能起到节能降耗的作用，是一种值得提倡的方法。目前，该方案在热电厂供暖系统中已被应用。

【例4-4】 试论证温度 T_1 及 T_2 在两热源间的任意热流，必须是从热源 T_1 流向冷源 T_2。

解： 热源是工质从中吸取热能的物系。在其有限传热过程中，熵的变化量 $\mathrm{d}S = \dfrac{\delta Q}{T}$，与热流的源和汇无关。这是因为在热源内部没有不可逆现象发生，所以热源内熵的变化只与热量有关，而与热量的来源及去向无关。当一定量的热加入热源或从热源传出时，将发生温度不变的有限的熵变化，则有 $\Delta S = \dfrac{Q}{T}$。

设 Q 为热源间传递的热量，其大小相等、方向相反，即 $Q_1 = -Q_2$，则 $\Delta S_1 = \dfrac{Q_1}{T_1} = -\dfrac{Q_2}{T_1}$，$\Delta S_2 = \dfrac{Q_2}{T_2}$。

对于由两个热源组成的孤立系，总熵的变化为

$$\Delta S_{sys} = \Delta S_1 + \Delta S_2 = -\frac{Q_2}{T_1} + \frac{Q_2}{T_2} = Q_2 \left(\frac{T_1 - T_2}{T_1 T_2}\right)$$

由热力学第二定律，孤立系熵增变化量必须大于或等于零，即 $\mathrm{d}S_{sys} \geqslant 0$。对于这两个不等温热源的传热过程，有

$$\Delta S_{sys} = S_g > 0$$

即

$$Q_2(T_1 - T_2) > 0$$

按题意 $T_1 > T_2$，故 $Q_2 > 0$，说明加入热源 T_2 的热量 Q_2 必须是正的，即热流是流向热源 T_2 的。

[例 4-4] 表明，在高、低两热源间的任意热流，必须是从热源流向冷源的，否则在不消耗任何能量的前提下是不可能实现的。

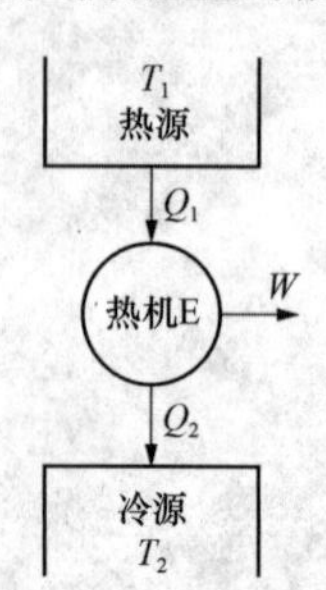

图 4-9 [例 4-5]图

【例 4-5】 热机与两个恒温热源发生热交换，如图 4-9 所示。试论证要使其产生功而本身状态又不发生变化所必须满足的条件。

解：假定热机从热源 T_1 取得热量 Q_1，向冷源放出热量 Q_2。取热源、冷源及热机为一系统，则系统内完成一个循环时，总熵变化量为

$$\Delta S_{sys} = \Delta S_1 + \Delta S_E + \Delta S_2$$

对于热源（热量离开为负），$\Delta S_1 = -\dfrac{Q_1}{T_1}$；对于热机，$\Delta S_E = \oint dS_E = 0$；对于冷源（热量进入为正），$\Delta S_2 = \dfrac{Q_2}{T_2}$，故系统总熵变为

$$\Delta S_{sys} = -\frac{Q_1}{T_1} + \frac{Q_2}{T_2} \tag{4-44}$$

对于热机，由能量方程得 $\Delta U = (Q'_1 + Q'_2) - W$。因 $\Delta U = 0$，$Q'_1 = Q_1$，$Q'_2 = -Q_2$，故有

$$W = Q_1 - Q_2 \tag{4-45}$$

由式（4-44）与式（4-45）整理得，该系统状态不发生改变时做功的条件为

$$W = -T_1 \Delta S_{sys} + \left(\frac{T_1}{T_2} - 1\right) Q_2 \tag{4-46}$$

[例 4-5] 表明，系统状态不发生改变时做功的条件为方程式（4-46）。通过对式（4-46）的分析可知，其在下述两个极限范围内是有效的。

(1) 因系统吸收热转变为功，并对外界输出功，故其功必须是正的，极限值为零。在极限情况下热机的效率为零，过程进行的结果仅仅是在两热源间发生了热量交换。

(2) 若为可逆循环，则 $\Delta S_{sys} = 0$，有 $\dfrac{Q_2}{T_2} = \dfrac{Q_1}{T_1}$；$W$ 将为给定的 T_1 和 T_2 间的最大值，即 $W = \left(\dfrac{T_1}{T_2} - 1\right) Q_2$，或 $W = \left(1 - \dfrac{T_1}{T_2}\right) Q_1$，这就是卡诺方程。它适用于所有工作在两恒温热源之间的可逆热机，即卡诺机。其中，$\left(\dfrac{T_1}{T_2} - 1\right) > 0$，$W > 0$，故 Q_2 也必须是一个有限的正值，即热量 Q_2 必须是从热机放出并为热源 T_2 所吸收。

【例 4-6】 氮气在初态参数为 $p_1 = 600\text{kPa}$、$t_1 = 21℃$ 的状态下稳定地流入无运动部件的绝热容器。假定其中一半在 $p'_2 = 100\text{kPa}$、$t'_2 = 82℃$，另一半在 $p''_2 = 100\text{kPa}$、$t''_2 = -40℃$ 状态下同时离开容器，如图 4-10 所示。若氮气为理想气体，且 $C_{m,p} = 29.2\text{kJ/(kmol·K)}$，试论证该稳定流动过程能否实现。

图 4-10 [例 4-6] 图

解： 若该过程满足热力学第一、第二定律就能实现。根据稳定流动能量方程式，则

$$Q = \Delta H + \frac{1}{2} m \Delta c_f^2 + mg\Delta z + W_{net}$$

因容器内无运动部件且绝热，则 $W_{net}=0$，$Q=0$。如忽略动能和位能的变化，则 $\Delta H=0$。设出口热流体的摩尔流量为 $\dot{n}'$，出口冷流体的摩尔流量为 $\dot{n}''$，则

$$(\dot{n}'H'_2 + \dot{n}''H''_2) - (\dot{n}' + \dot{n}'')H_1 = 0$$

或

$$\dot{n}'(H'_2 - H_1) + \dot{n}''(H''_2 - H_1) = 0$$

由题意可知，$\dot{n}' = \dot{n}''$，故

$$(H'_2 - H_1) + (H''_2 - H_1) = 0 \tag{4-47}$$

式（4-47）为该稳定流动过程忽略动能和位能的变化后满足热力学第一定律的基本条件。

热力学第二定律要求作为过程的结果，系统的总熵变化量必须大于或等于零。因系统（设备）与环境没有热交换，故没有热熵流，则系统的总熵变化量为气流的熵变化量，即

$$\Delta S_{sys} = \dot{n}'(S'_2 - S_1) + \dot{n}''(S'' - S_1) \geqslant 0$$

因 $\dot{n}' = \dot{n}''$，且都是正值，故有

$$(S'_2 - S_1) + (S'' - S_1) \geqslant 0 \tag{4-48}$$

对理想气体有

$$H_2 - H_1 = C_{m,p}(T_2 - T_1) \tag{4-49}$$

$$S_2 - S_1 = C_{m,p} \ln \frac{T_2}{T_1} - R\ln \frac{p_2}{p_1} \tag{4-50}$$

由题意已知：$p_1=600\text{kPa}$，$p'_2=p''_2=100\text{kPa}$，$T_1=294\text{K}$，$T'_2=355\text{K}$，$T''_2=233\text{K}$。

由式（4-49）与式（4-50）计算可得

$$H'_2 - H_1 = C_{m,p}(T'_2 - T_1) = 29.2 \times (399 - 294) = 1781(\text{kJ/kmol})$$

$$S'_2 - S_1 = C_{m,p} \ln \frac{T'_2}{T_1} - R\ln \frac{p'_2}{p_1} = 29.2 \times \ln \frac{355}{294} - 8.314\,31 \times \ln \frac{100}{600} = 20.40[\text{kJ/(kmol} \cdot \text{K)}]$$

$$H''_2 - H_1 = C_{m,p}(T''_2 - T_1) = 29.2 \times (233 - 294) = -1781(\text{kJ/kmol})$$

$$S'' - S_1 = C_{m,p} \ln \frac{T''_2}{T_1} - R\ln \frac{p''_2}{p_1} = 29.2 \times \ln \frac{233}{294} - 8.314\,31 \times \ln \frac{100}{600} = 8.11[\text{kJ/(kmol} \cdot \text{K)}]$$

由式（4-47）与式（4-48）计算可得

$$(H'_2 - H_1) + (H''_2 - H_1) = 1781 - 1781 = 0$$

$$(S'_2 - S_1) + (S'' - S_1) = 20.40 + 8.11 = 28.51[\text{kJ/(kmol} \cdot \text{K)}] > 0$$

故该过程能够实现。

［例4-6］表明，稳定流动过程若能实现，必须满足热力学第一、第二定律的要求，即满足热力学第一定律要求的能量守恒定律以及热力学第二定律要求的过程总熵的变量大于或等于零。本例通过计算可知，该过程符合能量守恒定律及总熵变量大于零的要求，因而该过程是可以实现的。

【例4-7】 有人声称设计了一整套热设备，可将65℃热水的20%变成100℃的高温水，其余的80%热水由于将热量传给了温度为15℃的大气，最终水温也降到15℃。这种方案在热力学原理上能不能实现？为什么？如能实现，那么65℃热水变成100℃高温水的极限比率为多少？

解：

(1) 取整套热设备为热力系。设 $t_0=15℃$，$t_1=100℃$，$t_2=65℃$，水的质量为 m。由系统和环境组成的孤立系的总熵变化量为

$$\begin{aligned}\Delta S_{\text{total}} &= m\,\Delta S_{\text{sys}}+\Delta S_{\text{sur}}=\Delta S_1+\Delta S_2+\Delta S_{\text{sur}}\\ &=0.2m\int_{T_2}^{T_1}c_{H_2O}\frac{dT}{T}+0.8m\int_{T_2}^{T_0}c_{H_2O}\frac{dT}{T}+\frac{Q_0}{T_0}\\ &=0.2mc_{H_2O}\ln\frac{T_1}{T_2}+0.8mc_{H_2O}\ln\frac{T_0}{T_2}+\frac{0.8mc_{H_2O}(T_2-T_0)-0.2mc_{H_2O}(T_1-T_2)}{T_0}\\ &=0.2m\times4.186\,8\times\ln\frac{273+100}{273+65}+0.8m\times4.186\,8\times\ln\frac{273+15}{273+65}+\\ &\quad\frac{0.8m\times4.186\,8\times(65-15)-0.2m\times4.186\,8\times(100-65)}{273+15}\\ &=(0.082\,5-0.536\,2+0.479\,7)m=0.026m(\text{kJ/K})>0\end{aligned}$$

由于孤立系的总熵变化量大于零，则该过程为不可逆过程，因此所设计的热力设备实施方案在热力学原理上是可以实现的。

(2) 65℃热水变成100℃高温水的极限比率可根据 $\Delta S_{\text{total}}=0$ 来计算。设极限比率为 x，则

$$\Delta S_{\text{total}}=xm\int_{T_2}^{T_1}c_{H_2O}\frac{dT}{T}+(1-x)m\int_{T_2}^{T_0}c_{H_2O}\frac{dT}{T}+\frac{Q'_0}{T_0}=0$$

$$xmc_{H_2O}\ln\frac{T_1}{T_2}+m(1-x)c_{H_2O}\ln\frac{T_0}{T_2}+\frac{m(1-x)c_{H_2O}(T_2-T_0)-xmc_{H_2O}(T_1-T_2)}{T_0}=0$$

$$xm\ln\frac{373}{338}+m(1-x)\times\ln\frac{288}{338}+\frac{m(1-x)\times(65-15)-xm\times(100-65)}{288}=0$$

$$(0.098\,53x-0.160\,1+0.160\,1x+0.173\,6-0.173\,6x-0.121\,5x)m=0$$

$$x=\frac{0.013\,50}{0.036\,47}\times100\%=37\%$$

故65℃热水变成100℃高温水的极限比率为37%。

[例4-7] 表明，若要使过程能够实现，必须满足热力学第二定律之克劳修斯判据。极限情况下过程为可逆过程，故本例的极限比率通常认为过程为可逆过程，即 $\Delta S_{\text{total}}=S_g=0$。

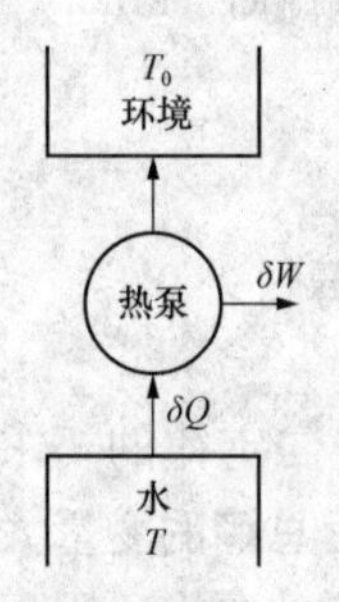

图4-11 [例4-8] 图

【例4-8】 5kg水与温度 $T_0=295\text{K}$ 的环境处于热平衡。若利用热泵使水冷却到 $T=280\text{K}$，如图4-11所示。求热泵需要的最小功是多少？已知水的比热容为4.186 8kJ/(kg·K)。

解： 若过程为可逆过程，则需要的功为最小功。设想有一系列可以从各种温度水平的水移走热量的可逆热泵，能将水从295K逐步地冷却到280K，并将热量送到295K的环境中；每一个热泵移走一微小热量 δQ 时，水温只有一微量减小，这样实现的过程就是可逆过程。对于可逆热泵，在一个微元过程中，有

$$\frac{|\delta W|}{|\delta Q|}=\frac{T_0-T}{T}=\frac{T_0}{T}-1$$

因 δW 为负值（外界对系统做功），δQ 也为负值（水是放热），故

$$\frac{\delta W}{\delta Q}=\frac{T_0}{T}-1 \text{ 或 } \delta W=T_0\frac{\delta Q}{T}-\delta Q$$

水在定压下冷却，故 $\delta Q=\mathrm{d}H$；$\frac{\delta Q}{T}=\mathrm{d}S$ 为水的熵变化量，代入后可得

$$\delta W=T_0\mathrm{d}S-\mathrm{d}H$$

对 T_0 保持不变的整个过程积分，得 $W=T_0\Delta S-\Delta H$，其中 $\Delta H=mc_{H_2O}\Delta T$，$\Delta S=mc_{H_2O}\ln\frac{T}{T_0}$，则

$$W=mc_{H_2O}T_0\ln\frac{T}{T_0}-mc_{H_2O}(T-T_0)$$

$$=5\times4.1868\times\left[295\times\ln\frac{280}{295}+(295-280)\right]=-8.265(\mathrm{kJ})$$

即热泵需要的最小功是 8.265kJ。

[例 4-8] 表明，若要得到正确的结果，需要对其解题的前提条件有充分的理解。本例的前提条件就是热泵需要的最小功。如何理解“最小”两个字的含义是解本题的关键。当然对于“最小”“最大”及“极限”等字样的条件，通常认为过程或循环是可逆的。

【例 4-9】 有两个质量相等、比热容相同且为定值的物体。A 物体初温为 T_A，B 物体初温为 T_B，用它们作为可逆热机的有限热源和有限冷源，热机工作到两物体温度相等时为止。(1) 证明平衡时的温度 $T_m=\sqrt{T_AT_B}$；(2) 求热机做出的最大功量；(3) 如果两物体直接接触进行热交换至温度相等，求平衡温度及两物体总熵变化量。

解：

(1) 取 A、B 物体及热机为绝热系，则

$$\Delta S_{total}=\Delta S_A+\Delta S_B+\Delta S_E=0$$

因为 $\Delta S_E=0$，故 $\Delta S_{total}=\Delta S_A+\Delta S_B=mc\int_{T_A}^{T_m}\frac{\mathrm{d}T}{T}+mc\int_{T_B}^{T_m}\frac{\mathrm{d}T}{T}=0$，即 $mc\ln\frac{T_m}{T_A}+mc\ln\frac{T_m}{T_B}=0$，则有 $\ln\frac{T_m^2}{T_AT_B}=0$ 或 $\frac{T_m^2}{T_AT_B}=1$，由此可得 $T_m=\sqrt{T_AT_B}$，得证。

(2) A 物体为有限热源，过程中要放出热量 Q_1；B 物体为有限冷源，过程中要吸收热量 Q_2。其中，$Q_1=mc(T_A-T_m)$，$Q_2=mc(T_m-T_B)$。

热机为可逆热机时，其做功量最大，得

$$W_{max}=Q_1-Q_2=mc(T_A-T_m)-mc(T_m-T_B)=mc(T_A+T_B-2T_m)$$

(3) 平衡温度由能量方程式求得，即

$$mc(T_A-T'_m)=mc(T'_m-T_B)$$

$$T'_m=\frac{T_A+T_B}{2}$$

两物体组成系统的总熵变化量为

$$\Delta S_{sys}=\Delta S_A+\Delta S_B=\int_{T_A}^{T'_m}mc\frac{\mathrm{d}T}{T}+\int_{T_B}^{T'_m}mc\frac{\mathrm{d}T}{T}$$

$$=mc\left(\ln\frac{T'_m}{T_A}+\ln\frac{T'_m}{T_B}\right)=mc\ln\frac{(T_A+T_B)^2}{4T_AT_B}$$

[例 4-9] 表明，在进行计算时，前提条件必须明确。热机在两个有限热源间进行热功

转换，可认为三者组成的热力系与外界没有热量交换，故可认为是绝热系。因为热机通常就是进行热功转换的热力设备，由于题中没有涉及系统与外界的热量交换，因此可认为两物体与热机组成的系统为绝热的。这也是该题的解题关键。其次为热机做出的最大功量，其前提条件在［例 4-8］中已说明，即热机的工作过程是可逆的。

【例 4-10】 有三个质量相等、比热容相同且为定值的物体。A 物体的初温 $T_{A_1}=100K$，B 物体的初温 $T_{B_1}=300K$，C 物体的初温 $T_{C_1}=300K$。如果环境不供给功和热量，只借助热机和制冷机在它们之间工作，问其中任意一个物体所能达到的最高温度为多少？

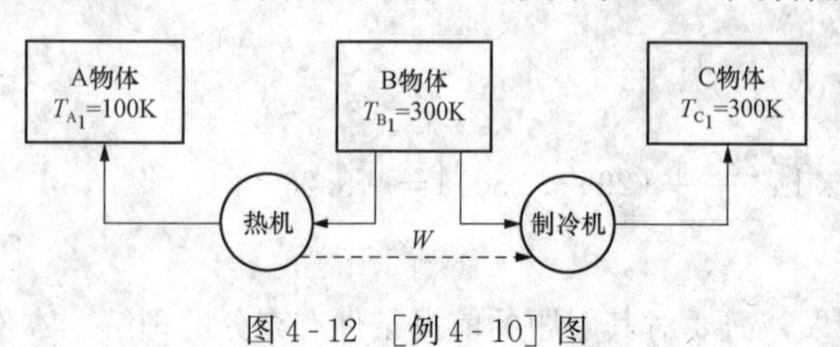

图 4-12 ［例 4-10］图

解：因环境不供给功和热量，而热机工作必须要有两个不同温度的热源，才能使热量转变为功，所以三个物体中的两个作为热机的有限热源和有限冷源。制冷机工作必须要供给其机械功，才能将热量从冷源转移到热源，同样三个物体中的两个作为制冷机的有限冷源和有限热源。故其工作原理如图 4-12 所示。

取 A、B、C 物体及热机和制冷机为孤立系。如果系统中进行的是可逆过程，则

$$\Delta S_{\text{total}}=\Delta S_{\text{E,热机}}+\Delta S_{\text{E,制冷机}}+\Delta S_A+\Delta S_B+\Delta S_C=0$$

对于热机和制冷机，$\Delta S_{\text{E,热机}}=\Delta S_{\text{E,制冷机}}=\oint \mathrm{d}S=0$，则

$$\Delta S_{\text{total}}=mc\int_{T_{A_1}}^{T_{A_2}}\frac{\mathrm{d}T}{T}+mc\int_{T_{B_1}}^{T_{B_2}}\frac{\mathrm{d}T}{T}+mc\int_{T_{C_1}}^{T_{C_2}}\frac{\mathrm{d}T}{T}=0$$

故有 $\ln\frac{T_{A_2}}{T_{A_1}}+\ln\frac{T_{B_2}}{T_{B_1}}+\ln\frac{T_{C_2}}{T_{C_1}}=0$，或$\frac{T_{A_2}T_{B_2}T_{C_2}}{T_{A_1}T_{B_1}T_{C_1}}=1$，即

$$T_{A_2}T_{B_2}T_{C_2}=T_{A_1}T_{B_1}T_{C_1}=100\times300\times300=9\times10^6(\mathrm{K}^3) \tag{4-51}$$

热机工作在 A 物体和 B 物体两个有限热源之间，制冷机则工作在 B 物体和 C 物体两个有限热源之间，热机输出的功供给制冷机工作，如图 4-12 所示。当 $T_{A_2}=T_{B_2}$ 时，热机停止工作，制冷机因无功供给它也停止工作，整个过程结束。过程进行的结果是：物体 B 的热量转移到物体 C 上使其温度升高，而 A 物体和 B 物体温度达到平衡。

对该孤立系，由能量方程得 $Q_A+Q_B+Q_C=0$，即 $mc(T_{A_2}-T_{A_1})+mc(T_{B_2}-T_{B_1})+mc(T_{C_2}-T_{C_1})=0$，整理有

$$T_{A_2}+T_{B_2}+T_{C_2}=T_{A_1}+T_{B_1}+T_{C_1}=100+300+300=700(\mathrm{K}) \tag{4-52}$$

根据该装置的工作原理可知，$T_{A_2}>T_{A_1}$，$T_{B_2}<T_{B_1}$，$T_{C_2}>T_{C_1}$，对式（4-51）与式（4-52）求解，得

$$T_{A_2}=T_{B_2}=150\mathrm{K}, T_{C_2}=400\mathrm{K}$$

即可达到的最高温度为 400K。

［例 4-10］表明，选择本例方案，利用熵方程可得最高温度可达 400K。若制冷机工作在 A 物体和 C 物体两个有限冷源和热源之间，其过程结果又如何呢？请读者自行分析。

【例 4-11】 计算下述各过程中系统的总熵变化量。（1）将 0.4kg 温度为 100℃、热容为 $C_{Cu}=150J/K$ 的铜块投入温度为 10℃的湖水中；（2）同样大小，但温度为 10℃的铜块，由 100m 高处投入湖水中；（3）将温度分别为 100℃和 10℃的同样大小的铜块连在一起。

解：

(1) 取铜块和湖水为系统。因为 $t_{Cu}>t_{H_2O}$，所以铜块投入水中，铜块将放出热量被水所吸收，最后达到温度平衡（$t_{Cu}=t_{H_2O}=10℃$）。

铜块放出的热量为

$$Q_{Cu}=C_{Cu}(t_{H_2O}-t_{Cu})=150\times(10-100)=-13.50(kJ)$$

湖水吸入的热量为

$$Q_{H_2O}=-Q_{Cu}=13.50(kJ)$$

铜块是一个有限热源，其熵变化量为

$$\Delta S_{Cu}=C_{Cu}\int_{T_{Cu}}^{T_{H_2O}}\frac{dT}{T}=C_{Cu}\ln\frac{T_{H_2O}}{T_{Cu}}=150\times\ln\frac{273+10}{273+100}=-41.42(J/K)$$

湖水是一个恒温热源，其熵变化量为

$$\Delta S_{H_2O}=\frac{Q_{H_2O}}{T_{H_2O}}=\frac{13\ 500}{283}=47.7(J/K)$$

则系统总熵变化量 $\Delta S_{sys}=\Delta S_{Cu}+\Delta S_{H_2O}=47.703-41.42=6.283$ (J/K)。

(2) 铜块由 100m 高处投入湖水中，重力位能转换成热量，即

$$Q_g=W_g=mg\Delta z=0.4\times9.806\times100=392.24(J)$$

因 $t_{Cu}=t_{H_2O}=10℃$，故铜块在过程中无状态变化，即 $\Delta S_{Cu}=0$。湖水所吸入的热量为 Q，其熵变化量为

$$\Delta S_{H_2O}=\frac{Q_{H_2O}}{T_{H_2O}}=\frac{Q_g}{T_{H_2O}}=\frac{392.24}{283}=1.386(J/K)$$

则系统总熵变化量 $\Delta S_{sys}=\Delta S_{Cu}+\Delta S_{H_2O}=0+1.386=1.386$ (J/K)。

(3) 取两个铜块为系统。因两个温度不同而大小相同的铜块连在一起，故将发生不等温传热，直到温度平衡，过程停止。则系统的总熵变化量为

$$\Delta S_{sys}=\Delta S_{Cu,1}+\Delta S_{Cu,2}=C_{Cu}\int_{T_{Cu,1}}^{T_m}\frac{dT}{T}+C_{Cu}\int_{T_{Cu,2}}^{T_m}\frac{dT}{T}=C_{Cu}\left(\ln\frac{T_m}{T_{Cu,1}}+\ln\frac{T_m}{T_{Cu,2}}\right)$$

由能量平衡方程式，得

$$C_{Cu}(t_{Cu,1}-t_m)=C_{Cu}(t_m-t_{Cu,2})$$

$$t_m=\frac{t_{Cu,1}+t_{Cu,2}}{2}=\frac{100+10}{2}=55(℃)\text{或 }T_m=273+55=328(K)$$

则

$$\Delta S_{sys}=150\times\left(\ln\frac{328}{373}+\ln\frac{328}{283}\right)=2.850\ 3(J/K)$$

计算结果表明，系统中的自发过程总是沿着熵增加的方向进行的。

[例 4-11] 表明，在实际过程中，因存在着不可逆因素，故熵产总是增加的，只有这样过程才能实现。通过本例再一次证明了这一重要结论的正确性。但个别过程的熵变不一定大于零，这表明熵变不一定等于熵产。计算过程的总熵变 ΔS_{sys} 可视为熵产。因此，对熵产和熵变的概念及其相互关系要加以充分理解。

【例 4-12】 热力系由质量为 $m$kg、温度为 T_1 的水与同质量的、温度为 T_2 的水在绝热容器中混合组成。试证明：(1) $\Delta S_{sys}=2mc_{H_2O}\ln\frac{(T_1+T_2)/2}{\sqrt{T_1T_2}}$； (2) $\Delta S_{sys}=2mc_{H_2O}\times$

$\ln\frac{(T_1+T_2)/2}{\sqrt{T_1T_2}}>0$。

证明：

(1) 系统的总熵变化量为

$$\Delta S_{sys}=\Delta S_1+\Delta S_2=mc_{H_2O}\int_{T_1}^{T_m}\frac{dT}{T}+mc_{H_2O}\int_{T_2}^{T_m}\frac{dT}{T}=mc_{H_2O}\left(\ln\frac{T_m}{T_1}+\ln\frac{T_m}{T_2}\right)$$

式中：T_m 为混合后水的平衡温度，K。

由能量平衡方程式得

$$mc_{H_2O}(T_m-T_1)=mc_{H_2O}(T_2-T_m)$$

$$T_m=\frac{T_1+T_2}{2}$$

$$\Delta S_{sys}=mc_{H_2O}\left(\ln\frac{\frac{T_1+T_2}{2}}{T_1}+\frac{\frac{T_1+T_2}{2}}{T_2}\right)$$

$$=mc_{H_2O}\ln\left[\frac{\left(\frac{T_1+T_2}{2}\right)^2}{T_1T_2}\right]=2mc_{H_2O}\ln\frac{(T_1+T_2)/2}{\sqrt{T_1T_2}}$$

(2) 平衡温度 $T_m=\frac{T_1+T_2}{2}$，设 $T_1>T_2$，则 $T_1>T_m>T_2$，$T_m^2>T_1T_2$，$T_m>\sqrt{T_1T_2}$ 或 $\frac{T_1+T_2}{2}>\sqrt{T_1T_2}$。

又设 $T_1<T_2$，同理可得 $\frac{T_1+T_2}{2}>\sqrt{T_1T_2}$。因此，当 $T_1\neq T_2$ 时，必得 $\frac{T_1+T_2}{2}>\sqrt{T_1T_2}$，则 $\Delta S_{sys}=2mc_{H_2O}\ln\frac{(T_1+T_2)/2}{\sqrt{T_1T_2}}>0$。

[例 4-12] 表明，两质量相同、温度不同的水混合，终态温度为混合后的算数平均温度。因此，总熵变应由两个过程组成。混合过程应视为定压过程，这一点很重要。同时，分析出初态水温与终态水温间的关系也是解题的关键。

【例 4-13】 1kmol 温度为 400K 的理想气体，在气缸中从 100kPa 定温压缩到 1000kPa。计算下述各过程中气体的熵变化量、环境的变化量以及气体和环境所构成的孤立系的总熵变化量，并加以分析。(1) 过程为机械可逆的（所谓机械可逆，是指过程中系统内部是可逆的；系统与环境仅处于力的平衡，即过程中无摩阻损失），环境由温度为 400K 的热源所构成。(2) 过程是机械可逆的，环境由温度为 300K 的热源所构成。(3) 过程是机械不可逆的，所需要的功量比机械可逆压缩过程多 20%，环境由温度为 300K 的热源所构成。(4) 比较三种计算结果。

解：

(1) 取气缸中的理想气体为闭口系。因为过程是机械可逆的，且系统温度等于环境温度，故无热阻损失，因此过程为可逆的。对于可逆的定温压缩过程，消耗功量为

$$W_{t,T}=\int_1^2-V_m dp=nRT\ln\frac{p_1}{p_2}=1000\times 8.314\ 3\times 400\times\ln\frac{100}{1000}=-7657(kJ)$$

因理想气体的热力学能只是温度的函数，且 $T=T_0=$常数，所以 $\Delta U=0$，由闭口系能量方程式得

$$Q = W = W_{t,T} = -7567(\text{kJ})$$

因气体放出的热量全部被环境所吸收，故有

$$Q_{sur} = -Q = 7576(\text{kJ})$$

由于闭口系内进行的是可逆定温过程，其熵的变化量为

$$\Delta S_{sys} = \frac{Q}{T} = \frac{-7.657 \times 10^6}{400} = -19\,144(\text{J/K})$$

环境的熵变化量为

$$\Delta S_{sur} = \frac{Q_{sur}}{T_0} = \frac{7.657 \times 10^6}{400} = 19\,144(\text{J/K})$$

由气体和环境所构成的孤立系的总熵变化量为

$$\Delta S_{total} = \Delta S_{sys} + \Delta S_{sur} = -19\,144 + 19\,144 = 0$$

（2）过程虽是机械可逆的，但热源温度（400K）高于环境温度（300K），因有温差传热，故为一个不可逆过程。但压缩仍可按机械可逆过程进行，即系统的状态变化途径与（1）中的相同，则 ΔU、W、Q_{sys}、Q_{sur}及 ΔS_{sys}的数值与（1）中的完全相同，只有 ΔS_{sur}及 ΔS_{total}与（1）中的不同，即

$$\Delta S_{sur} = \frac{Q_{sur}}{T_0} = \frac{7.657 \times 10^6}{300} = 25\,523(\text{J/K})$$

$$\Delta S_{total} = \Delta S_{sys} + \Delta S_{sur} = -19\,144 + 25\,523 = 6379(\text{J/K})$$

可见，对于孤立系的不可逆过程，其熵是增加的，即不可逆过程是沿着熵增加的方向进行的。

（3）这一过程与（2）中一样存在温差传热的不可逆因素，同时压缩过程又是机械不可逆的，且其所需要的压缩功比（2）中多20%，则

$$W = 1.2 \times (-7.657 \times 10^6) = -9189(\text{kJ})$$

该不可逆过程中状态变化的途径虽然与（1）和（2）中不同，但过程的初、终态却与（1）和（2）中完全相同，因而气体的状态参数变化量与（1）和（2）中完全相同，即$\Delta U=0$，$\Delta S_{sys}=-19\,144$（J/K）。

由闭口系能量方程得 $Q_{sys}=W=-9.189\times10^6$（J），而

$$Q_{sur} = -Q_{sys} = 9.189 \times 10^6(\text{J})$$

$$\Delta S_{sur} = \frac{Q_{sur}}{T_0} = \frac{9.189 \times 10^6}{300} = 30\,630(\text{J/K})$$

$$\Delta S_{total} = \Delta S_{sys} + \Delta S_{sur} = -19\,144 + 30\,630 = 11\,486(\text{J/K})$$

因此，对于孤立系的不可逆过程，其熵是增加的。（3）与（2）相比，由于不可逆因素的增多，其总熵变化量增大，因此孤立系中的总熵变化量的大小可用来度量过程的不可逆程度。

（4）将三种不同性质过程的计算结果进行比较，见表4-2。

表4-2　三种不同性质过程的计算结果的比较

过程序号	过程性质	$W=Q_{sys}$(J)	ΔU（J）	ΔS_{sys}（J/K）	ΔS_{sur}（J/K）	ΔS_{total}（J/K）
(1)	可逆过程	-7.657×10^6	0	−19 144	19 144	0
(2)	机械可逆且有温差传热	-7.657×10^6	0	−19 144	25 523	6379
(3)	机械不可逆且有温差传热	-9.189×10^6	0	−19 144	30 630	11 486

可见，ΔS_{total}的数值大小反映了过程的不可逆程度。对于完全可逆的过程（1）而言，$\Delta S_{total}=0$；对于（2）和（3），都是不可逆过程，$\Delta S_{total}>0$，而（3）的值又大于（2）的。这是因为过程（3）除了包括过程（2）的不可逆因素（温差传热）外，还增加了另外一种不可逆因素（内部的机械不可逆性）。

［例 4-13］表明，①该压缩过程是机械不可逆的（即气体内部是不可逆的），其气体的熵变化量 $\Delta S_{sys}=S_{f,Q}+S_g=-19\ 144\text{J/K}$，是由传热导致的系统内发生的熵变化和系统内的机械不可逆性产生的增量组成的。该过程中的熵产部分补偿了由于气体向环境放热而引起的熵减小。②因为熵是状态参数，其变化量只取决于初、终态，与过程所经历的途径无关，所以不可逆过程的熵变化量可用相同初、终态的可逆过程的熵变化量来计算。

【例 4-14】 某均匀棒两端的初始温度分别为 T_1 和 T_2，求达到均匀温度 $T_m=\dfrac{T_1+T_2}{2}$ 时，其熵的变化量为多少?

解：设均匀棒的各有关量：A 为横截面面积，ρ 为密度，c_p 为比定压热容，l 为棒的长度，且 A、ρ 及 c_p 均为定值。

（1）棒在定压下沿长度为 $\mathrm{d}x$ 的微元体积的热容 $C_p=c_p\rho A\mathrm{d}x$。

（2）初态时，棒各处的温度 $T_i=T_1-\dfrac{T_1-T_2}{l}x$。

（3）终态时，棒各处的温度 $T_f=\dfrac{T_1+T_2}{2}$。

假定有一系列温度从 T_i 到 T_f 热源逐个地与棒进行可逆的热交换，则微元体积的熵变化量为

$$\mathrm{d}S=C_p\int_{T_i}^{T_f}\frac{\mathrm{d}T}{T}=c_p\rho A\ln\left(\frac{T_f}{T_i}\right)\mathrm{d}x=c_p\rho A\ln\left(\frac{T_f}{T_1-\dfrac{T_1-T_2}{l}x}\right)\mathrm{d}x=-c_p\rho A\ln\left(\frac{T_1}{T_f}-\frac{T_1-T_2}{lT_f}x\right)\mathrm{d}x$$

沿棒长积分，则棒的总熵变化量为

$$\Delta S_{total}=-c_p\rho A\int_0^l\ln\left(\frac{T_1}{T_f}-\frac{T_1-T_2}{lT_f}x\right)\mathrm{d}x$$

积分简化后，得

$$\Delta S_{total}=c_pl\left(1+\ln T_f+\frac{T_2}{T_1-T_2}\ln T_2-\frac{T_1}{T_1-T_2}\ln T_1\right)$$

注：积分公式 $\int_0^x\ln(a+bx)\mathrm{d}x=\left[\dfrac{1}{b}(a+bx)\ln(a+bx)-x\right]\Big|_0^x$。

［例 4-14］表明，由于均匀棒两端存在温差导热，且在棒体温度达到均匀之前，该过程为不可逆过程，因此对棒体取微元后可认为热交换过程是可逆的，且为定压过程。这些条件的确定，对于求解变量至关重要。

【例 4-15】 若在温度 T_0 为常数的环境中，从温度为 T 的热源取出有限热量 Q，试写出其热流的可用能及不可用能的表达式。

解：根据热力学第二定律，按题意可知，热流能完成的最大功量为

$$E_{x,Q}=\left(1-\frac{T_0}{T}\right)Q=(T-T_0)\frac{Q}{T}=(T-T_0)(S-S_0)=(T-T_0)\Delta S \quad (4-53)$$

不能转变为功的部分，称为不可用能或余热，即为

$$A_{n,Q}=\frac{T_0}{T}Q=T_0(S-S_0)=T_0\Delta S \tag{4-54}$$

如果热力系是有限热源，即取出热量Q后，热力系温度由初态（T_1，S_1）变化到终态（T_2，S_2）。根据广义的卡诺循环和卡诺定理，对于环境状态（T_0，p_0），热流的可用部分为

$$E_{x,Q}=\int_1^2\left(1-\frac{T_0}{T}\right)\delta Q=\int_1^2(T-T_0)\frac{\delta Q}{T}=\int_1^2(T-T_0)\mathrm{d}S$$

热流的不可用部分为

$$A_{n,Q}=\int_1^2 T_0\frac{\delta Q}{T}=\int_1^2 T_0\mathrm{d}S=T_0\int_1^2\mathrm{d}S=T_0(S_2-S_1)=T_0\Delta S$$

[例4-15] 表明，①热能的可用部分与不可用部分是由热力系的状态而定的。如果环境相同，加入的有限热量相同，那么热力系的温度越高，加入热量的可用部分所占的份额越大，不可用部分就越小，热能的“品质”就越高；②在给定的环境状态（T_0=常数，p_0=常数）下，热能的不可用部分与系统的熵增量ΔS成正比，其比例系数为环境温度T_0。

【例4-16】 某闭口系具有参数p、v、T、u、h和s，试推导由此给定状态过渡到与温度为T_0、压力为p_0的环境相平衡的状态所能完成的最大有用功表达式。

解： 热力系与外界环境相互作用时，以可逆的方式从一个状态过渡到另一状态，必须经过无摩擦绝热过程和无摩擦定温过程才能获得最大功。

若将所进行的过程分别表示在p-v和T-s图上，如图4-13所示。点1为系统的初态（分为两种情况，即初态压力和温度高于环境、低于环境的两种状态），点0为环境的状态。热力系先经过一个可逆绝热过程12，温度降到T_0，然后经过一个可逆定温过程20，使系统过渡到环境状态。

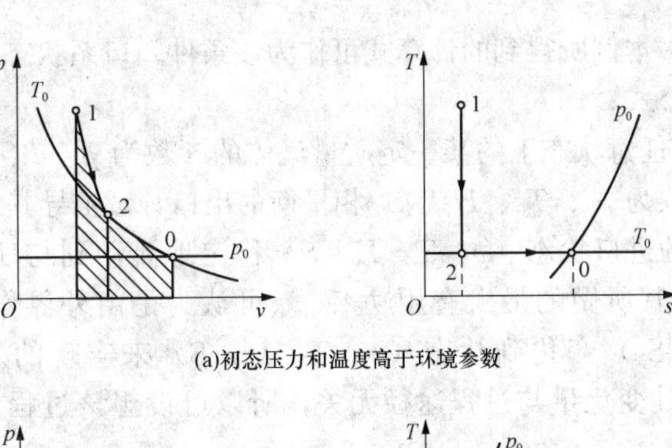

(a)初态压力和温度高于环境参数

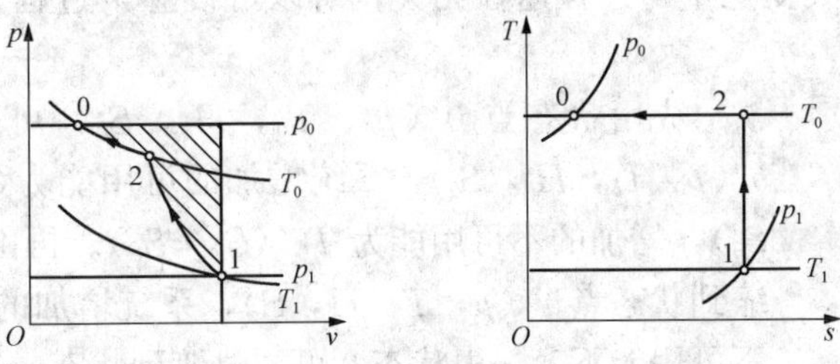

(b)初态压力和温度低于环境参数

图4-13 [例4-16] 图

当系统的初状压力和温度高于环境参数时，如图4-13（a）所示。过程12对外做功

为 $w_{12}=u_1-u_2$；过程 20 对外做功为 $w_{20}=T_0(s_0-s_2)-(u_0-u_2)$，则全过程的最大功为

$$w_{max}=w_{12}+w_{20}=u_1-u_2+T_0(s_0-s_2)-(u_0-u_2)=(u_1-u_0)+T_0(s_0-s_2)$$

因为过程 12 是可逆绝热的，即为定熵过程，所以 $s_1=s_2$，则 $w_{max}=(u_1-u_0)+T_0(s_0-s_1)$。

热力系由状态 1 过渡到环境状态，随时要克服环境介质压力 p_0 并对其做功 $\int_0^1 p\mathrm{d}v$，则过程最大有用功为

$$w_{u,max}=w_{max}-\int_0^1 p\mathrm{d}v=(u_1-u_0)+T_0(s_0-s_1)-p_0(v_0-v_1)$$
$$=(u_1+p_0v_1-T_0s_1)-(u_0+p_0v_0-T_0s_0)$$

当闭口系的参数为 p、v、T、u、h 和 s 时，最大有用功表达式为

$$w_{u,max}=(u+p_0v-T_0s)-(u_0+p_0v_0-T_0s_0)$$

当系统的初态压力和温度低于环境参数时，如图 4-13（b）所示。令 $\psi=U+p_0V-T_0S$，则

$$w_{u,max}=\psi-\psi_0$$

$\psi-\psi_0$ 即为在 T_0、p_0 环境中，闭口系从所处状态过渡到与环境相平衡的状态可能完成的最大有用功，叫作在 T_0、p_0 环境中该闭口系具有的做功能力。当环境状态一定时，ψ 取决于热力系的状态。

在 T_0、p_0 环境中，闭口系从状态 1 过渡到另一状态 2 所能完成的最大有用功即为初态与终态做功能力的差值，即

$$w_{u,max}=\psi_1-\psi_2$$

[例 4-16] 表明，本例所得到的计算式可作为该条件闭口系状态变化过程时，所能完成的最大有用功的计算公式。

【例 4-17】 处于任意状态下的某一定质量气体的参数为 p、T、H、S。从进口稳定流动到与环境的状态参数为 p_0、T_0、H_0、S_0 相平衡的出口，试推导其最大有用功表达式。

解： 气体由所处的进口状态（p，T，H，S）稳定地流动到与环境相平衡的出口状态（p_0，T_0，H_0，S_0），其所做的最大有用功 $W_{u,max}$ 可认为是由外界作用的逆向过程，即由状态（p_0，T_0，H_0，S_0）变化到状态（p，T，H，S）来实现的。因为 H、S（m=常数）都是状态参数，其变化量与过程途径无关，所以可设想该过程是由下列过程实现的，如图 4-14 所示。

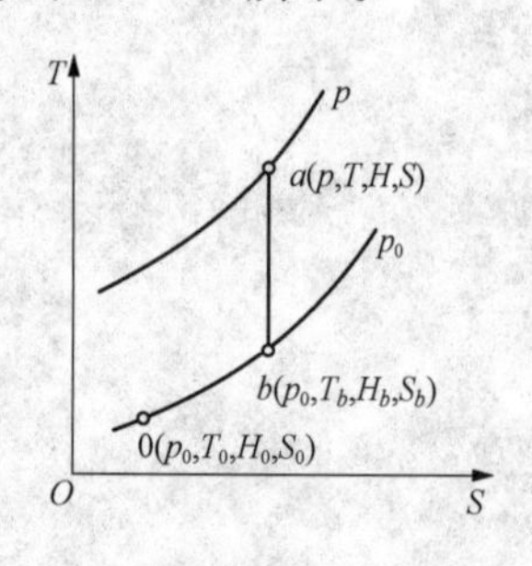

图 4-14 [例 4-17] 图

先由状态点 0（p_0，T_0，H_0，S_0）可逆定压加热到状态点 b（p_0，T_b，H_b，S_b），系统增加的可用能为 $(H_b-H_0)-T_0(S_b-S_0)$，增加的不可用能为 $T_0(S_b-S_0)$。再由状态点 b 可逆绝热压缩到状态点 a（p，T，H，S），系统增加的可用能为 $(H-H_b)$，不可用能不变。由状态 0 可逆过渡到状态 a，系统增加的可用能即做功能力（最大有用功）为

$$W_{u,max}=(H_b-H_0)-T_0(S_b-S_0)+(H-H_b)$$

因为 ab 为可逆绝热过程，即定熵过程，所以 $S_b=S_a=S$，则

$$W_{u,max}=(H-H_0)-T_0(S-S_0)=(H-T_0S)-(H_0-T_0S_0)$$

开口系在 p_0、T_0 环境中从状态 1 实现稳定流动过渡到状态 2 所完成的最大有用功等于两状态㶲的差值，即

$$W_{u,max}=E_{x_1}-E_{x_2}$$

［例 4-17］表明，稳定流动的开口系，由环境状态下的出口倒推至任意状态下的进口时，可得到开口系在状态变化过程中，所能完成的最大有用功的计算通式。所得结果与任意状态下的进口变化到环境状态下的出口所得最大有用功的计算式是一致的。

【例 4-18】 某开口的绝热容器，由一不导热的垂直隔板分为 L 和 R 两部分，如图 4-15 所示。R 边盛有 5kg、37℃的水，L 边盛有 10kg、72℃的水。当移去隔板时两边的水混合，经过一段时间后，整个容器中水的状态一致。环境的温度 $t_0=15$℃（即 $T_0=288$K）。已知水的比热容为 4.186 8kJ/(kg·K)，求：(1) 混合后体系的熵增量是多少？(2) 因不可逆混合过程所引起的㶲损失为多少？

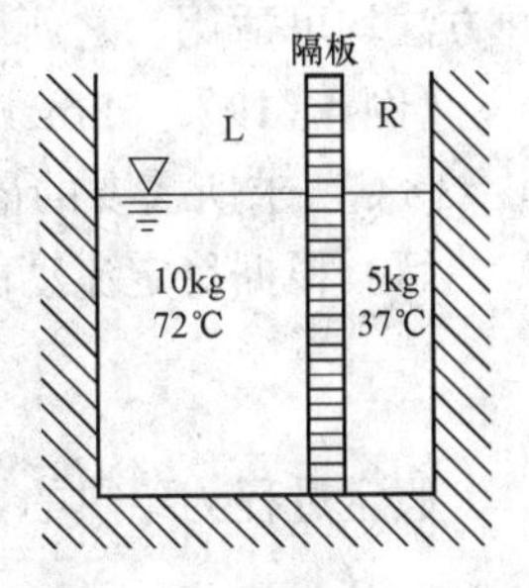

图 4-15 ［例 4-18］图

解：

(1) 取整个容器为热力系。由于系统与环境既无能量交换，也无质量交换，故该系统为孤立系。系统的总熵变化量为

$$\Delta S_{sys}=\Delta S_L+\Delta S_R=m_Lc_{H_2O}\int_{T_L}^{T_m}\frac{dT}{T}+m_Rc_{H_2O}\int_{T_R}^{T_m}\frac{dT}{T}=c_{H_2O}\left(m_L\ln\frac{T_m}{T_1}+m_R\ln\frac{T_m}{T_2}\right)$$

混合后的质量平均温度由能量方程求得，即

$$m_Lc_{H_2O}(t_L-t_m)=m_Rc_{H_2O}(t_m-t_R)$$

$$t_m=\frac{m_Lt_L+m_Rt_R}{m_L+m_R}=\frac{10\times72+5\times37}{10+5}=60.33(℃)$$

混合后系统的熵增量为

$$\Delta S_{sys}=4.186\,8\times\left(10\times\ln\frac{273+60.33}{273+72}+5\times\ln\frac{273+60.33}{273+37}\right)$$

$$=4.186\,8\times0.018\,69=0.078\,3(kJ/K)$$

因混合过程的不可逆性，使系统的熵增加。

(2) 混合过程引起的㶲损失。

方法一：㶲方法计算。

L 部分的㶲为

$$E_{x,L}=\left(1-\frac{T_0}{T_{m,L}}\right)Q_L=\left(1-\frac{T_0}{T_{m,L}}\right)m_Lc_{H_2O}(t_L-t_m)$$

$$=\left(1-\frac{288}{273+\dfrac{72+60.33}{2}}\right)\times10\times4.186\,8\times(72-60.33)=73.708(kJ)$$

R 部分的㶲为

$$E_{x,R}=\left(1-\frac{T_0}{T_{m,R}}\right)m_Rc_{H_2O}(t_m-t_R)$$

$$=\left(1-\frac{288}{273+\dfrac{37+60.33}{2}}\right)\times10\times4.186\,8\times(60.33-37)=51.114(kJ)$$

注意：L 部分水和 R 部分水都是有限热源，在混合过程中随着热量的传递，其温度随之变化，故利用算术平均温度 $T_{m,L}$ 和 $T_{m,R}$ 作为热源温度进行计算。

因此混合 15kg 水总的㶲损失为

$$I = E_{x,L} - E_{x,R} = 73.708 - 51.114 = 22.594(\mathrm{kJ})$$

方法二：熵方法计算。

$$I = T_0 \Delta S_{sys} = 288 \times 0.0783 = 22.550(\mathrm{kJ})$$

[例 4 - 18] 表明，利用㶲方法和熵方法计算不可逆过程的㶲损失，结果高度吻合，即两种方法均可适用。之所以存在较小误差，主要是计算水平均温度时产生的。

【例 4 - 19】 5kmol 空气流在 $p_0 = 0.101325\mathrm{MPa}$、$t_0 = 37℃$ 的恒定环境中被定压冷却到 $t_1 = 15℃$，求所需要的最小功。已知空气的定压摩尔热容 $C_{m,p} = 29.09\mathrm{kJ/(kmol \cdot K)}$。

解： 根据稳定流动能量方程

$$Q = \Delta H + \frac{1}{2} m \Delta c_f^2 + mg\Delta z + W_i$$

假定过程为绝热的，则 $Q=0$。若忽略宏观动能和重力位能的变化，则有

$$W_i = -\Delta H$$

对于做功系统，其理想功量为最大功量；而对于耗功系统，其理想功量为最小功量。理想功量为实际功量与耗散功量之和。因此，该用功系统的最小耗功为

$$\begin{aligned} W_{min} &= -W_{max} = -W_i - T_0 \Delta S = -T_0 \Delta S + \Delta H = -(H_0 - H_1) + T_0(S_0 - S_1) \\ &= -nC_{m,p}(t_0 - t_1) + T_0 n C_{m,p} \ln \frac{T_0}{T_1} = -nC_{m,p}\left[(t_0 - t_1) - T_0 \ln \frac{T_0}{T_1}\right] \\ &= -5 \times 29.09 \times \left[(37 - 15) - 288 \times \ln \frac{310}{288}\right] = -116.33(\mathrm{kJ}) \end{aligned}$$

[例 4 - 19] 表明，正确理解题意可以准确选择所利用的能量方程。本例之所以选择稳定流动开口系能量方程（忽略宏观动能和重力位能的变化），是因为题中给出了"5kmol 空气流"。而最小用功的确定可直接利用 [例 4 - 17] 所得的计算式。

思考题

4 - 1 下列说法是否正确？(1) 功可以全部转变为热，而热不能全部转变为功。(2) 低温向高温传热是不可能的。(3) 功变热是自发的、无条件的，而热变功则是非自发的、有条件的。

4 - 2 热力学第一定律与热力学第二定律有何区别和联系？

4 - 3 孤立系熵增原理应用于正向循环时，若熵增加，则循环热效率下降。若应用于逆向循环，熵增加时，会得出什么结论？为什么？

4 - 4 根据热力学第二定律可知，一个系统进行循环时仅与一个热源交换热量而做出功是不可能的。那么是否可以做出负功或不做功？为什么？

4 - 5 在实际中，能否用熵参数判据来确定时间的前后？为什么？

4 - 6 温度的上升或下降能否判断过程热量交换为正或为负？若用熵参数的变化能否判别？为什么？

4 - 7 采用可逆绝热或不可逆绝热方式，能否在以下三种条件下，实现从状态 A 变到状

态B？①$S_A < S_B$；②$S_A > S_B$；③$S_A = S_B$。

4-8 绝热管道中有空气流动。在管道中的两点A、B分别测得静压力和温度，A点为0.13MPa、50℃，B点为0.1MPa、13℃。设空气的比定压热容为1.004kJ/(kg·K)。试判别空气是从A流向B，还是从B流向A？

4-9 某一热力状态，其状态参数都是唯一的，因此称为其具有单值性。那么，熵的单值性与热力学第二定律有联系吗？为什么？

4-10 为什么说“热力学能是状态的单值函数”可以认为是热力学第一定律的一种表述？

4-11 不采用任何加热方式能否使气体的温度升高？放热的同时温度升高能否实现？为什么？

4-12 从同一初态出发，分别经历可逆与不可逆过程后，两种过程的熵变是什么关系？为什么？

4-13 “绝热节流过程能量依然守恒，因此没有能量损失”，这一结论正确吗？为什么？

4-14 不可逆绝热稳定流开口系中，为什么控制容积内熵变为零？因不可逆因素存在，熵为什么没有增加？

4-15 热水流经冷却塔后，其温度能否降到低于冷却塔的进气温度，即环境大气温度，为什么？

4-16 根据热力学第二定律，自然界中不可能有熵产为负的过程发生，因此所有自发过程真的都会导致能量的品位下降吗？为什么？

4-17 在不可逆并无能量与外界交换的气体流动中，总压下降为什么意味着存在能量损失？

习 题

4-1 某蒸汽发电厂，蒸汽产量 $\dot{m}$=180 000kg/h，发电厂的容量 P_e=55 600kW，煤耗量为19 500kg/h，煤的发热值 q_d=30 000kJ/kg，求：(1) 发电厂的效率是多少？(2) 如果蒸汽锅炉供给蒸汽的能量 h=2680kJ/kg，锅炉及发电机组的效率各为多少？

4-2 某蒸汽发电厂从温度为1650℃的热源吸热并向温度为15℃的冷源放热，求：(1) 发电厂按卡诺循环工作的热效率为多少？(2) 发电厂按卡诺循环工作，若输出功率 P_e=1000MW时，其吸入热流量及放出热流量各为多少？(3) 如果考虑一切内外不可逆因素的影响，那么实际循环热效率远小于理想循环热效率。若该发电厂的实际热效率只有理想热效率的40%，同样输出功率1000MW时，其吸入热流量及放出热流量又各为多少？

4-3 有一个循环装置在温度为1000K和300K的恒温热源与冷源间工作。已知该装置与热源交换的热量为2000kJ，与外界交换的功量为1200kJ，请判断该装置是热机还是制冷机？

4-4 某可逆循环，如图4-16所示。过程13，温度随熵的变化是线性的；过程23，熵是常数；过程21，温度是不变的。已知 T=554K，T_1=277K，求循环热效率。

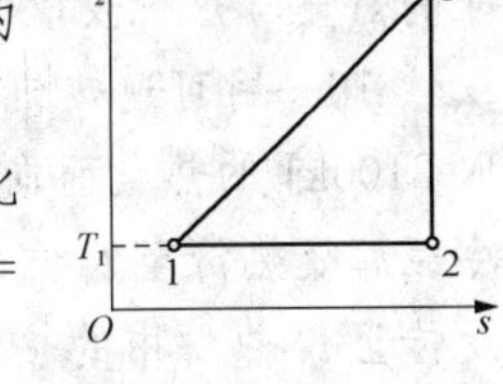

图4-16 习题4-4图

4-5 一座功率为 P_e=750kW 的核动力站，反应堆的温度为

586K，可以利用的河水温度为293K，求：(1) 动力站的最大热效率是多少？排放到河水中去的最小热流量是多少？(2) 如果动力站实际热效率为最大值的60%，排放到河水里去的热流量是多少？(3) 如果河水的质量流量 $\dot{m}=165\text{m}^3/\text{s}$，河水的温升是多少？已知河水的比热容 $c_{H_2O}=4180\text{J}/(\text{kg}\cdot\text{K})$，河水密度 $\rho_{H_2O}=1000\text{kg}/\text{m}^3$。

4-6　某制冷设备工作在温度为306K的热源和温度为238K的冷源之间，为了使冷库保持在238K，工质从温度为238K的冷源吸收热量为1.23kJ/s。求：(1) 制冷设备的最大制冷系数为多少？(2) 加给制冷设备的最小功率是多少？

4-7　试证明两条定熵线不能相交。

4-8　试证明在相同温度范围内工作的逆向卡诺热机的性能系数要比可逆的定压循环内燃机热效率高。假定工质是比热容为定值的理想气体。

4-9　某制冷循环工质从温度为−73℃的冷源吸取热量100kJ，并将热量220kJ传给温度为27℃的热源，此循环满足克劳修斯不等式吗？

4-10　有人声称设计了一台热力设备，该设备工作在热源 $T_1=540\text{K}$ 和冷源 $T_2=300\text{K}$ 之间，若从热源吸入1kJ的热量可以产生0.45kJ的功，试判断该设备可行吗？

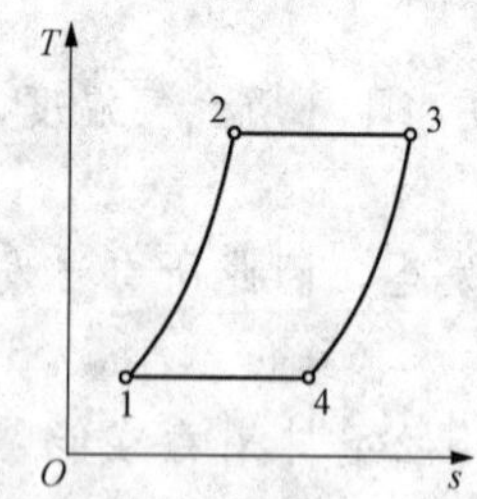

图4-17　习题4-11图

4-11　某动力循环由两个可逆的定压过程和两个可逆的定温过程所组成，如图4-17所示。加热前工质的初态为 $p_1=0.1\text{MPa}$，$t_1=20℃$，定压加热到720℃后在定温条件下向工质加入的热量为 $q=1500\text{kJ/kg}$。设工质的比热容为定值且 $c_p=1.004\text{kJ}/(\text{kg}\cdot\text{K})$。求：(1) 不采用回热时的循环热效率；(2) 采用回热时的循环热效率；(3) 在同一温度范围内的卡诺循环热效率。

4-12　某可逆热机工作在温度为 $t_1=150℃$ 的热源和 $t_2=10℃$ 的冷源之间，求：(1) 热机的热效率为多少？(2) 如果热机输出功为27kJ，那么从热源吸收的热量及向冷源放出的热量各是多少？(3) 如果将该热机反向作为热泵运行在热源和冷源之间，热泵的性能系数是多少？当工质从温度为10℃的冷源吸取热流4.5kJ/s时，要求输入的功率为多少？

4-13　用热效率为 $\eta_t=30\%$ 的热机驱动制冷系数为 $\varepsilon=4.0$ 的制冷机。求制冷机从冷介质每转移1kJ热量时，热机从热源吸取的热量为多少？

4-14　用可逆热机驱动可逆制冷机。热机从 $t_H=206℃$ 的热源吸热而向 $t_0=32℃$ 的冷源放热；制冷机从 $t_L=-29℃$ 的冷藏库取热传至 t_0 热源，如图4-18所示。求制冷机从冷藏库 t_L 吸取的热量 Q_L 与热源 t_H 供给热机的热量 Q_H 之比。

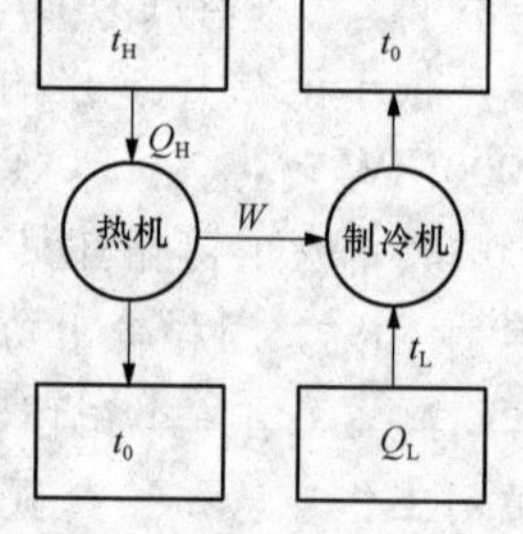

图4-18　习题4-14图

4-15　用热机驱动热泵，热机和热泵排出的热量用来加热供暖的循环水。若热机的效率为27%，热泵的性能系数 $\varepsilon'=4$，求循环水吸取的热量与热机吸取的热量之比。

4-16　用可逆热机驱动可逆制冷机。热机从 $t_H=600℃$ 的热源吸取2100kJ的热量而向 $t_0=40℃$ 的热源放热；制冷机从 $t_L=-18℃$ 的冷藏库吸热传至 t_0 热源。若整个装置对外输出净功为370kJ，求：(1) 传至制冷机中的热量及传至 t_0 热源中的热量各为多少？(2) 若热机的热效率和制冷机的制冷系数均为其最大值的40%，则传至制冷机中的热量及传至 t_0 热源中的热量又各为多少？

4-17 某热泵冬季用于采暖，夏天用于制冷。要求房间温度保持在20℃，在室内外温差为1℃时通过墙壁和屋顶传递的热流量为1200kJ/h。求：(1) 若冬季室外温度为4℃，驱动热泵所需要的最小功率是多少？(2) 如果热泵的输入功率与 (1) 中的相同，室内温度保持20℃，制冷时，室外的最高温度应该是多少？

4-18 用热泵从大气中吸取热量，使房间温度保持在20℃。在室内外温差作用下，通过墙壁和屋顶的散热损失为0.65kJ/(s·℃)。求：(1) 若环境温度为−10℃，驱动热泵所需要的最小功率是多少？(2) 如果用同一台热泵在夏天给房间制冷，对于同样的室温、散热损失和输入功率，环境的最高允许温度为多少？

4-19 用制冷机从温度为273.15K的水中制造出5kg的冰，求制冷机所需要的最小功量是多少？已知环境温度为298K，温度为273.15K时冰的溶解热是338.7kJ/kg。

4-20 某可逆循环由两个定压过程和两个绝热过程构成，如图4-19所示。工质是比热容为定值的理想气体，试证明循环热效率为 $\eta_t=1-\pi^{(1-\kappa)/\kappa}$。式中，$\pi=p_2/p_1=p_3/p_4$（循环增压比）。

4-21 某热机工作在具有热容为 C_{pH} 和 C_{pL} 的两个定压有限热源之间，如图4-20所示。过程开始时热源和冷源的温度分别为 T_{H0} 和 T_{L0}，随着过程的进行，T_H 不断降低，T_L 不断升高。试以 T_{H0}、C_{pH}、T_{L0}、C_{pL} 表示，求：(1) 当热源温度由 T_{H0} 降低到任意终温 T_H 时，其最大功的表达式。(2) 最大功与 (1) 中的相同时，T_H 所能达到的最小值。

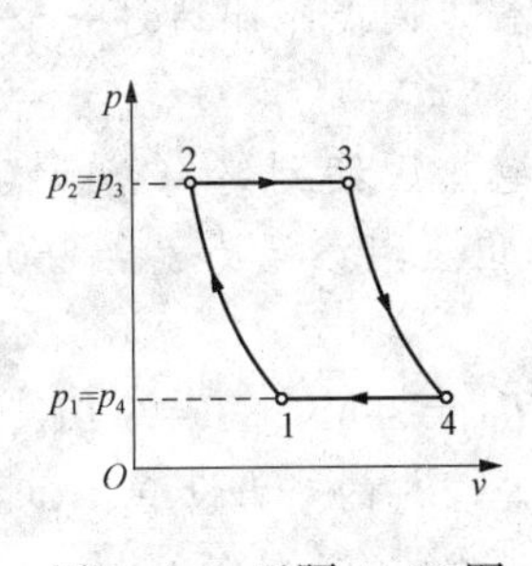

图4-19 习题4-20图

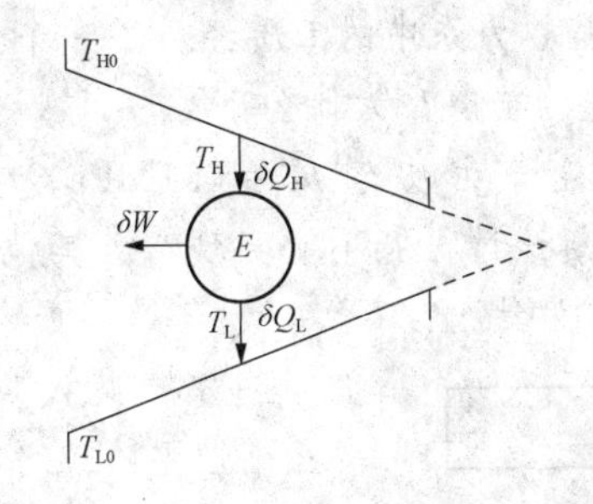

图4-20 习题4-21图

4-22 某理想制冷循环，如图4-21所示。(1) 证明所需要的最小功表达式为 $|dW_{min}|=|\delta Q_2|\dfrac{T_1-T_2}{T_1}$；(2) 若系统中冷源的热容是有限的，则随着制冷过程的进行，T_2 不断地降低，求 T_2 所能达到的最小值。

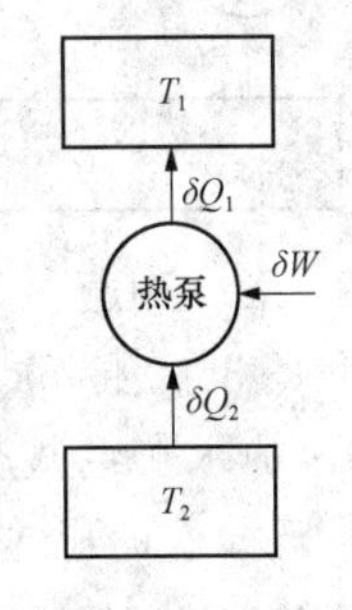

图4-21 习题4-22图

4-23 有A和B两个卡诺热机串联工作，若A机从温度为650℃的热源吸热对温度为 T 的中间热源放热；B机从温度为 T 的中间热源吸收热量并向温度为20℃的冷源排热，求在下列情况下中间热源的温度 T 是多少？(1) 两热机的输出功相等；(2) 两热机热效率相等。

4-24 某热机工作于 $T_H=2000$K 的热源和 $T_L=300$K 的冷源之间，试判断在下列各情况下是可逆的、不可逆的还是不可能实现的。(1) $Q_H=1$kJ，$W=0.9$kJ；(2) $Q_H=2$kJ，$Q_L=0.3$kJ；(3) $W=1.5$kJ，$Q_L=-0.5$kJ。

4-25 某制冷机从 $T_L=250$K 的冷源吸取热量 Q_L，并将热量 Q_H 传给 $T_H=300$K 的热

源，试判断在下列情况下是可逆的、不可逆的还是不可能实现的。（1）$Q_L=1kJ$，$W=-0.25kJ$；（2）$Q_L=2kJ$，$Q_H=2.4kJ$；（3）$Q_H=3kJ$，$W=-0.5kJ$。

4-26 比热容为定值且$C_{m,p}=29kJ/(kmol\cdot K)$的理想气体，经历了一个可逆的多变压缩过程，若多变指数$n=1.4$，试判断该过程的传热量是正的、负的还是零。

4-27 某可逆热机工作于$T_H=1400K$的热源和$t_L=60℃$的冷源之间。若每个循环中热机从热源吸取5000kJ的热量。求：（1）热源及冷源的熵变化量；（2）由两个热源和热机所组成的系统的总熵变化量。

4-28 气体在气缸中被压缩，压缩过程中外界输给气体的功为200kJ/kg，气体的热力学能变化为60kJ/kg，熵变化为$-0.274kJ/(kg\cdot K)$。温度为20℃的环境可与气体发生热交换，试确定每压缩1kg气体时的熵产。

4-29 1kmol的理想气体，由初态为$p_1=100kPa$、$T_1=400K$定温压缩到终态为$p_2=1000kPa$。在下述情况下，计算气体的熵变化、环境的熵变化、气体和环境组成的系统的总熵变化。设环境温度为$T_0=300K$。（1）气体经历了一个可逆定温压缩过程；（2）气体经历了一个不可逆过程，该过程中实际所消耗的功比可逆定温压缩消耗的功多25%。

4-30 试证明：（1）比热容为定值的理想气体，从温度T_1变化到T_2时，定压过程中气体的熵变化大于定容过程中气体的熵变化；（2）比热容为定值的理想气体，从压力p_1变化到p_2时，定温过程中气体的熵变化与定容过程中气体的熵变化数值相等、符号相反。

4-31 某热力系中的工质经历了一个熵增加的过程，问能不能通过一个绝热过程，使工质恢复到它的初态？为什么？

4-32 空气由初态$p_1=0.1MPa$、$t_1=25℃$被绝热压缩到终态$p_2=0.5MPa$、$t_2=180℃$，试判断该过程能不能实现？若其他条件相同，但压缩终温为$t_{2'}=250℃$时，该过程能不能实现？为什么？

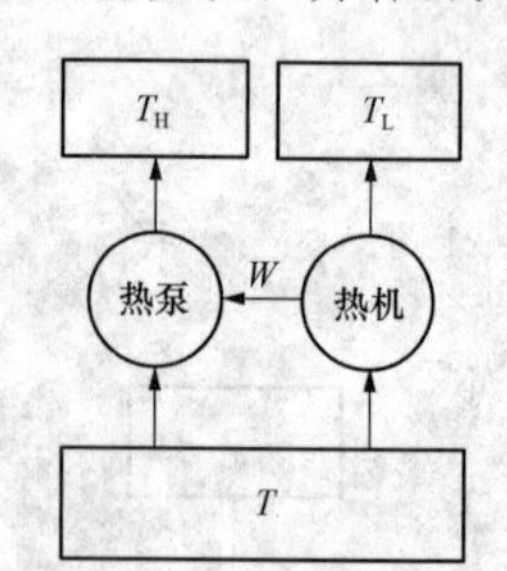

图4-22 习题4-33图

4-33 某人声称可以在$T_H=385K$、$T=350K$、$T_L=297.5K$的三个恒温热源之间设计一整套理想的热力设备，如图4-22所示。该设备可将T热源中100kJ热量的50%传给T_H热源，其余的50%放给T_L冷源。试判断该方案能不能实现？为什么？如果能够实现，计算传给T_H热源热量的极限值是多少？

4-34 有人声称发明了一种绝热的稳定流动设备。该设备可以进行能量分离并产生冷、热流体，假定$\dot{m}_冷=\dot{m}_热$，如图4-23所示。试判断在所示的状态参数下能不能实现？

4-35 将5kg温度为363K的水与3kg温度为283K的水在绝热容器里混合，求混合后系统的熵增量。已知水的比热容为4.184 0kJ/(kg·K)。

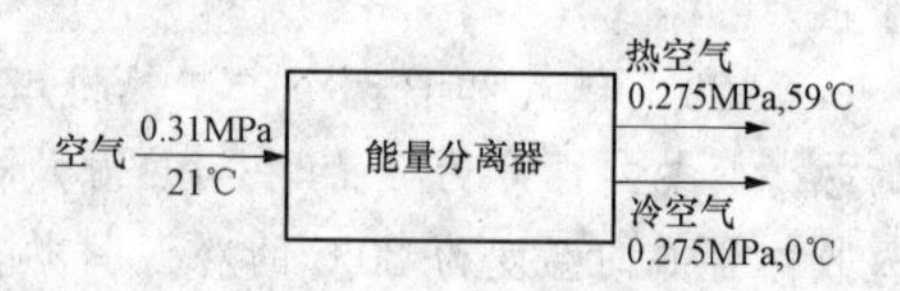

图4-23 习题4-34图

4-36 1kg、273K的水与373K的热源发生接触换热，当水温升高到373K时，求水、热源及由它们组成的系统各自的熵变化量。假如水先与323K的中间热源换热后，再与373K的热源换热，使其温度升高到373K，这时系统的熵变化量又是多少？

4-37 两个热容为定值的物体直接接触进行热交换。A物体的热容为C_A，温度为T_{A_0}；B物体的热容为C_B，温度为T_{B_0}。假定两物体内的温度始终都是均匀的，热交换在定压条件下且只在两物体间进行，与环境无关。(1) 推导该系统的总熵变化表达式；(2) 推导系统的平衡温度表达式。

4-38 某可逆热机同时与温度为 $T_1=420\text{K}$、$T_2=680\text{K}$、$T_3=840\text{K}$ 的三个热源相连接，如图4-24所示。假定在一个循环中，从热源吸取 $Q_3=1260\text{kJ}$ 的热量，对外做功为210kJ。求：(1) 热机与其他两个热源交换热量的大小和方向；(2) 每个热源熵的变化量；(3) 包括热源和热机在内的系统的总熵变化量。

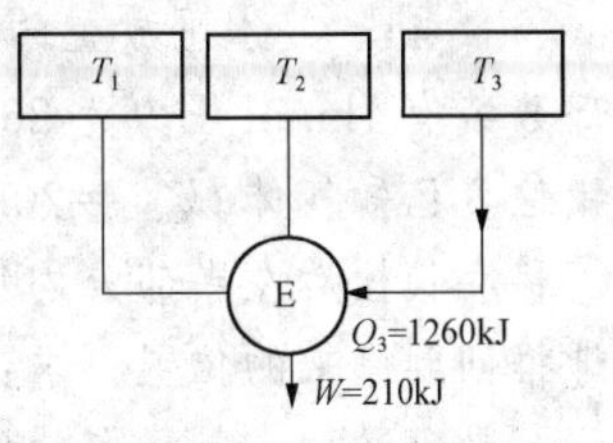

图4-24 习题4-38图

4-39 某热机工作于 T_H 热源和 T_L 冷源之间，如图4-25所示。要使其产生功，不仅热机和两个热源要发生热交换，而且热机中工质的状态也要不断地发生变化，试推导该过程中产生功的表达式。

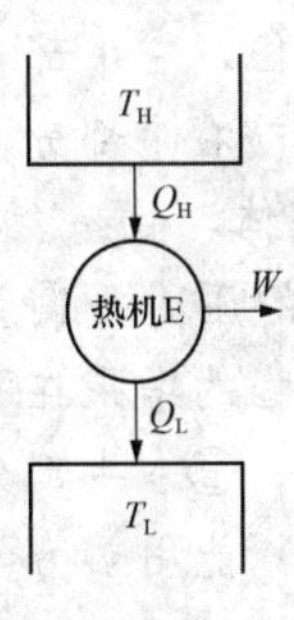

图4-25 习题4-39图

4-40 热容 C 为定值、温度为 T_2 的物体与温度为 T_1 的热源相接。若该物体与热源达到热平衡的过程中，压力保持不变。证明：(1) 系统的总熵变化量为 $\Delta S_{sys}=C\left[x-\ln(1+x)\right]$，式中 $x=-(T_1-T_2)/T_1$；(2) $\Delta S_{sys}=C[x-\ln(1+x)]>0$。

4-41 某压气机中甲烷 (CH_4) 由初态 $p_1=0.69\text{MPa}$、$t_1=26.7℃$ 被绝热压缩到 $p_2=3.45\text{MPa}$ 后再定压冷却到 $t_3=38℃$。假定压气机的绝热压缩效率是定熵压缩效率的80%。求压气机所需要的功率及对冷却器的传热速率。已知甲烷在 $p_0=0.101\,3\text{MPa}$、$t_0=15℃$ 的环境中测得的体积流量为 $\dot{V}_0=30\,000\text{m}^3/\text{h}$；甲烷的其他有关数据，见表4-3。

表4-3 甲烷的热力数据

压力 (MPa)	温度 (℃)	比焓 (kJ/kg)	比熵 [kJ/(kg·K)]
0.69	26.7	946.7	6.071
3.45	38	949.6	5.264
3.45	150	1236.7	6.041
3.45	155	1250.3	6.075
3.45	160	1263.6	6.108
3.45	165	1277.5	6.139
3.45	170	1291.1	6.169
3.45	175	1304.8	6.199
3.45	180	1318.4	6.227
3.45	185	1332.0	6.253

4-42 夏天用热泵冷却某建筑物，室外的温度为30℃，建筑物温度为15℃。若用空气为工质，已知在0.101 3MPa、25℃状态下测得空气的体积流量为 $0.5\text{m}^3/\text{s}$，空气的比热容为定值且 $C_{m,p}=29.2\text{kJ}/(\text{kmol}\cdot\text{K})$，求热泵所需要的最小功率。

4-43 某燃气轮装置中，燃烧室产生的高温燃气的压力为0.85MPa，温度为900℃。燃气在燃气轮机中进行绝热膨胀做功后压力降低到环境压力为0.103MPa。已知燃气比热容为定值且 $c_p=1.10\text{kJ}/(\text{kg}\cdot\text{K})$，$R_g=0.287\text{kJ}/(\text{kg}\cdot\text{K})$，若忽略燃气流动的动能变化及重力位能变化，求：(1) 膨胀为可逆过程时，燃气对外所做的功；(2) 膨胀为不可逆过程，膨胀过程的终温为477℃时，燃气对外所做的功及燃气的熵变化量。

4-44 某水平放置的绝热气缸被一无摩阻的自由活塞分成左、右两部分。初始时左半部分装有1kmol压力为200kPa、温度为288K的理想气体；右半部分为真空，且活塞暂被锁住。已知气体$C_{m,V}=20.88$kJ/(kmol·K)、$C_{m,p}=29.20$kJ/(kmol·K)。在下述过程中：①移去锁栓后左半部分内气体发生膨胀将活塞推向右端；②在活塞杆上施加外力将活塞慢慢地推回到原来的位置。求：(1) 过程①之后，气体达到内平衡时其温度是多少？(2) 假定过程②是可逆的，其终态的压力和温度各是多少？外界对气体做功是多少？(3) 过程①的熵变化量及全过程的总熵变化量各为多少？

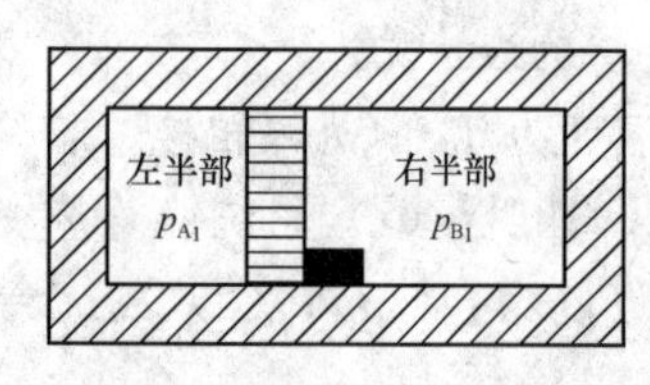

图 4-26 习题 4-45 图

4-45 某绝热的封闭气缸用一绝热的自由活塞分为左、右两部分，如图 4-26 所示。初始时活塞被锁栓锁住，左半部分装有n_A摩尔压力为p_{A_1}、温度为T_{A_1}的理想气体；右半部分装有n_B摩尔压力为p_{B_1}、温度为T_{B_1}的同类理想气体，且$p_{A_1}>p_{B_1}$。如果移去锁栓使活塞自由移动直到两部分的压力平衡为止。假定理想气体的比热容为定值。问：(1) 过程的结果在下述系统中的熵变化是小于零、等于零还是大于零？①包括左、右两部分的系统；②左半部分系统；③右半部分系统。(2) 能用热力学方法确定终压$p_{A_2}=p_{B_2}=p_2$吗？(3) 能用热力学方法确定终温T_{A_2}及T_{B_2}吗？如果活塞为一良好的导热体，其结果又怎样呢？

4-46 某气缸中1kmol的理想气体，由初压$p_1=200$kPa定温膨胀到$p_2=100$kPa。已知环境参数$p_0=100$kPa、$T_0=300$K。过程中气体与环境随时保持热平衡，环境对活塞外侧施加的阻力随时与活塞上的净压力相平衡，这样活塞将移动得很慢，加速度可忽略不计。求：(1) 气体及环境的熵变化、包括气体和环境在内的孤立系的总熵变化。(2) 分析孤立系总熵增加的原因。

4-47 某气缸中的气体，首先经历了一个不可逆过程，从温度为600K的热源中吸取100kJ的热量，使其热力学能增加30kJ；然后通过一个可逆过程，使气体恢复到初态。该过程中，只有气体与600K热源发生热交换。已知热源经历上述两个过程的熵变化$\Delta S\geqslant 0.026$J/K。求：(1) 第一个过程（不可逆的）中气体对外所做的功；(2) 第二个过程（可逆的）中气体与热源交换的热量，气体所完成的功量。

4-48 已知空气的体积分数为O_2占21%，N_2占79%。若在环境状态为$p_0=0.101\,232\,5$ MPa、$T_0=298$K时，已知氧气和氮气的熵值为$S_{O_2}=205.17$kJ/(kmol·K)和$S_{N_2}=191.63$kJ/(kmol·K)，求1kmol的空气在该环境下的熵值。

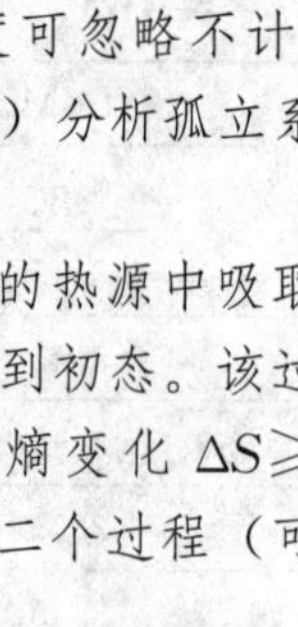

4-49 某热机工作于有限热源T_1和恒温热源T_2之间，如图 4-27 所示。若$T_1>T_2$，热机从有限热源T_1吸取热量为Q，对外做功为W，传给冷源的热量为$Q-W$。证明：(1) 热机对外所做的最大功为$W_{max}=Q-T_2(S_1-S_2)$，式中S_1-S_2为有限热源的熵减小量；(2) 热机向冷源所排出的余热为$Q_0=Q-W=T_2(S_1-S_2)$。

图 4-27 习题 4-49 图

4-50 根据熵与不可用能的关系，讨论在下列条件下，分别对气体进行定容、定压和定温加热，以下哪种加热方式较为有利：(1) 初温相同；(2) 终温相同。设过程中加热量相等。

4-51　按卡诺循环的工质从温度为$T_1=1000K$的热源吸热和向温度为$T_2=300K$的冷源放热时，工质与热源都存在10K的温差，求：(1) 该不可逆循环的热效率为多少？(2) 若环境温度$T_0=300K$，每向冷源放出4187kJ热量，工质的做功损失为多少？

4-52　某热机工作于$T_1=1000K$的热源和$T_2=300K$的冷源之间。若热机从热源吸取1000kJ的热量时，求：(1) 热机中的工质按卡诺循环工作时，对外输出净功和理想循环热效率各为多少？(2) 若工质在$T_1'=800K$时定温吸热，在$T_2'=350K$定温放热，在绝热膨胀和绝热压缩过程中工质的熵各自增加0.30kJ/K，则对外输出净功、实际循环热效率、包括工质及两个热源在内的系统的熵变化量及不可逆性造成的做功损失各为多少？(3) 将该不可逆循环表示在T-s图上。

4-53　某储气罐中的空气由压力为$p_1=5MPa$、温度为$t_1=17℃$自由膨胀到压力为$p_2=4MPa$、温度为$t_2=17℃$。已知环境状态为$p_0=0.1MPa$、$t_0=17℃$。求：(1) 1kg空气在初、终态下的做功能力如何？(2) 在初、终态间的最大有用功为多少？

4-54　一隔板将容器分为A和B两个相等的部分。已知：A中装有0.1kmol、0.2MPa、25℃的空气，B为真空。问：(1) 当隔板抽出使A与B连通后，容器中气体的压力、温度、热力学能的变化及熵变化各为多少？假定整个容器与环境是绝热的。(2) 若环境状态为$p_0=0.1MPa$、$t_0=20℃$时，该不可逆过程的做功损失为多少？

4-55　一隔板将容器分为A和B两个不相等的部分。已知$V_A=0.1m^3$，$V_B=0.05m^3$。A中装有1.0MPa、1500℃的CO_2；B中装有2.0MPa、300℃的N_2。假定整个容器与环境是绝热的，气体比热容为定值，环境状态为$p_0=0.1MPa$、$t_0=20℃$。求：(1) 当隔板抽出使A与B连通后，气体的熵变化量。(2) 该不可逆过程的做功损失。

4-56　某刚性容器内装有1kg、3MPa、25℃的压缩空气，若打开放气阀使空气迅速地泄出，容器内压力降到1MPa。假定环境状态为$p_0=0.1MPa$、$t_0=25℃$。求：(1) 放气前、后容器内气体的做功能力；(2) 放气后空气从环境中吸取热量，经过足够的时间，当温度恢复到环境温度时，气体的做功能力；(3) 整个过程气体的做功能力损失。

4-57　容积为$3m^3$的A容器中装有0.08MPa、27℃的空气，B容器为真空。若用压气机对A容器抽真空并向B容器充气，直到B容器中空气压力为0.64MPa、温度为27℃时为止，如图4-28所示。假定环境温度为27℃。求：(1) 压气机输入的最小功为多少？(2) A容器抽真空后，将旁通阀打开使两容器内的气体压力平衡，气体的温度仍保持在27℃，该不可逆过程造成气体的做功损失为多少？

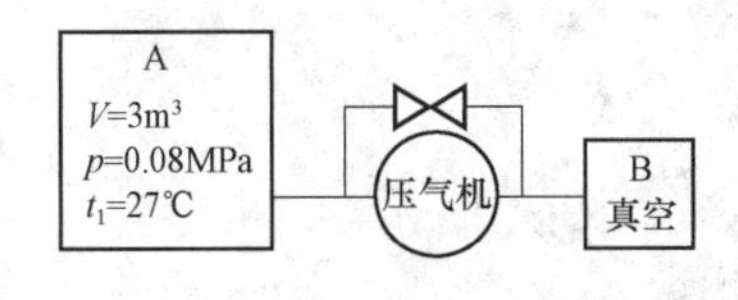

图4-28　习题4-57图

4-58　经实测已知：空气流在节流阀前的压力表读数为0.7MPa，温度为947℃；在节流阀后的压力表读数为0.6MPa。假定环境状态为$p_0=0.1MPa$，$t_0=20℃$。求：(1) 空气流经节流阀时比熵变化量及做功能力损失各为多少？(2) 若空气流经节流阀后再经过喷管膨胀加速。测得喷管出口处空气流的表压力为0.2MPa、温度为747℃，判断空气流在喷管中的膨胀过程是不是可逆过程？

4-59　某封闭系统中装有1kg温度为t_1、压力为p_1及比体积为v_1的理想气体。假定环境状态温度为t_0，压力为p_0。试推导下列情况下的做功能力表达式，并在p-v图上用相应的面积表示出来；同时指出以下各情况下的做功能力是大于零还是小于零。(1) $p_1>p_0$，$t_1=t_0$；(2) $p_1=p_0$，$t_1>t_0$；(3) $p_1<p_0$，$t_1=t_0$；(4) $p_1=p_0$，$t_1<t_0$。

4-60 某锅炉用空气预热器吸收排出烟气中的热量来加热进入燃烧室的空气。若烟气的流量为 50 000kg/h，经空气预热器后由 315℃降到 205℃；空气的流量为 46 500kg/h，初始温度为 37℃。假定烟气和空气的比热容均为定值，且 $c_{p,烟气}=1.088\ 3$kJ/(kg·K)，$c_{p,空气}=1.044$kJ/(kg·K)。环境状态为 $p_0=0.1$MPa、$t_0=37$℃。求：(1) 烟气的初、终态㶲参数各为多少？(2) 该传热过程中，气体的做功能力损失为多少？(3) 假定从烟气向外传热是通过可逆热机实现的，空气的终温为多少？热机发出的功率又为多少？

4-61 某燃气轮装置，燃烧室内产生的高温燃气的温度为 1000℃，压力为 0.9MPa。经过燃气轮机膨胀做功后，燃气变为温度为 500℃、压力为 0.103MPa 的废气而排出。假定环境状态为 $p_0=0.1$MPa，$t_0=27$℃。燃气的比热容为定值且 $c_p=1.10$kJ/(kg·K)，$R_g=0.287\ 4$kJ/(kg·K)。求：(1) 当燃气的宏观动能和重力位能的变化忽略不计时，该膨胀过程中所做的比功量为多少？(2) 燃气及废气的比㶲参数各为多少？(3) 膨胀过程中气体的做功能力损失为多少？

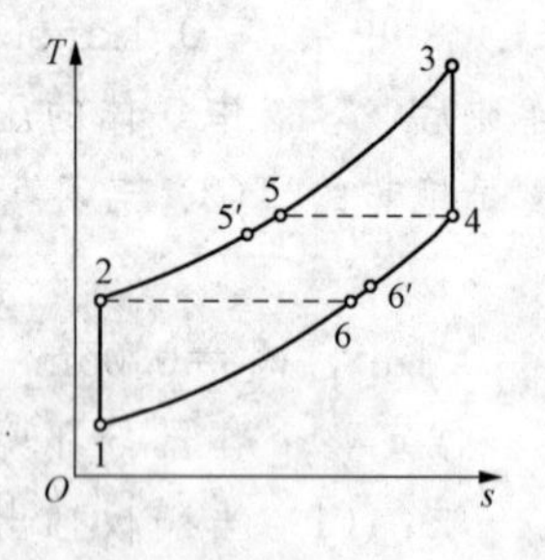

图 4-29 习题 4-62 图

4-62 一具有回热器的燃气轮装置，其循环的 T-s 图，如图 4-29 所示。进入回热器的废气温度 $t_4=335$℃，进入回热器的压缩空气温度 $t_2=77$℃。若回热度 $\sigma=\dfrac{T_{5'}-T_2}{T_4-T_2}=0.8$，假定环境状态为 $p_0=0.1$MPa、$t_0=20$℃，废气具有空气性质，求：(1) 由于回热器的不可逆传热造成的系统比熵增量；(2) 由于传热过程的不可逆性造成的气体做功能力损失。

第 5 章　实际气体的性质及一般热力学关系式

气体可分为两大类：理想气体和实际气体。理想气体作为假想气体，在自然界中是不存在的，而存在于自然界中的基本上都是实际气体。但在一定条件下，有些实际气体可以近似认为是理想气体。因此，在研究理想气体的基础上，再研究实际气体的性质及一般热力学关系式，对实际工程有很重要的意义。

实际气体是不遵守或不完全遵守理想气体定律的气体，但在实际工程中又需要确定其各种热力学参数值。因此，利用可测参数值，对其通过一定的热力学关系加以确定，寻求一个既准确又便于使用的实际气体状态方程，迄今仍然是热力学研究的重要课题。

5.1 基 本 要 求

（1）掌握主要的概念及含义。

（2）掌握理想气体与实际气体的区别、压缩因子表达式以及压缩因子图的应用。

（3）掌握亥姆霍兹函数和吉布斯函数的表达式、含义及推导过程。

（4）掌握对应态定律和对应态方程及应用。

（5）熟悉范德瓦尔方程及其分析，了解范德瓦尔方程和 R - K 方程的物理含义及提出的思路；了解维里方程的表达式以及与范德瓦尔方程的区别。

（6）了解麦克斯韦微分关系和热系数含义。

（7）了解热力学能、焓、熵、比热容及热系数的一般关系式。

5.2 基 本 概 念

压缩因子：温度、压力相同时的实际气体比体积与理想气体比体积之比。符号：Z。

对应态原理：当压力和温度相同时，不同的气体比体积是不同的，但只要对比压力和温度相同，相应的对比体积就相同。

通用压缩因子：对比压力、对比比体积以及临界状态下压缩因子三者的乘积与对比温度的比值，即 $Z=p_{r}v_{r}Z_{cr}/T_{r}$。

通用压缩因子图：取大多数实际气体临界压缩因子的平均值 $Z_{cr}=0.27$ 所绘制的图。

亥姆霍兹函数：系统某一状态下，其热力学能减去绝对温度和熵的乘积，是一个重要的热力学参数，也称亥姆霍兹自由能。

吉布斯函数：系统某一状态下，其焓减去绝对温度和熵的乘积，是一个重要的热力学参数，也称吉布斯自由焓。

特性函数：由一个热学参数（T 或 s）和一个力学参数（p 或 v）作为独立变量的热力学函数确定后，系统的平衡状态就会完全确定，该热力学函数为特性函数。

体积膨胀系数：物质在定压下比体积随温度的变化率。符号：α_{v}；单位：K^{-1}或$℃^{-1}$。

等温压缩率：物质在定温下比体积随压力的变化率。符号：κ_T；单位：Pa^{-1}。

定容压力温度系数：物质在定体积下压力随温度的变化率，或称压力的温度系数。符号：α；单位：K^{-1}或$℃^{-1}$。

偏心因子：衡量分子椭圆扁平程度或非球形度的物质特性常数，为椭圆两焦点间的距离和长轴长度的比值。符号：ω。

5.3 重点与难点解析

5.3.1 理想气体状态方程用于实际气体的偏差

理想气体与实际气体的区别在于理想气体模型中忽略了气体分子间的作用力和分子所占据的体积。事实上，由于分子间存在着引力，随着外界条件的改变，分子间的平均距离和引力都会发生变化。因此，利用理想气体模型解决实际气体状态参数间的关系，不能满足工程实际的要求。

由理想气体的状态方程 $pv=R_gT$，可得出 $pv/R_gT=1$。对于实际气体，通过实验测得直接参数，如 p、T、v，所得出的 $pv/R_gT\neq1$，表明实际气体并不符合这样的规律，而是偏离了理想气体状态参数按方程 $pv=R_gT$ 变化的规律。将实际气体的这种偏离程度采用压缩因子或压缩系数 Z 表示为

$$Z=\frac{pv}{R_gT}=\frac{pV_m}{RT}\text{ 或 }pV_m=ZRT \tag{5-1}$$

理想气体的 Z 恒为 1，实际气体的 Z 可大于 1，也可小于 1。Z 值偏离 1 的大小，反映了实际气体对理想气体的偏离程度。Z 值的大小不仅与气体的种类有关，而且同种气体的 Z 值还随压力和温度而变化。所以，Z 是状态的函数。临界点的压缩因子 $Z_{cr}=p_{cr}v_{cr}/R_gT_{cr}$，称为临界压缩因子。

为了方便理解压缩因子 Z 的物理含义，式（5-1）改写为

$$Z=\frac{pv}{R_gT}=\frac{v}{R_gT/p}=\frac{v}{v_i} \tag{5-2}$$

式中：v 为实际气体在 p、T 时的比体积，m^3/kg；v_i为在相同的 p、T 下，把实际气体当作理想气体时计算的比体积，m^3/kg。

压缩因子 Z 的物理含义为：温度、压力相同时的实际气体比体积与理想气体比体积之比。$Z>1$，说明该气体的比体积较之作为理想气体在同温同压下计算而得的比体积大，也说明实际气体较之理想气体更难压缩；$Z<1$，则说明实际气体可压缩性大。所以，Z 是从比体积的比值或可压缩性大小来描述实际气体对理想气体的偏离程度。引起这一结果的原因为两种气体差异。

5.3.2 典型的实际气体方程

1. 范德瓦尔方程

范德瓦尔基于理想气体与实际气体的差异，建立了实际气体状态方程。但其中一些系数需要利用实验数据进行确定，因此称为经验状态方程式，其方程式为

$$\left(p+\frac{a}{v^2}\right)(v-b)=R_gT \tag{5-3}$$

式中：a/v^2为分子间作用力的修正系数，也称聚内压力；b 为气体分子本身体积的修正

系数。

R、b统称为范德瓦尔常数，可由实验数据确定，也可由临界状态点的数学特征$(\partial p/\partial v)_{T_{cr}}=0$，$(\partial^2 p/\partial v^2)_{T_{cr}}=0$计算。即

$$a=\frac{27(R_g T_{cr})^2}{64p_{cr}},b=\frac{R_g T_{cr}}{8p_{cr}}=\frac{v_{cr}}{3},R_g=\frac{8p_{cr}v_{cr}}{3T_{cr}}$$

范德瓦尔方程属于经验状态方程，它虽可以较好地定性描述实际气体的基本特性，但在较低的压力和温度时，范德瓦尔方程与实验结果符合不好。因此，范德瓦尔方程通常只用作定性分析，不能用作定量计算。但范德瓦尔方程的意义在于它提出的实际气体状态参数模型至今影响着实际气体状态方程的改进及发展，并由此衍生出许多方程。

2. R-K方程

里德立（Redlich）和匡（Kwong）在范德瓦尔方程的基础上提出了R-K方程。该方程含有两个常数，它保留了体积的三次方程的简单形式。该方程对内压力项a/V_m^2进行了修正，使方程的准确度有了很大提升，尤其在汽液相平衡和混合物的计算中彰显出独特优势。该方程的表达式为

$$p=\frac{RT}{V_m-b}-\frac{a}{T^{0.5}V_m(V_m+b)} \tag{5-4}$$

式中：a、b为各种物质的固有常数。

A和b的值可从p、v、T的实验数据拟合求得。如果在无法拟合的情况下，可以通过以下两个式子（临界方程）求得a和b的近似值为

$$a=\frac{0.42748R^2T_{cr}^{2.5}}{p_{cr}},b=\frac{0.08664RT_{cr}}{p_{cr}}$$

R-K方程中的两个常数是由实验数据拟合而得到的，但在相当广的压力范围内对气体的计算都获得了令人满意的结果。但是，R-K方程在饱和气相密度计算中不再适用，得到的结果偏差会较大，而在液相中应用该方程的难度会变得很大，因此不能用它来预测饱和蒸汽压和汽液平衡状态。

3. 其他实际气体方程

（1）R-K-S方程。1972年，索弗（Soave）对R-K方程进行了修正。索弗用一个通用的温度函数$a(T)$代替了$a/T^{0.5}$，得到通用的R-K-S方程表达式为

$$p=\frac{RT}{V_m-b}-\frac{a(T)}{V_m(V_m+b)} \tag{5-5}$$

应用临界点等温线拐点条件式可得$a=0.42748\dfrac{R^2T_{cr}^{2.5}}{p_{cr}}$，$b=0.08664\dfrac{RT_{cr}}{p_{cr}}$。

在其他温度时，令$a(T)=a(T_{cr})\alpha(T)$。其中，$\alpha(T)$是一个无量纲的温度函数，当$T=T_{cr}$时，$\alpha(T_{cr})=1$。

索弗将几种碳氢化合物的温度及饱和蒸汽压力数据代入临界点等温线拐点条件式，并利用饱和线上气液相平衡时的吉布斯函数相等的条件：$G^{(l)}=G^{(v)}$，进行求解。求解后，发现$\alpha^{0.5}$对$T_r^{0.5}$作图几乎都是直线，由于这些直线必定通过同一点（$T_r=1$，$\alpha=1$），故可写为$\alpha^{0.5}=1+m(1-T_r^{0.5})$。直线的斜率$m$可以直接与偏心因子$\omega$相关联，其关系式可拟合为$m=0.480+1.574\omega-0.176\omega^2$。$\omega$反映了物质分子的形状及其极性大小。偏心因子越大，分子的极性就越大。ω为不能直接测量的参数。

索弗修正的R-K-S式，可以很准确地计算出轻烃类化合物的饱和蒸汽压力，应用在汽液平衡计算时有较好的准确性。该方程相对来说很简单，在工业生产中也得到了广泛的应用。

(2) P-R方程。R-K-S方程在预测饱和液相摩尔体积时，对氯、甲烷等分子小的物质有很高的准确性，但对较大分子的烃类化合物就会出现很大的误差。对n-丁烷在$T_r<0.65$时的相对误差约为7%，而对比温度接近于临界温度时的偏差约为27%。针对解决这个问题，在1976年提出的新方程为

$$p=\frac{RT}{V_m-b}-\frac{a(T)}{V_m(V_m+b)+b(V_m-b)} \tag{5-6}$$

在利用这类方程求解摩尔体积时，可以应用卡尔丹（Cardan）公式进行求解，从而免除了迭代带来的困难。当需要多次求解体积时，该方程可以在很大程度上节约时间。

(3) B-W-R方程。B-W-R（Benedict-Webb-Rubin）方程是能够把应用范围拓展到液相区最好的方程之一，其表达式为

$$p=\rho RT+\left(B_0RT-A_0-\frac{C_0}{T^2}\right)\rho^2+(bRT-\alpha)\rho^3+a\alpha\rho^6+c\frac{\rho^3}{T^2}(1+\gamma\rho^2)e^{-\gamma\rho^2} \tag{5-7}$$

通过实验值可以确定式（5-7）中的8个经验常数，即A_0、B_0、C_0、a、b、c、α、γ，不同的气体其值也不相同。由于拟合所用的实验数据点数、选定精度目标等因素的不同，导致不同文献提供的B-W-R方程中常数的数值也不同。使用该方程的常数时，应找到同一文献的数值计算，以满足准确度要求。该方程对于烃类物质，在即使比临界压力高1.8～2.0倍的高压条件下，摩尔体积的平均误差也只有0.3%左右。

1970年，斯塔林（K. E. Starling）等又提出一个和B-W-R方程相似的、包含了11个常数的状态方程，称为B-W-R-S方程，其应用范围较之B-W-R方程有所扩大。

(4) M-H方程。M-H（Martin-Hou）方程是马丁（J. J. Martin）与我国的侯虞钧教授在1955年对不同化合物的p-v-T数据分析研究后共同提出的多常数经验方程，其原表达式为

$$p=\frac{R_gT}{V-b}+\frac{A_2+B_2T+C_2e^{-kT/T_{cr}}}{(V-b)^2}+\frac{A_3+B_3T+C_3e^{-kT/T_{cr}}}{(V-b)^3}+\frac{A_4}{(V-b)^4}+\frac{B_5T}{(V-b)^5} \tag{5-8}$$

式中：$k=5.475$。

该方程中共包含A_2、B_2、C_2、A_3、B_3、C_3、A_4、B_5、b 9个与物质特性有关的常数。该方程适用于极性物质和非极性质，所以该方程为通用状态方程。只要确定了纯物质的临界常数（T_{cr}、p_{cr}和V_{cr}），以及该物质在某一温度时的蒸汽压力数据，就可以计算出这些常数的数值。其应用范围可以达到$\rho=1.50\rho_{cr}$。M-H方程最显著的特点是用最少实验数据就可求得所有常数。该方程在气相的偏差通常在1%以内，但在饱和液相时计算摩尔体积，产生的偏差就会增大。

5.3.3 对应态原理与通用压缩因子图

在实际气体的状态方程中，包含着与物质固有性质有关的常数。当缺少这些物质比较完善的实验数据时，就会给计算带来不便。因此，人们不得不利用某种近似的通用方法来计算物质的热力特性，而对应态原理为这种近似计算提供了一种方法。

1. 对应态原理

对多种气体的实验数据进行分析发现，在接近各自的临界点时，所有流体都将显示出相似的性质，因此人们提出以相对于临界参数的对比值，代替压力、温度和比体积的绝对值而建立实际气体通用状态方程。对比值分别被定义为对比压力 $p_r = p/p_{cr}$，对比温度 $T_r = T/T_{cr}$，对比比体积 $v_r = v/v_{cr}$。

以范德瓦尔方程为例说明对应态原理。将对比参数代入范德瓦尔方程，并利用以临界参数表示的物性常数 a 和 b 的关系，可导得

$$\left(p_r + \frac{3}{v_r^2}\right)(3v_r - 1) = 8T_r \tag{5-9}$$

式（5-9）称为范德瓦尔对应态方程。由方程可知，没有任何与物质固有特性有关的常数，所以是通用的状态方程，这给应用带来很大的便利。范德瓦尔方程本身具有一定的近似性，这也就决定了范德瓦尔对应态方程也仅是一个近似方程，最重要的一点是：在低压时就不再适用。

满足同一对比状态方程式的物质，若对比参数 p_r、T_r、v_r 中有两个相同，则第三个对比参数就一定相同。这说明不同流体在对比状态下有相同的性质。对应态定律的数学表达式为

$$f(p_r, T_r, v_r) = 0 \tag{5-10}$$

式（5-10）虽然是根据两常数的范德瓦尔方程导出的，但它可以推广到一般的实际气体状态方程。其作用为对不同气体的实验数据的详细研究表明，虽然对应态原理并不十分精确，但大致是正确的。它可以在缺乏详细资料的情况下，借助某一资料充分地参考气体的热力性质来估算其他气体的性质。

2. 通用压缩因子

因为压缩因子 Z 值不仅随气体种类而且随其状态（p，T）而异，故而每种气体的 $Z = f(p, T)$ 曲线都不尽相同。对于缺乏资料的流体，可采用通用压缩因子图。由压缩因子 Z 和临界压缩因子 Z_{cr} 之比，可得

$$\frac{Z}{Z_{cr}} = \frac{pV_m/(RT)}{\dfrac{p_{cr}V_{m,cr}}{RT_{cr}}} = \frac{p_r V_{m,r}}{T_r} = \frac{p_r v_r}{T_r}$$

其根据对应态原理可改写为 $Z = f_1(p_r, T_r, Z_{cr})$。若 Z_{cr} 的数值取一定值，则可进一步化简为

$$Z = f_2(p_r, T_r) \tag{5-11}$$

式（5-11）为编制通用压缩因子图提供了理论基础。取大多数气体临界压缩因子的平均值 $Z_{cr} = 0.27$ 绘制的图称为通用压缩因子图。该图在实际应用时非常方便。若求解某种气体的某个温度、压力下的比体积值，通过该气体的临界参数计算出相应的对比参数，再查通用压缩因子图得到 Z，根据 $pv = ZR_gT$ 可算出比体积。

5.3.4　维里方程

维里方程是由统计力学方法导出的理论方程。维里方程常用的有按比体积或压力，把压缩因子展开成幂级数形式的方程式，即

$$Z = \frac{pv}{R_gT} = 1 + \frac{B}{v} + \frac{C}{v^2} + \frac{D}{v^3} + \cdots \tag{5-12}$$

$$Z=\frac{pV}{R_{g}T}=1+B'p+C'p^{2}+D'p^{3}+\cdots \tag{5-13}$$

式中：B、B'、C、C'、D、D'等分别为第二维里系数、第三维里系数，以此类推。这些系数与物质的种类有关。

维里方程中，各项均有明确的物理意义。如 B/v 反映了气体二分子的相互作用；C/v^2 反映了气体三分子的相互作用。维里方程在中、低压力区，因第二项系数比第三项大，故取两项计算精度就能满足要求；而在高压力区，为提高计算精度，需要截取三项维里系数。但第三项及以上的维里系数至今掌握甚少，因此超过三项以上的维里方程很少应用。

维里方程在中、低压力区有着广泛的应用，但在高压力区因计算精度不高而应用较少。这种形式的维里方程称为截断型维里方程。因其具有理论基础，对一切流体都具有通用性和适用性，可作为改进状态方程的出发点。

实际气体状态方程的适用范围及计算精度可总结归纳为以下几点：

(1) 范德瓦尔方程在计算压力比较低且离液态比较远的气体状态时较为准确。

(2) 维里方程一般只适用于密度小于临界密度的低压力及中等压力下的气体。

(3) R-K 方程在很大压力范围内对气体的计算都获得了令人满意的结果，误差不超过5%，但在其他情况下只能做粗略概算。

(4) B-W-R 方程可用于气相、液相、气液相平衡计算；对烃类气体及包括氟利昂在内的非烃类气体的计算，误差均较小，为1%～2%；但对极强性流体、氢键流体和临界点附近区域，误差较大。

(5) R-K-S 方程和 P-R 方程可用于气相、液相、气液相平衡计算；对于烃类气体，R-K-S 方程和 P-R 方程的计算准确性与 B-W-R 方程相当，可获得较高的精度；但在液态及临界点附近，P-R 方程的计算精度要高于 R-K-S 方程；这两个经验方程均不适用于量子气体及强极性气体。

(6) M-H 方程不仅适用于烃类气体，对 H_2O、NH_3及氟利昂制冷剂的 p-V-T 计算都有比较精确的结果，而且适用于极性气体的计算。近年来修正的 M-H 方程又把应用范围扩大到液相及混合物的计算。

5.3.5 麦克斯韦关系和热系数

实际气体的热力学能、焓和熵等无法直接测量得到，利用理想气体简单关系计算也无法得出精确的结果。所以，必须依据这些热力参数与可测参数间的微分关系加以确定。

在推导热力学一般关系式时，常用到二元函数的一些微分性质，利用这些性质即可推导出麦克斯韦关系式。

1. 全微分条件和循环关系

(1) 全微分条件。若状态参数 z 为 $z=z(x, y)$ 函数，则 z 参数的全微分为

$$\mathrm{d}z=(\partial z/\partial x)_{y}\mathrm{d}x+(\partial z/\partial y)_{x}\mathrm{d}y=M\mathrm{d}x+N\mathrm{d}y \tag{5-14}$$

全微分条件为$(\partial M/\partial y)_{x}=(\partial N/\partial x)_{y}$，也称全微分判据。简单可压缩系的每个状态参数都必定满足这一条件。

(2) 循环关系。在 z 保持不变（$\mathrm{d}z=0$）的条件下，有

$$\left(\frac{\partial x}{\partial y}\right)_{z}\left(\frac{\partial z}{\partial x}\right)_{y}\left(\frac{\partial y}{\partial z}\right)_{x}=-1 \tag{5-15}$$

式（5-15）即为循环关系。利用这一关系可将一些变量转换为已知的变量。

（3）链式关系。若四个参数 x、y、z、w，独立变量为两个，则对于函数 $x=x(y, w)$ 和 $y=y(z, w)$ 分别存在全微分关系。将两函数的全微分式联立，当 w 取定值（$dw=0$）时，有

$$\left(\frac{\partial x}{\partial y}\right)_w \left(\frac{\partial y}{\partial z}\right)_w \left(\frac{\partial z}{\partial x}\right)_w = 1 \tag{5-16}$$

式（5-16）即为链式关系。其作用同循环关系。

2. 亥姆霍兹函数和吉布斯函数

定义亥姆霍兹函数 F 和比亥姆霍兹函数 f 表达式分别为：$F=U-TS$ 和 $f=u-Ts$。定义吉布斯函数 G 和比吉布斯函数 g 的表达式为：$G=H-TS$ 和 $g=h-Ts$。因为 U、T、S 均为状态参数，所以 F、G 为状态参数。亥姆霍兹函数又称亥姆霍兹自由能，其单位与热力学能单位相同。吉布斯函数又称吉布斯自由焓，其单位与焓的单位相同。

根据热力学第一定律解析式，简单可压缩系的微元过程中有 $\delta q=du+\delta w$。若过程可逆，则 $\delta q=Tds$，$\delta w=pdv$，$u=h-pv$，则有

$$du = Tds - pdv \tag{5-17}$$

$$dh = Tds + vdp \tag{5-18}$$

根据亥姆霍兹函数和吉布斯函数定义式的微分式，则有

$$df = du - Tds - sdT = -sdT - pdv \tag{5-19}$$

$$dg = dh - Tds - sdT = -sdT + vdp \tag{5-20}$$

在可逆定温过程中，$dT=0$，可得 $df=-pdv$，$dg=vdp$。故亥姆霍兹函数的减少量即为可逆定温过程对外所做的膨胀功；吉布斯函数的减少量即为可逆定温过程中对外所做的技术功。因此，在可逆定温条件下，亥姆霍兹函数的变量等于热力学能变化量中可以自由释放转变为功的那部分，而 $T\Delta s$ 是可逆定温条件下热力学能变化量中可以转变为功的能力剩余的那一部分，称为束缚能。同样，吉布斯函数在可逆定温条件下的变量是焓变化量中能够转变为功的那部分，$T\Delta s$ 是束缚能。

式（5-19）～式（5-20）由热力学第一、第二定律直接导出，并将简单可压缩系平衡状态各参数的变化成功地联系在一起，故通常称为亥姆霍兹-吉布斯方程。应用于任意两平衡状态间参数的变化时，不必考虑其中间过程是否可逆。在研究能量转换过程时，只适用于可逆过程。

3. 特性函数

特性函数最主要的特点就是能够完全确定其他的热力学函数，并且能够很完整、正确地表示出系统的热力性质。所以，特性函数必会包含系统的热学参数和力学参数。反之，不能同时包含热学参数和力学参数的热力学函数都不是特性函数。

具有上述性质的特性函数共有四个，这些特性函数及其全微分可表示为

$$u = u(s, v),\ du = \left(\frac{\partial u}{\partial s}\right)_v ds + \left(\frac{\partial u}{\partial v}\right)_s dv \tag{5-21}$$

$$h = h(s, p),\ dh = \left(\frac{\partial h}{\partial s}\right)_p ds + \left(\frac{\partial h}{\partial p}\right)_s dp \tag{5-22}$$

$$f = f(T, v),\ df = \left(\frac{\partial f}{\partial T}\right)_v dT + \left(\frac{\partial f}{\partial v}\right)_T dv \tag{5-23}$$

$$g = g(T,\ p),\ \mathrm{d}g = \left(\frac{\partial g}{\partial T}\right)_p \mathrm{d}T + \left(\frac{\partial g}{\partial p}\right)_T \mathrm{d}p \tag{5-24}$$

根据全微分的性质可知，这四个特性函数的全微分为吉布斯方程组中相应的四个微分方程。特性函数中的每一阶偏导数恰好等于吉布斯方程组中相应的状态参数。根据这两组微分方程中参数的相对位置，不难得出各参数偏导数为

$$T = \left(\frac{\partial u}{\partial s}\right)_v = \left(\frac{\partial h}{\partial s}\right)_p \tag{5-25}$$

$$p = -\left(\frac{\partial u}{\partial v}\right)_s = -\left(\frac{\partial f}{\partial v}\right)_T \tag{5-26}$$

$$s = -\left(\frac{\partial f}{\partial T}\right)_v = -\left(\frac{\partial g}{\partial T}\right)_p \tag{5-27}$$

$$v = \left(\frac{\partial h}{\partial p}\right)_s = \left(\frac{\partial g}{\partial p}\right)_T \tag{5-28}$$

有关特性函数的几点结论：

(1) 四个特性函数的全微分就是吉布斯方程组。

(2) 特性函数的一阶偏导数分别代表状态参数 p、v、T 及 s。

(3) 特性函数的二阶偏导数满足麦克斯韦关系，它表示 p、v、T 与 s 之间的转换关系。

(4) 已知四个特性函数中的任何一个，其他的热力学函数都可确定，系统的平衡状态则完全确定。

(5) 每个特性函数本身都包含着不可测的状态参数，因而不可能采用实验的方法直接得出这些特性函数。

尽管如此，特性函数的理论意义以及它们在建立各种热力学函数关系的过程中所起的作用都是不可低估的。

4. 麦克斯韦方程

吉布斯方程组中的状态参数量 p、v、T、s 都是相应的特性函数的一阶偏导数。根据二元函数的二阶偏导数与求导次序无关的性质，可知存在着四个热力学基本微分关系，即

$$\left(\frac{\partial T}{\partial v}\right)_s = -\left(\frac{\partial p}{\partial s}\right)_v \tag{5-29}$$

$$\left(\frac{\partial T}{\partial p}\right)_s = \left(\frac{\partial v}{\partial s}\right)_p \tag{5-30}$$

$$\left(\frac{\partial s}{\partial v}\right)_T = \left(\frac{\partial p}{\partial T}\right)_v \tag{5-31}$$

$$\left(\frac{\partial s}{\partial p}\right)_T = -\left(\frac{\partial v}{\partial T}\right)_p \tag{5-32}$$

式 (5-29) ~式 (5-32) 都表示不可测参数 s 与可测参数 p、v、T 之间的转换关系，称为麦克斯韦关系。具体记忆方法是：

(1) 两个偏导数的对角关系为：T 与 s 相对；p 与 v 相对。对角参数的属性相同，以保持分数线上下相反的属性。

(2) 偏导数的下角标要“里外对调”，仍保证括号里外的参数有相反的属性。

(3) 由 p 及 s 组成的偏导数要加负号。

麦克斯韦关系式中的负号仅表示等号两边的偏导数正负号相反，这只说明它们之间的一

种相互关系。

5. 热系数

在状态函数众多的偏导数中，由基本状态参数 p、v、T 构成的三个偏导数有着明显的物理意义。其数值可以由实验测定，这样的偏导数被称为热系数。三个偏导数的构成表达式分别为

$$\alpha_v = \frac{1}{v}\left(\frac{\partial v}{\partial T}\right)_p \tag{5-33}$$

α_v 称为体积膨胀系数，单位为 K^{-1}，表示物质在定压下比体积随温度的变化率。

$$\kappa_T = -\frac{1}{v}\left(\frac{\partial v}{\partial p}\right)_T \tag{5-34}$$

κ_T 称为等温压缩率，单位为 Pa^{-1}，表示物质在定温下比体积随压力的变化率。

$$\alpha = \frac{1}{p}\left(\frac{\partial p}{\partial T}\right)_v \tag{5-35}$$

α 称为定容压力温度系数或压力的温度系数，单位为 K^{-1}，表示物质在定体积下压力随温度的变化率。

上述三个热系数间的关系可由循环关系导出，即

$$\alpha_v = p\alpha\kappa_T \text{ 或 } \frac{1}{v}\left(\frac{\partial v}{\partial T}\right)_p = -p\,\frac{1}{p}\left(\frac{\partial p}{\partial T}\right)_v \frac{1}{v}\left(\frac{\partial v}{\partial p}\right)_T$$

此外还有

$$\kappa_s = -\frac{1}{v}\left(\frac{\partial v}{\partial p}\right)_s \tag{5-36}$$

κ_s 称为可逆绝热压缩率，单位为 Pa^{-1}，表征在可逆绝热过程中膨胀或压缩时体积的变化特性。

另外，通过实验测得热系数，然后通过积分的方式得到状态方程式，也是由实验得出状态方程式的一种基本方法。

5.3.6 热力学能、焓、熵和比热容的一般关系式

实际气体的比热力学能 u、比熵 s 和比焓 h 也能从状态方程和比热容求得，但是实际气体的表达式比理想气体的繁琐，而且这些表达式的形式随所选独立变量的变化而变化。

1. 熵的一般关系式

以 T、v 为独立变量，即 $s=s(T, v)$。根据麦克斯韦关系、链式关系及比热容定义，有

$$ds = \frac{c_V}{T}dT + \left(\frac{\partial p}{\partial T}\right)_v dv \tag{5-37}$$

式（5-37）称为第一 ds 方程。已知物质的状态方程及比定容热容，积分可求取过程的熵变。

以 p、T 为独立变量，得第二 ds 方程为

$$ds = \frac{c_p}{T}dT - \left(\frac{\partial v}{\partial T}\right)_p dp \tag{5-38}$$

以 p、v 为独立变量，得第三 ds 方程为

$$ds = \frac{c_V}{T}\left(\frac{\partial T}{\partial p}\right)_v dp + \frac{c_p}{T}\left(\frac{\partial T}{\partial v}\right)_p dv \tag{5-39}$$

在 ds 的一般方程中，第二 ds 方程相比于其他更为实用。因为比定压热容 c_p 与比定容热容 c_V 相比，c_p 易于通过实验测定。由于 ds 导出过程中没有对工质做任何假定，所以对任何工质都适用，也包括理想气体。

2. 热力学能的一般关系式

取 T、v 为独立变量，即 $u=u\ (T,\ v)$，则 $du=Tds-pdv$。由第一 ds 方程得到的 du 方程为

$$du = c_V\, dT + \left[T\left(\frac{\partial p}{\partial T}\right)_v - p\right]dv \tag{5-40}$$

式（5-40）称为第一 du 方程。由第二 ds 方程、第三 ds 方程可分别得到第二、第三 du 微分式。一般而言，对于实际气体，比体积和温度是影响热力学能的两个主要因素。所以，如果已知实际气体的状态方程式和比热容，对式（5-40）或其他两个 du 方程积分可求取热力学能在过程中的变化量。

3. 焓的一般关系式

利用与导出 du 方程相同的方法，可得到相应的 dh 方程。其中，最常用的是由第二 ds 方程得到的 dh 方程，即

$$dh = c_p dT + \left[v - T\left(\frac{\partial v}{\partial T}\right)_p\right]dp \tag{5-41}$$

另外两个分别以 T、v 和 p、v 为独立变量的 dh 方程请读者自行推导。温度和压力是影响实际气体焓的两个主要因素，通过积分可求取过程中焓的变化量。

4. 比热容的一般关系式

（1）比定压热容的一般关系式。根据比定压热容的定义，则有 $c_p=(\partial h/\partial T)_p=c_p\ (T,\ p)$。由熵的一般关系式的二阶偏导数得

$$\left(\frac{\partial c_p}{\partial p}\right)_T = -T\left(\frac{\partial^2 v}{\partial T^2}\right)_p \tag{5-42}$$

对式（5-42）积分可以得出

$$c_p = c_{p_0} - T\int_{p_0}^{p}\left(\frac{\partial^2 v}{\partial T^2}\right)_p dp \tag{5-43}$$

式（5-42）和式（5-43）为比定压热容普遍关系式的微分形式。式（5-43）中 c_{p_0} 为基准态压力下的比定压热容，它只受温度的影响，具体的函数形式取决于工质的性质或由实验测得。

（2）比定容热容的一般关系式。同理，由比定容热容的定义，得 $c_V=(\partial u/\partial T)_v=c_V\ (T,\ v)$。由熵的一般关系式的二阶偏导数得

$$\left[\frac{\partial c_V}{\partial v}\right]_T = T\left(\frac{\partial^2 p}{\partial T^2}\right)_v \tag{5-44}$$

对式（5-44）积分得

$$c_V = c_{V_0} + T\int_{v_0}^{v}\left(\frac{\partial^2 p}{\partial T^2}\right)_v dv \tag{5-45}$$

式（5-44）和式（5-45）分别表示比定容热容普遍关系式的微分形式和积分形式。式中 c_{V_0} 为基准态下的比定容热容。虽然这两个式子的物理意义及功能与比定压热容的一般关系式是相似的，但是比定容热容的测定比较困难。对比之下，比定压热容的测定较为容易，因此通常先测定比定压热容，再根据 c_p 与 c_V 之间的关系，方便地计算出比定容热容的值。

(3) 比热容差的一般关系式。联立第一、第二 ds 方程，整理得

$$c_p - c_V = T\left(\frac{\partial p}{\partial T}\right)_v\left(\frac{\partial v}{\partial T}\right)_p = -T\left(\frac{\partial p}{\partial T}\right)_v^2\left(\frac{\partial v}{\partial p}\right)_T \tag{5-46}$$

式 (5-46) 为比热容差的一般关系式。利用这个关系式可以根据已知的比定压热容计算出相应的比定容热容，所得结论为：①对于气体，$\left(\frac{\partial v}{\partial p}\right)_T$ 恒为负值，所以 $c_p > c_V$；②由于液体及固体的压缩性很小，$\left(\frac{\partial v}{\partial p}\right)_T \approx 0$，因此有 $c_p \approx c_V$；③当 $T \to 0$ 时，$c_p \approx c_V$。

热力学一般关系式在研究物质的热力性质时，有着十分重要的作用。其指明了如何利用可测状态参数的实验值计算间接状态参数值。实际气体的状态方程可以将各状态参数联系在一起，为计算实际气体的一些未知量提供了便利。但实际气体的状态方程的选取要考虑其适用范围，否则计算精度会较差。而在一定条件下（$T_r \gg 1$，p_r不是很大；$p_r \ll 1$ 或 $v_r \gg 1$ 且 T_r不是很低)，实际气体可以近似认为是理想气体，从而使计算进一步简化。

5.4 公 式 汇 总

本章在学习中应熟练掌握和运用的基本公式，见表 5-1。

表 5-1　第 5 章基本公式汇总

项目	表达式	备注
压缩因子	$Z=\frac{pv}{R_g T}=\frac{v}{R_g T/p}=\frac{v}{v_i}$	反映实际气体对理想气体的偏离程度
范德瓦尔方程	$\left(p+\frac{a}{v^2}\right)(v-b)=R_g T$	较低的压力和温度时与实验结果符合不好
范德瓦尔对应态方程	$\left(p_r+\frac{3}{v_r^2}\right)(3v_r-1)=8T_r$	没有任何与物质固有特性有关的常数，故为通用状态方程式
R-K 方程	$p=\frac{RT}{V_m-b}-\frac{a}{T^{0.5}V_m(V_m+b)}$	不能预测饱和蒸汽压力和汽液平衡状态
R-K-S 方程	$p=\frac{RT}{V_m-b}-\frac{a(T)}{V_m(V_m+b)}$	汽液平衡计算时准确性较好
B-W-R 方程	$p=\rho RT+\left(B_0RT-A_0-\frac{C_0}{T^2}\right)\rho^2+(bRT-\alpha)\rho^3+a\alpha\rho^6+c\frac{\rho^3}{T^2}(1+\gamma\rho^2)e^{-\gamma\rho^2}$	对烃类物质有较高的计算精度
M-H 方程	$p=\frac{R_gT}{V-b}+\frac{A_2+B_2T+C_2e^{-kT/T_{cr}}}{(V-b)^2}+\frac{A_3+B_3T+C_3e^{-kT/T_{cr}}}{(V-b)^3}+\frac{A_4}{(V-b)^4}+\frac{B_5T}{(V-b)^5}$	精度较高，适用范围广，如制冷剂和极性物质
维里方程	$Z=1+\frac{B}{v}+\frac{C}{v^2}+\frac{D}{v^3}+\cdots$ $Z=1+B'p+C'p^2+D'p^3+\cdots$	对一切流体都具有通用性和适用性

续表

项目	表达式	备注
对应态定律数学式	$f(p_r, T_r, v_r)=0$	可推广到一般的实际气体状态方程
压缩因子	$Z=f_2(p_r, T_r)$	为编制通用压缩因子图提供了理论基础
循环关系	$\left(\frac{\partial x}{\partial y}\right)_z\left(\frac{\partial z}{\partial x}\right)_y\left(\frac{\partial y}{\partial z}\right)_x=-1$	可将一些变量转换为已知的变量
链式关系	$\left(\frac{\partial x}{\partial y}\right)_w\left(\frac{\partial y}{\partial z}\right)_w\left(\frac{\partial z}{\partial x}\right)_w=1$	数学微分关系式
亥姆霍兹函数	$F=U-TS$ 和 $f=u-Ts$	自由能
吉布斯函数	$G=H-TS$ 和 $g=h-Ts$	自由焓
吉布斯方程组	$\mathrm{d}u=T\mathrm{d}s-p\mathrm{d}v$；$\mathrm{d}h=T\mathrm{d}s+v\mathrm{d}p$； $\mathrm{d}f=-s\mathrm{d}T-p\mathrm{d}v$；$\mathrm{d}g=-s\mathrm{d}T+v\mathrm{d}p$	任意两平衡状态间参数的变化过程适用；能量转换时，只适用于可逆过程
特性函数	$u=u(s, v)$，$\mathrm{d}u=\left(\frac{\partial u}{\partial s}\right)_v\mathrm{d}s+\left(\frac{\partial u}{\partial v}\right)_s\mathrm{d}v$； $h=h(s, p)$，$\mathrm{d}h=\left(\frac{\partial h}{\partial s}\right)_p\mathrm{d}s+\left(\frac{\partial h}{\partial p}\right)_s\mathrm{d}p$； $f=f(T, v)$，$\mathrm{d}f=\left(\frac{\partial f}{\partial T}\right)_v\mathrm{d}T+\left(\frac{\partial f}{\partial v}\right)_T\mathrm{d}v$； $g=g(T, p)$，$\mathrm{d}g=\left(\frac{\partial g}{\partial T}\right)_p\mathrm{d}T+\left(\frac{\partial g}{\partial p}\right)_T\mathrm{d}p$	能够很完整、正确地表示出系统的热力性质
各参数偏导数	$T=\left(\frac{\partial u}{\partial s}\right)_v=\left(\frac{\partial h}{\partial s}\right)_p$； $p=-\left(\frac{\partial u}{\partial v}\right)_s=-\left(\frac{\partial f}{\partial v}\right)_T$； $s=-\left(\frac{\partial f}{\partial T}\right)_v=-\left(\frac{\partial g}{\partial T}\right)_p$； $v=\left(\frac{\partial h}{\partial p}\right)_s=\left(\frac{\partial g}{\partial p}\right)_T$	已知某一个特性函数，可得系统所有其他的状态参数
麦克斯韦方程	$\left(\frac{\partial T}{\partial v}\right)_s=-\left(\frac{\partial p}{\partial s}\right)_v$； $\left(\frac{\partial T}{\partial p}\right)_s=\left(\frac{\partial v}{\partial s}\right)_p$； $\left(\frac{\partial s}{\partial v}\right)_T=\left(\frac{\partial p}{\partial T}\right)_v$； $\left(\frac{\partial s}{\partial p}\right)_T=-\left(\frac{\partial v}{\partial T}\right)_p$	不可测参数 s 与可测参数 p、v、T 之间的转换关系
体积膨胀系数	$\alpha_v=\frac{1}{v}\left(\frac{\partial v}{\partial T}\right)_p$	物质在定压下比体积随温度的变化率
等温压缩率	$\kappa_T=-\frac{1}{v}\left(\frac{\partial v}{\partial p}\right)_T$	物质在定温下比体积随压力的变化率
压力温度系数	$\alpha=\frac{1}{p}\left(\frac{\partial p}{\partial T}\right)_v$	物质在定体积下压力随温度的变化率
三热系数关系	$\alpha_v=p\alpha\kappa_T$ 或 $\frac{1}{v}\left(\frac{\partial v}{\partial T}\right)_p=-p\frac{1}{p}\left(\frac{\partial p}{\partial T}\right)_v\frac{1}{v}\left(\frac{\partial v}{\partial p}\right)_T$	

续表

项目	表达式	备注
等熵压缩率	$\kappa_s=-\frac{1}{v}\left(\frac{\partial v}{\partial p}\right)_s$	可逆绝热过程中膨胀或压缩时体积的变化特性
熵一般关系式	$ds=\frac{c_V}{T}dT+\left(\frac{\partial p}{\partial T}\right)_v dv$； $ds=\frac{c_p}{T}dT-\left(\frac{\partial v}{\partial T}\right)_p dp$； $ds=\frac{c_V}{T}\left(\frac{\partial T}{\partial p}\right)_v dp+\frac{c_p}{T}\left(\frac{\partial T}{\partial v}\right)_p dv$	以 T、v 为独立变量的第一 ds 方程； 以 p、T 为独立变量的第二 ds 方程； 以 p、v 为独立变量的第三 ds 方程
热力学能一般关系式	$du=c_V\,dT+\left[T\left(\frac{\partial p}{\partial T}\right)_v-p\right]dv$	以 T、v 为独立变量，由第一 ds 方程得出； 同理可以由第二、第三 ds 方程得另外两表达式
焓一般关系式	$dh=c_p dT+\left[v-T\left(\frac{\partial v}{\partial T}\right)_p\right]dp$	以 p、T 为独立变量，由第二 ds 方程得出； 同理可以由第一、第三 ds 方程得另外两表达式
比定压热容一般关系式	$c_p=c_{p_0}-T\int_{p_0}^{p}\left(\frac{\partial^2 v}{\partial T^2}\right)_p dp$	c_{p_0} 为基准态压力下的比定压热容，它只受温度的影响
比定容热容一般关系式	$c_V=c_{V_0}+T\int_{v_0}^{v}\left(\frac{\partial^2 p}{\partial T^2}\right)_v dv$	c_{V_0} 为基准态下的比定压热容
比热容差一般关系式	$c_p-c_V=T\left(\frac{\partial p}{\partial T}\right)_v\left(\frac{\partial v}{\partial T}\right)_p=-T\left(\frac{\partial p}{\partial T}\right)_v^2\left(\frac{\partial v}{\partial p}\right)_T$	根据已知的比定压热容计算出相应的比定容热容，即 c_p、c_V 之间的关系

5.5　典型题精解

【例 5-1】 实验测得氮气在 $T=175\text{K}$、比体积 $v=0.003\,75\text{m}^3/\text{kg}$ 时，压力为 10MPa，临界参数为 $T_{cr}=126.2\text{K}$，$p_{cr}=3.39\text{MPa}$，$v_{cr}=0.004\,13\text{m}^3/\text{kg}$。分别根据理想气体状态方程和范德瓦尔方程计算压力值，并与实验值进行比较。

解：

（1）利用理想气体状态方程计算，则有

$$p=\frac{R_g T}{v}=\frac{297\times175}{0.003\,75}=13.86(\text{MPa})$$

与实验值误差约为 38.6%。

（2）利用临界参数，确定范德瓦尔方程系数，则有

$$a=173.5\text{Pa}\cdot\text{m}^6/\text{kg}^2, b=0.001\,375\text{m}^3/\text{kg}, R_g=295.8\text{J}/(\text{kg}\cdot\text{K})$$

代入范德瓦尔方程，则有

$$p=\frac{R_g T}{v-b}-\frac{a}{v^2}=\frac{295.8\times175}{0.003\,75-0.001\,375}-\frac{173.5}{0.003\,75^2}=9.458(\text{MPa})$$

与实验值的误差约为−5.42%。

[例 5-1] 表明，在此条件下，利用范德瓦尔方程计算的结果，比认为气体为理想时的计算精度高。但在计算中要注意气体常数 R_g 也是变化的。

【例 5-2】 试将范德瓦尔方程展开成维里方程形式。

解：范德瓦尔方程为 $\left(p+\frac{a}{V^2}\right)(V-b)=R_gT$，移项后变为

$$Z=\frac{pV}{R_gT}=\left(1-\frac{b}{V}\right)^{-1}-\frac{a}{R_gT}\frac{1}{V} \tag{5-47}$$

因为 b/V 是一个很小的数值，将式 (5-47) 中的 $\left(1-\frac{b}{V}\right)^{-1}$ 展开为幂级数的形式，可以得到

$$Z=\left(1+\frac{b}{V}+\frac{b^2}{V^2}+\frac{b^3}{V^3}+\cdots\right)-\frac{a}{R_gT}\frac{1}{V}$$

即

$$Z=1+\frac{b-a/(R_gT)}{V}+\frac{b^2}{V^2}+\frac{b^3}{V^3}+\cdots \tag{5-48}$$

式 (5-48) 即为范德瓦尔方程的维里方程形式，其系数为 $B=b-\frac{a}{R_gT}$，$C=b^2$，$D=b^3$。

[例 5-2] 表明，范德瓦尔方程可以转换成维里方程形式，但精度没有维里方程的高，而仅仅是形式而已。因为范德瓦尔方程的维里方程形式中，a、b 系数是由实验数据确定的。因此，范德瓦尔方程的维里方程形式仍为经验方程。

【例 5-3】 利用 R-K 方程，计算温度为 0℃、压力为 $1.013\,25\times10^8$ Pa 时的压缩因子 Z 的数值，此时的实验值为 2.068 5。已知氮的临界常数为 $T_{cr}=126.2$K，$p_{cr}=33.94\times10^5$ Pa，$V_{m,cr}=89.5\text{cm}^3/\text{mol}$。

解：利用 R-K 方程可得

$$p=\frac{RT}{V_m-b}-\frac{a}{T^{0.5}V_m(V_m+b)}$$

先计算常数 a 和 b 的值，即

$$a=0.427\,48\frac{R^2T_{cr}^{2.5}}{p_{cr}}=0.427\,48\times\frac{8.314\,4^2\times126.2^{2.5}\times10^{12}}{33.94\times10^5}$$
$$=1.557\,8\times10^{12}(\text{Pa}\cdot\text{cm}^6\cdot\text{K}^{0.5}/\text{mol}^2)$$

$$b=0.086\,64\frac{RT_{cr}}{p_{cr}}=0.086\,64\times\frac{8.314\,4\times126.2\times10^6}{33.94\times10^5}=26.785(\text{cm}^3/\text{mol})$$

再将 a 和 b 代入公式得

$$1.013\,25\times10^8+\frac{1.557\,8\times10^{12}}{273.15^{0.5}V_m(V_m+26.785)}=\frac{8.314\,4\times273.15\times10^6}{V_m-26.785}$$

解得 $V_m=44\text{cm}^3/\text{mol}$。

则压缩因子为

$$Z=\frac{pV_m}{RT}=\frac{1.013\,25\times10^8\times44\times10^{-6}}{8.314\,4\times273.15}=1.963$$

误差为

$$\frac{Z_{cal}-Z_{exp}}{Z_{exp}}=\frac{1.963-2.068\,5}{2.068\,5}\times100\%=-5.1\%$$

式中：Z_{cal}为计算值；Z_{exp}为实验值。

［例5-3］表明，利用R-K方程在低温、低压下所得的压缩因子的相对误差约为－5.1%，仍存在一定的误差。在计算精度要求不高的条件下，可以进行估算。

【例5-4】 体积为$3\times10^{-2}m^3$的钢瓶中存放有0.5kg氨气，钢瓶放在65℃的恒温槽内。实验测得的压力为2.382MPa，氨的$T_{cr}=405.6K$、$p_{cr}=111.3atm$。试用下列方程推算气体压力，并和实验值进行比较。(1) 理想气体状态方程；(2) R-K方程。

解：

(1) 应用理想气体状态方程进行计算，则有

摩尔体积

$$V_m=\frac{V}{m/M}=\frac{3\times10^{-2}}{0.5/17.03}=1.022\times10^{-3}(m^3/mol)$$

压力

$$p=\frac{RT}{V_m}=\frac{8.314\times(273.15+65)}{1.022\times10^{-3}}=2.751(MPa)$$

相对误差

$$\delta p=\frac{2.751-2.382}{2.382}\times100\%=15.49\%$$

(2) 应用R-K方程进行计算，则有

$$p=\frac{RT}{V_m-b}-\frac{a}{T^{0.5}V_m(V_m+b)}$$

$$a=\frac{0.427\ 48R^2T_{cr}^{2.5}}{p_{cr}}$$

$$b=\frac{0.086\ 64RT_{cr}}{p_{cr}}$$

将氨的临界参数代入上式得

$$a=\frac{0.427\ 48\times8.314^2\times405.6^{2.5}}{111.3\times101\ 325}=8.681(Pa\cdot m^6\cdot K^{0.5}/mol^2)$$

$$b=\frac{0.086\ 64\times8.314\times405.6}{111.3\times101\ 325}=0.025\ 9\times10^{-3}(m^3/mol)$$

$$p=\frac{8.314\times(65+273.15)}{(1.022-0.025\ 9)\times10^{-3}}-\frac{8.681}{338.15^{0.5}\times1.022\times(1.022+0.025\ 9)\times10^{-6}}$$
$$=2384.42\times10^3(Pa)=2.384(MPa)$$

相对误差

$$\delta p=\frac{2.384-2.382}{2.382}\times100\%=0.084\%$$

［例5-4］表明，在此条件下，利用理想气体方程计算的结果比利用实际气体R-K方程计算的结果精度要低得多，不满足对计算精度的要求。因此，在利用非理想气体方程进行计算时，对各方程的适用条件一定要注意。

【例5-5】 分别用范德瓦尔方程、R-K方程计算0℃、101.325MPa（1000atm）下氮气的压缩因子Z值。已知实验值为2.068 5，氮气的物性常数$T_{cr}=126.2K$，$p_{cr}=33.5atm$，$\omega=0.040$，摩尔质量$M=28.013kg/kmol$。

解:

(1) 用范德瓦尔方程计算。把临界参数代入公式，得

$$a=\frac{27}{64}\frac{(RT_{\mathrm{cr}})^2}{p_{\mathrm{cr}}}=\frac{27\times 8.314^2\times 126.2^2}{64\times 33.5\times 101\ 325}=136.824\times 10^{-3}(\mathrm{Pa\cdot m^6\cdot K^{0.5}/mol^2})$$

$$b=\frac{RT_{\mathrm{cr}}}{8p_{\mathrm{cr}}}=\frac{8.314\times 126.2}{8\times 33.5\times 101\ 325}=0.038\ 6\times 10^{-3}(\mathrm{m^3/mol})$$

将 a、b 值代入式 $p=\frac{RT}{V_{\mathrm{m}}-b}-\frac{a}{V_{\mathrm{m}}^2}$，则有

$$1000\times 101\ 325=\frac{8.314\times 273.15}{V_{\mathrm{m}}-0.038\ 6\times 10^{-3}}-\frac{136.824\times 10^{-3}}{V_{\mathrm{m}}^2}$$

迭代解得 $V_{\mathrm{m}}=0.053\ 9\times 10^{-3}$ ($\mathrm{m^3/mol}$)，则

$$Z=\frac{pV_{\mathrm{m}}}{RT}=\frac{1000\times 101\ 325\times 0.053\ 9\times 10^{-3}}{8.314\times 273.15}=2.404\ 7$$

相对误差 $\delta p=\frac{2.404\ 7-2.068\ 5}{2.068\ 5}\times 100\%=16.25\%$。

(2) 用 R-K 方程计算。根据公式，R-K 方程的常数为

$$a=\frac{0.427\ 48R^2T_{\mathrm{cr}}^{2.5}}{p_{\mathrm{cr}}}=\frac{0.427\ 48\times 8.314^2\times 126.2^2}{33.5\times 101\ 325}=138.64\times 10^{-3}(\mathrm{Pa\cdot m^6\cdot K^{0.5}/mol^2})$$

$$b=\frac{0.086\ 7RT_{\mathrm{cr}}}{p_{\mathrm{cr}}}=\frac{0.086\ 7\times 8.314\times 126.2}{33.5\times 101\ 325}=0.026\ 8\times 10^{-3}(\mathrm{m^3/mol})$$

代入 R-K 方程式，则有

$$1000\times 101\ 325+\frac{138.64\times 10^{-3}}{V_{\mathrm{m}}(V_{\mathrm{m}}+0.026\ 8)\times 10^{-6}}=\frac{8.314\times 273.15}{(V_{\mathrm{m}}-0.026\ 8)\times 10^{-3}}$$

迭代后解得 $V_{\mathrm{m}}=0.044\ 07\times 10^{-3}$ ($\mathrm{m^3/mol}$)，则

$$Z=\frac{pV_{\mathrm{m}}}{RT}=\frac{1000\times 101\ 325\times 0.044\ 07\times 10^{-3}}{8.314\times 273.15}=1.966\ 3$$

相对误差 $\delta p=\frac{1.966\ 3-2.068\ 5}{2.068\ 5}\times 100\%=-4.94\%$。

[例 5-5] 表明，通过计算可知，虽然都是实际气体方程，但使用时所得结果的误差却不相同。利用 R-K 方程计算所得结果要比范德瓦尔方程计算所得结果小，所以在计算实际气体的相关量时，所选方程的类型不同，精度会相差较大，这方面一定要注意。

【例 5-6】 利用理想气体状态方程 $pv=R_{\mathrm{g}}T$ 以及实际气体范德瓦尔方程 $\left(p+\frac{a}{v^2}\right)(v-b)=R_{\mathrm{g}}T$，导出热系数 α_v 的表达式。

解:

(1) 利用理想气体状态方程 $pv=R_{\mathrm{g}}T$ 得 $(\partial v/\partial T)_p=R_{\mathrm{g}}/p$ 及 $(\partial v/\partial p)_T=-v/p$，代入体积膨胀系数计算式 $\alpha_v=\frac{1}{v}(\partial v/\partial T)_p$，则得 $\alpha_v=\frac{1}{v}(R_{\mathrm{g}}/p)=\frac{1}{T}$。

(2) 将范德瓦尔方程改写为 $p=\frac{R_{\mathrm{g}}T}{v-b}-\frac{a}{v^2}$ 并求偏导数可得

$$\left(\frac{\partial p}{\partial T}\right)_v=\frac{R_{\mathrm{g}}}{v-b} \tag{5-49}$$

$$\left(\frac{\partial p}{\partial v}\right)_T=-\frac{R_g T}{(v-b)^2}+\frac{2a}{v^3} \tag{5-50}$$

根据循环关系，可得$\left(\frac{\partial v}{\partial T}\right)_p=-\left(\frac{\partial v}{\partial p}\right)_T\left(\frac{\partial p}{\partial T}\right)_v=-\left(\frac{\partial p}{\partial T}\right)_v\Big/\left(\frac{\partial p}{\partial v}\right)_T$，把式（5-49）和式（5-50）代入可得

$$\left(\frac{\partial v}{\partial T}\right)_p=-\frac{\frac{R_g}{v-b}}{-\frac{R_g T}{(v-b)^2}+\frac{2a}{v^3}}=\frac{\frac{R_g}{v-b}}{\frac{R_g T v^3-2a(v-b)^2}{(v-b)^2 v^3}}=\frac{R_g(v-b)v^3}{R_g T v^3-2a(v-b)^2}$$

整理得体积膨胀系数 $\alpha_v=\frac{1}{v}\left(\frac{\partial v}{\partial T}\right)_p=\frac{R_g(v-b)v^2}{R_g T v^3-2a(v-b)^2}$。

［例 5-6］表明，本例所导出的热系数 α_v 的表达式，都可以视为公式。对理想气体没有限制，但对实际气体，若由非范德瓦尔方程导出，热系数 α_v 的表达式形式不同，计算所得精度也不同。

【例 5-7】 根据能量方程 $\delta q=\mathrm{d}h-v\mathrm{d}p$，证明在可逆过程中热量的一般表达式为 $\delta q=c_p\mathrm{d}T+\left[\left(\frac{\partial h}{\partial p}\right)_T-v\right]_T\mathrm{d}p$，并说明热量 δq 不是状态参数。

证明： 以（T，p）为独立变量时，焓的一般表达式为

$$\mathrm{d}h=\left(\frac{\partial h}{\partial T}\right)_p\mathrm{d}T+\left(\frac{\partial h}{\partial p}\right)_T\mathrm{d}p=c_p\mathrm{d}T+\left(\frac{\partial h}{\partial p}\right)_T\mathrm{d}p \tag{5-51}$$

把式（5-51）带入能量方程 $\delta q=\mathrm{d}h-v\mathrm{d}p$，则有

$$\delta q=c_p\mathrm{d}T+\left[\left(\frac{\partial h}{\partial p}\right)_T-v\right]_T\mathrm{d}p \tag{5-52}$$

要判断热量是不是状态参数，只需要验证式（5-52）是否符合全微分的条件，即

$$\left(\frac{\partial c_p}{\partial p}\right)_T=\left[\frac{\partial\left(\frac{\partial h}{\partial T}\right)_p}{\partial p}\right]_T=\frac{\partial^2 h}{\partial p\partial T}$$

$$\left\{\frac{\partial\left[\left(\frac{\partial h}{\partial p}\right)_T-v\right]}{\partial T}\right\}_p=\frac{\partial^2 h}{\partial p\partial T}-\left(\frac{\partial v}{\partial T}\right)_p\neq\left(\frac{\partial c_p}{\partial p}\right)_T$$

可知热量 δq 不是状态参数。

［例 5-7］表明，δq 不符合全微分的条件，故热量不是状态参数。注意：状态参数必须具有全微分，且满足全微分条件，全微分条件为$(\partial M/\partial y)_x=(\partial N/\partial x)_y$。

【例 5-8】 试根据焓、热力学能及比热容的一般关系式证明理想气体的比热容、热力学能及焓都仅是温度的函数，并证明比热容差等于气体常数。

证明： 理想气体状态方程可写成对于压力的显函数形式，有

$$p=\frac{R_g T}{v},\left(\frac{\partial p}{\partial T}\right)_v=\frac{R_g}{v},\left(\frac{\partial^2 p}{\partial T^2}\right)_v=0,\left(\frac{\partial u}{\partial v}\right)_T=\left[T\left(\frac{\partial p}{\partial T}\right)_v-p\right]_T=0$$

理想气体状态方程写成对于比体积的显函数形式时，有

$$v=\frac{R_g T}{p},\left(\frac{\partial v}{\partial T}\right)_p=\frac{R_g}{p},\left(\frac{\partial^2 v}{\partial T^2}\right)_p=0,\left(\frac{\partial h}{\partial p}\right)_T=\left[v-T\left(\frac{\partial v}{\partial T}\right)_p\right]_T=0$$

将以上各式分别代入焓、热力学能及比热容的一般表达式，则有

$$dh = c_p dT, du = c_V dT, \left(\frac{\partial c_p}{\partial p}\right)_T = 0, \left(\frac{\partial c_V}{\partial v}\right)_T = 0, c_p - c_V = R_g$$

[例 5-8] 表明，上述表达式证明了理想气体的比热容、热力学能及焓都仅是温度的函数。而对于实际气体，则非仅是温度的函数。

【例 5-9】 试判断下列函数是否为状态函数。（1）$d\omega = ydx - xdy$；（2）$d\omega = ydx + xdy$；（3）$dQ_{rev} = dU + pdV$。

解： 凡状态函数均具有全微分性质。若状态函数 z 可用任意两个独立参数 x 和 y 表示为 $z = f(x, y)$，则其全微分表达式为

$$dz = \left(\frac{\partial z}{\partial x}\right)_y dx + \left(\frac{\partial z}{\partial y}\right)_x dy$$

或

$$dz = Mdx + Ndy$$

式中：$M = \left(\frac{\partial z}{\partial x}\right)_y$，$N = \left(\frac{\partial z}{\partial y}\right)_x$。

根据全微分条件 $\left(\frac{\partial N}{\partial x}\right)_y = \left(\frac{\partial M}{\partial y}\right)_x$，该式是 z 为状态函数必要而充分的条件。

（1）$d\omega = ydx - xdy$，式中 $M = y$，$N = -x$，则 $\left(\frac{\partial N}{\partial x}\right)_y = -1$，$\left(\frac{\partial M}{\partial y}\right)_x = 1$。由于 $\left(\frac{\partial N}{\partial x}\right)_y \neq \left(\frac{\partial M}{\partial y}\right)_x$，则该函数不具有全微分性质，不是状态函数。

（2）$d\omega = ydx + xdy$，即 $M = y$，$N = x$，则 $\left(\frac{\partial N}{\partial x}\right)_y = 1$，$\left(\frac{\partial M}{\partial y}\right)_x = 1$。由于 $\left(\frac{\partial N}{\partial x}\right)_y = \left(\frac{\partial M}{\partial y}\right)_x$，则该函数具有全微分性质，是状态函数。

（3）$dQ_{rev} = dU + pdV$，U 可以作为由 T 和 V 两个独立参数表示的函数，即 $U = U(T, V)$，则 $dU = \left(\frac{\partial U}{\partial V}\right)_T dV + \left(\frac{\partial U}{\partial T}\right)_V dT$，故

$$dQ_{rev} = \left[\left(\frac{\partial U}{\partial V}\right)_T + p\right] dV + \left(\frac{\partial U}{\partial T}\right)_V dT$$

即 $M = \left[\left(\frac{\partial U}{\partial V}\right)_T + p\right]$，$N = \left(\frac{\partial U}{\partial T}\right)_V$，则 $\left(\frac{\partial M}{\partial T}\right)_V = \frac{\partial^2 U}{\partial T \partial V} + \left(\frac{\partial p}{\partial T}\right)_V$，$\left(\frac{\partial N}{\partial V}\right)_T = \frac{\partial^2 U}{\partial T \partial V}$。

由于 $\left(\frac{\partial p}{\partial T}\right)_V$ 一般是不等于零的，即 $\left(\frac{\partial M}{\partial T}\right)_V \neq \left(\frac{\partial N}{\partial V}\right)_T$，所以该函数不具有全微分性质，$Q_{rev}$ 不是状态函数，为了明显区别，常写成 $dQ_{rev} = dU + pdV$。

[例 5-9] 表明，凡状态函数均具有全微分性质，即具有全微分性质是状态函数的充要条件。依此条件便可判别函数是否为状态函数。

【例 5-10】 已知固体铜在 500K 时的 V_m、α、κ_T 的值分别为：$V_m = 0.007\ 115 m^3/kmol$，$\alpha = 5.42 \times 10^{-5} K^{-1}$，$\kappa_T = 8.37 \times 10^{-12} Pa^{-1}$。（1）确定 $C_{m,p} - C_{m,V}$ 的值；（2）如果在这个温度时的 $C_{m,p} = 26.15 kJ/(kmol \cdot K)$，当假定 $C_{m,p} = C_{m,V}$ 时造成的误差百分数是多少？

解：

（1）$C_{m,p} - C_{m,V}$ 的值。由 $C_{m,p} - C_{m,V} = \frac{TV_m \alpha^2}{\kappa_T}$，得

$$C_{m,p} - C_{m,V} = \frac{500 \times 0.007\,115 \times (5.42 \times 10^{-5})^2}{8.37 \times 10^{-12} \times 10^3} = 1.249[\mathrm{kJ/(kmol \cdot K)}]$$

（2）假定$C_{m,p}=C_{m,V}$时的误差百分数。由$C_{m,p}-C_{m,V}=1.249\mathrm{kJ/(kmol \cdot K)}$，得$C_{m,p}=C_{m,V}-1.249=26.15-1.249=24.90[\mathrm{kJ/(kmol \cdot K)}]$。因此，当假定$C_{m,p}=C_{m,V}$时造成的误差百分数为

$$\frac{1.249}{24.90} = 0.050 = 5\%$$

[例5-10]表明，当温度足够高时，不能假定固体物质的$C_{m,p}=C_{m,V}$。但是，当温度较低时，这种假设带来的误差是不大的。若已知铜在200K时$V_m=0.007\,029\mathrm{m^3/kmol}$，$\alpha=4.56\times10^{-5}\mathrm{K^{-1}}$，$\kappa_T=7.48\times10^{-12}\mathrm{Pa^{-1}}$，$C_{m,p}=22.8\mathrm{kJ/(kmol \cdot K)}$，则误差为$\frac{0.390}{22.8-0.390}=0.017=1.7\%$。可见，误差已足够小了。

本例的计算提供了一种算法。由于要准确地测量固体或液体的$C_{m,V}$值是非常困难的，因此可以先在固定压力下测出固体或液体的$C_{m,p}$值，再利用比热容差公式按本例给出的方法求出$C_{m,p}-C_{m,V}$的值，从而进一步算出$C_{m,p}$值。

思考题

5-1　实际气体性质和理想气体性质差异产生的原因是什么？在什么条件下才可以把实际气体看作理想气体？

5-2　压缩因子Z的物理意义是什么？能否将Z当作常数处理？

5-3　范德瓦尔方程的精度不高，但是在实际气体状态方程的研究中，范德瓦尔方程的地位却很高，为什么？

5-4　范德瓦尔方程中的物性常数a和b可以由实验数据拟合得到，也可以由物质的T_{cr}、p_{cr}、v_{cr}计算得到。需要较高的精度时采用哪种方法，为什么？

5-5　如何看待维里方程？一定条件下的维里系数可通过理论计算，为什么维里方程没有得到更广泛的应用？

5-6　自由能和自由焓的物理意义是什么？两者的变化量在什么条件下会相等？

5-7　什么是特性函数？试说明$u=u(s,p)$是否是特性函数。

5-8　常用的热系数有哪些？是否有共性？

5-9　如何利用状态方程和热力学一般关系式求取实际气体的Δu、Δh、Δs？

5-10　实际气体的热力学能、焓、熵的一般关系式可否用于不可逆过程？

5-11　试根据c_p-c_V的一般关系式分析水的比定压热容和比定容热容的关系。

5-12　什么叫热系数？它们在研究物质热力性质中有什么意义？

5-13　试讨论由实验确定的热系数，对求解物质熵变化、焓变化及热力学能变化起什么作用？

5-14　对应态原理和通用压缩因子图适用于什么样的情况？

习 题

5-1 试将R-K方程 $p=\frac{R_gT}{v-b}-\frac{a}{T^{0.5}v(v+b)}$ 表示成维里方程的形式。

5-2 证明定量流体的比定压热容和比定容热容之比为 $\gamma=c_p/c_V=(\partial V/\partial p)_T/(\partial V/\partial p)_s$。

5-3 体积为0.25m^{3}的容器中，储有10MPa、−70℃的NH_3。若将其加热到37℃，试用通用压缩因子图估算终态的比体积和压力。

5-4 试把伯特洛（Bethelot）方程用对应态形式表示，用临界参数表示常数 a、b，并与范德瓦尔方程的 a、b 值比较。伯特洛方程为 $\left(p+\frac{a}{Tv^2}\right)(v-b)=RT$。

5-5 管路中输送9.5MPa、55℃的C_2H_6（乙烷）。若C_2H_6在定压下温度升高到110℃，为保证原来输送的质量流量，试用通用压缩因子图计算C_2H_6的流速提高了多少倍？

5-6 0.5kg的CH_4在0.005m^{3}容器内的温度为100℃。试用下列方法分别计算CH_4的压力：(1) 理想气体状态方程；(2) 范德瓦尔方程。

5-7 导出R-K方程的维里方程形式。

5-8 试推导 $\left(\frac{\partial T}{\partial v}\right)_u$、$\left(\frac{\partial h}{\partial s}\right)_v$、$\left(\frac{\partial u}{\partial p}\right)_T$、$\left(\frac{\partial u}{\partial T}\right)_p$ 的表达式，其中不能包含不可测参数 u、h 及 s。

5-9 已知 $T_{cr}=154.6$K，$p_{cr}=5.05$MPa。用通用压缩因子图确定O_2在160K、0.007 4 m^3/kg时的压力。

5-10 确定30MPa、100℃氩的绝热节流效应 $(\partial T/\partial p)_h$。已知30MPa、100℃氩的 $c_p=27.34$J/(mol·K)。假设100℃时，氩的焓与压力的关系为 $h(p)=h_0+ap+bp^2$，式中 $h_0=2089.2$J/mol，$a=-5.164\times10^{-5}$J/(mol·Pa)，$b=4.786\,6\times10^{-13}$J/(mol·Pa^2)。

5-11 对遵守状态方程 $p(v-b)=R_gT$（b 为一个常数，正值）的气体，试证明：(1) 热力学能只是温度的函数；(2) $c_p-c_V=R_g$；(3) 绝热节流后温度升高。

5-12 试对遵守范德瓦尔方程 $\left(p=\frac{R_gT}{v-b}-\frac{a}{v^2}\right)$ 的气体推导出其比热容差的计算式。

5-13 定温压缩系数 $\mu=-\frac{1}{v}\left(\frac{\partial v}{\partial p}\right)_T$，绝热压缩系数 $\mu_s=-\frac{1}{v}\left(\frac{\partial v}{\partial p}\right)_s$，试证明：比热比 $\gamma=\frac{c_p}{c_V}=\frac{\mu}{\mu_s}$。

5-14 在某理想气体的变化过程中，比热容 c_n 为常数，试证其过程方程为 $pv^n=$常数。式中：$n=\frac{c_x-c_p}{c_x-c_V}$；$p$ 为压力；c_p、c_V 为比定压热容和比定容热容，可取定值。

5-15 某一气体的体积膨胀系数和等温压缩率为 $\alpha_v=\frac{nR}{pV_m}$，$\kappa_T=\frac{1}{p}+\frac{a}{V_m}$。式中：$a$ 为常数；n 为物质的量；R 为通用气体常数。试求该气体的状态方程。

5-16 气体的体积膨胀系数和定容压力温度系数分别为 $\alpha_v=\frac{R}{pV_m}$，$\alpha=\frac{1}{T}$。式中：R 为通用气体常数。试求该气体的状态方程。

5-17　在一般压力、温度范围内的固体膨胀系数α和等温压缩系数κ_T可以看作是常数。对于可以当作简单可压缩物质的固体，试证明：(1) $C_{m,p}$仅是温度的函数；(2) $C_{m,V}$仅是温度的函数。

5-18　对温度为300K、压力为0.1MPa、质量为1mol的铜块进行可逆定温压缩，使其压力提高到100MPa，试确定过程中对铜块所做的功、铜块的熵变化量、传热量、热力学能的变化量以及相应的$C_{m,p}-C_{m,V}$值。已知固体膨胀系数$\alpha=4.92\times10^{-7}K^{-1}$，等温压缩系数$\kappa_T=7.76\times10^{-12}Pa^{-1}$，摩尔体积$V_m=60.00706m^3/kmol$。

5-19　1g水经过一个可逆绝热压缩过程，使压力由0增加到1000at。试计算：起始温度如表5-2所列数值时的温度变化。

表5-2　初始温度及相关参数

序号	温度(℃)	比体积(cm^3/g)	β (K^{-1})	c_p [kJ/(kg·K)]
1	0	1.000	-67×10^{-6}	4.220
2	5	1.000	15×10^{-6}	4.220
3	50	1.012	465×10^{-6}	4.180

5-20　试在下述条件下，列出$\left(\frac{\partial u}{\partial v}\right)_p$、$\left(\frac{\partial p}{\partial v}\right)_s$、$\left(\frac{\partial T}{\partial p}\right)_s$、$\left(\frac{\partial u}{\partial p}\right)_s$、$\left(\frac{\partial s}{\partial p}\right)_T$和$\left(\frac{\partial u}{\partial p}\right)_T$的导数表达式。(1) 用$p$、$v$、$T$、$c_p$、$c_V$及其导数表示；(2) 工质为理想气体。

第6章　气体和蒸汽的流动

气体和蒸汽作为工质，不仅在常规管道内流动，而且要流经特殊结构的通道。在有些热变功的过程中，工质要通过变截面短管以获取相应的能量。此时，工质的热力状态、流速以及几何通道间的关系对能量的转换起着至关重要的作用，需要加以深入分析。其研究方法通常是：取同一截面上某参数的平均值作为该截面上各点该参数的值，使问题简化为沿流动方向上的一维问题；再利用一些基本方程，建立各参数间的关系。流体流经设备时忽略与外界的热交换，将其视为可逆绝热过程，所造成的误差，可利用实验系数进行修正。工质流经绝热节流装置与短管的过程有一定的不同，因此对绝热节流所展现的特性也应加以掌握。本章内容为工程热力学理论在喷管和扩压管中的应用。

6.1　基本要求

(1) 掌握稳定流动的基本方程、声速与马赫数。

(2) 掌握促使喷管流速改变的条件。

(3) 掌握气体与蒸汽在喷管和扩压管中流动的基本特性以及喷管的计算。

(4) 掌握绝热节流及其在工程上的应用以及临界压力比 ε_{cr} 的物理意义。

(5) 掌握不可逆绝热流动时终态参数的变化。

(6) 掌握节流后各参数的变化情况及温度效应。

(7) 熟悉流速系数、滞止参数、焦耳 - 汤姆逊系数及转回温度等现象。

6.2　基本概念

绝热滞止过程：气流掠过物体表面时，由于摩擦、撞击等使气体相对于物体的速度降低为零的现象。此时，若过程可逆，则所对应的热力学参数为滞止参数。

总焓：绝热流动中任一位置气体的焓和流动动能的总和即为绝热滞止焓或总焓。

马赫数：气体的流速与当地声速的比值。符号：M_a。

喷管：使流体的流速升高的短管。

扩压管：使流体的流速降低、压力升高的短管。

力学条件：其他条件一定，管道截面面积不变，改变短管进出口的压差而改变流体的流速。

几何条件：其他条件一定，管道进出口压差固定，改变短管进出口截面面积而改变流体的流速。

喷管的设计计算：根据给定条件（气流初态参数、流量及背压），选择喷管的外形及确定几何尺寸的计算。

喷管的校核计算：已知喷管的形状和尺寸以及不同的工作条件，确定出口流速和通过喷管的流量的计算。

临界压力比：喷管的临界压力与滞止压力之比。符号：ε_{cr}。

有摩阻的绝热流动：因存在摩擦，过程中存在耗散，部分动能转化为热能，并被气流吸收流动。

速度系数：气流实际出口速度与短管内进行可逆过程时出口速度的比值。符号：φ。

能量损失系数：短管内耗散产生的动能损失与理想动能的比值。符号：ξ。

绝热节流：流体流经阀门、孔板等设备时，由于局部阻力，使流体压力下降，称为节流现象。若节流过程是绝热的，则为绝热节流，简称节流。

节流的温度效应：节流后流体的温度变化。

转回温度：节流后温度不变的气体温度。

6.3　重点与难点解析

6.3.1　稳定流动的基本方程及改变流速的条件

工质的流动有稳定与非稳定流动之分。工程上，常见的流动通常为稳定流动或接近稳定流动。因此，以稳定流动为例进行分析。稳定流动的一些基本方程的微分式是研究气体流经短管时，要求的相关参数变化的依据。因此，应掌握一些基本方程的微分式。

1. 基本方程

(1) 连续方程。稳定流动过程中，任一截面的所有参数均不随时间而变，故流经一定截面的质量流量应为定值，不随时间而变。据质量守恒原理，连续方程则为

$$q_{m_1}=q_{m_2}=q_m=\frac{A_1c_{f_1}}{v_1}=\frac{A_2c_{f_2}}{v_2}=\cdots=\frac{Ac_f}{v} \tag{6-1}$$

式（6-1）为连续方程，其微分式为

$$\frac{dA}{A}+\frac{dc_f}{c_f}-\frac{dv}{v}=0 \tag{6-2}$$

式（6-2）描述了短管内的流速、比体积和截面面积之间的变化关系。即对于液体等不可压缩流体（$dv=0$），流体速度的改变取决于截面的改变，截面面积 A 与流速 c_f 成反比；对于气体等可压缩流体，流速的变化取决于截面和比体积的综合变化。连续方程普遍适用于稳定流动过程。

(2) 能量方程。在任一短管内做稳定流动的气体或蒸汽，因不对外放热和做功，且为短管，进出口高度差可忽略，故能量方程式为

$$h_2+\frac{1}{2}c_{f_2}^2=h_1+\frac{1}{2}c_{f_1}^2=\text{常数} \tag{6-3}$$

式（6-3）为简化能量方程，其微分式为

$$dh+d\left(\frac{c_f^2}{2}\right)=0 \tag{6-4}$$

式（6-4）描述了短管内流动的能量变化基本关系式。即气体动能的增加等于气流的焓降；任一截面上工质的焓与其动能之和保持定值，把两者之和定义为一个参数，即总焓或滞止焓（$h_0^*=h+c_f^2/2$）。可逆绝热滞止发生时气体的温度和压力分别称为滞止温度 T_0^* 和滞止压力 p_0^*，它们统称为滞止参数。由滞止温度 T_0^* 和滞止压力 p_0^* 所确定的焓即为滞止焓。那

么在气体的实际温度 T 和压力 p 下，速度为 c_f 时，其滞止温度 T_0^* 和滞止压力 p_0^* 的计算式分别为

$$T_0^* = T + \frac{c_f^2}{2c_p} \tag{6-5}$$

$$p_0^* = p\left(\frac{T_0^*}{T}\right)^{\kappa/(\kappa-1)} \tag{6-6}$$

式（6-5）和式（6-6）为滞止温度 T_0^* 和滞止压力 p_0^* 的表达式。当可逆绝热滞止发生时，气体的温度及压力都要升高，从而使物体的温度及受力状况都受到影响。

（3）过程方程。由于气体在短管内的流动可认为是可逆绝热过程。对理想气体取定比热容时，其过程方程为

$$p_1 v_1^\kappa = p_2 v_2^\kappa = p v^\kappa \tag{6-7}$$

式（6-7）为可逆绝热过程方程，其微分式为

$$\frac{\mathrm{d}p}{p} + \kappa\frac{\mathrm{d}v}{v} = 0 \tag{6-8}$$

式（6-8）原则上只适用于定比热容的理想气体可逆绝热流动过程，但也可用于变比热容的理想气体可逆绝热流动过程，此时取过程范围内的平均值。其反映了理想气体在可逆绝热过程中压力和比体积变化率之间的关系。对蒸汽这类实际气体在短管内的可逆绝热流动过程进行分析时，也可近似采用式（6-8），不过式中 κ 是纯粹的经验值，不具有比热比的物理含义。

（4）声速方程。声速是微弱扰动在连续介质中所产生的压力波传播的速度。在气体介质中，压力波的传播过程可近似看作可逆绝热过程，故声速方程为

$$\alpha = \sqrt{\left(\frac{\partial p}{\partial \rho}\right)_s} = \sqrt{-v^2\left(\frac{\partial p}{\partial v}\right)_s} \tag{6-9}$$

对于理想气体可逆绝热过程，由式（6-8）和式（6-9），可得声速方程为

$$\alpha = \sqrt{\kappa p v} = \sqrt{\kappa R_g T} \tag{6-10}$$

由式（6-8）和式（6-9）可知，声速不是常数，它与气体的性质及其状态有关，是状态参数。在流动过程中，短管各个截面上气体的状态在不断地变化着，所以各个截面上的声速也在不断地变化着。为了区分不同状态下气体的声速，引入了“当地声速”的概念。所谓当地声速，就是所考虑的短管某一截面上的声速。

研究气体流动时，通常把气体的流速与当地声速的比值称为马赫数 M_a，其表达式为

$$M_a = c_f/\alpha \tag{6-11}$$

马赫数是表征气体流动特性的一个很重要的数值。$M_a<1$，表征亚声速流动；$M_a=1$，表征当地声速流动；$M_a>1$，表征超声速流动。亚声速流动与超声速流动的特性有原则性区别。

2. 改变流速的条件

为了使工质实现热力学能到动能的转换，必须使其通过短管，因此要有一定的力差，即满足一定的力学条件；为了获得最大份额的能量转换，短管的结构也要满足一定的条件，即几何条件，以此减少过程的能量损失。只有两个条件都满足，才可以达到想要的目标。

（1）力学条件。由能量方程式、热力学第一定律所得表达式的微分式以及理想气体的声速方程，可得力学条件式为

$$\frac{dp}{p}=-\kappa M_a^2\frac{dc_f}{c_f} \tag{6-12}$$

式（6-12）中 dc_f、dp 的符号始终相反，即气体在短管流动过程中流速增加，则压力下降；如压力升高，则流速必降低。

（2）几何条件。由力学条件、过程方程的微分式以及连续方程，可得几何条件式为

$$\frac{dA}{A}=(M_a^2-1)\frac{dc_f}{c_f} \tag{6-13}$$

当流速变化时，短管截面面积的变化规律不但与流速的变化有关，还与当地马赫数有关。

3. 喷管与扩压管

当气体通过短管，使其流度增加（$dc_f>0$）、压力减小（$dp<0$）时称为喷管；相反，若使其压力增加（$dp>0$）、流速减小（$dc_f<0$）时称为扩压管。喷管的作用是将气流的热力学能转换为动能；扩压管的作用是将气流的动能转换为压力位能。

对于喷管，气流具有一定的压力和温度且流速较低，则喷管截面形状与流速间的关系：①$M_a<1$，亚声速流动，$dA<0$，截面收缩；②$M_a=1$，声速流动，$dA=0$，截面缩至最小，即喉部；③$M_a>1$，超声速流动，$dA>0$，截面扩张。因此，若想只获得声速气流，可采用渐缩型喷管；若想获得超声速气流，则采用缩放喷管——拉瓦尔喷管。声速、流速和比体积的变化规律为：声速一直下降，流速一直增加，当两者相等时，气流达到当地声速。气流在未达到当地声速前，流速的变化梯度大于比体积的；在达到当地声速后，流速的变化梯度小于比体积的。气流的压力和温度由进口到出口一直是下降的。

对于扩压管，超声速气流的入口压力和温度较低，流速很高，则扩压管截面形状与流速间的关系：①$M_a>1$，超声速流动，$dA<0$，截面收缩；②$M_a=1$，声速流动，$dA=0$，截面缩至最小；③$M_a<1$，亚声速流动，$dA>0$，截面扩张。若想获得流速由超声速变为声速的气流且压力有所升高，则采用渐缩型扩压管；若想获得流速低于当地声速的气流且有较高压力，则采用缩放型扩压管。扩压管内声速、流速、比体积、压力和温度的变化与喷管中的正好相反。但缩放型喷管中的气流流动比较复杂，如背压高于出口压力时，易产生激波，不能按理想的可逆绝热流动规律实现流速由亚声速到超声速的连续转变。

喷管与扩压管是两种不同功能的特殊短管，但它们都有实现能量相互转换的功能，特别是喷管，其在工业中应用比较广泛。因此，掌握喷管与扩压管内部气体各参数的变化规律意义重大。喷管与扩压管内气流按可逆绝热流动时各参数的变化规律见表 6-1。

表 6-1　喷管与扩压管内气流按可逆绝热流动时各参数的变化规律

参数	流动特征			
	$M_a<1$（dA 与 dc_f 异号）	$M_a=1$	$M_a>1$（dA 与 dc_f 同号）	$M_a<1\to M_a>1$（喷管） $M_a>1\to M_a<1$（扩压管）
喷管 $dc_f>0$；$dp<0$ $dv>0$；$dT<0$ $dh<0$	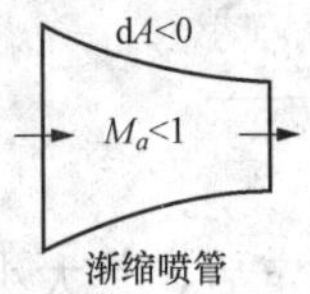 $dA<0$ $M_a<1$ 渐缩喷管	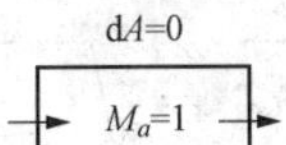 $dA=0$ $M_a=1$	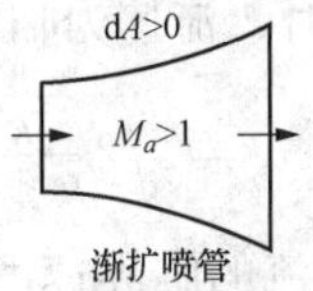 $dA>0$ $M_a>1$ 渐扩喷管	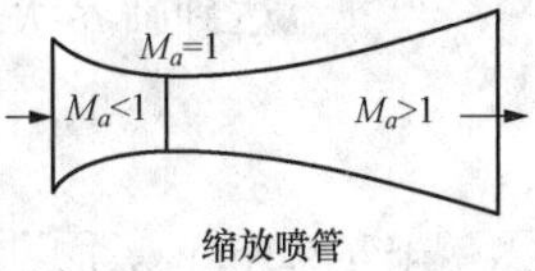 $M_a=1$ $M_a<1$　$M_a>1$ 缩放喷管

续表

参数	流动特征			
	$M_a<1$（dA 与 dc_f 异号）	$M_a=1$	$M_a>1$（dA 与 dc_f 同号）	$M_a<1 \to M_a>1$（喷管） $M_a>1 \to M_a<1$（扩压管）
扩压管 $dc_f<0$；$dp>0$ $dv<0$；$dT>0$ $dh>0$	$dA>0$ $M_a<1$ 渐扩扩压管	$dA=0$ $M_a=1$	$dA<0$ $M_a>1$ 渐缩扩压管	$M_a=1$ $M_a>1$　$M_a<1$ 缩放扩压管

6.3.2　喷管的计算

扩压管的作用与喷管相反，即气体在喷管中流动时，相关参数的变体与扩压管中的相反，因此热力计算主要以喷管为例进行说明。

喷管的计算有两种，即设计和校核计算。两种计算的目标和重点不同，设计计算是在给定相关参数的条件下，确定喷管的外形及几何尺寸；而校核计算恰好相反。

1. 流速计算及其分析

(1) 流速计算。由能量方程得喷管出口流速计算式为

$$c_{f_2}=\sqrt{2(h_0-h_2)}=\sqrt{2(h_1-h_2)+c_{f_1}^2} \tag{6-14}$$

式（6-14）为一般计算式，适用于任何过程。

对于理想气体，若比热容为定值，流动可逆，则流速计算式为

$$c_{f_2}=\sqrt{2\frac{\kappa}{\kappa-1}p_0^*v_0^*\left[1-\left(\frac{p_2}{p_0^*}\right)^{(\kappa-1)/\kappa}\right]}=\sqrt{2\frac{\kappa}{\kappa-1}R_gT_0^*\left[\left(\frac{p_2}{p_0^*}\right)^{(\kappa-1)/\kappa}\right]} \tag{6-15}$$

式（6-15）只有在上述假定条件下才适用，否则会产生误差。由式（6-15）可知，当 $p_2=0$ 时，出口速度达最大，即为 $c_{f_2}=\sqrt{2p_0^*v_0^*/(\kappa-1)}$。实际上这是达不到的，因为压力趋于零时比体积趋于无穷大。

(2) 临界压力比和临界流速。气流在喷管流动，当流速达到当地声速时，其流动达到临界状态，此时所对应的参数称为临界参数，截面称为临界截面。临界压力与入口滞止压力的比值称为临界压力比。

由气流流速与当地声速相等，可得临界压力比计算式为

$$\varepsilon_{cr}=\frac{p_{cr}}{p_0^*}=\left(\frac{2}{\kappa+1}\right)^{\kappa/(\kappa-1)} \tag{6-16}$$

由式（6-16）可知，绝热指数 κ 与工质的特性有关，故临界压力比仅与工质的性质有关。临界压力比是分析管内流动特征的一个重要数值，截面上工质的压力与滞止压力之比等于临界压力比是气流速度从亚声速到超声速的转折点。

当气流达到临界状态时，流速为临界流速，其计算式为

$$c_{cr}=\sqrt{2\frac{\kappa}{\kappa+1}p_0^*v_0^*}=\sqrt{2\frac{\kappa}{\kappa+1}R_gT_0^*} \tag{6-17}$$

式（6-17）表明，气流的临界速度，当工质确定即 κ 确定后，其大小只取决于喷管入口的滞止参数，与出口参数无关，故为状态参数；对理想气体，可认为只取决于滞止温度。

2. 临界流量

根据连续方程，喷管各截面的质量流量相等。但各种形式喷管的流量大小都受最小截面面积控制，因而通常按最小截面面积（渐缩喷管的出口和缩放喷管的喉部截面面积 $A_{\min}$）来计算流量，即渐缩喷管流量 $q_m=A_2c_{f_2}/v_2$；缩放喷管流量 $q_m=A_{\min}c_{f_2,\mathrm{cr}}/v_{\mathrm{cr}}$。

将流速计算式代入流量计算式，分别可得渐缩和缩放喷管的流量计算式为

$$\left.\begin{aligned} q_m &= A_2\sqrt{2\frac{\kappa}{\kappa-1}\frac{p_0^*}{v_0^*}\left[\left(\frac{p_2}{p_0^*}\right)^{2/\kappa}-\left(\frac{p_2}{p_0^*}\right)^{(\kappa+1)/\kappa}\right]} \quad &\text{渐缩喷管}\\ q_m &= A_{\min}\sqrt{2\frac{\kappa}{\kappa+1}\left(\frac{2}{\kappa+1}\right)^{2/(\kappa-1)}\frac{p_0^*}{v_0^*}} \quad &\text{缩放喷管}\end{aligned}\right\} \tag{6-18}$$

由式（6-18）可知，当工质一定且出口截面面积 A_2 及进口截面参数保持不变时，质量流量只与 p_2/p_0^* 有关。对渐缩喷管，若背压 $p_b>p_{cr}$ 时，$p_b=p_2$，p_b 下降，p_2 也下降，q_m 增大；当 $p_b=p_2=p_{cr}$ 时，流量达到最大，即 $q_m=A_2\sqrt{2\kappa/(\kappa+1)(p_0^*/v_0^*)[2/(\kappa+1)]^{2/(\kappa-1)}}$，即为临界流量；当 $p_b<p_{cr}$ 时，$p_2=p_{cr}$，p_b 下降，流量不变，仍为临界流量。对缩放喷管，在正常工作条件下，$p_b<p_{cr}$，喉部截面处气流速度为当地声速，其流量为 $q_m=A_{\min}\sqrt{2\kappa/(\kappa+1)(p_0^*/v_0^*)[2/(\kappa+1)]^{2/(\kappa-1)}}$。尽管在喉部后气流速度达到超声速，喷管截面面积扩大，但据质量守恒原理其截面上的质量流量与喉道处相等，因此流量保持不变，如图 6-1中曲线 bc。

但如果出口截面面积 A_2 保持不变，随着 p_2 下降，将使实际所需的喉道面积减小，则会出现流量减小，如图 6-1 中虚线所示。这种情况只有在缩放喷管中才有可能出现。

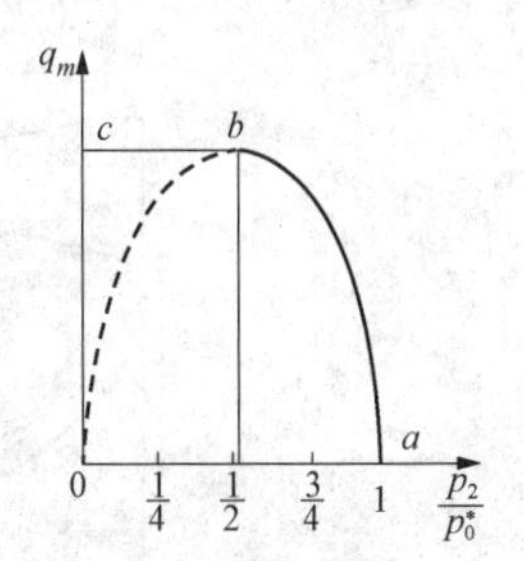

图 6-1 喷管流量与压力比关系

3. 喷管形状确定和尺寸计算

设计喷管的目的：确定喷管几何形状，保证气流充分膨胀的几何条件。

（1）喷管形状确定。喷管形状的最终确定要根据实际需求，但通常只有两种选择：当背压 $p_b\geqslant p_{cr}$，即 $p_b/p_0^*\geqslant p_{cr}/p_0^*=\varepsilon_{cr}$ 时，选择渐缩喷管；当背压 $p_b<p_{cr}$，即 $p_b/p_0^*<p_{cr}/p_0^*=\varepsilon_{cr}$ 时，选择缩放喷管。

（2）喷管尺寸计算。对于渐缩喷管，只需确定出口截面面积 $A_2=q_m\frac{v_2}{c_{f_2}}$；对于缩放喷管，需要确定喉部面积、出口截面面积及渐扩部分的长度，即 $A_{\min}=q_{m,\mathrm{cr}}\frac{v_{\mathrm{cr}}}{c_{f,\mathrm{cr}}}$，$A_2=q_{m,\mathrm{cr}}\frac{v_2}{c_{f_2}}$ 以及 $l=\frac{d_2-d_{\min}}{2\tan(\varphi/2)}$（$\varphi=10°\sim12°$）。

设计计算的内容：已知初参态数（p_1，t_1，c_{f_1}）、流量 q_m 和背压 p_b，确定喷管的类型和喷管的几何尺寸。要求：所设计的喷管类型和几何尺寸符合气流可逆绝热膨胀所需的截面变化，保证气流充分膨胀，并使出口压力 p_2 降到所需压力值，实现将已知气流所具有的内部储存能量充分转换为动能的目的。

校核计算内容：已知喷管类型、几何尺寸、初态参数及背压，确定出口流速及喷管的流量。要求：在给定的条件下，气流的速度和流量满足设计要求。

6.3.3　背压变化时喷管内流动过程简析

气流在喷管内流动时除受力学条件和几何条件影响外，还在很大程度上受背压变化的影响。不同类型的喷管，影响的程度也不同。

1. 渐缩喷管

对于渐缩喷管，当背压发生变化时，出口压力、背压和临界压力间存在以下关系：

（1）当 $p_b>p_{cr}$时，气流完全膨胀，$p_b=p_2>p_{cr}$，如图 6-2 中 AB 过程所示。

（2）当 $p_b=p_{cr}$时，气流完全膨胀，$p_b=p_2=p_{cr}$，如图 6-2 中 AC 过程所示。

（3）当 $p_b<p_{cr}$时，气流膨胀不足，$p_2\geqslant p_{cr}>p_b$，如图 6-2 中 ACD 过程所示。

2. 缩放喷管

除与渐缩喷管有相同之处外，缩放喷管还有其独特之处。在设计工况下，喉部处于临界状态，收缩段内为亚声速流动，扩张段内为超声速流动，如图 6-3 中 ABC 过程所示。

（1）当 $p_b=p_2$ 时，气流完全膨胀，$p_b=p_2<p_{cr}$，如图 6-3 中 ABC 过程所示。

（2）当 $p_b<p_2$ 时，气流膨胀不足，$p_b<p_2<p_{cr}$，如图 6-3 中 $ABCD$ 过程所示。

（3）当 $p_b>p_2$ 时，气流过度膨胀（在 E 处产生正激波，气流速度下降为亚声速，按扩压管升压至背压流出喷管），如图 6-3 中 $ABEFC$ 过程所示。如果气体受到强压缩扰动，就会形成压缩扰动波，即扰动波在其极薄的面上引起气体压强、密度、温度及气体质点速度发生明显的变化。其变化过程为不可逆的绝热过程。这样的强压缩扰动波称为激波。如在空气中以超声速飞行的物体或超声速气流遇到障碍物时也会形成激波。

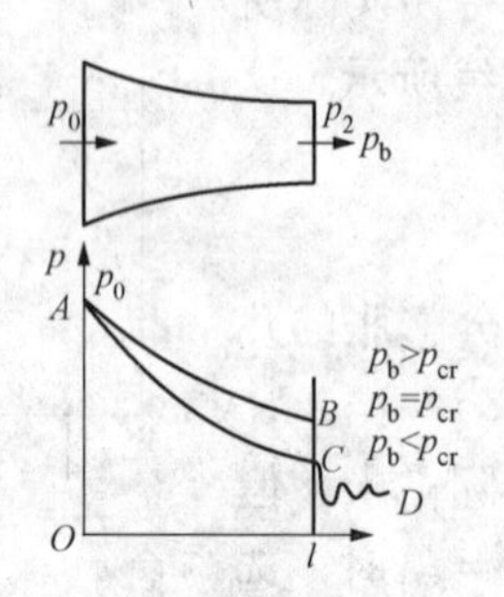

图 6-2　渐缩喷管中压力变化

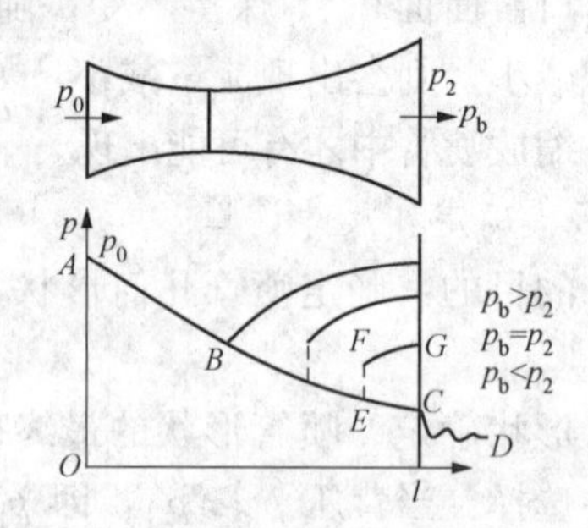

图 6-3　缩放喷管中压力变化

6.3.4　有摩阻的绝热流动及节流

在实际工程中，气流在管道内流动时都存在摩阻，可视为不可逆的绝热流动。因此，存在着一定的能量损失。

1. 有摩阻的绝热流动

由于不可逆流动使气流的流速下降，部分高品位的动能变成低品位的热能，并被气流吸收，造成能量的损失。因此，用速度系数和能量损失系数表示能量的损失程度。

（1）速度系数。速度系数反映了因摩擦使流速与理想状态相比下降的程度，其表达式为

$$\varphi=\frac{c_{f_{2'}}}{c_{f_2}} \tag{6-19}$$

式（6-19）表明，φ越小，摩阻越大，不可逆程度越大，流速下降得就越多，反之亦然。

（2）能量损失系数。能量损失系数反映了有摩阻时与理想情况相比能量损失的程度，其表达式为

$$\xi=\frac{c_{f_2}^2-c_{f_{2'}}^2}{c_{f_2}^2}=1-\varphi^2 \tag{6-20}$$

式（6-20）表明，ξ越大，摩阻越大，不可逆程度越大，能量损失得就越多，反之亦然。这也反映了能量损失系数与速度系数的关系。

2. 绝热节流

绝热节流简称节流，其过程为典型的不可逆过程。

（1）节流的特点。节流的特点表现在以下几个方面：

1）节流过程为不可逆过程，即 $S_2>S_1$；

2）节流前后流体的焓不变，即 $h_2=h_1$，但节流过程中焓是变化的；

3）节流后压力下降、比体积增大，即 $p_2<p_1$、$v_2>v_1$；

4）对于理想气体，$h=f(T)$，焓值不变，则温度也不变，即 $T_2=T_1$。

（2）节流的温度效应。实际气体节流过程的温度变化比较复杂，节流后温度可以降低、升高及不变，视节流时气体所处的状态及压降的大小而定。节流过程的温度变化，由焓值不变时温度对压力的微分关系即焦耳-汤姆逊系数$(\partial T/\partial p)_h$ 进行分析，即表达式为

$$\mu_J=\left(\frac{\partial T}{\partial p}\right)_h=\frac{T\left(\frac{\partial v}{\partial T}\right)_p-v}{c_p} \tag{6-21}$$

式（6-21）为焦耳-汤姆逊系数计算式，也称节流微分效应。其表明了气流在节流过程中单位压力变化时的温度变化。当压力变化量为定值时，温度的变化量又称积分效应，即 $\Delta T=\int\mu_J\mathrm{d}p$ 。由于节流后压力总是下降的，即 $\mathrm{d}p<0$，因此温度变化就有不同的情况，即：

1）若$\mu_J>0$，$T_2<T_1$，节流后温度下降，为冷效应。

2）若$\mu_J<0$，$T_2>T_1$，节流后温度上升，为热效应。

3）若$\mu_J=0$，$T_2=T_1$，节流后温度不变，为零效应。

节流后温度不变的气体温度为转回温度。不同压力对应不同的转回温度。在 T-p 图上把不同压力下的转回温度连接起来就构成了一条连续的曲线，称为转回曲线，如图 6-4 所示。转回温度也可通过实验测定。

转回曲线将图 6-4 分为两个区域，即冷效应区（$\mu_J>0$，转变曲线与温度轴包围的区域）和热效应区（$\mu_J<0$，转变曲线与温度轴包围区域之外的区域）。节流过程状态 1 在热效应区，而状态点 2 可以在冷效应区，也可以在热效应区，这时节流温度效应还与 $\mathrm{d}p$ 有关。图 6-4 中 12_c 为热效应，12_d 为零效应，12_e 为冷效应。大多数实际气体节流后温度是降低的，因此可获得冷源和使气体液化。但对于临界温度极低的气体，如 H_2 和 He，它们的最大转回温度很低，约为-80℃和-236℃，故在常温下节流后的温度不但不降低，反而会升高。

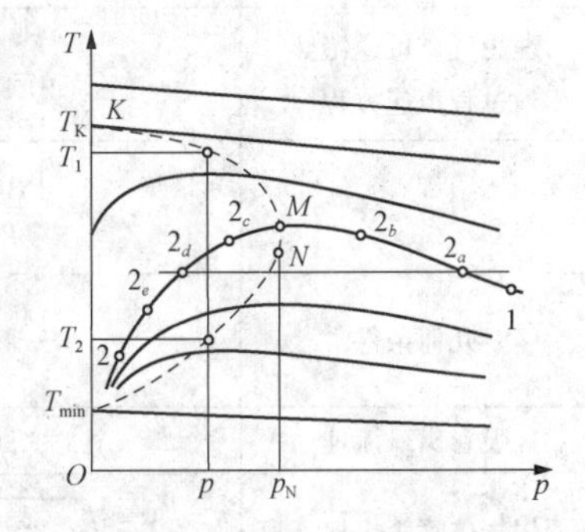

图 6-4　节流过程 T-p 图及回转曲线

转回曲线斜率为无穷大时所对应的压力称为最大回转压力 p_N，如图 6-4 所示。气体在大于 p_N的压力范围内不会发生节流冷效应。在小于 p_N 的

压力范围内的任一定压线与转回曲线有两个交点，对应温度为上转回温度 T_1 和下转回温度 T_2。在 $p \to 0$ 时，$T_1 = T_K$ 为最大转回温度，$T_2 = T_{min}$ 为最小转回温度。流体温度大于 T_K 或小于 T_{min} 时，不会发生节流冷效应。可见，节流过程对不同气体温度变化是不同的，在实际工程中可以很好地利用。

(3) 节流的工程应用。节流的工程应用主要体现在以下几个方面：

1) 利用节流的温度效应，使工质节流后产生低温，液化各种气体，便于储存和运输。

2) 利用节流测量流体的流量。

3) 利用节流调节气量，控制透平机的输出功率。

4) 利用节流测量湿气干度。

5) 蒸汽电厂可以利用节流提高蒸汽的过热度，避免膨胀后蒸汽湿度增加。

虽然节流过程在一定程度上会带来方便，但因节流过程是一典型的不可逆过程，会造成㶲损失，因此非必需使用时应尽量避免使用。

6.4 公 式 汇 总

本章在学习中应熟练掌握和运用的基本公式，见表 6-2。

表 6-2　　第 6 章基本公式汇总

项目	表达式	备注
连续方程微分式	$\frac{dA}{A}+\frac{dc_f}{c_f}-\frac{dv}{v}=0$	反映管道内的流速、比体积和截面面积之间的变化关系
能量方程微分式	$dh+d\left(\frac{c_f^2}{2}\right)=0$	反映了管道内流动的能量变化基本关系
可逆绝热过程方程微分式	$\frac{dp}{p}+\kappa\frac{dv}{v}=0$	反映了理想气体在可逆绝热过程压力和比体积变化率间的关系
声速方程	$a=\sqrt{\left(\frac{\partial p}{\partial \rho}\right)_s}=\sqrt{-v^2\left(\frac{\partial p}{\partial v}\right)_s}$	声速不是常数，它与气体的性质及其状态有关，是状态参数
理想气体可逆绝热过程声速方程	$a=\sqrt{\kappa pv}=\sqrt{\kappa R_g T}$	只适用于理想气体
力学条件	$\frac{dp}{p}=-\kappa M_a^2\frac{dc_f}{c_f}$	气体在短管内实现能量转换的条件之一
几何条件	$\frac{dA}{A}=(M_a^2-1)\frac{dc_f}{c_f}$	气体在短管内实现能量转换的条件之一
喷管出口流速	$c_{f_2}=\sqrt{2(h_1-h_2)+c_{f_1}^2}$	适用于任何过程
理想气体喷管出口流速	$c_{f_2}=\sqrt{2\frac{\kappa}{\kappa-1}p_0^* v_0^*\left[1-\left(\frac{p_2}{p_0^*}\right)^{(\kappa-1)/\kappa}\right]}$	若比热容为定值，流动可逆
临界压力比	$\varepsilon_{cr}=\frac{p_{cr}}{p_0^*}=\left(\frac{2}{\kappa+1}\right)^{\kappa/(\kappa-1)}$	仅与工质的性质有关
临界流速	$c_{cr}=\sqrt{2\frac{\kappa}{\kappa+1}p_0^* v_0^*}$	工质确定即 κ 确定后，其大小只取决于喷管入口的滞止参数，与出口参数无关

续表

项目	表达式	备注
渐缩喷管流量	$q_m=A_2\sqrt{2\frac{\kappa}{\kappa-1}\frac{p_0^*}{v_0^*}\left[\left(\frac{p_2}{p_0^*}\right)^{\frac{2}{\kappa}}-\left(\frac{p_2}{p_0^*}\right)^{\frac{\kappa+1}{\kappa}}\right]}$	当工质一定且出口截面面积 A_2 及进口截面参数保持不变时，质量流量只与 p_2/p_0^* 有关
缩放喷管流量	$q_m=A_{\min}\sqrt{2\frac{\kappa}{\kappa+1}\left(\frac{2}{\kappa+1}\right)^{2/(\kappa-1)}\frac{p_0^*}{v_0^*}}$	当工质一定且喉部截面面积 $A_{\min}$ 及进口截面滞止参数有关
临界流量	$q_m=A_{\min}\sqrt{2\frac{\kappa}{\kappa+1}\left(\frac{2}{\kappa+1}\right)^{2/(\kappa-1)}\frac{p_0^*}{v_0^*}}$	喷管压力比为临界压力比时的流量，仅与工质的性质、喉部截面面积和滞止参数有关
喉部面积	$A_{\min}=q_{m,\mathrm{cr}}\frac{v_{\mathrm{cr}}}{c_{f,\mathrm{cr}}}$	利用喉部达到临界状态时的参数确定
出口截面面积	$A_2=q_{m,\mathrm{cr}}\frac{v_2}{c_{f_2}}$	对缩放喷管，正常工作时，利用临界流量和出口截面参数确定
渐扩部分长度	$l=\frac{d_2-d_{\min}}{2\tan(\varphi/2)}$	取 $\varphi=10°\sim12°$
速度系数	$\varphi=\frac{c_{f_{2'}}}{c_{f_2}}$	反映了不可逆程度的大小
能量损失系数	$\xi=\frac{c_{f_2}^2-c_{f_{2'}}^2}{c_{f_2}^2}=1-\varphi^2$	反映了不可逆程度的大小以及与速度系数的关系
焦耳-汤姆逊系数	$\mu_J=\left(\frac{\partial T}{\partial p}\right)_h=\frac{T\left(\frac{\partial v}{\partial T}\right)_p-v}{c_p}$	表明了气流在节流过程中单位压力变化时的温度变化

6.5　典型题精解

【例6-1】 试证明：(1) 气体在喷管中绝热流动时，$c_f^2=-v\frac{dh}{dv}\left[\frac{d(\ln A)}{d(\ln c_f)}+1\right]$。(2) 气体在喷管中定熵流动时，$c_f^2=-v^2\left(\frac{\partial p}{\partial v}\right)_s\left[\frac{d(\ln A)}{d(\ln c_f)}+1\right]$，$M_a^2-1=\frac{d(\ln A)}{d(\ln c_f)}$。式中：$M_a=\frac{c_f}{\alpha}$（马赫数）；$\alpha$ 为当地声速；A 为喷管截面面积。

证明：

(1) 根据稳定流动能量方程，结合绝热流动特性，得 $\frac{1}{2}(c_{f_2}^2-c_{f_1}^2)=h_1-h_2$，或 $\frac{dh}{dc_f}=-c_f$，即

$$dh=-c_f dc_f=-c_f^2 d(\ln c_f)=-c_f^2\frac{d(\ln c_f)}{d(\ln v)}\frac{dv}{v}$$

得

$$c_f^2=-v\frac{dh}{dv}\frac{d(\ln v)}{d(\ln c_f)} \tag{6-22}$$

根据连续性方程 $\dot{m}=\frac{Ac_f}{v}=$ 定值，取对数后微分可得

$$\frac{d(\ln v)}{d(\ln c_f)}=\frac{d(\ln A)}{d(\ln c_f)}+1 \tag{6-23}$$

由式（6-22）和式（6-23），得

$$c_f^2=-v\frac{dh}{dv}\left[\frac{d(\ln A)}{d(\ln c_f)}+1\right]$$

（2）由式（6-23），结合可逆绝热流动特性可得

$$c_f^2=-v\left(\frac{\partial h}{\partial v}\right)_s\left[\frac{d(\ln A)}{d(\ln c_f)}+1\right] \tag{6-24}$$

根据特性方程 $dh=Tds+vdp$，得

$$\left(\frac{\partial h}{\partial v}\right)_s=v\left(\frac{\partial p}{\partial v}\right)_s;\left(\frac{\partial h}{\partial p}\right)_s=v \tag{6-25}$$

由式（6-24）和式（6-25）得

$$c_f^2=-v^2\left(\frac{\partial p}{\partial v}\right)_s\left[\frac{d(\ln A)}{d(\ln c_f)}+1\right] \tag{6-26}$$

根据声速计算式 $\alpha=\sqrt{-v^2\left(\frac{\partial p}{\partial v}\right)_s}$，并结合式（6-26）可得

$$M_a^2-1=\frac{d(\ln A)}{d(\ln c_f)} \tag{6-27}$$

[例 6-1] 表明，①当 $M_a<1$（亚声速流动）时，$d(\ln A)/d(\ln c_f)<0$，此时在流动方向上 c_f 随 A 减小而增大，随 A 增大而减小；②当 $M_a=1$（等声速流动）时，$d(\ln A)/d(\ln c_f)=0$，或 $d(\ln A)=0$，即 A=定值；③当 $M_a>1$（超声速流动）时，$d(\ln A)/d(\ln c_f)>0$，此时在流动方向上 c_f 增大则 A 也增大，c_f 减小则 A 也减小。根据证明的全过程及式（6-27）可得出定性结论，见表 6-3。

表 6-3　气体在短管内流动时相关参数变化特性

$M_a<1$ $\frac{d(\ln A)}{d(\ln c_f)}<0$ 亚声速流动		$M_a=1$ $\frac{d(\ln A)}{d(\ln c_f)}=0$ 等声速流动	$M_a>1$ $\frac{d(\ln A)}{d(\ln c_f)}>0$ 超声速流动	
A 减小（渐缩）	A 增大（渐扩）	A 定值（截面不变）	A 增大（渐扩）	A 减小（渐缩）
c_f 增大	c_f 减小	c_f 可增可减	c_f 增大	c_f 减小
h 减小，p 减小	h 增大，p 增大	h 和 p 可增可减	h 减小，p 减小	h 增大，p 增大
$dA<0$；p_1,c_{f_1}；$M_a<1$；$c_{f_2}>c_{f_1}$；p_2,c_{f_2}；$p_2<p_1$；渐缩喷管	$dA>0$；p_1,c_{f_1}；$M_a<1$；$c_{f_2}<c_{f_1}$；p_2,c_{f_2}；$p_2>p_1$；渐扩扩压管	p_1,c_{f_1}；$M_a=1$；p_2,c_{f_2}；$M_a<1$；$M_a>1$；$p_2>p_1$；$c_{f_2}>c_{f_1}$；$p_2<p_1$；p_2,c_{f_2}；p_1,c_{f_1}；亚声速与超声速间相互过渡	$dA>0$；p_1,c_{f_1}；$M_a>1$；$c_{f_2}>c_{f_1}$；p_2,c_{f_2}；$p_2<p_1$；渐扩喷管	$dA<0$；p_1,c_{f_1}；$M_a>1$；$c_{f_2}<c_{f_1}$；p_2,c_{f_2}；$p_2>p_1$；渐缩扩压管

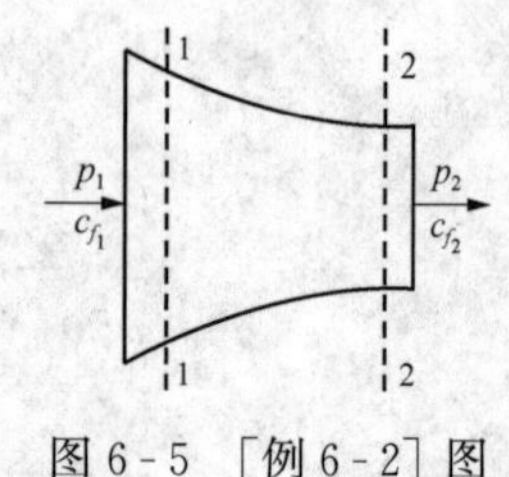

图 6-5 [例 6-2] 图

【例 6-2】 气体以 $\dot{m}=1$kg/s 流经喷管做定熵流动，如图 6-5 所示。在 11 截面处测得气体的参数为 $p_1=0.392$MPa，$t_1=200$℃，$c_{f_1}=20$m/s，在 22 截面处测得气体的压力为 $p_2=0.196$MPa。求：22 截面处的截面面积以及进、出截面处的当地声速，并说明喷管中气体流动的情况。设气体比热容为定值，且 $c_p=1$kJ/(kg·K)，

$c_V = 0.71\text{kJ/(kg·K)}$。

解：

(1) 22截面处气体的状态参数。气体在喷管中做定熵流动，由$pv^{\kappa}=$定值可得

$$T_2 = T_1\left(\frac{p_2}{p_1}\right)^{\frac{\kappa-1}{\kappa}} = 473\times\left(\frac{0.196}{0.392}\right)^{\frac{0.408}{1.408}} = 421(\text{K})$$

按理想气体状态方程，有

$$v_2 = \frac{R_g T_2}{p_2} = \frac{(c_p - c_V)T_2}{p_2} = \frac{(1-0.71)\times 421}{0.196\times 10^6} = 0.622\,9(\text{m}^3/\text{kg})$$

(2) 22截面上的流速。根据稳定流动能量方程，结合可逆绝热流动特性，简化得

$$c_{f_2} = \sqrt{2(h_1-h_2)+c_{f_1}^2} = \sqrt{2c_{p_0}(T_1-T_2)+c_{f_1}^2}$$
$$= \sqrt{2\times 1\times 10^3\times(473-421)+20^2} = 323.1(\text{m/s})$$

(3) 22截面面积。由连续性方程$\dot{m}=\frac{A_2 c_{f_2}}{v_2}$，得

$$A_2 = \frac{\dot{m}v_2}{c_{f_2}} = \frac{1\times 0.622\,9}{323.1} = 19.3(\text{cm}^2)$$

(4) 喷管进口截面面积和出口截面处的当地声速。由理想气体声速计算式$\alpha=\sqrt{\kappa p v}=\sqrt{\kappa R_g T}$，可得喷管进口和出口截面处的当地声速为

$$\alpha_1 = \sqrt{\kappa R_g T_1} = \sqrt{c_V/c_p R_g T_1} = \sqrt{1/0.71\times 0.290\times 10^3\times 473} = 439.5(\text{m/s})$$
$$\alpha_2 = \sqrt{\kappa R_g T_2} = \sqrt{1/0.71\times 0.290\times 10^3\times 421} = 414.6(\text{m/s})$$

(5) 喷管内气体流动情况。由于喷管进口截面处流速$c_{f_1}=20\text{m/s}$，当地声速$\alpha_1=439.5\text{m/s}$，显然，$c_{f_1}<\alpha_1$；出口截面处流速$c_{f_2}=323.1\text{m/s}$，当地声速$\alpha_2=414.6\text{m/s}$，$c_{f_2}<\alpha_2$，故喷管内气体流动处于亚声速状况。

[例6-2] 表明，当进口截面处流速为亚声速时，气流在渐缩管内为喷管流动（否则为扩压管流动），出口截面处的最大流速为声速。若在非出口截面处，则流速为亚声速；即使在出口截面处，若非达到最大流速，也为亚声速流动。

【例6-3】 空气流经喷管做定熵流动，已知进口截面上空气参数为$p_1=0.7\text{MPa}$、$t_1=947℃$，出口截面上的压力p_2分别为0.5、0.369 6、0.12MPa，质量流量$\dot{m}=0.5\text{kg/s}$，试选择喷管外形，计算出口截面处的流速、声速及出口截面面积。设$c_p=1.004\text{kJ/(kg·K)}$，$R_g=0.287\text{kJ/(kg·K)}$，$\kappa=1.4$。

解：

(1) $p_2=0.5\text{MPa}$时，根据压力比确定喷管外形。按气体实现完全膨胀$p_2=p_b$（喷管出口环境压力及背压）。根据已知条件有$\frac{p_b}{p_1}=\frac{p_2}{p_1}=\frac{0.5}{0.7}=0.714>\varepsilon_{cr}$。空气的临界压力比$\varepsilon_{cr}=0.528$，所以选用渐缩喷管。

出口截面上的流速

$$c_{f_2} = \sqrt{2\frac{\kappa}{\kappa-1}R_g T_1\left[1-\left(\frac{p_2}{p_1}\right)^{\frac{\kappa-1}{\kappa}}\right]}$$
$$= \sqrt{2\times\frac{1.4}{1.4-1}\times 0.287\times 10^8\times 1220\times\left[1-\left(\frac{0.5}{0.7}\right)^{\frac{0.4}{1.4}}\right]} = 473.98(\text{m/s})$$

出口截面上的声速

$$\alpha=\sqrt{\kappa R_g T_2}=\sqrt{\kappa T_1\left(\frac{p_2}{p_1}\right)^{\frac{\kappa-1}{\kappa}}}=\sqrt{1.4\times0.287\times10^8\times1220\times\left(\frac{0.5}{0.7}\right)^{\frac{0.4}{1.4}}}=667.28(\text{m/s})$$

出口截面面积

$$A_2=\frac{\dot{m}v_2}{c_{f_2}}=\frac{\dot{m}}{c_{f_2}}\frac{R_gT_2}{p_2}=\frac{\dot{m}}{c_{f_2}}\frac{R_g}{p_2}T_1\left(\frac{p_2}{p_1}\right)^{\frac{\kappa-1}{\kappa}}$$

$$=\frac{0.5\times0.287\times10^3}{473.98\times0.5\times10^6}\times1220\times\left(\frac{0.5}{0.7}\right)^{\frac{0.4}{1.4}}=0.000\ 671(\text{m}^2)$$

（2）$p_2=0.369\ 6\text{MPa}$ 时，有$\frac{p_b}{p_1}=\frac{p_2}{p_1}=\frac{0.369\ 6}{0.7}=0.528=\varepsilon_{cr}$，选用渐缩喷管，出口截面处空气达到临界状态，得

$$c_{f_2}=c_{cr}=\sqrt{2\frac{\kappa-1}{\kappa}R_gT_1}=\sqrt{2\times\frac{1.4}{1.4+1}\times0.287\times10^3\times1220}=639.14(\text{m/s})$$

$$c_{cr}=\sqrt{\kappa R_gT_2}=\sqrt{\kappa R_gT_1\left(\frac{p_2}{p_1}\right)^{\frac{\kappa-1}{\kappa}}}=\sqrt{1.4\times0.287\times10^3\times\left(\frac{0.369\ 6}{0.7}\right)^{\frac{0.4}{1.4}}\times1220}=639.1(\text{m/s})$$

故临界截面上 $c_{f_2}\approx c_{cr}$，则

$$A_2=\frac{\dot{m}v_2}{c_{f_2}}=\frac{\dot{m}R_g}{c_{f_2}p_2}T_1\left(\frac{p_2}{p_1}\right)^{\frac{\kappa-1}{\kappa}}=\frac{0.5\times0.287\times10^3}{639.14\times0.369\ 6\times10^6}\times1220\times\left(\frac{0.369\ 6}{0.7}\right)^{\frac{0.4}{1.4}}=6.17(\text{cm}^2)$$

（3）$p_2=0.12\text{MPa}$ 时，有$\frac{p_b}{p_1}=\frac{p_2}{p_1}=\frac{0.12}{0.7}=0.171\ 4<\varepsilon_{cr}$，故选用缩放喷管。

出口截面上的流速

$$c_{f_2}=\sqrt{2\frac{\kappa}{\kappa-1}R_gT_1\left[1-\left(\frac{p_2}{p_1}\right)^{\frac{\kappa-1}{\kappa}}\right]}$$

$$=\sqrt{\frac{1.4}{1.4-1}\times0.287\times10^3\times1220\times\left[1-\left(\frac{0.12}{0.7}\right)^{\frac{0.4}{1.4}}\right]}=984.96(\text{m/s})$$

出口截面面积

$$A_2=\frac{\dot{m}v_2}{c_{f_2}}=\frac{\dot{m}R_g}{c_{f_2}p_2}T_1\left(\frac{p_2}{p_1}\right)^{\frac{\kappa-1}{\kappa}}=\frac{0.5\times0.287\times10^3}{984.96\times0.12\times10^6}\times1220\times\left(\frac{0.12}{0.7}\right)^{\frac{0.4}{1.4}}=8.95(\text{cm}^2)$$

最小截面上的流速等于临界流速，即

$$c_{cr}=\sqrt{2\frac{\kappa}{\kappa+1}R_gT_1}=\sqrt{2\times\frac{1.4}{1.4+1}\times0.287\times10^3\times1220}=639.14(\text{m/s})$$

最小截面面积

$$A_{min}=\frac{\dot{m}v_{cr}}{c_{cr}}=\frac{\dot{m}R_g}{c_{cr}p_{cr}}T_1v_{cr}^{\frac{\kappa-1}{\kappa}}=\frac{0.5\times0.287\times10^3}{639.14\times0.369\ 6\times10^6}\times1220\times\left(\frac{0.369\ 6}{0.7}\right)^{\frac{0.4}{1.4}}=6.175(\text{cm}^2)$$

[例 6-3] 表明，由（1）与（2）计算结果可知，在渐缩喷管中初态参数及流量不变时，p_2 减小，所需要的 A_2 也随之减小；由（3）计算结果可知，在缩放喷管中，气体由亚声速流动过渡到超声速流动。因此，对喷管外形的选择，应根据实际所需且通过计算进行校核。

【例 6-4】 在压缩空气输气管上接一渐缩喷管，用阀门来调节喷管前空气的压力。已知喷管前空气温度 $t_1=27℃$，喷管外环境压力 $p_b=0.1\text{MPa}$，求：当压力 p_1 分别为 0.15、

0.189 4、0.25MPa时，喷管出口截面上空气的压力及流速。设 $c_p=1.004\text{kJ/(kg}\cdot\text{K)}$，$R_g=0.287\text{kJ/(kg}\cdot\text{K)}$，$\kappa=1.4$，$c_{f_1}\approx0$。

解：

(1) 当 $p_1=0.15\text{MPa}$ 时，根据已知条件，得 $\frac{p_b}{p_1}=\frac{0.1}{0.15}=0.667>\varepsilon_{cr}$（空气 $\varepsilon_{cr}=0.528$）。按气体在喷管内实现完全膨胀，$p_2=p_b=0.1\text{MPa}$，则出口截面上的流速

$$c_{f_2}=\sqrt{2\frac{\kappa}{\kappa-1}R_gT_1\left[1-\left(\frac{p_2}{p_1}\right)^{\frac{\kappa-1}{\kappa}}\right]}=\sqrt{\frac{1.4}{1.4-1}\times0.287\times10^3\times300\times\left[1-\left(\frac{0.1}{0.15}\right)^{\frac{0.4}{1.4}}\right]}$$
$$=256.89(\text{m/s})$$

(2) 当 $p_1=0.189\,4\text{MPa}$ 时，有 $\frac{p_b}{p_1}=\frac{1}{1.894}=0.528=\varepsilon_{cr}$。按气体在喷管内实现完全膨胀，$p_2=p_b=0.1\text{MPa}$，则出口截面上的流速等于临界流速，即

$$c_{f_2}=c_{cr}=\sqrt{2\frac{\kappa}{\kappa-1}R_gT_1}=\sqrt{\frac{1.4}{1.4+1}\times0.287\times10^3\times300}=316.94(\text{m/s})$$

(3) 当 $p_1=0.25\text{MPa}$ 时，$\frac{p_b}{p_1}=\frac{0.1}{0.25}=0.4<\varepsilon_{cr}$，对于渐缩喷管，其最大膨胀能力 $\varepsilon=\varepsilon_{cr}$ 或 $\frac{p_2}{p_1}=0.528$，故 $p_2=0.528p_1=0.132\text{MPa}$。而 $p_b=0.1\text{MPa}$，故 $p_2\neq p_b$，则气体流出喷管后的过程是自由膨胀。相应地，出口截面上的流速等于临界流速，即

$$c_{f_2}=c_{cr}=\sqrt{2\frac{\kappa}{\kappa-1}R_gT_1}=\sqrt{2\times\frac{1.4}{1.4+1}\times0.287\times10^3\times300}=316.94(\text{m/s})$$

[例6-4] 与 [例6-3] 的解题思路类似。只是 [例6-4] 不必进行选择喷管的外形，而是利用临界压力比判别气流在喷管内的流动状态。

【例6-5】 保持压力 $p_1=0.16\text{MPa}$、温度 $t_1=17℃$ 的空气，经一喷管进入压力保持在 $p_b=0.1\text{MPa}$ 的某装置中。试确定喷管的外形，并计算该喷管出口截面上空气的流速。如果在运行中由于工况的改变使该装置的压力由 $p_b=0.1\text{MPa}$ 降到 $p_b'=0.05\text{MPa}$，求此时该喷管出口截面上空气的流速。设空气 $R_g=0.287\text{kJ/(kg}\cdot\text{K)}$，$\kappa=1.4$。

解：

(1) 选择喷管的外形。根据已知条件得 $\frac{p_b}{p_1}=\frac{0.1}{0.16}=0.625>\varepsilon_{cr}$（空气 $\varepsilon_{cr}=0.528$），因此应选用渐缩喷管。按气体在管内实现完全膨胀，有 $p_2=p_b=0.1\text{MPa}$。

(2) 出口截面上的流速

$$c_{f_2}=\sqrt{2\frac{\kappa}{\kappa-1}R_gT_1\left[1-\left(\frac{p_2}{p_1}\right)^{\frac{\kappa-1}{\kappa}}\right]}$$
$$=\sqrt{\frac{1.4}{1.4-1}\times0.287\times10^3\times290\times\left[1-\left(\frac{0.1}{0.16}\right)^{\frac{0.4}{1.4}}\right]}=271(\text{m/s})$$

(3) 工况改变后，由题意得 $\frac{p_b'}{p_1}=\frac{0.05}{0.16}=0.312<\varepsilon_{cr}$。根据渐缩喷管的最大膨胀能力，其出口截面上压力达到临界压力，即 $p_2=p_{cr}=p_1\varepsilon_{cr}=0.16\times0.528=0.084\,5(\text{MPa})$，可知 $p_2>p_b'$，则由 p_2 至 p_b' 的压力降只能在喷管外进行自由膨胀，即

$$c_{f_2}=c_{cr}=\sqrt{2\frac{\kappa}{\kappa-1}R_gT_1}=\sqrt{2\times\frac{1.4}{1.4+1}\times0.287\times10^3\times290}=311.7(\mathrm{m/s})$$

[例 6-5] 表明，利用喷管入口和背压参数，对该喷管的形状进行确定。由于该喷管的出口压力未知，故设空气经该喷管实现完全膨胀，即认为出口压力与背压相同。该条件的认定是合理的，且对解题至关重要。

【例 6-6】 空气流经喷管做定熵流动。已知进口截面上空气参数为 $p_1=0.8\mathrm{MPa}$、$t_1=20℃$，出口环境压力 $p_b=0.1\mathrm{MPa}$。(1) 选用渐缩喷管，出口截面面积 $A_2=20\mathrm{mm}^2$时，计算流量及出口截面上流速；(2) 选用缩放喷管，最小截面面积 $A_{min}=20\mathrm{mm}^2$时，计算流量、出口截面上流速及出口截面面积。设空气 $R_g=0.287\mathrm{kJ/(kg\cdot K)}$，$\kappa=1.4$。

解：由理想气体状态方程得

$$v_1=\frac{R_gT_1}{p_1}=\frac{0.287\times10^3\times293}{0.8\times10^6}=0.1051(\mathrm{m^3/kg})$$

(1) 选用渐缩喷管。由题意得$\frac{p_b}{p_1}=\frac{0.1}{0.8}=0.125<\varepsilon_{cr}$（空气 $\varepsilon_{cr}=0.528$）。渐缩喷管最大膨胀能力 $p_2=p_{cr}$，故该喷管出口截面上空气处于临界状态，流速等于临界流速，流量等于最大流量，即

$$c_{f_2}=c_{cr}=\sqrt{2\frac{\kappa}{\kappa+1}R_gT_1}=\sqrt{2\times\frac{1.4}{1.4+1}\times0.287\times10^3\times293}=313.3(\mathrm{m/s})$$

$$\dot{m}=\dot{m}_{max}=A_2\sqrt{2\frac{\kappa}{\kappa+1}\left(\frac{2}{\kappa+1}\right)^{\frac{2}{\kappa-1}}\frac{p_1}{v_1}}$$

$$=0.00002\times\sqrt{2\times\frac{1.4}{1.4+1}\times\left(\frac{2}{1.4+1}\right)^{\frac{2}{0.4}}\times\frac{0.8\times10^6}{0.1051}}=0.0378(\mathrm{kg/s})$$

(2) 选用缩放喷管。出口截面上的流速为

$$c_{f_2}=\sqrt{2\frac{\kappa}{\kappa-1}R_gT_1\left[1-\left(\frac{p_2}{p_1}\right)^{\frac{\kappa-1}{\kappa}}\right]}$$

$$=\sqrt{2\times\frac{1.4}{1.4-1}\times0.287\times10^3\times293\times\left[1-\left(\frac{0.1}{0.8}\right)^{\frac{0.4}{1.4}}\right]}=514(\mathrm{m/s})$$

渐缩喷管流量可按最小截面上的参数计算，此时流量为最大流量，即

$$\dot{m}=\dot{m}_{max}=A_{min}\sqrt{2\frac{\kappa}{\kappa+1}\left(\frac{2}{\kappa+1}\right)^{\frac{2}{\kappa-1}}\frac{p_1}{v_1}}$$

$$=0.0002\times\sqrt{2\times\frac{1.4}{1.4+1}\times\left(\frac{2}{1.4+1}\right)^{\frac{2}{0.4}}\times\frac{0.8\times10^6}{0.1051}}=0.0378(\mathrm{kg/s})$$

出口截面面积

$$A_2=\frac{\dot{m}}{\sqrt{2\frac{\kappa}{\kappa-1}\frac{p_1}{v_1}\left[\left(\frac{p_2}{p_1}\right)^{\frac{2}{\kappa}}-\left(\frac{p_2}{p_1}\right)^{\frac{\kappa+1}{\kappa}}\right]}}$$

$$=\frac{0.0378}{\sqrt{2\times\frac{1.4}{1.4-1}\frac{0.8\times10^6}{0.1051}\times(0.125^{1.48}-0.125^{1.7})}}=35(\mathrm{mm^2})$$

［例6-6］表明，喷管无论什么外形，当气体流动速度达到或超过当地声速后，喷管的流量达到最大值，即为通流面积最小处的临界流量。而且临界流量取决于气流的性质、入口参数和最小截面面积。若以本例的条件，无论是渐缩喷管还是缩放喷管，最小截面面积处的流量相等。

【例6-7】 氦气从恒定压力 $p_1=0.689\,7\text{MPa}$、温度 $t_1=26.67℃$ 的储气罐内流入一喷管。如果喷管效率 $\eta_N=95\%$，求喷管内静压力 $p_2=0.138\text{MPa}$ 处的流速为多少？其他条件相同，只是工质由氦气改为空气时，其流速又为多少？设氦气及空气的比热容均为定值，$c_{p,\text{He}}=5.234\text{kJ/(kg·K)}$，$c_{p,\text{空气}}=1.004\text{kJ/(kg·K)}$。

解：

（1）氦气由储气罐流入喷管，初速度很小，因此可看作为零。根据喷管效率定义可得

$$\eta_N=\frac{h_1-h_2'}{h_1-h_2}=\frac{c_p(T_1-T_2')}{c_p(T_1-T_2)}$$

$$T_2'=T_1-\eta_N(T_1-T_2)$$

根据定熵过程参数间关系可得

$$T_2=T_1\left(\frac{p_2}{p_1}\right)^{\frac{\kappa-1}{\kappa}}$$

氦气为单原子气体，$\kappa=1.667$，故 $T_2=299.67\times\left(\frac{1.38}{6.897}\right)^{\frac{0.667}{1.667}}=157.41\text{（K）}$，则有

$$T_2'=299.67-0.95\times(299.67-157.41)=164.52(\text{K})$$

$$c_{f_2}'=\sqrt{2(h_1-h_2')}=\sqrt{2c_{p,\text{He}}(T_1-T_2')}$$

$$=\sqrt{2\times5.234\times10^3\times(299.67-164.52)}=1189(\text{m/s})$$

（2）工质为空气（双原子气体），$\kappa=1.4$，则

$$T_2=T_1\left(\frac{p_2}{p_1}\right)^{\frac{\kappa-1}{\kappa}}=299.67\times\left(\frac{1.38}{6.897}\right)^{\frac{0.4}{1.4}}=189(\text{K})$$

$$T_2'=T_1-\eta_N(T_1-T_2)=299.67-0.95\times(299.67-189)=194.67(\text{K})$$

$$c_{f_2}'=\sqrt{2(h_1-h_2')}=\sqrt{2c_{p,\text{空气}}(T_1-T_2')}$$

$$=\sqrt{2\times1.004\times10^3\times(299.67-194.6)}=459(\text{m/s})$$

［例6-7］表明，对于初始条件相同，出口压力相等的理想气体，κ 或 R_g 值大的气体，在流动中将得到大的流速，所以在高速风洞中常用氦气作为工作流体。同时，通过上面各例的计算结果可知，理想气体在喷管中做定熵流动，当喷管的出口压力 p_2、进口压力 p_1（或滞止压力 p_0）、背压 p_b、喷管外形、工质性质改变时，气体的流动特性（如状态参数、流速、声速、流量等）也随之改变。

【例6-8】 空气在0.1MPa的压力和30℃的温度下，以200m/s速度在一风道中流动。若经绝热变化到流速为零的滞止状态，求定熵滞止状态的温度和压力。设空气比定压热容 $c_p=1\text{kJ/(kg·K)}$。

解： 空气在该状态下具有理想气体性质，其滞止温度为

$$T_0^*=T+\frac{c_f^2}{2c_p}=(273+30)+\frac{200^2}{2\times1\times10^3}=323(\text{K})$$

滞止压力由定熵过程参数间关系得

$$p_0^* = p\left(\frac{T_0^*}{T}\right)^{\frac{\kappa}{\kappa-1}} = 0.1\times\left(\frac{323}{303}\right)^{\frac{1.4}{1.4-1}} = 0.125(\text{MPa})$$

[例 6-8] 表明，正确理解滞止参数的概念，是解决本例问题的关键。在利用过程初、终态参数关系时，温度的单位一定为绝对温标单位。

【例 6-9】 燃气轮装置中产生的燃气状态参数为 $p_1=0.8\text{MPa}$、$t_1=900℃$。若燃气经一缩放喷管定熵地流入压力为 0.1MPa 的空间。已知喷管的最小截面面积为 $A_{\min}=10\text{cm}^2$，求：(1) 喷管的出口截面面积；(2) 喷管的最小截面面积处至出口截面处的长度。设燃气 $R_g=0.287\text{kJ/(kg·K)}$，$\kappa=1.34$。

解：

(1) 喷管的出口截面面积。由喷管流量计算式，得

$$A_2 = \dot{m}\bigg/\sqrt{2\frac{\kappa}{\kappa-1}\frac{p_1}{v_1}\left[\left(\frac{p_2}{p_1}\right)^{\frac{2}{\kappa}}-\left(\frac{p_2}{p_1}\right)^{\frac{\kappa+1}{\kappa}}\right]}$$

对缩放喷管，有

$$\dot{m} = \dot{m}_{\max} = A_{\min}\sqrt{2\frac{\kappa}{\kappa+1}\left(\frac{2}{\kappa+1}\right)^{\frac{2}{\kappa-1}}\frac{p_1}{v_1}}$$

故

$$A_2 = \frac{A_{\min}\sqrt{2\frac{\kappa}{\kappa+1}\left(\frac{2}{\kappa+1}\right)^{\frac{2}{\kappa-1}}\frac{p_1}{v_1}}}{\sqrt{2\frac{\kappa}{\kappa-1}\frac{p_1}{v_1}\left[\left(\frac{p_2}{p_1}\right)^{\frac{2}{\kappa}}-\left(\frac{p_2}{p_1}\right)^{\frac{\kappa+1}{\kappa}}\right]}} = A_{\min}\sqrt{\frac{\kappa-1}{\kappa+1}\frac{\left(\frac{2}{\kappa+1}\right)^{\frac{2}{\kappa-1}}}{\left[\left(\frac{p_2}{p_1}\right)^{\frac{2}{\kappa}}-\left(\frac{p_2}{p_1}\right)^{\frac{\kappa+1}{\kappa}}\right]}}$$

$$= 10\times10^{-4}\times\sqrt{\frac{1.34-1}{1.34+1}\times\frac{\left(\frac{2}{1.34+1}\right)^{\frac{2}{0.34}}}{\left(\frac{0.1}{0.8}\right)^{\frac{2}{1.34}}-\left(\frac{0.1}{0.8}\right)^{\frac{2.34}{1.34}}}} = 17.7(\text{cm}^2)$$

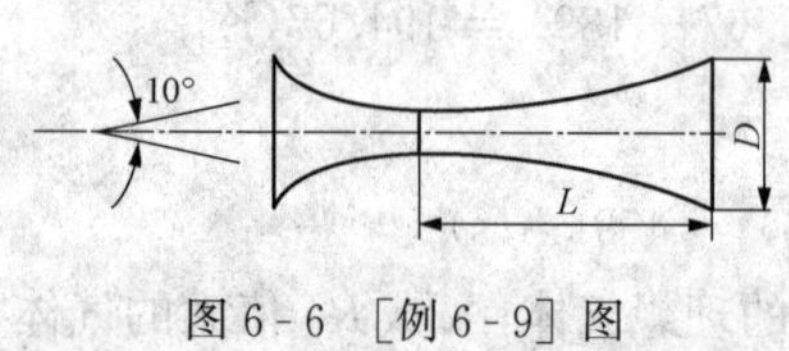

图 6-6 [例 6-9] 图

(2) 由最小截面面积处至出口截面处的长度。若取缩放喷管渐扩部分的锥角 $\alpha=10°$，由图 6-6 可得 $L=\dfrac{D_2-D_{\min}}{2\tan\dfrac{\alpha}{2}}$。

因为 $D_2=\sqrt{\frac{4}{\pi}A_2}=\sqrt{\frac{4}{\pi}\times17.7}=4.75$ (cm)，且 $D_{\min}=\sqrt{\frac{4}{\pi}A_{\min}}=\sqrt{\frac{4}{\pi}\times10}=3.57$ (cm)，故

$$L = \frac{D_2-D_{\min}}{2\tan\left(\frac{\alpha}{2}\right)} = \frac{4.75-3.75}{2\tan5} = \frac{4.75-3.75}{2\times0.0875} = 6.74(\text{cm})$$

[例 6-9] 表明，缩放喷管渐扩段长度主要取决于最小截面面积、出口面积和顶锥角 α 的大小，而顶锥角 α 的取值通常为 10°～12°。

【例 6-10】 初压 $p_1=0.9807\text{MPa}$、初温 $t_1=300℃$的蒸汽，可逆绝热地流经渐缩喷管，进入 $p_b=0.5884\text{MPa}$ 的空间，绝热指数 $\kappa=1.3$。假定蒸汽的初速度 c_{f_1} 可以忽略不计，喷管出口截面面积为 30cm^2，求：(1) 喷管出口截面上的蒸汽参数、出口流速及通过喷管的质量流量各为多少？(2) 若空间压力 $p_b=0.09807\text{MPa}$ 时，喷管出口截面上蒸汽的参数、出口流速及通

过喷管的质量流量又各为多少？（3）若流动过程中有摩擦损失，上述各量有何变化，与（1）相比是增大还是减小？（4）当速度系数 $\varphi=0.95$ 时，（3）中的动能损失及熵增量为多少？

解：

（1）查水和蒸汽性质表得 $p_1=0.9807\text{MPa}$、$t_1=300℃$，此时蒸汽为过热蒸汽。取$\varepsilon_{cr}=[2/(\kappa+1)]^{\kappa/(\kappa-1)}=0.546$，故 $p_{cr}=\varepsilon_{cr}p_1=0.546\times0.9807=0.5355\ (\text{MPa})<p_b=0.5884\ (\text{MPa})$，则 $p_2=p_b=0.5884\text{MPa}$。由此可绘制出相应的过程，如图6-7所示。

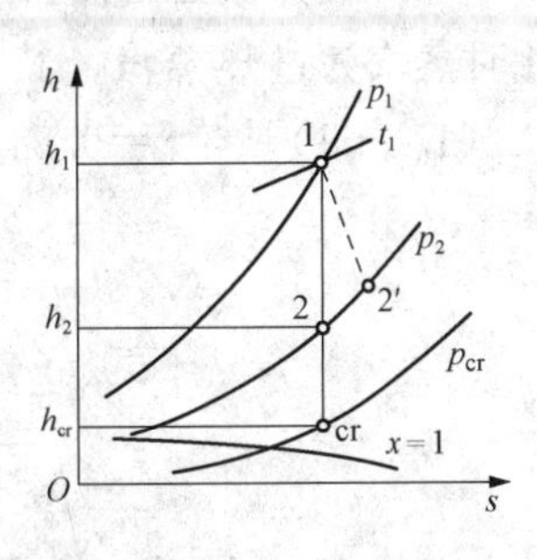

图6-7 ［例6-10］图

查水和蒸汽性质表得 $p_1=0.9807\text{MPa}$、$t_1=300℃$时，$h_1=3052\text{kJ/kg}$，$v_1=0.2632\text{m}^3/\text{kg}$。

由状态1并结合12可逆绝热过程的特性及 $p_2=0.5884\text{MPa}$，得 $h_2=2932\text{kJ/kg}$，$t_2=234℃$，$v_2=0.389\text{m}^3/\text{kg}$。

喷管出口流速

$$c_{f_2}=\sqrt{2(h_1-h_2)}=\sqrt{2\times(3052-2923)\times10^3}=508(\text{m/s})$$

通过喷管的质量流量

$$\dot{m}=\frac{A_2c_{f_2}}{v_2}=\frac{30\times10^{-4}\times508}{0.389}=3.92(\text{kg/s})$$

（2）当 $p_b=0.09807\text{MPa}$ 时，$p_b<p_{cr}=0.53554\text{MPa}$。对渐缩喷管，$p_2=p_{cr}=0.53554\text{MPa}$，由状态1并结合12可逆绝热过程的特性及 $p_2=0.53554\text{MPa}$，得 $h_{cr}=2910\text{kJ/kg}$，$v_{cr}=0.420\text{m}^3/\text{kg}$，$t_{cr}=227℃$，则有

$$c_{cr}=\sqrt{2(h_1-h_{cr})}=\sqrt{2\times(3052-2910)\times10^3}=533(\text{m/s})$$

$$\dot{m}=\frac{A_2c_{cr}}{v_{cr}}=\frac{30\times10^{-4}\times533}{0.420}=3.81(\text{kg/s})$$

（3）若流动过程中有摩擦损失，从图6-7所示的h-s图可知，$h_{2'}>h_2$，则 $c_{f_{2'}}<c_{f_2}$；因摩阻而生成的热量被工质所吸收，故 $t_{2'}>t_2$，$v_{2'}>v_2$，相应的质量流量必定减小。

（4）当速度系数 $\varphi=0.95$ 时，气流实际速度为 $c_{f_{2'}}=\varphi c_{f_2}=0.95c_{f_2}$，（3）中的动能损失及熵增量分别为

$$\Delta e_k=\frac{c_{f_2}^2-c_{f_{2'}}^2}{2}=\frac{1}{2}(1-0.95^2)c_{f_2}^2=\frac{1}{2}\times(1-0.95^2)\times508^2=12.58(\text{kJ/kg})$$

$$h_{2'}=h_2+(1-\varphi^2)(h_1-h_2)=2932+0.0975\times(3052-2932)=2936(\text{kJ/kg})$$

由 $p_2=0.5884\text{MPa}$，$h_{2'}=2936\text{kJ/kg}$，查水和蒸汽性质表，得 $s_2=7.1344\text{kJ/(kg}\cdot\text{K)}$，$s_{2'}=7.1504\text{kJ/(kg}\cdot\text{K)}$，则熵增量为

$$\Delta s=s_{2'}-s_2=7.1504-7.1344=0.016[\text{kJ/(kg}\cdot\text{K)}]$$

［例6-10］表明，蒸汽通过渐缩喷管时，若过程可逆，则质量流量和流速均大于不可逆过程的质量流量和流速，而焓值则小于不可逆过程的焓值。其中，摩擦热又被蒸汽吸收而造成能量贬值，即能量损失。如果继续降低出口背压 p_b，蒸汽流在喷管外进行膨胀，则造成管内膨胀不充分，且起不到对蒸汽流加速的作用。因此，通过本例可加深对蒸汽在渐缩喷管中的流动特性的掌握。

【例6-11】 蒸汽按$pv^{1.3}$=定值的规律流经缩放喷管。已知进口截面上蒸汽参数为 $p_1=2.0\text{MPa}$、$t_1=325℃$，出口截面上压力为 $p_2=0.36\text{MPa}$，蒸汽的质量流量 $\dot{m}=7.5\text{kg/s}$，

求：(1) 临界截面面积和出口截面面积；(2) 出口处冷凝水的过冷度。

解：

(1) 临界截面面积和出口截面面积。由 $p_1=2.0\text{MPa}$、$t_1=325℃$，查水和蒸汽性质表，此时蒸汽为过热蒸汽，其比体积为 $v_1=0.132\text{m}^3/\text{kg}$。临界压力比 $\varepsilon_{cr}=[2/(\kappa+1)]^{\kappa/(\kappa-1)}=[2/(1.3+1)]^{1.3/0.3}=0.546$，则临界参数

$$p_{cr}=p_1\varepsilon_{cr}=2.0\times0.546=1.092(\text{MPa})$$

$$c_{cr}=\sqrt{2\frac{\kappa}{\kappa-1}p_1v_1\left[1-\left(\frac{p_{cr}}{p_1}\right)^{\frac{\kappa-1}{\kappa}}\right]}$$

$$=\sqrt{2\times\frac{1.3}{1.3-1}\times2.0\times10^6\times0.132\times\left[1-\left(\frac{1.092}{2.0}\right)^{\frac{0.3}{1.3}}\right]}=546(\text{m/s})$$

$$v_{cr}=\left(\frac{p_1}{p_{cr}}\right)^{\frac{1}{\kappa}}v_1=\left(\frac{2.0}{1.091}\right)^{\frac{1}{1.3}}\times0.132=0.21(\text{m}^3/\text{kg})$$

临界截面面积

$$A_{cr}=\frac{\dot{m}v_{cr}}{c_{cr}}=\frac{7.5\times0.21}{546}=28.9(\text{cm}^2)$$

出口参数

$$c_{f_2}=\sqrt{2\frac{\kappa}{\kappa-1}p_1v_1\left[1-\left(\frac{p_2}{p_1}\right)^{\frac{\kappa-1}{\kappa}}\right]}$$

$$=\sqrt{2\times\frac{1.3}{1.3-1}\times2.0\times10^6\times0.132\times\left[1-\left(\frac{0.36}{2.0}\right)^{\frac{0.3}{1.3}}\right]}=864.7(\text{m/s})$$

$$v_2=\left(\frac{p_1}{p_2}\right)^{\frac{1}{\kappa}}v_1=\left(\frac{2.0}{0.36}\right)^{\frac{1}{1.3}}\times0.132=0.494(\text{m}^3/\text{kg})$$

出口截面面积

$$A_2=\frac{\dot{m}v_2}{c_{f_2}}=\frac{7.5\times0.494}{864.7}=42.85(\text{cm}^2)$$

(2) 出口处冷凝水的温度

$$T_2=T_1\left(\frac{p_2}{p_1}\right)^{\frac{\kappa-1}{\kappa}}=598\times\left(\frac{0.36}{2.0}\right)^{\frac{1.3-1}{1.3}}=402.6(\text{K})\ 或\ t_2=129.6℃$$

由 $p_2=0.36\text{MPa}$，查饱和蒸汽性质表得饱和温度 $t_{s,2}=139.9℃$，则过冷度为

$$\Delta t=t_{s,2}-t_2=139.9-129.6=10.3(℃)$$

[例 6-11] 表明，蒸汽按 $pv^{1.3}=$定值（可逆绝热）的规律流经缩放喷管时，达到当地声速的位置在最小截面面积处。当出口压力为 0.36MPa、温度为 129.6℃时，可能存在亚稳态蒸汽状态或液态。若为液态，则表明蒸汽在缩放喷管中已经发生了相变，所采用的计算式是否适用？请读者自行分析。

【例 6-12】 压力 $p_1=1.5\text{MPa}$、温度 $t_1=250℃$、质量流量 $\dot{m}=1.5\text{kg/s}$ 的蒸汽经阀门被节流到 $p_{1'}=0.7\text{MPa}$，然后与 $\dot{m}_2=3.5\text{kg/s}$、$p_2=0.7\text{MPa}$、$x_2=0.97$ 的湿蒸汽混合。试确定：(1) 蒸汽混合物的状态；(2) 若节流前蒸汽的流速 $c_{f_1}=18\text{m/s}$，输送该蒸汽的管路内径为多少？

解：

(1) 蒸汽混合物的状态。据 $p_1=1.5\text{MPa}$、$t_1=250℃$，查水和蒸汽性质表可知蒸汽为过热蒸汽，且 $h_1=2928\text{kJ/kg}$，$v_1=0.15\text{m}^3/\text{kg}$。由节流过程基本特性可知，节流前后的焓值相等，即 $h_1=h_{1'}=2928\text{kJ/kg}$。

混合前过热蒸汽的总焓

$$\dot{H}_{1'}=\dot{m}_1h_{1'}=1.5\times2928=4392(\text{kW})$$

由 $p_2=0.7\text{MPa}$、$x_2=0.97$，查水和蒸汽性质表得 $h_2=2708\text{kJ/kg}$。

混合前，湿蒸汽的总焓

$$\dot{H}_2=\dot{m}_2h_2=3.6\times2708=9748.8(\text{kW})$$

蒸汽混合物的质量流量

$$\dot{m}=\dot{m}_1+\dot{m}_2=1.5+3.6=5.1(\text{kg/s})$$

蒸汽混合物的总焓

$$\dot{H}=\dot{H}_{1'}+\dot{H}_2=4392+9748.8=14\ 141(\text{kW})$$

蒸汽混合物的比焓

$$h=\frac{\dot{H}}{\dot{m}}=\frac{14\ 141}{5.1}=2772.7(\text{kJ/kg})$$

据蒸汽混合物的状态参数 $p=0.7\text{MPa}$、$h=2772.7\text{kJ/kg}$，查水和蒸汽性质表可知，蒸汽混合物处于干饱和蒸汽状态。

(2) 管路内径。据连续性方程 $A=\frac{\dot{m}v}{c_f}=\pi\frac{D^2}{4}$，即

$$D_1=\sqrt{\frac{4}{\pi}\frac{\dot{m}_1v_1}{c_{f_1}}}=\sqrt{\frac{4}{\pi}\times\frac{1.5\times0.15}{18}}=0.126(\text{m})$$

[例6-12] 表明，利用节流的特性，确定节流后混合蒸汽的焓。节流的特性在很多行业中都有应用。因此，对节流前后参数的变化特点应该重点理解和掌握。

【例6-13】 压力 $p_1=1.5\text{MPa}$ 的湿蒸汽经阀门被节流到 0.2MPa、130℃。试确定节流前湿蒸汽的温度和干度各为多少？在这一不可逆过程中，蒸汽熵的变化量为多少？

解：

(1) 节流前，湿蒸汽的温度及干度。

查饱和蒸汽性质表可得，$p_1=1.5\text{MPa}$ 时，$t_s=t_1=198.3℃$，$h_1'=844.6\text{kJ/kg}$，$h_1''=27\ 924\text{kJ/kg}$，$s_1'=2.314\text{kJ/(kg}\cdot\text{K)}$，$s_1''=6.445\text{kJ/(kg}\cdot\text{K)}$。

查水和蒸汽性质表可得，$p_2=0.2\text{MPa}$、$t_2=130℃$时，蒸汽处于过热状态，即 $h_2=2726.9\text{kJ/kg}$，$s_2=7.117\text{kJ/(kg}\cdot\text{K)}$。

由节流过程的基本特性，可知节流前后的焓值相等，即 $h_1=h_2=2726.9\text{kJ/kg}$，而 $h_1=h_1'+x_1\ (h_1''-h_1')$，则有

$$x_1=\frac{h_1-h_1'}{h_1''-h_1'}=\frac{h_2-h_1'}{h_1''-h_1'}=\frac{2726.9-844.6}{2792-844.6}=0.967$$

(2) 过程中蒸汽的熵变化量。

湿蒸汽的熵

$$s_1=s_1'+x_1(s_1''-s_1')=2.314+0.967\times(6.445-2.314)=6.309[\text{kJ/(kg}\cdot\text{K)}]$$

过热蒸汽的熵

$$s_2 = 7.117\text{kJ/(kg·K)}$$

过程中蒸汽的熵变化量

$$\Delta s = s_2 - s_1 = 7.177 - 6.309 = 0.868[\text{kJ/(kg·K)}]$$

[例 6-13] 表明，蒸汽通过节流后，熵的变化量是增加的。该熵增量即为熵产，因此节流过程是典型的不可逆过程。由于节流被视为是绝热的，通过本例计算结果可知，节流前蒸汽处于湿蒸汽状态，而节流后则处于过热状态。该状态是以降低蒸汽能量的品位获得的，存在做功能力的损失。

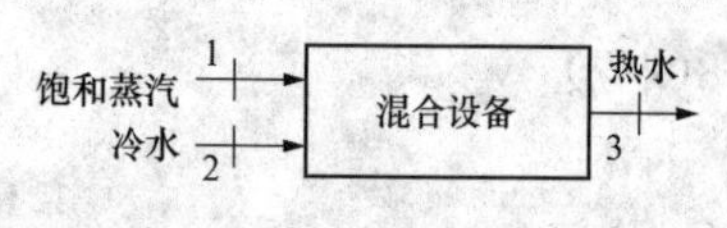

图 6-8 [例 6-15] 图

【例 6-14】 用压力为 0.34MPa 的饱和蒸汽连续地与压力为 0.34MPa、温度为 15℃的冷水相混合，以取得流量为 4kg/s、温度为 80℃的热水流，如图 6-8 所示。已知混合设备的入口及出口管路直径都为 50mm，试确定蒸汽的流速应为多大?

解：按稳定流动能量方程

$$\dot{Q} = \dot{m}\Delta h + \frac{1}{2}\dot{m}\Delta c_f^2 + \dot{m}g\Delta z + \dot{W}_s$$

由题意可知，$\dot{W}_s=0$。假定混合设备是绝热的，$\dot{Q}=0$；设备是足够小的，$\Delta z=0$，故出口热水流的速度为

$$c_{f_3} = \frac{\dot{m}_3 v_3}{A_3}$$

查水和蒸汽性质表可得，$p_3=0.34$MPa、$t_3=80$℃时，$v_3=0.001\ 029\text{m}^3/\text{kg}$，$h_3=355.1$kJ/kg，故

$$c_{f_3} = \frac{4\times 0.001\ 029}{\frac{\pi}{4}\times\left(\frac{50}{1000}\right)^2} = 2.097(\text{m/s})$$

出口热水流的动能

$$\frac{\dot{m}_3 c_{f_3}^2}{2} = \frac{4\times 2.097^2}{2} = 0.008\ 8(\text{kJ/s})$$

可见，出口热水流的动能值很小，可以忽略不计。同理，进口冷水流的动能也可忽略不计。这样，稳定流动能量方程可简化为

$$\dot{m}\Delta h = 0 \text{ 或 } \dot{m}_3 h_3 - (\dot{m}_2 h_2 + \dot{m}_1 h_1) = 0$$

查饱和蒸汽性质表可得，$p_1=0.34$MPa 时，$v_1=v''=0.540\ 6\text{m}^3/\text{kg}$，$h_1=h''=2731.1$kJ/kg。

查水和蒸汽性质表可得，$p_2=0.34$MPa、$t_2=15$℃时，$h_2=63.2$kJ/kg。由质量平衡关系得

$$\dot{m}_2 = \dot{m}_3 - \dot{m}_1 = 4 - \dot{m}_1$$

将稳定流动能量方程与质量平衡联立，得

$$4\times 335.1 - [(4-\dot{m}_1)\times 63.2 + \dot{m}_1\times 2731.1] = 0$$

$$\dot{m}_1 = 0.408(\text{kg/s})$$

蒸汽的流速

$$c_{f_1}=\frac{\dot{m}_1 v_1}{A_1}=\frac{0.408\times0.5406}{\frac{\pi}{4}\times\left(\frac{50}{1000}\right)^2}=112(\text{m/s})$$

［例6-14］表明，在计算过程中，忽略了蒸汽入口的动能 $\Delta E_k=\frac{\dot{m}_1 c_1^2}{2\times1000}=\frac{0.408\times112^2}{2\times1000}=2.56$（kW）。在能量方程中加上该项后，重新确定蒸汽的流量，得 $\dot{m}_1'=0.407\text{kg/s}$。故可忽略动能前后引起蒸汽质量流量的相对误差（小于2.5%）。因此，在工程计算中，忽略动能项，计算结果仍有足够的准确性。

【例6-15】 工作压力范围为0.69～1.02MPa的小型汽轮机，其蒸汽来自装有饱和蒸汽的、容积为17m³的大型绝热容器。当汽轮机工作时，因蒸汽的引入，使容器内压力、温度降低，饱和水蒸发，最后使容器内压力降低到0.69MPa，此时饱和水体积占容器总体积的90%。欲使汽轮机继续工作，需将容器送到压力为1.1MPa的饱和蒸汽站充气，使其压力升高到1.02MPa。试确定充入的饱和蒸汽量。

解：

（1）充汽的能量方程。由蒸汽站向容器充汽，这是一个典型的由压力及温度恒定的汽源向绝热的封闭容器充汽的过程。设 m_1、m_2、u_1、u_2、h''为充汽前后容器内湿蒸汽的质量、比热力学能和饱和蒸汽的比焓。其能量方程为

$$m_2u_2-m_1u_1=h''(m_2-m_1) \tag{6-28}$$

由式（6-28）得

$$\frac{m_2}{m_1}=\frac{u_1-h''}{u_2-h''}=\frac{h''-u_1}{h''-u_2}$$

（2）充汽过程前后容器中湿蒸汽的质量及比热力学能。由已知条件可得 $V_1'=0.9V=m_1'v_1'$，$V_1''=0.1V=m_1''v_1''$，故 $m_1'=\frac{0.9V}{v_1'}$，$m_1''=\frac{0.1V}{v_1''}$。

查饱和蒸汽表可得，$p_1=0.69\text{MPa}$ 时，$v_1'=0.001\,107\,5\text{m}^3/\text{kg}$，$v_1''=0.276\,4\text{m}^3/\text{kg}$，则有

$$m_1'=\frac{0.9\times17}{0.001\,107\,5}=13\,815(\text{kg}),m_1''=\frac{0.1\times17}{0.276\,4}=6.15(\text{kg})$$

故

$$m_1=m_1'+m_1''=13\,815+6.15=13\,821(\text{kg})$$

初始时，湿饱和蒸汽的干度和比热力学能为

$$x_1=\frac{m_1''}{m_1}=0.044\,5\%$$

$$u_1=u_1'+x_1(u_1''-u_1')=693.7+0.000\,445\times(2570.7-693.7)=694.5(\text{kJ/kg})$$

因$\frac{m_2}{m_1}=\frac{h''-u_1}{h''-u_2}$，查饱和蒸汽表可得，$p=1.1\text{MPa}$ 时，$h''=2780.4\text{kJ/kg}$，故

$$\frac{m_2}{m_1}=\frac{2780.4-694.5}{2780.4-u_2}=\frac{2085.9}{2780.4-u_2} \tag{6-29}$$

又

$$V=m_1v_1=m_2v_2 \tag{6-30}$$

联立式（6-29）与式（6-30），有$\frac{m_2}{m_1}=\frac{v_1}{v_2}$，而

$$v_1 = v_1' + x_1(v_1'' - v_1')$$
$$= 0.001\,107\,5 + 0.000\,445 \times (0.276\,4 - 0.001\,107\,5) = 0.001\,23(\mathrm{m^3/kg})$$

故

$$\frac{0.001\,23}{v_2} = \frac{h'' - u_1}{h'' - u_2} = \frac{2085.9}{2780.4 - u_2} \tag{6-31}$$

查饱和蒸汽表可得，$p_2 = 1.02\mathrm{MPa}$ 时，$v_2' = 0.001\,128\,5\mathrm{m^3/kg}$，$v_2'' = 0.190\,66\mathrm{m^3/kg}$，则 $u_2' = 765.3\mathrm{kJ/kg}$，$u_2'' = 2582.4\mathrm{kJ/kg}$，故有

$$v_2 = v_2' + x_2(v_2'' - v_2') = 0.001\,128\,5 + x_2(0.190\,66 - 0.001\,128\,5)$$
$$= 0.001\,128\,5 + 0.189\,53x_2$$
$$u_2 = u_2' + x_2(u_2'' - u_2') = 765.3 + x_2(2582.4 - 765.3) = 765.3 + 1817.1x_2$$

代入式（6-31）得

$$\frac{0.001\,23}{0.001\,128\,5 + 0.189\,53x_2} = \frac{2085.9}{2779.7 - 765.3 - 1817.1x_2}$$
$$x_2 = 0.003\,14$$

则

$$v_2 = 0.001\,128\,5 + 0.189\,53 \times 0.003\,14 = 0.001\,187\,9(\mathrm{m^3/kg})$$

故$\dfrac{m_2}{m_1} = \dfrac{v_1}{v_2} = \dfrac{0.001\,23}{0.001\,187\,9} = 1.035\,4$，则

$$m_2 = 1.035\,4m_1 = 1.035\,4 \times 13\,821 = 14\,311(\mathrm{kg})$$
$$m_2 - m_1 = 14\,311 - 13\,821 = 490(\mathrm{kg})$$

该值为从 1.1MPa 的饱和蒸汽站向绝热容器充入的蒸汽量。

[例 6-15] 表明，在计算蒸汽时，一定要注意其状态，即饱和蒸汽和过热蒸汽为单相，而湿蒸汽为两相。单相蒸汽可按气体处理，而湿蒸汽有液相和气相的各自份额，通常要确定其干度后才能确定其他各状态参数。

思 考 题

6-1 温度相同的空气和氧气，若 $\kappa_{空气} = \kappa_{氧气}$，其声速是否相同？

6-2 气流在可逆绝热流动过程中，各截面上的滞止参数是否相同？为什么？

6-3 简述气体在渐缩喷管内流动时，背压是如何影响的。

6-4 简述气体在缩放喷管内流动时，背压是如何影响的。

6-5 进口参数的变化是如何影响渐缩和缩放喷管内气体流动的？

6-6 阐述喷管和扩压管各自的特点。

6-7 气体在喷管截面渐扩部分（正常工作）为什么还能加速？若为水流则能否加速？为什么？

6-8 喷管、扩压管及节流过程都不可逆，它们的主要区别是什么？

6-9 空气以 2MPa 压力分别经过一渐缩喷管和一缩放喷管而流入大气，若两喷管的出口截面面积相同，且工作正常，则出口流速和流量哪个大？若两喷管各截去距出口距离相同的截面（缩放喷管出口截面面积依然大于喉部截面面积），且工作正常，则出口流速和流量将如何变化？

6-10　理想气体节流后，为什么温度不变？

6-11　实际气体节流后，其温度变化为什么有的升高而有的下降？

6-12　节流前后焓值不变，节流过程中焓值变不变？为什么？

6-13　节流前后焓值不变，与过程的性质是否有关？为什么？

6-14　在喷管流量与压力比关系中，哪种类型的喷管随压力比下降，流量也下降？为什么？

6-15　喷管设计计算的主要原则是什么？

习　题

6-1　气体通过直径为7.62cm的直管定熵地流过动力装置。已知出口处气体的参数为p_1=0.69MPa，u_1=2326kJ/kg，h_1=2559kJ/kg，c_{f_1}=3m/s；出口处h_2=1396kJ/kg，若忽略气体的宏观动能和重力位能的变化，求动力装置所产生的功率。

6-2　空气绝热地流过直管路。已知进口处空气的参数为p_1=0.69MPa，t_1=20℃，c_{f_1}=30m/s；出口处参数为p_2=0.669MPa，t_2=200℃。试确定由于流体黏性摩阻而引起的管内压力降的百分数为多少？

6-3　铸造车间采用水力清砂设备冲洗铸件上的型砂。要求喷枪有较高的流速c_{f_2}=50m/s，用水泵M供应喷枪工作，如图6-9所示。已知水泵M距离水池水面的高度z_1=2m，喷枪距离水池水面的高度z_2=20m；水泵出口内直径d_1=50mm，喷枪口截面内径d_2=10mm；水泵出口到喷枪出口的总阻力损失为20mH_2O，求水泵出口压力p_1应为多少？

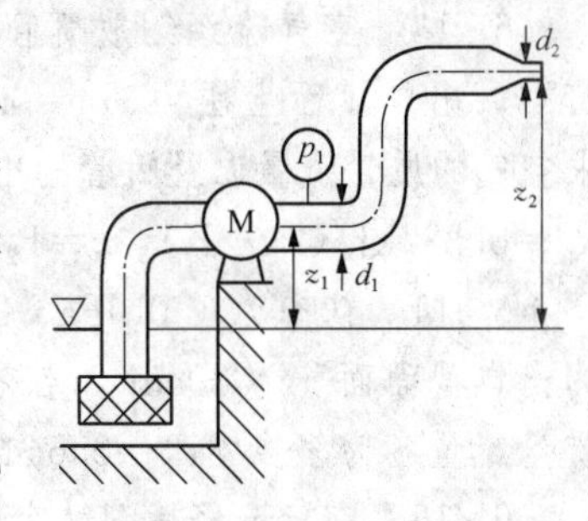

图6-9　习题6-3图

6-4　往复式压气机以$\dot{m}$=120kg/h的质量流量将空气由大气状态p_1=0.1MPa、t_1=15℃压缩至1.0MPa。若排气管内的空气温度t_2=155℃，内径为50mm，进口处空气的速度可以忽略不计。求压气机输入功率为6kW时，压气机与其环境之间的传热量。

6-5　旋转式压气机以$\dot{m}$=2kg/s的质量流量将空气由大气状态p_1=0.1MPa、t_1=15℃压缩至p_2=1.0MPa、t_2=315℃。假定压缩过程是绝热的，空气的进口动能可以忽略，排气管内径为75mm，试计算驱动压气机所需要的功率。

6-6　往复式压气机以$\dot{m}$=500kJ/min的质量流量，将p_1=0.098MPa、t_1=18℃的空气经进气管吸入气缸，压缩至p_2=0.55MPa、t_2=68℃，经排气管输入储气筒。已知进、排气管内径分别为450mm和200mm，驱动压气机的电动机功率为1000kW，试确定：(1)进、排气管中空气的流速为多少？(2)假定由电动机输出的全部能量都传给空气，在压缩过程中空气传出的热流量为多少？

6-7　空气稳定地流经换热器。已知进口处空气的状态为p_1=0.2MPa、t_1=125℃；出口处空气的状态为p_2=0.14MPa、t_2=10℃，质量流量$\dot{m}$=1kg/s，进、排气管的截面面积均为1000cm^2。试确定：(1)空气在进、出口的流速；(2)从空气传出的热流量；(3)进、出口处空气的比热力学能之差。

6-8　燃气稳定地流经燃气轮机。已知进口处燃气的状态为p_1=0.5MPa、t_1=727℃，

$c_{f_1}\approx0$。废气在排气管中均匀流动，其状态为 $p_2=0.1$MPa、$t_2=397$℃，$c_{f_2}=150$m/s，排气截面面积为 1000cm³。假定废气具有燃气的性质，燃气轮机的热损失为其轴功的 5%，求燃气轮机的轴功率。设燃气的 $c_p=1.15$kJ/(kg · K)，$R_g=0.29$kJ/(kg · K)。

6-9 空气流经喷管做定熵流动。已知进口处空气参数为 $p_1=0.6$MPa、$t_1=700$℃，$c_{f_1}=150$m/s，若使出口处空气温度 $t_2=600$℃，质量流量 $\dot{m}=10$kg/s，试确定喷管的外形及出口截面面积。

6-10 某储气罐内盛有压力为 0.16MPa、温度为 17℃的空气。若使空气经喷管定熵地流入压力为 0.1MPa 的大气中，试确定喷管的外形、喷管出口截面处空气的流速及温度。

6-11 某理想气体流经渐缩喷管做定熵流动。已知进口截面上气体参数为 $p_1=2.0$MPa、$t_1=40$℃，$c_{f_1}\approx0$，出口截面面积 $A_2=5\text{cm}^2$。若出口背压 $p_b=1.33$MPa 及 $p_b=1.0$MPa 时，计算其质量流量及出口截面处气体的流速。假定气体比热容为定值且 $c_p=1.013\ 8$kJ/(kg · K)，$c_V=0.724\ 1$kJ/(kg · K)。

6-12 空气流经喷管做定熵流动。已知进口截面上空气参数为 $p_1=3.0$MPa、$t_1=400$℃，$c_{f_1}\approx0$，出口截面上压力 $p_2=0.5$MPa，截面面积 $A_2=50\text{cm}^2$，试确定：(1) 空气的质量流量；(2) 喷管的临界截面面积；(3) 喷管出口截面处的马赫数。设空气 $\kappa=1.4$，$R_g=0.287$kJ/(kg · K)。

6-13 空气流经缩放喷管做定熵流动。已知进口截面上空气参数为 $p_1=0.7$MPa、$t_1=27$℃，出口截面上压力 $p_2=0.103\ 4$MPa，流速 $c_{f_2}=600$m/s，最小截面面积 $A_{\min}=7\text{cm}^2$。求空气的质量流量以及喷管的出口截面面积。设空气的比热容为定值，$c_p=1.004$kJ/(kg · K)，$R_g=0.287$kJ/(kg · K)，$\kappa=1.4$。

6-14 初态为 1.0MPa、27℃的二氧化硫气体在收缩喷管中膨胀到 0.8MPa。已知喷管的出口截面面积为 80cm²，若忽略摩阻损失，试确定气体在喷管中绝热流动和定温流动时的质量流量各为多少？$c_p=0.644$kJ/(kg · K)，$\kappa=1.25$。

6-15 空气流经喷管做定熵流动。已知进口截面上空气参数为 $p_1=0.6$MPa、$t_1=600$℃，$c_{f_1}=120$m/s，出口截面上压力 $p_2=0.101\ 35$MPa，质量流量 $\dot{m}=5$kg/s。求：(1) 喷管出口截面上的温度 t_2、比体积 v_2、流速 c_{f_2} 以及出口截面面积 A_2；(2) 分别计算进口截面和出口截面处的当地声速，并说明喷管中气体流动的情况。设 $c_p=1.004$kJ/(kg · K)，$R_g=0.287$kJ/(kg · K)，$\kappa=1.4$。

6-16 按习题 6-15 所给的条件设计喷管、选择喷管的外形及计算喷管的截面面积。

6-17 空气流经喷管做定熵流动，已知进口截面上空气参数为 $p_1=2.0$MPa、$t_1=150$℃，出口截面马赫数 $M_a=2.6$，质量流量 $\dot{m}=3$kg/s，试确定：(1) 出口截面压力 p_2、温度 t_2、出口截面面积 A_2 及临界截面面积 A_{cr} 各为多少？(2) 若背压 $p_b=1.4$MPa 时，出口截面温度 t_2、马赫数 M_a 及质量流量 $\dot{m}$ 各为多少？设 $c_p=1.004$kJ/(kg · K)，$R_g=0.287$kJ/(kg · K)，$\kappa=1.4$。

6-18 压力为 0.5MPa、温度为 27℃的空气，分别以 100、300、500m/s 的速度流动。当空气完全滞止时，试问空气的滞止温度和滞止压力各为多少，以及滞止作用对气流参数的影响如何？

6-19 氮气自压力为 0.7MPa、温度为 27℃的储气罐内，经由渐缩喷管做定熵流动，流向压力为 0.459 2MPa 的空间。渐缩喷管的出口截面面积为 4cm²。求：(1) 喷管出口截面的状态参数、射出速度和质量流量；(2) 若外界压力降为0.1MPa，求渐缩喷管的各参数及最大质量流量。设氮气比热容为定值且 $c_p=1.038\text{kJ/(kg·K)}$，$R_g=0.296\text{kJ/(kg·K)}$，$\kappa=1.4$。

6-20　空气流经渐缩喷管做定熵流动。已知进口截面上空气的滞止参数为 $p_0^*=0.69\text{MPa}$、$t_0^*=93℃$，出口截面面积为 $A_2=6.45\text{cm}^2$，求出口外环境压力分别为0.55、0.36、0.2MPa时，空气的质量流量。设空气比热容为定值且 $c_p=1.004\text{kJ/(kg·K)}$，$R_g=0.287\text{kJ/(kg·K)}$，$\kappa=1.4$。

6-21　空气流经渐缩喷管做定熵流动。已知进口截面上空气参数为 $p_1=0.6\text{MPa}$、$t_1=700℃$、$c_{f_1}=312.63\text{m/s}$，出口截面面积 $A_2=30\text{mm}^2$。试确定滞止参数、临界参数、最大质量流量，以及达到最大质量流量时的背压为多少？

6-22　在一储气罐内盛有压力为 $p_0=0.7\text{MPa}$、温度为 $t_0=27℃$的氦气，经由渐缩喷管做定熵流动，流向压力为0.4MPa的空间。求：(1) 气体向外的射出速度为多少？(2) 若空间压力为0.1MPa，气体向外射出速度又为多少？(3) 设气体质量流量 $\dot{m}=2\text{kg/s}$ 时，上述两种情况下喷管出口截面面积各为多少？(4) 在 (2) 的情况下，若采用缩放喷管时，喷管出口截面处的流速及截面面积又各为多少？设氦气比热容为定值且 $c_p=5.200\,4\text{kJ/(kg·K)}$，$R_g=2.077\text{kJ/(kg·K)}$，$\kappa=1.67$。

6-23　为了测定高速风洞氮气的质量流量，在内径为25mm的进气管内装一个出口直径为10mm的渐缩喷管。已知上游氮气压力为0.2MPa、温度为27℃，经喷管后的压力为0.19MPa，忽略摩阻损失，试求：(1) 氮气的质量流量；(2) 喷管出口处气流的温度及远离喷管处气流的温度；(3) 喷管进、出口截面间气流的熵增量；(4) 喷管上、下游氮气的熵增量。

6-24　试证明比热容为定值的理想气体，定熵地流过喷管时，滞止温度 T_0 与热力学温度 T、流速 c_f 及马赫数 M_a 之间的关系为 $T_0=T+\dfrac{c_f^2}{2c_p}=\left(1+\dfrac{\kappa-1}{2}M_a^2\right)T$。

6-25　试证明比热容为定值的理想气体，定熵地流过喷管时，滞止压力 p_0^* 与静压力 p、流速 c_f 及马赫数 M_a 之间的关系为 $p_0^*=\left(1+\dfrac{c_f^2}{2c_pT}\right)^{\frac{\kappa}{\kappa-1}}p=\left(1+\dfrac{\kappa-1}{2}M_a^2\right)^{\frac{\kappa}{\kappa-1}}p$。

6-26　试证明比热容为定值的理想气体，定熵地流过喷管时，最大质量流量 $\dot{m}_{\max}$ 与滞止压力 p_0^*、滞止温度 T_0^* 及临界截面面积 A_{cr} 之间的关系为 $\dot{m}_{\max}=\sqrt{\dfrac{\kappa}{R_g}}\dfrac{p_0^*}{\sqrt{T_0^*}}\left(\dfrac{2}{\kappa+1}\right)^{\frac{\kappa+1}{2(\kappa-1)}}A_{cr}$。

6-27　试以理想气体工质为例，证明在 h-s 图上，两条定压线之间的定熵焓降，越向右上方数值越大。

6-28　压力 $p_0=0.8\text{MPa}$、温度 $t_0=223℃$的空气，在喷管中绝热膨胀到 $p_2=0.1\text{MPa}$，质量流量 $\dot{m}=0.3\text{kg/s}$。若存在摩阻损失，已知速度系数 $\varphi=0.94$，试确定喷管出口空气流速及喷管出口截面面积。

6-29　氮气从恒定压力 $p_1=0.7\text{MPa}$、温度 $t_1=27℃$的储气罐内流入一喷管。若取喷管的速度系数 $\varphi=0.95$，求喷管内静压力 $p_2=0.14\text{MPa}$ 处的流速为多少？由于摩阻影响，动能损失又为多少？设氮气比热容为定值且 $c_p=1.038\text{kJ/(kg·K)}$，$\kappa=1.4$。

6-30　压力 $p_0=0.7\text{MPa}$、温度 $t_0=210℃$的空气，经缩放喷管绝热膨胀到出口压力

p_2=0.1MPa、温度 t_2=27℃。试确定喷管效率及出口状态与进口状态间的熵产。

6-31 蒸汽初态为1.569MPa和400℃，经由渐缩喷管做定熵流动流向压力为1.179MPa的空间。渐缩喷管出口截面面积为2cm^2。试求：(1) 喷管出口截面上的状态参数，以及射出速度和质量流量；(2) 若外界压力降为0.098 07MPa时，蒸汽射出速度及质量流量；(3) 若在渐缩喷管出口处连接一段渐扩管，外界压力仍为0.098 07MPa时，蒸汽射出速度、质量流量及渐扩管的出口截面面积。

6-32 初态为10.0MPa和500℃的蒸汽，经一直径为4mm的圆形小孔做定熵流动，流向压力为0.1MPa的空间，求经过小孔时蒸汽的质量流量。

6-33 初态为2.8MPa和500℃，初速为10m/s的蒸汽，在喷管中定熵膨胀到0.15MPa。已知流经喷管的质量流量为2kg/s。试绘制从2.80～0.15MPa整个喷管压力范围内 v、c_f、A 随 p 的变化曲线。

6-34 初态为3.0MPa和300℃的蒸汽在缩放喷管中绝热膨胀到0.5MPa。已知喷管出口蒸汽流速为800m/s，质量流量为14kg/s。假定摩阻损失仅发生在喷管的渐扩部分。试确定：(1) 渐扩部分喷管效率；(2) 喷管出口截面面积；(3) 喷管临界速度。

6-35 从蒸汽总管抽出的蒸汽，经节流到0.098 07MPa和120℃。(1) 当蒸汽总管压力为0.686 5MPa时，求蒸汽的温度及干度；(2) 若节流后蒸汽与0.098 07MPa、200℃的蒸汽混合，混合比为1∶2，混合压力为0.098 07MPa，求混合后的蒸汽状态。

6-36 某蒸汽动力厂汽轮机排出的乏汽状态为 p=0.008MPa、x=0.90，乏汽进入冷凝器定压冷凝成饱和液体。已知乏汽质量流量 $\dot{m}=3.4\times10^5$kg/h，冷却水进口温度为15℃。求冷却水出口温度分别为24℃和30℃时，冷却水质量流量各为多少？计算结果能说明什么问题？

6-37 一台容积为30m^{3}的蒸汽锅炉，其内装有压力为0.7MPa的湿饱和蒸汽。初始时，水和蒸汽占有容积相等。若在一定的时间内从锅炉引出定量的饱和蒸汽，同时向锅炉加入40℃的饱和水15 000kg，该过程中由于加热使锅炉内压力保持不变。经测定，过程终了时留在锅炉内的饱和水只占锅炉总容积的1/4，其余的空间内充满蒸汽。求该过程中向锅炉加入了多少热量。

6-38 蒸汽稳定地流过内径为7.62cm的水平管路。已知在管路某一段中蒸汽状态为 p_1=0.138MPa，t_1=204.44℃；在另一段中蒸汽状态为 p_2=0.131MPa，t_1=198.89℃。设管路是完全绝热的。试确定：(1) 管路1及管路2中蒸汽的流速；(2) 蒸汽的质量流量；(3) 蒸汽从管路1流到管路2过程中的熵产率。

6-39 0.1MPa的干饱和蒸汽缓慢地流入压气机，被压缩到0.3MPa后进入喷管，在喷管中绝热膨胀到压气机的进口状态。已知喷管中蒸汽流速为600m/s，质量流量为2.5kg/s；压气机消耗的功量为600kW，向冷却水的放热率为150kJ/s。设环境温度为27℃。试求：(1) 过程的最大有用功率；(2) 压气机的耗散功率；(3) 喷管的耗散功率。

第7章　压气机的热力过程

压气机是一种消耗机械能的生产压缩气体的设备。压气机可按工作原理和结构或所产生的压缩气体的压力范围进行分类。应用热力学原理可以分析气体在压气机中的热力过程，确定压缩气体所消耗的功，并寻求如何压缩才能最省功的方向和方法。以活塞式和叶轮式压气机为例，通过分析各自的工作原理，确定所消耗的功以及如何采取相应的措施来省功。本章为工程热力学理论在压气机中的应用。

7.1　基本要求

(1) 掌握活塞式压气机余隙容积的影响、多级压缩和中间冷却的目的，以及最佳中间压力的确定。

(2) 熟悉压气机的形式及其工作原理。

(3) 掌握定温、绝热和多变压缩时压气机耗功的计算。

(4) 掌握衡量压气机热力性能的指标。

(5) 掌握压缩过程的热力学分析基本方法。

(6) 理解提高压气机效率的途径。

7.2　基本概念

压气机：是生产压缩气体的设备，它不是动力机，而是通过消耗机械能来得到压缩气体的一种工作机。

压气机耗功：应等于压缩过程耗功与进、排气过程推动功的代数和。符号：W_C；单位：kJ。

余隙容积：当活塞运动到上死点位置时，活塞顶面与气缸盖间留有一定的空隙。符号：V_C；单位：m^3。

气缸排量：活塞从上死点运动到下死点时，活塞扫过的容积。符号：V_h；单位：m^3。

有效吸气容积：气缸实际进气容积。符号：V；单位：m^3。

容积效率：有效吸气容积与排气量的比值。符号：η_V。

余容比：余隙容积与气缸排气量的比值，也称余隙容积百分比。符号：σ。

增压比：气缸排气压力与进气压力的比值。符号：π。

定温效率：当压缩前气体状态相同，压缩后气体的压力相同时，可逆定温压缩过程所消耗的功 $w_{C,T}$ 与实际压缩过程所消耗的功 w'_C 的比值。符号：$\eta_{C,T}$。

绝热效率：当压缩前气体状态相同，压缩后气体的压力相同时，可逆绝热压缩过程所消耗的功 $w_{C,s}$ 与实际压缩过程所消耗的功 w'_C 的比值，也称绝热内效率。符号：$\eta_{C,s}$。

7.3 重点与难点解析

7.3.1 单级活塞式压气机的工作原理和理论耗功量

活塞式压气机是实际工程中压缩气体常用的耗功设备。它是由进气、压缩和排气三个过程组成。其中，进、排气过程不是热力过程，而是气体迁移过程，是造成缸内气体数量发生变化，且热力学状态不变的过程，如图 7-1 中的 $a1$ 和 $2b$ 过程。只有进、排气阀全部关闭，对缸内气体进行压缩，使其状态发生变化的过程才是热力过程，如图 7-1 中的 12_T、12_n 及 12_s 过程。

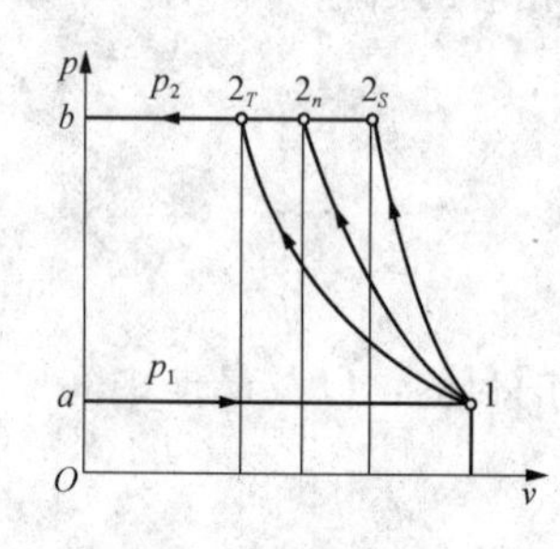

图 7-1 活塞式压气机工作过程

1. 工作原理

由于图 7-1 中的 12 压缩过程才为热力学过程。因此，气体经历 $a1$ 的进气过程后，再经 12 的压缩过程，最后经 $2b$ 过程将所压缩的气体排出。由于在生产压缩气体的过程中有气体的进入、压缩和输出，所以压气机所消耗的功应以技术功来计。那么，过程所消耗的功为 12 过程与 p 轴所围成的面积。但 12 的压缩过程有两种极端情况：一种为绝热过程 12_s，即认为压缩过程很快，气缸散热较差，气体与外界的换热可以忽略；另一种为定温过程 12_T，即认为气缸散热很好，且过程进行得比较缓慢，使得压缩过程中气体的温度始终保持不变。而实际上气体在气缸内经历的 12_n 过程是个多变过程。

2. 压气机的耗功

压气机使气体从初压 p_1 升至终压 p_2，所消耗的功应为压缩过程的耗功去掉气体进出系统的流动功，即

$$w_C = w_{12_n} - (p_2 v_2 - p_1 v_1) = w_t \tag{7-1}$$

由式（7-1）可知，压气机的耗功为技术功。即在可逆压缩过程中，在 p-v 图上用压缩过程线与纵坐标围成的面积表示；而压缩过程的耗功 w_{12_n} 为体积功，在 p-v 图上用压缩过程线与横坐标围成的面积表示。之所以如此，是认为压气机为一稳定开口系。

压气机通过三种压缩过程所耗的功也不相同。对于理想气体，且比热容为定值时，三种理想过程所消耗的功也各不相同。

（1）可逆绝热压缩

$$w_{C,s} = -w_{t,s} = \frac{\kappa}{\kappa-1}(p_2 v_2 - p_1 v_1) = \frac{\kappa}{\kappa-1} R_g T_1 \left[\left(\frac{p_2}{p_1}\right)^{(\kappa-1)/\kappa} - 1\right] \tag{7-2}$$

（2）可逆多变压缩

$$w_{C,n} = -w_{t,n} = \frac{n}{n-1}(p_2 v_2 - p_1 v_1) = \frac{n}{n-1} R_g T_1 \left[\left(\frac{p_2}{p_1}\right)^{(n-1)/n} - 1\right] \tag{7-3}$$

（3）可逆定温压缩

$$w_{C,T} = -w_{t,T} = R_g T_1 \ln\left(\frac{p_2}{p_1}\right) = -R_g T_1 \ln\left(\frac{v_2}{v_1}\right) \tag{7-4}$$

以上三种功是在理想情况下得到的，故又称压气机理论耗功。比较式（7-2）～式（7-4）可知，因 $\kappa > n > 1$，可逆绝热压缩过程所消耗的功最大，可逆定温压缩过程所消耗的功最

小，即

$$w_{C,s} > w_{C,n} > w_{C,T}；T_{C,s} > T_{C,n} > T_{C,T}；v_{C,s} > v_{C,n} > v_{C,T}$$

可见，多变压缩过程所消耗的功介于两种极端情况之间。可逆绝热压缩后气体的温度和比体积均增加最大，而可逆定温压缩后，比体积增加最小。压缩后的温度升高和比体积增加对设备而言都是不利的因素。因此，可逆定温压缩过程为最理想过程。但在实际工程中，很难实现可逆定温压缩，这也提供了改进压气机工作的方向，故应尽量减小压缩过程的多变指数 n。对于单级活塞式压气机，通常 $n=1.2 \sim 1.3$。

7.3.2　余隙容积的影响

余隙容积的存在对活塞式压气机会产生什么影响，可以从生产量（产气量）和理论耗功两方面分析。

1. 生产量

活塞处于上死点时，活塞顶面与缸盖之间存有一定的空隙，其容积为 V_C，即余隙容积，如图 7-2 所示。因此，活塞不可能将高压气体全部排出，余隙容积 V_C 内必然留有一定量的气体。这些气体在气缸的下一个进气过程中，首先膨胀至压力 p_1 时，才能从外界吸收新的气体，如图 7-2 中的 12341 或 12′3′4′1。46 或 4′6 段就是因余隙容积的存在而影响了进气。因此，气缸容积除余隙容积外，还有一部分容积不能利用，如 46 段。利用容积效率 η_V 表示容积的有效利用率，则容积效率的表达式为

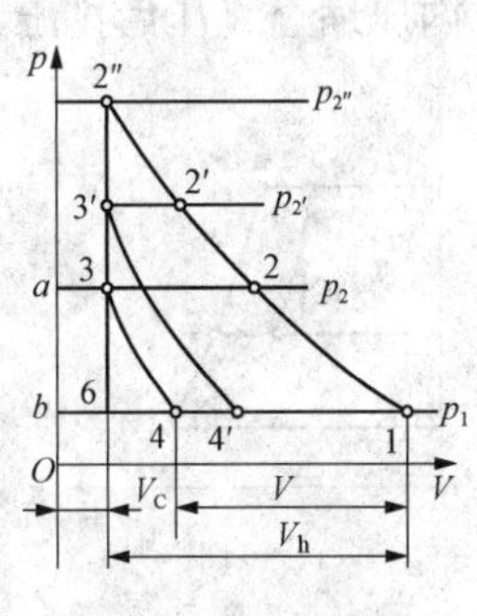

图 7-2　余隙容积对生产量的影响

$$\eta_V = \frac{V}{V_h} \tag{7-5}$$

当排气压力增加到某值后，因余隙容积内残留的高压气体，使得活塞到达下死点，残留气的压力才降至 p_1，此时的容积效率为零，如图 7-2 所示的排气压力为 $p_{2''}$ 时的 2″点。故随排气压力的升高，容积效率减小。其主要原因是余隙容积的存在。余隙容积越大，这种影响越严重。增压比也受余隙容积的影响，因此一般不超过 8～9。当要求较高压力时，可采用多级压缩。

在相同的余隙容积下，压缩过程 12 和余隙容积内气体膨胀过程 34 都为多变过程，且多变指数相同时，容积效率又可表示为

$$\eta_V = \frac{V}{V_h} = 1 - \frac{V_3}{V_1 - V_3}\left(\frac{V_4}{V_3} - 1\right) = 1 - \sigma\left(\frac{V_4}{V_3} - 1\right) = 1 - \sigma\left[\left(\frac{p_2}{p_1}\right)^{\frac{1}{n}} - 1\right] = 1 - \sigma\left[\pi^{\frac{1}{n}} - 1\right] \tag{7-6}$$

式（7-6）中 $\sigma = \dfrac{V_3}{V_1 - V_3} = \dfrac{V_C}{V_h}$ 为余隙容积百分比。当 σ 和 n 一定时，增压比 π 越大，η_V 越低，π 增加到某值后，η_V 为零；当 π 一定时，σ 越大，η_V 越小。

2. 理论耗功

由于余隙容积中残留气体的膨胀功可利用，故压气机实际消耗的功应为压缩过程所消耗的功与残留气体的膨胀功的差，即图 7-2 中的 $b123ab$ 面积与 $b43ab$ 面积的差值，即

$$W_C = \frac{n}{n-1} m R_g T_1 \left[\pi^{(n-1)/n} - 1\right] \tag{7-7}$$

式中：π 为增压比，表达式为 $\pi = p_2/p_1$。

生产 1kg 压缩气体所消耗的功为

$$w_C=\frac{n}{n-1}R_gT_1\left[\pi^{(n-1)/n}-1\right] \tag{7-8}$$

由式（7-7）和式（7-8）比较可知，即便存在余隙容积，但只要生产增压比、质量相同的同种压缩气体，其理论耗功与无余隙容积时相同，即在一定条件下，余隙容积对理论耗功无影响，但对容积效率有影响。

7.3.3 多级压缩和级间冷却

由于增压比增加，容积效率下降，且耗功增加，因此可采用多级压缩，以降低每一级的增压比。同时，在级间增加冷却以降低压缩气体的温度，使提效降耗成为一种可能。以两级压缩为例，使气体在低压缸内压缩至某一压力后，进行定压冷却至进气温度，再进入高压气缸内压缩至终压后排出，如图 7-3 所示。

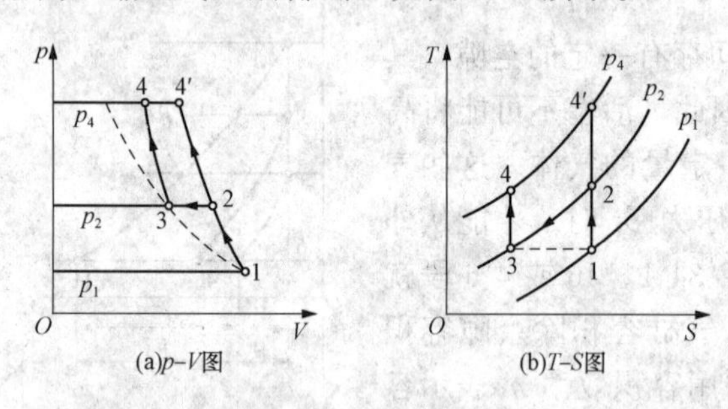

图 7-3 两级压气机中间冷却的热力过程

图 7-3 中线 13 为定温线。若按定温压缩，则耗功最少。但若按 124′过程进行单级压缩，则耗功最大。当达到相同终压时，两级压缩带中间冷却后，压缩过程则为 1234，比单级压缩耗功减少了 2344′围成面积所对应的功量。同时，排气出口温度 T_4 比单级压缩温度 $T_{4'}$ 低。因此，在总压比一定的条件下，级数越多，理论耗功越小。当压缩级数趋于无穷时，理论耗功接近于定温理论耗功。但从经济成本和系统复杂性的角度出发是不可取的。因此，可根据实际需求和性价比来选取，通常取 2～4 级。

由于增压比对耗功有一定的影响，多级压缩的总耗功为各级耗功之和。因此，各级的增压比如何选取，决定着耗功的大小。通常以最小耗功为目标，获取增压比。以两级压缩为例，总耗功为

$$w_C=\frac{n}{n-1}R_gT_1\left[\left(\frac{p_2}{p_1}\right)^{(n-1)/n}+\left(\frac{p_4}{p_2}\right)^{(n-1)/n}-2\right] \tag{7-9}$$

耗功 w_C对 p_2 求导并令导数等于零，则得

$$p_2=\sqrt{p_1p_4} \tag{7-10}$$

或

$$\pi=\frac{p_2}{p_1}=\frac{p_4}{p_2}=\sqrt{\frac{p_4}{p_1}} \tag{7-11}$$

由式（7-11）可知，两级压缩时，各级增压比相等，耗功最小。若推广至多级（如 m 级），则各级增压比也应相等，即 $\pi=\sqrt[m]{\frac{p_m}{p_1}}$。确定最佳增压比后，中间压力随即确定，所带来的好处有：①每级压气机所需的功相等，有利于压气机曲轴的平衡；②每个气缸中气体压缩后所达到的最高温度相同，每个气缸的温度条件也相同；③每级及中间冷却器向外排出的热量相等；④各级气缸容积按增压比递减。

因此，活塞式压气机无论采用单级还是多级压缩，为了省功都应采取冷却措施，以接近

定温压缩。工程上，通常采用可逆定温效率作为衡量活塞式压气机的性能指标，可逆定温效率计算式为

$$\eta_{C,T}=\frac{\text{可逆定温压缩耗功}}{\text{实际压缩耗功}}=\frac{w_{C,T}}{w_C'} \tag{7-12}$$

以上的讨论都基于可逆过程，但实际上都存在不可逆因素，因此都存在一定做功能力损失。

7.3.4　叶轮式压气机的工作原理

与活塞式压气机相比，叶轮式压气机结构紧凑，输气量大，输气均匀且运转平稳，机械效率高，但缺点是增压比小。因此，在需要高增压比的场合，仍然多用活塞式压气机。

叶轮式压气机分为离心式与轴流式两种，其共同特点为：气流不断流入压气机，在其中依赖叶片之间形成的渐缩通道扩压，升压后的气体不断流出压气机。活塞式和叶轮式压气机的结构和工作原理虽然不同，但基于热力学原理，气体压缩过程是相同的，即都需要消耗功，使气体升压，而且都可视为稳定流动过程。因此，在叶轮式压气机中，气体的热力过程和耗功量的计算都可运用活塞式压气机所推得的计算式。

由于叶轮式压气机的结构特点，加上转速高，因而压缩过程认为是绝热的（$n=\kappa$）。此外，叶轮式压气机中广泛采用多级压缩。与活塞式压气机相比，叶轮式压气机的气流速度要高得多，因而摩擦的影响不可忽略。在不采用中间冷却时，可逆绝热效率可作为衡量叶轮式压气机的性能指标，其计算式为

$$\eta_{C,s}=\frac{\text{可逆绝热压缩耗功}}{\text{实际压缩耗功}}=\frac{w_{C,s}}{w_C'}=\frac{h_{2_s}-h_1}{h_{2'}-h_1} \tag{7-13}$$

式中：h_1为叶轮式压气机进口比焓；h_{2_s}为叶轮式压气机定熵可逆压缩出口比焓；$h_{2'}$为叶轮式压气机实际压缩出口比焓。

采用多级压缩的叶轮式压气机，通常不采用中间冷却，但也可根据实际情况，在压缩到某级时采用中间冷却。只是这样系统会略复杂，会额外增加一定的压损。

7.4　公　式　汇　总

本章在学习中应熟练掌握和运用的基本公式，见表7-1。

表7-1　　第7章基本公式汇总

项目	表达式	备注
压气机的耗功	$w_C=w_{12_n}-(p_2v_2-p_1v_1)=w_t$	压气机的耗功为技术功
可逆绝热压缩	$w_{C,s}=\frac{\kappa}{\kappa-1}R_gT_1\left[\left(\frac{p_2}{p_1}\right)^{(\kappa-1)/\kappa}-1\right]$	最大理论耗功
可逆多变压缩	$w_{C,n}=\frac{n}{n-1}R_gT_1\left[\left(\frac{p_2}{p_1}\right)^{(n-1)/n}-1\right]$	居于最大理论耗功与最小理论耗功之间
可逆定温压缩	$w_{C,T}=R_gT_1\ln\left(\frac{p_2}{p_1}\right)=-R_gT_1\ln\left(\frac{v_2}{v_1}\right)$	最小理论耗功
容积效率	$\eta_V=\frac{V}{V_h}$	反映余隙容积对有效容积或排气量的影响程度
实际消耗理论功	$W_C=\frac{n}{n-1}mR_gT_1[\pi^{(n-1)/n}-1]$	扣除余隙容积内残气的膨胀功

续表

项目	表达式	备注
m 级压缩增压比	$\pi=\sqrt[m]{p_m/p_1}$	m 级压缩、中间冷却时的最佳增压比
定温效率	$\eta_{C,T}=\dfrac{\text{可逆定温压缩耗功}}{\text{实际压缩耗功}}=\dfrac{w_{C,T}}{w_C'}$	衡量活塞式压气机的性能指标
绝热效率	$\eta_{C,s}=\dfrac{\text{可逆绝热压缩耗功}}{\text{实际压缩耗功}}=\dfrac{h_{2_s}-h_1}{h_{2'}-h_1}$	衡量叶轮式压气机的性能指标

7.5 典型题精解

【例 7-1】 理想的活塞式压气机吸入 $p_1=0.1\text{MPa}$、$t_1=27℃$的空气 $50\text{m}^3/\text{h}$，并将它压缩到 $p_2=0.8\text{MPa}$。设压缩过程为 $n=1$、$n=1.23$、$n=1.4$ 的各种可逆过程，求各压缩过程中理想压气机的耗功率。

解：

(1) 当 $n=1$ 时，为可逆定温压缩过程，则有

$$P_{e,T}=-\dot{W}_{t,T}=-p_1\dot{V}_1\ln\frac{p_1}{p_2}=-0.1\times10^6\times\frac{50}{3600}\times\ln\frac{0.1}{0.8}=2.88(\text{kW})$$

(2) 当 $n=1.4$ 时，为可逆绝热压缩过程，即 $n=\kappa=1.4$，则有

$$P_{e,s}=-\dot{W}_{t,s}=\frac{\kappa}{\kappa-1}p_1\dot{V}_1\left[\left(\frac{p_2}{p_1}\right)^{\frac{\kappa-1}{\kappa}}-1\right]$$

$$=\frac{1.4}{1.4-1}\times\frac{0.1\times10^6\times50}{3600}\times\left[\left(\frac{0.8}{0.1}\right)^{\frac{1.4-1}{1.4}}-1\right]=3.945(\text{kW})$$

(3) 当 $n=1.23$ 时，为可逆多变压缩过程，则有

$$P_{e,n}=-\dot{W}_{t,n}=\frac{n}{n-1}p_1\dot{V}_1\left[\left(\frac{p_2}{p_1}\right)^{\frac{n}{n-1}}-1\right]$$

$$=\frac{1.23}{1.23-1}\times\frac{0.1\times10^6\times50}{3600}\times\left[\left(\frac{0.8}{0.1}\right)^{\frac{1.23-1}{1.23}}-1\right]=3.53(\text{kW})$$

[例 7-1] 表明，不同的压缩过程所消耗的功量不同。通过计算可知，可逆定温压缩过程所消耗的功最少，而可逆绝热压缩过程所消耗的最多。这一结果验证了由理论所推出的结论。

【例 7-2】 轴流式压气机每分钟吸入 $p_1=0.1\text{MPa}$、$t_1=20℃$的空气 60kg，经绝热压缩到 $p_2=0.5\text{MPa}$，该压气机的绝热效率为 0.85。求出口处空气的温度及压气机所消耗的功率。

解： 可逆绝热压缩时，压气机出口空气温度

$$T_2=T_1\left(\frac{p_2}{p_1}\right)^{\frac{\kappa-1}{\kappa}}=293\times\left(\frac{0.5}{0.1}\right)^{\frac{1.4-1}{1.4}}=464(\text{K})$$

$$t_2=191℃$$

压气机的绝热效率

$$\eta_{C,s}=\frac{t_2-t_1}{t_{2'}-t_1}=\frac{191-20}{t_{2'}-20}=0.85$$

而不可逆绝热压缩时，压气机出口空气温度

$$t_{2'}=\frac{191-20}{0.85}+20=221(℃)$$

压气机所消耗功率

$$P_e=-\dot{m}w'_t=\dot{m}c_p(t_{2'}-t_1)=\frac{60\times1.004\times10^3}{60\times10^3}\times(221-20)=201.8(kW)$$

［例 7-2］表明，轴流式压气机经可逆绝热压缩后，气体的温度由 20℃升高到 191℃；而不可逆绝热压缩时，气体的温度由 20℃升高到 221℃，因不可逆因素而多消耗的功量为 30.12kW。若过程为定温压缩过程，结果又当如何，请读者自行验证。

【例 7-3】 汽油机的增压器吸入 $p_1=0.093$MPa、$t_1=15$℃的空气－燃油混合物，经绝热压缩到 $p_2=0.2$MPa。已知混合物的初始密度 $\rho_1=1.3kg/m^3$，混合物的空燃比为 14∶1，燃油耗量为 0.68kg/min。求增压器的绝热效率为 0.82 时，增压器所消耗的功率。设混合物的比热容为定值，$\kappa=1.38$。

解： 设空气-燃油混合物为理想气体，则

$$R_g=\frac{p_1v_1}{T_1}=\frac{p_1}{\rho_1T_1}=\frac{0.093\times10^6}{1.3\times(273+15)}\times10^{-3}=0.248[kJ/(kg\cdot K)]$$

$$c_p=\frac{\kappa}{\kappa-1}R_g=\frac{1.38}{1.38-1}\times0.248=0.9006[kJ/(kg\cdot K)]$$

可逆绝热压缩时，增压器出口的混合物温度

$$T_2=T_1\left(\frac{p_2}{p_1}\right)^{\frac{\kappa-1}{k}}=288\times\left(\frac{0.2}{0.093}\right)^{\frac{1.38-1}{1.38}}=355.6(K)$$

增压器的绝热效率

$$\eta_{C,s}=\frac{T_2-T_1}{T_{2'}-T_1}=\frac{355.6-(273+15)}{T_{2'}-(273+15)}=0.82$$

而不可逆绝热压缩时，增压器出口的混合物温度升

$$T_{2'}-T_1=\frac{T_2-T_1}{\eta_{C,s}}=\frac{355.6-(273+15)}{0.82}=82.4(K)$$

按题意可知，混合物的空燃比为 14∶1，即 1kg 燃油对应 15kg 的混合物，则经过增压器后混合物耗量

$$\dot{m}=\frac{0.68}{60}\times15=0.17(kg/s)$$

因此，不可逆绝热压缩时，增压器所消耗的功率

$$P_e=-\dot{m}w'_t=\dot{m}c_p(T_{2'}-T_1)=0.17\times0.9006\times82.4=12.62(kW)$$

［例 7-3］表明，设空气与燃油混合物为理想气体是可行的。因为油受热很容易变成气体，且空燃比为 14∶1，即混合物中大部分为空气。由于过程为绝热过程，不与外界进行热量交换，所消耗的功与因压缩和耗散效应所产生的焓的变化量相等。注意：在计算焓值时，应使用比定压热容 c_p。

【例 7-4】 轴流式压气机从大气环境中吸入 $p_1=0.1$MPa、$t_1=27$℃的空气，其体积流量为 516.6m³/min，经绝热压缩至 $p_2=1.0$MPa。由于摩阻作用，使出口空气温度增加到 $t_{2'}=350$℃，若该不可逆绝热过程的初、终态参数满足 $p_1v_1^n=p_2v_{2'}^n$，求多变指数 n、压气机的绝热效率 $\eta_{C,s}$、因摩擦引起的熵产以及压气机所消耗的功率。

解：不可逆绝热压缩过程的初、终态参数满足多变过程的关系式

$$\frac{T_{2'}}{T_1}=\left(\frac{p_2}{p_1}\right)^{\frac{n-1}{n}}$$

$$\frac{n-1}{n}=\frac{\ln(T_{2'}/T_1)}{\ln(p_2/p_1)}=\frac{\ln(623/300)}{\ln(1.0/0.1)}=0.3174$$

则多变指数 $n=\dfrac{1}{1-0.3174}=1.465$

可逆绝热压缩过程的终温

$$T_2=T_1\left(\frac{p_2}{p_1}\right)^{\frac{\kappa-1}{\kappa}}=300\times\left(\frac{1.0}{0.1}\right)^{\frac{1.4-1}{1.4}}=579.2(\mathrm{K})$$

压气机的绝热效率

$$\eta_{C,s}=\frac{T_2-T_1}{T_{2'}-T_1}=\frac{579.2-300}{623-300}=0.864$$

由于 T_2 和 $T_{2'}$ 在一条定压线上，故不可逆绝热过程的熵产

$$s_g=c_p\ln\frac{T_{2'}}{T_1}=1.0041\times\ln\frac{623}{579.2}=0.07319[\mathrm{kJ/(kg\cdot K)}]$$

不可逆绝热压缩时压气机所需的功率

$$P_e=-\dot{m}w_t'=\frac{p_1\dot{V}_1}{R_gT_1}\frac{n}{n-1}R_gT_1\left[\left(\frac{p_2}{p_1}\right)^{\frac{n-1}{n}}-1\right]$$

$$=\frac{0.1\times10^6\times516.6}{60\times10^3}\times\frac{1.4}{1.4-1}\times\left[\left(\frac{1.0}{0.1}\right)^{\frac{1.465-1}{1.465}}-1\right]=3245.1(\mathrm{kW})$$

［例 7-4］表明，在计算不可逆过程所涉及的相关参数时，除已知初、终态参数，过程的效率（初、终参数或过程的效率必需其一）也要确定。本例为已知初、终态参数，通过确定可逆过程的终态温度，确定绝热效率。整个压缩过程的熵增量是由耗散效应产生的，故熵增量即为熵产。同时，在计算消耗功时，质量流量 $\dot{m}=p_1\dot{V}_1/R_gT_1$。

【例 7-5】 一台采用两级压缩的活塞式压气机装置，吸入 720m³/h 的空气，空气参数为 $p_1=0.1\mathrm{MPa}$、$t_1=16℃$，并将它压缩到 $p_4=0.7\mathrm{MPa}$。设两气缸的可逆多变压缩过程的多变指数相同，$n=1.25$，且要求中间压力值最佳，中间冷却充分。若压气机转速为 600r/min。求：(1) 按压气机耗功量为最小值，确定其中间压力；(2) 各气缸的容积及出口温度；(3) 压气机的总耗功率。

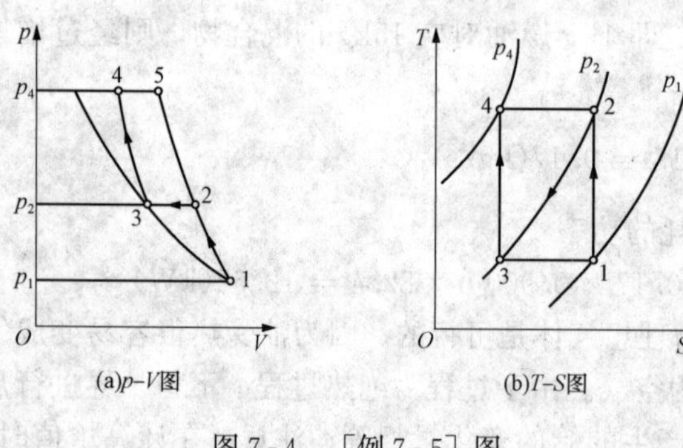

图 7-4 ［例 7-5］图

解：两级压缩、中间冷却的 p-V 图及 T-S 图，如图 7-4 所示。

(1) 中间压力

$$p_2=\sqrt{p_1p_4}=\sqrt{0.1\times0.7}=0.2646(\mathrm{MPa})$$

(2) 各气缸的容积及出口温度。因为冷却是充分的，所以 $T_1=T_3$，$T_2=T_3$，即 $T_3=289\mathrm{K}$ 或 $t_3=16℃$。则初、终态参数关系为

$$T_4 = T_2 = T_1\left(\frac{p_2}{p_1}\right)^{\frac{n-1}{n}} = 289\times\left(\frac{2.646}{1}\right)^{\frac{1.25-1}{1.25}} = 351(\mathrm{K})\text{ 或 }t_4 = 78℃$$

对于低压缸，其容积

$$V^{\mathrm{I}} = \frac{720}{60\times 600} = 0.02(\mathrm{m^3})$$

对于高压缸，由理想气体状态方程 $pV=mR_gT$，两缸的进口状态 1 与 3 的参数关系为 $p_1V^{\mathrm{I}}=mR_gT_1$，$p_3V^{\mathrm{II}}=mR_gT_3$，而 $T_1=T_3$，$p_2=p_3$，故有 $p_1V^{\mathrm{I}}=p_3V^{\mathrm{II}}$，则

$$V^{\mathrm{II}} = V^{\mathrm{I}}\left(\frac{p_1}{p_2}\right) = 0.02\times\frac{0.1}{0.2646} = 0.0076(\mathrm{m^3})$$

（3）压气机的总耗功率

$$P_e = -\dot{m}w_t = 2\frac{p_1\dot{V}_1}{R_gT_1}\frac{n}{n-1}R_gT_1\left[\left(\frac{p_2}{p_1}\right)^{\frac{n-1}{n}}-1\right]$$

$$= 2\times\frac{0.1\times10^6\times720}{3600\times10^3}\times\frac{1.25}{1.25-1}\times\left[\left(\frac{0.2646}{0.1}\right)^{\frac{1.25-1}{1.25}}-1\right] = 42.97(\mathrm{kW})$$

［例 7-5］表明，压缩功最小时，即压缩比为最佳值时，对应的中间压力为最佳值。另外，“中间冷却充分”意味着两级压缩的进、出口空气温度相等。理解这些条件后，可确定中间所需参数，最终确定压气机的总耗功。

【例 7-6】 在两级压缩活塞式压气机装置中，空气从初态 $p_1=0.1\mathrm{MPa}$、$t_1=27℃$压缩到终态 $p_4=6.4\mathrm{MPa}$。设气缸中的可逆多变压缩过程的多变指数相同，$n=1.2$。要求压气机每小时向外供给 $4\mathrm{m^3}$ 的压缩空气量。求：（1）压气机总的耗功率；（2）每小时流经压气机水套及中间冷却器总的水量。设水流过压气机水套及中间冷却器时的温升都为 $\Delta t=15℃$。

解：

（1）压气机总的耗功率。中间压力

$$p_2 = \sqrt{p_1p_4} = \sqrt{0.1\times6.4} = 0.8(\mathrm{MPa})$$

$$P_e = -\dot{m}w_t = 2\frac{n}{n-1}p_1\dot{V}_1\left[\left(\frac{p_2}{p_1}\right)^{\frac{n-1}{n}}-1\right] = 2\frac{n}{n-1}p_3\dot{V}_3\left[\left(\frac{p_4}{p_3}\right)^{\frac{n-1}{n}}-1\right]$$

因为$\dfrac{p_4\dot{V}_4}{p_3\dot{V}_3}=\dfrac{T_4}{T_3}=\left(\dfrac{p_4}{p_3}\right)^{\frac{n-1}{n}}=\left(\dfrac{p_2}{p_1}\right)^{\frac{n-1}{n}}$，因 $p_2=p_3$，故 $p_3\dot{V}_3=\dfrac{p_4\dot{V}_4}{(p_4/p_3)^{\frac{n-1}{n}}}$，故压气机总的耗功率

$$P_e = -\dot{m}w_t = p_4\dot{V}_4\frac{2n}{n-1}\left[1-\left(\frac{p_4}{p_3}\right)^{\frac{1-n}{n}}\right]$$

$$= 6.4\times10^6\times\frac{4}{3600}\times\frac{2\times1.2}{1.2-1}\times(0.8^{\frac{1-1.2}{1.2}}-1) = 25(\mathrm{kW})$$

（2）总的冷却水量。空气的终温

$$T_4 = T_3\left(\frac{p_4}{p_3}\right)^{\frac{n-1}{n}} = 300\times0.8^{\frac{1.2-1}{1.2}} = 424.3(\mathrm{K})$$

空气质量流量

$$\dot{m} = \frac{p_4\dot{V}_4}{R_gT_4} = \frac{6.4\times10^6\times4}{287\times424.3} = 210.2(\mathrm{kg/h})$$

冷却水流经压气机水套时带走的热流量（或压缩空气对冷却水放出的热流量）

$$\dot{Q}_n = \dot{m}q = 2m\frac{n-\kappa}{n-1}c_V(T_2 - T_1)$$

$$= 2\times 210.2\times\frac{1.2-1.4}{1.2-1}\times 0.717\times(424.3-300) = -37\ 467(\text{kJ/h})$$

冷却水流经中间冷却器时带走的热流量（或压缩空气对冷却水放出的热流量）

$$\dot{Q}_p = \dot{m}c_p(T_3 - T_2) = 210.2\times 1.004\times(300-424.3) = -26\ 232(\text{kJ/h})$$

冷却水流经压气机水套及中间冷却器总的热量

$$\dot{Q} = \dot{Q}_n + \dot{Q}_p = -(37\ 467 + 26\ 232) = -63\ 699(\text{kJ/h})$$

每小时流经压气机水套及中间冷却器总的冷却水量

$$\dot{m}_{\text{total}} = \frac{\dot{Q}}{c_{p,H_2O}\Delta t} = \frac{63\ 699}{4.186\ 8\times 15} = 1014(\text{kg/h})$$

［例 7-6］表明，在计算压气机耗功时，与［例 7-5］的思路是一致的。在计算冷却水量时，空气侧带走的热量，应该利用多变过程的比热容，而非比定压热容；水侧带走的热量，可利用比定压热容。由于只给出了体积流量，为确定空气被带走的总热量，要确定空气质量流量。因此，空气质量流量的确定方法一定要掌握。

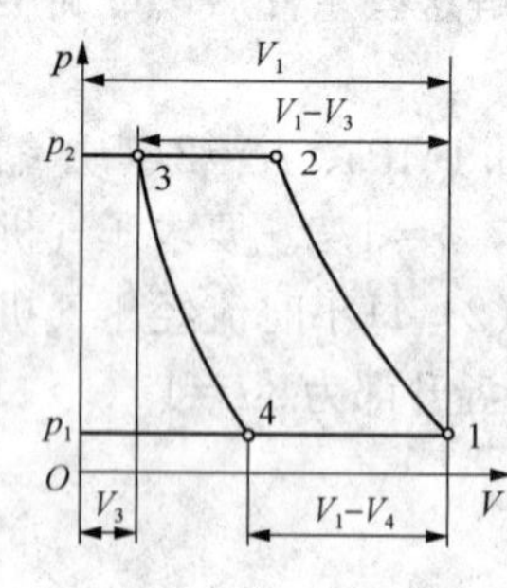

图 7-5　［例 7-7］图

【例 7-7】 一单缸活塞式压气机，其气缸直径 $D=200\text{mm}$，活塞行程 $L=300\text{mm}$。该压气机从大气中吸入空气，空气从初态为 $p_1=0.097\text{MPa}$、$t_1=20℃$，经多变压缩到 $p_2=0.55\text{MPa}$，如图 7-5 所示。若多变过程指数 $n=1.3$，机轴转速为 500r/min，压气机余隙容积百分比为 $\sigma=0.05$，求：(1) 压气机总的有效进气容积；(2) 压气机的容积效率；(3) 压气机的排气温度；(4) 拖动压气机所需的功率；(5) 忽略余隙容积时，压气机的定温效率。

解：

(1) 压气机总的有效进气容积为活塞的排量容积，即

$$V_h = V_1 - V_3 = \frac{\pi D}{4}L = \frac{\pi\times 0.2^2}{4}\times 0.3 = 0.009\ 425(\text{m}^3)$$

余隙容积百分比 $\sigma=\frac{V_3}{V_h}=\frac{V_3}{V_1-V_3}=0.05$，则

$$V_3 = 0.05(V_1 - V_3) = 0.05\times 0.009\ 425 = 0.000\ 471(\text{m}^3)$$

$$V_1 = (V_1 - V_3) + V_3 = 0.009\ 425 + 0.000\ 471 = 0.009\ 896(\text{m}^3)$$

由可逆多变膨胀过程 34 参数间的关系，可得

$$V_4 = V_3\left(\frac{p_3}{p_4}\right)^{\frac{1}{n}} = 0.000\ 471\times\left(\frac{0.55}{0.097}\right)^{\frac{1}{1.3}} = 0.001\ 79(\text{m}^3)$$

有效进气容积

$$V = V_1 - V_4 = 0.009\ 896 - 0.001\ 79 = 0.008\ 106(\text{m}^3)$$

每分钟总的有效进气容积

$$500(V_1 - V_4) = 500\times 0.008\ 106 = 4.053(\text{m}^3/\text{min})$$

(2) 压气机的容积效率

$$\eta_V = \frac{V}{V_h} = \frac{V_1 - V_4}{V_1 - V_3} = \frac{0.008\ 106}{0.009\ 425} = 0.86$$

(3) 压气机的排气温度。由可逆多变压缩过程12参数间的关系，可得压气机的排气温度

$$T_2 = T_1\left(\frac{p_2}{p_1}\right)^{\frac{n-1}{n}} = 293\times\left(\frac{0.55}{0.097}\right)^{\frac{1.3-1}{1.3}} = 437.5(\mathrm{K})\text{或}t_2 = 164.5℃$$

(4) 压气机所消耗的功率

$$P_e = \frac{500}{60}\frac{n}{n-1}p_1(V_1 - V_4)\left[\left(\frac{p_2}{p_1}\right)^{\frac{n-1}{n}} - 1\right]$$

$$= \frac{500}{60}\times\frac{1.3}{1.3-1}\times\frac{0.097\times10^6}{10^3}\times0.008\,106\times\left[\left(\frac{0.55}{0.097}\right)^{\frac{1.3-1}{1.3}} - 1\right] = 14(\mathrm{kW})$$

(5) 忽略余隙容积时，压气机的定温效率。

无余隙容积时，可逆多变压缩所需的功量

$$W_{C,n} = \frac{n}{n-1}p_1V_1\left[\left(\frac{p_2}{p_1}\right)^{\frac{n-1}{n}} - 1\right]$$

无余隙容积时，可逆定温压缩所需的功量

$$W_{C,T} = p_1V_1\ln\frac{p_2}{p_1}$$

压气机的定温效率

$$\eta_{C,T} = \frac{W_{C,T}}{W_{C,n}} = \frac{p_1V_1\ln\dfrac{p_2}{p_1}}{\dfrac{n}{n-1}p_1V_1\left[\left(\dfrac{p_2}{p_1}\right)^{\frac{n-1}{n}} - 1\right]} = \frac{\ln(0.55/0.097)}{\dfrac{1.3}{1.3-1}\times\left[\left(\dfrac{0.55}{0.097}\right)^{\frac{1.3-1}{1.3}} - 1\right]} = 0.813$$

[例7-7] 表明，只要充分理解有效进气容积、余隙容积百分比、压气机的容积效率以及压气机容积效率的含义，并掌握可逆多变压缩过程参数间关系式和压气机所耗功的计算式，本例所要确定的未知参数都不难计算。因此，牢固掌握知识点是解题的关键。

【例7-8】 一台采用三级压缩、中间冷却的活塞式压气机装置的 p-V 图，如图7-6所示。已知低压气缸直径 $D=450\mathrm{mm}$，活塞行程 $L=300\mathrm{mm}$，余隙容积百分比 $\sigma=0.05$。空气初态为 $p_1=0.1\mathrm{MPa}$、$t_1=18℃$，经可逆多变压缩到 $p_4=1.5\mathrm{MPa}$，设各级多变指数 $n=1.3$。假定中间压力值最佳，中间冷却最充分。试求：(1) 各中间压力；(2) 低压气缸的有效进气容积；(3) 压气机的排气温度和排气容积；(4) 压气机所需的比功量；(5) 若采用单级压气机一次压缩到 $p_4=1.5\mathrm{MPa}$ ($n=1.3$) 时，则所需的比功量和排气温度各为多少？

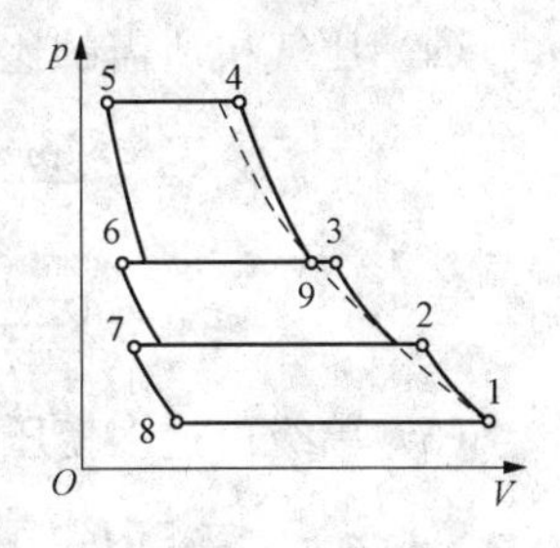

图7-6 [例7-8]图

解：

(1) 各中间压力按压气机耗功量最小的原理，其各级的增压比为

$$\pi_1 = \pi_2 = \pi_3 = \sqrt[3]{\frac{p_4}{p_1}} = \sqrt[3]{\frac{1.5}{0.1}} = 2.466$$

即

$$\frac{p_2}{p_1} = \frac{p_3}{p_2} = \frac{p_4}{p_3} = 2.466$$

$$p_2 = 2.466p_1 = 2.466 \times 0.1 = 0.246\,6(\text{MPa})$$

$$p_3 = 2.466p_2 = 2.466 \times 0.246\,6 = 0.608\,1(\text{MPa})$$

(2) 低压缸的有效进气容积（$V_1 - V_8$）。

低压缸活塞的排量容积

$$V_1 - V_7 = \frac{\pi D^2}{4}L = \frac{\pi \times 0.45^2}{4} \times 0.3 = 0.047\,7(\text{m}^3)$$

低压缸余隙容积百分比 $\sigma = \dfrac{V_7}{V_1 - V_7} = 0.05$，则

$$V_7 = 0.05(V_1 - V_7) = 0.05 \times 0.047\,7 = 0.002\,39(\text{m}^3)$$

$$V_1 = (V_1 - V_7) + V_7 = 0.047\,7 + 0.002\,39 = 0.049\,09(\text{m}^3)$$

由可逆多变膨胀过程 78 参数间关系，得

$$V_8 = V_7\left(\frac{p_7}{p_8}\right)^{\frac{1}{n}} = 0.002\,39 \times \left(\frac{0.246\,6}{0.1}\right)^{\frac{1}{1.3}} = 0.004\,78(\text{m}^3)$$

$$V_1 - V_8 = 0.049\,09 - 0.004\,78 = 0.044\,31\text{m}^3$$

(3) 压气机的排气温度 t_4 及排气容积（$V_4 - V_7$）。

由可逆多变压缩过程 94 参数间的关系得 $T_4 = T_9\left(\dfrac{p_4}{p_9}\right)^{\frac{n-1}{n}}$。

因为中间冷却是充分的，则 $T_9 = T_1 = 291\text{K}$，又 $p_9 = p_3$，所以

$$T_4 = 291 \times 2.466^{\frac{1.3-1}{1.3}} = 358.5(\text{K}) \text{ 或 } t_4 = 85.5℃$$

由进、排气状态方程得

$$\frac{p_1(V_1 - V_8)}{T_1} = \frac{p_4(V_4 - V_7)}{T_4}$$

$$V_4 - V_7 = \frac{p_1 T_4}{p_4 T_1}(V_1 - V_8) = \frac{0.1 \times 358.5}{1.5 \times 291} \times 0.004\,431 = 0.003\,639(\text{m}^3)$$

(4) 压气机所需的比功量

$$w_{\text{C},n} = 3\frac{n}{n-1}R_{\text{g}}T_1\left[\left(\frac{p_2}{p_1}\right)^{\frac{n-1}{n}} - 1\right]$$

$$= 3 \times \frac{1.3}{1.3-1} \times 0.287 \times 291 \times (2.466^{\frac{1.3-1}{1.3}} - 1) = 251.4(\text{kJ/kg})$$

(5) 单级可逆多变压缩时所需的比功量及排气温度

$$w_n = \frac{n}{n-1}R_{\text{g}}T_1\left[\left(\frac{p_4}{p_1}\right)^{\frac{n-1}{n}} - 1\right] = \frac{1.3}{1.3-1} \times 0.287 \times 291 \times \left[\left(\frac{1.5}{0.1}\right)^{\frac{1.3-1}{1.3}} - 1\right] = 314.2(\text{kJ/kg})$$

$$T_4 = T_1\left(\frac{p_4}{p_1}\right)^{\frac{n-1}{n}} = 291 \times \left(\frac{1.5}{0.1}\right)^{\frac{1.3-1}{1.3}} = 543.6(\text{K}) \text{ 或 } t_4 = 270.6℃$$

[例 7-8] 表明，计算过程与两级压缩、中间冷却的步骤基本是一致的。但计算结果反映了单级压气机不仅比多级压气机耗功多，而且排气温度也高得多，与理论推导得出的结论一致。在实际工程中，所采用的压缩级数越多，虽省功但系统复杂，投资成本增加。因此，压缩级数的多少应根据实际需要进行综合技术经济比较而定。

【例 7-9】 某离心式压气机每分钟吸入 $p_1 = 0.1\text{MPa}$、$t_1 = 15℃$ 的空气 310m^3，经可逆多变压缩到 $p_2 = 0.5\text{MPa}$、$t_2 = 70℃$，空气的 $c_V = 0.717\text{kJ/(kg} \cdot \text{K)}$。已知进气管截面面积

为 0.2m²，排气管截面面积为 0.04m²，排气口比进气口高 6m，冷却水的流量为 200kg/min，进、出口冷却水的温差为 30℃。求：(1) 压气机消耗的功率；(2) 压气机放给环境介质的热流密度。

解:

(1) 压气机消耗的功率。为了验证压气机进、出动能与位能的变化对压气机耗功率的影响，分以下两种情况进行计算。

第一种，考虑压气机进、出动能与位能的变化。由稳定流动能量方程式得

$$\delta q = dh + \frac{1}{2}dc^2 + gdz + \delta w_s = du + pdv + vdp + \frac{1}{2}dc^2 + gdz + \delta w_s$$

对可逆过程，$\delta q = du + pdv$，故 $\delta w_s = -vdp - \frac{1}{2}dc^2 - gdz = \delta w_t - \frac{1}{2}dc^2 - gdz$，对其积分则有

$$w_s = -w_t = \int_1^2 vdp + \frac{c_2^2 - c_1^2}{2} + g(z_2 - z_1)$$

初、终状态参数的确定，即

$$v_1 = \frac{R_g T_1}{p_1} = \frac{287 \times 288}{0.1 \times 10^6} = 0.8266(\mathrm{m^3/kg}),\ v_2 = \frac{R_g T_2}{p_2} = \frac{287 \times 343}{0.5 \times 10^6} = 0.1963(\mathrm{m^3/kg})$$

$$\dot{m} = \frac{p_1 \dot{V}_1}{R_g T_1} = \frac{0.1 \times 10^6 \times 340}{287 \times 288} = 6.855(\mathrm{kg/s}),\ c_1 = \frac{\dot{m} v_1}{A_1} = \frac{411.3 \times 0.8266}{60 \times 0.2} = 28.33(\mathrm{m/s})$$

$$c_2 = \frac{\dot{m} v_2}{A_2} = \frac{411.3 \times 0.1969}{60 \times 0.04} = 33.74(\mathrm{m/s})$$

多变过程指数 n 及技术功 w_t 的确定，即

$$n = \frac{\ln(p_2/p_1)}{\ln(v_1/v_2)} = \frac{\ln(0.5/0.1)}{\ln(0.8266/0.1969)} = 1.12$$

$$\int_1^2 vdp = \frac{n}{n-1} R_g T_1 \left[\left(\frac{p_2}{p_1}\right)^{\frac{n-1}{n}} - 1\right]$$

$$= \frac{1.12}{1.12-1} \times 0.287 \times 288 \times \left[\left(\frac{0.5}{0.1}\right)^{\frac{1.12-1}{1.12}} - 1\right] = 145.2(\mathrm{kJ/kg})$$

压气机消耗的功率

$$P_e = \dot{m} w_s = -\dot{m} w_t = \dot{m}\left[\int_1^2 vdp + \frac{c_2^2 - c_1^2}{2} + g(z_2 - z_1)\right]$$

$$= 6.855 \times \left(145.2 + \frac{33.74^2 - 28.33^2}{10^3 \times 2} + \frac{9.81 \times 6}{10^3}\right)$$

$$= 6.855 \times (145.2 + 0.1679 + 0.05886) = 996.9(\mathrm{kW})$$

第二种，忽略压气机进、出动能与位能的变化。忽略了气体在压气机进、出口处的动能和位能的变化后，技术功与轴功相等，即

$$w_s = -w_t = \int_1^2 vdp = \frac{n}{n-1} R_g T_1 \left[\left(\frac{p_2}{p_1}\right)^{\frac{n-1}{n}} - 1\right]$$

$$P_e = \dot{m} w_s = -\dot{m} w_t = \dot{m} \frac{n}{n-1} R_g T_1 \left[\left(\frac{p_2}{p_1}\right)^{\frac{n-1}{n}} - 1\right]$$

$$= 6.855 \times \frac{1.12}{1.12-1} \times 0.287 \times 288 \times \left[\left(\frac{0.5}{0.1}\right)^{\frac{1.12-1}{1.12}} - 1\right] = 995.3(\text{kW})$$

计算结果表明，气体在压气机进、出口处的动能差和位能差只占压气机耗功率的$\frac{1}{1000}$左右，故可以忽略不计。因此，压气机消耗的功率计算可采用第二种方案确定，即 $P_e = \dot{m}w_t$，这样可使问题简单化。

(2) 压气机放给环境介质的热量。在多变压缩过程中，压缩空气所放出的热流量

$$\dot{Q}_n = \dot{m}q_n = \dot{m}\frac{n-\kappa}{n-1}c_V(T_2 - T_1)$$

$$= 6.855 \times \frac{1.12-1.4}{1.12-1} \times 0.717 \times (343-288) = -630.8(\text{kJ/s})$$

在多变压缩过程中，冷却水带走的热量

$$\dot{Q}_p = \dot{m}_{H_2O}c_{p,H_2O}\Delta T_{H_2O} = \frac{200}{60} \times 4.1868 \times 30 = 418.7(\text{kJ/s})$$

向环境介质放出的热量

$$\dot{Q} = \dot{Q}_n - \dot{Q}_p = 630.8 - 418.7 = 212.1(\text{kJ/s})$$

[例 7-9] 表明，在压气机进出速度和高度差不太大时，忽略动能和位能的变化对压气机所消耗功率的影响，对计算结果影响不大。因此，在工程实际中，应根据实际情况进行确定，通常都可以忽略其影响。另外，空气在压气机中被压缩，其过程即便是可逆的，空气的温度也会升高。这是部分压气机所消耗的功转换成空气的热力学能所致。

思 考 题

7-1 活塞式压气机具有哪些特点？

7-2 为什么绝热可逆压缩过程的耗功比定温过程的耗功大？

7-3 可逆压缩过程中，压气机的耗功等于体积压缩功？

7-4 简述压气机在实际工作过程中，其能量转换的特点。

7-5 活塞式压气机的余隙容积是如何影响其耗功和排气量的？

7-6 余隙容积是如何影响增压比的？

7-7 活塞式压气机采用多级压缩和中间冷却，能提高容积效率吗？为什么？

7-8 简述活塞式压气机和叶轮式压气机各自的特点。

7-9 叶轮式压气机压缩过程的多变指数 n 的范围通常认为是 $n>\kappa$，活塞式压气机压缩过程的多变指数 n 的范围通常认为是 $1<n<\kappa$，这是如何得出的？

7-10 叶轮式压气机的绝热效率能反映过程的损失。此外，该过程的熵产也能反映过程的损失。那么，如何将绝热效率与过程的熵产联系在一起，请导出关联式。

习 题

7-1 理想的活塞式压气机吸入 $p_1=0.1\text{MPa}$、$t_1=20℃$ 的空气 $1000\text{m}^3/\text{h}$，并将其压缩到 $p_2=0.6\text{MPa}$。设压缩为 $n=1$、$n=1.25$、$n=1.4$ 的各种可逆过程中，求理想压气机的耗

功率及各过程中压气机的排气温度。

7-2　轴流式压气机每分钟吸入 $p_1=0.098\text{MPa}$、$t_1=20℃$的空气 200m^3，经绝热压缩到 $p_2=0.6\text{MPa}$，该压气机的绝热效率为0.88，求压气机出口空气的温度及压气机所消耗的功率。

7-3　已知某汽油发动机的增压器，空气进口参数为 $p_1=0.06\text{MPa}$、$t_1=5℃$，经绝热压缩到 $p_2=0.15\text{MPa}$。已知空气-燃油混合比为13∶1，燃油耗量为2.4kg/min，设增压器的绝热效率为0.84。(1) 求增压器所消耗的功率；(2) 确定发动机压缩过程开始时，发动机气缸内混合物的温度和压力。设混合物比热容为定值，且 $c_p=1.005\text{kJ/(kg·K)}$，$\kappa=1.39$。

7-4　轴流式压气机每分钟吸入 $p_1=0.110\ 13\text{MPa}$、$t_1=150℃$的空气 0.42m^3，经可逆多变压缩到 $p_2=1.4\text{MPa}$。设 $n=1.3$，且压气机的机械效率 $\eta_C=0.82$。求：(1) 压气机所消耗的功率。(2) 由于摩阻作用，使出口空气温度增加至550℃时，因摩擦引起的熵产及压气机所消耗的功率。

7-5　一台采用两级压缩的活塞式压气机装置，每小时吸入 252m^3 的空气，空气参数为 $p_1=0.095\text{MPa}$、$t_1=22℃$，将其压缩到 $p_4=1.3\text{MPa}$。设两气缸中的可逆多变压缩过程的多变指数相同，$n=1.25$。假定中间压力值最佳，中间冷却很充分。试求：(1) 中间压力；(2) 各气缸的出口温度；(3) 压气机所消耗的功率；(4) 压缩过程中空气放出的总热量，以及中间冷却器中空气放出的热量；(5) 与单级压缩进行比较。

7-6　一台采用两级压缩的活塞式压气机装置，每小时吸入 500m^3（标准状态）的空气。空气参数为 $p_1=0.1\text{MPa}$、$t_1=17℃$，将其压缩到 $p_4=2.5\text{MPa}$，设两气缸中的可逆多变压缩过程的多变指数相同，$n=1.25$，压气机转速为250r/min。试按压气机耗功量最小的原理，求：(1) 中间压力 p_2；(2) 每个气缸中空气被压缩后的最高温度；(3) 每个气缸在吸气过程所吸入的气体容积；(4) 压气机消耗的总功率。

7-7　一台采用两级压缩的活塞式压气机装置中，空气从初态为 $p_1=0.1\text{MPa}$、$t_1=27℃$被可逆多变地压缩到 $p_4=6.4\text{MPa}$，设两气缸中的压缩多变指数相同，$n=1.2$。若压气机每分钟供给 4m^3 的压缩空气，求：(1) 压气机消耗的总功率；(2) 流经压气机水套及中间冷却器的总冷却水量。假定冷却水流过水套及中间冷却器时温升都是15℃。

7-8　理想的活塞式压气机在每个循环中从大气环境吸入 $p_1=0.1\text{MPa}$、$t_1=15℃$的空气1.5kg，经绝热压缩到 $p_2=0.35\text{MPa}$，求：(1) 忽略余隙容积影响时，每个循环的耗功量；(2) 存在余隙容积时，每个循环的耗功量；(3) 当余隙容积百分比 $\sigma=0.05$ 时，压缩过程中气缸内空气的质量；(4) 当余隙容积百分比 $\sigma=0.05$ 时，有余隙的压气机比无余隙的压气机排量大多少？

7-9　某活塞式压气机，气缸直径 $D=400\text{mm}$，活塞行程 $L=200\text{mm}$，余隙容积百分比 $\sigma=0.033\ 8$，从大气中吸入空气。空气初态为 $p_1=0.1\text{MPa}$、$t_1=20℃$，经多变压缩到 $p_2=0.3\text{MPa}$，若压缩过程 $n_1=1.29$，膨胀过程 $n_2=0.63$，机轴转速为150r/min，试计算压气机每分钟吸入的空气量、压气机的容积效率以及压气机所消耗的功率。

7-10　三台活塞式压气机的余隙容积百分比 $\sigma_1=\sigma_2=\sigma_3=0.06$，进气的初态相同，都为 $p_1=0.1\text{MPa}$、$t_1=27℃$，压缩到相同终压 $p_2=0.5\text{MPa}$。若压缩过程分别为绝热压缩（$n_1=1.4$）、多变压缩（$n_2=1.25$）、定温压缩（$n_3=1$），求各压气机的容积效率（设膨胀过程和压缩过程的指数相同)。

7-11　某活塞式压气机从大气环境中吸入 $p_1=0.1\text{MPa}$、$t_1=20℃$ 的空气，经多变压缩至 $p_2=28.0\text{MPa}$。为使每级压缩终了空气的温度在保证气缸润滑的正常情况下不大于180℃，设各气缸中多变压缩过程的多变指数 $n=1.3$，试确定压气机的最小级数。

7-12　一台采用三级压缩、中间冷却的活塞式压气机装置，每小时从大气环境中吸入 90m^3 的空气，空气初态为 $p_1=0.1\text{MPa}$、$t_1=27℃$，经可逆多变压缩到 $p_4=6.4\text{MPa}$，设各级多变指数 $n=1.2$。假定中间压力值最佳，中间冷却很充分，试求：(1) 各中间压力；(2) 压气机的排气温度；(3) 压气机总的耗功率；(4) 若采用单级压气机一次压缩到 $p_4=6.4\text{MPa}$ ($n=1.3$) 时，压气机的耗功率和排气温度各为多少？

7-13　一台采用三级压缩、中间冷却的活塞式压气机装置，每小时从大气中吸入 1800m^3 的空气，空气初态为 $p_1=0.1\text{MPa}$、$t_1=20℃$，经可逆多变压缩到 $p_4=2.0\text{MPa}$，设各级多变指数 $n=1.25$。若机轴转速为510r/min，假定中间冷却是充分的，试按压气机耗功量最小原理确定：(1) 各中间压力；(2) 各气缸的容积；(3) 压气机总的耗功率。

7-14　某单缸双活塞式压气机，气缸直径 $D=300\text{mm}$，活塞行程 $L=200\text{mm}$，活塞杆直径 $d=60\text{mm}$，从大气中吸入 $p_1=0.1\text{MPa}$ 的空气，经绝热压缩到 $p_2=0.8\text{MPa}$。若机轴转速为200r/min，余隙容积百分比 $\sigma=0.05$。设压气机的绝热效率 $\eta_{C,s}=0.85$，问拖动压气机的电动机功率为多少？

第8章 热力装置及循环

热力装置通常指动力装置、制冷装置和热泵装置等。热力装置循环分为动力循环与制冷循环（或正向和逆向循环）两大类。动力装置循环的目的是将从热源取得的热量转换为所需的功。实现这类转换的装置称为热机，如活塞式内燃机、燃气轮机和蒸汽动力装置等。制冷循环（包括热泵循环）的目的是将从冷源取出的热量排向热源，以提供冷量或热量。提供冷量的循环称为制冷循环；提供热量的循环则称为热泵循环。依据循环装置内的工质，循环又可分为气体循环与蒸汽循环两类。气体循环中工质一直处于气态，并且离液态较远，分析时可按理想气体处理。相反，蒸汽循环中工质有相变发生，分析时不能按理想气体处理。

因此，要通过分析各种典型循环的热力性能，揭示能量利用的完善程度和影响其性能的主要因素，并提出改善循环的措施。本章为工程热力学理论在热力装置及各循环中的应用。

8.1 基本要求

（1）掌握各种循环的组成及工作过程的特性。

（2）掌握将实际循环抽象和简化为理想循环的一般方法，并能分析各种循环中的热力过程特性。

（3）掌握各种循环的吸热量、放热量、做功量和循环热效率等的分析及计算方法。

（4）能够分析影响各种循环热效率的主要因素。

（5）掌握提高各种循环热力性能的具体方法和措施。

（6）理解朗肯循环、再热循环、回热循环、热电合供循环及联合循环等特性。

8.2 基本概念

动力装置：将热量通过能量的传递和转换，转变成人们所需能量的装置。

制冷装置：将热量不断地从系统排向环境，以使系统温度降到所要求的某一低于环境温度水平的装置。

热泵装置：将热量不断地传给系统，使系统温度提高到所要求的某一高于环境温度水平的装置。

空气标准假设：假定工作流体是一种理想气体，且具有与空气相同的热力性质。

萨巴德循环：活塞式内燃机装置内由绝热膨胀、定压放热、绝热压缩、定容和定压吸热四个可逆过程组成的循环。

狄塞尔循环：活塞式内燃机装置内由绝热膨胀、定压放热、绝热压缩和定压吸热四个可逆过程组成的循环。

奥托循环：活塞式内燃机装置内由绝热膨胀、定压放热、绝热压缩和定容吸热四个可逆过程组成的循环。

布雷顿循环：燃气轮机装置内由绝热膨胀、定压放热、绝热压缩和定压吸热四个可逆过程组成的循环。

朗肯循环：蒸汽动力装置内由定压吸热、绝热膨胀、定温放热和绝热压缩四个可逆过程组成的循环。

循环增压比：循环最高压力与最低压力的比值。符号：π。

循环增温比：循环最高温度与最低温度的比值。符号：τ。

再热循环：蒸汽膨胀到某一中间压力后排出汽轮机，将其导入锅炉中吸热，然后再进入汽轮机继续膨胀到背压 p_b 的循环。

抽汽回热循环：从汽轮机的适当部位抽出尚未完全膨胀的压力、温度相对（相对于锅炉给水）较高的少量蒸汽，去加热低温凝结水，以达到回热效果的循环。

热电合供循环：用发电厂做了功的蒸汽的余热来满足热用户的需要的循环，也称热电联（产）供循环。即作为产品，发电厂既生产电能又生产热能。

热量利用系数：已被利用的热量与工质从热源处所吸收的热量的比值。符号：K。

热电厂热量利用系数：已被利用的热量与燃料的总释放热量的比值。符号：K'。

8.3 重点与难点解析

8.3.1 分析动力循环的一般方法

分析循环的目的在于，基于热力学基本定律，通过分析循环过程中能量转换与利用的效果及影响因素，揭示产生㶲损失的部位、分布与大小，找出薄弱环节，探讨、寻求提高能量转换与利用效果的途径。

对实际的热力循环进行热力性能计算前，应对系统进行必要的处理，以此突出所研究的对象。分析循环的一般方法如下：

（1）将实际循环抽象和简化为理想循环。任何实际热力装置中的各热力过程都是不可逆的，且十分复杂。为了进行热力性能分析，需要建立与实际循环相对应的热力学模型，即用理想的可逆循环代替实际的不可逆循环。这样做不仅能简化计算，而且能反映热力装置在给定条件下热力性能所能达到的最佳效果，进而发现影响实际循环热力性能不能达到最佳的原因。这也是工程热力学的基本任务之一。

（2）将简化好的理想可逆循环表示在 $p-v$、$T-s$ 图上。

（3）对理想循环进行热力性能分析计算。需计算不同循环中有关状态点（如压力、温度）的参数，与外界交换的热量、功量以及循环热效率或工作系数。

对于动力循环，作为热力性能指标的循环热效率计算式为

$$\eta_t=\frac{W_{net}}{q_1}=1-\frac{q_2}{q_1} \tag{8-1}$$

对于制冷和热泵循环，作为热力性能指标的制冷系数和供暖系数的计算式分别为

$$\varepsilon=\frac{q_{21}}{W_{net}q_1}=\frac{q_2}{q_1-q_2} \tag{8-2}$$

$$\varepsilon' = \frac{q_{21}}{W_{\text{net}}q_1} = \frac{q_2}{q_1 - q_2} \tag{8-3}$$

（4）定性分析。分析各主要参数对理想循环的吸热量、放热量以及净功量的影响，进而分析对循环热效率（或工作系数）的影响，提出提高循环热效率（或工作系数）的主要措施。理想循环的定性分析，一般可采用两种方法，即热量图示分析法和平均温度分析法。热量图示分析法为借助循环吸热量Q_1与放热量Q_2所对应的面积定性地分析各参数对Q_1与Q_2的影响，进而分析对循环热效率影响的方法。平均温度分析法为利用循环热效率与吸、放热过程平均温度的计算式$\eta_t = 1 - \overline{T}_2/\overline{T}_1$，讨论提高循环热效率的方法，即尽量提高加热平均温度与尽量降低放热平均温度。考察各参数对循环热效率的影响时，只需分析各参数的影响；比较各种理想循环的效率时，只需比较各自的吸、放热平均温度。

（5）对理想循环的计算结果引入必要的修正。要考虑实际存在的不可逆性，需根据一些经验值对理想循环的结果进行必要的修正。

（6）对实际循环进行热力学第二定律分析。利用热力学第一定律进行分析时，可以得到付出的代价（消耗的能量）、获得的收益（得到的能量）以及损失的数量关系。但能量的品位或质并没有体现。因此，若要进一步分析，则需利用热力学第二定律，即熵分析和㶲分析。其不仅可以反映能量的数量关系，而且可以反映质的差异。因此，可以深刻地揭示出循环或过程的各种㶲损失以及㶲退化为炕的部位和程度，确定㶲损失对㶲效率的影响，并据此提出改进措施。

8.3.2　气体动力循环

1. 活塞式内燃机内气体动力循环

（1）活塞式内燃机内实际循环的简化。活塞式内燃机具有效率高、功率范围广、质量小、外形尺寸小以及便于移动等优点，因此常作为原动机被广泛地应用于运输车辆、船舶以及发电站等处。它是直接利用燃料的燃烧产物作为工质进行热功转换，其一系列热力过程都在气缸内完成。

活塞式内燃机的实际工作过程非常复杂，为一典型的不可逆过程。但为简便计算，需对实际循环进行简化。具体做法是：①实际的开式循环抽象成闭式的、以空气为工质的理想循环；②定容及定压燃烧加热空气的过程，简化成工质从热源可逆定容及定压吸热的过程；③忽略实际过程的摩阻以及进、排气阀的节流损失；④对膨胀和压缩过程忽略热交换，将其简化为可逆绝热过程。由于简化后所得模型不仅便于计算分析，而且通过热力学参数所反映的结果即为最佳效果，从而可以得出影响热力性能的因素。

（2）活塞式内燃机的理想循环。活塞式内燃机种类较多，不同燃料其燃烧过程也不同。由于燃料在工质内燃烧，这类热机又称内燃型动力装置。活塞式内燃机按使用的燃料可分为柴油机、汽油机和煤气机等；按燃料着火方式又可分为点燃式和压燃式两种。柴油燃点高，柴油机属于压燃式；而汽油与煤气燃点低，汽油机和煤气机属于点燃式。压燃式内燃机的燃烧加热过程是由定压加热和定容加热两部分组成的，故又称混合加热循环，即萨巴德循环，如图8-1所示。

在完成对各状态点参数的确定后，可进行热力学能量计算与分析。

1）热力学第一定律分析。以柴油机混合加热循环且单位质量空气为分析对象，如图8-1所示。则加热量

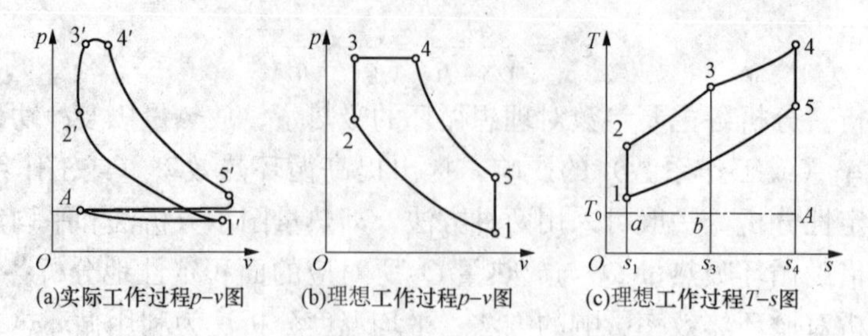

图 8-1 活塞式内燃机的实际及理想工作过程

$$q_1 = q_{23,V} + q_{34,p} = c_V(T_1 - T_2) + c_p(T_4 - T_3)$$

放热量

$$q_2 = q_{51,V} = c_V(T_5 - T_1)$$

混合循环净功

$$w_{\mathrm{net},pV} = q_1 - q_2 = \frac{p_1 v_1}{\kappa - 1}\{\varepsilon^{\kappa-1}[(\lambda-1)+\kappa\lambda(\rho-1)]-(\rho^{\kappa}-1)\}$$

混合循环热效率计算式为

$$\eta_{\mathrm{t},pV} = 1 - \frac{q_2}{q_1} = \frac{\lambda\rho^{\kappa}-1}{\varepsilon^{\kappa-1}[(\lambda-1)+\kappa\lambda(\rho-1)]} \tag{8-4}$$

上述各式定量地反映了混合循环热效率和混合循环净功与压缩比（$\varepsilon=v_1/v_2$）、定容升压比（$\lambda=p_3/p_2$）、预胀比（$\rho=v_4/v_3$）以及 κ 之间的关系。η_t 随 ε、λ 和 κ 的增大而增大，随 ρ 的增大而减小。这主要是因为在定压加热后期加入的热量，在膨胀过程中可转换成功量的部分减少。而当 ε、λ、ρ 与 κ 增加时，循环净功随之增大。受强度和机械效率等因素的影响，柴油机的压缩比不能任意提高，实际一般为 13～30。

柴油机还有定压加热循环（其他三个过程不变），即狄塞尔循环。取混合加热循环中的 $\lambda=1$，即定压加热循环。其循环热效率及循环净功的计算式为

$$\eta_{\mathrm{t},p} = \frac{\rho^{\kappa}-1}{\varepsilon^{\kappa-1}(\rho-1)} \tag{8-5}$$

$$w_{\mathrm{net},p} = \frac{p_1 v_1}{\kappa-1}[\varepsilon^{\kappa-1}(\rho-1)-(\rho^{\kappa}-1)] \tag{8-6}$$

若混合加热循环中的 $\rho=1$，则演变成汽油机的定容加热循环，即奥托循环。因为汽油机压缩的是燃料与空气的可燃混合物，压缩终了时为点燃，其循环效率与循环净功的计算式为

$$\eta_{\mathrm{t},V} = 1 - \frac{1}{\varepsilon^{\kappa-1}} \tag{8-7}$$

$$w_{\mathrm{net},V} = \frac{p_1 v_1}{\kappa-1}\varepsilon^{\kappa-1}(\lambda-1) \tag{8-8}$$

式（8-7）和式（8-8）表明，$\eta_{\mathrm{t},V}$ 与 λ 无关，其只随 ε 与 κ 的增大而增大；而循环净功随 λ、ε 和 κ 的增大而增大。定容加热循环与定压加热循环可看作混合加热循环的特例。

2）热力学第二定律㶲分析。单位质量工质吸收的比热量㶲 e_{x,q_1} 认为是由一个假想的恒温热源（T_H）提供的，则㶲效率计算式为

$$\eta_{ex}=\frac{w_{net}}{e_{x,q_1}}=\frac{w_{net}}{\left(1-\frac{T_0}{T_H}\right)q_1} \tag{8-9}$$

实际上 T_H 很难确定，但热量㶲是由燃料化学㶲转化而来的，因此式（8-9）可写成

$$\eta_{ex}=\frac{w_{net}}{be_{x,f}}=\eta_b\eta_t\left(\frac{-\Delta H_f^l}{e_{x,f}}\right) \tag{8-10}$$

式中：$-\Delta H_f^l$ 为单位质量燃料的低发热量，kJ/kg；$e_{x,f}$ 为单位质量燃料的化学㶲，kJ/kg；b 为对应的单位质量空气所需的燃料量，kg（燃料）/kg（空气）；η_b 为燃烧室燃烧效率；η_t 为循环热效率。

3）不可逆循环㶲损失分析。由于可逆绝热过程不存在㶲损失，所以只分析加热与放热过程。若加热量 $q_{23,V}$ 与 $q_{34,p}$ 是由同一恒温为 T_H 的热源提供，则比㶲损失为

$$i_{23,V}=e_{x,q_{23,V}}+(e_{x,u_2}-e_{x,u_3})=T_0\left(s_3-s_2+\frac{q_{23,V}}{T_H}\right) \tag{8-11}$$

当 $T_H\to\infty$ 时，式（8-11）变为

$$i_{23,V}=T_0(s_3-s_2)=T_0c_V\ln\lambda \tag{8-12}$$

此时，比㶲损失由图 8-1（c）中的面积 abs_3s_1a 所示。

同理

$$i_{34,p}=e_{x,q_{34,p}}+(e_{x,u_3}-e_{x,u_4})=T_0\left(s_4-s_3+\frac{q_{34,p}}{T_H}\right) \tag{8-13}$$

当 $T_H\to\infty$ 时，式（8-13）变为

$$i_{34,p}=T_0(s_4-s_3)=T_0c_p\ln\rho \tag{8-14}$$

此时，比㶲损失由图 8-1（c）中的面积 bAs_4s_3b 所示。

则加热过程的总比㶲损失为

$$i_{24}=i_{23,V}+i_{34,p}=T_0\left(s_4-s_2+\frac{q_{23,V}+q_{34,p}}{T_H}\right) \tag{8-15}$$

当 $T_H\to\infty$ 时，式（8-15）变为

$$i_{24}=T_0(c_V\ln\lambda+c_p\ln\rho) \tag{8-16}$$

若以燃料㶲表示，则总比㶲损失为

$$i_{24}=be_{x,f}-(e_{x,u_4}-e_{x,u_2}) \tag{8-17}$$

对于放热过程，比㶲损失为

$$i_{51,V}=e_{x,u_{54}}-e_{x,u_1}=T_0\left(s_1-s_5+\frac{q_{51,V}}{T_0}\right)=c_V(T_5-T_1)-T_0(c_V\ln\lambda+c_p\ln\rho) \tag{8-18}$$

此时，比㶲损失由图 8-1（c）中的面积 $15Aba1$ 表示。

那么，总的比㶲损失为

$$i=T_0\left(\frac{q_{23,V}+q_{34,p}}{T_H}+\frac{q_{51,V}}{T_0}\right)=c_V(T_5-T_1)+T_0\frac{q_{23,V}+q_{34,p}}{T_H} \tag{8-19}$$

当 $T_H\to\infty$ 时，有

$$i=c_V(T_5-T_1) \tag{8-20}$$

则总的比㶲损失由图 8-1（c）中的面积 $15s_4s_11$ 所示。

(3) 活塞式内燃机内各种理想循环的热力性能比较。现对定容加热、定压加热和混合加热三种内燃机内可逆循环的热功转换效果进行定性分析与比较，即比较各种理想循环的热效率。分析比较时，必须有相同的比较基准，一般以同一压缩比或同一最高温度和最高压力作为比较的前提。

1）压缩比和放热量相同时比较。具有相同压缩比的三种内燃机理想循环，如图 8-2 所示。其中，12341 为定容加热循环，122′3′41 为混合加热循环，123″41 为定压加热循环。为便于比较，三种循环的放热量相同。比较图 8-2 中各循环加热量所对应的面积，得出 $q_{1,V}>q_{1,pV}>q_{1,p}$。由于 $\eta_t=1-q_2/q_1$，且已设 q_2 相同，故 $\eta_{t,V}>\eta_{t,pV}>\eta_{t,p}$。如果比较图 8-2 中的平均吸热温度，也可得出相同结论。

2）压缩比和吸热相同时比较。当压缩比和吸热相同时，如图 8-3 所示。因各循环放热量不同，$q_{2,V}<q_{2,pV}<q_{2,p}$，由于 $\eta_t=1-q_2/q_1$，且 q_1 相同，故 $\eta_{t,V}>\eta_{t,pV}>\eta_{t,p}$。若按平均吸、放热温度比较，也可得出相同结论。但实际上各机型不同时，压缩比是不同的，因此该条件并不完全符合内燃机的实际情况。

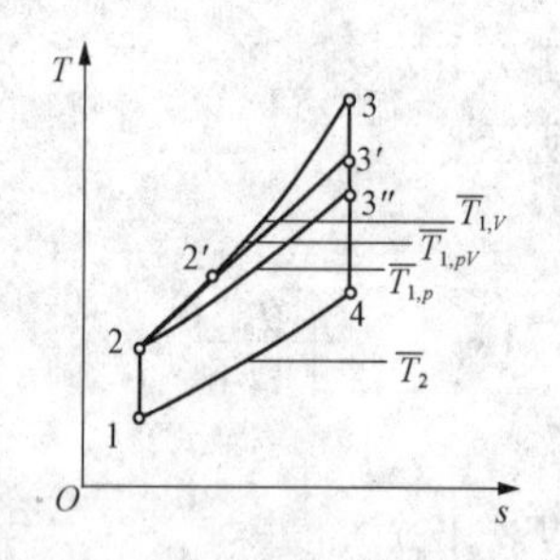

图 8-2 压缩比和放热量相同

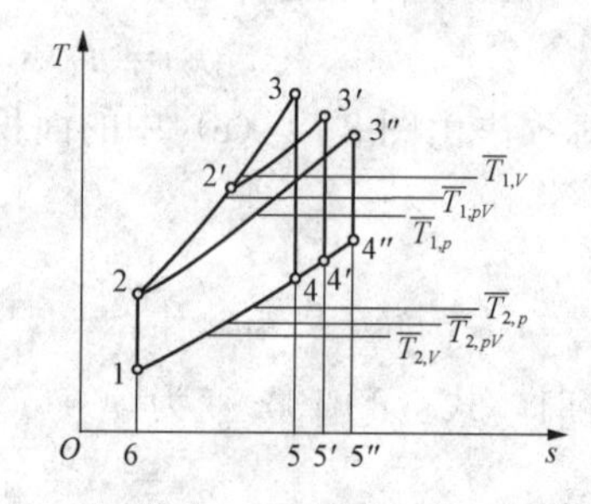

图 8-3 压缩比和吸热量相同

3）循环最高温度和压力相同时的比较。考虑到内燃机工作都要受热负荷和机械负荷的限制，因此选用该条件为比较的前提。循环最高温度和压力相同时，三种内燃机的理想循环，如图 8-4 所示。其中，12341 为定容过程，12′3′341 为混合过程，12″341 为定压过程。比较各循环的加热量与放热量，由图 8-4 可以看出，它们的放热量 q_2 相同，而加热量 $q_{1,p}>q_{1,pV}>q_{1,V}$，因而 $\eta_{t,p}>\eta_{t,pV}>\eta_{t,V}$。按平均吸热温度分析，也能得出同样结论。

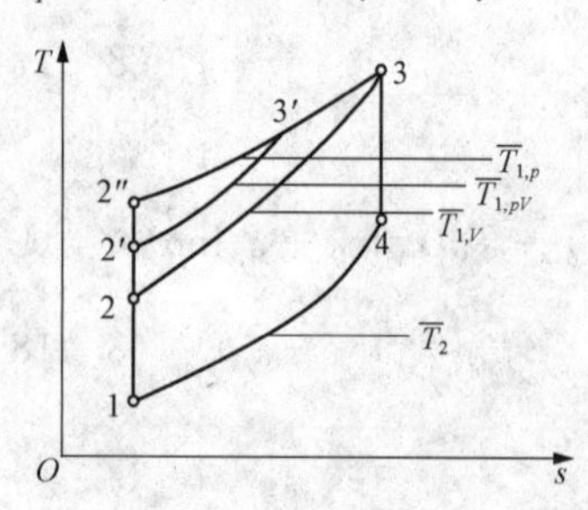

图 8-4 最高温度和压力相同

不论哪种前提，似乎总以混合加热循环的效率居中。但实际上，由于定容加热循环的压缩比要较其他两种低得多，所以 $\eta_{t,V}>\eta_{t,pV}$ 并不成立。定压加热循环与混合加热循环的压缩比实际上是一样的，故 $\eta_{t,p}>\eta_{t,pV}$ 也不成立。因此，考虑到实际压缩比的情况，$\eta_{t,pV}>\eta_{t,p}$ 与 $\eta_{t,p}>\eta_{t,V}$ 是成立的，故应有 $\eta_{t,pV}>\eta_{t,p}>\eta_{t,V}$，这个结论是符合实际的。

2. 燃气轮机装置内气体动力循环

(1) 燃气轮机装置内实际循环简化。燃气轮机装置是一种比较新型的内燃型动力装置，如图 8-5 所示。燃气轮机装置具有结构紧凑、启动快速、成本低廉等优点，因此在航空领域得到了广泛应用，此外作为电站、船舶及机车的动力装置，也有应用价值。

燃气轮机装置的简单循环系统，如图 8-5 (a) 所示。所谓“简单循环”，是指在主要气

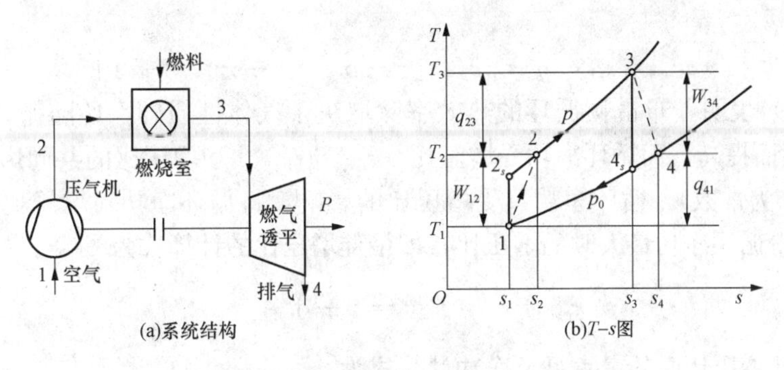

图 8-5　燃气轮机装置系统及 T-s 图

流通道只有压气机、燃烧室与燃气透平三大组件的系统。从大气吸入的空气，在压气机中被压缩到一定压力后送入燃烧室；喷入燃烧室的燃油与压缩空气混合并燃烧；燃烧室进、出口处气体压力相差很小，接近于定压燃烧，燃烧后形成的高温燃气在透平内膨胀做功；最后，废气由透平出口经排气管进入大气。透平与压气机的轴相连，透平所产生的功大部分为压气机所消耗，其余部分才作为输出的净功，用于带动发电机或其他负载。实际过程比较复杂，因此要将实际循环进行必要的简化，使之成为理想循环。具体做法是：①整个循环中把空气当作唯一的工质，认为工质的数量与成分均不变；②把燃烧室内的燃烧加热过程看作工质从热源可逆定压吸热的过程，把实际排气过程看成工质的可逆定压放热过程；③把压气机中的压缩过程简化为可逆绝热压缩过程，把透平内的膨胀过程简化为可逆绝热膨胀过程；④假定工质是理想气体，比热容取定值。

因此，就用成分不变的定量工质进行的四个可逆过程所组成的封闭循环，替代了装置的实际过程。简单燃气轮机装置的这种理想循环称为布雷顿循环，其热力过程如图 8-5（b）所示。

燃气轮机不可逆循环的分析，是在理想循环的基础上考虑了主要的不可逆因素，即透平与压气机内的摩阻损耗。因此，理想循环中的可逆绝热膨胀与压缩过程可按不可逆绝热膨胀与压缩来处理，如图 8-5（b）中的过程线 12 与 34 所示。分析加热与放热过程时，认为工质内部并不存在不可逆因素，只考虑工质与热源间温差传热所导致的不可逆损失，即把这两个过程按不可逆过程处理。由此得出的不可逆循环为 12341，而相对应的理想循环为 12_s34_s1。

（2）理想循环的热效率及最大净功。理想循环时，因各热力过程为可逆过程，故不存在任何损失，如图 8-5 中的 12_s34_s1。该条件下所具有的热效率最佳，其计算过程为

循环吸热量

$$q_1 = c_p(T_3 - T_{2_s})$$

循环放热量

$$q_2 = c_p(T_{4_s} - T_1)$$

循环热效率

$$\eta_t = 1 - \frac{q_2}{q_1} = 1 - \frac{T_{4_s} - T_1}{T_3 - T_{2_s}} = 1 - \frac{1}{\pi^{(\kappa-1)/\kappa}} \tag{8-21}$$

循环净功

$$w_{net} = q_1 - q_2 = c_p T_1 [\tau - \tau\pi^{(1-\kappa)/\kappa} - \pi^{(\kappa-1)/\kappa} + 1] \tag{8-22}$$

式（8-21）表明，布雷顿循环的热效率除取决于气体性质外，还随循环增压比（$\pi = p_2/p_1$）的增加而提高。而循环净功受增温比（$\tau = T_3/T_1$）和增压比的共同影响。在一定的温度范围内（τ 为常数），循环净功只受增压比的影响。将循环净功对增压比取一阶导数并令其为零，则得循环净功最大时的增压比，即最佳增压比的计算式为

$$\pi_{opt} = \tau^{0.5\kappa/(\kappa-1)} = \left(\frac{T_3}{T_1}\right)^{0.5\kappa/(\kappa-1)} \tag{8-23}$$

对应于最佳增压比时的最大循环净功计算式为

$$w_{net,max} = c_p (\sqrt{T_3} - \sqrt{T_1})^2 \tag{8-24}$$

因此，布雷顿循环时，π 值越大，循环热效率 η_t 越高。但在一定温度区间，为获得最大净功 $w_{net,max}$，必须存在最佳增压比 π_{opt} 值，以便获得循环较佳的热力性能和净功。

（3）燃气轮机装置的定压加热实际循环。实际循环中，因存在耗散效应，会造成一定的能量损失。为分析方便，取单位质量的空气为分析对象，引入压气机的绝热效率 $\eta_{C,s}$ 与燃气轮机相对内效率 $\eta_{s,T}$ 来进行修正。

1）热力学第一定律分析。分析过程如下：

实际循环吸热量

$$q'_1 = h_3 - h_2 = h_3 - h_1 - \frac{h_{2_s} - h_1}{\eta_{C,s}}$$

实际循环放热量

$$q'_2 = h_4 - h_1 = h_3 - h_1 - \eta_{s,T}(h_3 - h_{4_s})$$

实际循环净功

$$w'_{net} = w'_T - w'_C = w_T \eta_{s,T} - \frac{w_C}{\eta_{C,s}} = \eta_{s,T}(h_3 - h_{4_s}) - \frac{h_{2_s} - h_1}{\eta_{C,s}}$$

实际循环热效率

$$\eta'_t = 1 - \frac{q'_2}{q'_1} = \frac{w'_{net}}{q'_1}$$

为分析影响循环热效率的因素，当工质的比热容为定值时，实际循环热效率的计算式为

$$\eta'_t = \frac{\dfrac{\tau}{\pi^{(\kappa-1)/\kappa}}\eta_{s,T} - \dfrac{1}{\eta_{C,s}}}{\dfrac{\tau - 1}{\pi^{(\kappa-1)/\kappa} - 1} - \dfrac{1}{\eta_{C,s}}} \tag{8-25}$$

式（8-25）表明：①提高增温比 τ，可提高 η'_t。由于 T_1 取决于大气温度，一般变化不大，故提高增温比主要应提高循环最高温度 T_3。然而，受金属材料性能的制约，目前在采用相关技术后，循环最高温度约达 1600K，是提高效率的主要方向。②提高压气机绝热效率 $\eta_{C,s}$ 与燃气轮机相对内效率 $\eta_{s,T}$，可提高循环热效率。两个效率主要取决于部件气动设计和制造水平，目前 $\eta_{C,s} = 0.85 \sim 0.90$，$\eta_{s,T} = 0.85 \sim 0.92$。③除 τ、$\eta_{C,s}$ 及 $\eta_{s,T}$ 外，还有增压比 π 的影响。对一定的 τ、$\eta_{C,s}$ 及 $\eta_{s,T}$，循环热效率初始随 π 的增大而增加，但当达到某一最大值后随 π 的增大而减小。可见，影响燃气轮机装置实际循环热效率的因素与理想循环的是不相同的。

由实际循环净功计算式进一步可得

$$w'_{\mathrm{net}}=c_pT_3\left(1-\frac{T_{4_s}}{T_3}\right)\eta_{s,\mathrm{T}}-\frac{c_pT_1}{\eta_{\mathrm{C},s}}\left(\frac{T_{2_s}}{T_1}-1\right)=c_pT_1\left[\eta_{s,\mathrm{T}}\tau(1-\pi^{\frac{1-\kappa}{\kappa}})-\frac{\pi^{(\kappa-1)/\kappa}-1}{\eta_{\mathrm{C},s}}\right]$$

将实际循环净功对增压比取一阶导数并令其为零，则得实际循环净功最大时的增压比，即最佳增压比的计算式为

$$\pi'_{\mathrm{opt}}=(\eta_{s,\mathrm{T}}\eta_{\mathrm{C},s}\tau)^{0.5\kappa/(\kappa-1)} \tag{8-26}$$

相应的最大循环净功为

$$w'_{\mathrm{net,opt}}=\frac{c_pT_1}{\eta_{\mathrm{C},s}}\left[\pi_{\mathrm{opt}}^{(\kappa-1)/\kappa}-1\right]^2 \tag{8-27}$$

对应于净功最佳增压比时的循环热效率为

$$\eta'_{\mathrm{t}}=\frac{\left[\pi^{(\kappa-1)/\kappa}-1\right]^2}{\eta_{\mathrm{C},s}{}^{(\tau-1)-\pi^{(\kappa-1)/\kappa}}+1} \tag{8-28}$$

可见，当 T_1、$\eta_{s,\mathrm{T}}$与 $\eta_{\mathrm{C},s}$给定，且循环净功最大时，循环热效率 η'_{t} 随 τ 的提高而提高。这是因为增温比增加的梯度小于增压比增加的梯度，因此增温比稍有增加，增压比都有较大幅度的增加，最终使得循环热效率 η'_{t} 提高。

2）热力学第二定律㶲分析。按㶲效率定义，单位质量工质吸收的比热量㶲 e_{x,q'_1}，认为是由一个恒温热源（T_{H}）提供的，则㶲效率的计算式为

$$\eta_{\mathrm{ex}}=\frac{w_{\mathrm{net}}}{e_{\mathrm{x},q'_1}}=\frac{w_{\mathrm{net}}}{\left(1-\dfrac{T_0}{T_{\mathrm{H}}}\right)q'_1}=\frac{\eta_{\mathrm{t}}}{\eta_{\mathrm{t,C}}} \tag{8-29}$$

对于燃气轮机循环，实际上并不存在一个外部热源，只是出于需要，将在工质内部进行的燃烧过程作为由外部热源供热的加热过程处理。因此，这个热源温度 T_{H} 很难确切地予以定义。有人取绝热燃烧温度与环境温度间的热力学平均温度，有人索性取 T_{H} 为无限值。

但是究其根源，这个假想热源提供的比热量㶲，实际上是由燃料化学㶲转化而来的，所以㶲效率计算式可表示为

$$\eta_{\mathrm{ex}}=\frac{w_{\mathrm{net}}}{be_{\mathrm{x},f}}=\eta_{\mathrm{b}}\eta_{\mathrm{t}}\left(\frac{-\Delta H_f^l}{e_{\mathrm{x},f}}\right) \tag{8-30}$$

式（8-30）中的变量同活塞式内燃机。倘若认为燃料化学㶲 $e_{\mathrm{x},f}$等于燃料的低发热量 $-\Delta H_f^l$，且取 $\eta_{\mathrm{b}}=100\%$，则由式（8-30）可知，循环㶲效率在数值上恰好等于循环热效率，相当于式（8-29）中的 T_{H} 为无穷大，也就是相当于认为 $\eta_{\mathrm{t,C}}=100\%$。当然，这只是一种近似的取法，实际上 $-\Delta H_f^l/e_{\mathrm{x},f}$随燃料种类的不同而不同。

式（8-30）表明：当燃料种类与燃烧效率一定时，循环㶲效率 η_{ex}与循环热效率 η_{t}成正比。因此，凡是有利于提高循环热效率的措施，对提高㶲效率同样有效。

由于通常选用“净功最佳增压比”，相应的循环㶲效率为

$$\eta_{\mathrm{ex}}=\frac{w_{\mathrm{net}}}{be_{\mathrm{x},f}}=\eta_{\mathrm{b}}\left(\frac{-\Delta H_f^l}{e_{\mathrm{x},f}}\right)\frac{\left[\pi^{(\kappa-1)/\kappa}-1\right]^2}{\eta_{\mathrm{C},s}{}^{(\tau-1)-\pi^{(\kappa-1)/\kappa}}+1} \tag{8-31}$$

当燃料种类、η_{b}、$\eta_{s,\mathrm{T}}$与 $\eta_{\mathrm{C},s}$给定时，净功最佳增压比下的㶲效率随增温比 τ 的提高而提高，如图 8-6 所示。设 $\eta_{\mathrm{b}}=0.9$，$-\Delta H_f^l/e_{\mathrm{x},f}=0.95$，$t_1=30℃$，$t_0=15℃$。即使在 t_3 很高时，“净功最佳增压比”下的 η_{ex}也并不高，而且当压气机绝热效率与透平定熵效率降低时，η_{ex}降低得很快。

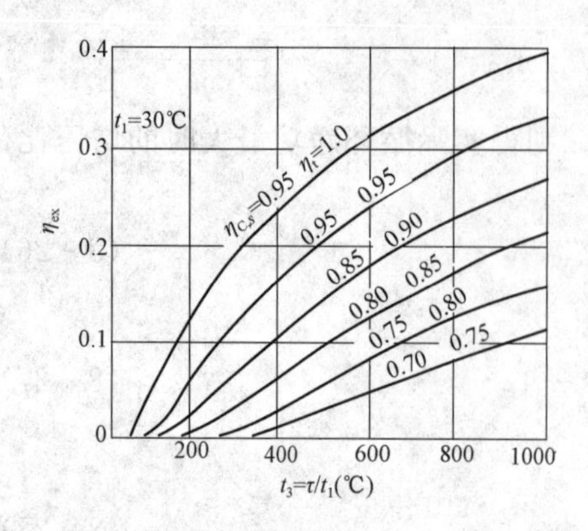

图 8-6 㶲效率与增温比的关系

3）不可逆循环㶲损失分析。下面分别讨论各过程的比㶲损。

压气机内不可逆绝热压缩过程 12，由于是绝热过程，因此 q_{12} 为零，则比㶲损失为

$$i_{12}=w'_{\mathrm{C}}-(e_{\mathrm{x},1}-e_{\mathrm{x},2})=T_0(s_2-s_1) \tag{8-32}$$

此时，比㶲损失如图 8-7 中的面积 a 所示。燃烧室内定压加热过程 23 的比㶲损失为

$$i_{23}=be_{\mathrm{x},f}-(e_{\mathrm{x},3}-e_{\mathrm{x},2}) \tag{8-33}$$

若认为加热量 q'_1 是由 T_{H} 的恒温热源提供的，则比㶲损失为

$$i_{23}=e_{\mathrm{x},q'_1}+(e_{\mathrm{x},2}-e_{\mathrm{x},3})=T_0\left(s_3-s_2-\frac{q'_1}{T_{\mathrm{H}}}\right) \tag{8-34}$$

若取 T_{H} 为无穷值，则比㶲损失为

$$i_{23}=T_0(s_3-s_2) \tag{8-35}$$

此时，比㶲损失如图 8-7 中的面积 b 所示。若引入吸热平均温度 $\overline{T}_1$，则 $i_{23}=T_0q_{23}/\overline{T}_1$。因此，为了减少这部分比㶲损失，应尽量提高工质的吸热平均温度。

由于透平内不可逆绝热膨胀过程 34 为绝热过程，无热量交换，则比㶲损失为

$$i_{34}=(e_{\mathrm{x},3}-e_{\mathrm{x},4})-w'_{\mathrm{T}}=T_0(s_4-s_3) \tag{8-36}$$

此时，比㶲损失如图 8-7 中的面积 c 所示。定压过程 41 中的放热量为 q'_2，且放热时冷源温度取为 T_0，则比㶲损为

$$i_{41}=e_{\mathrm{x},4}-e_{\mathrm{x},1}=T_0\left(s_1-s_4+\frac{q'_2}{T_0}\right) \tag{8-37}$$

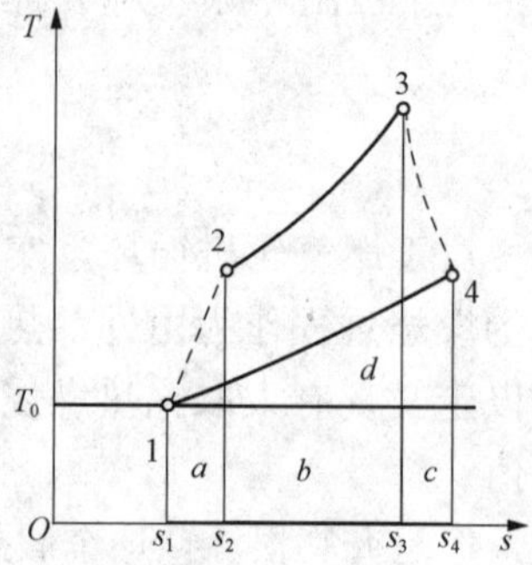

图 8-7 不可逆循环 T-s 图

此时，比㶲损失如图 8-7 中的面积 d 所示。若引入放热平均温度 $\overline{T}_2$，则 $q'_2=\overline{T}_2$（s_4-s_1），代入式（8-37）得

$$i_{41}=(\overline{T}_2-T_0)(s_4-s_1) \tag{8-38}$$

在放热过程中降低放热平均温度是减少放热过程比㶲损失的根本途径。将上述各式相加得总的比㶲损失计算式为

$$i=be_{\mathrm{x},f}-w_{\mathrm{net}}=T_0\left(\frac{q'_2}{T_0}-\frac{q'_1}{T_{\mathrm{H}}}\right)=q'_1(\eta_{\mathrm{t,C}}-\eta_{\mathrm{t}}) \tag{8-39}$$

式（8-39）中等号右边的最后两个式子只适用于温度为 T_{H} 的恒温热源情况。各过程比㶲损失的相对大小可用㶲损失系数表示。

（4）提高燃气轮机装置热效率的措施。当燃气轮机的增温比和增压比确定后，若要进一步提高其热效率，必须在原循环基础上加以改善，以减少过程的不可逆因素。最有效的措施为：①增加回热，提高进入燃烧室的空气温度，以提高吸热平均温度；②在采用回热的基础上，进行分级压缩中间冷却以及分级膨胀中间再热，以减少压缩功和增加循环净功，以提高循环热效率。

1）燃气轮机回热循环。采用回热的燃气轮机装置，如图 8-8（a）所示。燃气轮机排气温度很高，通常高于压气机出口的空气温度，放热过程的高温段 46 与吸热过程的低温段 25 恰好是在相同范围内进行的，因此 46 段的放热正好可用作 25 段的吸热，以提高进入燃烧室的空气温度。

排气在回热器中加热压缩空气后排入大气，同时被预热的压缩空气在燃烧室内吸热后进入透平做功。理想情况下，进入燃烧室的空气的温度最高可达透平出口的排气温度，即 $T_5=T_4$。排气温度最低可能冷却到压气机出口空气的温度，即 $T_6=T_2$。这种情况称为极限回热。

极限回热的燃气轮机循环，如图 8-8（b）中 1253461 所示。与未采用回热的循环 12341 相比，这两种循环的循环功相同，为过程线所包围的面积 12341。但在回热循环中，工质从外部热源的吸热量只是 h_3-h_5，比简单循环减少了 h_5-h_2。因此，回热循环热效率必将提高。

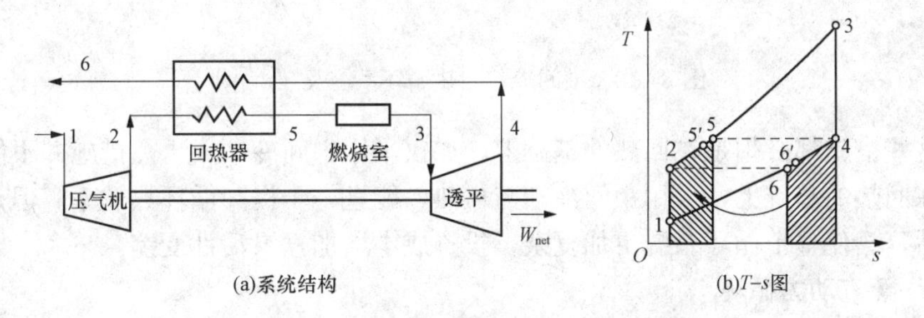

图 8-8 燃气轮机回热循环装置系统及 T-s 图

实际上极限回热是无法实现的，因为空气与排气换热时存在温差，空气预热后的实际温度 $T_{5'}$ 一定低于 T_4，排气冷却后的温度 $T_{6'}$ 也一定高于 T_2。通常用回热度 σ 表示回热器中的实际回热程度。所谓回热度，是指空气的实际回热吸热量与极限回热吸热量之比，即 $\sigma=(h_{5'}-h_2)/(h_5-h_2)$。取比热容为定值时，$\sigma=(T_{5'}-T_2)/(T_5-T_2)$。$\sigma$ 值越大，循环热效率提高得越多，但所采用的换热器面积会增大，投资成本会增加，故应通过综合经济性比较进行选取。

2）分级膨胀及再热回热循环。在回热基础上采用分级膨胀、中间再热，是增加循环净功与提高效率的又一途径，如图 8-9 所示。在极限回热条件下，分级膨胀及中间再热理想循环为 125′378961，其中过程线 37、89 分别为燃气在高、低压透平中的定熵膨胀，即分级膨胀；过程线 78 为第二级燃烧室中的定压吸热过程，即再热过程。

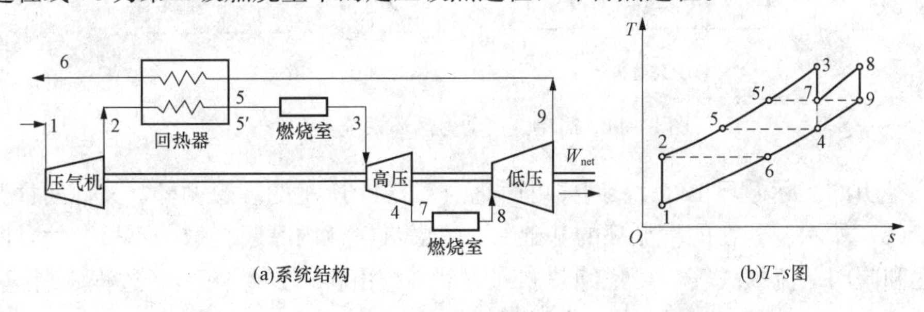

图 8-9 分级膨胀中间再热循环系统及 T-s 图

与回热循环1253461相比，两种循环的放热平均温度相同，但前者的吸热过程5′3与78都基本达到了循环最高温度，具有较高的吸热平均温度，故循环热效率比回热循环的高。

3）中间冷却回热循环。采用中间冷却回热循环，也可提高循环热效率，如图8-10所示。在极限回热情况下，两级压缩中间冷却的理想循环为17895346′1。

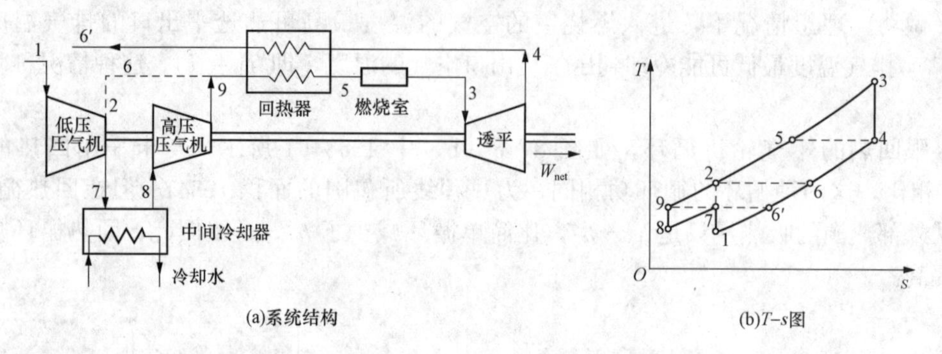

图8-10 中间冷却回热循环系统及 T-s 图

所有这些措施都必须是在回热的基础上，如仅采用中间冷却或再热措施并不能提高循环热效率；在回热的基础上，采用中间冷却与再热，能进一步提高循环热效率。但是采用这些复杂措施后，会使整个循环系统更加复杂，投资成本增加，灵活性变差。

8.3.3 蒸汽动力循环

凡采用蒸汽作为工质的动力装置称为蒸汽动力装置。其中，以水和蒸汽为工质的应用最为广泛。因水与蒸汽无法助燃，因此需从外部对工质进行加热，因此这类动力装置又称外燃型动力装置。蒸汽动力装置所使用的燃料种类较多，还可利用太阳能及地热等能源。

1. 简单蒸汽动力循环

简单蒸汽动力循环，如图8-11所示。它主要由锅炉、汽轮机、冷凝器和水泵等主要设备组成。

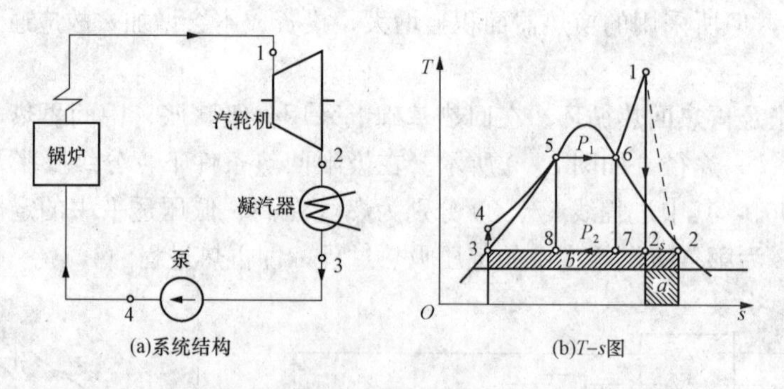

图8-11 简单蒸汽动力循环系统及 T-s 图

蒸汽经历的实际循环12341，同样可简化为 12_s341 所示的理想循环，又称朗肯循环，如图8-11（b）所示。若在朗肯循环的基础上，考虑汽轮机内摩阻耗散的不可逆性，同时忽略管道散热和阀门节流损失等，可逆绝热膨胀过程 12_s 由不可逆绝热膨胀过程12代替，则水及蒸汽循环为1234561，如图8-11（b）所示。

（1）蒸汽卡诺循环难以实现的原因。蒸汽为工质时，理论上可以实现卡诺循环。但在实际工程中，通常以朗肯循环为基础，通过对循环采取改进措施以提高热效率。不采用卡诺循环的原因在于：①在压气机中绝热压缩过程 85 难以实现；②循环局限于饱和区，上限温度受制于临界温度，故即使实现卡诺循环，其热效率也不高；③膨胀末期，湿蒸汽干度过小，不利于汽轮机安全运行；④由排汽终了点 2 不可能经过绝热压缩，使熵减至进入锅炉点 4。

（2）朗肯循环及有摩阻的循环热效率。通过对循环的简化，使循环成为理想朗肯循环 12_s341，即无摩阻循环，如图 8-11（b）所示。对理想朗肯循环进行热力学第一定律分析，可得其循环热效率。

1）以单位工质（蒸汽）为例进行分析，则有：

循环吸热量

$$q_1 = h_1 - h_4$$

循环放热量

$$q_2 = h_{2_s} - h_3$$

循环对外所做的功

$$w_T = h_1 - h_{2_s}$$

给水泵所消耗的功（若考虑水不可压缩）

$$w_C = h_4 - h_3 = v\Delta p$$

循环热效率

$$\eta_{t,L} = \frac{w_{net}}{q_1} = \frac{w_T - w_C}{q_1} = \frac{(h_1 - h_{2_s}) - (h_4 - h_3)}{h_1 - h_4} = \frac{(h_1 - h_{2_s}) - v\Delta p}{h_1 - h_4} \tag{8-40}$$

若忽略给水泵功，则 $h_3 = h_4$，得循环热效率计算式为

$$\eta_{t,L} = \frac{h_1 - h_{2_s}}{h_1 - h_4} \tag{8-41}$$

2）当考虑膨胀过程有不可逆损失时，循环则为 1234561，则有：

对外所做的功

$$w_{T,2} = h_1 - h_2 = \eta_{s,T}(h_1 - h_{2_s})$$

循环热效率

$$\eta_t = \frac{w_{net}}{q_1} = \frac{w_{T,2} - w_C}{q_1} = \frac{\eta_{s,T}(h_1 - h_{2_s}) - (h_4 - h_3)}{h_1 - h_4} = \frac{\eta_{s,T}(h_1 - h_{2_s}) - v\Delta p}{h_1 - h_4} \tag{8-42}$$

若忽略给水泵功，则 $h_3 = h_4$，得循环热效率计算式为

$$\eta_t = \frac{h_1 - h_2}{h_1 - h_4} = \frac{\eta_{s,T}(h_1 - h_{2_s})}{h_1 - h_4} = \eta_{t,L}\eta_{s,T} \tag{8-43}$$

由式（8-42）和式（8-43）可知，循环中存在可逆因素后，实际循环热效率小于理想朗肯循环热效率。因此，减少循环中的可逆因素，也是提高循环热效率的方法之一。

（3）蒸汽参数的影响。具体包括以下几方面：

1）初压 p_1 对循环热效率的影响。当初温 T_1 和排汽压力 p_2 不变时，提高初压 p_1，则平均吸热温度提高，循环热效率提高；排汽比体积减小，可以减小汽轮机出口尺寸。但要求金属强度高，排汽干度下降，通常要求大于 0.85～0.88。

2）初温 T_1 对循环热效率的影响。当初压 p_1 和排汽压力 p_2 不变时，提高初温 T_1，则平均吸热温度提高，循环热效率提高；排汽比体积增加，可以增大汽轮机出口尺寸；排汽干度提高。但要求金属耐热及强度高，反之亦然。

3）排汽压力 p_2 对循环热效率的影响。当初压 p_1 和初温 T_1 不变时，降低排汽压力 p_2，则平均放热温度下降，循环热效率提高；受环境温度限制，现在大型水冷却机组 $p_2=0.003\,5\sim0.005\,0\text{MPa}$；空气冷却机组 $p_2=0.010\sim0.013\text{MPa}$，极限背压值为 $0.005\sim0.008\text{MPa}$。

因此，在提高初温受材料耐高温性限制，降低排汽压力 p_2 受环境温度限制，提高初压降低排汽干度但危及汽轮机安全运行的条件下，为进一步提高循环热效率，在朗肯循环的基础上，可通过合理设计，增加再热和回热循环，以提高能量的利用率。

2. 再热循环

为了提高 p_1，且排汽仍有足够的干度，需增加再热循环，如图 8-12 所示。蒸汽在汽轮机中膨胀到 $x=1$ 之前的某个压力 p_a 时，由高压缸进入锅炉再热器内吸热，一直过热到 T_b（通常 $T_b \geqslant T_1$），然后送回汽轮机低压缸继续膨胀到排汽压力 p_2。排汽状态 2 的熵值较大，相应的干度 x_2 得到了提高。

由于不再受排汽干度的限制，可使 p_1 有较大的提高，因而吸热平均温度 $\overline{T}_b$ 也得到了提高。由于附加的再热器内吸热平均温度 $\overline{T}_r$ 较高，如图 8-12 所示，使循环吸热平均温度 $\overline{T}^*$ 进一步有所提高，而放热平均温度未变，因此“再热”成为提高蒸汽动力循环热效率与㶲效率的一种有效措施，目前已被广泛应用。我国个别机组已经实现了二次再热循环。

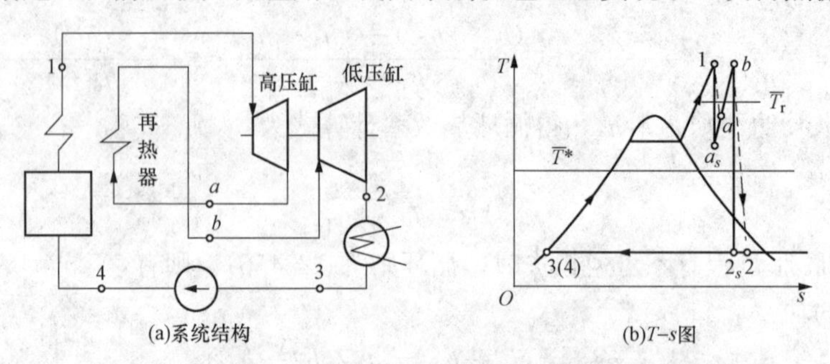

图 8-12 再热蒸汽动力循环系统及 T-s 图

考虑蒸汽在汽轮机中的不可逆性，忽略泵功时，$h_3=h_4$。

循环所做的功

$$w_T=(h_1-h_a)+(h_b-h_2)$$

循环吸热量

$$q_1=(h_1-h_3)+(h_b-h_a)$$

有再热循环时的热效率

$$\eta_t=\frac{w_{net}}{q_1}=\frac{(h_1-h_2)+(h_b-h_a)}{(h_1-h_3)+(h_b-h_a)}>\frac{h_1-h_2}{h_1-h_3} \tag{8-44}$$

式（8-44）与式（8-42）、式（8-43）相比，循环热效率有了提高，但再热压力对提高热效率有一定的影响。因此，通过计算和运行经验，最佳再热压力通常为蒸汽初压的 20%～30%，采用一次再热可使热效率提高 2.0%～3.5%。

3. 回热循环

利用从汽轮机中抽出的一部分蒸汽来加热进入锅炉前的给水，使进入锅炉的给水温度提高，以提高吸热平均温度，同时减少不可逆损失（减少换热温差），以此提高循环热效率，如图8-13所示。1kg蒸汽进入汽轮机，从初压 p_1 膨胀到某个中间抽汽压力 p_A，将 αkg的蒸汽从汽轮机中引出，余下的 $(1-\alpha)$ kg在汽轮机中继续膨胀到排汽压力 p_2。从气缸处抽取 αkg蒸汽，αkg抽汽在混合式给水加热器中放热凝结成饱和水，其温度为 t_s。αkg抽汽凝结时放出的热量使 $(1-\alpha)$ kg的锅炉给水从 t_4 提高到 t_5。

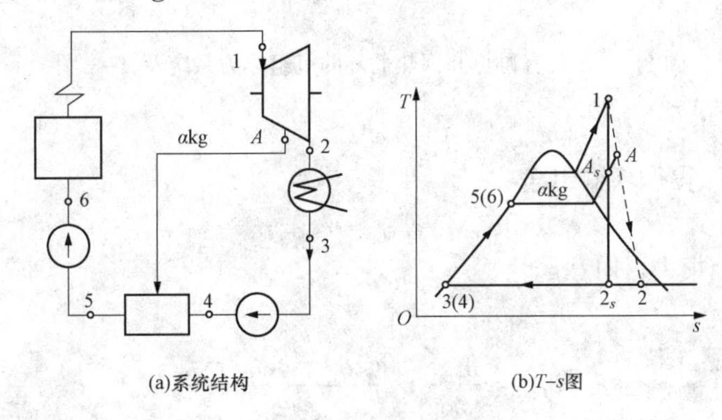

图8-13 抽汽回热动力循环系统及 T-s 图

(1) 热力学第一定律分析。根据热力学第一定律，列出给水加热器能量平衡方程，可确定抽汽份额 α，即

$$\alpha=\frac{h_5-h_4}{h_A-h_4} \tag{8-45}$$

若忽略泵功，则 $h_6=h_5$，$h_4=h_3$。

循环吸热量

$$q_1=h_1-h_6=h_1-h_5=(1-\alpha)(h_1-h_3)+\alpha(h_1-h_A)$$

循环净功

$$w_{\text{net}}=(h_1-h_A)+\alpha(h_A-h_2)=(1-\alpha)(h_1-h_2)+\alpha(h_1-h_A)$$

循环热效率

$$\eta_{\text{t,r}}=\frac{w_{\text{net}}}{q_1}=\frac{(1-\alpha)(h_1-h_2)+\alpha(h_1-h_A)}{(1-\alpha)(h_1-h_3)+\alpha(h_1-h_A)}>\frac{h_1-h_2}{h_1-h_3}=\eta_{\text{t}} \tag{8-46}$$

因此，循环热效率 $\eta_{\text{t,r}}$ 一定大于相同初、终态参数条件下未采用回热时的循环热效率 η_{t}。

(2) 热力学第二定律㶲分析。在实际火电厂中，机组热力系统通常均在朗肯循环基础上，采用再热和回热循环，因此应利用㶲分析法，对具有再热和回热循环的机组进行讨论。具有再热和回热循环的机组热力系统，如图8-14所示。

以1kg工质为例，利用㶲分析法计算循环的㶲效率。

循环吸收比热量㶲的计算式为

$$e_{\text{x},Q_1}=(e_{\text{x},h_1}-e_{\text{x},h_5})+\alpha_{\text{zr}}(e_{\text{x},h_b}-e_{\text{x},h_a})$$

式中：α_{zr} 为蒸汽再热份额，若再热前没有抽汽或蒸汽损失，则 $\alpha_{\text{zr}}=1$，即进入汽轮机的蒸汽份额；若再热前有抽汽或蒸汽损失，则为扣除损失后的蒸汽份额。

循环放热比热量㶲的计算式为

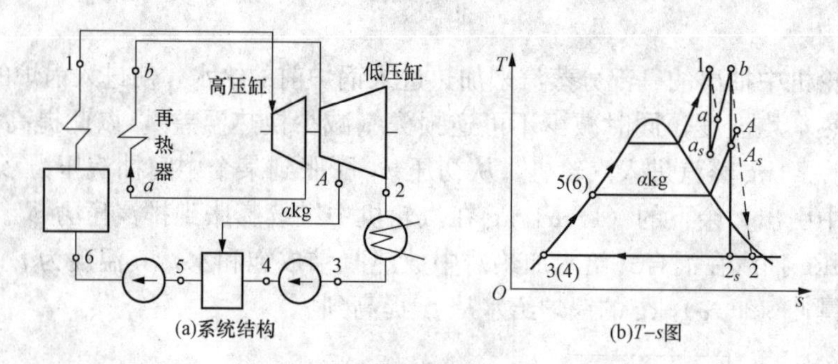

图 8-14　具有再热和回热循环的机组热力系统及 T-s 图

$$e_{x,Q_2}=(1-\alpha)(e_{x,h_2}-e_{x,h_3})$$

由㶲平衡方程，得循环输出净功

$$w_{net}=e_{x,Q_1}-e_{x,Q_2}-i$$

式中：i 为蒸汽比㶲损失，kJ/kg。

循环㶲效率

$$\eta_{ex}=\frac{w_{net}}{e_{x,Q_1}}=\frac{e_{x,Q_1}-e_{x,Q_2}-i}{e_{x,Q_1}} \tag{8-47}$$

若以燃料化学㶲代替蒸汽在锅炉内吸收的比热量㶲，则㶲效率为

$$\eta_{ex}=\frac{w_{net}}{be_{x,f}}=\eta_b\eta_t\left(\frac{-\Delta H_f^l}{e_{x,f}}\right) \tag{8-48}$$

式（8-48）中各变量同燃气轮机的各对应变量。

（3）蒸汽抽汽回热循环的优缺点。蒸汽抽汽回热循环具有如下优缺点。

1）优点：①减少锅炉吸热量，提高平均吸热温度，热效率提高；②增加汽耗率，汽轮机调节级叶片增长，末级叶片变短，单机效率提高；③减小凝汽器尺寸及锅炉受热面，节省金属材料；④减少冷源损失及对环境的热污染。

2）缺点：①循环比功减小，汽耗率增加；②增加设备复杂性；③增加加热器、泵及管道阀门等的投资。

小型火力发电厂回热级数一般为 1～3 级，中大型火力发电厂回热级数一般为 4～8 级。目前，火电机组的回热级数为 7～8 级。

4. 热电合供循环

随着技术的不断进步，目前火力发电厂为提高热效率，在终态参数受限的情况下，不断提高蒸汽的初态参数（已达超超临界）、采用回热及二次再热，使电厂热效率理论值达 49%左右，实际值在 43%～45%。但仍有部分品位较低的热能不能被利用，最后散发到大气环境中，形成热污染。虽然这部分品位较低的热能利用价值不大，但若作为热能的载体而被部分利用，可减少污染。热电合供循环提供了这种可能。蒸汽在汽轮机中做功膨胀到某一参数时，将蒸汽所具有的热能作为产品引出供热，这部分热能中包含了可散发到大气环境中的部分低品位热能，即热量烷。通过这种循环，可将低品位热能视为可被利用而不用散发到大气环境中，从而提高了电厂热能利用率。目前广泛采用的机组为调节抽汽式机组。

综合衡量热电合供循环的热力性能指标除热效率外，还有热量利用系数。在该循环中，

除了输出机械功外，还提供可利用的热量，因此以热量利用系数作为热力性能指标会更加全面，其计算式为

$$K=\frac{\text{已利用的热量}}{\text{工质从热源吸收的热量}} \tag{8-49}$$

若以燃料的总释热量为计算基准，则热量利用系数的计算式为

$$K'=\frac{\text{已利用的热量}}{\text{燃料的总释热量}} \tag{8-50}$$

因此，热电合供循环不仅能提高热量的利用率，而且能减少因供热而各自所建燃煤锅炉所造成的环境污染，社会效益也十分显著，是一种可推广的循环。目前，我国城市供暖基本采用热电合供循环方式。

5. 蒸汽-燃气联合循环

蒸汽动力装置的发展，通常以提高蒸汽初态参数为目标。采用高初态参数蒸汽的优点除可提高装置的热效率外，还可降低耗汽率，缩小装置的尺寸和质量。但在实际应用中，还会增设回热和再热循环。与朗肯循环相比，超临界循环热效率有显著提高，但与同温度限的卡诺循环相比，因其平均吸热温度较低，故其热效率仍远低于同温度限的卡诺循环。两种或几种不同工质的循环互相复合或联合，可有效提高整个联合装置的热效率。

蒸汽-燃气联合循环是以燃气为高温工质、蒸汽为低温工质，由燃气轮机的排气作为蒸汽轮机装置加热源的联合循环，如图8-15所示。

目前，燃气轮机装置循环中进气温度可达1000～1300℃，而排气温度在400～650℃，其循环热效率较低。而蒸汽动力循环的上限温度不高，极少超过650℃，放热温度约为33℃。若将燃气轮机的排气作为蒸汽循环的热源，则可充分利用燃气排出的热量，使联合循环热效率有较大的提高。若采用回热和再热的措施，这种联合实际循环的热效率可达47%～57%。

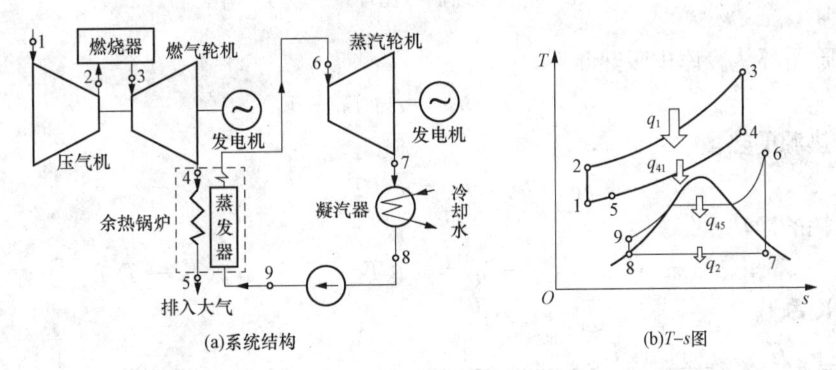

图8-15　蒸汽-燃气联合循环系统及T-s图

整个联合循环的吸热量为$q_1=q_{23}$，放热量为$q_2=q_{78}+q_{51}$，则联合循环的热效率为

$$\eta_t=1-\frac{q_2}{q_1}=1-\frac{q_{78}+q_{51}}{q_{23}} \tag{8-51}$$

实际运行时，余热锅炉中可能会存在燃料补燃，作为辅助加热过程。因此，若存在该过程，应计入该部分热量。

8.3.4　制冷循环

动力循环即为输入热能而输出功的循环，通常为正向循环，而与之相反的为逆向循环。逆向循环的目的是通过消耗功，将热量从冷源传送至热源。将热量从冷源传递至热源的循环，以维持低温环境为目的则为制冷循环，而以维持热源为目的则为热泵循环。衡量逆向循环的热力性能指标通常用性能系数表示，即获得收益与付出代价的比值。因此，通常称制冷性能系数为制冷系数，热泵性能系数为供暖系数。两种逆向循环性能系数的定义计算式，在第1章中已做介绍，此处不再赘述。

1. 压缩空气制冷循环

(1) 简单压缩空气制冷循环。空气压缩制冷装置由冷库、压气机、冷却器与膨胀机组成，如图8-16 (a) 所示。该循环过程为：由冷却器出来的工质通过膨胀机绝热膨胀减压降温；膨胀机出来的低温空气在冷库内定压吸热，以维持冷库低温；从冷库出来的空气在压气机内进行绝热压缩升压升温，然后在冷却器内定压放热冷却，以此周而复始地工作，如图8-16 (b) 中的循环12341所示。该循环可认为是布雷顿逆向循环且比定压热容为定值。

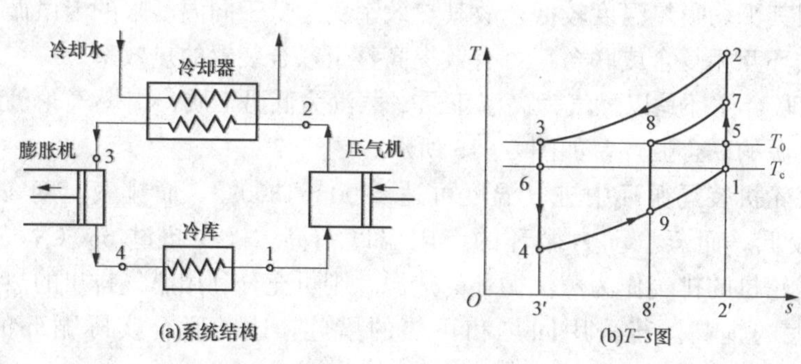

图8-16　空气压缩制冷循环系统及 $T-s$ 图

1kg 工质循环从冷库中吸热量

$$q_2 = h_1 - h_4 = c_p(T_1 - T_4)$$

释放给热源的热量

$$q_1 = h_2 - h_3 = c_p(T_2 - T_3)$$

循环消耗的净功

$$w_{net} = w_C - w_T = q_1 - q_2 = c_p(T_2 - T_1) - c_p(T_3 - T_4)$$

循环制冷系数

$$\varepsilon = \frac{q_2}{w_{net}} = \frac{T_1 - T_4}{(T_2 - T_3) - (T_1 - T_4)} = \frac{T_1}{T_2 - T_1} = \frac{T_4}{T_3 - T_4} = \frac{1}{\pi^{(\kappa-1)/\kappa} - 1} \quad (8-52)$$

式中：$\pi = p_2/p_1$ 为循环增压比。

式 (8-52) 表明，以空气为制冷工质时，循环制冷系数取决于循环增压比。减小循环增压比，制冷性能得以提高，但会导致膨胀温差变小而使制冷量减少，这是压缩空气制冷循环中单位质量空气制冷量小的缺陷所致，如图8-16 (b) 中循环17891所示。

空气压缩制冷循环的特点：①工质无毒、无味，不怕泄漏；②因空气比定压热容很小，膨胀温差又不能太大，故单位质量空气制冷量小；③活塞式压气机和膨胀机质量流量 $\dot{m}$ 小，使总制冷量不大。

(2) 回热式空气制冷循环。由于活塞式压气机空气制冷循环存在一定的不足，因此需要改进制冷装置，以提高制冷量。通常采用空气流量较大、增压比较小的叶轮式压气机。为进一步降低增压比及进入膨胀机的温度，以使进入冷库的空气具有较低温度，可采用回热循环系统，如图 8-17（a）所示。而理想的回热制冷循环，如图 8-17（b）中循环 1234561 所示。无回热循环为 $13'5'61$。理想情况下，空气在回热器中的放热量（面积 $456ab4$）恰好等于被预热的空气 12 过程的吸热量（面积 $12dc1$），则 $T_2=T_4$，$T_1=T_5$，且空气在冷库中的吸热量为面积 $16ac1$，与无回热循环 $13'5'61$ 在冷库的吸热量相同，循环放热量也相同，故有、无回热时空气制冷循环的制冷系数相等。但增压比则由 $p_{3'}/p_1$ 减小至 p_3/p_1，为采用增压比小的叶轮式压气机和膨胀机提供可能。

1kg 空气循环从冷库中吸热量

$$q_2=h_1-h_6=c_p(T_1-T_6)$$

释放给热源热量

$$q_1=h_3-h_4=c_p(T_3-T_4)$$

循环消耗的净功

$$w_{net}=w_C-w_T=q_1-q_2=c_p(T_3-T_2)-c_p(T_5-T_6)$$

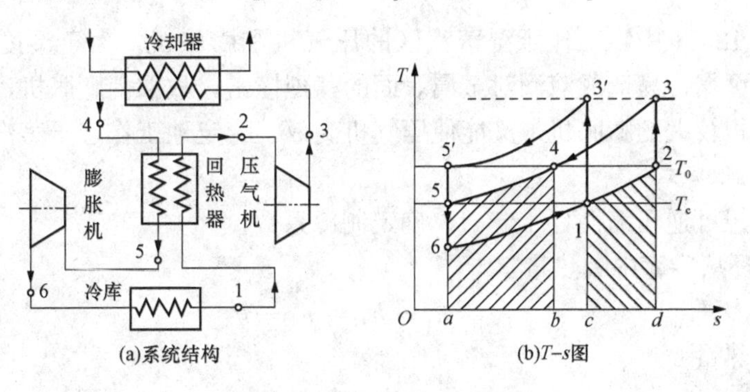

图 8-17　回热式空气制冷循环系统及 T-s 图

循环制冷系数

$$\varepsilon=\frac{q_2}{w_{net}}=\frac{T_1-T_6}{(T_3-T_2)-(T_5-T_6)}=\frac{T_c}{T_3-T_c}=\frac{T_c}{T_{3'}-T_c} \quad (8-53)$$

循环㶲效率

$$\eta_{ex}=\frac{e_{x,q_2}}{w_{net}} \quad (8-54)$$

式中：e_{x,q_2} 为 1kg 工质循环从冷库中吸收的热量㶲，kJ/kg。

式（8-54）表明，㶲效率 η_{ex} 为同“质”能量的比值。它能同时反映内、外部的不可逆㶲损失的影响；而且㶲效率 η_{ex} 是实际制冷装置的制冷系数 ε 与卡诺制冷装置的 ε_C 之比，反映了实际制冷装置偏离卡诺制冷装置的程度，偏离程度越大，则 η_{ex} 越小。

2. 压缩蒸汽制冷循环

空气制冷循环存在两个基本不足：①吸、放热过程是定压而非定温过程，存在换热温差，即为不可逆过程，制冷系数低于同条件下的卡诺循环；②空气比定压热容小，则循环制冷量较少。若采用压缩蒸汽制冷循环系统，则可改善空气所存在的两个基本不足。因为在湿蒸汽区内可以进行实际定温换热，且蒸汽的汽化潜热很大。

压缩蒸汽制冷装置由蒸发器（冷库）、压气机、冷凝器与膨胀阀组成，如图 8-18 所示。由冷凝器出来的饱和液工质（点 3）通过膨胀阀节流减压降温；膨胀阀出来的低干度湿蒸汽在蒸发器内定压吸热汽化；从蒸发器出来的饱和蒸汽在压气机内进行绝热压缩升压升温，然后在冷凝器内定压放热冷却与冷凝，从而构成循环。

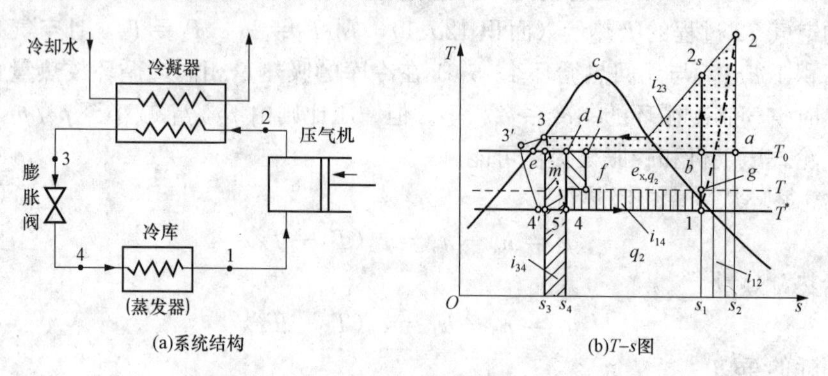

图 8-18 压缩蒸汽制冷循环系统及 T-s 图

在理想循环 12351 中，工作于湿蒸汽区的压气机和膨胀机，由于湿度较大，不仅效率低，而且工作不可靠，易造成液滴对金属表面的猛烈撞击，故取消膨胀机，采用节流阀。这样既可以节省体积较大的膨胀机，又能使压气机高效、稳定地工作于干蒸汽状态，制冷能力还得到了加强。

下面基于理想可逆压缩循环 12_s341，确定制冷系数。

1kg 蒸汽循环从冷库中吸热量

$$q_2 = h_1 - h_4 = h_1 - h_3$$

释放给热源热量

$$q_1 = h_{2_s} - h_3$$

循环消耗的净功

$$w_{net} = w_C = q_1 - q_2 = h_{2_s} - h_1$$

循环制冷系数

$$\varepsilon = \frac{q_2}{w_{net}} = \frac{h_1 - h_4}{h_{2_s} - h_1} \tag{8-55}$$

若将整个循环过程利用压-焓图（$\ln p$-h 图）表示，则能更清楚地体现影响性能系数的主要因素，实际逆向循环为 12341，如图 8-19 所示。

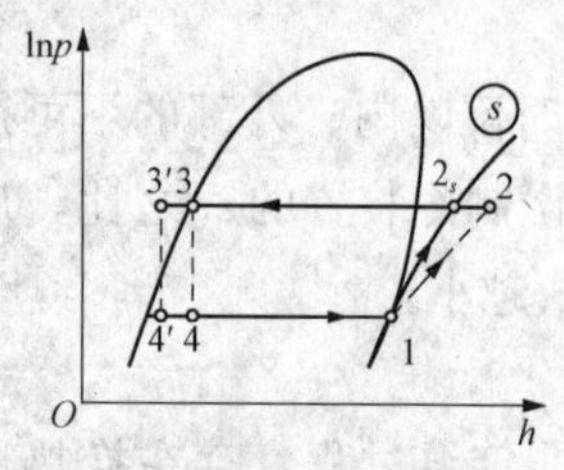

图 8-19 实际制冷循环的 $\ln p$-h 图

利用压气机绝热效率，则压气机的实际耗功为 $w'_{net} = w_C / \eta_{C,s} = (h_{2_s} - h_1) / \eta_{C,s}$，实际循环制冷系数为 $\varepsilon' = \frac{q_2}{w'_{net}} = \frac{\eta_{C,s} q_2}{w_{net}} = \varepsilon \eta_{C,s}$。因此，若提高实际制冷循环的制冷系数，应采取的措施为：①提高理想可逆压缩循环 12_s341 的制冷系数。可采取过冷措施，如将进入冷凝器中的蒸汽冷却至未饱和液态 3′，可提高在冷库中的吸热量，而压气机的耗功不变。②提高压气机的绝热效率 $\eta_{C,s}$。③选择性能良好的制冷剂。

循环㶲效率

$$\eta_{ex}=\frac{e_{x,q_2}}{w_{net}} \tag{8-56}$$

或

$$\frac{1}{\eta_{ex}}=\frac{w_{net}}{e_{x,q_2}}=1+\frac{i_{12}+i_{23}+i_{34}+i_{14}}{e_{x,q_2}} \tag{8-57}$$

循环消耗的净功

$$w_{net}=w_C=e_{x,q_2}+i_{12}+i_{23}+i_{34}+i_{14}$$

各装置的㶲损失计算式的确定：

(1) 压气机内比㶲损失为$i_{12}=e_{x_1}-e_{x_2}=T_0\ (s_2-s_1)$，如图8-18（b）中的面积$abs_1s_2a$所示。

(2) 冷凝器内比㶲损失为$i_{23}=e_{x_2}-e_{x_3}=q_1-T_0\ (s_2-s_3)$，如图8-18（b）中的面积$23ea2$所示。

(3) 膨胀阀比㶲损失为$i_{34}=e_{x_3}-e_{x_4}=T_0\ (s_4-s_3)$，如图8-18（b）中面积$dms_3s_4d$所示。

(4) 蒸发器比㶲损失为$i_{14}=e_{x_1}-e_{x_4}-e_{x,q_2}$，由于$e_{x,q_2}=q_2\ (T_0-T)\ /T$，而$q_2=h_1-h_4=T^*(s_1-s_4)$，再考虑$e_{x_4}-e_{x_1}=\ (h_1-h_4)\ -T_0\ (s_1-s_4)$，故$i_{14}=T_0\ (s_1-s_4)\ -q_2-T^*(T_0-T)\ (s_1-s_4)\ /T$。因此，在图8-18（b）中可用面积$ld41gfl$表示，其中过程线14下的面积代表$q_2$，而冷量㶲$e_{x,q_2}$由面积$blfgb$标出。

3. 热泵循环

热泵循环与制冷循环都属于逆向循环，系统设备功能的组成基本一致，只是其要求的目标不一致。因此同一逆向循环，既具有制冷功能又具有供热功能。其热泵循环性能系数，正常工作时永远大于1。而制冷性能系数却可以大于1、等于1和小于1。这是因为热泵循环性能系数的收益中，除从冷源吸收的热量外，还包括压气机消耗的功，故分子永远大于分母，故其性能系数大于1。通常压缩式热泵循环为4～5，吸收式热泵循环为1.5～1.7，最大可达6～8。

8.4　公式汇总

本章在学习中应熟练掌握和运用的基本公式，见表8-1～表8-4。

表8-1　活塞式内燃机循环公式汇总

项目	表达式	备注
压缩比	$\varepsilon=v_1/v_2$	气体被绝热可逆压缩过程中体积的变化
定容升压比	$\lambda=p_3/p_2$	在可逆定容过程中，燃料燃烧使气体压力发生的变化
预胀比	$\rho=v_4/v_3$	在定压可逆过程中，燃料燃烧使气体体积发生的变化
定容吸、放热量	$q=c_V\Delta T$	比热容为定值
定压吸、放热量	$q=c_p\Delta T$	比热容为定值
循环净功	$w_{net}=q_1-q_2$	不含压缩过程所消耗的功

续表

项目	表达式	备注
循环热效率	$\eta_t=\frac{w_{net}}{q_1}=1-\frac{q_2}{q_1}$	活塞式内燃机循环一般热效率
混合循环净功	$w_{net,pV}=\frac{p_1v_1}{\kappa-1}\{\varepsilon^{\kappa-1}[(\lambda-1)+\kappa\lambda(\rho-1)]-(\rho^{\kappa}-1)\}$	活塞式内燃机混合循环净功，与压缩比、定容升压比、预胀比及气体性质有关
混合循环热效率	$\eta_{t,pV}=\frac{\lambda\rho^{\kappa}-1}{\varepsilon^{\kappa-1}[(\lambda-1)+\kappa\lambda(\rho-1)]}$	活塞式内燃机混合循环热效率，与压缩比、定容升压比、预胀比及气体性质有关
定压循环热效率	$\eta_{t,p}=\frac{\rho^{\kappa}-1}{\varepsilon^{\kappa-1}(\rho-1)}$	活塞式内燃机定压循环热效率，与压缩比、预胀比及气体性质有关
定容循环热效率	$\eta_{t,V}=1-\frac{1}{\varepsilon^{\kappa-1}}$	活塞式内燃机定压循环热效率，与压缩比及气体性质有关

表 8-2　　燃气轮机循环公式汇总

项目	理想循环	实际循环
压气机终态	$T_2=T_1\left(\frac{p_2}{p_1}\right)^{\frac{\kappa-1}{\kappa}}=T_1\pi^{\frac{\kappa-1}{\kappa}}$ $v_2=v_1\left(\frac{p_2}{p_1}\right)^{\frac{1}{\kappa}}=\frac{v_1}{\pi^{\frac{1}{\kappa}}}$ $v_2=\frac{R_gT_2}{p_2}$	$T_{2'}=T_1+(T_2-T_1)/\eta_{C,s}$ $v_2=\frac{R_gT_{2'}}{p_2}$ $T_{2'}$、v_2 不能用可逆绝热过程初、终态关系式确定
燃气轮机终态	$T_{4_s}=T_3\left(\frac{p_{4_s}}{p_3}\right)^{\frac{\kappa-1}{k}}=\frac{T_1}{\pi^{\frac{(\kappa-1)}{\kappa}}}v_{4_s}$ $=v_1\left(\frac{p_3}{p_{4_s}}\right)^{1/\kappa}=v_1\pi^{1/\kappa}v_{4_s}=\frac{R_gT_{4_s}}{p_{4_s}}$	$T_4=T_3+(T_3-T_4)\eta_{s,T}$ $v_4=\frac{R_gT_4}{p_1}$ T_4不能用可逆绝热过程初、终态关系式确定
压气机耗功	$w_C=h_2-h_1=c_p(T_2-T_1)$	$w_C'=h_{2'}-h_1=c_p(T_{2'}-T_1)=w_C/\eta_{C,s}$
燃气轮机耗功	$w_T=h_3-h_{4_s}=c_p(T_3-T_{4_s})$	$w_T'=h_3-h_4=c_p(T_3-T_4)=w_T\eta_{s,T}$
吸热量	$q_1=h_3-h_{2_s}=c_p(T_3-T_{2_s})$	$q_1'=h_3-h_2=h_3-h_1-(h_{2_s}-h_1)/\eta_{C,s}$
放热量	$q_2=h_{4_s}-h_1=c_p(T_{4_s}-T_1)$	$q_2'=h_4-h_1=h_3-h_1-\eta_{s,T}(h_3-h_{4_s})$
循环热效率	$\eta_t=1-\frac{q_2}{q_1}=1-\frac{T_{4_s}-T_1}{T_3-T_{2_s}}$	$\eta_t'=1-\frac{q_2'}{q_1'}=1-\frac{h_4-h_1}{h_3-h_2}$

表 8-3　　蒸汽动力循环公式汇总

项目	朗肯循环	再热循环	回热循环
T-s 图	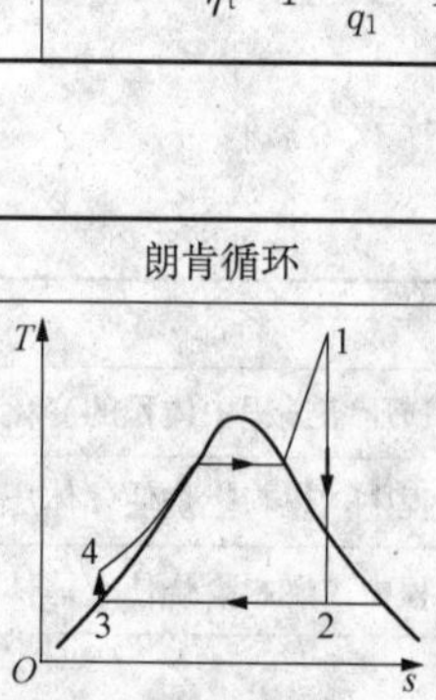	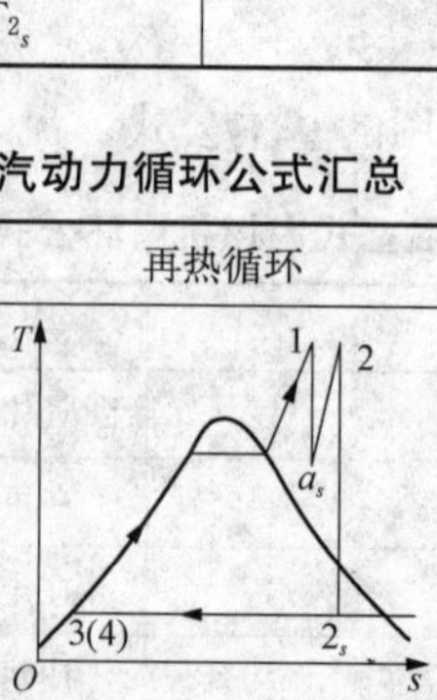	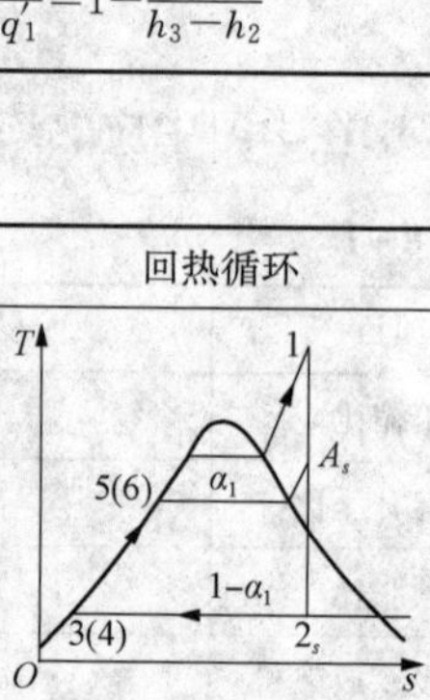
吸热量	$q_1=h_1-h_4$	$q_1=(h_1-h_4)+h_2-h_{a_s}$	$q_1=h_1-h_6$
放热量	$q_2=h_2-h_3$	$q_2=h_{2_s}-h_3$	$q_2=(1-\alpha_1)(h_{2_s}-h_3)$

续表

项目	朗肯循环	再热循环	回热循环
循环净功	$w_{net}=q_1-q_2$	$w_{net}=(h_1-h_{a_s})+(h_2-h_{2_s})$	$w_{net}=(h_1-h_{A_s})+(1-\alpha_1)(h_{A_s}-h_{2_s})$
热效率	$\eta_t=\dfrac{h_1-h_2}{h_1-h_4}$	$\eta_t=\dfrac{(h_1-h_{a_s})+(h_2-h_{2_s})}{(h_1-h_4)+(h_2-h_{a_s})}$	$\eta_t=\dfrac{(h_1-h_{A_s})+(1-\alpha_1)(h_{A_s}-h_{2_s})}{h_1-h_6}$

表 8-4　**制冷循环公式汇总**

项目	简单压缩空气制冷循环	回热式压缩空气制冷循环	蒸汽压缩制冷循环
T-s 图			
制冷量	$q_2=h_1-h_4$	$q_2=h_1-h_6$	$q_2=h_1-h_4$
放热量	$q_1=h_2-h_3$	$q_1=h_3-h_4$	$q_1=h_2-h_3$
循环净功	$w_{net}=q_1-q_2$	$w_{net}=q_1-q_2$	$w_{net}=h_2-h_1(h_3=h_4)$
制冷系数	$\varepsilon=\dfrac{q_2}{w_{net}}=\dfrac{1}{\pi^{(\kappa-1)/\kappa}-1}$	$\varepsilon=\dfrac{q_2}{w_{net}}=\dfrac{T_0}{T_0-T_c}$	$\varepsilon=\dfrac{q_2}{w_{net}}=\dfrac{h_1-h_4}{h_2-h_1}$

8.5　典型题精解

【例 8-1】　内燃机定容加热循环的 p-v 及 T-s 图，如图 8-20 所示，循环初态 $p_1=0.103$MPa、$t_1=100$℃，压缩比 $\varepsilon=6$，定容加热到 $p_2=3.45$MPa，工质视为空气。试计算：（1）各状态点的基本状态参数；（2）循环中对 1kg 工质加入的热量；（3）循环热效率；（4）循环净功量。

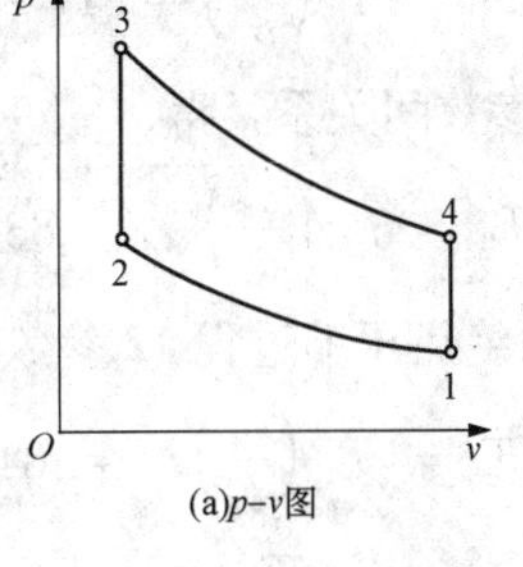

(a)p–v图

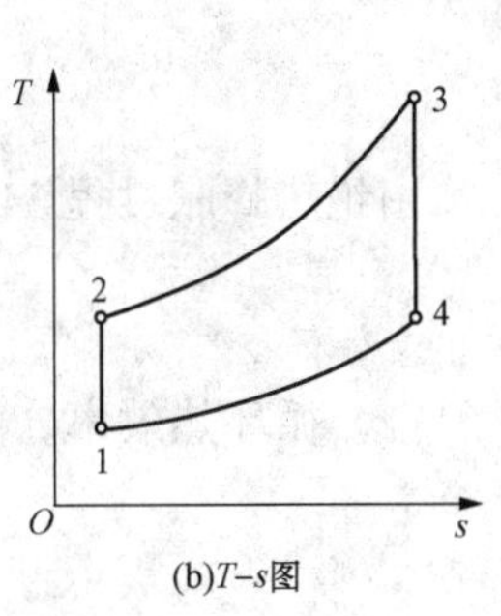

(b)T–s图

图 8-20 ［例 8-1］图

解：

（1）各状态点的基本状态参数。

点 1：$p_1=0.103$MPa、$t_1=100$℃，则 $v_1=\dfrac{R_gT_1}{p_1}=\dfrac{0.237\times10^3\times373}{1.03\times10^5}=1.039$（m³/kg）。

点 2：$v_2=\dfrac{v_1}{\varepsilon}=\dfrac{1.039}{6}=0.173$（m³/kg），$p_2=p_1\left(\dfrac{v_1}{v_2}\right)^{\kappa}=0.103\times6^{1.4}=1.268$（MPa），$T_2=T_1\left(\dfrac{v_1}{v_2}\right)^{\kappa-1}=373\times6^{1.4-1}=763.8$（K）。

点 3：$p_3=3.45$MPa，$v_3=v_2=0.173$（m³/kg），$T_3=T_2\dfrac{p_3}{p_2}=763.8\times\dfrac{3.45}{1.268}=2078$（K）。

点 4：$v_4=v_1=1.039\text{m}^3/\text{kg}$，$p_4=p_3\left(\frac{v_3}{v_4}\right)^{\kappa}=3.45\times\left(\frac{1}{6}\right)^{1.4}=0.281$（MPa），$T_4=T_3\left(\frac{v_3}{v_4}\right)^{\kappa-1}=2078\times\left(\frac{1}{6}\right)^{1.4-1}=1015$（K）。

（2）循环中对 1kg 工质加入的热量

$$q_1=c_V(T_3-T_2)=0.717\times(2078-763.8)=942.3(\text{kJ/kg})$$

（3）循环热效率

$$\eta_{t,V}=1-\frac{1}{\varepsilon^{\kappa-1}}=1-\frac{1}{6^{1.4-1}}=0.5116$$

（4）循环净功量

$$w_{\text{net}}=\eta_{t,V}q_1=0.5116\times942.3=481.9(\text{kJ/kg})$$

［例 8-1］表明，利用循环的 p-v 及 T-s 图，通过确定各点参数，再利用计算式计算所求各量，是一种思路清晰、使问题简单化的解题方法。

【例 8-2】 内燃机定压加热循环的 p-v 及 T-s 图，如图 8-21 所示，循环初态 $p_1=0.098\text{MPa}$、$t_1=44℃$，压缩比 $\varepsilon=15$，绝热膨胀比$\frac{v_4}{v_3}=7.5$，膨胀终压力 $p_4=0.258\text{MPa}$，工质视为空气。试计算：（1）循环最高温度；（2）循环热效率。

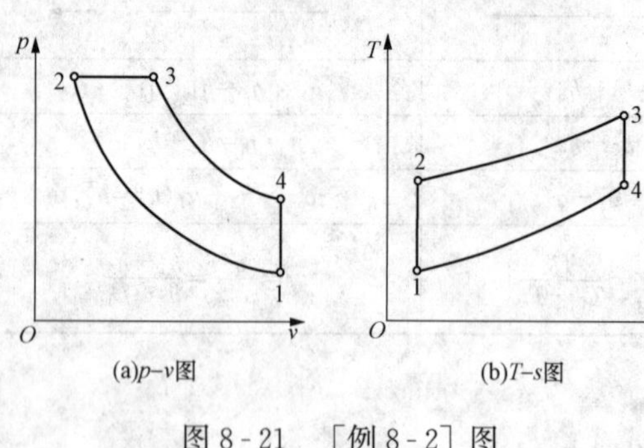

图 8-21 ［例 8-2］图

解：

（1）循环最高温度。由定容放热过程 41 参数间关系，得

$$T_4=T_1\left(\frac{p_4}{p_1}\right)=317\times\left(\frac{0.258}{0.098}\right)=835(\text{K})$$

由绝热膨胀过程 34 参数间关系，得

$$T_3=T_4\left(\frac{v_4}{v_3}\right)^{\kappa-1}=835\times15^{0.4}=1870(\text{K})$$

（2）循环热效率。由绝热压缩过程 12 参数间关系，得

$$T_2=T_1\left(\frac{v_1}{v_2}\right)^{\kappa-1}=317\times15^{0.4}=935(\text{K})$$

$$\eta_{t,p}=1-\frac{T_4-T_1}{\kappa(T_3-T_2)}=1-\frac{835-317}{1.4\times(1870-935)}=0.604$$

［例 8-2］表明，本例的解题思路与［例 8-1］相同。但在解题过程中，要确定理解压缩比、绝热膨胀比、循环热效率等的概念、物理意义及计算式。

【例 8-3】 内燃机混合加热循环的 p-V 及 T-s 图，如图 8-22 所示。已知循环初态 $p_1=0.097\text{MPa}$、$t_1=28℃$、$V_1=0.084\text{m}^3$，压缩比 $\varepsilon=15$，循环最高压力 $p_3=6.2\text{MPa}$，循环最高温度 $t_4=1320℃$，工质视为空气，试计算：（1）循环各状态点的压力、温度和体积；（2）循环净功量；（3）循环热效率；（4）循环的吸热量。

解：

（1）各状态点的压力、温度和体积。

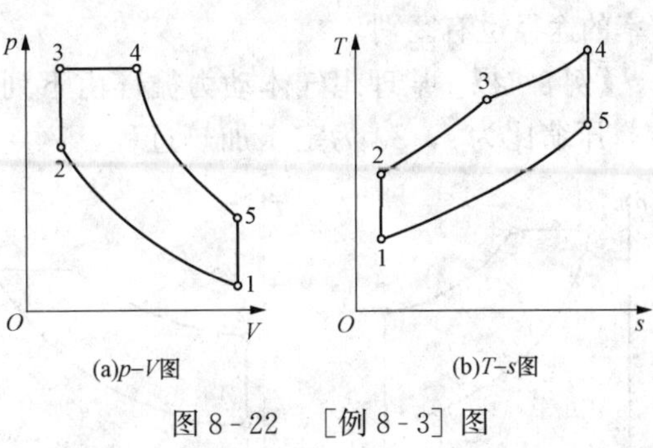

图 8-22 ［例 8-3］图

点 1：$p_1=0.097\text{MPa}$，$t_1=28℃$，$V_1=0.084\text{m}^3$。

点 2：$V_2=\dfrac{V_1}{\varepsilon}=\dfrac{0.084}{15}=0.0056$（$\text{m}^3$），

$p_2=p_1\left(\dfrac{V_1}{V_2}\right)^{\kappa}=0.097\times15^{1.4}=4.3$（MPa），

$T_2=T_1\left(\dfrac{V_1}{V_2}\right)^{\kappa-1}=301\times15^{1.4-1}=889$（K）

或 $t_2=616℃$。

点 3：$p_3=6.2\text{MPa}$，$V_3=V_2=0.0056\text{m}^3$，$T_3=T_2\dfrac{p_3}{p_2}=889\times\dfrac{62}{43}=1282$（K）。

点 4：$t_4=1320℃$，$p_4=p_3=6.2\text{MPa}$，$V_4=V_3\dfrac{T_4}{T_3}=0.0056\times\dfrac{1593}{1282}=0.00696$（$\text{m}^3$）。

点 5：$p_5=p_4\left(\dfrac{V_4}{V_5}\right)^{\kappa}=6.2\times\left(\dfrac{0.00696}{0.084}\right)^{1.4}=0.19(\text{MPa})$，$T_5=T_4\left(\dfrac{V_4}{V_5}\right)^{\kappa-1}=1593\times\left(\dfrac{0.00696}{0.084}\right)^{1.4-1}=588$（K），$V_5=V_1=0.084\text{m}^3$。

（2）循环净功量

$$W_{\text{net}}=p_3(V_4-V_3)+\frac{(p_4V_4-p_5V_5)-(p_2V_2-p_1V_1)}{\kappa-1}$$

$$=6.2\times10^6\times(0.00696-0.0056)+\frac{(6.2\times0.00696-0.19\times0.084)\times10^6}{1.4-1}-\frac{(4.3\times0.0056-0.097\times0.084)\times10^6}{1.4-1}=36.6(\text{kJ})$$

（3）循环热效率。先确定反映循环特性的参数，即压缩比 $\varepsilon=15$，定容升压比 $\lambda=\dfrac{p_3}{p_2}=\dfrac{6.2}{4.3}=1.44$，定压预胀比 $\rho=\dfrac{V_4}{V_3}=\dfrac{0.00696}{0.0056}=1.24$，则

$$\eta_t=1-\frac{1}{\varepsilon^{\kappa-1}}\frac{\lambda\rho^{\kappa}-1}{(\lambda-1)+\kappa\lambda(\rho-1)}$$

$$=1-\frac{1}{15^{0.4}}\times\frac{1.44\times1.24^{1.4}-1}{(1.44-1)+1.4\times1.44\times(1.24-1)}=0.653$$

（4）循环的吸热量

$$Q_1=\frac{W}{\eta_t}=\frac{36.6}{0.653}=56(\text{kJ})$$

或

$$Q_1=Q_{1V}+Q_{1p}=m[c_V(T_3-T_2)+c_p(T_4-T_3)]$$

$$m=\frac{p_1V_1}{R_gT_1}=\frac{0.097\times10^6\times0.084}{0.287\times10^3\times301}=0.0937(\text{kg})$$

$$Q_1=0.0937\times[0.171\times(1282-889)+1.004\times(1593-1282)]=56(\text{kJ})$$

［例 8-3］表明，本例的解题思路与［例 8-1］和［例 8-2］一致。这三例分别对气体动力的三种基本循环（定容加热、定压加热和混合加热循环）的热力特性进行了计算。不同的循环其循环热效率的计算式不同，影响因素也各异。因此，对于不同循环，提高其循环热

效率的途径也有区别。

【例 8-4】 某理想气体动力循环由下列过程组成：12 为绝热压缩过程，初始温度为 T_1，压缩比为 ε；23 为定压加热过程，$V_3=2V_2$；34 为定温膨胀过程，$T_3=T_4$；41 为定容放热过程，$V_4=V_1$。（1）绘出循环的 p-V 及 T-s 图；（2）证明循环热效率 $\eta_t=1-\dfrac{2-1/\varepsilon^{\kappa-1}}{\kappa\left[1+2\ (\kappa-1/\kappa)\ \ln\left(\dfrac{\varepsilon}{2}\right)\right]}$；（3）若 $\varepsilon=8$，$\kappa=1.4$，求相同温度范围内卡诺循环热效率。

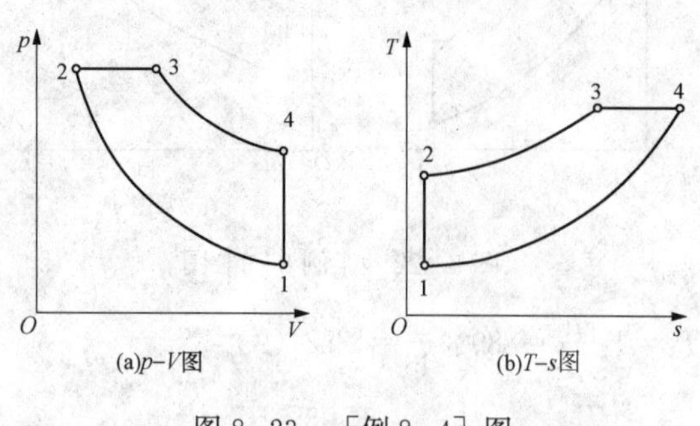

图 8-23　［例 8-4］图

解：

（1）循环的 p-V 及 T-s 图，如图 8-23 所示。

（2）先确定各状态点温度，即

$$T_2=T_1\varepsilon^{\kappa-1},T_3=T_2\frac{V_3}{V_2}=T_2\frac{2V_2}{V_2}=2T_1\varepsilon^{\kappa-1},T_4=T_3=2T_1\varepsilon^{\kappa-1}$$

再确定各过程的传热量，即

$$Q_{12}=0,Q_{23}=mc_p(T_3-T_2),Q_{34}=mR_gT_3\ln\frac{V_4}{V_3},Q_{41}=mc_V(T_1-T_4)$$

则循环热效率

$$\eta_t=1-\frac{Q_2}{Q_1}=1-\frac{Q_{14}}{Q_{23}+Q_{34}}=1-\frac{mc_V(T_4-T_1)}{mc_{p_0}(T_3-T_2)+mR_gT_3\ln(V_4/V_3)}$$

其中，$\dfrac{V_4}{V_3}=\dfrac{V_1}{2V_2}=\dfrac{\varepsilon}{2}$，$R_g=\left(\dfrac{\kappa-1}{\kappa}\right)c_p$，$\dfrac{c_{p_0}}{c_{V_0}}=\kappa$，则

$$\eta_t=1-\frac{c_p(2T_1\varepsilon^{\kappa-1}-T_1)}{c_p(2T_1\varepsilon^{\kappa-1}-T_1\varepsilon^{\kappa-1})+c_p\left(\dfrac{\kappa-1}{\kappa}\right)2T_1\varepsilon^{\kappa-1}\ln\dfrac{\varepsilon}{2}}$$

$$=1-\frac{c_VT_1\varepsilon^{\kappa-1}(2-1/\varepsilon^{\kappa-1})}{c_pT_1\varepsilon^{\kappa-1}\left[(2-1)+2(\kappa-1/\kappa)\ln\dfrac{\varepsilon}{2}\right]}=\frac{2-1/\varepsilon^{\kappa-1}}{\kappa\left[1+2(\kappa-1/\kappa)\ln\dfrac{\varepsilon}{2}\right]}$$

（3）相同温度范围内卡诺循环热效率

$$\eta_{t,C}=1-\frac{T_1}{T_3}=1-\frac{T_1}{2T_1\varepsilon^{\kappa-1}}=1-\frac{1}{2\varepsilon^{\kappa-1}}=1-\frac{1}{2\times8^{1.4-1}}=0.782$$

［例 8-4］表明，由本例推导出的循环热效率计算式，只适用于本例给出的循环类型。当组成循环的过程不同时，应依据循环热效率定义式进行推导。因此，循环热效率计算式的形式依循环而异，但循环热效率定义式对任何循环都适用。

【例 8-5】 某理想气体动力循环，空气首先从初态 $p_1=0.101\text{MPa}$、$t_1=15℃$、$V_1=0.014\text{m}^3$，绝热压缩到 $V_2=0.002\ 8\text{m}^3$，其次定容加热到 $p_3=1.85\text{MPa}$，再次绝热膨胀到 $p_4=0.101\text{MPa}$，最后定压放热到初态而完成循环。试计算：（1）循环净功量；（2）理想循环热效率，并与同温度范围内的卡诺循环热效率进行比较。

解：由题意绘出循环的 p-V 及 T-s 图，如图 8-24 所示。

先确定各状态点温度，即

$$T_1 = 273 + 15 = 288(\text{K})$$

$$T_2 = T_1 \left(\frac{V_1}{V_2}\right)^{\kappa-1}$$

$$= 288 \times \left(\frac{0.014}{0.0028}\right)^{1.4-1} = 548(\text{K})$$

$$T_3 = T_2 \frac{p_3}{p_2}$$

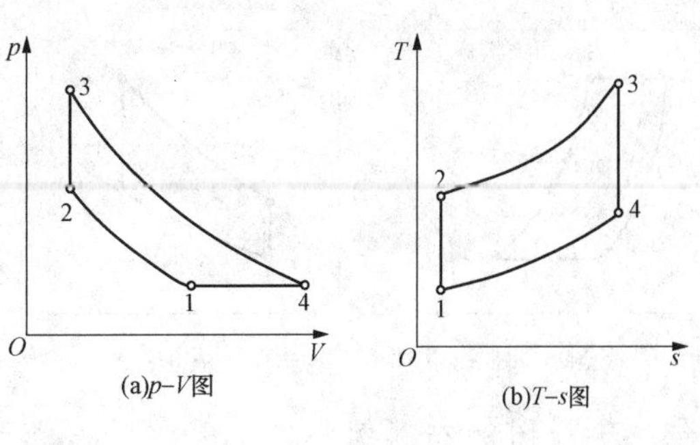

(a)$p-V$图　(b)$T-s$图

图 8-24 [例 8-5] 图

其中，$p_2 = p_1 \left(\frac{V_1}{V_2}\right)^{\kappa} = 0.101 \times 5^{1.4} =$ 0.961 (MPa)，$T_3 = 548 \times \frac{1.85}{0.961} = 1054$ (K)，$T_4 = T_3 \left(\frac{p_4}{p_3}\right)^{\frac{\kappa-1}{\kappa}} = 1054 \times \left(\frac{0.101}{1.85}\right)^{\frac{1.4-1}{1.4}} = 459$ (K)。

(1) 循环净功量。先计算空气质量，则

$$m = \frac{p_1 V_1}{R_g T_1} = \frac{0.101 \times 10^6 \times 0.014}{0.287 \times 10^3 \times 288} = 0.017(\text{kg})$$

再确定循环吸热量，即

$$Q_1 = mc_V(T_3 - T_2) = 0.0171 \times 0.717 \times (1054 - 548) = 6.2(\text{kJ})$$

则循环净功量

$$W_{\text{net}} = \eta_t Q_1 = 0.527 \times 6.2 = 3.27(\text{kJ})$$

(2) 理想循环热效率以及与同温度范围内卡诺循环热效率的比较。

理想循环热效率

$$\eta_t = 1 - \frac{c_p(T_4 - T_1)}{c_V(T_3 - T_2)} = 1 - \frac{\kappa(T_4 - T_1)}{T_3 - T_2} = 1 - \frac{1.4 \times (459 - 288)}{1054 - 548} = 0.527$$

同温度范围内卡诺循环热效率

$$\eta_{t,C} = 1 - \frac{T_1}{T_3} = 1 - \frac{288}{1054} = 0.727$$

[例 8-5] 表明，在同温度范围内，卡诺循环热效率最高。本例工质（空气）被认为是理想气体，计算式可以利用由理想气体推导出的关系式。若工质不按理想气体计算，那么计算结果是变大还是变小？请读者自己计算。

【例 8-6】 燃气轮机装置定压循环的 p-v 及 T-s 图，如图 8-25 所示。若将工质视为空气，空气进入压气机温度为 17℃，压力为 0.1MPa，循环增压比 $\pi=5$，燃气轮机进口温度为 810℃，且压气机绝热效率 $\eta_{C,s}=0.85$，燃气轮机相对内效率 $\eta_{s,T}=0.88$，空气的质量流量 $\dot{m}=4.5$kg/s。求：(1) 理想循环 12_s34_s1 各状态点的基本参数；(2) 理想循环及实际循环 12341 输出的净功率；(3) 理想循环及实际循环的热效率。

解：

(1) 理想循环 12_s34_s1 各状态点的基本参数。

点 1：$p_1 = 0.1$MPa，$t_1 = 17$℃，$T_1 = 290$K，$v_1 = \frac{R_g T_1}{p_1} = \frac{0.287 \times 10^3 \times 290}{0.1 \times 10^6} = 0.8323$ (m³/kg)。

点 2：$p_{2_s} = \pi p_1 = 5 \times 0.1 = 0.5$ (MPa)，$\frac{T_{2_s}}{T_1} = \pi^{\frac{\kappa-1}{\kappa}}$，$T_{2_s} = T_1 \pi^{\frac{\kappa-1}{\kappa}} = 290 \times 5^{\frac{1.4-1}{1.4}} = 459.3$ (K)，

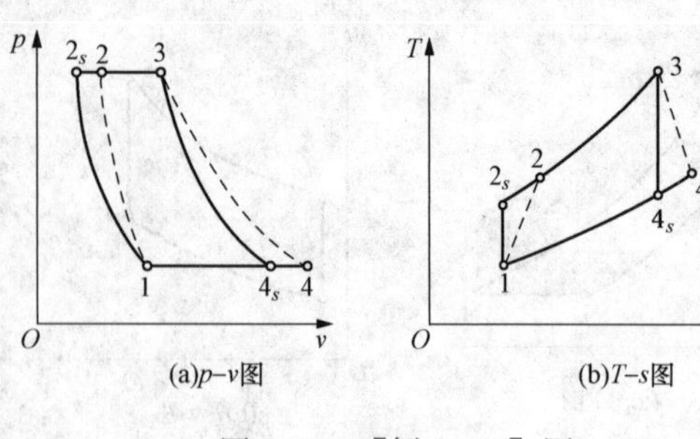

图 8-25 ［例 8-25］图

$v_{2_s}=\dfrac{R_g T_{2_s}}{p_{2_s}}=\dfrac{0.287\times10^3\times459.3}{0.5\times10^6}=0.2636$（m³/kg）。

点 3：$p_3=p_{2_s}=0.5$MPa，$T_3=1083$K，$v_3=\dfrac{R_g T_3}{p_3}=\dfrac{0.287\times10^3\times1083}{0.5\times10^6}=0.6216$（m³/kg）。

点 4：$p_{4_s}=p_1=0.5$MPa，$T_{4_s}=\dfrac{T_3}{\pi^{\frac{\kappa-1}{\kappa}}}=\dfrac{1083}{5^{\frac{1.4-1}{1.4}}}=683.8$（K），$v_{4_s}=\dfrac{R_g T_{4_s}}{p_{4_s}}=\dfrac{0.287\times10^3\times583.8}{0.1\times10^6}=1.9625$（m³/kg）。

（2）理想循环及实际循环 12341 输出的净功率。

1）理想循环输出的净功率。1kg 工质的压气机耗功量 w_C及燃气轮机做功量 w_T分别为

$$w_C=c_p(T_{2_s}-T_1)=1.004\times(459.3-290)=170.0(\text{kJ/kg})$$
$$w_T=c_p(T_3-T_{4_s})=1.004\times(1083-683.8)=400.8(\text{kJ/kg})$$

1kg 工质输出的循环输出净功量

$$w_{net}=w_T-w_C=400.8-170.0=230.8(\text{kJ/kg})$$

则理想循环输出的净功率

$$P_e=\dot{m}w_{net}=4.5\times230.8=1038.6(\text{kW})$$

2）实际循环 12341 输出的净功率。由压气机绝热效率定义式，得

$$\eta_{C,s}=\frac{w_C}{w'_C}=\frac{h_{2_s}-h_1}{h_2-h_1}=\frac{T_{2_s}-T_1}{T_2-T_1}$$

故 1kg 工质压气机实际耗功量 $w'_C=\dfrac{w_C}{\eta_{C,s}}=\dfrac{170.0}{0.85}=200$（kJ/kg），又 $w'_C=h_2-h_1=c_p$（T_2-T_1），则

$$T_2=\frac{w'_C}{c_p}+T_1=\frac{200}{1.004}+290=489.2(\text{K})$$

按燃气轮机相对内效率定义式，得

$$\eta_{s,T}=\frac{w'_T}{w_T}=\frac{h_3-h_4}{h_3-h_{4_s}}=\frac{T_3-T_4}{T_3-T_{4_s}}$$

故 1kg 工质的燃气轮机实际做功量为 $w'_T=\eta_{s,T}w_T=0.88\times400.8=352.7$（kJ/kg）。

又 $w'_T=h_3-h_4=c_p$（T_3-T_4），则

$$T_4=T_3-\frac{w'_T}{c_p}=1083-\frac{352.7}{1.004}=731.7(\text{K})$$

1kg 工质输出的实际循环净功量

$$w'_{net}=w'_T-w'_C=352.7-200=152.7(\text{kJ/kg})$$

则实际循环 12341 输出的净功率

$$P'_e=\dot{m}w'_{net}=4.5\times152.7=687.1(\text{kW})$$

（3）理想循环及实际循环热效率。

1）1kg 工质理想的吸热量 q_1 及放热量 q_2 分别为

$$q_1 = c_p(T_{3'} - T_2) = 1.004 \times (1083 - 459.3) = 626.19(\text{kJ/kg})$$

$$q_2 = c_p(T_{4'} - T_1) = 1.004 \times (683.8 - 290) = 395.37(\text{kJ/kg})$$

则 1kg 工质的理想循环热效率

$$\eta_t = 1 - \frac{q_2}{q_1} = 1 - \frac{395.37}{626.19} = 0.3686$$

或

$$\eta_t = 1 - \frac{1}{\pi^{\frac{\kappa-1}{\kappa}}} = \frac{1}{5^{\frac{1.4-1}{1.4}}} = 0.3686$$

2）1kg 工质实际循环吸热量 q_1' 及放热量 q_2' 分别为

$$q_1' = c_p(T_3 - T_2) = 1.004 \times (1083 - 489.2) = 596.2(\text{kJ/kg})$$

$$q_2' = c_p(T_4 - T_1) = 1.004 \times (731.7 - 290) = 443.5(\text{kJ/kg})$$

则 1kg 工质的实际循环热效率

$$\eta_t' = 1 - \frac{q_2'}{q_1'} = 1 - \frac{443.5}{596.2} = 0.2561$$

[例 8-6] 表明，通过对燃气轮机装置定压循环的热力计算可知，理想情况的循环热效率比实际情况的要高，两者相差 0.1125。其主要原因为压气机耗功增加，燃气轮机输出功下降，体现设备上即为两个热力设备的完善程度不足所致。

【例 8-7】 燃气轮机装置循环的 T-s 图，如图 8-26 所示。其参数与 [例 8-6] 相同，即 $T_1=290\text{K}$，$p_1=0.101\text{MPa}$，$\pi=\frac{p_2}{p_1}=5$，$T_3=1083\text{K}$，$\eta_{C,s}=0.85$，$\eta_{s,T}=0.88$，$\dot{m}=4.5\text{kg/s}$，试计算：在理想极限回热时以及由于回热器有温差传热、回热度 $\sigma=0.65$ 时实际循环输出的净功率和循环热效率各为多少？

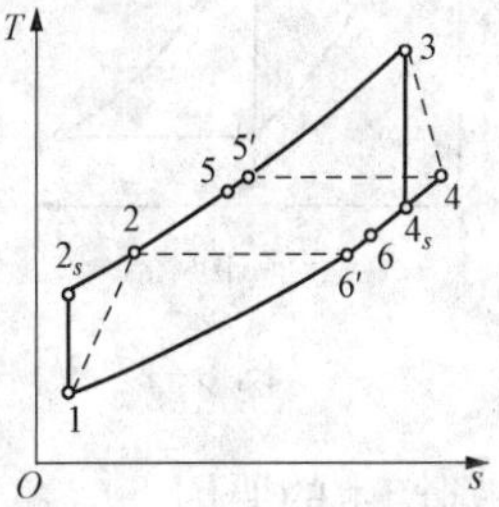

图 8-26 [例 8-7] 图

解： 各状态点的温度已在 [例 8-6] 中确定，即

$$T_1 = 290\text{K}, T_2 = 489.2\text{K}, T_3 = 1083\text{K}, T_4 = 731.7\text{K}$$

无回热时，实际循环净功率及循环热效率也已在 [例 8-6] 中算出，即

$$P_e' = 687.1\text{kW}, \eta_t' = 0.256$$

（1）采用极限回热时，实际循环净功率

$$P_e' = \dot{m}(w_T' - w_C') = 4.5 \times (352.7 - 200) = 687.1(\text{kW})$$

由于 $T_5 = T_{5'} = T_4$，$T_6 = T_{6'} = T_2$，故

$$q_1' = c_p(T_3 - T_5) = 1.004 \times (1083 - 731.7) = 352.7(\text{kJ/kg})$$

$$q_2' = c_p(T_6 - T_1) = 1.004 \times (489.2 - 290) = 200.0(\text{kJ/kg})$$

故循环热效率

$$\eta_t' = 1 - \frac{q_2'}{q_1'} = 1 - \frac{200}{352.7} = 0.433$$

（2）回热度 $\sigma=0.65$ 时，实际循环净功率

$$P_e' = \dot{m}(w_T' - w_C') = 4.5 \times (352.7 - 200) = 687.1(\text{kW})$$

按回热度定义式，有

$$\sigma=\frac{T_5-T_2}{T_{5'}-T_2}=\frac{T_5-T_2}{T_4-T_2}$$

$$T_5=\sigma(T_4-T_2)+T_2=0.65\times(731.7-489.2)+489.2=646.8(\mathrm{K})$$

且 $\sigma=\frac{T_4-T_6}{T_4-T_{6'}}=\frac{T_5-T_2}{T_4-T_2}$，则有

$$T_6=T_4-\sigma(T_4-T_2)=731.7-0.65\times(731.7-489.2)=574.1(\mathrm{K})$$

$$q'_1=c_p(T_3-T_5)=1.004\times(1083-646.8)=437.9(\mathrm{kJ/kg})$$

$$q'_2=c_p(T_5-T_1)=1.004\times(574.1-290)=284.1(\mathrm{kJ/kg})$$

故采用回热措施后，循环热效率为

$$\eta'_t=1-\frac{q'_2}{q'_1}=1-\frac{284.1}{437.9}=0.351$$

[例 8-7] 表明，采用回热措施后，循环净功率不变，循环热效率有明显提高；回热度越大，循环热效率越高。其主要原因是通过回热后提高了平均吸热温度，减小了吸热温差，同时降低了放热温度，使系统的不可逆损失下降。这是提高燃气轮机装置循环热效率的有效方法之一。

【例 8-8】 某燃气轮机装置定压加热理想循环的 p-v 及 T-s 图，如图 8-27 所示。工质可视为空气，工质进入压气机时，$t_1=20℃$，$p_1=0.1\mathrm{MPa}$，循环增压比 $\pi=3.5$；燃气轮机进口温度 $t_3=650℃$，若空气的比定压热容 $c_p=1.004\mathrm{kJ/(kg\cdot K)}$，$\kappa=1.4$。试求：(1) 燃气轮机装置的定压加热理想循环热效率及相同条件下的内燃机定压循环热效率分别为多少？并说明两者差别产生的原因。(2) 若压缩过程中进行一次中间冷却，膨胀过程中进行一次中间加热，采用极限回热及没有回热时循环热效率又各为多少？

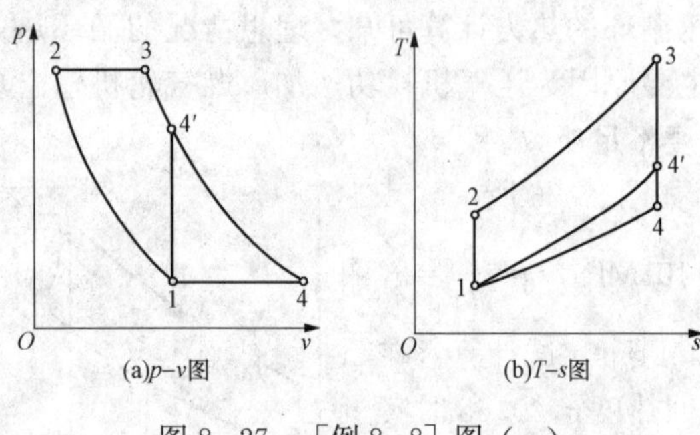

图 8-27 [例 8-8] 图 (一)

解:

(1) 燃气轮机装置的定压加热理想循环热效率

$$\eta_t=1-\frac{1}{\pi^{\frac{\kappa-1}{\kappa}}}=1-\frac{1}{3.5^{\frac{1.4-1}{1.4}}}=0.30$$

或者 $\eta_t=1-\frac{q_2}{q_1}=1-\frac{c_p\ (T_4-T_1)}{c_p\ (T_3-T_2)}=1-\frac{T_4-T_1}{T_3-T_2}$，而 $T_2=T_1\left(\frac{p_2}{p_1}\right)^{\frac{\kappa-1}{\kappa}}=293\times3.5^{\frac{1.4-1}{1.4}}=419$ (K)，$T_4=T_3\left(\frac{p_4}{p_3}\right)^{\frac{\kappa-1}{\kappa}}=923\times\left(\frac{1}{3.5}\right)^{\frac{1.4-1}{1.4}}=645$ (K)，则

$$\eta_t=1-\frac{645-293}{923-419}=0.30$$

相同条件下的内燃机定压加热理想循环热效率，由 $\varepsilon=\frac{v_1}{v_2}=\left(\frac{T_2}{T_1}\right)^{\frac{1}{\kappa-1}}=\left(\frac{419}{293}\right)^{\frac{1}{1.4-1}}=2.446$，$\rho=\frac{v_3}{v_2}=\frac{T_3}{T_2}=\frac{923}{419}=2.2$，则

$$\eta_{t,p}=1-\frac{\rho^{\kappa}-1}{\varepsilon^{\kappa-1}\kappa(\rho-1)}=1-\frac{2.2^{1.4}-1}{2.46^{1.4-1}\times1.4\times(2.2-1)}=0.163$$

（2）两级压缩、中间冷却和两级膨胀、中间加热的循环热效率，如图8-28所示。

1）采用极限回热。先进行定性分析：从图8-28所示的T-s图可知，由于实现了分级膨胀、中间加热，则$T_5=T_{4'}$，使循环平均吸热温度提高了（无分级膨胀、中间加热的极限回热，$T_5=T_4$）。由于实现了分级压缩、中间冷却，则$T_6=T_{2'}$，使循环平均放热温度降低了（无分级膨胀、中间加热的极限回热，$T_6=T_2$）。

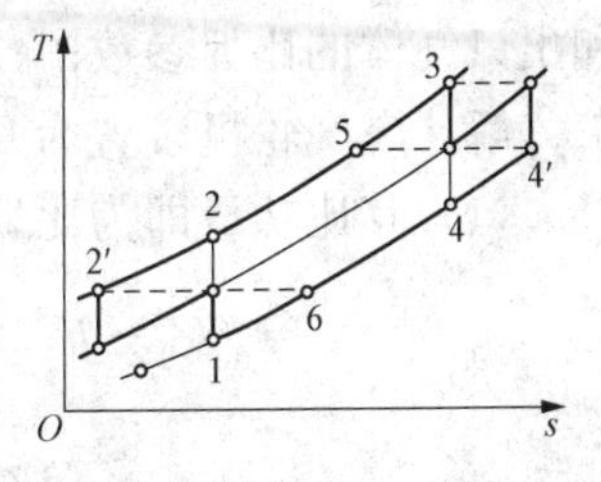

图8-28 ［例8-8］图（二）

再进行定量分析：由压气机耗功量最小、燃气轮机做功量最大原理确定中间压力比，即

$$\pi_1=\pi_2=\sqrt{\frac{p_2}{p_1}}=\sqrt{\pi}=\sqrt{3.5}=1.87$$

$$T_{2'}=T_1\,\pi_1^{\frac{\kappa-1}{\kappa}}=293\times1.87^{\frac{1.4-1}{1.4}}=350(\mathrm{K})$$

$$T_6=T_{2'}=350\mathrm{K}$$

$$T_{4'}=T_3\,\frac{1}{\pi_2^{\frac{\kappa-1}{\kappa}}}=923\times\frac{1}{1.87^{\frac{1.4-1}{1.4}}}=770(\mathrm{K})$$

$$q_1=2c_p(T_3-T_5)=2\times1.004\times(923-770)=303.2(\mathrm{kJ/kg})$$

$$q_2=2c_p(T_6-T_1)=2\times1.004\times(350-293)=114.5(\mathrm{kJ/kg})$$

$$\eta_t=1-\frac{q_2}{q_1}=1-\frac{114.5}{303.2}=0.622$$

2）无回热。按图8-28所示的T-s图可得

$$\begin{aligned}q_1&=c_p(T_3-T_{2'})+c_p(T_3-T_{4'})=c_p(2T_3-T_{2'}-T_{4'})\\&=1.004\times(2\times923-350-70)=728.9(\mathrm{kJ/kg})\\q_2&=c_p(T_{4'}-T_1)+c_p(T_{2'}-T_1)=c_p(T_{4'}+T_{2'}-2T_1)\\&=1.004\times(770+350-2\times923)=536.1(\mathrm{kJ/kg})\end{aligned}$$

$$\eta_t=1-\frac{q_2}{q_1}=1-\frac{536.1}{728.9}=0.264$$

［例8-8］（1）表明，在本例的条件下，$\eta_t>\eta_{t,p}$。从p-v图可知，燃气轮机中的绝热膨胀过程为34，内燃机中绝热膨胀过程为34′。这是因为燃气轮机是连续工作方式，气体膨胀不受几何尺寸的限制，只要增加气体流速即可；而内燃机则不然，因受几何尺寸的限制，气体得不到完全膨胀，输出净功量相对地要减少，这是内燃机循环热效率低的一个原因。从T-s图也可知，两个循环的平均吸热温度相同，但内燃机循环平均放热温度要高于燃气轮机循环平均放热温度，即$T_{4'}>T_4$，这是内燃机循环热效率低的另一个原因。

［例8-8］（2）表明，当采用极限回热时，分级压缩、中间冷却及分级膨胀、中间加热的燃气轮机装置循环热效率高于该过程的燃气轮机装置理想循环热效率。无回热时，若采用分级压缩、中间冷却及分级膨胀、中间加热，燃气轮机装置的循环热效率反而会小于理想循环热效率。因此，只有在回热的基础上，采用分级压缩、中间冷却及分级膨胀、中间加热才能提高循环热效率。这是提高燃气轮机装置循环热效率的重要方法之一。

【例8-9】 某燃气轮机装置，燃烧室内产生高温燃气的温度为1000℃，压力为

0.9MPa。经过燃气轮机膨胀做功后，燃气的温度为500℃，压力为0.1MPa，并成为废气排出。假设环境状态为 $p_0=0.1\text{MPa}$，$t_0=27℃$；燃气的比热容为定值且 $c_p=1.1\text{kJ/(kg}\cdot\text{K)}$，$R_g=0.287\text{kJ/(kg}\cdot\text{K)}$。求：(1) 1kg 工质在燃气轮机中的最大输出功；(2) 燃气轮机入口和出口气体的比㶲参数；(3) 该过程中的比㶲损失。

解： 燃气轮机装置为开口系，系统从1状态到2状态。

(1) 其比功量即为比㶲，则

$$w=(h_1-h_2)-T_0(s_1-s_2)=c_p(T_1-T_2)-T_0\left(c_p\ln\frac{T_2}{T_1}\right)$$

$$=1.1\times(1273-773)-300\times\left(1.1\times\ln\frac{773}{1273}\right)=574.48(\text{kJ/kg})$$

(2) 入口气体即燃气的比㶲参数

$$e_{x_1}=h_1-h_0-T_0(s_1-s_0)=c_p(T_1-T_0)-T_0\left(c_p\ln\frac{T_0}{T_1}\right)$$

$$=1.1\times(1273-300)-300\times\left(1.1\times\ln\frac{300}{1273}\right)=781.3(\text{kJ/kg})$$

出口气体即废气的比㶲参数

$$e_{x_2}=h_2-h_0-T_0(s_2-s_0)=c_p(T_2-T_0)-T_0\left(c_p\ln\frac{T_0}{T_2}\right)$$

$$=1.1\times(773-300)-300\times\left(1.1\times\ln\frac{300}{773}\right)=208.0(\text{kJ/kg})$$

(3) 该过程中的比熵产

$$s_g=c_p(T_2-T_1)-T_0\left(c_p\ln\frac{T_2}{T_1}\right)$$

$$=1.1\times(773-1273)-300\times\left(1.1\times\ln\frac{773}{1273}\right)=0.082\ 3[\text{kJ/(kg}\cdot\text{K)}]$$

则该过程中的比㶲损失 $i_1=T_0s_g=300\times0.082\ 3=24.8$ (kJ/kg)。

[例8-9] 表明，利用㶲分析法对燃气轮机循环进行热力特性分析，可以从本质上指明引起做功能力损失的真正原因并正确计算这种损失的数值。这种方法不仅能定性分析引起做功能力损失的原因，而且能定量计算损失的大小，是一种比较完善方法。

【例8-10】 燃气轮机不可逆循环，如图8-29所示。工质为空气，进入压气机的温度 $T_1=300\text{K}$，压力 $p_1=1\times10^5\text{Pa}$，透平进口处工质温度 $T_3=1185.5\text{K}$。已知：$\eta_{C,s}=0.82$，$\eta_{s,T}=0.86$，环境参数 $T_0=300\text{K}$，$p_0=1\times10^5\text{Pa}$；空气的 $c_p=1.004\text{kJ/(kg}\cdot\text{K)}$，$R_g=0.287\text{kJ/(kg}\cdot\text{K)}$。试分析在净功最佳条件下的循环热效率、㶲效率以及各过程的㶲损失系数。

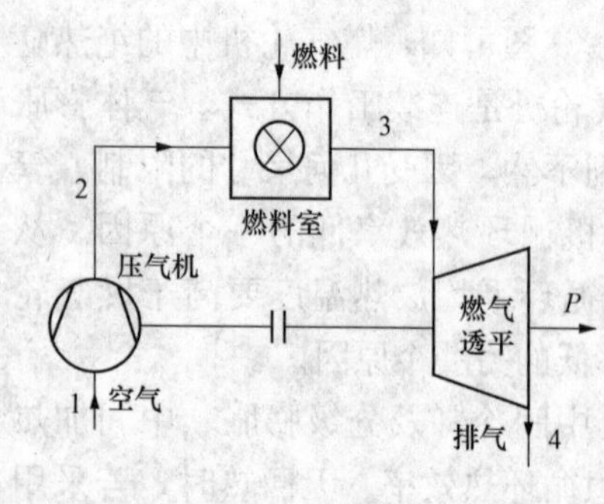

图8-29 [例8-10] 图

解：

(1) 确定各状态点参数。由题设要求，先确定"净功最佳增压比" λ_{opt}，即

$$\lambda_{opt}=\varepsilon_{opt}^{\frac{\kappa-1}{\kappa}}=\left(\frac{p_2}{p_1}\right)^{\frac{\kappa-1}{\kappa}}=\sqrt{\eta_{C,s}\eta_{s,T}}=\sqrt{0.82\times0.86}=1.669\ 3$$

压气机出口工质实际温度

$$T_2 = T_1 + \frac{T_{2_s} - T_1}{\eta_{C,s}} = T_1\left(1 + \frac{\lambda_{opt} - 1}{\eta_{C,s}}\right)$$
$$= 300 \times \left(1 + \frac{1.6693 - 1}{0.82}\right) = 544.87(K)$$

透平出口工质实际温度

$$T_4 = T_3 - \eta_{s,T}(T_3 - T_{4_s}) = T_3\left[1 - \eta_{s,T}\left(1 - \frac{1}{\lambda_{opt}}\right)\right]$$
$$= 1185.5 \times \left[1 - 0.86 \times \left(1 - \frac{1}{1.6693}\right)\right] = 776.7(K)$$

选定参考状态 $T_0=300K$，$p_0=1\times10^5Pa$ 下的 $h_0=0$，$s_0=0$，则任一状态下比焓、比熵与比㶲计算式分别为 $h=c_p(T-T_0)$，$s=c_p\ln\frac{T}{T_0}-R_g\ln\frac{p}{p_0}$，$e_x=(h-h_0)-T_0(s-s_0)=h-T_0s$。

各状态点参数的计算结果，见表 8-5。

(2) 加入的热量㶲 e_{x,q_1}，按热源温度无限高计算，则得

$$e_{x,q_1} = q_{23} = h_3 - h_2 = 889.04 - 245.85 = 645.19(kJ/kg)$$

各过程和循环的功量、热量和㶲损失，见表 8-6。

表 8-5　各状态点参数的计算结果

状态点	T (K)	p (Pa)	h (kJ/kg)	s [kJ/(kg·K)]	e_x (kJ/kg)
0	300	1×10^5	0	0	0
1	300	1×10^5	0	0	0
2	544.87	6×10^5	245.85	0.08492	220.37
3	1185.5	6×10^5	889.04	0.86540	629.42
4	776.7	1×10^5	478.61	0.95508	192.09

表 8-6　各过程和循环的功量、热量和㶲损失

过程	w_t (kJ/kg)	q (kJ/kg)	$(e_{x,in}-e_{x,out})$ (kJ/kg)	e_{x,q_1} (kJ/kg)	i (kJ/kg)	ξ_e	η_t (%)	η_{ex} (%)
12	−245.85	0	−220.37	0	25.48	0.155	—	—
23	0	643.19	−409.05	643.19	234.14	1.423	—	—
34	410.43	0	437.33	0	26.9	0.163	—	—
41	0	−478.61	192.09	0	192.09	1.167	—	—
循环	164.58	164.58	0	643.19	478.61	2.908	25.59	25.59

[例 8-10] 表明，在净功最佳增压比条件下，循环㶲效率不高，只有 25.59%。在四个过程中，定压加热过程㶲损失的影响最大。这是热源温度取为无限高，使传热温差很大的缘故。然后是定压放热过程，也是由于排气温度 T_4 较高，使传热温差较大。本例中，㶲效率在数值上等于热效率，但它们的含义与概念不同，不能混淆。

【例 8-11】　某蒸汽动力循环，如图 8-30 所示。进入汽轮机的蒸汽状态为 $p_1=$

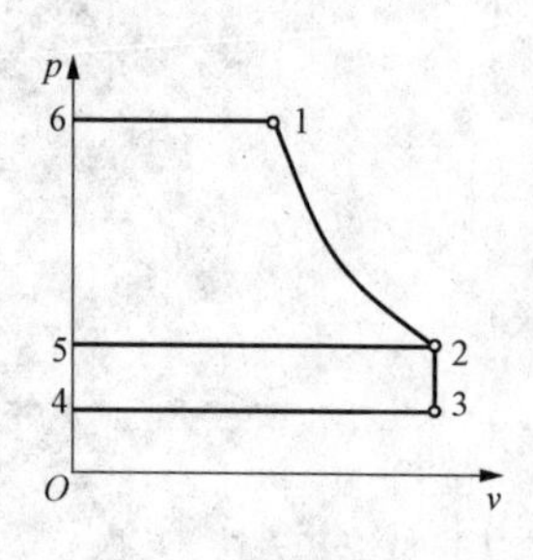

图 8-30 [例 8-11] 图

1.1MPa、$t_1=250℃$，蒸汽在汽轮机中定熵膨胀到 $p_2=0.28\text{MPa}$，再定容放热到 $p_3=0.035\text{MPa}$，然后进入冷凝器，经冷凝器放热变为饱和水，最后由泵将水送回锅炉。假定泵功可以忽略，试求：(1) 循环热效率；(2) 循环的汽耗率；(3) 相同温度范围内的卡诺循环热效率。

解：

(1) 循环热效率。根据已知参数，由蒸汽性质表查得相关参数为

$$h_1=2938.9\text{kJ/kg},s_1=6.888\text{kJ/(kg·K)},h'_2=551.4\text{kJ/kg},h''_2=2721.5\text{kJ/kg}$$

$$s'_2=1.647\text{kJ/(kg·K)},s''_2=7.014\text{kJ/(kg·K)},v''_2=0.646\text{m}^3\text{/kg},t_{s_3}=72.7℃$$

$$h'_3=304.3\text{kJ/(kg·K)},s_2=s_1=6.888\text{kJ/(kg·K)}$$

$$x_2=\frac{s_2-s'_2}{s''_2-s'_2}=\frac{6.888-1.647}{7.014-1.647}=0.975$$

$$h_2=h'_2+x_2(h''_2-h'_2)=551.4+0.975\times(2721.5-551.4)=2666.4(\text{kJ/kg})$$

$$v_2=x_2v''_2=0.975\times0.646=0.630(\text{m}^3\text{/kg})$$

循环所做的功（忽略泵功）

$$\begin{aligned}w&=(h_1-h_2)+v_2(p_2-p_3)\\&=(2938.9-2666.4)+0.630\times(0.28\times10^6-0.035\times10^6)\times10^{-3}\\&=426.7(\text{kJ/kg})\end{aligned}$$

循环加入的热量

$$q_1=h_1-h_4=h_1-h'_3=2938.9-304.3=2634.6(\text{kJ/kg})$$

循环热效率

$$\eta_t=\frac{w}{q_1}=\frac{426.7}{2634.6}=0.162$$

(2) 循环的汽耗率

$$d=\frac{3600}{w}=\frac{3600}{426.7}=8.44[\text{kg/(kW·h)}]$$

(3) 相同温度范围内的卡诺循环热效率

$$\eta_{t,C}=1-\frac{T_3}{T_1}=1-\frac{273+72.7}{273+250}=0.339$$

[例 8-11] 表明，在以蒸汽为工质的热力循环中，由于工质在低压区易发生相变而形成气液两相共存的状态，因此在确定该状态下的湿蒸汽参数时，除本例中利用干度来确定的方法，还可以利用两个独立状态参数（如压力和熵）来确定。首先利用初态参数压力和温度确定焓及熵等相关参数，因可逆绝热膨胀至终态，故终态的熵与初态熵相等，且终态压力又为已知，如此终态相关参数可确定。其他所求变量利用相应计算式便可确定。

【例 8-12】 设某蒸汽发电厂按再热循环工作。锅炉出口蒸汽参数为 $p_1=14.0\text{MPa}$，$t_1=550℃$，汽轮机排汽压力为 $p_2=0.004\text{MPa}$。高压新蒸汽在汽轮机高压段中膨胀至 $p_m=4.0\text{MPa}$ 时被全部引出到锅炉再热器中定压加热到 550℃，然后再送入汽轮机低压段继续膨胀至排汽压力。设汽轮机和水泵中的过程都是理想的定熵过程。(1) 将所研究的循环表示在 T-s 及 h-s 图上。(2) 由于再热，使乏汽的干度提高到多少？(3) 由于再热，循环热效率

提高了多少？(4) 循环的汽耗率为多少？

解：

(1) 由题意将所研究的循环表示在 T-s 图及 h-s 图，如图 8-31 所示。

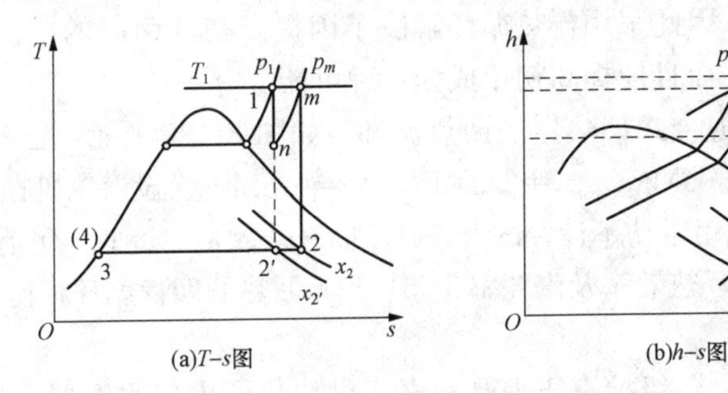

图 8-31 [例 8-12] 图

据未饱和水及过热蒸汽性质表，以及 $p_1=14.0\text{MPa}$，$t_1=550℃$，可得：$h_1=3460\text{kJ/kg}$，$s_1=6.563\text{kJ/(kg}\cdot\text{K)}$。根据 $s_n=s_1=6.563\text{kJ/(kg}\cdot\text{K)}$ 及 $p_n=p_m=4.0\text{MPa}$，确定状态点 n，即 $h_n=3080\text{kJ/kg}$；再由 $p_m=4.0\text{MPa}$ 及 $t_m=550℃$ 确定状态点 m，即 $h_m=3560\text{kJ/(kg}\cdot\text{K)}$，$s_m=7.234\text{kJ/(kg}\cdot\text{K)}$；据饱和水与饱和蒸汽性质表，以及 $p_2=0.004\text{MPa}$，可得：$h'_2=121.42\text{kJ/kg}$，$h''_2=2554\text{kJ/kg}$，$s'_2=0.4225\text{kJ/(kg}\cdot\text{K)}$，$s''_2=8.473\text{kJ/(kg}\cdot\text{K)}$。

(2) 乏汽干度。未采用再热时，由 $s_{2'}=s_1=6.563\text{kJ/(kg}\cdot\text{K)}$ 可得膨胀终点的干度

$$x_{2'}=\frac{s_{2'}-s'_2}{s''_2-s'_2}=\frac{6.563-0.4225}{8.473-0.4225}=0.7627$$

再热后，由 $s_2=s_m=7.234\text{kJ/(kg}\cdot\text{K)}$ 可得膨胀终点的干度

$$x_2=\frac{s_2-s'_2}{s''_2-s'_2}=\frac{7.234-0.4225}{8.473-0.4225}=0.8461$$

可见，再热后膨胀终点的干度提高到 0.8461。

(3) 再热循环热效率。再热后终点的焓值 $h_2=h'_2+x_2\,(h''_2-h'_2)=121.42+0.8461\times(2554-121.42)=2179.6\ (\text{kJ/kg})$，则再热循环热效率

$$\eta_t=\frac{(h_1-h_n)+(h_m-h_2)}{(h_1-h_4)+(h_m-h_n)}=\frac{(3460-3080)+(3560-2179.6)}{(3460-121.42)+(3560-3080)}=0.461$$

如不采用再热，终点的焓值 $h_{2'}=h'_2+x_{2'}\,(h''_2-h'_2)=121.42+0.7627\times(2554-121.42)=1976.7\ (\text{kJ/kg})$，则朗肯循环的热效率

$$\eta'_t=\frac{h_1-h_{2'}}{h_1-h_4}=\frac{3460-1976.7}{3460-121.42}=0.444$$

再热使循环热效率相对提高

$$\frac{\eta_t-\eta'_t}{\eta'_t}=\frac{0.461-0.444}{0.444}=0.0383$$

(4) 再热循环的汽耗率

$$d=\frac{3600}{w}=\frac{3600}{(h_1-h_n)+(h_m-h_2)}$$

$$=\frac{3600}{(3460-3080)+(3560-2179.6)}=2.04[\text{kg/(kW}\cdot\text{h)}]$$

[例 8-12] 表明，在本例条件下，采用再热后，再热循环热效率相对提高约 3.83%。

因此，采用再热循环可以提高整个循环系统的热经济性。若不采用再热循环，从循环的 T-s 图及 h-s 图可知，因提高初压，会使排汽终态的湿度增加，蒸汽轮机的安全性受到影响；采用再热循环后，排汽干度得到提高，解决了因提高初压而造成的蒸汽轮机运行安全问题，同时也提高了循环热效率。因此采用再热循环解决了因提高初压引起的排汽干度过低问题，不仅有助于机组安全运行，而且使提高初压成为一种可能。

【例 8-13】 具有二级混合式加热器的回热循环，如图 8-32 所示。已知其参数为 $p_1=7.0\text{MPa}$，$t_1=500℃$，$p_4=0.05\text{MPa}$，$p_2=2.0\text{MPa}$，$p_3=0.5\text{MPa}$。设汽轮机在每一个膨胀段的相对内效率都是 0.82，若忽略泵功不计，试求：(1) 抽汽系数 α_1、α_2；(2) 循环的加热量 q_1；(3) 循环的做功量；(4) 循环热效率及汽耗率；(5) 与无回热的朗肯循环相比较。

解：

(1) 抽汽系数 α_1 及 α_2。各级抽汽压力是根据所供加热器出口水温要求而确定的。在混合式加热器中，抽汽压力必须是出口水温所对应的饱和压力，故由抽汽压力查饱和蒸汽性质表可确定加热器出口水温。各处参数为 $p_2=2.0\text{MPa}$ 时，$h_2'=h_7=h_8=908.6\text{kJ/kg}$；$p_3=0.5\text{MPa}$ 时，$h_3'=h_6=604.1\text{kJ/kg}$；$p_4=0.05\text{MPa}$ 时，$h_4'=340.6\text{kJ/kg}$。

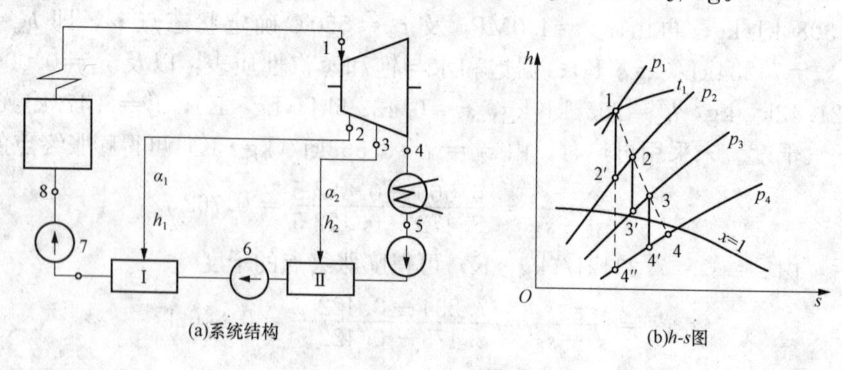

图 8-32 ［例 8-13］图

根据抽汽压力，可由 h-s 图上各定压线与定熵线的交点查出各抽汽点的理想焓值，再根据汽轮机在各膨胀段的相对内效率确定各抽汽点的实际焓值。即

$$h_1=3410\text{kJ/kg},\ h_{2'}=3045\text{kJ/kg},\ h_{3'}=2790\text{kJ/kg},\ h_{4'}=2450\text{kJ/kg}$$

$$h_2=h_1-\eta_{s,\text{T}}(h_1-h_{2'})=3410-0.82\times(3410-3045)=3112(\text{kJ/kg})$$

$$h_3=h_2-\eta_{s,\text{T}}(h_2-h_{3'})=3112-0.82\times(3112-2790)=2848(\text{kJ/kg})$$

$$h_4=h_3-\eta_{s,\text{T}}(h_3-h_{4'})=2848-0.82\times(2848-2450)=2522(\text{kJ/kg})$$

分别取混合式加热器Ⅰ、Ⅱ为热力系，由能量平衡方程得

$$\alpha_1=\frac{h_7-h_0}{h_2-h_6}=\frac{h_2'-h_3'}{h_2-h_3'}=\frac{908.6-640.1}{3112-640.1}=0.109$$

$$\alpha_2=(1-\alpha_1)\frac{h_6-h_5}{h_3-h_5}=(1-\alpha_1)\frac{h_3'-h_4'}{h_3-h_4'}=(1-0.109)\times\frac{640.1-340.6}{2848-340.6}=0.106$$

(2) 循环的加热量

$$q_{1,\text{Re}}=h_1-h_8=3410-908.6=2501.4(\text{kJ/kg})$$

(3) 循环的做功量

$$w_{\text{T,Re}}=(h_1-h_2)+(1-\alpha_1)(h_2-h_3)+(1-\alpha_1-\alpha_2)(h_3-h_4)$$

$$=(3410-3112)+(1-0.109)\times(3112-2848)+$$
$$(1-0.109-0.106)\times(2848-2522)=789(\mathrm{kJ/kg})$$

(4) 循环热效率及汽耗率。

循环热效率

$$\eta_{t,Re}=\frac{w_{T,Re}}{q_{1,Re}}=\frac{789}{2501.4}=0.315$$

循环的汽耗率

$$d_{Re}=\frac{3600}{w_{T,Re}}=\frac{3600}{789}=4.56(\mathrm{kJ/kg})$$

(5) 与无回热的朗肯循环的比较。根据初态1及排汽压力 p_4，如图8-32所示。定压线与定熵线的交点4″查出乏汽的理想焓值，根据汽轮机的相对内效率确定乏汽的实际焓值为 $h_{4''}=2370\mathrm{kJ/kg}$，则

$$h_4=h_1-\eta_{s,T}(h_1-h_{4''})=3410-0.82\times(3410-2370)=2557(\mathrm{kJ/kg})$$

循环做功量

$$w_{T,R}=h_1-h_4=3410-2557=853(\mathrm{kJ/kg})$$

循环加热量

$$q_{1,R}=h_1-h'_4=3410-340.6=3069.4(\mathrm{kJ/kg})$$

循环热效率

$$\eta_{t,R}=\frac{w_{T,R}}{q_{1,R}}=\frac{853}{3069.4}=0.278$$

则回热使热效率提高 $\Delta\eta=0.315-0.278=0.037$，相对值 $\delta\eta=\frac{0.037}{0.278}\times100\%=13.3\%$。

[例8-13] 表明，采用两级回热与不采用相比，循环热效率相对提高约13.3%，提高得比较明显。因此，采用回热循环后，对提高蒸汽动力循环的热力性能有很重要的影响。回热循环之所以能提高循环热效率，主要是减小了锅炉给水在炉内的换热温差，降低了不可逆因素的影响。那么，是不是采用的回热级数越多越好？请读者自行分析。

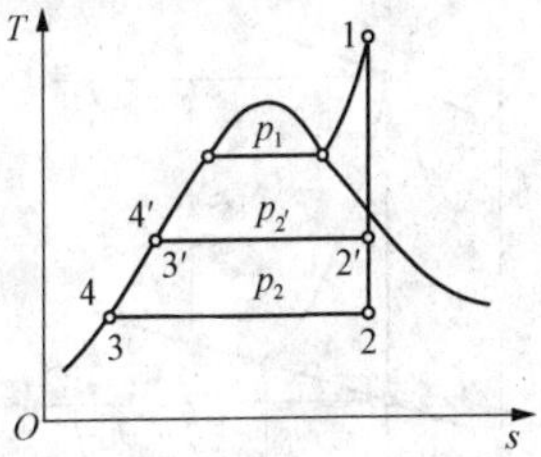

【例8-14】 试比较凝汽式蒸汽发电和背压式蒸汽发电的循环效率 η_t 和能量利用系数 K。已知两个发电机组中，锅炉出口蒸汽参数为 $p_1=6.0\mathrm{MPa}$，$t_1=500℃$。凝汽式汽轮机排汽压力 $p_2=0.004\mathrm{MPa}$，而背压式汽轮机排汽压力 $p_{2'}=0.15\mathrm{MPa}$。设汽轮机中膨胀过程是可逆绝热过程，泵功可以忽略不计。

图8-33 [例8-14] 图

解： 先将所研究的两个循环表示在 T-s 图上，如图8-33所示。根据已知参数，由蒸汽性质表上查相关参数为

$$h_1=3421\mathrm{kJ/kg},s_1=6.878\mathrm{kJ/(kg\cdot K)},h_4\approx h_3=h'_2=121.42\mathrm{kJ/kg}$$
$$h''_2=2554\mathrm{kJ/kg},s_3=s'_2=0.4225\mathrm{kJ/(kg\cdot K)},s''_2=8.473\mathrm{kJ/(kg\cdot K)}$$
$$h_{4'}\approx h_{3'}=h'_{2'}=467.2\mathrm{kJ/kg},h''_{2'}=2693\mathrm{kJ/kg}$$
$$s_{3'}=s'_{2'}=1.4336\mathrm{kJ/(kg\cdot K)},s''_{2'}=7.223\mathrm{kJ/(kg\cdot K)}$$

由 $s_2=s_1$ 得排汽终了干度 x_2 及焓值 h_2 分别为

$$x_2 = \frac{s_2 - s_2'}{s_2'' - s_2'} = \frac{6.878 - 0.4225}{8.473 - 0.4225} = 0.8019$$

$$h_2 = h_2' + x_2(h_2'' - h_2') = 121.42 + 0.8019 \times (2554 - 121.42) = 2072.1(\text{kJ/kg})$$

由 $s_{2'} = s_1$ 得抽汽处干度 $x_{2'}$ 及焓值 $h_{2'}$ 分别为

$$x_{2'} = \frac{s_{2'} - s_{2'}'}{s_{2'}'' - s_{2'}'} = \frac{6.878 - 1.4336}{7.223 - 1.4336} = 0.940$$

$$h_{2'} = h_{2'}' + x_{2'}(h_{2'}'' - h_{2'}') = 4672 + 0.940 \times (2693 - 467.2) = 2559.4(\text{kJ/kg})$$

凝汽式蒸汽发电的循环热效率

$$\eta_t = \frac{w}{q_1} = \frac{h_1 - h_2}{h_1 - h_4} = \frac{3421 - 2072.1}{3421 - 121.42} = 0.409$$

背压式蒸汽发电的循环热效率

$$\eta_{t,b} = \frac{w_b}{q_{1,b}} = \frac{h_1 - h_{2'}}{h_1 - h_{4'}} = \frac{3421 - 2559.4}{3421 - 67.2} = 0.292$$

凝汽式蒸汽发电循环热量利用系数 $K = \eta_t = 0.409$，背压式蒸汽发电循环热量利用系数（理想情况下）$K' = (w + q_2)/q_1 = 1$。

[例 8-14] 表明，由于汽轮机背压 p_2 的提高，使背压式蒸汽发电的循环热效率低于凝汽式的。但从能量利用的角度来看，背压式蒸汽发电循环的能量利用系数 K 比凝汽式蒸汽发电循环的高。实际上，由于各种热损失和电、热负荷之间的不协调，一般 $K' \approx 0.7$。即便如此，背压式蒸汽发电循环热效率也比较高。这主要是因为背压式蒸汽发电循环同时输出电能和热能，减少了冷源损失。

【例 8-15】 某蒸汽动力循环，汽轮机进口蒸汽参数为 $p_1 = 1.35\text{MPa}$，$t_1 = 370℃$，汽轮机出口蒸汽参数为 $p_2 = 0.008\text{MPa}$，为干饱和蒸汽，设环境温度 $t_0 = 20℃$，试求：(1) 汽轮机的实际功量、理想功量、相对内效率；(2) 汽轮机的最大有用功量和㶲效率；(3) 汽轮机的相对内效率和㶲效率的比较。

解： 所研究循环的 h-s 图，如图 8-34 所示。由已知参数，查蒸汽性质图表得相关参数为

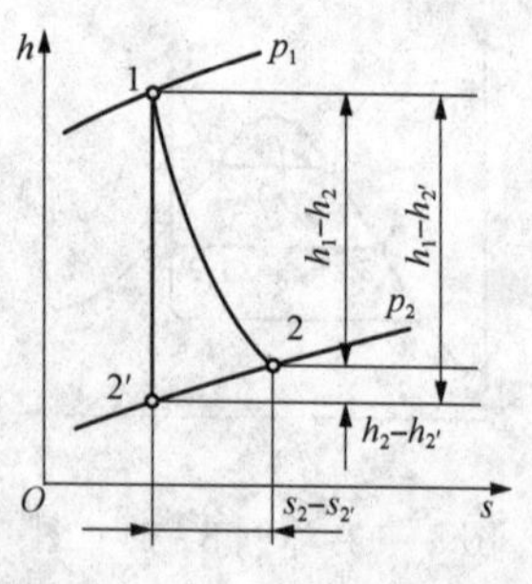

图 8-34 [例 8-15] 图

$$h_1 = 3194.7\text{kJ/kg}, s_1 = s_{2'} = 7.2244\text{kJ/(kg·K)}$$

$$h_2 = h_2'' = h_{2'}'' = 2577.1\text{kJ/kg}$$

$$s_2 = s_2'' = s_{2'}'' = 8.2295\text{kJ/(kg·K)}$$

$$h_{2'}' = 173.9\text{kJ/kg}, s_{2'}' = 0.5926\text{kJ/(kg·K)}$$

由 $s_{2'} = s_1$ 得蒸汽定熵膨胀终态干度 $x_{2'}$ 和焓值 $h_{2'}$ 分别为

$$x_{2'} = \frac{s_{2'} - s_{2'}'}{s_{2'}'' - s_{2'}'} = \frac{7.2244 - 0.5926}{8.2295 - 0.5926} = 0.8684$$

$$h_{2'} = h_{2'}' + x_{2'}(h_{2'}'' - h_{2'}') = 173.9 + 0.8684 \times (2577.1 - 173.9) = 2259.9(\text{kJ/kg})$$

(1) 汽轮机的实际功量、理想功量、相对内效率。

汽轮机的实际功量

$$w_{12} = h_1 - h_2 = 3194.7 - 2577.1 = 617.6(\text{kJ/kg})$$

汽轮机的理想功量

$$w_{12'} = h_1 - h_{2'} = 3194.7 - 2059.9 = 934.8(\text{kJ/kg})$$

汽轮机的相对内效率

$$\eta_{s,\mathrm{T}}=\frac{w_{12}}{w_{12'}}=\frac{617.6}{934.8}=0.661$$

(2) 汽轮机的最大有用功和㶲效率。

汽轮机的最大有用功

$$\begin{aligned}w_{\mathrm{u,max}}&=e_{\mathrm{x}_1}-e_{\mathrm{x}_2}=(h_1-T_0s_1)-(h_2-T_0s_2)\\&=(3194.7-293\times7.2244)-(2557.1-293\times8.2295)=912.1(\mathrm{kJ/kg})\end{aligned}$$

汽轮机的㶲效率

$$\eta_{\mathrm{ex}}=\frac{w_{12}}{w_{\mathrm{u,max}}}=\frac{617.6}{912.1}=0.677$$

(3) 汽轮机的相对内效率和㶲效率的比较。

由于 $\eta_{s,\mathrm{T}}=0.661$，$\eta_{\mathrm{ex}}=0.677$，因此汽轮机的相对内效率小于㶲效率。

[例8-15] 表明，汽轮机的相对内效率 $\eta_{s,\mathrm{T}}$ 小于㶲效率 η_{ex}。因为这两个效率没有直接联系，它们表征汽轮机完善性的依据是不同的。汽轮机的相对内效率 $\eta_{s,\mathrm{T}}$ 是衡量汽轮机内工质流动过程中摩阻所引起的汽轮机做功量减小的损失程度，即实际做功量与理想（定熵）做功量的比值。汽轮机的㶲效率则是衡量汽轮机在给定环境中，工质从状态1可逆绝热地过渡到状态2所完成的最大有用功量（即两状态㶲的差值）的利用程度，即实际做功量与最大有用功量的比值。

由图8-34可知，汽轮机内工质实现的不可逆过程12，可由定熵过程12′和可逆的定压定温加热过程2′2两个过程来实现。定熵过程12′的做功量为 $w_{12'}=934.8\mathrm{kJ/kg}$。在可逆的定压定温加热过程2′2中，使 $x_{2'}=0.8684$ 的湿蒸汽经加热变为相同压力下的干饱和蒸汽，其所需热量为 $q_2=h_1-h_{2'}$。因为加热过程是可逆的，故可以想象用一可逆热泵从环境（$T_0=293\mathrm{K}$）向干饱和蒸汽（$T_2=314.7\mathrm{K}$）放热。热泵消耗的功量为 $w_{2'2}=q_2\ (1-T_0/T_2)\ (h_2-h_{2'})-T_0\ (s_2-s_{2'})=22.7\mathrm{kJ/kg}$。故12过程的最大有用功 $w_{\mathrm{u,max}}=w_{12'}-w_{2'2}=934.8-22.7=912.1$ (kJ/kg)，与前面的计算结果相同。

因此，$\eta_{s,\mathrm{T}}$ 与 η_{ex} 的差别为 $\eta_{s,\mathrm{T}}=w_{12}/w_{12'}$，而 $\eta_{\mathrm{ex}}=w_{12}/w_{\mathrm{u,max}}=w_{12}/(w_{12'}-w_{2'2})$。两个效率值较接近但不相等，其差值主要取决于 $w_{2'2}$ 的大小。

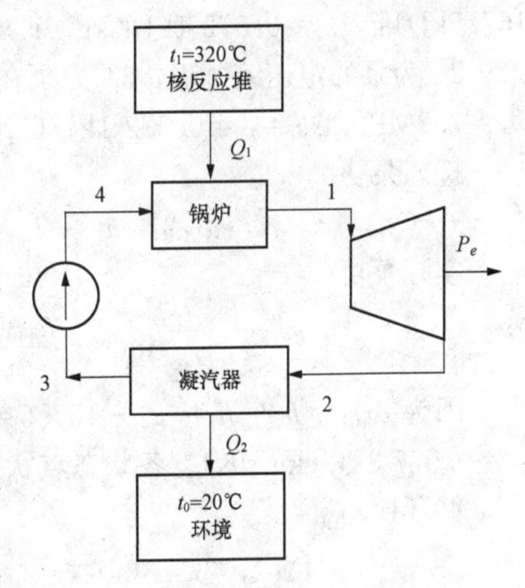

图8-35 [例8-16] 图

【例8-16】 某核动力循环，如图8-35所示。锅炉从 $t_1=320℃$ 的核反应堆吸入热量 Q_1，产生压力为7.2MPa的干饱和蒸汽（点1），蒸汽经汽轮机做功后在0.008MPa压力下排出（点2），乏汽在冷凝器中向 $t_0=20℃$ 的环境定压放热后变为40℃的过冷水（点3），最后过冷水经泵送回锅炉（点4）而完成循环。已知该厂的额定功率为750MW，汽轮机的相对内效率 $\eta_{s,\mathrm{T}}=0.70$，泵效率 $\eta_{\mathrm{P}}=0.80$。试求蒸汽的质量流量，并对该循环进行热力学分析。

解： 根据已知参数，由蒸汽性质图表确定有关参数。$p_1=7.2\mathrm{MPa}$ 时的干饱和蒸汽参数：$h_1=2770.9\mathrm{kJ/kg}$，$s_1=5.8019\mathrm{kJ/(kg\cdot K)}$。

12′为汽轮机的定熵膨胀过程，12 为汽轮机在 $\eta_{s,T}=0.70$ 时的实际膨胀过程，则 $p_2=p_{2'}=0.008\text{MPa}$，故

$$h'_2=h'_{2'}=173.9\text{kJ/kg},h''_2=h''_{2'}=2577.1\text{kJ/kg}$$

$$s'_2=s'_{2'}=0.5926\text{kJ/(kg·K)},s''_2=s''_{2'}=8.2296\text{kJ/(kg·K)}$$

由 $s_{2'}=s_1$ 得定熵膨胀过程的干度 $x_{2'}$ 和焓值 $h_{2'}$ 分别为

$$x_{2'}=\frac{s_{2'}-s'_{2'}}{s''_{2'}-s'_{2'}}=\frac{5.8019-0.5926}{8.2295-0.5926}=0.6821$$

$$h_{2'}=h'_{2'}+x_{2'}(h''_{2'}-h'_{2'})=173.9+0.6821\times(2577.1-173.9)=1813.2(\text{kJ/kg})$$

汽轮机理想比功量

$$w'_{t,T}=h_1-h_{2'}=2770.9-1813.2=957.7(\text{kJ/kg})$$

汽轮机实际比功量

$$w_{t,T}=\eta_{s,T}(h_1-h_{2'})=0.70\times957.7=670.4(\text{kJ/kg})$$

因为 $w_{t,T}=h_1-h_2=2770.9-h_2=670.4$（kJ/kg），故实际排汽干度、焓和熵值分别为

$$h_2=2100.5(\text{kJ/kg})$$

$$x_2=\frac{h_2-h'_2}{h''_2-h'_2}=\frac{2100.5-173.9}{2577.1-173.9}=0.8017$$

$$s_2=s'_2+x_2(s''_2-s'_2)=0.5926+0.8017\times(8.2296-0.5926)=6.7152[\text{kJ/(kg·K)}]$$

因 $p_2=0.008\text{MPa}$ 的饱和水温度为 $t_{s_2}=41.53℃$，故温度为 40℃、压力为 0.008MPa 的水为过冷水，但压力对液体的特性影响很小，所以 40℃水在 0.008MPa 时的特性和在 0.0074MPa 饱和压力下的特性几乎一样，则点 3 的特性取为 40℃饱和水的特性，即 $h_3=167.5\text{kJ/kg}$，$s_3=0.5721\text{kJ/(kg·K)}$。

34′为泵的定压缩过程，34 为泵在 $\eta_P=0.8$ 时的实际压缩过程，则 $p_4=p_{4'}=p_1$，根据 $p_1=7.2\text{MPa}$，$s_{4'}=s_3=0.5721\text{kJ/(kg·K)}$，得 $h_{4'}=174.7\text{kJ/kg}$。

理想泵功

$$w'_{t,P}=h_{4'}-h_3=174.7-167.5=7.2(\text{kJ/kg})$$

实际泵功

$$w_{t,P}=\frac{h_{4'}-h_3}{\eta_P}=\frac{7.2}{0.80}=9.0(\text{kJ/kg})$$

因为 $w_{t,P}=h_4-h_3=h_4-167.5=9.0$（kJ/kg），故 $h_4=176.5\text{kJ/kg}$，则 $t_4=40.6℃$，$s_4=0.5778\text{kJ/(kg·K)}$。各状态点状态参数，见表 8-7。

循环比功量

$$w_t=w_{t,T}-w_{t,P}=670.4-9.0=661.4(\text{kJ/kg})$$

循环中的蒸汽质量流量

$$\dot{m}=\frac{\dot{W}_A}{w_t}=\frac{750\,000}{661.4}=1134(\text{kg/s})$$

表 8-7　各状态点状态参数

点	状态	t（℃）	p（MPa）	h（kJ/kg）	s［kJ/（kg·K）］
1	干饱和蒸汽	287.7	7.2	2770.9	5.801 9
2	湿蒸汽	41.5	0.008	2100.5	6.715 2

续表

点	状态	t（℃）	p（MPa）	h（kJ/kg）	s［kJ/（kg·K）］
3	过冷水	40.0	0.008	167.5	0.572 1
4	未饱和水	40.6	7.2	176.5	0.577 8

根据方程$\dot{W}_{u,max}=\dot{W}_A+\sum\dot{W}_l$，对该动力循环进行热力学分析。

循环的最大有用功率

$$\dot{W}_{u,max}=\dot{Q}_1\left(1-\frac{T_0}{T_1}\right)=\dot{m}\dot{q}_1\left(1-\frac{T_0}{T_1}\right)=\dot{m}(h_1-h_4)\left(1-\frac{T_0}{T_1}\right)$$

$$=1134\times(2770.9-176.5)\times\left(1-\frac{293}{593}\right)=1488(\text{MW})$$

环境温度为T_0，系统的总熵变化量$dS=\frac{\delta Q}{T_0}=\frac{\delta W_C}{T_0}$。

不可逆过程的耗散功$W_l=T_0\Delta S-\sum Q$。

对汽轮机，$\sum Q=0$，损失功率

$$\dot{W}_{l,T}=\dot{m}T_0(s_2-s_1)=1134\times293\times(6.715\,0-5.801\,9)=303.0(\text{MW})$$

对冷凝器，损失功率

$$\dot{W}_{l,C}=\dot{m}T_0(s_3-s_2)-\dot{Q}_2=\dot{m}[T_0(s_3-s_2)-(h_2-h_3)]$$

$$=1134\times[293\times(0.572\,1-6.715\,2)+(2100.5-167.5)]=150.0(\text{MW})$$

对泵，$\sum Q=0$，损失功率

$$\dot{W}_{l,P}=\dot{m}T_0(s_4-s_3)=1134\times293\times(0.577\,8-0.572\,1)=2.0(\text{MW})$$

将反应堆-锅炉一体作为热力系，损失功率

$$\dot{W}_{l,R}=\dot{m}T_0(s_1-s_4)+T_0\left(-\frac{\dot{Q}_1}{T_1}\right)$$

式中：$-\frac{\dot{Q}_1}{T_1}$为T_1热源处理的反应堆的熵变化率，W/K；$\dot{Q}_1$为从反应堆向锅炉内部的传热率，W。

则

$$\dot{W}_{l,R}=1134\times293\times(5.801\,9-0.577\,8)-\frac{293}{593}\times2.942\times10^6=283.0(\text{MW})$$

各主要设备做功能力损失及损失系数的计算结果，见表8-8。

表8-8　　主要设备做功能力损失及损失系数比较

部件名称	做功能力损失$\dot{W}_{l,i}$（MW）	做功能力损失系数$\dot{W}_{l,i}/\dot{W}_{u,max}$（%）
汽轮机	303.0	20.4
冷凝器	150.0	10.1
泵	2.0	0.01
反应堆-锅炉	283.0	19.0
总计	738.0	49.6

循环的总做功能力损失为 49.6%，则相对于卡诺循环的㶲效率

$$\eta_{ex}=\frac{P_e}{\dot{W}_{u,max}}=\frac{750.0}{1488.0}=0.504$$

循环热效率

$$\eta_t=\frac{P_e}{\dot{Q}_1}=\frac{750.0}{2942.0}=0.255$$

这表明反应堆供给的热量只有 25.5%转变为功，其余的 74.5%则以热的形式送到大气中去。若循环是完善的，即 $\sum \dot{W}_{l,i}=0$，则循环热效率

$$\eta_{t,max}=\frac{\dot{W}_{u,max}}{\dot{Q}_1}=\frac{1488.0}{2942.0}=0.506$$

[例 8-16] 表明，由计算结果的热力学分析可知，$\dot{Q}_1$的一半将以热的形式排到大气中去。能量损失的最大数量发生在汽轮机及反应堆与锅炉体系内，因此欲提高装置的工作效率，应尽量减少汽轮机膨胀做功过程的不可逆性；设法提高蒸汽吸热过程的平均温度，并且设法减小锅炉内温差传热这一不可逆因素。

【例 8-17】 简单蒸汽动力装置，如图 8-11（a）所示。已知汽轮机进口蒸汽状态 1 参数 $p_1=16.6$MPa，$t_1=550$℃，出口排汽状态 2 参数 $p_2=0.004$MPa，锅炉效率 $\eta_b=0.9$，汽轮机效率 $\eta_{s,T}=0.85$，锅炉绝热燃烧温度 $T_{ad}=2000$K，排烟温度 $T_e=575.3$K，燃料化学㶲 $e_{x,f}$ 近似等于其低发热量 $-\Delta H_f^l$，且认为泵功和锅炉散热可忽略不计。试进行热力学分析。以大气环境压力 $p_0=0.1$MPa 与温度 $T_0=283$K 下的工质为㶲的计算基准。

解：

（1）工质各状态点的参数，见表 8-9。其中，$h_2=h_1-\eta_{s,T}(h_1-h_{2_s})$。

表 8-9 工质各状态点的参数值

状态点	p（MPa）	T（K）	h（kJ/kg）	s [kJ/（kg·K）]	e_x（kJ/kg）
0	0.1	283	42.1	0.151 0	0
1	16.5	823.0	3432.6	6.462 5	1604.3
2_s	0.004	302.13	1946.2	6.462 5	118.0
2	0.004	302.13	2169.2	7.200 2	132.2
3（4）	0.004（16.5）	302.13	121.4	0.422 4	2.5

（2）确定蒸汽循环热效率与装置热效率。

吸热量

$$q_{41}=h_1-h_4=3432.6-121.4=3311.2(\text{kJ/kg})$$

汽轮机做功

$$w_T=h_1-h_2=3432.6-2169.2=1263.4(\text{kJ/kg})$$

放热量

$$q_{23}=h_2-h_3=2169.2-121.4=2047.8(\text{kJ/kg})$$

循环热效率

$$\eta_t=\frac{w_{net}}{q_{41}}=\frac{w_T}{q_{41}}=\frac{1263.4}{3311.2}=0.381\ 5$$

产生1kg蒸汽时，燃料提供的能量

$$m_f e_{x,f} = m_f(-\Delta H_f^l) = \frac{h_1 - h_4}{\eta_b} = \frac{3311.2}{0.9} = 3678.11(\text{kJ/kg})(\text{蒸汽})$$

装置热效率

$$\eta_i = \frac{w_{net}}{m_f(-\Delta H_f^l)} = \frac{1263.4}{3679.11} = 0.3434$$

产生1kg蒸汽时，锅炉的排烟损失

$$m_e[h_e(t_e) - h_e(t_0)] = (1-\eta_b)m_f(-\Delta H_f^l) = 0.1 \times 3679.11 = 367.9(\text{kJ/kg})(\text{蒸汽})$$

产生1kg蒸汽时，排烟损失与冷凝损失占系统总输入能量的比例分别为

$$\frac{m_e[h_e(t_e) - h_e(t_0)]}{m_f(-\Delta H_f^l)} = \frac{367.9}{3678.11} = 0.1$$

$$\frac{q_{23}}{m_f(-\Delta H_f^l)} = \frac{2047.8}{3678.11} = 0.557$$

(3) 确定蒸汽循环、锅炉与装置的㶲效率。

汽轮机内比㶲损失

$$i_T = (e_{x_1} - e_{x_2}) - w_T = (1604.3 - 132.2) - 1263.4 = 208.7(\text{kJ/kg})$$

冷凝器内比㶲损失

$$i_C = e_{x_2} - e_{x_3} = 132.2 - 2.5 = 129.7(\text{kJ/kg})$$

循环㶲效率

$$\eta_{ex,t} = \frac{w_T}{e_{x_1} - e_{x_4}} = \frac{1263.4}{1604.3 - 2.5} = 0.7887$$

产生1kg蒸汽时，锅炉绝热燃烧时烟气的㶲量

$$m_e e_{x,e(ad)} = m_f(-\Delta H_f^l)\left(1 - \frac{T_0}{T_{ad} - T_0}\ln\frac{T_{ad}}{T_0}\right)$$

$$= 3679.11 \times \left(1 - \frac{283}{2000 - 283} \times \ln\frac{2000}{283}\right) = 2493.3(\text{kJ/kg})(\text{蒸汽})$$

产生1kg蒸汽时，绝热燃烧过程㶲损失

$$i_{b_1} = m_f e_{x,f} - m_e e_{x,e(ad)} = 1185.81(\text{kJ/kg})(\text{蒸汽})$$

产生1kg蒸汽时，排烟㶲损失

$$i_{b_2} = m_e e_{x,e} = (1 - \eta_b)m_f(-\Delta H_f^l)\left(1 - \frac{T_0}{T_e - T_0}\ln\frac{T_e}{T_0}\right)$$

$$= 367.9 \times \left(1 - \frac{283}{575.3 - 283} \times \ln\frac{575.3}{283}\right) = 115.2(\text{kJ/kg})(\text{蒸汽})$$

产生1kg蒸汽时，锅炉内传热过程㶲损失

$$i_{b_3} = [m_e e_{x,e(ad)} - m_e e_{x,e}] - (e_{x_1} - e_{x_4})$$

$$= (2493.3 - 115.2) - (1604.3 - 2.5) = 776.3(\text{kJ/kg})(\text{蒸汽})$$

锅炉㶲效率

$$\eta_{ex,b} = \frac{e_{x_1} - e_{x_4}}{m_f e_{x,f}} = \frac{1604.3 - 2.5}{3679.11} = 0.4354$$

整个装置㶲效率

$$\eta_{ex} = \eta_{ex,b}\eta_{ex,t} = 0.7887 \times 0.4354 = 0.3434$$

产生 1kg 蒸汽时，各项㶲损失系数分别为

$$\xi_{e,b_1}=\frac{i_{b_1}}{m_f e_{x,f}}=\frac{1185.81}{3678.11}=0.322,\xi_{e,b_2}=\frac{i_{b_2}}{m_f e_{x,f}}=\frac{115.2}{3678.11}=0.031$$

$$\xi_{e,b_3}=\frac{i_{b_3}}{m_f e_{x,f}}=\frac{776.3}{3678.11}=0.211,\xi_{e,T}=\frac{i_T}{m_f e_{x,f}}=\frac{208.7}{3678.11}=0.057$$

$$\xi_{e,C}=\frac{i_C}{m_f e_{x,f}}=\frac{129.7}{3678.11}=0.035$$

[例 8-17] 表明，通过对计算结果的分析可知：①由于假设 $e_{x,f}=-\Delta H_f^{\mathrm{l}}$，因而 $\eta_{ex}=\eta_t=0.343$，且损失总量也相同，但这两种效率含义不同。②能量损失并不能揭示燃烧、传热、汽轮机内摩阻等不可逆因素引起的损失，只能反映外部损失，如排烟或放热损失。③从损失分布来看，冷凝器内放热损失很大，似乎是主要矛盾，但其㶲损失系数却很小，可忽略。而燃烧㶲损失系数最大，是能量损失的主要环节，但能量损失却根本无法反映。因此，讨论损失时应以㶲损为主要分析对象。通过判别㶲损失的分布、大小与原因，探索改进措施。

为了便于比较，将以上结果加以整理，见表 8-10。

表 8-10 **最终计算结果**

项目		能量（kJ/kg）（蒸汽）	占净功比例	㶲（kJ/kg）（蒸汽）	占净功比例
燃料提供		3679.11	0.343	3679.11	0.343
净功		1263.4	1	1263.4	1
损失	绝热燃烧	—	—	1185.81	0.939
	锅炉传热	—	—	776.3	0.614
	锅炉排烟	367.9	0.291	115.2	0.091
	汽轮机	—	—	208.7	0.165
	冷凝器	2047.6	1.621	129.7	0.103
	合计	2415.7	1.912	2415.7	1.912

【例 8-18】 一空气制冷循环装置，如图 8-36 所示。空气进入膨胀机的温度 $t_3=27℃$，压力 $p_3=0.4\text{MPa}$，绝热膨胀到 $p_4=0.1\text{MPa}$，经由冷藏室吸热后，温度 $t_1=-7℃$。已知制冷量 $\dot{Q}_0=12\,000\text{kJ/h}$，试计算该制冷循环的膨胀机做功量、理论做功量、循环消耗的净功量及功率、制冷系数以及与同温度限内卡诺逆向循环的制冷系数的比较。

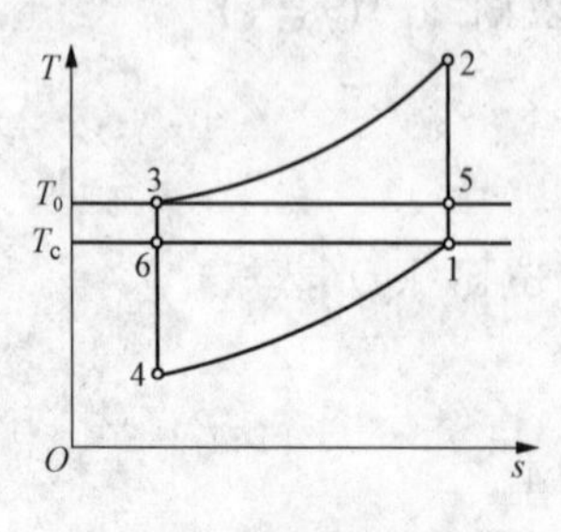

图 8-36 [例 8-18] 图

解： 压气机出口温度

$$T_2=T_1\left(\frac{p_2}{p_1}\right)^{\frac{\kappa-1}{\kappa}}=266\times\left(\frac{0.4}{0.1}\right)^{\frac{1.4-1}{1.4}}=395.3(\text{K})$$

$$t_2=122.3℃$$

膨胀机出口温度

$$T_4=T_3\left(\frac{p_4}{p_3}\right)^{\frac{\kappa-1}{\kappa}}=300\times\left(\frac{0.1}{0.4}\right)^{\frac{1.4-1}{1.4}}=201.9(\text{K})$$

$$t_4=-71.1℃$$

1kg 空气的吸热量

$$q_2 = c_p(T_1 - T_4) = 1.004 \times (266 - 201.9) = 64.35(\text{kJ/kg})$$

制冷机每小时循环的空气量

$$\dot{m} = \frac{\dot{Q}_0}{q_2} = \frac{12\,000}{64.35} = 186.5(\text{kg/h})$$

压气机的耗功量及理论耗功率

$$w_C = h_2 - h_1 = c_p(T_2 - T_1) = 1.004 \times (395.3 - 266) = 129.8(\text{kJ/kg})$$

$$P_{e,C} = \dot{m} w_C = \frac{186.5 \times 129.8}{3600} = 6.725(\text{kW})$$

膨胀机的做功量及理论做功率

$$w_E = h_3 - h_4 = c_p(T_3 - T_4) = 1.004 \times (300 - 201.9) = 98.49(\text{kJ/kg})$$

$$P_{e,E} = \dot{m} w_E = \frac{186.5 \times 98.49}{3600} = 5.102(\text{kW})$$

循环消耗净功量及净功率

$$w = w_C - w_E = 129.8 - 98.49 = 31.31(\text{kJ/kg})$$

$$P_e = P_{e,C} - P_{e,E} = 6.725 - 5.102 = 1.623(\text{kW})$$

循环制冷系数

$$\varepsilon = \frac{q_2}{w} = \frac{64.35}{31.31} = 2.055 \text{ 或 } \varepsilon = \frac{1}{\left(\frac{p_3}{p_4}\right)^{\frac{\kappa-1}{\kappa}} - 1} = \frac{1}{\left(\frac{0.4}{0.1}\right)^{\frac{1.4-1}{1.4}} - 1} = 2.057$$

同温度范围（T_1 和 T_3）内逆向卡诺循环的制冷系数

$$\varepsilon_C = \frac{T_c}{T_0 - T_c} = \frac{T_1}{T_3 - T_1} = \frac{266}{300 - 266} = 7.824$$

[例 8-18] 表明，计算逆向制冷循环的热力特性时，应掌握各过程的特点，采用相应的状态参数关联式、热力性能指标计算式及相应的概念，问题就会比较容易解决。从本例的计算结果可知，空气制冷循环的制冷系数远小于逆向卡诺循环的制冷系数。这主要是因为逆向卡诺循环消耗的功小于空气制冷循环消耗的功。

【例 8-19】 某蒸汽压缩制冷装置，用 NH_3 作为制冷剂。制冷量 $\dot{Q}_0 = 120\,000$kJ/h，冷藏室温度 $t_4 = -15$℃，冷凝器内冷却水温度 $t_2 = 20$℃。若进入压气机时为湿饱和 NH_3 蒸汽，从冷凝器流出的是饱和 NH_3 液，试求：(1) 1kg NH_3 的吸热量 q_2；(2) 1kg NH_3 传给冷却水的热量 q_1；(3) 循环中 NH_3 的质量流量；(4) 循环消耗功量 w 及功率 P_e；(5) 制冷系数 ε；(6) 同温度范围内逆向卡诺循环的制冷系数 ε_C。

解： 由题意绘制循环的 T-s 图，如图 8-37 所示。

先确定各状态点的参数。查饱和 NH_3 蒸汽性质表：

对应 20℃查得冷凝器中的饱和压力为 0.857 1MPa，$s_2 = s'' = 8.542$kJ/(kg·K)，$h_2 = h'' = 1699.96$kJ/kg，$h_3 = h' = 512.46$kJ/kg。

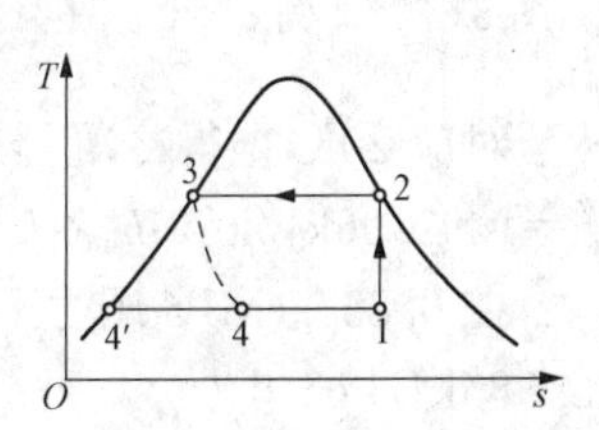

图 8-37 [例 8-19] 图

对应 −15℃查得蒸发器中的饱和压力为 0.236 3MPa，$s_{4'} = s' = 3.929$kJ/(kg·K)，$h_{4'} = h' = 349.89$kJ/kg。

设压气机内进行的是定熵压缩过程，故

$$s_1 = s_2 = 8.542\text{kJ/(kg·K)}$$

$$h_1 = h_{4'} + T_4(s_1 - s_{4'}) = 349.89 + 258 \times (8.542 - 3.929) = 1540(\text{kJ/kg})$$

因节流前后焓值相等，故 $h_3 = h_4 = 512.46\text{kJ/kg}$。

（1）1kg NH_3的吸热量

$$q_2 = h_1 - h_4 = 1540 - 512.46 = 1027.54(\text{kJ/kg})$$

（2）1kg NH_3传给冷却水的热量

$$q_1 = h_2 - h_3 = 1699.96 - 512.46 = 1187.50(\text{kJ/kg})$$

（3）循环中 NH_3的质量流量

$$\dot{m} = \frac{\dot{Q}_0}{q_2} = \frac{120\ 000}{1027.54} = 116.78(\text{kg/h})$$

（4）循环耗功量及耗功率

$$w = q_1 - q_2 = 1187.50 - 1027.54 = 159.96(\text{kJ/kg})$$

$$P_e = \dot{m}w = \frac{116.78}{3600} \times 159.96 = 5.19(\text{kW})$$

（5）循环制冷系数

$$\varepsilon = \frac{q_2}{w} = \frac{1027.54}{159.96} = 6.424$$

（6）同温度范围内逆向卡诺循环的制冷系数

$$\varepsilon_C = \frac{T_4}{T_3 - T_4} = \frac{258}{293 - 258} = 7.371$$

［例 8-19］表明，工质由空气换成 NH_3时，计算所得到的热力性能有所不同。由计算结果可知，NH_3的制冷系数明显大于空气的制冷系数。这主要是工质的特性所决定的，即作为制冷剂，空气不发生相变，而 NH_3则易发生相变，从而使得两者的热容值不同。因此，制冷剂对制冷循环的热力性能有很重要的影响。同时，在同温度范围内，蒸汽压缩制冷循环的制冷系数与同温度范围内逆向卡诺循环的制冷系数较为接近，与空气为制冷剂时相差较大。

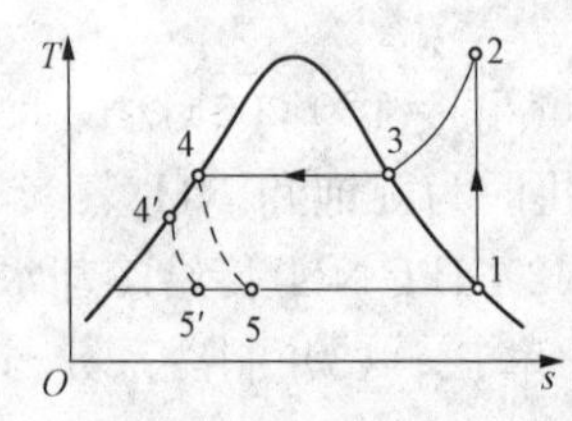

图 8-38 ［例 8-20］图

【例 8-20】 按［例 8-19］所给的条件，若进入压气机时为干饱和 NH_3蒸汽，从冷凝器流出的是饱和 NH_3液或过冷度为 5℃的 NH_3液，试分别计算在无过冷和有过冷时该制冷装置的主要数据。

解： 由题意，绘制制冷循环的 T-s 图，如图 8-38 所示。

查饱和 NH_3蒸汽性质表：

对应−15℃查得蒸发器中的饱和压力为 0.236 3MPa，$s_1 = s'' = 9.021\text{kJ/(kg·K)}$，$h_1 = h'' = 1664.08\text{kJ/kg}$。

对应 20℃查得冷凝器中的饱和压力为 0.857 1MPa，$s_3 = s'' = 8.542\text{kJ/(kg·K)}$，$h_3 = h'' = 1699.96\text{kJ/kg}$，$h_4 = h' = 512.46\text{kJ/kg}$。

在 0.857 1MPa 压力下，由 NH_3的性质表，查得过冷度为 5℃的 NH_3饱和液焓值 $h_{4'} = 489.85\text{kJ/kg}$。

设压气机内进行的是定熵压缩过程，则 $s_1 = s_2 = 9.021\text{kJ/(kg·K)}$。

由 NH_3 的性质表可知，$h_2 = 1842.19\text{kJ/kg}$，则节流前后焓值相等，有 $h_4 = h_5 = 512.46\text{kJ/kg}$，$h_{4'} = h_{5'} = 489.85\text{kJ/kg}$。

（1）1kg NH_3的吸热量。

无过冷时

$$q_2 = h_1 - h_5 = 1664.08 - 512.46 = 1151.62(\mathrm{kJ/kg})$$

有过冷时

$$q'_2 = h_1 - h_{5'} = 1664.08 - 489.85 = 1174.23(\mathrm{kJ/kg})$$

（2）1kg NH_3传给冷却水的热量。

无过冷时

$$q_1 = h_2 - h_4 = 1842.19 - 512.46 = 1329.73(\mathrm{kJ/kg})$$

有过冷时

$$q'_1 = h_2 - h_{4'} = 1842.19 - 489.85 = 1352.34(\mathrm{kJ/kg})$$

（3）循环耗功量。

无过冷时

$$w = q_1 - q_2 = 1329.73 - 1151.62 = 178.11(\mathrm{kJ/kg})$$

有过冷时

$$w' = q'_1 - q'_2 = 1352.34 - 1174.23 = 178.11(\mathrm{kJ/kg})$$

或

$$w' = h_2 - h_1 = 1842.19 - 1664.08 = 178.11(\mathrm{kJ/kg})$$

（4）循环制冷系数。

无过冷时　$$\varepsilon = \frac{q_2}{w} = \frac{1151.62}{178.11} = 6.466$$

有过冷时　$$\varepsilon' = \frac{q'_2}{w'} = \frac{1174.23}{178.11} = 6.593$$

（5）循环中NH_3的质量流量。

无过冷时

$$\dot{m} = \frac{\dot{Q}_0}{q_2} = \frac{120\,000}{1151.62} = 104.20(\mathrm{kg/h})$$

有过冷时

$$\dot{m}' = \frac{\dot{Q}_0}{q'_2} = \frac{120\,000}{1174.23} = 102.19(\mathrm{kg/h})$$

（6）压气机的耗功率。

无过冷时

$$P_e = \dot{m}w = 104.20 \times 178.11/3600 = 5.155(\mathrm{kW})$$

有过冷时

$$P'_e = \dot{m}'w' = 102.19 \times 178.11/3600 = 5.056(\mathrm{kW})$$

［例8-20］表明，与［例8-19］相比，工质处于单相饱和汽态时，在冷源的吸热量有所增加，工质质量流有所减小，消耗的功率下降，制冷系数略有增加；同时，有过冷与无过冷的循环耗功量未变，而吸热量 q_2 增加，从而提高了循环的制冷系数。因此，即便是同一种工质，因其状态的不同，对制冷性能也有一定的影响。

【例8-21】 按［例8-19］所给的条件，若以F-12为制冷剂，试计算该蒸汽压缩制冷循环，并与NH_3作为制冷剂时加以比较。

解：查饱和F-12（CCl_2F_2）蒸汽性质表得出相关参数：

对应20℃查得冷凝器中的饱和压力为0.566 7MPa，$s_2=s''=4.746$kJ/(kg·K)，$h_2=h''=582.4$kJ/kg，$h_3=h'=437.8$kJ/kg。

对应−15℃查得蒸发器中的饱和压力为0.182 6MPa，$s_{4'}=s'=4.135$kJ/(kg·K)，$h_{4'}=h'=404.9$kJ/kg。

设压气机内进行的是定熵压缩过程，故

$$s_1=s_2=4.746\text{kJ/(kg}\cdot\text{K)}$$

$$h_1=h_{4'}+T_4(s_1-s_{4'})=404.9+258\times(4.746-4.135)=562.5(\text{kJ/kg})$$

因节流前后焓值相等，故$h_3=h_4=437.8$ (kJ/kg)。

(1) 1kg F-12的吸热量

$$q_2=h_1-h_4=562.5-437.8=124.7(\text{kJ/kg})$$

(2) 1kg F-12传给冷却水的热量

$$q_1=h_2-h_3=582.4-437.8=144.6(\text{kJ/kg})$$

(3) 循环中F-12的质量流量

$$\dot{m}=\frac{\dot{Q}_0}{q_2}=\frac{120\ 000}{124.7}=962.3(\text{kg/h})$$

(4) 循环耗功量及耗功率

$$w=q_1-q_2=144.6-124.7=19.9(\text{kJ/kg})$$

$$P_e=\dot{m}w=\frac{\dot{Q}_0}{3600q_2}w=\frac{120\ 000}{3600\times124.7}\times19.9=5.32(\text{kW})$$

(5) 循环制冷系数

$$\varepsilon=\frac{q_2}{w}=\frac{124.7}{19.9}=6.266$$

[例8-21]表明，相同条件下两种蒸汽压缩制冷循环制冷性能的比较，见表8-11。由此可知，制冷剂的性质对制冷循环系统的性能影响比较大。

表8-11　两种蒸汽压缩制冷循环制冷性能的比较

变量	NH_3作制冷剂时	F-12作制冷剂时
q_2	大	小
q_1	大	小
w	大	小
P_e	小	大
ε	大	小
$\dot{m}$	小	大

【例8-22】 某蒸汽压缩制冷循环，用CH_3Cl（氯甲烷）作为制冷剂。压气机从蒸发器中吸入$p_1=0.177$MPa的干饱和蒸汽并绝热压缩到$t_2=102$℃、$p_2=0.967$MPa。CH_3Cl蒸汽在冷凝器中凝结并过冷，过冷液离开冷凝器时的温度$t_5=35$℃，比定压热容$c_p=1.62$kJ/(kg·K)。已知压气机的气缸直径$D=75$mm，活塞行程$L=75$mm，机轴转速为

480r/min，压气机的容积效率 $\eta_V=0.80$。设 CH_3Cl 过热蒸汽的比定压热容 c_p 为定值，求：(1) 循环制冷系数；(2) 每小时所需 CH_3Cl 的质量流量；(3) 冷凝器中冷却水温升为 12℃ 时所需要的冷却水量。

解：由题意，绘制制冷循环的 $T-s$ 及 $p-h$ 图，如图 8-39 所示；CH_3Cl 的相关状态参数，见表 8-12。

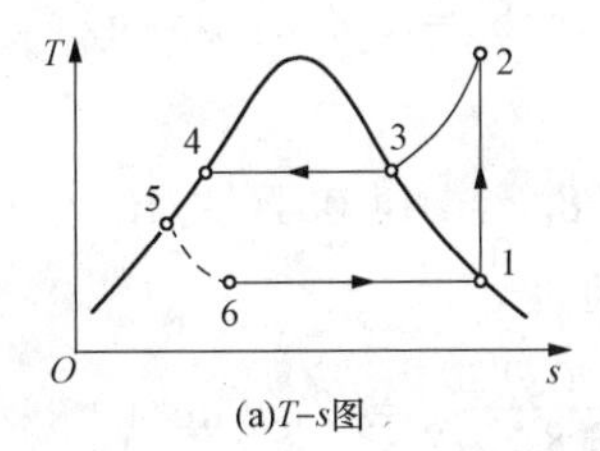

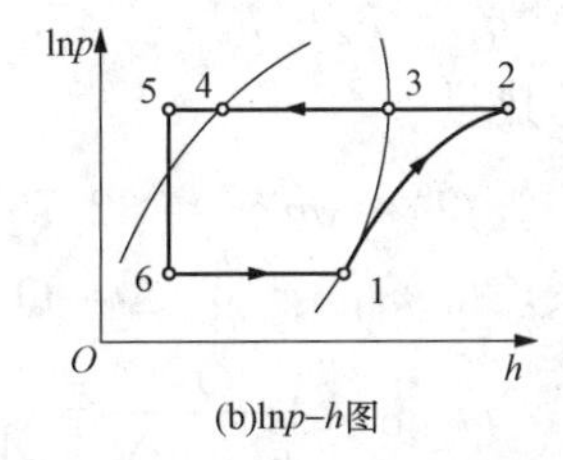

图 8-39 [例 8-22] 图

表 8-12 CH_3Cl 的相关状态参数

饱和温度（℃）	压力（MPa）	比体积（m³/kg）		比焓（kJ/kg）		熵［kJ/（kg·K）］	
		v'	v''	h'	h''	s'	s''
−10	0.177	0.001 02	0.233	45.4	460.7	0.183	1.762
45	0.967	0.001 05	0.046	133.0	483.6	0.485	1.587

先确定各状态点参数：

对应 0.177MPa 查得蒸发器中的饱和温度为−10℃，$s_1=s''=1.762\text{kJ/(kg·K)}$，$h_1=h''=460.7\text{kJ/kg}$。

设压气机内进行的是定熵压缩过程，故 $s_1=s_2=1.762\text{kJ/(kg·K)}$。

对应 0.967MPa 查得冷凝器中的饱和温度为 45℃，$s_3=s''=1.587\text{kJ/(kg·K)}$，$h_3=h''=483.6\text{kJ/kg}$，$h_4=h'=133.0\text{kJ/kg}$，$s_4=s'=0.485\text{kJ/(kg·K)}$。

假定 CH_3Cl 过热蒸汽可视为理想气体，则有

$$s_2-s_3=c_{p,g}\ln\frac{T_2}{T_3}$$

$$c_{p,g}=\frac{s_2-s_3}{\ln\left(\dfrac{T_2}{T_3}\right)}=\frac{1.762-1.587}{\ln\left(\dfrac{375}{318}\right)}=1.08\text{kJ/(kg·K)}$$

$$h_2=h_3+c_{p,g}(T_2-T_3)=483.6+1.08\times(375-318)=545.1(\text{kJ/kg})$$

$$h_5=h_4-c_p(T_4-T_5)=133.0-1.62\times(375-308)=116.8(\text{kJ/kg})$$

节流前后焓值相等，则有 $h_5=h_6=116.8\text{kJ/kg}$。

(1) 循环制冷系数

$$\varepsilon=\frac{q_2}{w}=\frac{h_1-h_6}{h_2-h_1}=\frac{460.7-116.8}{545.1-460.7}=4.075$$

(2) 每小时所需 CH_3Cl 的质量流量。压气机每一转的进气容积为 $\pi D^2L/4$，每一转的有效进气容积为 $\pi D^2L\eta_V/4$。故压气机每小时的有效进气体积

$$\dot{V}=n\times60\left(\eta_V\frac{\pi D^2}{4}L\right)=480\times60\times\left(0.80\times\frac{\pi\times0.075^2}{4}\times0.075\right)=7.634(\text{m}^3/\text{h})$$

进入压气机的 CH_3Cl 的比体积 $v_1=0.233m^3/kg$，则

$$\dot{m}=\frac{\dot{V}}{v_1}=\frac{7.634}{0.233}=32.76(kg/h)$$

(3) 所需要的冷却水量。

冷凝器中 CH_3Cl 放出的比热量

$$q_1=h_2-h_5=545.1-116.8=428.3(kJ/kg)$$

每小时放出的总热量

$$\dot{Q}_1=\dot{m}q_1=32.76\times428.3=14\ 031(kJ/h)$$

按能量平衡关系，得 $\dot{m}_{H_2O}c_{p,H_2O}\Delta t=Q_1$，则

$$\dot{m}_{H_2O}=\frac{Q_1}{c_{p,H_2O}\Delta t}=\frac{14\ 031}{4.186\ 8\times12}=279(kg/h)$$

[例 8-22] 表明，计算过程与上面的几个制冷循环的例题相似，主要方法是：通过确定各点工质的状态参数值，再确定所求解的变量。本例的工质为 CH_3Cl，属于湿工质。制冷循环系统利用水对 CH_3Cl 进行冷却，不同于已介绍的制冷循环系统，但其制冷原理是一致的。

【例 8-23】 某蒸汽压缩制冷循环，其制冷量 $\dot{Q}_0=100\ 000kJ/h$，冷藏室温度 $t_4=-8℃$，冷却水温度 $t_3=5℃$，试按下列条件计算制冷循环消耗的最小功量。(1) 供给循环的冷却水是无限量的；(2) 供给循环的冷却水最大流量 $\dot{m}_{max}=1000kg/h$；(3) 冷却水最大流量 $\dot{m}_{max}=1000kg/h$，制冷剂进入凝汽器时为干饱和蒸汽，离开时是饱和液体；(4) 除满足 (3) 的条件外，要求蒸发器与冷藏室、冷凝器与冷却水的最小温差为 12℃；(5) 除满足 (4) 的条件外，要求用节流阀代替可逆绝热膨胀机，这时冷却水的出口温度为 50℃。

解： 因为要计算制冷循环的最小耗功量，所以循环中的所有过程必须是可逆过程。这是所有计算的依据。

(1) 若供给循环的冷却水是无限量的，就可以保证热源（冷却水）温度恒定为 5℃，而冷源温度（冷藏室）始终保持在 −8℃。故循环的最小耗功量将是工作在 $T_L=265K$ 和 $T_H=278K$ 两个恒温热源之间的逆向卡诺循环的耗功量。逆向卡诺循环的制冷系数

$$\varepsilon_C=\frac{q_2}{w}=\frac{T_L}{T_H-T_L}=\frac{265}{278-265}=20.4$$

则耗功量

$$\dot{W}_{min}=\frac{\dot{Q}_0}{\varepsilon_C}=\frac{100\ 000}{20.4}=4902(kJ/h)$$

(2) 若冷却水的流量是有限的，且 $\dot{m}_{max}=1000kg/h$，则冷却水流经冷凝器时温度将升高，即为非恒温的有限热源，冷源是恒定的。取热源、冷源及循环工质（制冷剂）为孤立系，因为循环是可逆的，故 $\Delta S_{iso}=\Delta S_H+\Delta S_W+\Delta S_L=0$。

对于循环工质 $\Delta S_W=0$，则 $\Delta S_H=-\Delta S_L$，其中

$$\Delta S_L=-\frac{Q_0}{T_L}=-\frac{100\ 000}{265}=-377[kJ/(h\cdot K)]$$

$$\Delta S_H=\Delta S_{H_2O}=m_{max}c_{p,H_2O}\ln\frac{T_{H_2O,out}}{T_{H_2O,in}}$$

$$= 1000 \times 4.186\,8 \times \ln \frac{T_{H_2O,out}}{278}$$

则

$$4186.8 \times \ln \frac{T_{H_2O,out}}{278} = 377$$

$$T_{H_2O,out} = 304.4(K)$$

传给冷却水的热量，即热源吸收的热量

$$\dot{Q}_H = m_{max} c_{p,H_2O}(T_{H_2O,out} - T_{H_2O,in})$$
$$= 1000 \times 4.186\,8 \times (304.4 - 278) = 110\,400(kJ/h)$$

循环的最小耗功量

$$\dot{W}_{min} = \dot{Q}_H - \dot{Q}_0 = 110\,400 - 100\,000 = 10\,400(kJ/h)$$

(3) 因为制冷剂进入冷凝器时为干饱和蒸汽，离开时为饱和液体，所以制冷循环的热源温度恒定不变，且等于冷却水的最高温度 T_H。由于该制冷循环仍按逆向卡诺循环工作，故

$$\Delta S_H = -\Delta S_L$$

$$\frac{\dot{Q}_H}{T_H} = -\frac{\dot{Q}_0}{T_L} = \frac{100\,000}{265} = 377.4[kJ/(h \cdot K)]$$

$$\dot{Q}_H = 377.4T_H$$

传给冷却水的热量，即热源吸收的热量可表示为

$$\dot{Q}_H = \dot{m}_{max} c_{p,H_2O}(T_H - T_{H_2O,in}) = 4186.8(T_H - 278)$$

则

$$4186.8(T_H - 278) = 377.4T_H$$

$$T_H = 305K$$

$$\dot{Q}_H = 115\,137kJ/h$$

循环的最小耗功量

$$\dot{W}_{min} = \dot{Q}_H - \dot{Q}_0 = 115\,137 - 100\,000 = 15\,137(kJ/h)$$

(4) 若蒸发器与冷藏室、冷凝器与冷却水的最小温差为12℃，此时蒸发器的温度为－20℃。冷凝器的温度为 T_W+12（T_W 为冷却水的出口温度）。

因为要计算最小耗功量，所以循环的各个过程都是可逆过程，可得热源温度 $T_H=T_W+12$，冷源温度 $T_L=273-20=253$（K）。与（3）中同理同法，可得

$$\dot{Q}_H = -\frac{\dot{Q}_0}{T_L}T_H = \frac{100\,000}{253}T_H = 395T_H$$

传给冷却水的热量，即热源吸收的热量可表示为

$$\dot{Q}_H = \dot{m}_{max} c_{p,H_2O}(T_{H_2O,out} - T_{H_2O,in}) = \dot{m}_{max} c_{p,H_2O}(T_W - 278)$$
$$= 4186.8(T_H - 12 - 278) = 4186.8(T_H - 290)$$

则

$$4186.8(T_H - 290) = 395T_H$$

$$T_H = 320.2K, T_W = 308.2K$$

$$\dot{Q}_H = 126\,479kJ/h$$

循环的最小耗功量

$$\dot{W}_{\min} = \dot{Q}_{H} - \dot{Q}_{0} = 126\ 479 - 100\ 000 = 26\ 479(\mathrm{kJ/h})$$

(5) 用节流阀代替可逆绝热膨胀，冷却水出口温度为50℃时，冷却水吸收的热量为

$$\dot{Q}_{H} = \dot{m}_{\max} c_{p,H_2O}(T_{H_2O,out} - T_{H_2O,in})$$
$$= 1000 \times 4.186\ 8 \times (323 - 290) = 138\ 164(\mathrm{kJ/h})$$

循环的最小耗功量

$$\dot{W}_{\min} = \dot{Q}_{H} - \dot{Q}_{0} = 138\ 164 - 100\ 000 = 38\ 164(\mathrm{kJ/h})$$

[例 8-23] 表明，通过本例计算结果，得出了不同条件下最小耗功量，见表 8-13。

表 8-13 各种条件下循环的计算结果比较

序号	限制条件	最小耗功量（kJ/h）
1	逆向卡诺循环，T_H=278K，T_L=265K	4902
2	冷却水限量 $\dot{m}_{\max}$=1000kg/h，非恒温多热源，恒定冷源 T_L=265K	10 400
3	冷却水限量 $\dot{m}_{\max}$=1000kg/h，单冷凝器，T_H、T_L恒定	15 137
4	同 3，蒸发器，冷凝器都有 12℃的传热温差	26 479
5	同 4，用节流阀代替可逆绝热膨胀	38 164

因此，用节流阀代替可逆绝热膨胀所耗功量最大，与实际循环情况越接近，消耗功量就越大。既然这种情况下耗功量最大，为什么实际循环还要采用？这主要是因为膨胀机体积大，系统比节流阀复杂得多，运行和投资费用都比较高，而且在一些地方因空间狭小也不适合采用，综合经济性较差，故采用节流阀的情况较多。

思 考 题

8-1 阐述分析动力循环的目的及方法？

8-2 画出活塞式内燃机混合加热理想循环的 p-v 图和 T-s 图，写出循环吸热量、放热量、净循环功量和热效率的表达式，并分析有哪些因素会影响热效率以及是如何影响的？

8-3 画出活塞式内燃机定压加热理想循环的 p-v 图和 T-s 图，写出循环吸热量、放热量、净循环功量和热效率的表达式，并分析如何提高定压加热理想循环的热效率以及改进所受到的限制？

8-4 试比较压缩比和放热量、压缩比和吸热量以及循环最高温度和压力相同三种情况时，活塞式内燃机定容加热、定压加热和混合加热三种可逆循环热力性能，并阐述原因。

8-5 活塞式内燃机的实际膨胀过程并不是绝热过程，分析对热力性能的影响，以及如何采取补救措施？

8-6 为了提高热效率，燃气轮机的废气能否再继续膨胀做功？为什么？画图说明回热器能否装在压气机前，能否先加热后压缩？

8-7 燃气轮机循环的压缩过程有什么作用？

8-8 一般燃气轮机循环都是由进气道、压气机、燃烧室、透平和排气管等主要设备组成。请问：(1) 假设没有燃烧室是否可以？为什么？(2) 假设没有压气机是否可以？为什么？

8-9　分析说明燃气轮机装置定压加热循环采用分级压缩、中间冷却可以减少压气机耗功，那么能否提高循环热效率？

8-10　图8-40所示为一具有分段压缩（每段间有中间冷却）和分段膨胀（每段间有加热）的燃气轮机装置。将其理想循环表示在p-v图和T-s图上。设每级压缩前后的温度相等，每个涡轮膨胀前后的温度也相等。

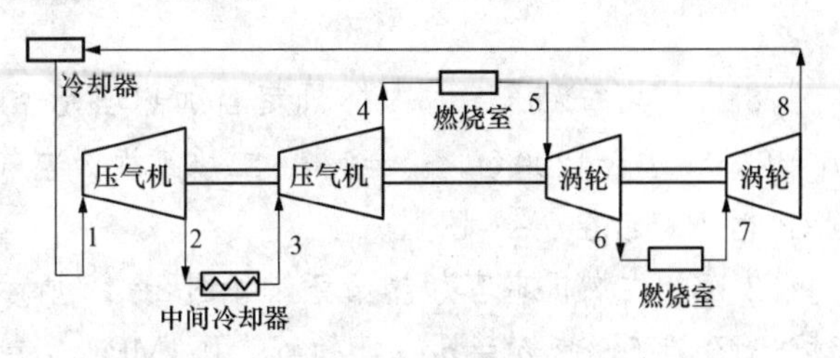

图8-40　思考题8-10图

8-11　提高简单燃气轮机循环热效率的措施有哪些？

8-12　分析蒸汽参数对朗肯蒸汽动力循环热效率的影响。

8-13　实际热机循环的加热过程是否存在温差传热的不可逆过程的现象？为什么？

8-14　采用回热时必须具备什么温度条件才能实施？为什么？

8-15　在实际动力循环中，采用回热总可以提高循环热效率，为什么？

8-16　在实际动力循环中，每级回热抽汽量越大，循环热效率越高，为什么？

8-17　解释说明在朗肯循环的基础上，采用再热循环能否提高循环热效率？

8-18　实际循环为什么要采用再热循环？

8-19　热电合供循环与纯发电动力循环相比，哪个循环的热力性能更佳？为什么？

8-20　热电合供循环具有哪些优点？

8-21　为什么采用蒸汽-燃气联合循环作为动力循环？

8-22　如何提高蒸汽-燃气联合循环的热效率？

8-23　是否有一种被称为“不完全膨胀”的蒸汽循环？为什么？

8-24　把气缸排出的蒸汽的乏汽直接引入锅炉的入口而不经过冷却器是否可行？为什么？

8-25　电厂动力循环为什么不采用卡诺循环？

8-26　为什么说热泵是一种有效的节能设备？

8-27　蒸汽压缩制冷循环中，为什么用节流阀代替膨胀机？

8-28　蒸汽压缩制冷循环中，用节流阀代替膨胀机，那么在空气制冷循环中，能否也采用该方法？为什么？

8-29　空气压缩制冷循环有哪些特点？

8-30　某气体依次经历绝热、定容和定压三个可逆过程完成循环。试在p-v图和T-s图上表示出来，并确定该循环是制冷还是热泵循环？

8-31　压缩空气制冷循环的制冷系数越大，其制冷量也越大？为什么？

8-32　某一逆向循环，能否实现制冷和热泵两循环的相互转换？若能，请画出来并说明逆向循环相互转换图；若不能，则说明原因。

8-33　能否用制冷循环冷源作为动力循环的冷源以提高循环效率？为什么？

习　题

8-1　某一无压缩的内燃机定容加热理想循环，如图 8-41 所示。已知 $p_1=0.1\text{MPa}$，$t_1=25℃$，$t_2=1200℃$，$v_1=2v_2$。工质可视为空气，比热容为定值，试求该循环的热效率并将该循环表示在 T-s 图上。

8-2　内燃机定容加热循环，如图 8-42 所示。如果绝热膨胀不在点 4 停止，而使其继续进行到点 5，使 $p_5=p_1$。已知 $p_1=0.1\text{MPa}$，$t_1=60℃$，$\varepsilon=6$，循环中吸热量 $q_1=880\text{kJ/kg}$。工质可视为空气，比热容为定值。试求这两种循环的热效率，并将这两种循环表示在 T-s 图上。

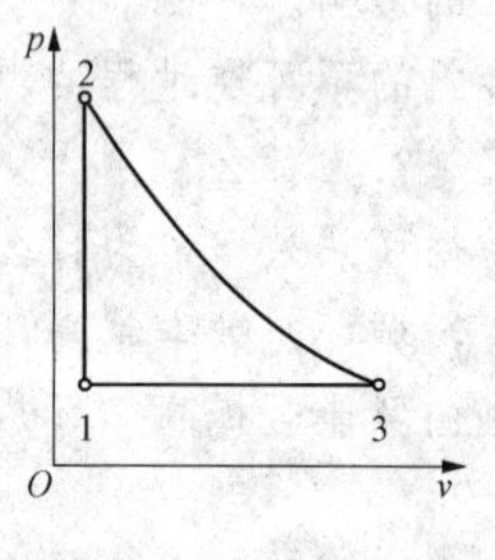

图 8-41　习题 8-1 图

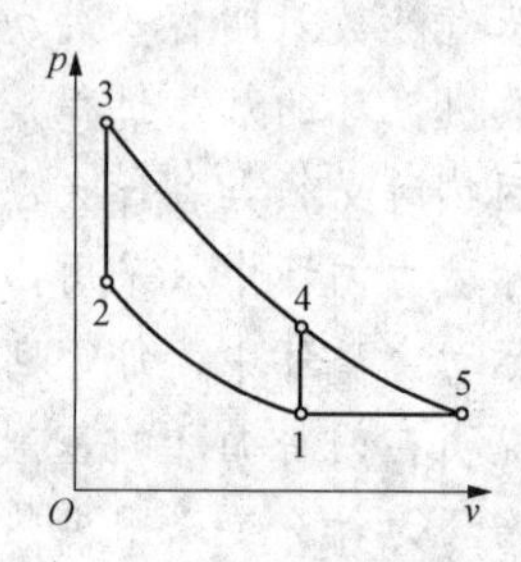

图 8-42　习题 8-2 图

8-3　采用定容加热循环的四冲程内燃机，工质为 0.01kg 的空气。已知 $p_1=0.1\text{MPa}$，$t_1=60℃$，压缩比为 $\varepsilon=6$，每个循环加入热量为 4.186 8kJ，机轴转速为 1600r/min，试求：(1) 循环最高温度及最高压力；(2) 循环热效率；(3) 循环的理论功率。

8-4　内燃机定压加热循环，工质可视为空气。已知 $p_1=0.1\text{MPa}$，$t_1=70℃$，$\varepsilon=\dfrac{v_1}{v_2}=12$，$\rho=\dfrac{v_3}{v_2}=2.5$。设比热容为定值，求该循环的吸热量、放热量、循环净功量及循环热效率。

8-5　内燃机定压加热循环，工质可视为空气。已知 $p_1=0.1\text{MPa}$，$t_1=50℃$，$\varepsilon=\dfrac{v_1}{v_2}=14$，$q_2=460.5\text{kJ/kg}$。设比热容为定值，求该循环的净功率及循环热效率。

8-6　内燃机定压加热循环，工质可视为空气。已知 $p_1=0.09\text{MPa}$，$t_1=40℃$，$\varepsilon=\dfrac{v_1}{v_2}=16$，循环最高温度 $t_3=1400℃$，设比热容为定值。(1) 绘出循环的 p-v 及 T-s 图；(2) 计算各状态点的压力和温度；(3) 求循环热效率。

8-7　内燃机定压加热循环，工质可视为空气。已知 $p_1=0.096\text{MPa}$，$t_1=18℃$，压缩比 $\varepsilon=\dfrac{v_1}{v_2}=11$，定压加热过程占整个膨胀过程的 10%。若发动机每秒钟压缩空气量为 0.05m^3，求：(1) 循环热效率；(2) 发动机的输出净功率。

8-8　内燃机混合加热循环，工质可视为空气。已知 $p_1=0.1\text{MPa}$，$t_1=60℃$，$\varepsilon=\dfrac{v_1}{v_2}=15$，

$\lambda=\frac{p_3}{p_2}=1.4$，$\rho=\frac{v_4}{v_3}=1.45$，比热容设为定值。求：(1) 循环中各状态点的基本参数；(2) 循环的吸热量及放热量；(3) 循环热效率。

8-9　内燃机混合加热循环。已知 $t_1=90℃$，$t_2=400℃$，$t_3=590℃$，$t_5=300℃$，如图8-43所示。工质可视为空气，比热容为定值。求该循环的热效率，并与同温度范围内的卡诺循环热效率相比较。

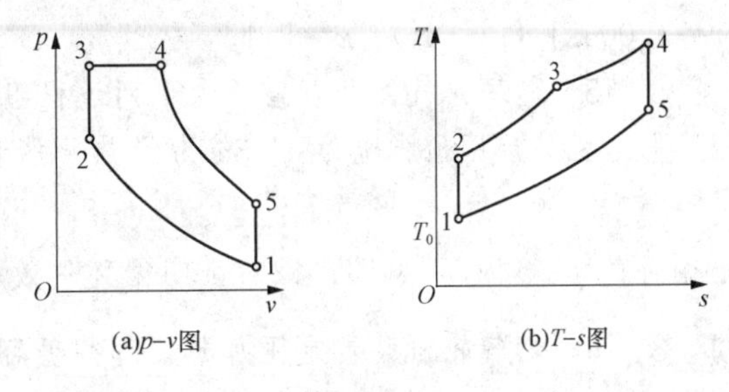

图8-43　习题8-9图

8-10　内燃机混合加热循环，如图8-44所示。已知 $p_1=0.103\text{MPa}$，$t_1=22℃$，压缩比 $\varepsilon=\frac{v_1}{v_2}=16$，定压加热过程占整个膨胀过程的3%，定容加热量 $q_{23}=244\text{kJ/kg}$，求：(1) 绝热压缩结束时的压力和温度；(2) 定容加热后的压力和温度；(3) 定压加热后的压力和温度。

8-11　某非增压六缸四冲程柴油机按混合加热循环工作，如图8-45所示。工质为空气，比热容为定值。已知 $p_1=0.1\text{MPa}$，$t_1=20℃$，压缩比 $\varepsilon=\frac{v_1}{v_2}=13$，定容升压比 $\lambda=\frac{p_3}{p_2}=1.7$，定压预胀比 $\rho=\frac{v_4}{v_3}=1.4$。气缸直径 $D=250\text{mm}$，活塞行程 $L=300\text{mm}$，机械转速为600r/min。求：(1) 各状态的压力和温度；(2) 循环热效率；(3) 发动机产生的功率。

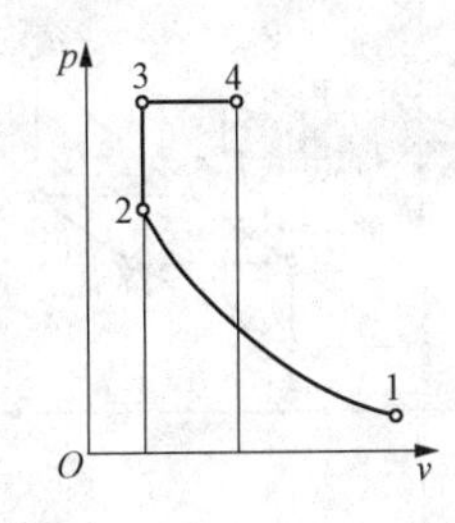

图8-44　习题8-10图

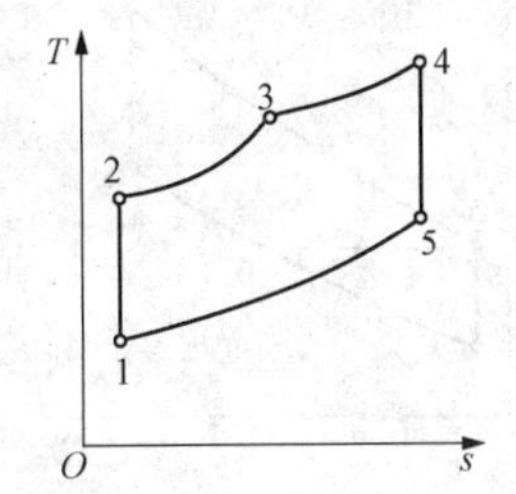

图8-45　习题8-11图

8-12　内燃机混合加热循环，已知 $p_1=0.1\text{MPa}$，$t_1=27℃$，$\varepsilon=\frac{v_1}{v_2}=16$，$\lambda=\frac{p_3}{p_2}=1.5$，循环中加入热量 $q_1=1298\text{kJ/kg}$，求：(1) 循环热效率、循环的最高压力。(2) 若 ε 与 q_1 保持不变，将定容升压比 λ 提高到1.75时，循环热效率变化率及最高压力变化率。(3) 若继续将 λ 提高到2.25时，循环热效率变化率及最高压力变化率，并进行比较分析。设比热容为定值，工质为空气。

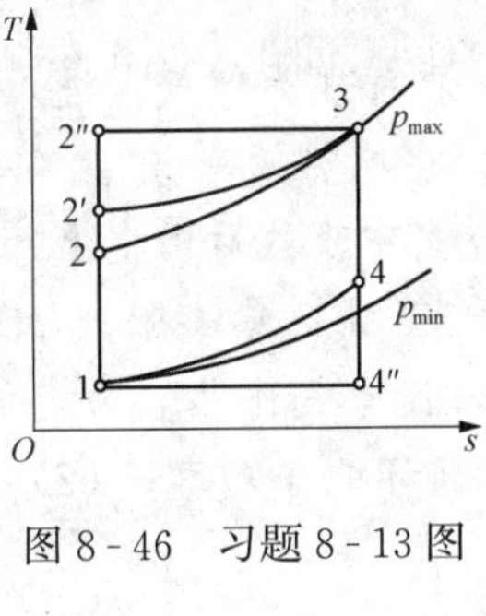

图8-46　习题8-13图

8-13　有三个内燃机的理想循环，一为定容加热循环12341，一为定压加热循环12′341，一为卡诺循环12″34″1，如图8-46所示。已知 $p_1=0.1\text{MPa}$，$t_1=20℃$，$p_3=7.0\text{MPa}$，$t_3=1800℃$，工质可视为空气，比热容为定值，试求这三个循环的热效率，并将这三个循环表示在 p-V 图上。应用热力学理论和工程实用的观点对这三个循环进行分析比较。

8-14 以空气为工质的理想循环，空气的初态为 $p_1=3.45\text{MPa}$，$t_1=230℃$，定温膨胀到 $p_2=2.0\text{MPa}$，再绝热膨胀到 $p_3=0.14\text{MPa}$。经过定压冷却后，再绝热压缩恢复到初态。求循环净功量和循环热效率，并将该循环表示在 p-v 及 T-s 图上。设空气比热容为定值，$c_p=1.006\text{kJ/(kg·K)}$，$\kappa=1.4$。

8-15 某理想气体动力循环由下列过程组成：12 为定温压缩过程，压缩比为 ε；23 为定压膨胀过程，定压预胀比为 ρ；34 为绝热膨胀过程，$V_4=V_1$；41 为定容放热过程。(1) 绘出循环的 p-v 及 T-s 图；(2) 证明循环热效率 $\eta_t=1-\dfrac{(\kappa-1)\ \ln\varepsilon+\left(\dfrac{\rho^\kappa}{\varepsilon^{\kappa-1}}-1\right)}{\kappa\ (\rho-1)}$。

8-16 燃气轮机装置定压加热器理想循环中，工质可视为空气，进入压气机的温度 $t_1=27℃$，压力 $p_1=0.1\text{MPa}$，循环增压比 $\pi=\dfrac{p_1}{p_2}=6$，燃气轮机进口温度 $t_3=650℃$，经绝热膨胀到 $p_4=0.1\text{MPa}$，设比热容为定值。试求：(1) 循环中吸入的热量；(2) 循环的净功量；(3) 循环热效率；(4) 吸热平均温度及放热平均温度。

8-17 按习题 8-16 中的循环，为提高循环热效率，采用极限回热。设 $T_4=T_5$，$T_2=T_6$，如图 8-47 所示。试求具有回热的燃气轮机定压加热装置理想循环的热效率。

8-18 按习题 8-17 循环，若整个放热过程由定压放热过程 41 及定温放热过程 17 所组成，如图 8-48 所示。试求：(1) 若不采用回热，循环热效率是提高还是降低？(2) 若采用极限回热，循环热效率是提高还是降低？(3) 定性分析热效率变化的原因。

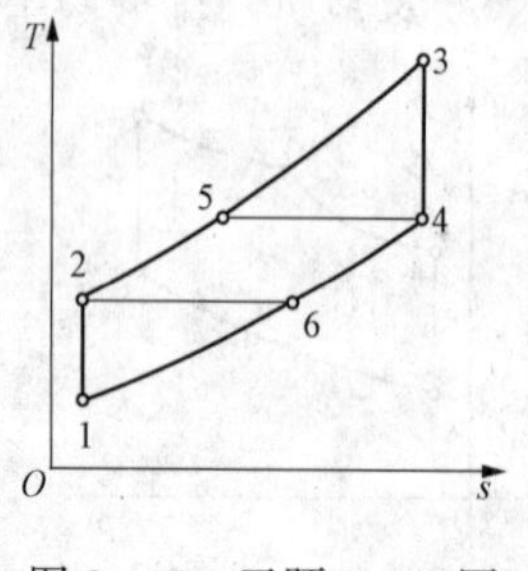

图 8-47 习题 8-17 图

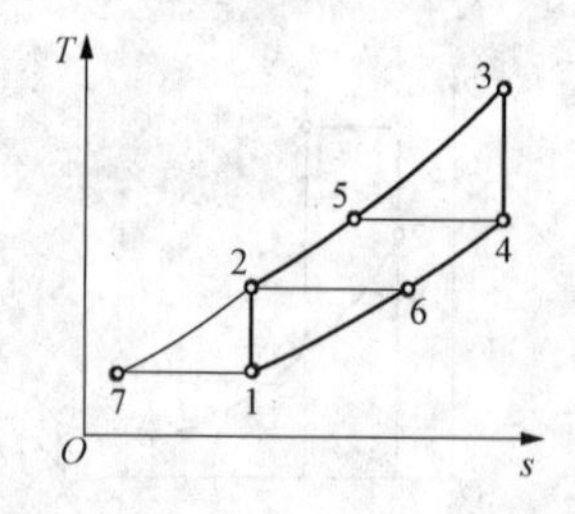

图 8-48 习题 8-18 图

8-19 用空气作为工质的定压加热理想循环，如图 8-49 所示。循环的总压缩比为 8∶1。已知绝热压缩过程在压缩冲程进行到 2/7 时开始，此时工质的状态参数为 $p_1=0.1\text{MPa}$、$t_1=28℃$，体积为 $V_1=0.084\text{m}^3$。设空气比热容为定值，且 $c_p=1.006\text{kJ/(kg·K)}$，$\kappa=1.4$，求：(1) 各状态点的温度、压力和体积；(2) 循环中加入热量；(3) 循环净功量；(4) 循环热效率。

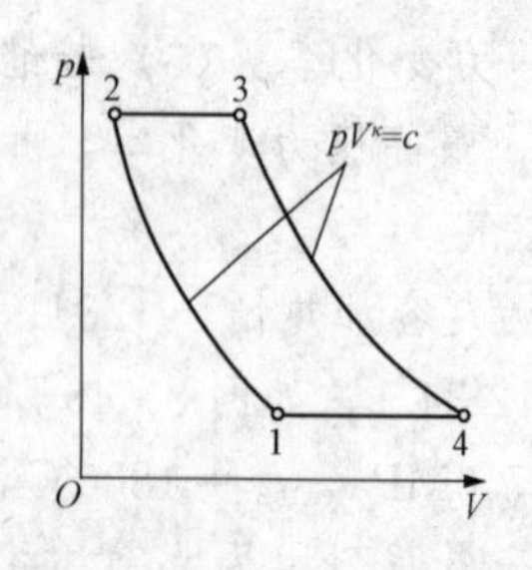

图 8-49 习题 8-19 图

8-20 燃气轮机装置定压加热循环，工质可视为空气，进入压气机的温度 $t_1=20℃$，压力 $p_1=0.093\text{MPa}$，在绝热效率 $\eta_{C,s}=0.83$ 的压气机中被压缩到 $p_2=0.552\text{MPa}$。在燃烧室中吸热后温度上升到 $t_3=870℃$，经相对内效率 $\eta_{s,T}=0.80$ 的燃气轮机绝热膨胀到 $p_4=0.093\text{MPa}$。空气的质量流量为 $\dot{m}=10\text{kg/s}$，设空气比热容为定值，$c_p=1.00\text{kJ/(kg·K)}$，$\kappa=1.4$，试求：(1) 循环的净功率；(2) 循环热效率。

8-21　燃气轮机装置定压加热循环，工质可视为空气，进入压气机的温度 $t_1=15℃$，压力 $p_1=0.1\text{MPa}$，循环增压比 $\pi=\frac{p_1}{p_2}=5$，燃气轮机进口温度 $t_3=800℃$。若压气机绝热效率 $\eta_{C,s}=0.80$，燃气轮机相对内效率 $\eta_{s,T}=0.82$，空气质量流量 $\dot{m}=2.5\text{kg/s}$，为提高循环热效率，采用回热措施，由于回热器有温差传热，回热度 $\sigma=0.60$，设空气比热容为定值，$c_p=1.006\text{kJ/(kg·K)}$，$\kappa=1.4$。试求：(1) 循环的净功率；(2) 燃气轮机的实际排气温度；(3) 循环热效率。

8-22　燃气轮机装置定压加热循环，工质可视为空气，进入压气机的温度 $t_1=20℃$，压力 $p=0.1\text{MPa}$，循环增压比 $\pi=\frac{p_1}{p_2}=6$。在回热器中，压缩空气吸入燃气轮机排出热量的70%后进入燃烧室，再吸入热量，燃气轮机进口温度 $t_3=900℃$，经绝热膨胀到 $p_4=0.1\text{MPa}$。压气机的绝热效率 $\eta_{C,s}=0.82$，燃气轮机的相对内效率 $\eta_{s,T}=0.85$。考虑温度对比热容的影响，进入燃气轮机之前 $c_p=1.006\text{kJ/(kg·K)}$，$\kappa=1.39$，从进入燃气轮机至成为废气 $c_p=1.01\text{kJ/(kg·K)}$，$\kappa=1.34$。试求实际循环热效率。

8-23　无中间冷却器的增压柴油机装置理想循环，如图8-50所示。压气机从大气环境中吸入 $p_1=0.1\text{MPa}$、$t_1=20℃$的空气，经增压器绝热压缩到 $p_{1'}=0.3\text{MPa}$后进入柴油机气缸。柴油机按混合加热循环，工质可视为空气。已知压缩比 $\varepsilon=\frac{v_{1'}}{v_2}=10$，定容升压比 $\lambda=\frac{p_3}{p_2}=1.5$，定压预胀比 $\rho=\frac{v_4}{v_3}=1.5$。柴油机排出废气进入储气筒，储气筒内压力保持 $p_{5'}=p_{1'}$，废气再进入燃气轮机绝热膨胀到 $p_6=0.1\text{MPa}$。取四缸四冲程柴油机，气缸直径 $D=20\text{cm}$，活塞行程 $L=30\text{cm}$，机轴转速为1000r/min。试求：(1) 该增压柴油机的理想循环热效率及循环的净功率；(2) 非增压时（点1′为大气状态），柴油机的理想循环热效率及循环的净功率。

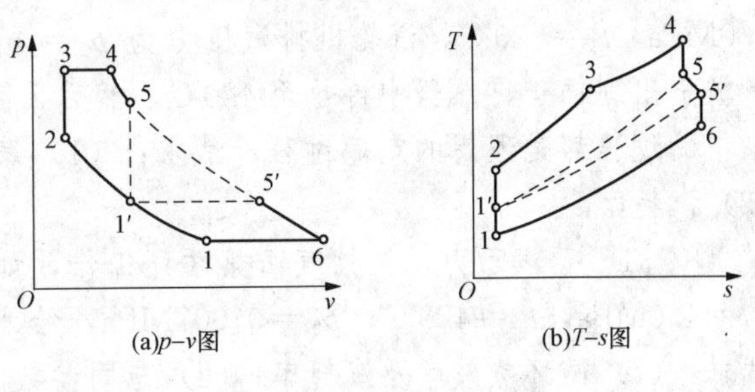

图8-50　习题8-23图

8-24　某蒸汽动力循环中，进入汽轮机的蒸汽状态为 $p_1=4.9\text{MPa}$，$t_1=300℃$，蒸汽在汽轮机中定熵膨胀到 $p_2=0.294\text{MPa}$，已知排汽干度 $x_2=0.90$。设汽轮机的相对内效率 $\eta_{s,T}=0.89$，蒸汽质量流量 $\dot{m}=1000\text{kg/h}$，求汽轮机的输出功率。

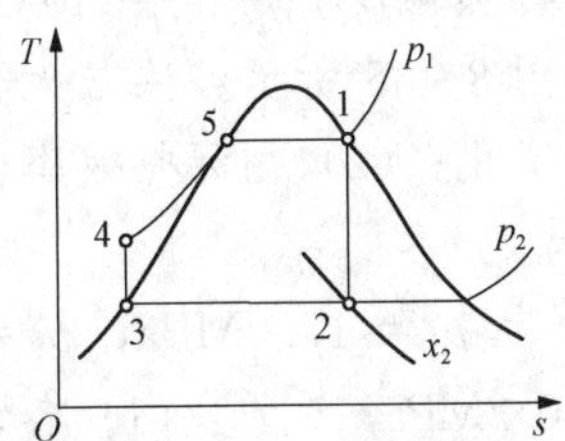

图8-51　习题8-25图

8-25　某蒸汽动力循环，如图8-51所示。已知进入汽轮机的是压力为2.0MPa的干饱和蒸汽，冷凝器内压力为0.007MPa。设汽轮机和水泵中的过程都是定熵过程。试求：(1) 循环所做的功量；(2) 排汽的干度；(3) 循环热效率；(4) 循环的汽耗率；(5) 相同温度范围内的卡诺循环热效率。

8-26　设某蒸汽发电厂按朗肯循环工作，锅炉出口蒸汽参数为 $p_1=3.5\text{MPa}$，$t_1=350℃$，汽轮机排汽压力为 $p_2=0.01\text{MPa}$。设汽轮机和水泵中的过程都是理想的可逆绝热过程，如图8-52所示。试求：(1) 循环加入的热量；(2) 排汽干度；(3) 循环热效率（忽略泵功）。

8-27　某朗肯循环的蒸汽参数为 $t_1=380℃$，$p_{21}=0.014\text{MPa}$。若忽略泵功，当 p_1 分别为 0.7、3.5、7.0、14.0MPa 时，试求：(1) 汽轮机出口乏汽干度；(2) 循环热效率；(3) 绘制初压力 p_1 与循环热效率 η_t 的关系图。

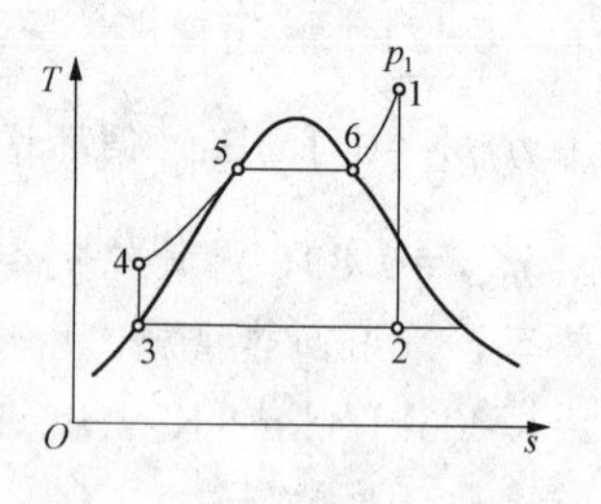

图 8-52　习题 8-26 图

8-28　某朗肯循环，如图 8-52 所示。已知蒸汽参数为 $t_1=420℃$，$p_2=0.007\text{MPa}$，当 p_1 分别为 2.0、4.0、8.0、12.0MPa 时，试求：(1) 水泵进出口的水温及所消耗的功量；(2) 汽轮机的做功量及循环功比；(3) 汽轮机的排汽干度；(4) 循环热效率；(5) 汽耗率；(6) 分析以上计算结果。

8-29　某蒸汽动力厂按朗肯循环工作，如图 8-52 所示。已知蒸汽参数为 $p_1=0.7\text{MPa}$，$t_2=65℃$，试求：(1) 进入汽轮机蒸汽的温度；(2) 循环热效率；(3) 工作在 t_5 与 t_2 温度范围内的卡诺循环热效率；(4) 工作在 t_1 与 t_2 温度范围内的卡诺循环热效率；(5) $p_1=1.5\text{MPa}$ 时的循环热效率；(6) 对计算结果进行分析。

8-30　蒸汽动力厂按再热循环工作，如图 8-53 所示。锅炉出口蒸汽参数为 $p_1=4.0\text{MPa}$，$t_1=420℃$，汽轮机排汽压力为 $p_2=0.007\text{MPa}$。蒸汽进入汽轮机膨胀至 0.4MPa 时被引出到锅炉再热器中再热至 420℃，然后又回到汽轮机膨胀至排汽压力。设汽轮机和水泵中的过程都是理想的定熵过程，试求：(1) 汽轮机出口乏汽的干度；(2) 循环热效率；(3) 汽耗率。

8-31　蒸汽动力厂按抽汽回热循环工作，如图 8-54 所示。已知该回热循环的参数为 $p_1=4.0\text{MPa}$，$t_1=420℃$，$p_2=0.007\text{MPa}$，给水回热温度为 39℃，抽汽压力为 0.4MPa，试求：(1) 循环热效率及汽耗率；(2) 与同参数的朗肯循环相比较。

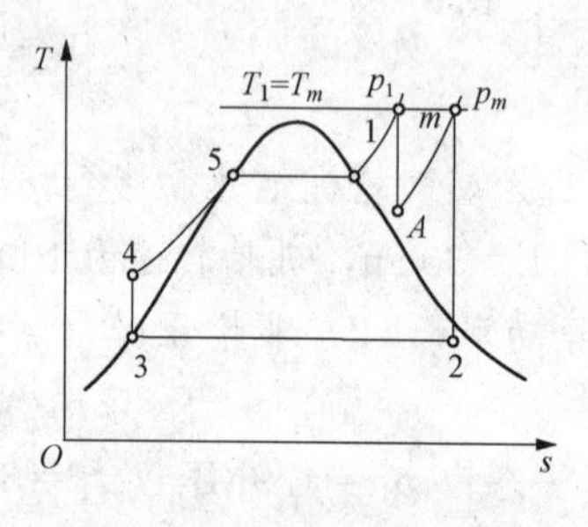

图 8-53　习题 8-30 图

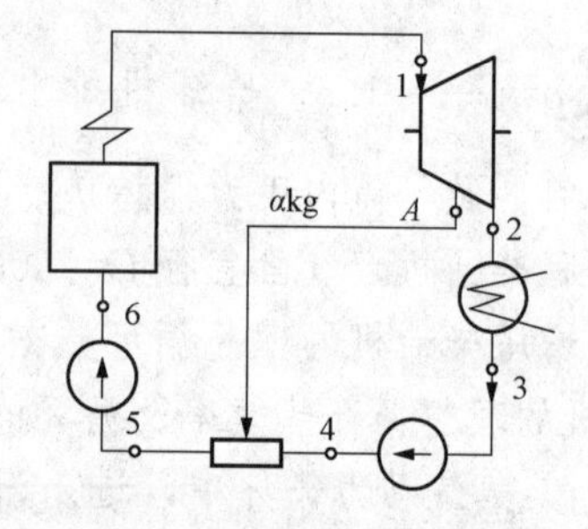

图 8-54　习题 8-31 图

8-32　一次再热循环蒸汽参数为 $p_1=10.0\text{MPa}$，$t_1=540℃$，再热温度 $t_A=t_1=540℃$，$p_2=0.004\text{MPa}$。如果再热压力 p_A 分别为 5.0、3.0、1.0MPa，如图 8-55 所示。试与无再热的朗肯循环（忽略泵功）进行比较：(1) 汽轮机出口乏汽干度的变化；(2) 循环热效率及汽耗率的变化；(3) 说明再热压力对循环热效率的影响。

8-33　三级抽汽回热循环，如图 8-56 所示。已知其参数为 $p_1=17.0\text{MPa}$，$p_2=0.007\text{MPa}$，各级抽汽压力分别为 $p_A=5.0\text{MPa}$，$p_B=1.5\text{MPa}$，$p_C=0.2\text{MPa}$，试求：(1) 各级排汽干度；(2) 各级抽汽系数；(3) 循环功量及汽耗率；(4) 循环热效率；(5) 分析计算结果。

8-34　蒸汽再热-回热循环动力装置，如图8-57所示。已知蒸汽参数为 $p_1=14.0\text{MPa}$，$t_1=540℃$，终压 $p_2=0.004\text{MPa}$。新蒸汽在汽轮机中可逆绝热膨胀到 $p_A=3.5\text{MPa}$ 时引出，一部分至第一级加热器用作给水加热；另一部分至再热器定压加热到 $t_{1'}=540℃$，再进入汽轮机的低压部分可逆绝热膨胀到 $p_b=0.5\text{MPa}$ 时抽出一部分至第二级加热器作为低压给水加热，剩余部分继续可逆绝热膨到终压 p_2。(1) 在 T-s 图上表示出上述循环；(2) 计算再热-回热循环的热效率和汽耗率；(3) 与相同初、终态参数的朗肯循环相比较。

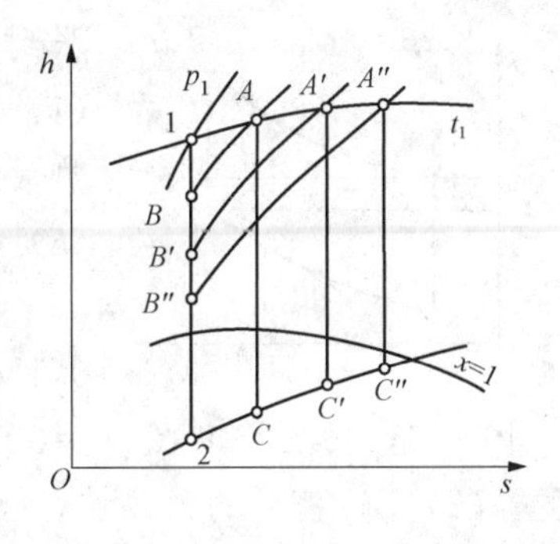

图8-55　习题8-32图

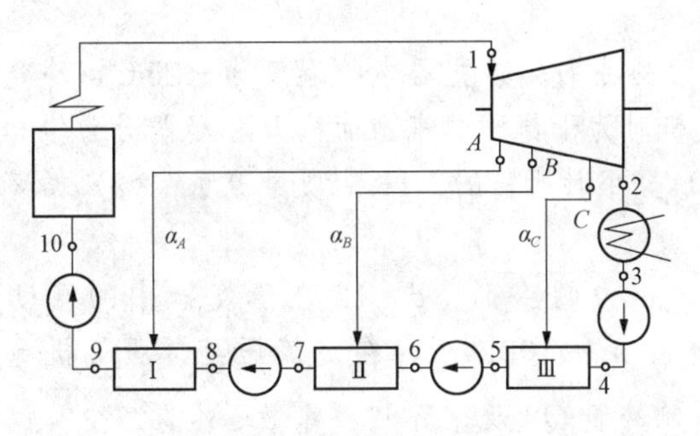

图8-56　习题8-33图

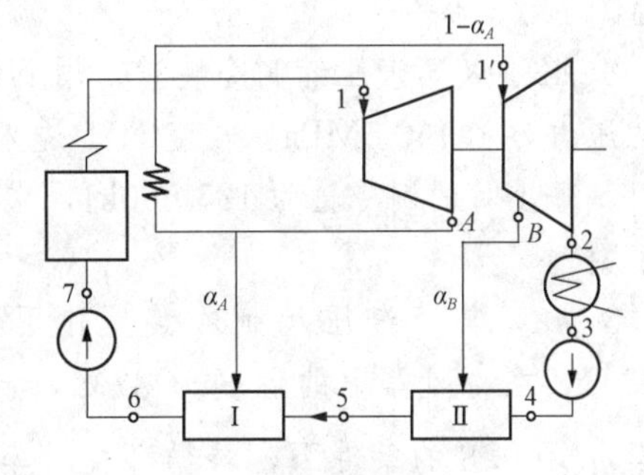

图8-57　习题8-34图

8-35　某蒸汽动力循环，汽轮机进口蒸汽参数为 $p_1=2.1\text{MPa}$，$t_1=480℃$，汽轮机出口蒸汽参数为 $p_2=0.01\text{MPa}$，为干饱和蒸汽。汽轮机排出的乏汽在冷凝器中冷凝并过冷到 $t_3=30℃$。若进入冷凝器的冷却水温度 $t_0=15℃$（环境温度）。试确定：(1) 汽轮机的实际功量；(2) 汽轮机的相对内效率；(3) 循环最大有用功量；(4) 循环㶲效率；(5) 汽轮机耗散功量及冷凝器耗散功量。

8-36　同习题8-35，若动力厂功率 $P_e=4000\text{kW}$，蒸汽耗量 $\dot{m}_g=4.777\text{kg/s}$，冷却水耗量 $\dot{m}_f=244.2\text{kg/s}$，试求汽轮机的相对内效率。

8-37　简单蒸汽动力装置，如图8-11(a)所示。已知汽轮机进口蒸汽状态1的 $p_1=16.6\text{MPa}$，$t_1=550℃$，出口排汽状态2的 $p_2=0.004\text{MPa}$，锅炉效率 $\eta_b=0.9$，锅炉绝热燃烧温度 $T_{ad}=2000\text{K}$，排烟温度 $T_e=575.3\text{K}$，燃料化学㶲 $e_{x,f}$ 近似等于其低发热量 $-\Delta H_f^l$，且认为泵功和锅炉散热可忽略不计。采取一级回热措施，加热器为混合式，如图8-54所示。设抽汽压力为2MPa，抽汽前后的汽轮机效率均为 $\eta_{s,\text{T}}=0.85$，试求：(1) 抽汽量、循环净功、循环热效率及装置热效率；(2) 蒸汽循环、锅炉与装置的㶲效率。

8-38　某一空气制冷装置，如图8-58所示。空气进入压气机的温度 $t_1=-18℃$，压力 $p_1=0.1\text{MPa}$，绝热压缩到 $p_2=0.55\text{MPa}$，经由冷却器放热后，温度 $t_3=15℃$，求循环制冷系数。

8-39　某空气制冷装置，冷藏室的温度保持在$-8℃$，大气环境温度为25℃。已知制冷量 $\dot{Q}_0=100\,000\text{kJ/h}$。求：(1) 该制冷装置循环制冷系数可能达到的最大值；(2) 该装置必须消耗的最小功率；(3) 每小时传给大气环境的热量。

8-40　某空气制冷装置，空气进入膨胀机的温度 $t_3=20℃$，压力 $p_3=0.6\text{MPa}$，绝热膨

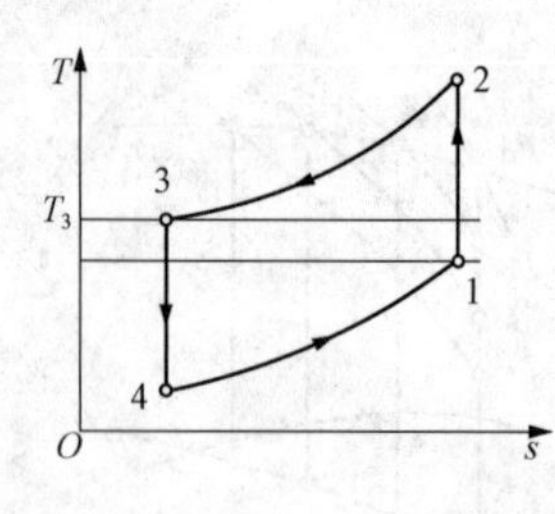

图 8-58 习题 8-38 图

胀到 $p_4=0.1\text{MPa}$，经由冷藏室吸热后，温度 $t_1=-10℃$。试求：(1) 膨胀机出口温度；(2) 压气机出口温度；(3) 1kg 空气的吸热量；(4) 1kg 空气传给大气环境的热量；(5) 循环消耗净功量；(6) 循环制冷系数；(7) 同温度范围内逆向卡诺循环的制冷系数。

8-41 某空气制冷装置，空气进入压气机的压力 $p_1=0.1\text{MPa}$，绝热压缩到 $p_2=0.5\text{MPa}$，经由冷却器放热后，温度 $t_3=30℃$。已知冷藏室的温度为 $-5℃$，求：(1) 膨胀机的出口温度；(2) 1kg 空气的吸热量；(3) 1kg 空气的放热量；(4) 循环净耗功量；(5) 循环制冷系数；(6) 同温度范围内逆向卡诺循环的制冷系数；(7) 若冷藏室温度为 0℃时，循环净耗功量。

8-42 某蒸汽压缩制冷装置，用 NH_3 作为制冷剂。蒸发器中的温度为 $-25℃$，冷凝器中的压力为 1.166 5MPa。假定 NH_3 进入压气机时为干饱和蒸汽，而离开冷凝器时为饱和液体，如每小时的制冷量为 125 600kJ，求：(1) 每小时所需的 NH_3 的质量流量；(2) 循环制冷系数。

8-43 某蒸汽压缩制冷装置，用 F-12 作为制冷剂。F-12 在蒸发器中的温度为 $-18℃$，在冷凝器中的温度为 37℃，质量流量 $\dot{m}=100\text{kg/h}$，在定熵压缩、压气机绝热效率 $\eta_{C,s}=0.8$ 的条件下，求循环耗功率 P_e、制冷量 $\dot{Q}_0$ 及循环制冷系数 ε 各为多少？假定在循环压力范围内压气机出口的 F-12 的比焓为 595.4kJ/kg。F-12 的有关特性参数，见表 8-14。

表 8-14 F-12 的有关特性参数

t (℃)	p (MPa)	v (m³/kg)	h' (kJ/kg)	h'' (kJ/kg)
−18	1.630 5	0.103 0	420.3	565.0
37	8.897 2	0.020 3	455.0	589.0

8-44 某一蒸汽压缩制冷装置，用 NH_3 作为制冷剂。蒸发器中的温度为 $-20℃$，冷凝器中的温度为 40℃。已知制冷量 $\dot{Q}_0=150\ 725\text{kJ/h}$，求：循环制冷系数及压气机入口的制冷剂的体积流量。如果用 F-22 作为制冷剂时，循环制冷系数及压气机入口的制冷剂的体积流量为多少？

8-45 NH_3 蒸汽压缩制冷装置，蒸发器中的温度为 $-15℃$，冷凝器中的温度为 40℃。压气机从蒸发器中吸入干饱和 NH_3 蒸汽，离开冷凝器时为过冷 5℃的未饱和 NH_3 液。已知制冷量 $\dot{Q}_0=62\ 802\text{kJ/h}$。假定压气机的绝热效率为 0.75，求：(1) 循环制冷系数；(2) 压气机所需功率。

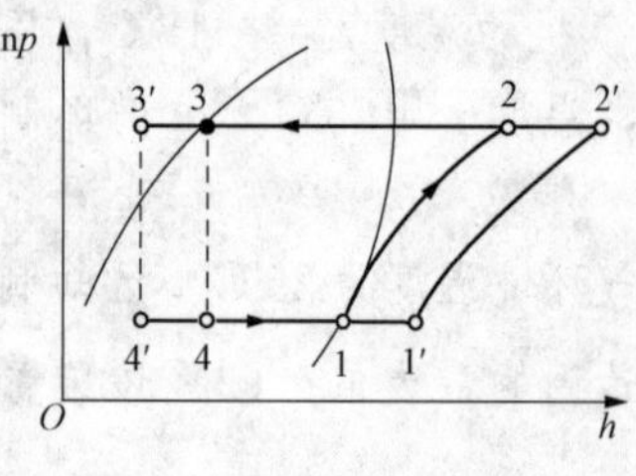

图 8-59 习题 8-46 图

8-46 某一蒸汽压缩制冷循环的 ln$p$-h 图，如图 8-59 所示。用 F-12 作为制冷剂，制冷量 $\dot{Q}_0=41\ 868\text{kJ/h}$。F-12 在冷凝器中的温度为 30℃，离开冷凝器时为过冷 5℃的未饱和液体，温度为 25℃；在蒸发器中温度为 $-15℃$，离开蒸发器时为过热 10℃的过热蒸汽，温度为 $-5℃$。求：(1) 每千克 F-12 的吸热量；(2) 循环中每小时 F-12 的质量流量；(3) 每小时在冷凝器中总的放热量；(4) 压气机所需的理论功率；(5) 循环制冷系数；(6) 用 $\ln p-h$ 图对无过冷过热时和有过冷过热时的热力性能进行分析比较。

8-47　氨蒸汽压缩制冷装置，每小时需将温度为15℃的400kg水制成0℃的冰。氨压气机从蒸发器中吸入 $t_1=-10$℃、$p_1=0.290\ 8$MPa 的饱和氨蒸汽并绝热压缩到 $p_2=1.002\ 7$MPa，然后氨蒸汽在冷凝器中凝结，饱和液氨通过节流阀压力降低到 $p_1=0.290\ 8$MPa 后进入蒸发器。已知冰的溶解热为333kJ/kg。求：(1) 设备的制冷量 $\dot{Q}_0$；(2) 每小时循环的氨的质量流量。

8-48　某蒸汽压缩制冷装置，用 CH_3Cl 作为制冷剂，相关参数见表8-15。已知循环在 $p_1=0.119$MPa 和 $p_2=0.567$MPa 之间进行。压气机从蒸发器中吸入 $x_2=0.96$ 的湿饱和 CH_3Cl 蒸汽并绝热压缩到55℃，然后 CH_3Cl 蒸汽在冷凝器中冷凝成饱和液体。设制冷剂的质量流量为108kg/h，求：(1) 循环制冷系数为多少？(2) 若冷却水质量流量为960kg/h时，冷却水在冷凝器中的温升为多少？(3) 在蒸发器中将15℃的水制成0℃的冰，每小时产生多少冰？已知冰的溶解热为333kJ/kg。

表8-15　CH_3Cl 的有关状态参数

饱和温度（℃）	压力（MPa）	比焓（kJ/kg）		熵［kJ/（kg·K）］	
		h'	h''	s'	s''
−20	0.119	30.1	455.2	0.124	1.803
25	0.567	100.5	476.8	0.379	1.642

8-49　氨蒸汽压缩制冷装置，每小时氨的质量流量为270kg/h，蒸发器中的温度为−15℃，冷凝器中的温度为30℃。氨压气机从蒸发器中吸入0.236 3MPa的干饱和氨蒸汽并绝热压缩到75℃，离开冷凝器时为饱和液氨。设过热氨蒸汽的比焓为1887kJ/kg，求：(1) 循环制冷系数为多少？(2) 已知冰的溶解热为333kJ/kg，在蒸发器内将水从20℃降到0℃，每小时产冰量是多少？(3) 每小时氨压气机吸入的氨的体积流量为多少？

8-50　冬天房屋取暖时，利用热泵，将氨蒸汽压缩制冷装置改为热泵。热泵工作在 $p_1=0.515\ 7$MPa 和 $p_2=1.781\ 4$MPa 之间。已知进入压气机时湿饱和氨蒸汽的干度 $x_1=0.97$，绝热压缩到86℃，经冷凝器放热后，离开冷凝器时氨液的温度为35℃。设氨液的比热容为定值5kJ/(kg·K)，每小时氨的质量流量为1800kg/h。求：(1) 每小时热泵向房屋供给的热量为多少？(2) 若压气机的绝热效率为0.75，热泵的机械效率为0.75，驱动热泵所需功率为多少？

第9章　理想气体混合物及湿空气

由两种及以上的理想气体在非化学反应条件下形成的机械混合物，称为理想气体混合物或理想混合气体。因此，理想气体混合物也具有理想气体的性质，其符合理想气体方程及相关规律。在实际的热力过程中，工质通常都为混合气体。在一定的条件下，这些混合气（汽）体可认为是理想气体，如烟气及湿空气等。

湿空气的存在，对各行种业都有直接的影响。例如，人类的生存离不开湿空气。在一些实际工程中，要求对湿空气增湿或除湿，以满足实际热力过程的需要。因此，有必要对无化学反应、成分稳定的理想气体混合物及湿空气的热力性质、参数的确定、过程能量转换规律及工程应用进行分析。本章为工程热力学理论在理想气体混合物及湿空气中的应用。

9.1 基本要求

（1）掌握理想气体混合物的基本概念、分压力定律（道尔顿定律）和分体积定律（亚美格定律）。

（2）掌握理想气体混合物的成分、摩尔质量、气体常数的计算。

（3）掌握混合物 u、h、s 的计算。

（4）掌握湿空气、绝对湿度和饱和空气、相对湿度、饱和蒸汽压、露点，以及绝热饱和温度及湿空气的含湿量等概念。

（5）掌握湿空气的焓和湿空气的比体积的计算。

（6）掌握湿空气的 h-d 图各曲线的变化规律。

（7）熟悉湿空气过程及其应用。

9.2 基本概念

理想气体混合物： 各组分气体均为理想气体，因而混合物的分子都不占体积，分子之间也无相互作用力的弹性质点，故混合物遵循理想气体方程，并具有理想气体的一切特性。

分压力： 在与混合物温度相同的情况下，每一种组分气体都独自占据总体积 V 时，组成分体的压力称为分压力。符号：p_i；单位：MPa。

分体积： 各组分气体都处于与混合物相同的温度 T、压力 p 下，各自单独占据的体积。符号：V_i；单位：m^3。

道尔顿（Dalton）分压定律： 理想气体混合物的总压力 p 等于各组分气体分压力 p_i 之总和。

亚美格（Amagat）分体积定律： 理想气体混合物的总体积等于各组分气体的体积之和。

质量分数： 组分气体质量与混合气体总质量之比。符号：w_i。

摩尔分数： 组分气体物质的量与混合气体总物质的量之比。符号：x_i。

体积分数：组分气体的分体积V_i与混合气体总体积V之比。符号：φ_i。

湿空气：湿空气是干空气与蒸汽的混合物。

绝对湿度：单位容积的湿空气中包含的蒸汽质量，也就是蒸汽的密度。符号：ρ_v；单位：kg/m^3。

饱和空气：空气中的蒸汽达到饱和时，具有该温度下最大绝对湿度的湿空气。

相对湿度：湿空气的蒸汽分压力与同温度、同总压力下饱和湿空气中蒸汽分压力的比值。符号：φ。

露点：保持湿空气中蒸汽分压力不变，降低湿空气温度达到饱和时所对应的温度。符号：t_d；单位：℃。

绝热饱和温度：在绝热条件下，向湿空气加入水分，并使其蒸发使空气达到饱和时所对应的温度。符号：T_w；单位：K。

含湿量：1kg干空气中含有蒸汽的质量的比值。符号：d；单位：kg（蒸汽）/kg（干空气）。

湿空气焓：干空气的焓与所含蒸汽焓的和。符号：H；单位：kJ。

湿空气比体积：1kg干空气与$d$kg蒸汽组成的湿空气的比体积。符号：v；单位：m^3/kg。

9.3　重点与难点解析

9.3.1　理想气体混合物

理想气体混合物就是由不同理想气体进行非化学反应所形成的气体混合物，因此满足理想气体的一切特征。由于理想气体混合物是由两种及以上不同种气体混合而成，且衡量组分中每一种理想气体特性的参数不同，因此通常情况下，理想气体混合物的参数不等于组分中每一种气体的参数。那么组分中每一种气体的参数与理想气体混合物的参数间的关系如何确定，则引出道尔顿分压定律和亚美格分体积定律、混合气体成分分数和折合摩尔质量及气体常数等。由此可以将组分中每一种气体的参数与理想气体混合物的参数联系在一起，进而确定它们之间的关系，更好地为工程实际提供计算依据。

1. 道尔顿分压定律和亚美格分体积定律

道尔顿分压力定律反映了混合气体与组分气体间的压力关系，即在体积和温度不变的情况下，混合气体的总压力p等于各组分气体分压力p_i的和。而分压力则为与混合气体同温同体积下每种组分气体所具有的压力。因此，某种组分气体的分压力等于混合气体的压力时，其他组分气体的分压力均为零。例如，在火电厂的回热系统中，除氧器就是利用这一原理，将溶解在水中的不凝结气体除去，即将水加热至除氧器内压力所对应的饱和温度，则水的分压力等于气水混合物的压力，水中的气体分压力为零，气体便从水中逸出，从而达到除氧的目的。该定律虽然是由理想气体混合物得出，但对实际气液混合物也适用。

道尔顿分压力定律的表达式为

$$p = \sum_i p_i \tag{9-1}$$

与道尔顿分压力定律类似，亚美格分体积定律反映了混合气体与组分气体间的体积关系，即在压力和温度不变的情况下，混合气体的总体积 V 等于各组分气体分体积 V_i 的和。而分体积则为与混合气体同温同压下的各组分气体所具有的体积。因此，某种组分气体的分体积等于混合气体的体积时，其他组分气体的分体积均为零。

亚美格分体积定律的表达式为

$$V=\sum_i V_i \tag{9-2}$$

两定律虽然是由理想气体混合物导出的，但仍可以指导工程实际。

2. 混合气体成分及摩尔质量和气体常数

为便于确定混合气体与组分气体间相关参数的关系，组分气体的含量占混合气体的份额不同，混合气体所体现的热力特性也不同。可利用不同计量单位表示混合气体成分，包括质量分数 $w_i=\dfrac{m_i}{m}$、摩尔分数 $x_i=\dfrac{n_i}{n}$ 和体积分数 $\varphi_i=\dfrac{V_i}{V}$ 三种。而体积分数与摩尔分数值相等，即 $x_i=\varphi_i$，故实际上只有两种分数，即质量分数和摩尔分数，两者间的关系为

$$w_i=\frac{x_i M_i}{\sum_i x_i M_i} \tag{9-3}$$

或

$$x_i=\frac{w_i/M_i}{\sum_i w_i/M_i} \tag{9-4}$$

根据混合气体成分分数和气体常数可求得混合气体摩尔质量和气体常数，其表达式为

$$M=\sum_i x_i M_i \tag{9-5}$$

$$R_g=\sum_i w_i R_{g,i} \tag{9-6}$$

由式（9-5）和式（9-6）可知，混合气体的摩尔质量为各组分气体的摩尔质量按摩尔分数的加权平均；混合气体的气体常数为各组分气体的气体常数按质量分数的加权平均。还可以在已知各组分气体摩尔分数时按式（9-5）求取混合气体摩尔质量，再由 $R_g=\dfrac{R}{M}$ 求得混合气体的气体常数。

9.3.2 理想气体混合物的比热容、热力学能、焓、熵和㶲

理想气体混合物的总热力参数与各组分气体间的参数具有可加性，而比参数则具有按混合物成分的加权性。如混合气体的总压力和体积可由分压力和分体积定律确定。而其他热力学参数是在混合气体温度下各组分气体独自具有混合气体体积时相应参数的总和，其表达式为

$$\left.\begin{aligned}U&=\sum_i U_i(T)\\H&=\sum_i H_i(T)\\S&=\sum_i S_i(T,p_i)\\E_x&=\sum_i E_{x,i}(T,p_i)\end{aligned}\right\} \tag{9-7}$$

比参数可选取质量分数和摩尔分数进行加权。若以质量分数 w_i 进行加权，则表达式为

$$\left.\begin{aligned} u &= \sum_i w_i u_i(T) \\ h &= \sum_i w_i h_i(T) \\ c_p &= \sum_i w_i c_{p,i}(T) \\ c_V &= \sum_i w_i c_{V,i}(T) \\ s &= \sum_i w_i s_i(T, p_i) \\ e_x &= \sum_i w_i e_{x,i}(T, p_i) \end{aligned}\right\} \tag{9-8}$$

若以摩尔分数 x_i 进行加权，则表达式为

$$\left.\begin{aligned} U_m &= \sum_i x_i U_{m,i}(T) \\ H_m &= \sum_i x_i H_{m,i}(T) \\ C_{m,p} &= \sum_i x_i C_{m,p,i}(T) \\ C_{m,V} &= \sum_i x_i C_{m,V,i}(T) \\ S_m &= \sum_i x_i S_{m,i}(T, p_i) \\ E_{x,m} &= \sum_i x_i E_{x,m,i}(T, p_i) \end{aligned}\right\} \tag{9-9}$$

理想气体混合物中各组分气体成分不变时，其热力学能、焓和熵在热力过程中的变化量的表达式为

$$\left.\begin{aligned} du &= \sum_i w_i c_{V,i} dT \\ dh &= \sum_i w_i c_{p,i} dT \\ ds &= \sum_i w_i c_{p,i} \frac{dT}{T} - \sum_i w_i R_{g,i} \frac{dp_i}{p_i} \end{aligned}\right\} \tag{9-10}$$

或

$$\left.\begin{aligned} dU_m &= \sum_i x_i C_{m,V,i} dT \\ dH_m &= \sum_i x_i C_{m,p,i} dT \\ dS_m &= \sum_i x_i C_{m,p,i} \frac{dT}{T} - \sum_i x_i R \frac{dp_i}{p_i} \end{aligned}\right\} \tag{9-11}$$

式（9-7）～式（9-11）中的 p_i 为各组分气体的分压力，而不是总压力。

9.3.3　湿空气及状态

大气环境中的空气为干空气与蒸汽的混合物，由于所含蒸汽份额不同，所呈现的性质也

不同，因此对实际工程的影响也不同。因湿空气处于大气环境条件下，故通常将其作为理想气体混合物处理。此时，理想气体状态方程、相关定律及混合气体计算式适用于湿空气。但是，湿空气的一些特性又不同于理想气体混合物。因为湿空气中的蒸汽具有凝结的特点，蒸汽的含量随着条件的变化而改变。

分析湿空气时，假定：①把气相混合物看作理想气体混合物；②当蒸汽凝结成液相或固相时，液相或固相中不包含溶解的空气；③空气的存在不影响蒸汽与其凝聚相之间的相平衡。以上假定在高压下可能导致较大误差。

湿空气的状态随其中的蒸汽的状态不同而有所差异。由道尔顿分压力定律可知：湿空气的压力 p 等于干空气的分压力 p_a 与蒸汽的分压力 p_v 之和，即 $p=p_a+p_v$。当湿空气的压力 p 一定（为大气环境压力 p_0）时，p_v 越大，则湿空气中的蒸汽份额越多，但无论 p_v 多大，$p_v \leqslant p=p_0$ 总是成立的。若湿空气中蒸汽的分压力小于湿空气温度 T 所对应的饱和分压力 p_s，则称其为未饱和湿空气或过热湿空气。若湿空气中蒸汽的分压力等于湿空气温度 T 所对应的饱和分压力 p_s，则称其为饱和湿空气。湿空气由未饱和状态到达饱和状态，可通过不同途径实现，如图 9-1 所示。

1. 温度不变时湿空气达到饱和

如图 9-1 所示，湿空气中的蒸汽处于 A 点，$p_v<p_s$（t）为过热状态。加入同温度的蒸汽，按定温过程向 C 点变化，到 C 点达到定温饱和。再加入蒸汽，有液滴析出。这表明若湿空气中的蒸汽处于过热状态，它仍有吸收水或蒸汽的能力，即未饱和湿空气具有吸收水或蒸汽的能力，越远离饱和态，吸收能力越强。

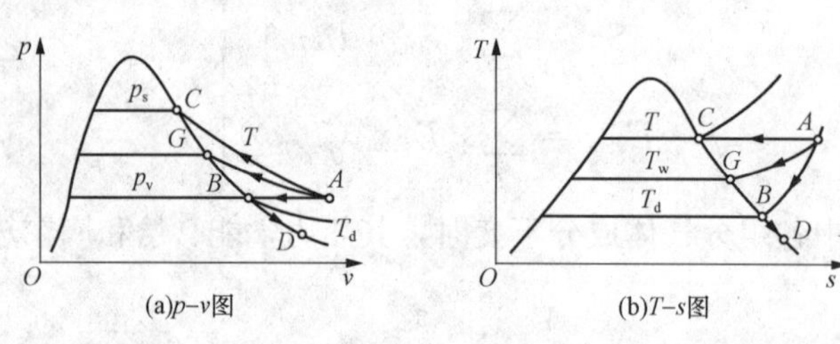

图 9-1　湿空气中蒸汽状态热力过程线

2. 绝热时湿空气达到饱和

向湿空气加入水分，并尽其蒸发，按绝热过程由 A 点向 G 点变化，G 点为湿空气绝热饱和状态，相应的温度为绝热饱和温度。吸收水或蒸汽的能力随状态接近 G 点而逐渐减弱至零。

3. 压力不变时湿空气达到饱和

保持湿空气中蒸汽分压力不变，降低湿空气温度，按定压过程由 A 点向 B 点变化，B 点为湿空气定压饱和状态，相应的温度为对应于 p_v 的饱和温度，称为露点，用 t_d 表示。吸收水或蒸汽的能力随状态接近 B 点而逐渐减弱至零。如果继续降低温度，则由 B 点向 D 饱和状态点变化，会有液滴析出，BD 过程为析湿过程，即结露过程。D 点的蒸汽分压力和温度小于 B 点的。

9.3.4　湿空气的状态参数、湿球温度和绝热饱和温度

湿空气的状态参数除与理想气体状态参数一致的外，还有不同于理想气体的，如绝对湿度、相对湿度、含湿量等。

1. 湿空气的绝对湿度和相对湿度

绝对湿度 ρ_v 即为湿空气中蒸汽的密度，其表达式为

$$\rho_v = \frac{m_v}{V} = \frac{1}{v_v} \tag{9-12}$$

对于饱和湿空气，绝对湿度 ρ''_v 即为干饱和蒸汽的密度，其表达式为

$$\rho''_v = \frac{1}{v''_v} \tag{9-13}$$

在一定温度下，湿空气中蒸汽的分压力越大，其绝对湿度越大；蒸汽的分压力不可能超过该温度下蒸汽的饱和压力。湿空气饱和时，其绝对湿度达到最大值。

对于湿空气的潮湿程度及吸湿能力而言，绝对湿度无法体现。因为绝对湿度反映的是单位体积湿空气中蒸汽的质量大小。在相同的绝对湿度下，若体积不变，温度改变，吸湿能力则不同。

相对湿度 φ 反映了湿空气中所含蒸汽的质量份额。相同温度、总压力下饱和湿空气中所含蒸汽的质量份额，其表达式为

$$\varphi = \frac{p_v}{p_s} \approx \frac{\rho_v}{\rho''_v} \tag{9-14}$$

相对湿度 φ 的取值范围为 0～100%，饱和湿空气的相对湿度为 100%；相对湿度 φ 越小，表明空气中的蒸汽距离饱和状态越远，空气吸收水分的能力越强，即越干燥；反之空气越潮湿。故相对湿度 φ 又称湿空气的饱和度。

某温度下，湿空气中蒸汽的饱和分压力除利用水与蒸汽性质表得到外，还可利用经验计算式获得，其误差不超过±0.15%，即

$$\{p_s\}_{kPa} = \frac{2}{15}\exp\left(18.5916 - \frac{3991.11}{\{t\}_{℃} + 233.84}\right) \tag{9-15}$$

在某些场合，相对湿度的计算还可以简化；同时可知，湿空气温度 t 越高，其中蒸汽的饱和压力越大。如作为干燥介质的湿空气，被加热到相当高的温度时，蒸汽的饱和压力可能大于总压力，而实际上蒸汽的分压力总是小于或等于湿空气的总压力，故此时相对湿度的计算式为

$$\varphi = \frac{p_v}{p} \tag{9-16}$$

相对湿度因为是无量纲的量，不能独立反映湿空气中蒸汽的含量。因此，引入了湿空气的含湿量。

2. 湿空气的含湿量

湿空气的含湿量 d 反映了在含有 1kg 干空气的湿空气中所含蒸汽的质量份额，单位为 kg（蒸汽）/kg（干空气），其表达式为

$$d = \frac{m_v}{m_a} = \frac{p_v}{p_a} \tag{9-17}$$

结合理想气体方程，并将空气与蒸汽的气体常数代入式（9-17），则得含湿量的计算式为

$$d = 0.622\,\frac{p_v}{p - p_v} = 0.622\,\frac{\varphi p_s}{p - \varphi p_s} \tag{9-18}$$

由式（9-18）可知，当湿空气的总压力一定时，含湿量 d 的大小取决于蒸汽分压力 p_v，

其随 p_v 的增大而增大。该条件（湿空气的总压力一定）下，含湿量 d 与蒸汽分压力 p_v 不是相互独立的参数。

3. 湿空气的比焓、比熵和比体积

考虑到湿空气中蒸汽的质量经常变化，而干空气的质量是稳定的，所以湿空气的比焓是相对单位质量的干空气而言的，单位为 kJ/kg（干空气），其表达式为

$$h = \frac{m_a h_a + m_v h_v}{m_a} = h_a + dh_v \tag{9-19}$$

若湿空气为理想气体，并取干空气在 0℃时的焓值为零，则干空气的比焓值 $\{h_a\}_{kJ/kg} = 1.005\ |t|_{℃}$；蒸汽的比焓由经验式计算，即 $\{h_v\}_{kJ/kg} = 2501 + 1.86\ |t|_{℃}$，由此得湿空气的比焓计算式为

$$\{h\}_{kJ/kg} = 1.005t + d(2501 + 1.86t) \tag{9-20}$$

同理，湿空气的比熵也以单位质量的干空气为基准，在湿空气一定的条件（p，T）下，则其计算式为

$$s(p,\mathrm{T}) = \frac{m_a s_a(p_a, T) + m_v s_v(p_v, T)}{m_a} = s_a(p_a, T) + ds_v(p_v, T) \tag{9-21}$$

湿空气的比体积是以单位质量的干空气为基准，即 1kg 干空气和 $d$kg 蒸汽组成的湿空气的体积，单位为 m^3/kg（干空气），其计算式为

$$v = \frac{V}{m_a} = (1+d)\frac{R_g T}{p} = (R_{g,a} + dR_{g,v})\frac{T}{p} \tag{9-22}$$

以上各计算式都有相同的条件，即都是以单位质量的干空气为基准，在使用时请注意。经验计算的前提是在大气环境压力和温度下，若超出该条件，计算误差将会增大。

4. 湿球温度与绝热饱和温度

确定湿空气的 φ 和 d 的简易方法，通常是采用干湿球温度计。干球温度计即为普通温度计，用于测量湿空气的真实温度。在温度计的感温球上包裹浸在水中的湿纱布，则为湿球温度计，湿球温度符号为 t_w。蒸发水量越多，吸热量越大，湿球温度越低，表明相对湿度越小。

绝热饱和温度 t'_w 为在绝热条件下，向湿空气加入水分并蒸发，使湿空气达到饱和状态时所对应的温度。实验表明，湿空气的 $t'_w \approx t_w$，而在实际工程中，绝热饱和过程较难实施，故常用湿球温度来代替绝热饱和温度。对于未饱和湿空气，有 $t > t_w > t_d$；对于饱和湿空气，则有 $t = t_w = t_d$，如图 9-1 所示。

9.3.5 湿空气的 *h*-*d* 图及工业应用

湿空气的 h-d 图（焓-湿图），主要是为便于工程计算分析，选取湿空气的焓与含湿量作为独立变量，将湿空气的温度、焓、相对湿度、比体积和蒸汽分压力等相应参数绘制在二维坐标图上。湿空气的 h-d 图不仅能表示湿空气的状态，还可以确定状态参数及变化的热力过程，因此是工程计算中的重要工具。

1. 湿空气的 h-d 图

湿空气的 h-d 图是以包含 1kg 干空气的湿空气为基准，环境大气压力为总压力（p= 0.010 33MPa）而绘制的，如图 9-2 所示。

湿空气的 h-d 图的组成如下：

（1）等湿线。一组平行于纵坐标的等湿量 d 直线簇。φ=100%时的温度为露点 t_d。含湿量 d 相同、状态不同的湿空气具有相同的露点。

(2) 等焓线。一组与横坐标轴成135°角的等焓 h 直线簇。等焓线也可近似看成定湿球温度线 t_w。

(3) 等温线。定温线的斜率 $\partial h/\partial d|_t=2501+1.86t$ 为正，且随 t 的增大而增大，故为一组互不平行的直线。

(4) 等相对湿度线。定相对湿度线是一组向上凸的曲线簇。$\varphi=100\%$ 时饱和空气曲线把 h-d 图分成两部分，曲线以上为未饱和湿空气，曲线以下无实际意义。

(5) 蒸汽分压力线。蒸汽分压力与含湿量的关系为 $p_v=pd/(0.622+d)$。

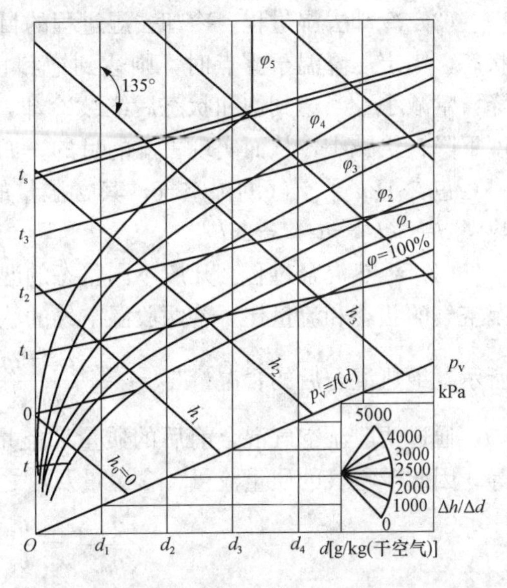

图9-2　湿空气 h-d 图

2. 工业应用

湿空气的工业应用过程主要有加热（冷却）过程、绝热加湿过程、冷却去湿过程和绝热混合过程等。对湿空气进行热力分析时，主要计算过程中湿空气的焓值及含湿量与温度、相对湿度间的变化规律。一般利用忽略动能差和位能差的稳定流动能量方程、质量守恒方程及湿空气的 h-d 图进行求解。

湿空气热力过程求解的共同步骤：①画出流程草图；②在 h-d 图上画出过程；③写出水及干空气的质量守恒方程；④写出能量方程；⑤利用解析法或 h-d 图确定质、能方程中各参数；⑥求解。

(1) 加热（冷却）过程。湿空气单纯加热或冷却过程，表现为湿空气中蒸汽的分压力及含湿量不变，如图9-3所示。其中，过程01为加热过程，过程02为冷却过程。加热过程中温度升高，焓增加，相对湿度降低，其目的是增加湿空气的吸湿能力，冷却过程则相反。过程的能量平衡方程为

$$\begin{cases} q=\Delta h=h_1-h_0(\text{加热}) \\ q=\Delta h=h_0-h_2(\text{冷却}) \end{cases} \tag{9-23}$$

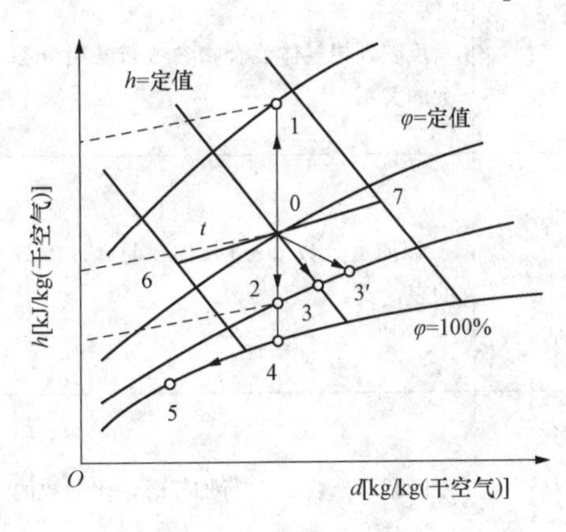

图9-3　湿空气热力过程的 h-d 图

(2) 绝热加湿过程。绝热加湿过程分两种情况：一种为喷水，另一种为喷入蒸汽。其目的为了增加湿空气的相对湿度。

向湿空气中喷水时，含湿量和相对湿度增加，因水蒸发需吸收热量，湿空气温度下降，如图9-3中过程03所示。含湿量的增加量等于喷水量，即 $\Delta d=d_3-d_0=q_{m,l}/q_{m,a}$，其中 $q_{m,l}$ 为喷水量，kg；$q_{m,a}$ 为干空气质量，kg。焓值为 $h_3=h_0+h_l\Delta d$。因 $h_l\Delta d\approx 0$，故 $h_3\approx h_0$。

向湿空气中喷蒸汽时，含湿量、相对湿度和温度增加，如图9-3中过程03′所示。含湿量的增加量 $\Delta d=d_{3'}-d_0=q_{m,v}/q_{m,a}$，其焓值为 $h_{3'}=h_0+h_v\Delta d$。

(3) 冷却去湿过程。冷却去湿过程的目的是减小湿空气中的含湿量。若湿空气呈未饱和状态，当定压降温至露点时，则达到饱和状态，其间含湿量不变，相对湿度增加，温度下降，焓减小；当达到饱和状态后继续冷却，含湿量减小，相对湿度不变，为 $\varphi=100\%$，温度下降，焓减小，从而实现去湿的目的，如图 9-3 中过程 045 所示。

包含 1kg 干空气的湿空气，其含湿量的变化量 $\Delta d=d_0-d_5=q_{m,\mathrm{v}}/q_{m,\mathrm{a}}$；冷却水吸收的热量 $q=(h_0-h_5)-\Delta dh_l$。

(4) 绝热混合过程。几股不同状态的湿空气绝热混合，混合后的状态取决于混合前各股湿空气的状态和流量比。若两股湿空气的状态分别为 6 点和 7 点，混合后为 3 点，如图 9-3 所示。绝热混合后的含湿量 $d_0=\dfrac{q_{m,\mathrm{a}_6}d_6+q_{m,\mathrm{a}_7}d_7}{q_{m,\mathrm{a}_0}}$，焓值 $h_0=\dfrac{q_{m,\mathrm{a}_6}h_6+q_{m,\mathrm{a}_7}h_7}{q_{m,\mathrm{a}_0}}$。

通过两股湿空气混合前后的质量和能量守恒，可以证明混合过程线 60 和 70 的斜率相等。因此干空气的质量流量、含湿量及焓之间的关系为

$$\frac{q_{m,\mathrm{a}_6}}{q_{m,\mathrm{a}_7}}=\frac{h_7-h_0}{h_6-h_0}=\frac{d_7-d_0}{d_6-d_0} \tag{9-24}$$

以上四个典型的湿空气热力过程在工业应用中都有所体现。例如，烘干过程可视为绝热加热过程；干燥过程可视为冷却去湿过程；湿空气通过火电厂冷却塔（冷却循环水）时可视为绝热加湿过程。因此，在实际工业过程中，通过简化过程可以定量地对湿空气的热力过程进行分析。

9.4 公 式 汇 总

本章在学习中应熟练掌握和运用的基本公式，见表 9-1 和表 9-2。

表 9-1 理想气体混合物基本公式汇总

项目	表达式	备注
混合气体总压力	$p=\sum_i p_i$	反映理想气体混合物压力与各组分压力的关系
混合气体总体积	$V=\sum_i V_i$	反映理想气体混合物体积与各组分体积的关系
混合气体参数	$U=\sum_i U_i(T),H=\sum_i H_i(T)$ $S=\sum_i S_i(T,p_i),E_\mathrm{x}=\sum_i E_{\mathrm{x},i}(T,p_i)$	反映理想气体混合物参数与各组分参数的关系
	$u=\sum_i w_i u_i(T),h=\sum_i w_i h_i(T)$ $c_p=\sum_i w_i c_{p,i}(T),c_V=\sum_i w_i c_{V,i}(T)$ $s=\sum_i w_i s_i(T,p_i),e_\mathrm{x}=\sum_i w_i e_{\mathrm{x},i}(T,p_i)$	以质量分数 w_i 进行加权时，比参数的表达式
	$U_\mathrm{m}=\sum_i x_i U_{\mathrm{m},i}(T),H_\mathrm{m}=\sum_i x_i H_{\mathrm{m},i}(T)$ $C_{\mathrm{m},p}=\sum_i x_i C_{\mathrm{m},p,i}(T),C_{\mathrm{m},V}=\sum_i x_i C_{\mathrm{m},V,i}(T)$ $S_\mathrm{m}=\sum_i x_i S_{\mathrm{m},i}(T,p_i),E_{\mathrm{x,m}}=\sum_i x_i E_{\mathrm{x,m},i}(T,p_i)$	以摩尔分数 x_i 进行加权时，比参数的表达式

续表

项目	表达式	备注
混合气体参数的变化量	$\mathrm{d}u=\sum_i w_i c_{V,i}\mathrm{d}T$ $\mathrm{d}h=\sum_i w_i c_{p,i}\mathrm{d}T$ $\mathrm{d}s=\sum_i w_i c_{p,i}\frac{\mathrm{d}T}{T}-\sum_i w_i R_{\mathrm{g},i}\frac{\mathrm{d}p_i}{p_i}$ $\mathrm{d}U_{\mathrm{m}}=\sum_i x_i C_{\mathrm{m},V,i}\mathrm{d}T$ $\mathrm{d}H_{\mathrm{m}}=\sum_i x_i C_{\mathrm{m},p,i}\mathrm{d}T$ $\mathrm{d}S_{\mathrm{m}}=\sum_i x_i C_{\mathrm{m},p,i}\frac{\mathrm{d}T}{T}-\sum_i x_i R\frac{\mathrm{d}p_i}{p_i}$	理想气体混合物中各组分气体成分不变时，其热力学能、焓和熵在热力过程中的变化量

表 9-2　湿空气基本公式汇总

项目	表达式	备注
露点	$t_{\mathrm{d}}=f(p_{\mathrm{v}})$	按定压过程使湿空气达到饱和状态时的温度
绝对湿度	$\rho_{\mathrm{v}}=m_{\mathrm{v}}/V=1/v_{\mathrm{v}}$	反映了单位体积内湿空气中蒸汽的质量含量
相对湿度	$\varphi=\frac{p_{\mathrm{v}}}{p_{\mathrm{s}}}\approx\frac{\rho_{\mathrm{v}}}{\rho''_{\mathrm{v}}}$	反映了湿空气中所含蒸汽的质量份额以及潮湿程度和吸湿能力
含湿量	$d=\frac{m_{\mathrm{v}}}{m_{\mathrm{a}}}=\frac{p_{\mathrm{v}}}{p_{\mathrm{a}}}$ $d=0.622\frac{p_{\mathrm{v}}}{p-p_{\mathrm{v}}}=0.622\frac{\varphi p_{\mathrm{s}}}{p-\varphi p_{\mathrm{s}}}$	定义式； 湿空气被认为理想气体时该式成立
比焓	$h=\frac{m_{\mathrm{a}}h_{\mathrm{a}}+m_{\mathrm{v}}h_{\mathrm{v}}}{m_{\mathrm{a}}}=h_{\mathrm{a}}+dh_{\mathrm{v}}$ $\{h\}_{\mathrm{kJ/kg}}=1.005t+d\ (2501+1.86t)$	单位质量的干空气为基准的定义式； 单位质量的干空气为基准的经验式
比熵	$s\ (p,\ T)=\frac{m_{\mathrm{a}}s_{\mathrm{a}}\ (p_{\mathrm{a}},\ T)+m_{\mathrm{v}}s_{\mathrm{v}}\ (p_{\mathrm{v}},\ T)}{m_{\mathrm{a}}}$ $=s_{\mathrm{a}}\ (p_{\mathrm{a}},\ T)+ds_{\mathrm{v}}\ (p_{\mathrm{v}},\ T)$	以单位质量的干空气为基准，在湿空气一定条件下（p，T）的计算式
比体积	$v=\frac{V}{m_{\mathrm{a}}}=(1+d)\frac{R_{\mathrm{g}}T}{p}=(R_{\mathrm{g,a}}+dR_{\mathrm{g,v}})\frac{T}{p}$	以单位质量的干空气为基准的计算式
加热/冷却过程能量方程	$q=\Delta h=h_1-h_0$（加热） $q=\Delta h=h_0-h_2$（冷却）	加热过程为温度升高，焓增加，相对湿度降低，吸湿能力增加，冷却过程则相反
绝热加湿过程	$\Delta d=d_3-d_0=q_{m,l}/q_{m,\mathrm{a}}$ $h_3=h_0+h_l\Delta d$	喷水加湿过程，含湿量的变化量及终了焓
	$\Delta d=d_{3'}-d_0=q_{m,\mathrm{v}}/q_{m,\mathrm{a}}$ $h_{3'}=h_0+h_{\mathrm{v}}\Delta d$	喷蒸汽加湿过程，含湿量的变化量及终了焓

续表

项目	表达式	备注
冷却去湿过程	$\Delta d=d_0-d_5=q_{m,\mathrm{v}}/q_{m,\mathrm{a}}$ $q=(h_0-h_5)-\Delta dh_l$	相对湿度增加，温度下降，焓减小；达到饱和状态前后，含湿量由不变化至减小；相对湿度增加至100%
绝热混合过程	$d_0=\dfrac{q_{m,\mathrm{a}_6}d_6+q_{m,\mathrm{a}_7}d_7}{q_{m,\mathrm{a}_0}}$ $h_0=\dfrac{q_{m,\mathrm{a}_6}h_6+q_{m,\mathrm{a}_7}h_7}{q_{m,\mathrm{a}_0}}$	混合后湿空气的含湿量及焓值计算式

9.5　典型题精解

【例9-1】 燃烧1kg重油所产生的燃气为20kg，其中CO_2为3.16kg，O_2为1.15kg，H_2O为1.24kg，其余为N_2（燃气中的蒸汽可看作理想气体）。试确定：(1) 燃气的质量分数和摩尔分数；(2) 燃气的折合摩尔质量和折合气体常数；(3) 燃烧1kg重油所产生的燃气在标准状态时的容积；(4) 在1at、200℃时，燃气的分压力；(5) 在200℃时该燃气的焓和热力学能（令0℃时热力学能和焓均为零）；(6) 燃气从500℃等压降温到200℃时放出的热量。

解：

(1) 燃气的质量分数和摩尔分数。

$$w_{CO_2}=\frac{m_{CO_2}}{m}=\frac{3.16}{20}=0.158$$

$$w_{O_2}=\frac{m_{O_2}}{m}=\frac{1.15}{20}=0.0575$$

$$w_{H_2O}=\frac{m_{H_2O}}{m}=\frac{1.24}{20}=0.062$$

$$w_{N_2}=\frac{m_{N_2}}{m}=\frac{20-(3.16+1.15+1.24)}{20}=0.7225$$

核算：0.158+0.0575+0.062+0.7225=1。

因$M_{CO_2}=44$，$M_{O_2}=32$，$M_{H_2O}=18$，$M_{N_2}=28$，则

$$\begin{aligned}x_{CO_2}&=\frac{w_{CO_2}/M_{CO_2}}{w_{CO_2}/M_{CO_2}+w_{O_2}/M_{O_2}+w_{H_2O}/M_{H_2O}+w_{N_2}/M_{N_2}}\\&=\frac{0.158/44}{0.158/44+0.0575/32+0.062/18+0.7225/28}=0.1037\end{aligned}$$

$$x_{O_2}=\frac{w_{O_2}/M_{O_2}}{w_{CO_2}/M_{CO_2}+w_{O_2}/M_{O_2}+w_{H_2O}/M_{H_2O}+w_{N_2}/M_{N_2}}=\frac{0.00175}{0.03462}=0.0518$$

$$x_{H_2O}=\frac{w_{H_2O}/M_{H_2O}}{w_{CO_2}/M_{CO_2}+w_{O_2}/M_{O_2}+w_{H_2O}/M_{H_2O}+w_{N_2}/M_{N_2}}=\frac{0.00344}{0.03462}=0.0993$$

$$x_{N_2}=\frac{w_{N_2}/M_{N_2}}{w_{CO_2}/M_{CO_2}+w_{O_2}/M_{O_2}+w_{H_2O}/M_{H_2O}+w_{N_2}/M_{N_2}}=\frac{0.0258}{0.03462}=0.7452$$

核算：0.103 7+0.051 8+0.099 3+0.745 2=1。

（2）燃气的折合摩尔质量和折合气体常数。

$$M_{eq}=\frac{1}{\frac{w_{CO_2}}{M_{CO_2}}+\frac{w_{O_2}}{M_{O_2}}+\frac{w_{H_2O}}{M_{H_2O}}+\frac{w_{N_2}}{M_{N_2}}}=\frac{1}{0.03462}=28.88(\text{kg/kmol})$$

因 $R_{g,CO_2}=0.1889\text{kJ/(kg}\cdot\text{K)}$，$R_{g,O_2}=0.2598\text{kJ/(kg}\cdot\text{K)}$，$R_{g,H_2O}=0.4615\text{kJ/(kg}\cdot\text{K)}$，$R_{g,N_2}=0.2968\text{kJ/(kg}\cdot\text{K)}$，则

$$\begin{aligned}R_{g,eq}&=w_{CO_2}R_{g,CO_2}+w_{O_2}R_{g,O_2}+w_{H_2O}R_{g,H_2O}+w_{N_2}R_{g,N_2}\\&=0.158\times0.1889+0.0575\times0.2598+0.062\times0.4615+0.7225\times0.2968\\&=0.2878[\text{kJ/(kg}\cdot\text{K)}]\end{aligned}$$

或

$$R_{g,eq}=\frac{R}{M}=\frac{8.3143}{28.88}=0.2878[\text{kJ/(kg}\cdot\text{K)}]$$

（3）燃气在标准状态时的容积。

$$V_0=mv_0=m\frac{Mv_0}{M}=20\times\frac{22.4}{28.88}=15.51(\text{m}^3)$$

（4）在 1at、200℃时，燃气的分压力。

$$\begin{aligned}p_{CO_2}&=x_{CO_2}p=0.1037\times9.80665\times10^4=10169.5(\text{Pa})\\p_{O_2}&=x_{O_2}p=0.0518\times9.80665\times10^4=5079.8(\text{Pa})\\p_{H_2O}&=x_{H_2O}p=0.0993\times9.80665\times10^4=9738.0(\text{Pa})\\p_{N_2}&=x_{N_2}p=0.7452\times9.80665\times10^4=73079.1(\text{Pa})\end{aligned}$$

核算：$p=p_{CO_2}+p_{O_2}+p_{H_2O}+p_{N_2}=10169.5+5079.8+9738.0+73079.1=9.80665\times10^4$ (Pa)。

查气体平均比热容表，得

$$\begin{aligned}c_{V,CO_2}\big|_0^{200}&=0.721,c_{p,CO_2}\big|_0^{200}=0.910,c_{p,CO_2}\big|_0^{500}=1.013;\\c_{V,O_2}\big|_0^{200}&=0.675,c_{p,O_2}\big|_0^{200}=0.935,c_{p,O_2}\big|_0^{500}=0.979;\\c_{V,H_2O}\big|_0^{200}&=1.432,c_{p,H_2O}\big|_0^{200}=1.894,c_{p,H_2O}\big|_0^{500}=1.978;\\c_{V,N_2}\big|_0^{200}&=0.747,c_{p,N_2}\big|_0^{200}=1.043,c_{p,N_2}\big|_0^{500}=1.066\end{aligned}$$

根据混合气体比热容计算式 $c=\sum_i x_ic_i$，则

$$\begin{aligned}c_V\big|_0^{200}&=w_{CO_2}c_{V,CO_2}\big|_0^{200}+w_{O_2}c_{V,O_2}\big|_0^{200}+w_{H_2O}c_{V,H_2O}\big|_0^{200}+w_{N_2}c_{V,N_2}\big|_0^{200}\\&=0.158\times0.721+0.0575\times0.675+0.062\times1.432+0.7225\times0.747\\&=0.78123[\text{kJ/(kg}\cdot\text{K)}]\end{aligned}$$

$$\begin{aligned}c_p\big|_0^{200}&=w_{CO_2}c_{p,CO_2}\big|_0^{200}+w_{O_2}c_{p,O_2}\big|_0^{200}+w_{H_2O}c_{p,H_2O}\big|_0^{200}+w_{N_2}c_{p,N_2}\big|_0^{200}\\&=0.158\times0.910+0.0575\times0.935+0.062\times1.894+0.7225\times1.043\\&=1.0685[\text{kJ/(kg}\cdot\text{K)}]\end{aligned}$$

$$\begin{aligned}c_p\big|_0^{500}&=w_{CO_2}c_{p,CO_2}\big|_0^{500}+w_{O_2}c_{p,O_2}\big|_0^{500}+w_{H_2O}c_{p,H_2O}\big|_0^{500}+w_{N_2}c_{p,N_2}\big|_0^{500}\\&=0.158\times1.013+0.0575\times0.978+0.062\times1.978+0.7225\times1.066\end{aligned}$$

$$= 1.1092 [\text{kJ/(kg·K)}]$$

(5) 在200℃时该燃气的焓和热力学能。

根据混合气体热力学能及焓公式，得

$$\begin{aligned} u &= w_{CO_2} c_{V,CO_2}|_0^{200} T + w_{O_2} c_{V,O_2}|_0^{200} T + w_{H_2O} c_{V,H_2O}|_0^{200} T + w_{N_2} c_{V,N_2}|_0^{200} T \\ &= 0.158 \times 0.721 \times 473 + 0.0575 \times 0.675 \times 473 + 0.062 \times 1.432 \times 473 + \\ &\quad 0.7225 \times 0.747 \times 473 \\ &= 369.5179 (\text{kJ/kg}) \end{aligned}$$

$$\begin{aligned} h &= w_{CO_2} c_{p,CO_2}|_0^{200} T + w_{O_2} c_{p,O_2}|_0^{200} T + w_{H_2O} c_{p,H_2O}|_0^{200} T + w_{N_2} c_{p,N_2}|_0^{200} T \\ &= 0.158 \times 0.910 \times 473 + 0.0575 \times 0.935 \times 473 + 0.062 \times 1.894 \times 473 + \\ &\quad 0.7225 \times 1.043 \times 473 \\ &= 505.4184 (\text{kJ/kg}) \end{aligned}$$

(6) 放出的热量。

$$\begin{aligned} Q &= m(c_p|_0^{200} \times 200 - c_p|_0^{200} \times 500) \\ &= 20 \times (1.0685 \times 200 - 1.1092 \times 500) = -6817.85 (\text{kJ}) \end{aligned}$$

负号表示系统放出热量。

[例9-1] 表明，本例是最基本的理想气体混合物热力参数计算，但在计算理想气体混合物各项热力参数时，要充分掌握质量分数、摩尔分数和体积分数的含义，并能运用三个参数计算理想气体混合物的其他热力参数。

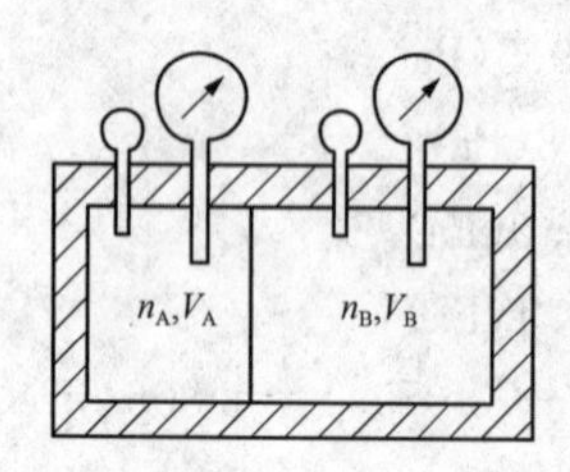

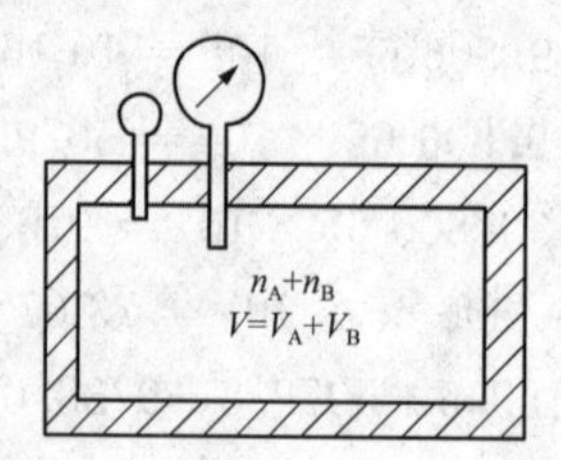

图9-4 [例9-2] 图

【例9-2】 在给定的压力和温度下，n_A摩尔的A气体与在相同压力和温度下的n_B摩尔的B气体在绝热的定容过程中混合，如图9-4所示。试确定此过程的熵变量。设混合后的压力分别为p_A和p_B。

解： 由热力学第一定律可知$U_2 = U_1$，即

$$n_A(u_{A_2} - u_{A_1}) + n_B(u_{B_2} - u_{B_1}) = 0 \tag{9-25}$$

因气体A和B均可视为理想气体，则式(9-25)可写成

$$n_A \int_{T_{A_1}}^{T_{A_2}} C_{m,V,A} dT + n_B \int_{T_{B_1}}^{T_{B_2}} C_{m,V,B} dT = 0 \tag{9-26}$$

因为$T_{A_1} = T_{B_1}$，所以只有$T_{A_1} = T_{A_2} = T_{B_2}$，式(9-26)才能满足。这说明气体温度保持不变。

对气体A可以分别写出其混合前后的状态：

$$p_{A_1} V_{A_1} = n_A R T_{A_1}; p_{A_2} V_{A_2} = n_A R T_{A_2}$$

由于$T_{A_1} = T_{A_2}$，且$V_{A_2} = V$为混合物容积，则$p_{A_2} = \frac{V_{A_1}}{V} p_{A_1}$。类似地，对气体B也可写出$p_{B_2} = \frac{V_{B_1}}{V} p_{B_1}$。

据已知条件可知$p_{A_1} = p_{B_1} = p_1$，于是混合物压力

$$p_2 = p_{A_2} + p_{B_2} = \frac{1}{V}(V_{A_1} + V_{B_1}) p_1$$

而$V=V_{A_1}+V_{B_1}$，则$p_2=p_1$。这说明混合物压力等于混合前A、B气体的压力。根据理想气体熵变化公式，混合过程中的熵变量

$$S_2-S_1=n_A\int_{T_{A_1}}^{T_2}C_{m,p,A}\frac{dT}{T}+n_B\int_{T_{B_1}}^{T_2}C_{m,p,B}\frac{dT}{T}-n_AR\ln\frac{p_{A_2}}{p_{A_1}}-n_BR\ln\frac{p_{B_2}}{p_{B_1}} \quad (9-27)$$

因气体温度不变，则方程（9-27）可简化为

$$S_2-S_1=-n_AR\ln\frac{p_{A_2}}{p_{A_1}}-n_BR\ln\frac{p_{B_2}}{p_{B_1}}$$

根据道尔顿定律得$p_{A_2}=x_Ap_2$，$p_{B_2}=x_Bp_2$。又因$p_1=p_2=p_{A_1}=p_{B_1}$，故

$$S_2-S_1=-R(n_A\ln x_A+n_B\ln x_B)$$

［例9-2］表明，因为x_A、x_B小于1，则S_2-S_1为正值，说明该过程是不可逆的。且熵变量仅取决于组分气体的摩尔数，而与气体物性无关。

这个结果可以推广到相同初始温度、压力下的若干种气体的混合：$S_2-S_1=-R\sum_i n_i\ln x_i$。需要指出的是，这仅适用于不同气体的混合，而对于相同压力、温度下的相同气体的混合，其熵不变。

【例9-3】 氮和氩的理想气体混合物以50kg/min的流量流经一加热器，如图9-5所示。混合气体流入加热器时的状态为40℃、0.101 3MPa，流出时的状态为260℃、0.101 3MPa。如果混合气体中氮的体积分数为40%，问加入的热流量为多少？

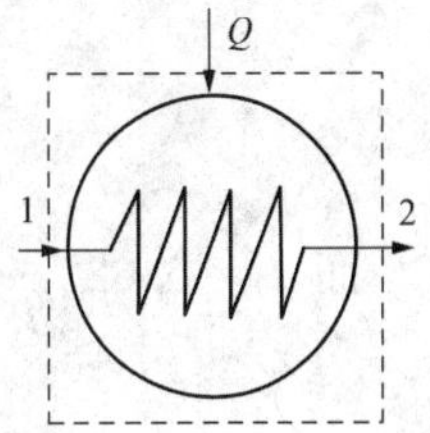

图9-5［例9-3］图

解： 由题意可知，该过程可看作是忽略动能、位能变化且无功传递的稳态稳流过程。根据能量平衡方程有

$$\dot{Q}=\dot{m}(h_2-h_1)=\dot{m}c_p(T_2-T_1)$$

式中：c_p为混合气体的比定压热容。

$$C_{m,p}=\sum_i\varphi_ic_{p,i}=\varphi_{N_2}c_{p,N_2}+\varphi_{Ar}c_{p,Ar}$$

取$C_{m,p,N_2}=\frac{7}{2}R$，$C_{m,p,Ar}=\frac{5}{2}R$，则有

$$C_{m,p}=0.40\times\frac{7}{2}R+0.60\times\frac{5}{2}R=2.9R=2.9\times8.314=24.11[\text{kJ/(kmol}\cdot\text{K)}]$$

混合气体的折合摩尔质量

$$M_{eq}=\sum_i\varphi_iM_i=\varphi_{N_2}M_{N_2}+\varphi_{Ar}M_{Ar}=0.40\times28+0.60\times39.95=35.17(\text{kg/kmol})$$

故加入的热流量

$$\dot{Q}=\frac{\dot{m}}{M_{eq}}C_{m,p}(T_2-T_1)=\frac{50\times24\,110\times(260-40)}{35.17\times60\times10^3}=125.7(\text{kJ/h})$$

［例9-3］表明，计算理想气体混合物的热力参数时，通过质量分数、摩尔分数和体积分数中的一个，计算出理想气体混合物的总热力参数，问题即可求解。但这三个分数与理想气体混合物的状态参数间的关系必须掌握清楚，才能保证结果的正确性，这也是解题的关键。

【例9-4】 当地当时大气压力为0.1MPa，空气温度为30℃，湿球温度为25℃，空气比定压热容$c_{p,a}=1.004$kJ/(kg·K)。求：（1）蒸汽分压力和露点温度；（2）相对湿度；

(3) 干空气密度、蒸汽密度和湿空气密度；(4) 湿空气气体常数和湿空气焓。

解：

(1) 蒸汽分压力和露点温度。假定湿球温度等于绝热饱和温度，绝热饱和过程可看作是忽略动能、位能变化的稳态稳流过程。由稳定流动能量方程可得

$$h_{a_1}+d_1h_{v_1}+h'(d_2-d_1)=h_{a_2}+d_2h_{v_2}$$

$$d_1=\frac{(h_{a_2}-h_{a_1})+d_2(h_{v_2}-h')}{h_{v_1}-h'}=\frac{c_{p,a}(T_2-T_1)+d_2\gamma_w}{h_{v_1}-h'}$$

查蒸汽性质表得：在干球温度30℃下蒸汽焓 $h_{v_1}=2556.4\text{kJ/kg}$，在湿球温度25℃下饱和压力 $p_s=0.003\ 166\text{MPa}$，气化潜热 $\gamma_w=2442.5\text{kJ/kg}$，饱和液体焓 $h'=104.77\text{kJ/kg}$。

在出口处，湿空气是在湿球温度下，即在饱和湿空气状态下，则 $p_v=p_s$。绝热饱和器出口处的含湿量

$$d_2=0.622\frac{p_s}{p-p_s}=\frac{0.622\times0.003\ 166}{0.1-0.003\ 166}=0.020\ 336[\text{kg(蒸汽)/kg(干空气)}]$$

则

$$d_1=\frac{c_{p,a}(T_2-T_1)+d_2\gamma_w}{h_{v_1}-h'}$$

$$=\frac{1.004\times(298-303)+0.020\ 336\times2442.5}{2556.4-104.77}=0.018\ 21(\text{kg/kg})$$

而 $d_1=0.622\dfrac{p_{v_1}}{p-p_{v_1}}=0.018\ 21$，则蒸汽分压力

$$p_{v_1}=\frac{0.018\ 21\times0.1\times10^6}{0.622+0.018\ 21}=0.002\ 845(\text{MPa})$$

在该压力下的饱和温度就是相应的露点温度，查蒸汽性质表可得 $t_d=23.08$℃。

(2) 相对湿度。按 $t=30$℃，查得蒸汽饱和压力 $p_s=0.004\ 241\text{MPa}$，则相对湿度

$$\varphi=\frac{p_{v_1}}{p_s}=\frac{0.002\ 845}{0.004\ 241}=0.671$$

(3) 干空气密度、蒸汽密度和湿空气密度。

干空气分压力

$$p_a=p-p_{v_1}=0.1-0.002\ 845=0.097\ 155(\text{MPa})$$

查表得干空气气体常数 $R_{g,a}=0.287\ 1\text{kJ/(kg·K)}$，则干空气密度

$$\rho_a=\frac{p_a}{R_{g,a}T}=\frac{0.097\ 155\times10^6}{0.287\times(273+30)\times10^3}=1.116(\text{kg/m}^3)$$

查表得蒸汽气体常数 $R_{g,v}=0.461\ 5\text{kJ/(kg·K)}$，则蒸汽密度

$$\rho_v=\frac{p_{v_1}}{R_{g,v}T}=\frac{0.002\ 845\times10^6}{461.5\times(273+30)}=0.020\ 35(\text{kg/m}^3)$$

湿空气的密度

$$\rho=\rho_a+\rho_v=1.116+0.020\ 35=1.136(\text{kg/m}^3)$$

(4) 湿空气气体常数和湿空气焓。

湿空气气体常数

$$R_g = \frac{287.1}{1-0.3778\dfrac{p_{v_1}}{p}} = \frac{287.1}{1-0.3778\times\dfrac{0.02845\times10^5}{1\times10^5}} = 0.2902[\text{kJ/(kg}\cdot\text{K)}]$$

湿空气焓

$$\begin{aligned} h &= 1.005t + d(2501+1.859t) \\ &= 1.005\times30 + 0.01821\times(2501+1.859\times30) \\ &= 30.14+46.56 = 76.70(\text{kJ/kg}) \end{aligned}$$

[例 9-4] 表明，首先应正确理解湿空气相关的指标参数的物理含义，再利用相应的计算式确定湿空气的相关参数。本例为利用湿空气的基本参数及计算式进行的基本计算。计算过程中，应注意含湿量的单位含义及湿空气焓的计算式。

【例 9-5】 用湿空气的 h-d 图解 [例 9-4]。

解： 据已知条件，湿空气压力 $p=0.1$MPa，可直接查湿蒸汽的 h-d 图。

按湿空气温度 $t=30$℃和湿球温度 $t_w=25$℃，在 h-d 图上找到这两条等温线的交点，即湿空气的状态点 A，如图 9-6 所示。

定出状态点后，可以从图 9-6 中直接读出如下数据：含湿量 $d_1=18.2$g/kg，蒸汽分压力 $p_{v_1}=0.00285$MPa，露点温度 $t_d=23.8$℃，相对湿度 $\varphi=0.68$，焓 $h=77.5$kJ/kg。

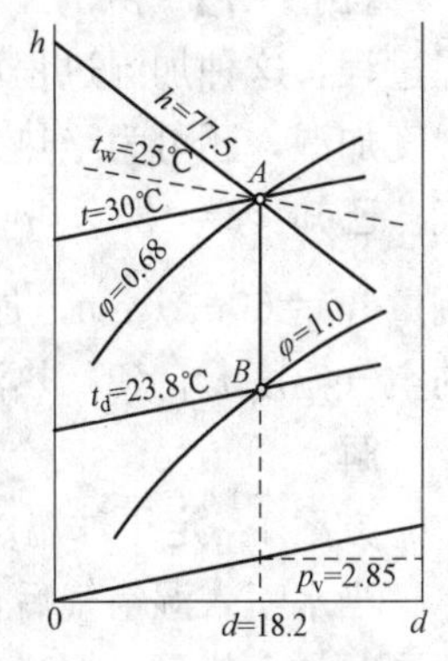

图 9-6 [例 9-5] 图

湿空气的密度和气体常数仍按 [例 9-4] 中的计算式进行计算。

[例 9-5] 表明，由本例可知，用湿空气 h-d 图可使湿空气问题的计算简单化。但是必须指出，每一张 h-d 图都是在某个一定的湿空气压力下编制的。因此，只有当计算问题中湿空气的压力与编制 h-d 图的湿空气压力相同时才会使误差较小。压力偏差在 ±20mmHg，有 2%左右的误差。这也是一种解题的方法，具有直观性，在工程估算中使用较多。若要使计算精度较高，还应采用解析法（[例 9-4]）。

【例 9-6】 压力为 0.1MPa 的湿空气在 $t_1=5$℃、$\varphi_1=0.6$ 下进入加热器，在 $t_2=20$℃下离开，如图 9-7 (a) 所示，试确定：(1) 在该定压过程中对空气供给的热；(2) 离开加热器时的湿空气相对湿度。

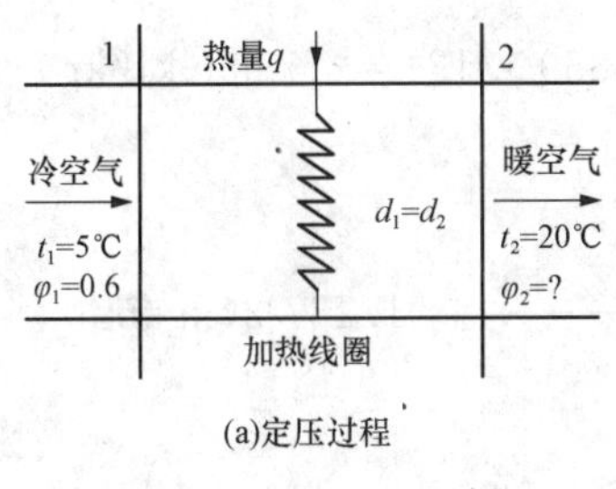

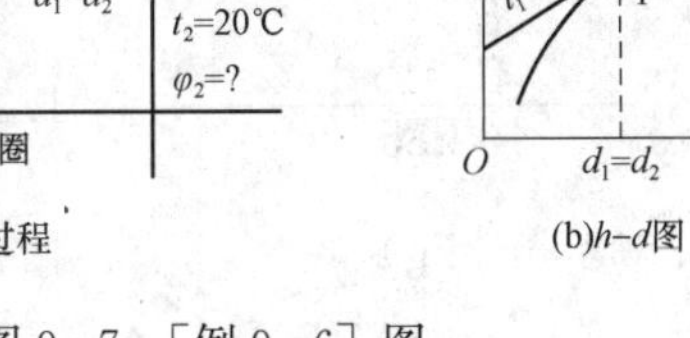

图 9-7 [例 9-6] 图

解： 在湿空气加热或冷却过程中，一般湿空气中的蒸汽含量是不变的，因此可以看作是一个定含湿量的过程，在 h-d 图上为一垂直线，加热则向上，冷却则向下，如图 9-7 (b) 所示。

在加热器入口处，湿蒸汽的最大蒸汽分压力 p_{s_1} 即为 $t_1=5$℃下相应的饱和压力。查饱和蒸汽表得 $p_{s_1}=0.0008718$MPa。则加热器入口处湿空气中蒸汽的分压力

$$p_{v_1} = \varphi_1 p_{s_1} = 0.60\times0.0008718 = 5.23\times10^{-4}(\text{MPa})$$

加热过程中含湿量不变，即 $d_1=d_2$，故

$$d_1 = d_2 = 0.622\frac{p_{v_1}}{p - p_{v_1}} = \frac{0.622 \times 0.523 \times 10^3}{0.1 \times 10^6 - 0.523 \times 10^3} = 0.003\ 27(\text{kg/kg})$$

（1）在该定压过程中对空气供给的热

$$q = h_2 - h_1 = 1.004 \times (T_2 - T_1) + d \times 1.859(T_2 - T_1)$$
$$= 1.004 \times (293 - 278) + 0.003\ 27 \times 1.859 \times (293 - 278) = 15.15(\text{kJ/kg})$$

（2）离开加热器时的湿空气相对湿度。由于是定压加热，则 $p_{v_1} = p_{v_2} = 0.000\ 523\text{MPa}$。据 $t_2 = 20℃$ 查饱和蒸汽表得 $p_{s_2} = 0.002\ 337\text{MPa}$，则

$$\varphi_2 = \frac{p_{v_2}}{p_{s_2}} = \frac{0.000\ 523 \times 10^6}{0.002\ 337 \times 10^6} = 0.223\ 8$$

[例 9-6] 表明，湿空气经定压纯加热后，含湿量不变，温度增加，相对湿度减小。计算过程中，应注意由于是定压加热，且含湿量不变，故蒸汽的分压力加热前后不变，进而可确定加热后的相对湿度。

【例 9-7】 由于工程实际使用情况不同，有时需要对湿空气喷入一定的水分，即所谓加湿过程，这种加湿过程可为干球温度不变的定干球温度加湿，也可为相对湿度不变的定相对湿度加湿，还可为绝热条件下的绝热加湿。分别按各种调湿过程将湿空气调节为要求的湿空气。已知：$t = 12℃$，$p_1 = 0.101\ 325\text{MPa}$，$\varphi_1 = 0.25$，$d_2 = 5\text{g/kg}$，湿空气进入房间的体积流量 $\dot{V} = 60\text{m}^3/\text{min}$，加湿的水温为 12℃。试确定：（1）加湿后的相对湿度 φ_2；（2）加湿后的空气温度 t_2；（3）热流量，并用图解法在 h-d 图上确定上述两个过程。

解：

方案 1：定干球温度加湿过程。

当水喷入湿空气后，湿空气含湿量增加，干球温度下降，为了保持干球温度不变，则必须同时加入热量。据稳定流动能量方程得

$$\dot{Q} = \dot{m}_a(h_2 - h_1) - \dot{m}_w h'$$

按质量平衡方程得 $\dot{m}_w = \dot{m}_a\ (d_2 - d_1)$，则初态参数可查饱和蒸汽表，当 $t_1 = 12℃$ 时，$p_s = 0.001\ 513\text{MPa}$，则

$$d_1 = 0.622\frac{\varphi_1 p_s}{p_1 - \varphi_1 p_s} = \frac{0.622 \times 0.25 \times 0.001\ 513}{0.101\ 324 - 0.25 \times 0.001\ 513} = 0.002\ 331(\text{kg/kg})$$

$$h_1 = 1.005t_1 + d_1(2501 + 1.859t_1)$$
$$= 1.004 \times 12 + 0.002\ 331 \times (2501 + 1.859 \times 12) = 17.93(\text{kJ/kg})$$

$$\rho_1 = \frac{p}{287.1T} - 0.001\ 319\frac{\varphi_1 p_s}{T}$$
$$= \frac{0.101\ 325 \times 10^6}{287.1 \times 285} - 0.001\ 319 \times \frac{0.25 \times 0.015\ 13 \times 10^6}{285} = 1.237\ 2(\text{kg/m}^3)$$

$$v_1 = \frac{1}{\rho_1} = 0.808(\text{m}^3/\text{kg})$$

（1）加湿后的相对湿度 φ_2。由 $d_2 = 0.622\ \varphi_2 p_s/(p - \varphi_2 p_s)$ 得加湿后的相对湿度 φ_2，即

$$\varphi_2 = \frac{pd_2}{p_s(0.622 + d_2)} = \frac{0.101\ 325 \times 0.005}{0.001\ 513 \times (0.622 + 0.005)} = 0.534$$

（2）加湿后的湿空气温度 t_2。由于初始温度与加湿后水温相同，则 $t_2 = t_1 = 12℃$。

(3) 热流量 $\dot{Q}$。湿空气的质量流量 $\dot{m}=\dot{m}_a+\dot{m}_a d_1=\dot{m}_a(1+d_1)=\frac{\dot{V}}{v_1}$，则

$$\dot{m}_a=\frac{\dot{V}/v_1}{1+d_1}=\frac{60/0.808}{1+0.002\,331}=74.08(\text{kg/min})$$

加湿过程中加入的水的质量流量

$$\dot{m}_w=\dot{m}_a(d_2-d_1)=74.08\times(0.005-0.002\,331)=0.197\,7(\text{kg/min})$$

由 12℃查饱和蒸汽表，可得饱和水的焓 $h'=50.37\text{kJ/kg}$。

$$\begin{aligned}h_2&=1.005t_1+d_2(2501+1.859t_2)\\&=1.005\times12+0.005\times(2501+1.859\times12)=24.66(\text{kJ/kg})\end{aligned}$$

$$\begin{aligned}\dot{Q}&=\dot{m}_a(h_2-h_1)-\dot{m}_w h'\\&=74.08\times(24.66-17.93)-0.197\,7\times50.37=488.6(\text{kJ/min})\end{aligned}$$

方案 2：定相对湿度加湿过程。

(1) 加湿后的相对湿度φ_2。由于相对湿度不变，则加湿后$\varphi_2=\varphi_1=0.25$。

(2) 加湿后的湿空气温度 t_2。由 $d_2=0.622\,\varphi_2 p_s/(p-\varphi_2 p_s)$，可得加湿后气体的饱和压力

$$p_{s_2}=\frac{pd_2}{\varphi_2(0.622+d_2)}=\frac{0.101\,325\times0.005}{0.25\times(0.622+0.005)}=0.003\,232(\text{MPa})$$

据 p_{s_2} 查饱和蒸汽表可得 $t_2=25.23$℃。

(3) 热流量 $\dot{Q}$。加湿后湿空气的焓

$$\begin{aligned}h_2&=1.005t_1+d_2(2501+1.859t_2)\\&=1.005\times25.23+0.005\times(2501+1.859\times25.23)=38.07(\text{kJ/kg})\end{aligned}$$

此时，$\dot{m}_a$、$\dot{m}_v$、h' 与定干球温度加湿过程中的相同，即 $\dot{m}_a=74.08\text{kg/min}$，$\dot{m}_v=0.197\,7\text{kg/min}$，$h'=50.3\text{kJ/kg}$，则热流量

$$\dot{Q}=\dot{m}_a(h_2-h_1)-\dot{m}_w h'=74.08\times(38.07-17.93)-0.197\,7\times50.37=1482.0(\text{kJ/min})$$

方案 3：按绝热加湿过程。

(1) 加湿后湿空气的温度。由于加湿是在绝热条件下进行的，加入的水蒸发所需的热必须来自流入的湿空气，从而使湿空气温度下降（绝热加湿过程也称蒸发冷却过程）。这种条件下的能量平衡关系为 $h_1+(d_2-d_1)h'=h_2$。

由于 $(d_2-d_1)h'$ 相对很小，可忽略不计，故有 $h_2\approx h_1=1793\text{kJ/kg}$。

由此可知，绝热加湿过程基本上是一个等焓过程。在湿空气的 h-d 图中，等焓线和等湿球温度线几乎是重合的，因此也可以认为是一个等湿球温度过程。

由 $h_2=1.005t_2+d_2(2501+1.859t_2)$ 得加湿后湿空气的温度

$$t_2=\frac{h_2-2501d_2}{1.005+1.859d_2}=\frac{17.93-2501\times0.005}{1.004+1.859\times0.005}=5.353\,8(℃)$$

(2) 加湿后的相对湿度φ_2。据 $t_2=5.353\,8$℃查饱和蒸汽表，可得 $p_s=0.000\,089\,69\text{MPa}$。由 $d_2=0.622p_v/(p-p_v)$，得该状态下湿空气中实际蒸汽的分压力

$$p_v=\frac{d_2 p}{0.622+d_2}=\frac{0.005\times0.101\,324}{0.622+0.005}=0.000\,808(\text{MPa})$$

则相对湿度

$$\varphi_2=\frac{p_v}{p_s}=\frac{0.000\,808}{0.000\,089\,69}=0.900\,8$$

（3）热流量 $\dot{Q}=0$。用图解法在 h-d 图上确定各过程，如图 9-8 所示。

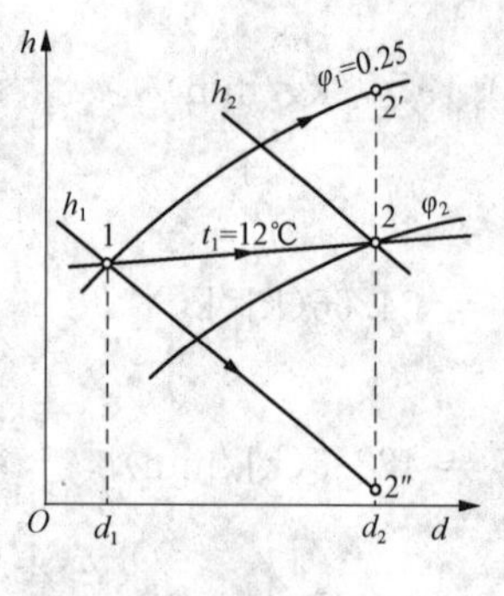

图 9-8 ［例 9-7］图

由已知的 $t_1=12$℃、$\varphi_1=0.25$，在 h-d 图上可确定调湿前湿空气的状态点 1。由 $t_2=t_1$ 和 d_2 可确定调湿后的湿空气状态点 2，则 12 为干球温度的调湿过程；由 $\varphi_2=\varphi_1$ 和 d_2 可确定调湿后的湿空气状态点 2′，则定相对湿度的调湿过程用线 12′表示；由 $h_2=h_1$ 和 d_2 可确定调湿后的湿空气状态点 2″，则绝热的调湿过程用线 12″表示。

按上述方法分别确定各种调湿过程前后的状态点，就可借助 h-d 图直接读出计算需要的状态参数，代入相应的公式计算。

需要指出的是，一般的 h-d 图是在湿空气压力 $p=0.1$MPa 时做出的，而本题中湿空气压力为 760mmHg，约等于 0.101 325 MPa，因此用 h-d 图计算有一定的误差。

［例 9-7］表明，通过不同途径对湿空气进行调湿，含湿量都增加，但其他各参数都有不同的变化，应掌握每种调湿过程参数所体现的特征。通过图解法，可以清楚了解各过程相关参数变化的特点，这也是图解法的优势。

【例 9-8】 一台空气调节装置具有的压力、温度和相对湿度数据，如图 9-9（a）所示。试计算：（1）1kg 干空气的传热量；（2）1kg 干空气凝出的水量；（3）用 h-d 图求解。

解： 该过程为冷却去湿过程，如图 9-9（b）所示。湿空气在初始条件下进入空气调节装置被冷却至饱和状态 A。$1A$ 为降温减焓等含湿量过程。继续冷却，湿空气中的蒸汽开始凝出，直至温度 t_2。$A2$ 为降温减焓降含湿量过程。显然，1kg 干空气减少的水量等于 A（即点 1）和点 2 之间的含湿量之差，即 d_1-d_2。

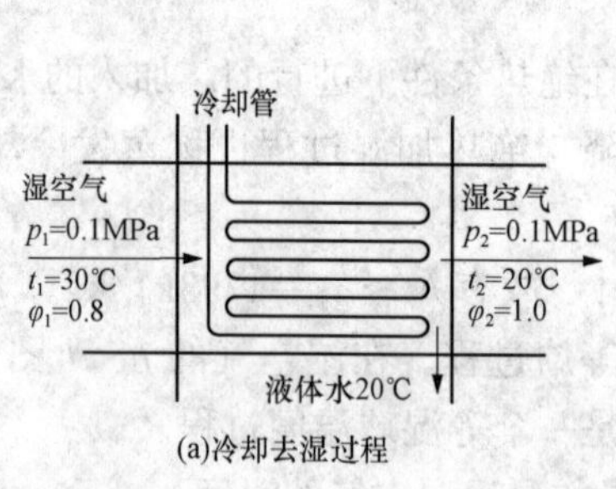

(a)冷却去湿过程

h t1 1 φ1 h1 φ2=1.0 A t2 2 h2 O d2 d1 d

(b)h–d图

图 9-9 ［例 9-8］图

该过程的能量平衡关系为

$$Q+m_{a_1}h_{a_1}+m_{v_1}h_{v_1}=m_{a_2}h_{a_2}+m_{v_2}h_{v_2}+m_wh_{w_2} \tag{9-28}$$

同时有 $m_{a_1}=m_{a_2}=m_a$，$m_{v_1}=m_{v_2}+m_w$，$d=\dfrac{m_w}{m_a}$或 $m_{v_1}=dm_a$，代入式（9-28）得

$$\frac{Q}{m_a}+h_{a_1}+d_1h_{v_1}=h_{a_2}+d_2h_{v_2}+(d_1-d_2)h_{w_2}$$

$$\frac{Q}{m_a}=(h_{a_2}-h_{a_1})+d_2h_{v_2}-d_1h_{v_1}+(d_1-d_2)h_{w_2}$$

$$\frac{Q}{m_a}=(h_2-h_1)+(d_1-d_2)h_{w_2} \quad (9-29)$$

查饱和蒸汽表得：$t_1=30℃$时，相应的饱和压力 $p_{s_1}=0.004\ 241\text{MPa}$；$t_2=20℃$时，相应的饱和压力 $p_{s_2}=0.002\ 337\text{MPa}$；$t_2=20℃$时，相应的饱和水焓 $h'=h_{w_2}=83.86\text{kJ/kg}$。

去湿前，湿空气中蒸汽的分压力

$$p_{v_1}=\varphi_1p_{s_1}=0.80\times0.042\ 41=0.003\ 393(\text{MPa})$$

则去湿前的含湿量

$$d_1=0.622\frac{p_{v_1}}{p-p_{v_1}}=0.622\times\frac{0.033\ 93}{1-0.033\ 93}=0.021\ 85(\text{kg/kg})$$

由于去湿后湿空气是饱和的，即 $p_{v_2}=p_{s_2}$，则

$$d_2=0.622\frac{p_{s_2}}{p-p_{s_2}}=0.622\times\frac{0.023\ 37}{1-0.023\ 37}=0.014\ 88(\text{kg/kg})$$

(1) 1kg 干空气的传热量

$$\begin{aligned}q=\frac{Q}{m_a}&=(h_2-h_1)+(d_1-d_2)h_{w_2}=(h_{a_2}-h_{a_1})+d_2h_{v_2}-d_1h_{v_1}+(d_1-d_2)h_{w_2}\\&=c_p(t_2-t_1)+[d_2(2501+1.859t_2)-d_1(2501+1.859t_1)]+(d_1-d_2)h_{w_2}\\&=c_p(t_2-t_1)+2501(d_2-d_1)+1.859(d_2t_2-d_1t_1)+(d_1-d_2)h_{w_2}\\&=1.004\times(20-30)+2501\times(0.014\ 88-0.021\ 85)+\\&\quad 1.859\times(0.014\ 88\times20-0.021\ 85\times30)+(0.021\ 85-0.014\ 88)\times83.86\\&=-27.55(\text{kJ/kg})\end{aligned}$$

(2) 1kg 干空气凝出的水量

$$\Delta d=d_1-d_2=0.021\ 85-0.014\ 88=0.006\ 97(\text{kg/kg})$$

(3) h-d 图解法求解。根据给出的冷却去湿过程前后的湿空气参数在 h-d 图上定出状态点 1、2 及曲线 1A2，如图 9-9 (b) 所示。

从 h-d 图上可直接读出（1kg 干空气）的有关数值：$d_1=0.022\text{kg/kg}$，$h_1=86\text{kJ/kg}$，$d_2=0.015\text{kg/kg}$，$h_2=58\text{kJ/kg}$。按 $t_2=20℃$从饱和水和蒸汽性质表查得相应的饱和水焓 h'_2，则 $h_{w_2}=h'_2=83.86\text{kJ/kg}$。

代入式 (9-29) 可得 1kg 干空气的传热量

$$\begin{aligned}q=\frac{Q}{m_a}&=(h_2-h_1)+(d_1-d_2)h_{w_2}\\&=(58-86)+(0.022-0.015)\times83.86=-27.413(\text{kJ/kg})\end{aligned}$$

1kg 干空气析出的水量

$$\Delta d=d_1-d_2=0.022-0.015=0.007(\text{kg/kg})$$

[例 9-8] 表明，本题用图解法可简便很多，但前提是已知 h-d 图各相应的参数值，同时要掌握冷却去湿过程的特点，再利用相关计算式即可得出所求变量。

【例 9-9】 两股湿空气流绝热混合，如图 9-10 (a) 所示。已知 $p_1=0.1\text{MPa}$，$t_1=20℃$，$\varphi_1=0.3$，$\dot{V}_{a_1}=15\text{m}^3/\text{min}$；$p_2=0.1\text{MPa}$，$t_2=35℃$，$\varphi_2=0.8$，$\dot{V}_{a_2}=20\text{m}^3/\text{min}$。试

分别用图解法和计算法求：(1) 混合气流的含湿量 d_3；(2) 混合气流的温度 t_3；(3) 混合气流的相对湿度φ_3。

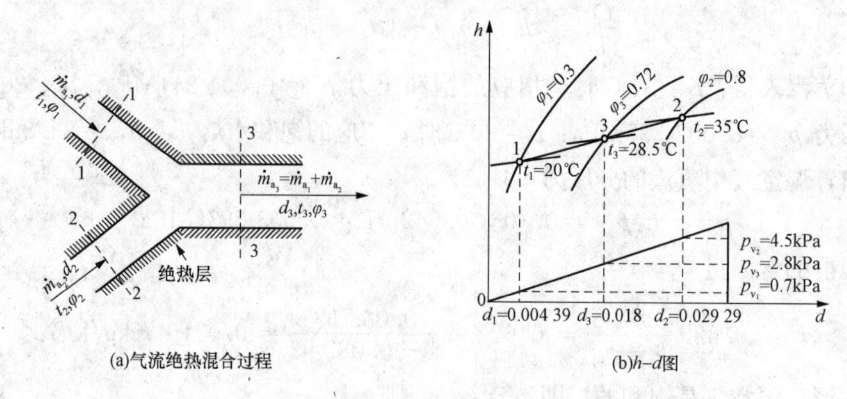

(a)气流绝热混合过程　　(b)h-d图

图 9-10 ［例 9-9］图

解：对于这个绝热混合的稳态稳流过程，能量平衡方程为 $\dot{m}_{a_1}h_1+\dot{m}_{a_2}h_2=\dot{m}_{a_3}h_3$，再由质量守恒方程 $\dot{m}_{a_1}+\dot{m}_{a_2}=\dot{m}_{a_3}$、$\dot{m}_{v_1}+\dot{m}_{v_2}=\dot{m}_{v_3}$ 得

$$\frac{\dot{m}_{a_1}}{\dot{m}_{a_2}}=\frac{h_3-h_2}{h_1-h_3}=\frac{d_3-d_2}{d_1-d_3}$$

方法 1：图解法。

h-d 图如图 9-10（b）所示。由能量平衡方程可知 h 和 d 呈线性关系，则在 h-d 图上混合气流的状态点必在这两股气流状态点之间的连线上，且将该连线分为与单位质量干空气成反比的两段，也称"杠杆法则"。用杠杆法则确定气流的状态点后，1kg 干空气有关的数据就可以在 h-d 图上直接读出。

由 $t_1=20$℃、$\varphi_1=0.3$ 定出第一股气流混合前的状态点 1；由 $t_2=35$℃、$\varphi_2=0.8$ 定出第二股气流混合前的状态点 2。

从图 9-10（b）中可读出：$d_1=4.5$g/kg，$d_2=29.2$g/kg。

据 t_1、t_2 从饱和蒸汽表查出相应的饱和压力：$p_{s_1}=0.002\ 337$MPa，$p_{s_2}=0.005\ 622$MPa。

两股气流混合前的蒸汽分压力

$$p_{v_1}=\varphi_1 p_{s_1}=0.30\times0.002\ 337=0.000\ 701\ 1(\text{MPa})$$
$$p_{v_2}=\varphi_2 p_{s_2}=0.80\times0.005\ 622=0.004\ 498(\text{MPa})$$

两股气流混合前的干空气分压力

$$p_{a_1}=p-p_{v_1}=1-0.000\ 701\ 1=0.099\ 298\ 9(\text{MPa})$$
$$p_{a_2}=p-p_{v_2}=1-0.004\ 499=0.095\ 502(\text{MPa})$$

取空气的气体常数 $R_{g,a}=0.287\ 1$kJ/(kg·K)。由理想气体状态方程可得两股气体的质量流量

$$\dot{m}_{a_1}=\frac{p_{a_1}\dot{V}_{a_1}}{R_{g,a}T_1}=\frac{0.099\ 298\ 9\times10^6\times15}{287.1\times(273+20)}=17.707(\text{kg/min})$$

$$\dot{m}_{a_2}=\frac{p_{a_2}\dot{V}_{a_2}}{R_{g,a}T_2}=\frac{0.095\ 502\times10^6\times20}{287.1\times(273+35)}=21.600(\text{kg/min})$$

则混合气流的含湿量

$$d_3 = \frac{\dot{m}_{a_1} d_1 + \dot{m}_{a_2} d_2}{\dot{m}_{a_1} + \dot{m}_{a_2}} = \frac{17.707 \times 0.0045 + 21.600 \times 0.0292}{17.707 + 21.600}$$
$$= 0.018073(\text{kg/kg})$$

在 h-d 图上，$d_3=0.018073\text{g/kg}$ 时的定含湿量线与点 1、2 之间连线的交点就是两股气流混合后的湿空气状态点 3，由此可在 h-d 图上直接读出相应的数值。

(1) 混合气流的含湿量 $d_3=0.018\text{g/kg}$。

(2) 混合气流的温度 $t_3=28.5℃$。

(3) 混合气流的相对湿度$\varphi_3=0.72$。

利用图解法进行计算时，湿空气中蒸汽的分压力可以在 h-d 图上直接读出。在一些绘有比体积线的图上，可以直接读出点 1、2 处湿空气的比体积 v_1、v_2。然后用 $\dot{m}_a=\dot{V}/v$ 计算式得出各相应的 $\dot{m}_{a_1}$ 和 $\dot{m}_{a_2}$。

方法 2：计算法。

若没有 h-d 图或因湿空气压力与 h-d 图上规定的压力（$p=0.10133\text{MPa}$）相差太大而不能使用时，则采用公式进行计算。

(1) 混合气流的含湿量。由 $d=0.622p_v/(p-p_v)$，得两股气流的含湿量

$$d_1 = 0.622 \times \frac{0.007011}{1-0.007011} = 0.004392(\text{kg/kg})$$

$$d_2 = 0.622 \times \frac{0.04498}{1-0.04498} = 0.02929(\text{kg/kg})$$

则由式 $\dot{m}_{a_1}/\dot{m}_{a_2}=(d_3-d_2)/(d_1-d_3)$ 得混合点 3 处的含湿量

$$d_3 = \frac{\dot{m}_{a_1} d_1 + \dot{m}_{a_2} d_2}{\dot{m}_{a_1} + \dot{m}_{a_2}} = \frac{17.707 \times 0.0045 + 21.6 \times 0.02929}{7.707 + 21.6} = 0.018073(\text{g/kg})$$

(2) 混合气流的温度。由 $h=1.005t+d(2501+1.859t)$ 得

$$h_1 = 1.005 \times 20 + 0.004392 \times (2501 + 1.859 \times 20) = 31.2277(\text{kJ/kg})$$

$$h_2 = 1.005 \times 35 + 0.02929 \times (2501 + 1.859 \times 35) = 110.3(\text{kJ/kg})$$

由 $\dot{m}_{a_1}/\dot{m}_{a_2}=(h_3-h_2)/(h_1-h_3)$，得混合气体的湿空气焓

$$h_3 = \frac{\dot{m}_{a_1} h_1 + \dot{m}_{a_2} h_2}{\dot{m}_{a_1} + \dot{m}_{a_2}} = \frac{17.707 \times 31.2277 + 21.600 \times 110.3}{17.707 + 21.600} = 74.68(\text{kJ/kg})$$

由于 $h_3=1.005t_3+d_3(2501+1.859t_3)$，则

$$t_3 = \frac{h_3 - 2501d_3}{1.005 + 1.859d_3} = \frac{74.68 - 2501 \times 0.018}{1.005 + 1.859 \times 0.018} = 28.591(℃)$$

(3) 混合气流的相对湿度。查饱和蒸汽表可得，当 $t_3=28.591℃$时，$p_{s_3}=0.003938\text{MPa}$。由 $d_3=0.622\varphi_3 p_{s_3}/(p-\varphi_3 p_{s_3})$，得混合气流的相对湿度

$$\varphi_3 = \frac{pd_3}{p_{s_3}(0.622 + d_3)} = \frac{0.101325 \times 0.018}{0.003938 \times (0.622 + 0.018)} = 0.714$$

[例 9-9] 表明，图解法思路比较清晰，有一定的感性认识，但 h-d 图中必须有足够的数据。该方法存在一定偏差，但基本符合工程需要。而计算法比较抽象，但计算精度较高。如果利用计算法来解题，就必须掌握过程的特点。同时，为理清解题思路，最好将过程画在

h-d 图上，再利用相关计算式进行求解。

【例 9-10】 某冷却塔，如图 9-11 所示。试证明所需要的空气质量流量

$$\dot{m}_{a}=\frac{\dot{m}_{w_1}(h_{w_1}-h_{w_2})}{(h_4-h_3)-(d_4-d_3)h_{w_2}}$$

式中：$\dot{m}_{w_1}$ 为需要冷却的水的质量流量；h_{w_1}、h_{w_2} 为状态 1、2 下饱和水的比焓值；h_4、h_3 为状态 3、4 下空气的比焓值；d_3、d_4 为状态 3、4 下空气的含湿量。

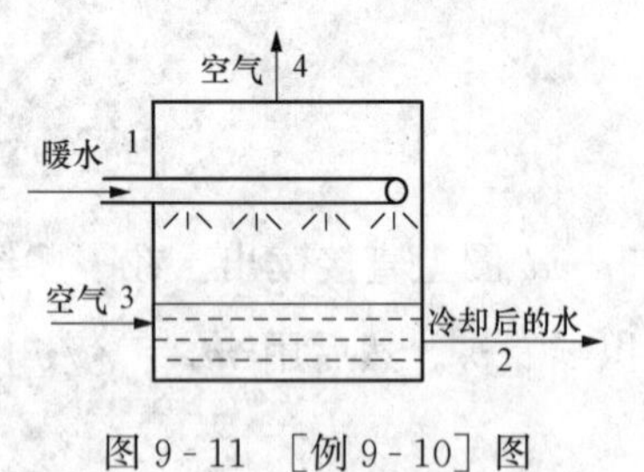

图 9-11 ［例 9-10］图

证明： 若忽略塔和周围环境之间的热传递以及动能、位能的变化，系统的稳定流动能量方程可以写成

$$\dot{m}_{w_1}h_{w_1}+\dot{m}_{a_3}(h_{a_3}+d_3h_{v_3})=\dot{m}_{w_2}h_{w_2}+\dot{m}_{a_4}(h_{a_4}+d_4h_{v_4}) \tag{9-30}$$

由质量平衡得

$$\dot{m}_{w_1}+\dot{m}_{a_3}d_3=\dot{m}_{w_2}+\dot{m}_{a_4}d_4 \tag{9-31}$$

根据过程特性，有 $\dot{m}_{a_3}=\dot{m}_{a_4}=\dot{m}_{a}$，$h_{a_3}+d_3h_{v_3}=h_3$，$h_{a_4}+d_4h_{v_4}=h_4$。将这三式代入式（9-30）和式（9-31），可得

$$\dot{m}_{w_1}-\dot{m}_{w_2}=\dot{m}_{a}(d_4-d_3)$$

$$\dot{m}_{a}=\frac{\dot{m}_{w_1}(h_{w_1}-h_{w_2})}{h_{a_4}-h_{a_3}+d_4h_{v_4}-d_3h_{v_3}-(d_4-d_3)h_{w_2}}$$

整理得

$$\dot{m}_{a}=\frac{\dot{m}_{w_1}(h_{w_1}-h_{w_2})}{(h_4-h_3)-(d_4-d_3)h_{w_2}}$$

［例 9-10］表明，本例属于喷水加湿冷却过程。所证明的空气质量流量表达式适用于本例条件下的冷却加湿过程。此外，在应用时，应注意“忽略塔和周围环境之间的热传递以及动能、位能的变化”的条件。因此，在利用已有的计算式时，一定要考虑其适用的前提条件。

【例 9-11】 进入冷却塔的暖水温度为 40℃，质量流量为 227 000kg/h。大气空气进入冷却塔时温度为 25℃，相对湿度为 0.50，排出冷却塔时为 30℃的饱和空气。要求在冷却塔中将水冷却至 25℃。试计算：(1) 需要供给的大气空气流量；(2) 因蒸发失去的水量。

解： 由饱和蒸汽表查出：$t_1=40$℃时，饱和水的焓 $h_1=h_{w_1}=167.45$kJ/kg；$t_2=25$℃时，饱和水的焓 $h_2=h_{w_2}=104.77$kJ/kg；$t_3=25$℃时，$p_{s_3}=0.003\ 166$MPa；$t_4=30$℃时，$p_{s_4}=0.004\ 241$MPa。

入塔时 1kg 干空气中蒸汽的分压力

$$p_{v_3}=\varphi_3p_{s_3}=0.50\times0.003\ 166=0.001\ 583(\text{MPa})$$

$$d_3=0.622\frac{p_{v_3}}{p-p_{v_3}}=0.622\times\frac{0.015\ 83}{1.013\ 25-0.015\ 83}=0.009\ 872(\text{kg/kg})$$

$$\begin{aligned}h_3&=1.005t_3+d_3(2501+1.859t_3)\\&=1.005\times25+0.009\ 872\times(2501+1.859\times25)=50.249(\text{kg/kg})\end{aligned}$$

出塔时 1kg 干空气中蒸汽的分压力

$$p_{v_4}=\varphi_4p_{s_4}=1.0\times0.004\ 241=0.004\ 241(\text{MPa})$$

则

$$d_4 = 0.622\frac{p_{v_4}}{p-p_{v_4}} = 0.622\times\frac{0.042\ 41}{1.013\ 25-0.042\ 41} = 0.027\ 17(\text{kg/kg})$$

$$h_4 = 1.005t_4 + d_4(2501+1.859t_4)$$
$$= 1.005\times30+0.027\ 17\times(2501+1.859\times30) = 99.587(\text{kg/kg})$$

（1）需要供给的空气流量

$$\dot{m}_a = \frac{\dot{m}_{w_1}(h_{w_1}-h_{w_2})}{(h_4-h_3)-(d_4-d_3)h_{w_2}}$$
$$= \frac{227\ 000\times(167.45-104.77)}{(99.587-50.249)-(0.027\ 17-0.009\ 872)\times104.77} = 299\ 382.5(\text{kg/h})$$

（2）因蒸发失去的水量

$$\dot{m}_{w_1}-\dot{m}_{w_2} = \dot{m}_a(d_4-d_3) = 299\ 363.62\times(0.027\ 17-0.009\ 872) = 5178.7(\text{kg/h})$$

［例9-11］表明，利用［例9-10］所得到的冷却塔所需空气质量流量计算式可以解决相关问题。在计算过程中，各处含湿量和焓值的计算一定要正确理解其单位的含义，即1kg干空气所含有的量值。

思考题

9-1　在无化学反应的系统中，当理想气体混合物的温度或压力发生变化时，其组分气体的质量分数、体积分数和是否发生变化？

9-2　理想气体混合物的分压力和分体积能否用仪器进行定量测量？为什么？

9-3　理想气体混合物经历一个节流过程，气体压力和温度如何变化？为什么？

9-4　混合气体中质量分数较大的组分，其摩尔分数是不是也较大？为什么？

9-5　理想气体混合物的体积分数和摩尔分数在数值上为什么相等？

9-6　湿空气和湿蒸汽、饱和湿空气和饱和蒸汽，它们有什么区别？

9-7　要决定湿空气的状态，必须知道几个独立的状态参数，为什么？

9-8　对于未饱和湿空气，试比较干球温度、湿球温度、露点温度三者的大小。对于饱和湿空气，三者的关系又如何？

9-9　湿空气的含量d较大，能否说明相对湿度也较大？为什么？

9-10　在空气潮湿的地方进行发动机试车，发现输出功率要小于空气较干燥地区（设其他条件相同）的输出功率，为什么？

9-11　湿空气与湿蒸汽是不是同一种工质？为什么？

9-12　空气中蒸汽所处的是什么状态？为什么？

9-13　计算湿空气焓值时，为什么以单位质量干空气为基准而不是以单位质量湿空气为基准？

9-14　不同温度的湿空气，若相对湿度相同，温度高的含湿量大于温度低的含湿量的说法是否正确？为什么？

9-15　湿空气总压力、干球温度不变，湿球温度越低，湿空气的含湿量是如何变化的？为什么？

习 题

9-1 温度为293K的理想气体混合物具有如下体积分数：N_2占55%，O_2占20%，剩余为CH_4。如果CH_4的分压力是0.049MPa。试确定：(1) N_2和O_2的分压力；(2) 混合物的质量分数；(3) 混合物的气体常数和每摩尔的容积。

9-2 某种理想气体混合物的体积分数为：CO_2占40%，CO占10%，N_2占40%，O_2占10%。确定折合摩尔质量、气体常数、混合物的质量分数，以及在300K下的比定压热容、比定容热容。

9-3 某种理想气体混合物的状态为293K、0.127 5MPa，其质量分数为：CO_2占15%，CO占5%，N_2占70%，O_2占10%。试求在273K、0.098 1MPa状态下：(1) 各组分的分压力；(2) 混合物的气体常数；(3) 混合物的比定压热容；(4) 混合物的焓和热力学能；(5) 混合物的熵。

9-4 对某燃烧过程生成物的分析可得出下列体积分数：CO_2占15%，CO占4%，N_2占70%，O_2占11%。试确定：(1) 混合物的质量分数；(2) 容积为$0.28m^3$的混合气体在$p=0.101\ 4MPa$、$T=294K$状态下的质量；(3) 将 (2) 中混合气体加热到$T_2=420K$需要的热量；(4) 将 (2) 中混合气体绝热压缩到$V_2=0.142m^3$，其终温及过程中的耗功量。

9-5 混合气体由CO_2和N_2组成。已知：$p=0.552MPa$，$T=300K$，$V=2.832m^3$，N_2的质量为13.6kg。试确定混合气体的折合摩尔质量和N_2的分压力。

9-6 一种由7kmol的氮气和3kmol的氦气所组成的混合气体在喷管中从$p_1=0.689\ 5MPa$、$T_1=333K$等熵膨胀到$p_2=0.137\ 9MPa$。试确定：(1) 混合物的终温T_2；(2) 各组分气体的熵变量。

9-7 理想气体混合物经历一个可逆绝热过程。试证明：为使各组分气体的熵保持不变，其各自的摩尔热容与该混合物的摩尔热容必须是等同的。

9-8 一只具有$0.425m^3$容积的刚性容器，装有$p=0.344\ 7MPa$、$T=300K$的氧气和二氧化碳的混合气体。对这种混合气体加入16kJ的热量使其温度升高到310K。问该容器中装有的氧气和二氧化碳各为多少？

9-9 由2kg氮气和5kg氧气组成的混合气体从$p_1=0.098\ 1MPa$、$T_1=298K$可逆绝热压缩到$p_2=0.588\ 6MPa$，试计算：(1) 各组分气体的初、终分压力；(2) 终温；(3) 混合气体热力学能的变化量；(4) 混合气体焓的变化量；(5) 压缩过程中氧气和氮气的熵变化量；(6) 对混合物所做的功。

9-10 氩气和二氧化碳组成的混合物装在一个$p_1=0.275\ 8MPa$、$T_1=422K$的气缸中。混合物具有如下体积分数：氩占50%、二氧化碳占50%。按绝热过程膨胀到$p_2=0.137\ 9MPa$。试确定：(1) 终态温度；(2) 氩气和二氧化碳的熵变化量；(3) 1kmol混合气体所做的功。

9-11 由氢气、氮气和一氧化碳以相同的摩尔成分所组成的混合气体。试确定：(1) 混合气体的气体常数；(2) 混合气体的比热比；(3) 若在流动中将1kg混合气体从初始温度$T_1=288K$可逆绝热压缩，压力比$\beta=2$，求所需的功。

9-12 由2.268kg的氮气和0.907 2kg的氦气所组成的混合气体从$p_1=0.137\ 9MPa$、$T_1=300K$压缩到$p_2=0.551\ 6MPa$、$T_2=390K$。问该压缩过程是可逆绝热的吗？

9-13　一只内用隔板分开的绝热容器。左边装有 $p_1=0.137\ 9\text{MPa}$、$T_1=300\text{K}$ 的 2.27kmol 的氩气；右边装有 $p_2=0.206\ 8\text{MPa}$、$T_2=366\text{K}$ 的 4.54kmol 的氮气。若抽去隔板使两种气体混合，试确定混合气体的平衡温度。

9-14　有 2kg 的 0.098 1MPa、293K 的氢气和同温、同压下的 3kg 的氮气在一绝热刚性容器中由一隔板分开。试确定抽掉隔板后两种气体混合时的熵增量。

9-15　一绝热的刚性容器内用隔板分开。隔板一边装有 0.172 37MPa、300K 的氮气 2.268kg；另一边装有 0.517 11MPa、367K 的二氧化碳 1.36kg。抽去隔板，使气体混合。试确定：(1) 混合气体的温度和压力；(2) 混合过程中熵的增量。

9-16　一容积为 0.3m^3 的容器内装有压力为 1.961MPa、温度为 303K 的氮气，另一容积为 0.7m^3 的容器内装有压力为 0.588MPa、温度为 275K 的氧气，打开两个容积之间的阀门使两种气体混合。如果混合后温度为 303K，试计算混合过程中的传热量。

9-17　两只刚性绝热容器用阀连接起来。容器 A 容积为 5.38m^3，装有 288K、0.413 7MPa 的氧气。容器 B 容积为 33.98m^3，装有 310K、0.137 9MPa 的氧气。打开阀使两种气体混合，直到均匀状态为止。试确定：(1) 混合后的压力和温度；(2) 混合过程中的熵变化量。

9-18　一只容积为 $0.141\ 6\text{m}^3$ 的绝热容器，装有 0.206 8MPa、300K 的氮气。压力为 0.551 6MPa、温度为 366K 的二氧化碳从管道流入容器，直至容器内压力达到 0.413 7MPa 为止。试计算：(1) 加入容器的二氧化碳量；(2) 容器中混合物的终温；(3) 混合过程中熵的变化量。

9-19　氢气和氮气在绝热稳流过程中以 1mol 氮气对 2mol 氢气的比例混合，如图 9-12 所示。已知氢气的压力为 0.506 6MPa，温度为 293K；氮气的压力为 0.506 6MPa，温度为 473K。混合后的气体压力为 0.496 5MPa。试确定：(1) 混合气体的温度；(2) 1mol 混合气体的熵变化量。

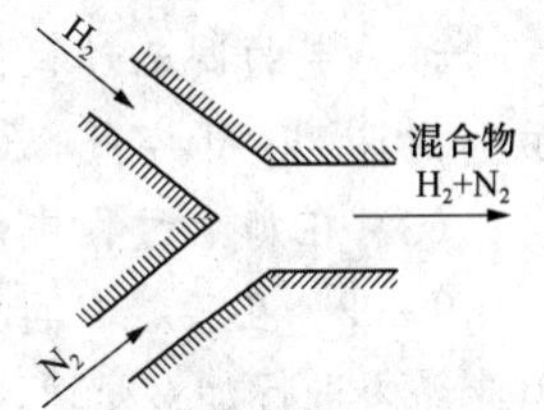

图 9-12　习题 9-19 图

9-20　某空气-蒸汽混合物，在某状态下：压力为 0.1MPa，温度为 25℃，相对湿度 0.5，求：(1) 含湿量及露点温度分别为多少？(2) 若该混合物状态变化为 20℃、相对湿度 0.4，该过程中 1kg 干空气失去的水分是多少？(3) 若将这种混合物定压冷却到 10℃，则失去的水分为多少？

9-21　湿空气温度为 20℃，压力为 0.1MPa，相对湿度为 70%，试确定：(1) 蒸汽和干空气的分压力；(2) 含湿量及露点温度；(3) 湿空气、蒸汽和干空气的密度；(4) 湿空气的气体常数和焓。

9-22　压力为 0.1MPa、温度为 30℃的湿空气进入绝热饱和器，经绝热饱和后温度达到 20℃时离开，计算进入绝热饱和器前的湿空气的含湿量和相对湿度。

9-23　测得一种大气（空气）试样的总压力为 0.1MPa，干球温度为 25℃，湿球温度为 15℃。求该试样：(1) 蒸汽分压力和露点温度；(2) 相对湿度和含湿量；(3) 密度、气体常数和比焓。

9-24　某湿空气的总压力为 0.1MPa，干球温度为 40℃，湿球温度为 20℃。确定这种湿空气的含湿量、相对湿度、蒸汽分压力。(1) 使用由绝热饱和概念导出的有关公式；(2) 使用 Carrier 方程。

注：Carrier 方程为 $p_{v_1}=p_{s_2}=(p-p_{s_2})(t_1-t_2)/(1532.4-1.3t_2)$。式中：$p_{v_1}$ 为湿空

气中蒸汽的分压力；p_{s_2} 为在湿球温度下相应的蒸汽饱和压力；p 为湿空气总压力；t_1 为干球温度；t_2 为湿球温度。

9-25　按照某种工艺过程的需要，将压力为0.1MPa、温度为30℃、相对湿度为0.4的湿空气加热到40℃。加热是在用蒸汽作为热源的蛇形管中进行的，如图9-13所示。加入的是压力为0.1MPa的饱和蒸汽，流出的是80℃的液体。若湿空气的容积流率是50m³/min，求：(1) 加热蒸汽的质量流量；(2) 加热后湿空气的相对湿度。

9-26　压力为0.1MPa、温度为40℃、相对湿度为0.6的湿空气以100kg/h的质量流量进入去湿器，在去湿器中被冷却去湿成10℃的饱和湿空气，如图9-14所示。求：去湿时流出的水的质量流量和热量。

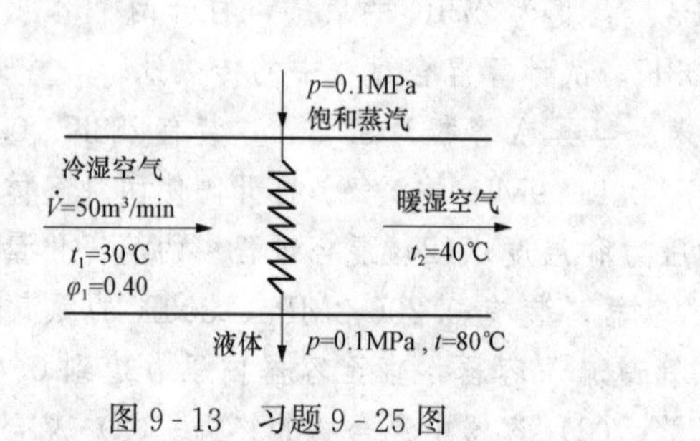

图9-13　习题9-25图

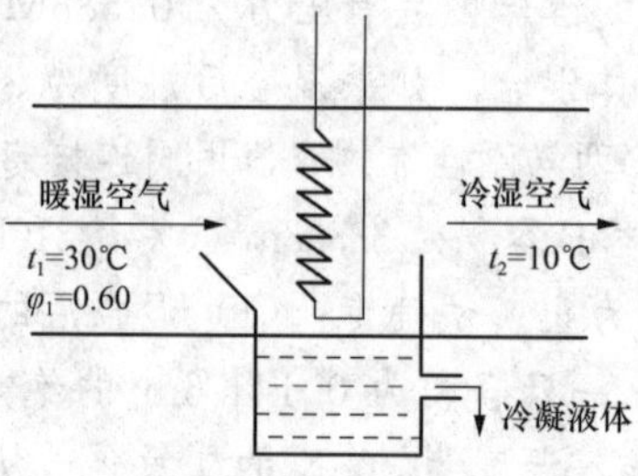

图9-14　习题9-26图

9-27　由于某种工艺需要，将压力为0.1MPa、温度为25℃、相对湿度为0.9的湿空气通过一定的调节过程使之成为温度为20℃、相对湿度为0.7的湿空气，如图9-15所示。试求1kg干空气：(1) 在调节过程中去除的湿量；(2) 在冷却去湿过程中除去的热量；(3) 在加热过程中加入的热量。

9-28　在某些车间里，由于工艺过程的需要，应保持一定的空气温度及较高的含湿量。因此必须进行加湿处理，该过程为等干球温度加湿调节过程。为了保持温度不变，在喷雾加湿的同时，必须进行加热。其结构如图9-16所示。若空气的压力为0.1MPa，温度为35℃，相对湿度为0.1，要求加湿调节到含湿量为0.020kg/kg，试求：(1) 加湿过程中1kg干空气加入的水量；(2) 加湿后湿空气的相对湿度；(3) 加湿过程中加入的热量。

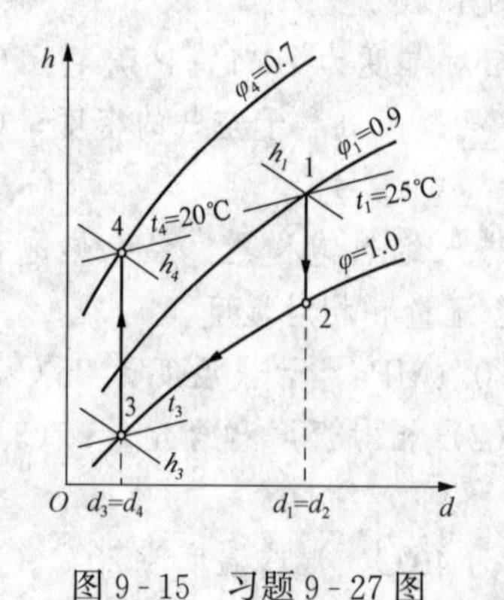

图9-15　习题9-27图

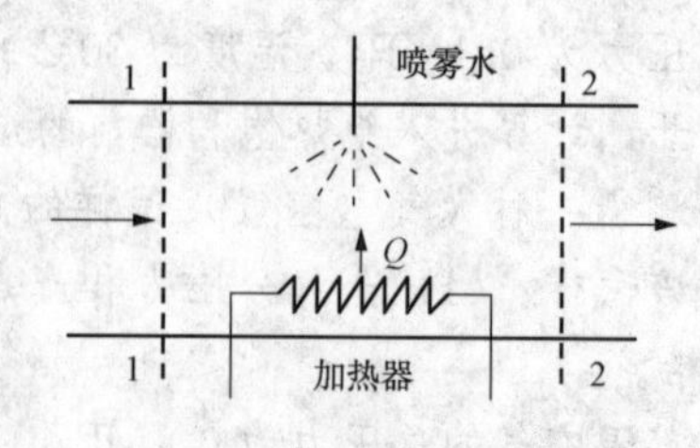

图9-16　习题9-28图

9-29　若调湿前湿空气的状态为0.1MPa、5℃，相对湿度为0.40。经定相对湿度调湿后，d_2＝0.006kg/kg，试计算：(1) 调湿过程中1kg干空气加入的水量；(2) 调湿后湿空气的温度；(3) 调湿过程中加入的热量。

9-30　温度为35℃、压力为0.1MPa、相对湿度为0.10的湿空气，经绝热加湿调节到20℃，如图9-17所示。求：(1) 调湿后湿空气的含湿量和相对湿度；(2) 调湿过程中1kg干空气加入的水量；(3) 湿空气加湿可得的最低温度。

9-31　对温度为8℃、压力为0.1MPa、相对湿度为0.30的湿空气进行加热，当温度升高到32℃后，使它流经冷却器，冷却至26℃时流出，如图9-18所示。求：(1) 湿空气最终的含湿量和相对湿度；(2) 整个调节过程中1kg干空气加入的热量；(3) 调湿过程中1kg干空气加入的水量。

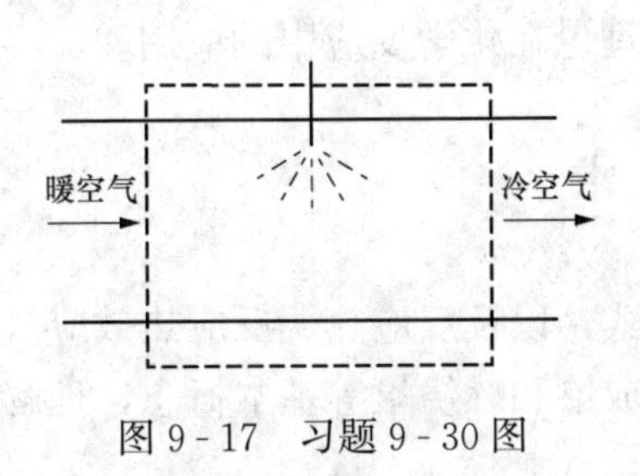

图9-17　习题9-30图

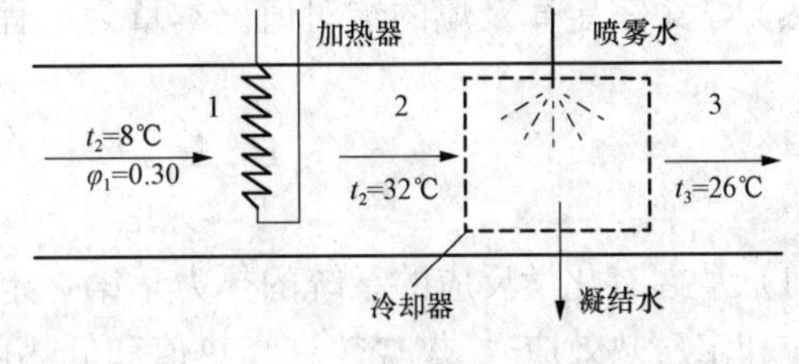

图9-18　习题9-31图

9-32　有t_1＝10℃、φ_1＝0.80、$\dot{V}_1$＝150m^3/min的湿空气流1进入绝热混合室与另一股t_2＝30℃、φ_2＝0.60、$\dot{V}_2$＝100m^3/min的湿空气流2混合。混合气体总压力为0.1MPa，试确定出口气流的温度t_3、含湿量d_3和相对湿度φ_3。

9-33　0.1MPa压力下的温度为35℃、相对湿度为0.55的大气空气进入冷却塔，并在32℃、相对湿度为0.95时离开。水在冷却塔中从38℃冷却到30℃，水的质量流量为6kg/s。求：(1) 大气空气的质量流量；(2) 水蒸发损失的百分数。

第10章　化学热力学基础

工程实际中，有许多行业的某些热力过程涉及化学反应问题。因此，本章主要归纳总结热力学第一、第二定律在有化学反应的热力系中的应用，以及有化学反应的热力系中能量转化的规律、化学反应的方向、化学反应平衡的计算及燃料的燃烧等问题。同时，本章简单介绍了热力学第三定律及熵的绝对值。本章为工程热力学理论在化学反应中的应用。

10.1　基本要求

（1）掌握有化学反应的系统的热力学第一定律表达式，以及反应热、反应热效应（定容热效应和定压热效应）、燃烧热（高热值和低热值）、生成焓和燃烧焓等基本概念，理解化学反应达到平衡的概念。

（2）掌握赫斯定律（反应热效应与过程无关，为状态参数）的内容和实质，能熟练运用生成焓计算反应热效应。

（3）理解理论燃烧温度的概念及计算。

（4）掌握平衡常数的含义和用途、平衡计算、影响化学平衡的因素以及平衡移动原理。

（5）了解热力学第三定律及熵的绝对值。

10.2　基本概念

反应热：化学反应中物系与外界交换的热量。符号：Q；单位：kJ。

放热反应：向外界放出热量的反应过程。

吸热反应：向外界吸收热量的反应过程。

反应热效应：若反应在定温定容或定温定压下不可逆地进行，且没有能做有用功（此时反应的不可逆程度最大）的化学反应热。符号：Q_V(定容热效应)、Q_p(定压热效应)；单位：kJ。

标准反应热效应：规定 $p=101\ 325\text{Pa}$、$T=298.15\text{K}$ 为标准状态，该状态下的反应热为标准反应热效应。符号：Q^0；单位：kJ。

反应焓：定温定压化学反应的热效应等于反应前后物系的焓差。符号：ΔH；单位：kJ。

燃烧热：1mol 燃料完全燃烧时的定压热效应。燃烧热的绝对值称为燃料的热值，分为低热值和高热值。符号：Q_{DW}(低热值)、Q_{GW}(高热值)；单位：kJ/mol。

赫斯定律：当化学反应前后物质的种类给定时，热效应只取决于反应前后的状态，与中间经历的途径无关。

基尔霍夫定律：若实际化学反应在任意温度 T 时进行，则定压热效应的变化量 $\mathrm{d}Q_{p,T}$ 与温度的变化量 $\mathrm{d}T$ 的比值为生成物系与反应物系的总热容的差值。

理论空气量：完全燃烧理论上需要的空气量。符号：α^0。

过量空气系数：实际空气量与理论空气量之比。符号：α。

绝热理论燃烧温度：在忽略物系动能与位能变化且不对外做有用功时，若燃烧反应接近于在绝热条件下进行，且为完全燃烧，其所产生的热能全部用于加热燃烧产物本身，此时燃烧产物所能达到的最高温度。符号：T_{ad}。

化学反应速度：单位时间内反应物质浓度的变化量。符号：ω；单位：mol/(m^3·s)。

化学平衡常数：在一定温度下，从发生化学反应到最后都达到平衡，此时各生成物浓度的化学计量数次幂的乘积除以各反应物浓度的化学计量数次幂的乘积所得的比值。符号：K_p 或 K_c。

平衡平移原理：如果处在平衡状态下的物系受到外力条件改变的影响（如外界压力和温度变化导致物系的压力和温度发生变化），则平衡位置就会发生移动，移动的方向总是朝着削弱这些外来作用影响的方向。平衡平移原理也称查德理定律。

离解度：当化学反应达到平衡时每摩尔物质分解成一些较简单物质和元素的程度。符号：σ。

热力学第三定律：在绝对零度下任何纯粹物质完整晶体的熵等于零。或不可能用有限的方法使物系的热力学温度达到零。或不可能用有限的方法使物系的温度达到绝对零度。其表述方式较多，这只是经典的三种说法。

10.3　重点与难点解析

10.3.1　热力学第一定律解析

许多能源、动力、化工、环保及人体和生物体内的热、质传递和能量转换过程都涉及化学反应问题。因此，现代工程热力学也包括了化学热力学的一些基本原理。

1. 有化学反应的系统

研究化学反应过程的能量转换或传递也需要选择系统。可以把它们分成闭口系、开口系等，除了系统中含有化学反应，其他概念与以前章节中的一样。但热力系经历化学反应后其组成和成分会发生变化，其平衡状态需要两个以上的独立参数来描述，因而化学反应过程可以在定温、定压、定温及定容等条件下进行。

在化学反应过程中，反应物和生成物之间按各自分子数计算，互成整数比，其比值由质量守恒定律确定。单相系统的化学反应计量方程的一般表达式为

$$\sum_i \alpha_i A_i = 0 \tag{10-1}$$

式中：α_i为A_i的化学计量系数，是反应过程中各物质转化的比例系数；A_i为第 i 组元。

化学反应有吸热和放热之分。例如，乙炔的生成反应为吸热反应：$2C+H_2=C_2H_2$；氢气燃烧生成水的反应是放热反应：$2H_2+O_2=2H_2O$。式中的系数是根据质量守恒定律，按反应前后原子数不变而确定的，称为化学计量系数。反应过程中生成的反应热，不仅与反应物的初、终态有关，还与过程有关，因此反应热为过程量。反应物系中与外界交换的功有体积功、电功以及对磁力和其他性质力做的功，其总功表达式可以写为

$$W_{tot} = W + W_u \tag{10-2}$$

式中：W_{tot}为总功，kJ；W 为体积功，kJ；W_u 为有用功，kJ。

需要注意的是，在以化学反应为主要目的的过程中，因体积功通常不能被利用，故有用功中不包含体积功。反应热和功的正负号的规定与在无化学反应的过程中一样。由于发生化学反应，物系的热力学能变化包括化学能（或称化学内能）。物系中反应物的量的变化趋势不定。有化学反应的过程都是不可逆过程，个别过程，如蓄电池的充、放电过程可近似认为是可逆过程，而如燃烧反应过程则为不可逆过程。

2. 热力学第一定律解析式

热力学第一定律是普遍的定律，对有化学反应的过程也适用，是对化学过程进行能量平衡分析的理论基础，其表达式为

$$\Delta E = Q - W_{tot} \tag{10-3}$$

式中：ΔE 为系统总能量在过程中的变化量，kJ；Q 为反应热，kJ。

（1）闭口系。若忽略物系动能与位能的变化，其表达式为

$$Q = U_2 - U_1 + W_{tot} = U_2 - U_1 + W_u + W \tag{10-4}$$

对于微元反应有

$$\delta Q = dU + \delta W_u + \delta W \tag{10-5}$$

式中：U 为热力学能，其包括热力学能 U_{th} 和化学能 U_{ch}，kJ。

不同的化学反应过程，其表达式不同。对于定温定容化学反应有

$$Q = U_2 - U_1 + W_{u,V} \tag{10-6}$$

$$\delta Q = dU + \delta W_{u,V} \tag{10-7}$$

对于定温定压化学反应有

$$Q = U_2 - U_1 + W_{u,p} + p(V_2 - V_1) = H_2 - H_1 + W_{u,p} \tag{10-8}$$

$$\delta Q = dH + \delta W_{u,p} \tag{10-9}$$

（2）开口系。对于开口稳定流动且有化学反应的系统，忽略由化学反应引起的其他功时，热力学第一定律的表达式为

$$Q = \sum_{P} H_{out} - \sum_{R} H_{in} + W_t \tag{10-10}$$

式中：W_t 为系统与外界交换的技术功，kJ；H_{out} 和 H_{in} 分别为不同组元生成物和反应物的焓，kJ；P 和 R 分别代表生成物和反应物。

式（10-4）～式（10-10）称作热力学第一定律的解析式，它们是根据热力学第一定律得出的，不论化学反应是可逆还是不可逆，均可适用。

3. 反应热效应和燃烧热

（1）定温定容反应热效应 Q_V 和定温定压反应热效应 Q_p 及相互关系。

若化学反应在定温定容或定温定压下进行，且没有对外做功，则反应热即反应热效应的表达式为

$$Q_V = U_2 - U_1 \tag{10-11}$$

$$Q_p = H_2 - H_1 \tag{10-12}$$

若化学反应从某一初态分别经历定温定压和定温定容过程完成，且反应物和生成物均可按理想气体计，则反应热表达式为

$$Q_p - Q_V = (H_2 - H_1) - (U_2 - U_1) = p(V_2 - V_1) = RT\Delta n \tag{10-13}$$

式中：$\Delta n = n_2 - n_1$ 为反应物前后物质的摩尔数的变化量。

若 $\Delta n>0$，则 $Q_p>Q_V$；若 $\Delta n<0$，则 $Q_p<Q_V$；若 $\Delta n=0$，则 $Q_p=Q_V$。若反应前后没有气相出现，因固相及液相的体积可以忽略，故 $Q_p \approx Q_V$。

(2) 标准定容热效应 Q_V^0、标准定压热效应 Q_p^0、标准燃烧焓 ΔH_c^0 及标准生成焓 ΔH_f^0。

燃烧热中低热值和高热值的区别在于高热值中不含蒸汽的汽化潜热，而低热值中则含有。单质或元素化合成 1mol 化合物时热效应为该化合物的生成热；1mol 化合物分解成单质时的热效应为该化合物的分解热。生成热与分解热的绝对值相等，符号相反。

热效应的数值与物系化学反应的温度和压力有关。在标准状态下（$p=101\ 325$Pa、$T=298.15$K），Q_V^0 和 Q_p^0 为标准定容热效应和标准定压热效应；ΔH_c^0 和 ΔH_f^0 为标准状态下的燃烧热和生成热，又称标准燃烧焓和标准生成焓。稳定单质或元素的标准生成焓规定为零。标准生成焓的一个重要用途就是计算化学反应热效应。

10.3.2　赫斯定律和基尔霍夫定律

1. 赫斯定律

该定律反映了反应前后物种给定时，决定热效应的是反应前后的状态而非过程。因此，热效应为状态量，而反应热为过程量。故可利用赫斯定律，根据一些已知反应热效应确定那些难以直接测量的反应的热效应。如碳不完全燃烧的反应方程为

$$C+\frac{1}{2}O_2 = CO+Q_p$$

但该反应必然会生成 CO_2，反应的热效应就不能直接测量，但可以利用下面两个反应的热效应间接确定。

$$CO+\frac{1}{2}O_2 = CO_2+Q'_p$$

$$C+O_2 = CO_2+Q''_p$$

通过对前两个反应过程的综合，可以实现第三个过程的反应效果。根据赫斯定律有

$$Q_p = Q''_p - Q'_p$$

因此，赫斯定律通过对已经深入了解的其他反应系列得到的反应热效应，来确定不能直接得到的该反应的反应热效应。

根据赫斯定律可推出以下三个重要而实用的结论：

(1) 化合物的生成热（定温定压下元素形成 1mol 化合物的反应热效应）与化合物的分解热（定温定压下 1mol 化合物分解为元素的反应热效应）数值相等而符号相反。即正向反应的热效应与逆向反应的热效应数值相等而方向相反。

(2) 反应的热效应等于生成物的生成焓（生成 1mol 化合物的热效应）总和减去反应物的生成焓总和。

(3) 反应的热效应等于各反应物的燃烧焓（1mol 燃料燃烧反应的热效应）总和减去各生成物的燃烧焓总和。运用这一结论时，必须注意反应物和生成物两者的燃烧产物不仅组元要相同，物态也要相同。

2. 基尔霍夫定律

实际化学反应若不在温度 $T=298.15$K 下进行，而是在任意温度 T 时，如图 10-1 所示。其定压热效应

$$Q_T = \Delta H_T = H_d - H_c = H_{P,T} - H_{R,T}$$

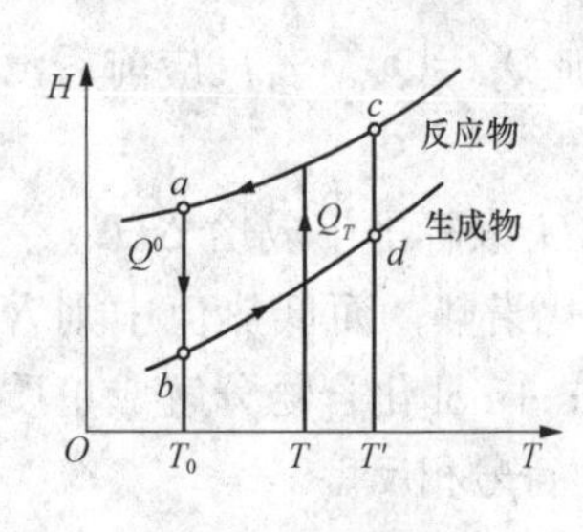

图 10-1　任意温度 T 时的热效应

由赫斯定律得

$$Q_T=(H_d-H_b)+(H_b-H_a)+(H_a-H_c)$$
$$=\Delta H^0+(H_d-H_b)-(H_c-H_a) \quad (10-14)$$

式中：(H_d-H_b) 和 (H_c-H_a) 分别为生成物系和反应物系定压加热和冷却时焓的变化量，与化学反应无关；ΔH^0 为标准状态下的反应热效应，$\Delta H^0=Q^0$。

以标准状态下的摩尔焓为基准，则式（10-14）可改写为

$$Q_T=\Delta H^0+\left[\sum n_\kappa(H_{\mathrm{m},\kappa}-H^0_{\mathrm{m},\kappa})\right]_{\mathrm{P}}-\left[\sum n_j(H_{\mathrm{m},j}-H^0_{\mathrm{m},j})\right]_{\mathrm{R}} \quad (10-15)$$

若反应物和生成物均为理想气体，且温度由 T_0 升至 T 时，则式（10-15）又可改写为

$$Q_T-Q^0=\left[\sum n_\kappa C_{\mathrm{m},p,\kappa}\big|_{T_0}^{T}(T-T_0)\right]_{\mathrm{P}}-\left[\sum n_j C_{\mathrm{m},p,j}\big|_{T_0}^{T}(T-T_0)\right]_{\mathrm{R}} \quad (10-16)$$

同理，当温度由 T 升至 T'，且 $\Delta T=T-T'\to 0$ 时，则有

$$\frac{\mathrm{d}Q_T}{\mathrm{d}T}=\left[\sum n_\kappa C_{\mathrm{m},p,\kappa}\right]_{\mathrm{P}}-\left[\sum n_j C_{\mathrm{m},p,j}\right]_{\mathrm{R}}=C_{\mathrm{P}}-C_{\mathrm{R}} \quad (10-17)$$

式（10-17）即为基尔霍夫定律的一种表达式。它反映的是反应热效应随温度的变化关系取决于生成物系和反应物系的总热容的差值。当$\frac{\mathrm{d}Q_T}{\mathrm{d}T}>0$ 时，若为放热反应，热效应的绝对值随温度 T 的升高而减小；若为吸热反应，热效应随温度 T 的升高而增大；当$\frac{\mathrm{d}Q_T}{\mathrm{d}T}=0$ 时，热效应与温度 T 无关；当$\frac{\mathrm{d}Q_T}{\mathrm{d}T}<0$ 时，若为放热反应，热效应的绝对值随温度 T 的升高而增大；若为吸热反应，热效应随温度 T 的升高而减小。

已知反应物和生成物的摩尔热容与温度的关系时，只要求得某一温度（通常是标准参考温度）下反应的热效应，可根据式（10-17）求取任意温度下反应的热效应。

10.3.3　绝热理论燃烧温度

1. 理论空气量和过量空气系数

大多数燃烧过程的助燃剂都是空气而不是纯氧气。为了使燃烧更充分，通常所提供的空气比理论计算值大，超出理论空气量的部分为过量空气。利用过量空气系数的大小衡量过量空气的多少。过量的空气虽没有参与燃烧，但其温度与燃烧产物相同，故对燃烧过程也有一定的影响，即过量空气系数过大，会使燃烧产物的温度下降，过小则可能造成燃烧不充分。

2. 绝热理论燃烧温度分析

在某些情况下，化学反应或燃烧反应是在接近绝热的条件下进行的，即假定燃料在燃烧时所放出的热量并未外传。散热损失可以略去不计，并假定燃烧是完全理想的，则燃烧所产生的热量全部用来加热燃烧产物本身，用以提高其温度。这时，燃烧产物最后所达到的温度叫作绝热理论燃烧温度。

根据燃烧反应进行的条件，绝热理论燃烧温度有两种：定压绝热理论燃烧温度和定容绝热理论燃烧温度。燃料燃烧的热效应为负。

对于定压绝热完全燃烧，则有

$$(-Q_p)_{T_1} = \sum_{\mathrm{P}} n_i (H_{\mathrm{m},T_2} - H_{\mathrm{m},T_1})_i \tag{10-18}$$

式中：T_1 为反应物的初温，K；T_2 为燃烧产物的终温，K，称绝热燃烧温度。

对于定容绝热完全燃烧，则有

$$(-Q_V)_{T_1} = \sum_{\mathrm{P}} n_i (H_{\mathrm{m},T_2} - H_{\mathrm{m},T_1})_i \tag{10-19}$$

利用式（10-18）和式（10-19）求解绝热燃烧温度 T_2时，可采用试凑法。由于燃烧总不能完全，散热损失又难以避免，因而计算得到的绝热燃烧温度往往大于测量值。

定容绝热燃烧不仅温度会升高，压力也会升高。当达到绝热燃烧温度的同时压力也会达到最大（也称爆发压力），其值可利用理想气体状态方程求得。

10.3.4　化学平衡和平衡常数

1. 化学反应的速度

化学反应是在原有的分子被破坏而产生新的生成物分子的同时，生成物分子间进行反应而重新生成原有反应物的过程，即化学反应具有正、逆反应两重性，并不是沿一个方向进行到某些反应物全部消失。将化学反应向生成物的反应称为正向反应，反之则称为逆向反应。正向反应和逆向反应是同时发生的，因此只有当正向反应较强时，反应才能按正向发展。反之，当逆向反应较强时，反应就按逆向发展。但反应有快慢之分，通常用化学反应速度来衡量，即用单位时间内反应物质的浓度的变化量来衡量，其表达式为

$$\omega = \frac{\mathrm{d}c}{\mathrm{d}\tau} \tag{10-20}$$

式中：ω 为化学反应瞬时速度，mol/(m^3 · s)；c 为某一反应物质的浓度，mol/m^3；τ 为时间，s。

化学反应速度主要取决于发生反应时的温度和反应物质的浓度。如果正向反应和逆向反应的速度相等，则反应过程就不再发展，即达到化学平衡。化学平衡是一种动态的平衡。

2. 平衡常数 K_c和 K_p

对于化学反应式

$$b\mathrm{B} + d\mathrm{D} \rightleftharpoons g\mathrm{G} + r\mathrm{R}$$

当化学反应达到平衡，反应进行的温度一定时，化学反应的速度与发生反应的所有反应物浓度的乘积成正比（正向反应速度与反应物的浓度成正比，逆向反应速度与生成物的浓度成正比），即$\omega_1 = k_1 c_{\mathrm{B}}^b c_{\mathrm{D}}^d = \omega_2 = k_2 c_{\mathrm{G}}^g c_{\mathrm{R}}^r$，令 $K_c = k_1/k_2$，即为以浓度表示的平衡常数，表达式为

$$K_c = \frac{k_1}{k_2} = \frac{c_{\mathrm{G}}^g c_{\mathrm{R}}^r}{c_{\mathrm{B}}^b c_{\mathrm{D}}^d} \tag{10-21}$$

由式（10-21）可知，当$k_1 \gg k_2$时，向正向反应进行得比较完全，只有少量的反应物存在；当$k_1 \ll k_2$时，向逆向反应进行得比较完全，只有少量的生成物存在。对于一定的化学反应，如果参加反应的物质都为或接近理想气体，则平衡常数的数值只随反应物系的温度 T 而定。

若反应物系中的物质为理想气体，因气体浓度与其分压力成正比，故以气体分压力表示的平衡常数为 K_p，其表达式为

$$K_p = \frac{p_G^g p_R^r}{p_B^b p_D^d} \tag{10-22}$$

两个平衡常数为同一化学反应平衡状态的表征量时，其关系为

$$K_c = \frac{k_1}{k_2} = \frac{c_G^g c_R^r}{c_B^b c_D^d} = \frac{p_G^g p_R^r}{p_B^b p_D^d}(RT)^{(b+d-g-r)} = K_p(RT)^{\Delta n} \tag{10-23}$$

由式（10-23）可知，只有 $\Delta n=0$ 时，$K_c=K_p$，K_p 的数值也只随反应物系的温度 T 而定。平衡常数还可以用摩尔分数来表示。在实际计算中可采用适合条件要求的平衡常数计算式。

10.3.5 平衡移动原理、化学反应方向判据及平衡条件

1. 平衡移动原理

对于处于平衡状态的系统，当外界条件（温度、压力及浓度等）发生变化时，平衡位置会发生移动，其移动方向总是削弱或者反抗外界条件改变的影响。该原理对平衡移动方向的论述与热力学第二定律对过程方向的论述相符合，也与实际经验相符合。那么影响平衡移动的因素有哪些？主要为物系的压力和温度。

若提高反应物的温度，则平衡向着吸热方向移动（以减弱温度升高）；反之，降低反应物的温度，则平衡向着放热方向移动（以削弱温度降低）；若提高总压，则平衡向着体积减小的方向移动（以减弱压力增加）；若增大反应物（或减小生成物）的浓度（或分压力），则平衡向着减小该反应物（或增大该生成物）浓度（或分压力）的方向移动。

2. 压力对化学平衡的影响

对于理想气体反应物系，平衡常数只随物系的温度 T 而变，而不随物系的压力而变，但压力若发生变化，有时会使离解度 σ 发生变化。离解度与压力的关系有以下三种情况：

（1）物质的量减小的反应（$\Delta n<0$）。对于理想气体物系，物系的温度 T 一定时，平衡常数 K_p、K_c 为常数。当压力增大时，离解度减小，化学反应平衡向正反应方向进行并使物质的量减小，反应趋于完全。

（2）物质的量增加的反应（$\Delta n>0$）。该条件下的化学反应平衡与物质的量减小的反应正好相反。

（3）物质的量不变的反应（$\Delta n=0$）。对于 $\Delta n=0$ 的化学反应，当物系温度 T 不变时，平衡常数 K_p、K_c 不变，压力的变化对离解度没有影响，化学平衡不发生移动。

3. 温度对化学平衡的影响

任何化学反应都存在合成和离解两种方向相反且同时进行的反应。达到化学平衡时，两种反应速度相等。合成反应为吸热反应，则离解反应为放热反应；反之亦然。当物系的温度变化时，平衡常数 K_p、K_c 发生变化，平衡发生移动。如温度越高，燃烧产物的离解越多，即吸热的离解反应加强，平衡向逆向移动。

4. 化学反应方向判据

热力学第二定律的本质为热过程方向的定律。它对含化学反应的过程也是适用的。因此，化学反应进行的方向和限度等问题，也需要用热力学第二定律来解决。

（1）孤立系的熵判据。孤立系内的一切不可逆过程使熵增加，直到达到极大值，此时系统达到平衡状态。因此，孤立系的平衡（也为化学平衡条件）判据为

$$dS_{iso} = 0, d^2S_{iso} < 0 \tag{10-24}$$

但直接用热力学第二定律的熵判据来判定化学反应的方向并不方便。因为此时不仅要考虑反应物系的熵变，还要考虑与反应物系共同构成孤立系的外界环境的熵变。特别是对定温定压或定温定容反应过程，运用亥姆赫兹函数或吉布斯函数作为判据更为方便。

（2）定温定容反应系统的亥姆赫兹函数判据。亥姆赫兹函数判据为

$$\mathrm{d}F \leqslant 0 \tag{10-25}$$

定温定容反应总是向着亥姆赫兹函数减小的方向进行，直到达到极小值的平衡状态。此时定温定容简单可压缩反应系统的平衡（也为化学平衡条件）判据为

$$\mathrm{d}F = 0, \mathrm{d}^2F < 0 \tag{10-26}$$

（3）定温定压反应系统的吉布斯函数判据。吉布斯函数判据为

$$\mathrm{d}G \leqslant 0 \tag{10-27}$$

定温定压反应总是向着吉布斯函数减小的方向进行，直到达到极小值的平衡状态。此时定温定压简单可压缩反应系统的平衡（也为化学平衡条件）判据为

$$\mathrm{d}F = 0, \mathrm{d}^2F < 0 \tag{10-28}$$

（4）定温定压和定温定容反应系统的普通判据。令$\left(\frac{\partial G}{\partial n_i}\right)_{T,p,n_j(j\neq i)} = \left(\frac{\partial F}{\partial n_i}\right)_{T,V,n_j(j\neq i)} = \mu_i$，其中$\mu_i$为$i$组元的化学势，其物理意义为：除$n_i$以外，在其他参数不变的条件下，系统某一广延状态参数随n_i的变化率。

对于定温定压和定温定容反应系统，在达到化学平衡（也为化学平衡条件）时，$\mathrm{d}G=0$、$\mathrm{d}F=0$，即

$$\mathrm{d}G = \sum_i \left(\frac{\partial G}{\partial n_i}\right)_{T,p,n_j(j\neq i)} \mathrm{d}n_i = \sum_i \mu_i \mathrm{d}n_i = 0 \tag{10-29}$$

$$\mathrm{d}F = \sum_i \left(\frac{\partial F}{\partial n_i}\right)_{T,p,n_j(j\neq i)} \mathrm{d}n_i = \sum_i \mu_i \mathrm{d}n_i = 0 \tag{10-30}$$

而定温定压和定温定容反应方向及化学平衡判据为$\mathrm{d}G\leqslant 0$、$\mathrm{d}F\leqslant 0$，因此其普通判据为

$$\sum_i \mu_i \mathrm{d}n_i \leqslant 0 \tag{10-31}$$

对于单相系统的化学反应，有

$$v_a\mathrm{A} + v_b\mathrm{B} \rightarrow v_c\mathrm{C} + v_d\mathrm{D}$$

根据质量守恒原理可知，参与化学反应的各组元的物质的量之比必定等于相应组元的化学计量系数之比，即

$$\frac{\mathrm{d}n_a}{v_a} = \frac{\mathrm{d}n_b}{v_b} = \frac{\mathrm{d}n_c}{v_c} = \frac{\mathrm{d}n_d}{v_d} = \mathrm{d}\varepsilon \text{ 或 } \mathrm{d}n_i = v_i \mathrm{d}\varepsilon \tag{10-32}$$

式中：ε为化学反应度；v_i为化学计量系数，对于选定的正向反应，生成物项取正，反应物项取负。

由式（10-31）和式（10-32）整理得

$$\sum_i \mu_i v_i \leqslant 0 \tag{10-33}$$

式（10-33）中的$\sum_i \mu_i v_i$为总化学势，是定温定压和定温定容反应方向及化学平衡判据的另一判据。该式表明化学反应总是向着系统的总化学势减小的方向进行，且当系统的化学势达到最小值时，反应达到平衡。

若用$\sum_{\mathrm{P}} \mu_i v_i$和$\sum_{\mathrm{R}} \mu_j v_j$表示生成物和反应物的总化学势，则有

$$\sum_{P}\mu_i v_i - \sum_{R}\mu_j v_j \leqslant 0 \tag{10-34}$$

若 $\sum_{P}\mu_i v_i < \sum_{R}\mu_j v_j$，则正向反应可自发进行；若 $\sum_{P}\mu_i v_i = \sum_{R}\mu_j v_j$，则反应达到平衡；若 $\sum_{P}\mu_i v_i > \sum_{R}\mu_j v_j$，则逆向反应可自发进行。可见，化学势是质量传递的驱动力，生成物与反应物的化学势差等于零时，系统达到化学平衡。各系统内热过程的热力学判据，见表 10-1。

表 10-1 各系统内热过程的热力学判据

判据	熵判据	亥姆赫兹函数判据	吉布斯函数判据
系统	孤立系	闭口系	闭口系
系统适用条件	任何过程	定温定容，$W_u=0$	定温定压，$W_u=0$
自发方向	$dS_{iso}>0$	$(dF)_{T,v}<0$	$(dG)_{T,p}<0$
平衡状态	$dS_{iso}=0$	$(dF)_{T,v}=0$	$(dG)_{T,p}=0$

5. 化学㶲

当系统处于给定环境压力、环境温度时，系统的物理㶲为零（因此有人将这种状态称为物理死态）。但是，与给定环境的温度、压力相平衡的系统的化学成分与给定环境中的不一定平衡，这种不平衡势也具有做功能力。与给定环境的温度、压力相平衡（即处于物理死态）的系统，经可逆的物理（扩散）或化学反应过程达到与给定环境化学平衡（成分相同）时做出的最大有用功称为物质的化学㶲。显然，为确定物质的化学㶲，除温度和压力，还需确定给定环境中基准物的浓度和热力学状态。在实际给定环境中这两者均是变化的，为简化计算，许多学者提出了给定环境模型。给定环境模型规定了环境温度和压力，并确定给定环境由若干基准物组成，每一种元素都有其对应的基准物和基准反应，以及基准物的浓度等。用环境模型计算的物质的化学㶲称为标准化学㶲。由于给定环境模型中的基准物的化学㶲为零，所以元素与给定环境物质进行化学反应变成基准物所提供的最大有用功即为该元素的化学㶲。规定在 298.15K 和 101 325Pa 的饱和空气内各组元作为环境空气各组元基准物，所以空气中所包含的成分，如 N_2、O_2、CO_2、Ar、He、Ne 和 H_2O 等气体，在 298.15K 和压力等于饱和空气中相应分压力 p_i 时的化学㶲为零。因此，这些气体组分的标准化学㶲就是由 101 325Pa 可逆等温膨胀到 p_i 时的理想功。

10.3.6 热力学第三定律及熵的绝对值

1. 热力学第三定律

热力学第三定律又称能斯特定律，属于低温范畴定律。其主要阐述绝对 0K 能否实现及此时熵的值是否为零。因此，热力学第三定律通常有两种典型表述。

其一：任何凝聚物系在绝对温度趋于零时所进行的可逆定温过程中，熵接近不变。其表达式为

$$\lim_{T\to 0}(\Delta S)_T = 0 \tag{10-35}$$

其二：不可能用有限的方法使物系的温度达到绝对零度。

热力学第三定律与热力学第一、第二定律一样，都在说某种事情做不到。热力学第一、第二定律明确指出，必须绝对放弃那种企图制造第一类和第二类永动机的梦想；而热力学第

三定律却不阻止人类尽可能地去接近绝对零度。

2. 熵的绝对值

热力学第三定律的最重要推论就是绝对熵的导出。根据量子力学理论，考虑原子的自转，纯粹物质完整晶体的熵在绝对零度时并不等于零，只不过很小且与热力过程及热力计算无关。因此，工程热力学对热力学第三定律不做修正，故其具有一定的相对性。由式（10-35）可知，当 $T=0\mathrm{K}$ 时，$s_0=$常数。若取 $s_0=0$，使不同物质的绝对比熵以绝对零度为基准，其表达式为

$$s=\int_0^T \frac{\delta q}{T} \tag{10-36}$$

式（10-36）可根据不同过程，其表达式也有所不同，即

$$s=\int_0^T c_p \frac{\mathrm{d}T}{T}(\text{定压过程}) \tag{10-37}$$

$$s=\int_0^T c_V \frac{\mathrm{d}T}{T}(\text{定容过程}) \tag{10-38}$$

对于实际气体，应该考虑不同状态时产生的比熵，其表达式为

$$s=\int_0^{T_\mathrm{f}} c_{p,\mathrm{s}} \frac{\mathrm{d}T}{T}+\frac{\Delta h_\mathrm{f}}{T_\mathrm{f}}+\frac{\Delta h_\mathrm{t}}{T_\mathrm{t}}+\int_{T_\mathrm{f}}^{T_\mathrm{v}} c_{p,\mathrm{l}} \frac{\mathrm{d}T}{T}+\frac{\Delta h_\mathrm{v}}{T_\mathrm{v}}+\int_{T_\mathrm{v}}^{T} c_{p,\mathrm{g}} \frac{\mathrm{d}T}{T} \tag{10-39}$$

式中：$\int_0^{T_\mathrm{f}}(c_{p,\mathrm{s}}\mathrm{d}T/T)$、$\Delta h_\mathrm{f}/T_\mathrm{f}$、$\Delta h_\mathrm{t}/T_\mathrm{t}$、$\int_{T_\mathrm{f}}^{T_\mathrm{v}}(c_{p,\mathrm{l}}\mathrm{d}T/T)$、$\Delta h_\mathrm{v}/T_\mathrm{v}$、$\int_{T_\mathrm{v}}^{T}(c_{p,\mathrm{g}}\mathrm{d}T/T)$ 为固态熵增、晶体相变熵增、熔化熵增、液态熵增、汽化熵增和气态熵增，J/(kg·K)。

绝对熵值的确定，使熵值有了统一的零点基准，从而能够对系统以共同约定的起点进行熵值的计算。从而可以比较采用不同方法所计算的系统熵值。

10.4 公式汇总

本章在学习中应熟练掌握和运用的基本公式，见表10-2。

表10-2　化学热力学基础基本公式汇总

项目	表达式	备注
化学反应方程一般式	$\sum_i \alpha_i A_i=0$	必须满足各元素原子数守恒
反应物系与外界交换总功	$W_\mathrm{tot}=W+W_\mathrm{u}$	若以化学反应为主要目的，有用功中不包含体积功
化学反应过程热力学第一定律表达式	$Q=U_2-U_1+W_\mathrm{tot}$	忽略动、位能差，闭口系
	$Q=\sum_\mathrm{P} H_\mathrm{out}-\sum_\mathrm{R} H_\mathrm{in}+W_\mathrm{t}$	开口稳定流动系统，忽略由化学反应引起的其他功
定温定容反应热效应	$Q_V=U_2-U_1$	没有对外做功
定温定压反应热效应	$Q_p=H_2-H_1$	
化学反应热	$Q_p-Q_V=p(V_2-V_1)=RT\Delta n$	反应物和生成物均为理想气体，过程为定温定压和定温定容过程，Q_p 与 Q_V 关系

续表

项目	表达式	备注
基尔霍夫定律	$\frac{dQ_T}{dT}=[\sum n_\kappa C_{m,p,\kappa}]_P-[\sum n_j C_{m,p,j}]_R=C_P-C_R$	反映的是反应热效应随温度的变化关系取决于生成物系和反应物系的总热容的差值
绝热燃烧温度	$(-Q_p)_{T_1}=\sum_P n_i(H_{m,T_2}-H_{m,T_1})_i$	定压绝热完全燃烧，采用试凑法
	$(-Q_V)_{T_1}=\sum_P n_i(U_{m,T_2}-U_{m,T_1})_i$	定容绝热完全燃烧，采用试凑法
化学反应平衡常数	$K_c=\frac{k_1}{k_2}=\frac{c_G^g c_R^r}{c_B^b c_D^d}$	以浓度表示的平衡常数
	$K_p=\frac{p_G^g p_R^r}{p_B^b p_D^d}$	以气体分压力表示的平衡常数
平衡常数 K_c 和 K_p 的关系	$K_c=K_p(RT)^{\Delta n}$	K_c、K_p 的数值只随反应物系的温度 T 而定
平衡常数与温度的关系	$\ln K_p=-\frac{\Delta G_T^0}{TR}$	定温定压反应达到平衡且 $\Delta G=0$。ΔG_T^0 为由标准状态至温度为 T 时的自由焓
绝对比熵	$s=\int_0^T\frac{\delta q}{T}$	一般过程
	$s=\int_0^T c_p\frac{dT}{T}$；$s=\int_0^T c_V\frac{dT}{T}$	定压过程；定容过程
实际气体绝对比熵	$s=\int_0^{T_f}c_{p,s}\frac{dT}{T}+\frac{\Delta h_f}{T_f}+\frac{\Delta h_t}{T_t}+\int_{T_f}^{T_v}c_{p,l}\frac{dT}{T}+\frac{\Delta h_v}{T_v}+\int_{T_v}^{T}c_{p,g}\frac{dT}{T}$	有固态熵增、晶体相变熵增、熔化熵增、液态熵增、汽化熵增和气态熵增

10.5 典型题精解

【例 10-1】 辛烷（C_8H_{18}）在 95%理论空气量下燃烧。假定燃烧产物是 CO_2、CO、H_2O 和 N_2 的混合物，确定该燃烧方程，并计算其空气燃料比。

解：辛烷在空气量为理论值时，燃烧反应方程为

$$C_8H_{18}+12.5O_2+12.5\times3.76N_2\longrightarrow 8CO_2+9H_2O+47.0N_2$$

则在 95%理论空气量下的新燃烧方程可写成

$$C_8H_{18}+0.95\times12.5O_2+0.95\times12.5\times3.76N_2\longrightarrow aCO_2+bCO+dH_2O+eN_2 \tag{10-40}$$

式中：a、b、d、e 为待定系数。

由氢平衡 $2d=18$，得 $d=9$；由氮平衡得 $e=0.95\times12.5\times3.76=44.65$；由碳平衡得

$$a+b=8 \tag{10-41}$$

由氧平衡得

$$2a+b+d=0.95\times12.5\times2=23.75 \tag{10-42}$$

联立解式（10-41）和式（10-42），得

$$a = 6.75;\ b = 1.25$$

将 a、b、d、e 代入燃烧方程（10-40），可得辛烷在 95%理论空气的燃烧方程，即

$$C_8H_{18} + 11.875O_2 + 44.65N_2 \longrightarrow 6.75CO_2 + 1.25CO + 9H_2O + 44.65N_2$$

用摩尔作为单位时，空气燃料比

$$Z_0 = \frac{n_a}{n_f} = \frac{11.875 + 44.65}{1} = 56.53$$

用质量作为单位时，空气燃料比

$$Z'_0 = \frac{m_a}{m_f} = \frac{56.53 \times 28.9}{1 \times 114} = 14.36$$

［例10-1］表明，首先，若要正确解决所涉及的问题，保证化学方程式的正确性是必须的。其次，要列出各元素的摩尔数平衡方程，在给定条件下得出所要确定的系数。最后，要正确理解空气燃料比的概念。

【例10-2】 辛烷（C_8H_{18}）与2倍于理论空气量的空气完全燃烧。分别以摩尔及质量为单位确定燃烧生成物的百分数。若压力为0.1MPa，则生成物的露点为多少？

解：参照［例10-1］可写出辛烷与2倍于理论空气量的空气完全燃烧的方程，即

$$C_8H_{18} + 2 \times 12.5O_2 + 2 \times 12.5 \times 3.76N_2 \longrightarrow 8CO_2 + 9H_2O + 12.5O_2 + 2 \times 12.5 \times 3.76N_2$$

则生成物的总摩尔数

$$\sum n_P = 8 + 9 + 12.5 + 2 \times 12.5 \times 3.76 = 123.5$$

生成物的摩尔分数

$$x_{CO_2} = \frac{8}{123.5} \times 100\% = 6.48\%;\ x_{H_2O} = \frac{9}{123.5} \times 100\% = 7.29\%$$

$$x_{O_2} = \frac{12.5}{123.5} \times 100\% = 10.12\%;\ x_{N_2} = \frac{2 \times 12.5 \times 3.76 \times 100\%}{123.5} = 76.11\%$$

生成物的总质量

$$\sum m_P = 8 \times 44 + 9 \times 18 + 12.5 \times 32 + 94 \times 28 = 3546(\mathrm{kg})$$

生成物的质量分数

$$w_{CO_2} = \frac{8 \times 44}{3546} \times 100\% = 9.927\%;\ w_{H_2O} = \frac{9 \times 18}{3546} \times 100\% = 4.569\%$$

$$w_{O_2} = \frac{12.5 \times 32}{3546} \times 100\% = 11.28\%;\ w_{N_2} = \frac{94 \times 28}{3546} \times 100\% = 74.23\%$$

生成物中 H_2O 的分压力

$$p_v = x_{H_2O}p = 0.0729 \times 0.1 = 0.00729(\mathrm{MPa})$$

查饱和蒸汽表可得生成物的露点温度 t_d=39.43℃。

［例10-2］表明，通过化学反应方程可以很方便地确定混合物的摩尔分数和质量分数。这样各种生成物的分压力利用摩尔分数便可求得。因此，应该掌握如何利用化学方程求解摩尔分数和质量分数。

【例10-3】 用奥氏分析器测得某种未知组分的碳氢化合物燃烧生成物的摩尔分数为

$$x_{CO_2} = 12.5\%, x_{CO} = 0.5\%, x_{O_2} = 3.0\%, x_{N_2} = 84.0\%$$

试确定以质量为单位的实际空气燃料比。

解：0.1kmol 干生成物的燃烧方程可以写成

$$C_xH_y + aO_2 + a\times 3.76N_2 \longrightarrow 12.5CO_2 + 0.5CO + 3.0O_2 + 84.0N_2 + bH_2O$$

分别按氮、氧、氢、碳平衡可得到

$$x = 13.0, y = 26.36, a = 22.34, b = 13.18$$

则燃烧方程为

$$C_{13}H_{26.36} + 22.34O_2 + 3.76\times 22.34N_2 \longrightarrow 12.5CO_2 + 0.5CO + 3.0O_2 + 84.0N_2 + 13.18H_2O$$

以质量为单位的实际空气燃料比

$$Z'_0 = \frac{m_a}{m_f} = \frac{(22.34+84)\times 28.9}{13\times 12 + 26.36\times 1} = 16.9$$

[例 10-3] 表明，若想得出以质量为单位的实际空气燃料比，就必须确定反应方程式中各元素的摩尔数。摩尔数可根据反应物和生成物中各元素总摩尔数不变的原则进行求解。但本例中反应物 O_2 和 N_2 的摩尔数比为 $n_{O_2}:n_{N_2}=1:3.76$ 的特点，是解决问题的关键。

【例 10-4】 计算气态的丙烷在 600K、0.1MPa 下的定压反应热效应。假定生成物中的水是气相。

解：燃烧反应方程（反应式中，下角标为 g 的表示该物质为气相，无特别标记的均为气相）为

$$C_3H_8 + 5O_2 \longrightarrow 3CO_2 + 4H_2O_{(g)}$$

根据反应热效应计算式 $Q_p = \sum_P n_i(H_P - H_{P_0})_i - \sum_R n_i(H_R - H_{R_0})_i + \Delta H^0$，可写出给出的丙烷燃烧反应热效应计算式，即

$$\begin{aligned} Q_p = & 3(H_{600} - H_{298})_{CO_2} + 4(H_{600} - H_{298})_{H_2O_{(g)}} - \\ & 1(H_{600} - H_{298})_{C_3H_8} - 5(H_{600} - H_{298})_{O_2} + \Delta H^0 \end{aligned} \tag{10-43}$$

查表得

$$\Delta H^0 = -2\ 045\ 437.9(\text{kJ/kmol})$$

$$(H_{600} - H_{298})_{CO_2} = 22\ 280 - 9364 = 12\ 916(\text{kJ/kmol})$$

$$(H_{600} - H_{298})_{H_2O_{(g)}} = 20\ 402 - 9904 = 10\ 498(\text{kJ/kmol})$$

$$(H_{600} - H_{298})_{O_2} = 17\ 929 - 8682 = 9247(\text{kJ/kmol})$$

取 C_3H_8 的比热容为定值，且 $C_{m,p,C_3H_8}=74.843\text{kJ/(kmol·K)}$，则

$$(H_{600} - H_{298})_{C_3H_8} = C_{m,p}(T_{600} - T_{298})_{C_3H_8} = 74.843\times(600-298) = 22\ 602.7(\text{kJ/kmol})$$

代入方程（10-43）得

$$\begin{aligned} Q_p &= 3\times 12\ 916 + 4\times 10\ 498 - 22\ 602.7 - 5\times 9247 - 2\ 045\ 437.9 \\ &= -1\ 994\ 786.9(\text{kJ/kmol}) \end{aligned}$$

[例 10-4] 表明，C_3H_8 在 600K 下的热值与 298K 下的相差不多。这说明热值虽然是温度的函数，但对于温度的变化并不非常敏感。在解题过程中，要正确理解标准生成焓和反应热效应的概念及计算式。

【例 10-5】 确定下列反应的热效应 $Q_p=f(T)$ 的方程。

$$C + O_2 = CO_2$$

假定各物质的定压摩尔热容可以表示成 $C_{m,p}=a+bT+dT^2$ 的形式，即

$$(C_{m,p})_C = 1.1 + 0.004\ 8T - 0.000\ 001\ 2T^2$$

$$(C_{m,p})_{O_2} = 6.5 + 0.001T$$

$$(C_{m,p})_{CO_2} = 7.0 + 0.007\,1T - 0.000\,001\,86T^2$$

解：设 $Q_p = Q_0 + \alpha T + \beta T^2 + \gamma T^3$，则有 $\frac{\delta Q}{dT} = C_{m,p} = \alpha + 2\beta T + 3\gamma T^2$。

故热效应 Q_p 表达式中的系数分别为

$$\alpha = \sum_i (n_i a_i) = n_{CO_2} a_{CO_2} - n_C a_C - n_{O_2} a_{O_2} = 1 \times 0.7 - 1 \times 1.1 - 1 \times 6.5 = -0.6$$

$$\beta = \frac{\sum_i (n_i b_i)}{2} = \frac{n_{CO_2} a_{CO_2} - n_C a_C - n_{O_2} a_{O_2}}{2}$$

$$= \frac{1}{2} \times [1 \times 0.007\,1 - 1 \times 0.004\,8 - 1 \times 0.001] = 0.000\,65$$

$$\gamma = \frac{\sum_i (n_i d_i)}{3} = \frac{n_{CO_2} a_{CO_2} - n_C a_C - n_{O_2} a_{O_2}}{3}$$

$$= \frac{1}{3} \times [1 \times (-0.000\,001\,86) - 1 \times (-0.000\,001\,2) - 1 \times 0] = -0.000\,000\,22$$

则反应的热效应 $Q_p = f\ (T)$ 的方程为

$$Q_p = Q_0 - 0.6T + 0.000\,65T^2 - 0.000\,000\,22T^3$$

[例 10-5] 表明，由于热效应 $Q_p = f\ (T)$，则认为热效应只与温度有关，故设热效应为温度的多项式。在确定了反应热效应的关联式后，首先要清楚热量与比热容间的关系，再利用生成物的比热容减去反应物的比热容，即可获得反应过程的比热容，按比热容的表达式则可确定反应热效应关联式中的系数。

【例 10-6】 使用标准生成焓的数据，对下列反应确定标准热效应（反应式中，下角标为l的表示液相）。

$$C_8H_{18(l)} + 1.2 \times 12.5O_2 \longrightarrow 8CO_2 + 9H_2O_{(g)} + 0.2 \times 12.5O_2$$

解：由热效应计算式为 $Q_p^0 = \Delta H^0 = \sum_P n_i (H_f^0)_i - \sum_R n_i (H_f^0)_i$，查表得各标准生成焓的数据：$(H_f^0)_{CO_2} = -39\ 350\text{kJ/kmol}$，$(H_f^0)_{H_2O(g)} = -241\ 870\text{kJ/kmol}$，$(H_f^0)_{O_2} = 0$，$(H_f^0)_{C_8H_{18(l)}} = -249\ 800\text{kJ/kmol}$，则

$$Q_p^0 = \Delta H^0 = (\Delta H^0)_{C_8H_{18(l)}}$$
$$= [8 \times (-393\,520) + 9 \times (-241\,870) + 0.2 \times 12.5 \times 0] -$$
$$(-249\,800 - 1.2 \times 12.5 \times 0)$$
$$= -5\,075\,190(\text{kJ/kmol})$$

[例 10-6] 表明，在理解标准生成焓和标准热效应的物理含义后，利用其计算式，通过查表便可得到各物质的标准生成焓的数据。

【例 10-7】 空气和甲烷（CH_4）气体在温度为 298K、压力为 0.1MPa 的状态下进入燃烧室，在理论空气量下进行完全的绝热燃烧，生成物在相同压力下离开。试确定甲烷的理论燃烧温度。

解：甲烷在理论空气量下的完全燃烧方程为

$$CH_4 + 2O_2 + 2 \times 3.76N_2 \longrightarrow CO_2 + 2H_2O_{(g)} + 2 \times 3.76N_2$$

由于该过程为绝热燃烧过程，$Q_p = 0$，则反应热效应计算式为

$$\sum_{P} n_i(H_P - H_{P_0})_i - \sum_{R} n_i(H_R - H_{R_0})_i + \Delta H^0 = 0$$

空气和燃料是在标准状态下进入燃烧室的，$T_R = T_0$，则

$$\sum_{R} n_i(H_R - H_{R_0})_i = 0$$

于是

$$\sum_{P} n_i(H_P - H_{P_0})_i = -\Delta H^0 \qquad (10-44)$$

用标准生成焓数据确定 ΔH^0，即

$$\Delta H^0 = \sum_{P} n_i(H_f^0)_i - \sum_{R} n_i(H_f^0)_i$$

$$= 1(H_f^0)_{CO_2} + 2(H_f^0)_{H_2O_{(g)}} + 7.52(H_f^0)_{N_2} - 1(H_f^0)_{CH_4} - 2(H_f^0)_{O_2} - 7.5(H_f^0)_{N_2}$$

$$= -393\,520 + 2\times 241\,810 + 7.52\times 0 - (-74\,850) - 2\times 0 - 7.52\times 0$$

$$= -804\,290(\text{kJ})$$

于是，式（10-44）可以写成

$$(H_P - H_{P_0})_{CO_2} + 2(H_P - H_{P_0})_{H_2O_{(g)}} + 7.52(H_P - H_{P_0})_{N_2} = 804\,290 \qquad (10-45)$$

显然，只有一个温度 T_P 的值能满足方程（10-45）。但是，在同一温度下有三个焓值：$(H_P)_{CO_2}$、$(H_P)_{H_2O_{(g)}}$ 及 $(H_P)_{N_2}$。因此，需采用“试凑法”来求 T_P。

首先确定 T_P 的第1次假定值。将生成物看成理想气体，则方程（10-44）的左边可以近似写成

$$\sum_{P} n_i(H_P - H_{P_0})_i \approx (1+2+7.52)(H_P - H_{P_0})$$

$$\approx 10.52(C_{m,p})_P(T_P - T_0)$$

式中：$(C_{m,p})_P$ 为生成物的定压摩尔热容，kJ/（kmol·K）。

根据比热容的讨论可知，在室温以上一个较大的温度范围内，比热容的变化范围：氮的 $C_{m,p}$ 为 $7/2R \sim 9/2R$，二氧化碳的 $C_{m,p}$ 为 $9/2R \sim 15/2R$，蒸汽的 $C_{m,p}$ 为 $8/2R \sim 13/2R$。

由于这个反应的生成物以氮为主，且温度较高，故取 $(C_{m,p})_P = \frac{9}{2}R$，则

$$10.52\times\left(\frac{9}{2}\times 8.314\,3\right)(T_R - T_0) = 804\,290$$

由此可求出温度 $T_P = 2043.4 + 298 = 2341.4$(K)。将该温度作为试凑法的第一次假定值。取 $T_P = 2350$K，查气体性质表，可得

$$\sum_{P} n_i(H_P - H_{P_0})_i = (122\,091 - 9364) + 2\times(100\,846 - 9904) + 7.52\times(77\,496 - 8669)$$

$$= 702\,308(\text{kJ})$$

该值与算出得 $\Delta H^0 = 804\ 290$kJ 有较大差别，需进行 T_P 的第二次假定。若取 $T_P = 2360$K，查气体性质表，得到

$$\sum_{P} n_i(H_P - H_{P_0})_i = (122\,703 - 9364) + 2\times(101\,378.4 - 9904) + 7.52\times(77\,860 - 8669)$$

$$= 816\,610.34(\text{kJ})$$

该值与算出的 $\Delta H^0 = 804\ 290$kJ 较为接近，即绝热火焰温度较接近 2360K。为了得到更精确的值，还可做第三次假定，进行重复计算，直至得出符合精度要求的 T_P 值。

［例 10-7］表明，本例的计算条件为绝热燃烧，即不与外界发生热量交换；反应物空气

和燃料的温度相同，因此得到含有三个生成物焓值的方程式（10-45）。根据实际情况，生成物（燃烧产物）与反应物具有相同的温度。由于要求计算的是理论燃烧温度，所以根据赫斯定律，利用标准生成确定标准热效应，再利用试凑法，由方程式（10-45）确定理论燃烧温度。所谓“试凑法”，就是先假定一个 T_P 值，利用气体性质表查出相应的该温度下各生成物的焓值 $(H_P)_i$，与在基准温度 T_0 下的焓值 $(H_{P_0})_i$ 一起代入式（10-45），若代入后能满足方程（10-45）则假定的 T_P 正好是该燃烧过程的绝热火焰温度，若代入后不能满足，就要重新假定 T_P，再进行一次计算直到满足方程（10-45）为止。

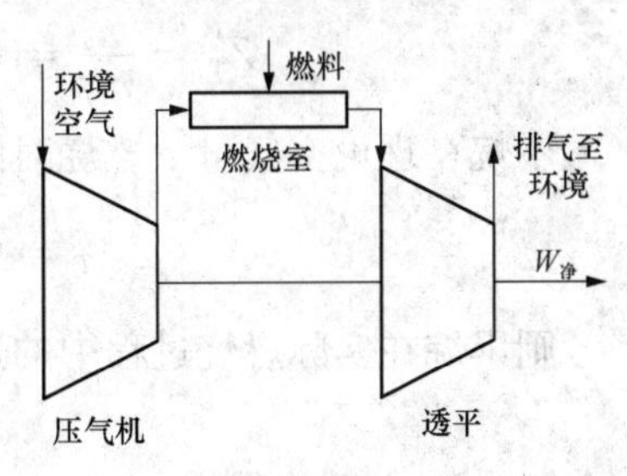

图 10-2 ［例 10-8］图

【例 10-8】 一台简易的燃气轮机动力装置，如图 10-2 所示。若空气在温度为 480K，甲烷气在 298K 下进入燃烧室，生成物在 1140K 时离开，试确定空气燃料比。

解： 甲烷气理论燃烧方程为

$$CH_4 + 2O_2 + 2\times 3.76N_2 \longrightarrow CO_2 + 2H_2O_{(g)} + 2\times 3.76N_2$$

完全燃烧方程为

$$CH_4 + aO_2 + a\times 3.76N_2 \longrightarrow CO_2 + 2H_2O_{(g)} + bO_2 + a\times 3.76N_2 \tag{10-46}$$

根据氧平衡，有

$$2a = 2+2+2b; b = a-2$$

故方程（10-46）可以写成

$$CH_4 + aO_2 + a\times 3.76N_2 \longrightarrow CO_2 + 2H_2O_{(g)} + (a-2)O_2 + a\times 3.76N_2 \tag{10-47}$$

由此可得

$$0 = \sum_P n_i(H_P - H_{P_0})_i - \sum_R n_i(H_R - H_{R_0})_i + \Delta H^0 \tag{10-48}$$

用标准生成焓数据计算 ΔH^0，即

$$\begin{aligned}\Delta H^0 &= 1\,(H_f^0)_{CO_2} + 2\,(H_f^0)_{H_2O_{(g)}} + (a-2)\,(H_f^0)_{O_2} + 3.76a\,(H_f^0)_{N_2} - \\ &\quad (H_f^0)_{CH_4} - a\,(H_f^0)_{O_2} - 3.76a\,(H_f^0)_{N_2} \\ &= -393\,520 + 2\times(-241\,810) + (a-2)\times 0 + 3.76a\times 0 - \\ &\quad (-74\,850) - a\times 0 - 3.76a\times 0 = 802\,290(\text{kJ})\end{aligned} \tag{10-49}$$

据气体性质表数据，可得

$$\begin{aligned}\sum_P n_i(H_P - H_{P_0})_i &= (H_{1140} - H_{298})_{CO_2} + 2\,(H_{1140} - H_{298})_{H_2O_{(g)}} + \\ &\quad (a-2)\,(H_{1140} - H_{298})_{O_2} + 3.76a\,(H_{1140} - H_{298})_{N_2} \\ &= (504\,855 - 9364) + 2\times(41\,782.5 - 9904) - \\ &\quad (a-2)\times(36\,314 - 8682) + 3.76a\times(34\,761 - 8669) \\ &= 49\,614.5 + 125\,737.92a\end{aligned} \tag{10-50}$$

$$\begin{aligned}\sum_R n_i(H_R - H_{R_0})_i &= (H_{298} - H_{298})_{CH_4} + a\,(H_{480} - H_{298})_{O_2} + 3.76a\,(H_{480} - H_{298})_{N_2} \\ &= 0 + a\times(14\,151 - 8682) + 3.76a\times(13\,988 - 8669) = 25\,468.44a\end{aligned} \tag{10-51}$$

将式（10-49）～式（10-51）代入式（10-48），得 $a=7.506$。

以摩尔为单位的空气燃料比

$$Z_0=\frac{n_a}{n_f}=\frac{7.506\times(1+3.76)}{1}=35.73$$

以质量为单位的空气燃料比

$$Z'_0=\frac{m_a}{m_f}=\frac{(7.506+7.506\times3.76)\times28.9}{1\times16}=64.5$$

甲烷在理论空气量下燃烧时的空气燃料比

$$Z'_{0,T}=\left(\frac{m_a}{m_f}\right)_T=\frac{2\times4.76\times28.9}{1\times16}=17.2$$

则甲烷在实际燃烧过程中的过量空气量

$$\frac{Z'_0}{Z'_{0,T}}=\frac{64.5}{17.2}=3.75$$

[例 10-8] 表明，根据赫斯定律，在确定完全燃烧方程各物质摩尔数后，不同条件下的空气燃料比便可确定。从 [例 10-7] 的计算中已知甲烷的绝热火焰温度大约是 2360K。本例中由于用过量空气量为 3.75 的理论空气，使燃烧生成物温度降为 1140K。可见过量的空气会降低燃烧生成物的温度。

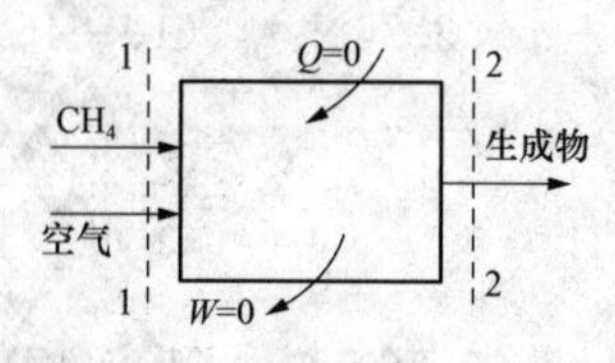

图 10-3 [例 10-9] 图

【例 10-9】 1mol 的甲烷气和 2×3.76mol 的空气流在标准状态（p_0=1atm、T_0=298K）下进入燃烧室燃烧，如图 10-3 所示。若生成物的温度为 2360K，压力为 1atm，试判断这一反应过程能否发生？且生成物成分能否如下：1molCO_2 + 2mol$H_2O_{(g)}$+7.52molN_2。

解： 根据热力学第二定律，可从反应系统熵的变化来判定这个反应能否进行。

该反应的化学方程式为

$$CH_4+2O_2+2\times3.76N_2\longrightarrow CO_2+2H_2O_{(g)}+2\times3.76N_2 \quad (10-52)$$

据稳态稳流热力学第二定律，则有

$$\Delta S=\sum_P n_i s_i-\sum_R n_j s_j \quad (10-53)$$

式中：$\sum_P n_i s_i=S_{CO_2}+2S_{H_2O(g)}+7.52S_{N_2}$；$\sum_R n_j s_j=S_{CH_4}+2S_{O_2}+7.52\,S_{N_2}$ 。

理想气体在给定状态（T，p）的绝对熵可以表示为

$$S_{T,p}=S^0+\int_{T_0}^{T}C_{m,p}\frac{dT}{T}-R\ln\left(\frac{p}{p_0}\right) \quad (10-54)$$

该反应中各组分的分压力

$$(p_1)_{O_2}=0.21\times1=0.21(\text{atm})$$

$$(p_1)_{N_2}=0.79\times1=0.79(\text{atm})$$

$$(p_2)_{CO_2}=\frac{1}{1+2+7.52}\times1=\frac{1}{10.52}(\text{atm})$$

$$(p_2)_{H_2O}=\frac{2}{1+2+7.52}\times1=\frac{2}{10.52}(\text{atm})$$

$$(p_2)_{N_2}=\frac{7.52}{1+2+7.52}\times1=\frac{7.52}{10.52}(\text{atm})$$

据气体热力性质表查出各组分的S^0值，代入式（10-54），得

$$(S_1)_{CH_4} = 186.271 + 0 - 8.3143 \times \ln\frac{1}{1} = 186.271[\text{kJ/(kmol}\cdot\text{K)}]$$

$$(S_1)_{O_2} = 205.170 + 0 - 8.3143 \times \ln\frac{0.21}{1} - 218.145[\text{kJ/(kmol}\cdot\text{K)}]$$

$$(S_1)_{N_2} = 191.630 + 0 - 8.3143 \times \ln\frac{10.79}{1} = 193.589[\text{kJ/(kmol}\cdot\text{K)}]$$

$$(S_2)_{CO_2} = 318.695 + 0 - 8.3143 \times \ln\frac{\frac{1}{10.52}}{1} = 338.264[\text{kJ/(kmol}\cdot\text{K)}]$$

$$(S_2)_{H_2O} = 272.619 + 0 - 8.3143 \times \ln\frac{\frac{2}{10.52}}{1} = 286.423[\text{kJ/(kmol}\cdot\text{K)}]$$

$$(S_2)_{N_2} = 257.572 + 0 - 8.3143 \times \ln\frac{\frac{7.52}{10.52}}{1} = 260.365[\text{kJ/(kmol}\cdot\text{K)}]$$

代入式（10-53），可得

$$\begin{aligned}\Delta S &= S_2 - S_1\\ &= [n_{CO_2}(S_2)_{CO_2} + n_{H_2O}(S_2)_{H_2O} + n_{N_2}(S_2)_{N_2}] - [n_{CH_4}(S_1)_{CH_4} + n_{O_2}(S_1)_{O_2} + n_{N_2}(S_1)_{N_2}]\\ &= (1.0 \times 338.264 + 2.0 \times 286.423 + 7.52 \times 260.365) -\\ &\quad (1.0 \times 186.271 - 2.0 \times 218.145 - 7.52 \times 193.589)\\ &= 2869.055 - 2078.350 = 790.705[\text{kJ/(kmol}\cdot\text{K)}]\end{aligned}$$

［例10-9］表明，反应过程能否发生，必须利用热力学第二定律在化学反应中的应用，即化学反应方向判据$dS_{iso}>0$。本例$\Delta S>0$说明该反应过程中系统熵是增加的，据化学反应方向判据可知，这个过程是可以自发进行的。图10-3所示为完全燃烧过程。若反应过程如图10-3所示进行，生成物的熵比不完全燃烧所得的熵要大。

对于本例，假定该反应的某不完全燃烧状态为3，其反应方程为

$$CH_4 + 2O_2 + 2 \times 3.76N_2 \longrightarrow 0.9CO_2 + 0.1CO + 0.05O_2 + 2H_2O_{(g)} + 7.52N_2$$

按［例10-7］所示方法，可求出这个不完全燃烧方程反应的绝热火焰温度为2267K，此时生成物压力也为1atm。

由气体热力性质表查出各组分的S^0，代入式（10-53），得状态3时的各气体的熵值：

$$(S_3)_{CO_2} = 316.911 - 8.3143 \times \ln\frac{\frac{0.9}{10.57}}{1} = 337.393[\text{kJ/(kmol}\cdot\text{K)}]$$

$$(S_3)_{CO} = 263.538 - 8.3143 \times \ln\frac{\frac{0.1}{10.57}}{1} = 302.291[\text{kJ/(kmol}\cdot\text{K)}]$$

$$(S_3)_{O_2} = 260.859 - 8.3143 \times \ln\frac{\frac{0.05}{10.57}}{1} = 317.937[\text{kJ/(kmol}\cdot\text{K)}]$$

$$(S_3)_{H_2O} = 271.208 - 8.3143 \times \ln\frac{\frac{2}{10.57}}{1} = 285.050[\text{kJ/(kmol}\cdot\text{K)}]$$

$$(S_3)_{N_2}=256.592-8.3143\times\ln\frac{\frac{7.52}{10.57}}{1}=259.347[\text{kJ/(kmol}\cdot\text{K)}]$$

因此，对于状态 3 有

$$\begin{aligned}S_3&=n_{CO_2}(S_3)_{CO_2}+n_{CO}(S_3)_{CO}+n_{O_2}(S_3)_{O_2}+n_{H_2O}(S_3)_{H_2O}+n_{N_2}(S_3)_{N_2}\\&=0.9\times337.393+0.1\times302.291+0.05\times317.937+2\times285.050+7.52\times259.347\\&=2870.169(\text{kJ/K})\end{aligned}$$

若当甲烷在理论空气量下绝热燃烧到状态 3，再进一步燃烧到状态 2 时，系统熵的变化量

$$\Delta S=(S_2)_P-(S_3)_P=2869.055-2870.169=-1.114(\text{kJ/K})$$

因该过程 $\Delta S<0$，说明从状态 3 到状态 2 的变化是不可能发生的。即甲烷在理论空气量下是不能达到完全燃烧的。因此，本例的生成物成分数据是不能达到的。

【例 10 - 10】 温度为 298K、压力为 6atm 的二氧化碳气体进入一个稳态稳流热气发生器。如果要求流出气体的温度和压力是 2800K 和 5atm。试求要加入的热量。

解： 选热气发生器为研究系统。假定宏观动能和重力位能的变化可以忽略。

设化学反应方程为

$$CO_2\longrightarrow(1-\beta)CO_2+\beta CO+\frac{\beta}{2}O_2 \tag{10 - 55}$$

加入的热量

$$Q=\sum_P n_iH_i-\sum_R n_iH_i$$

式中：$H_i=(H_f^0)_i+(H_{T,p}-H_0)_i$。

则

$$\begin{aligned}Q=&(1-\beta)(H_{2800}-H_{298})_{CO_2}+\beta(H_{2800}-H_{298})_{CO}+\frac{\beta}{2}(H_{2800}-H_{298})_{O_2}-\\&1.0[(H_{298}-H_{298})_{CO_2}]+(1-\beta)(H_f^0)_{CO_2}+\beta(H_f^0)_{CO}-1.0(H_f^0)_{CO_2}\\=&(1-\beta)\times(149\,808-9364)+\beta\times(94\,784-8669)+\frac{\beta}{2}\times(98\,826-8682)-\\&1.0\times0+(1-\beta)\times393\,520+\beta\times(-110\,530)-1.0\times(-393\,520)\end{aligned}$$

即

$$Q=140\,444+273\,733\beta \tag{10 - 56}$$

在由 CO_2、CO 及 O_2 组成的平衡混合物中，存在的反应为

$$CO_2\rightleftharpoons CO+\frac{1}{2}O_2$$

混合物的总摩尔数 $n=(1-\beta)+\beta+\frac{\beta}{2}=1+\frac{\beta}{2}$。

混合物各组分的分压力

$$p_{CO_2}=\frac{n_{CO_2}}{n}p=\frac{1-\beta}{1+\frac{\beta}{2}}p=\frac{2(1-\beta)}{2+\beta}p$$

$$p_{CO}=\frac{n_{CO}}{n}p=\frac{\beta}{1+\frac{\beta}{2}}p=\frac{2\beta}{2+\beta}p$$

$$p_{O_2} = \frac{n_{O_2}}{n}p = \frac{\frac{\beta}{2}}{1+\frac{\beta}{2}}p = \frac{\beta}{2+\beta}p$$

则反应的平衡常数

$$K_p = \frac{p_{CO}p_{O_2}^{0.5}}{p_{CO_2}} = \frac{[2\beta/(2+\beta)][\beta/(2+\beta)]^2}{2(1-\beta)/(2+\beta)}p^{\frac{1}{2}} \tag{10-57}$$

整理式（10-57），得

$$\frac{\beta^3}{(1-\beta)^2(2+\beta)} = \frac{K_p^2}{p} \tag{10-58}$$

据 $T=2800\text{K}$，查化学平衡常数对数值表得 $\lg K_p=-0.825$，则 $K_p=0.15$，代入式（10-58）中，得

$$\frac{\beta^3}{(1-\beta)^2(2+\beta)} = \frac{0.150^2}{5} = 0.0045 \tag{10-59}$$

用迭代法解式（10-59），得 $\beta=0.1867$，则由式（10-56）可求出需加入的热量

$$Q = 140\,444 + 273\,733\alpha = 140\,444 + 273\,733 \times 0.1867 = 191\,549.95(\text{kJ})$$

[例 10-10] 表明，为求出本例所需加入的热量，必有先确定反应方程中的摩尔数。根据题中给出的条件，利用平衡常数可确定反应方程中的未知摩尔数。通过计算可知，若在本例中忽略了 CO_2 的离解度（即 $\sigma=0$），则需要加入的热量为 140 444kJ，这仅是实际需要量的 73.3%左右。这样将造成热气发生器供气不足。

思 考 题

10-1　为什么化学反应平衡状态需要两个以上的独立参数来确定？

10-2　定温定压的化学反应热力过程中，其体积保持不变？为什么？

10-3　化学反应的过程都是不可逆过程？为什么？有可以近似认为可逆过程的吗？请举例说明。

10-4　赫斯定律的作用是什么？

10-5　基尔霍夫定律在有化学反应的物系中的实质和作用是什么？

10-6　CO 与 O_2 反应生成 CO_2，其化学反应方程式为 $CO+\frac{1}{2}O_2=CO_2$，或可写成 $2CO+O_2=CO_2$。两式的平衡常数 K_{p_1} 和 K_{p_2} 是否相等？

10-7　通常把燃烧过程认为是在定温定容或定温定压条件下进行的，原因是什么？

10-8　分析流动的气体燃烧加热过程时，若不考虑工质成分的变化，则能量方程式为 $Q=H_{out}-H_{in}$。其中，H 为焓；Q 为加热量，且 $Q>0$。在有化学反应的同一问题分析中，能量方程因考虑成分而变化，其表达式为 $H'_{out}=H'_{in}$，请问两式是否相互矛盾？

10-9　理论燃烧温度在燃气温度测量上有无实际意义？

10-10　为什么说平衡移动原理与热力学第二定律对过程方向的论述是相符合的？

10-11　化学平衡常数的物理意义是什么？

10-12　如何判别化学反应物系的方向性？

10-13　如果系统内部没有达到热力平衡，能单独实现化学平衡吗？

10-14　热力学第三定律能否看成是热力学第二定律的一个推论？

10-15　为什么物系的温度不可能达到绝对零度？

习　题

10-1　计算丙烷（C_3H_8）在过量空气系数为20%的状态下完全燃烧时的空气燃料比。

10-2　乙烷（C_2H_6）在80%理论空气量下燃烧，若假定燃料中的氢完全燃烧，试确定干的燃烧生成物的溶剂成分。

10-3　苯（C_6H_6）在理论空气量下完全燃烧。试求：(1) 以摩尔和以质量为单位的空气燃料比；(2) 燃烧生成物的摩尔分数和质量分数；(3) 若总压力为0.101 325MPa，则生成物的露点温度是多少？

10-4　甲烷（CH_4）在大气空气下燃烧。据奥氏分析器测试，生成物的体积分数为：$\varphi_{CO_2}=10.0\%$，$\varphi_{O_2}=2.37\%$，$\varphi_{CO}=0.53\%$，$\varphi_{N_2}=87.10\%$。求空气燃料比和过量空气系数，并确定燃烧方程。

10-5　烟煤产生的气体体积分数为：$\varphi_{CH_4}=3.0\%$，$\varphi_{H_2}=14.0\%$，$\varphi_{N_2}=50.9\%$，$\varphi_{O_2}=0.6\%$，$\varphi_{CO}=27.0\%$，$\varphi_{CO_2}=4.5\%$。该气体在20%过量空气量下燃烧。试以体积单位及质量单位计算空气燃料比。

10-6　按奥氏装置测得，未知组分的碳氢化合物燃料的燃烧生成物成分为：$\varphi_{CO_2}=8.0\%$，$\varphi_{CO}=0.9\%$，$\varphi_{O_2}=8.8\%$，$\varphi_{N_2}=82.3\%$。求：(1) 空气燃料比；(2) 燃料的质量分数和按质量单位的过量空气量。

10-7　已知下列反应：$H_2+\frac{1}{2}O_2 \rightleftharpoons H_2O$。若在17℃时热效应$Q_V=239\ 861\ 772\text{kJ/kmol}$，且各物质的定压摩尔热容可表示为$(C_{m,p})_{H_2}=29.21-1.916\times10^{-3}T$；$(C_{m,p})_{O_2}=25.48+15.2\times10^{-3}T$；$(C_{m,p})_{H_2O}=32.24+1.9\times10^{-3}T+10.56\times10^{-6}T^2$。试确定$Q_p=f(T)$方程。

10-8　根据平均比热容表确定反应$CO+H_2O \rightleftharpoons CO_2+H_2$从1000℃升高到1500℃的$Q_p$的变化量。

10-9　确定气态丁烷（C_4H_{10}）在状态298K和0.101 325MPa下的定压反应热效应。假定生成物中的水为液相，且$(H_f^0)_{C_4H_{10}}=-126.23\times10^3\text{kJ/kmol}$。

10-10　计算在480K时的气体丙烷（C_3H_8）的反应热。假定生成物中的水为气相，在298K和480K温度间丙烷的平均比定压热容为10.05kJ/(kmol·K)。

10-11　体积为80%的甲烷（CH_4）和20%的乙烷（C_2H_6）组成的天然气，在过量空气量为80%时，经稳态稳流过程燃烧。若燃料在298K、空气在400K下进入燃烧室，试确定1kmol燃料的传热量。

10-12　丙烷在稳态稳流过程中与2倍于理论空气量的空气完全燃烧，若燃料和空气均在标准状态下供入，试确定绝热火焰温度。

10-13　298K的液态辛烷（C_8H_{18}）和480K的空气进入燃烧室绝热完全燃烧。燃烧产物在1120K下离开燃烧室，求过量空气量。

10-14　液态辛烷（C_8H_{18}）在稳定流动过程中与4倍于理论空气量的空气完全燃烧。

若反应物在298K、0.101 325MPa下进入燃烧室，试确定绝热火焰温度。

10-15　使用$C_8H_{18(l)}$作为燃料的汽油发动机的功率为147kW。已知进入发动机的液态燃料温度为298K，空气温度为673K，过量空气量为150%。生成物在800K下离开发动机，发动机放出的热流量为753 624kJ/h。假定燃料燃烧是完全的，试求每小时的燃料消耗量。

10-16　将蒸汽动力装置理想化为炉子及蒸汽透平动力循环两部分，如图10-4所示。已知输出功率$\dot{W}_{净}=1\times10^6$kW，蒸汽透平循环热效率$\eta_t=0.40$，输入的燃料甲烷气和空气的状态为0.101 325MPa、298K。燃烧是在过量空气量为10%的情况下进行的。排烟进入大气的压力和温度为0.101 325MPa、420K。求每小时燃料消耗量。

10-17　473K的一氧化碳（CO）与773K的空气混合后在90%过量空气情况下定压燃烧。假定燃烧是完全的。烟道气的温度为1273K。求每摩尔CO燃烧时对外放出的热量。

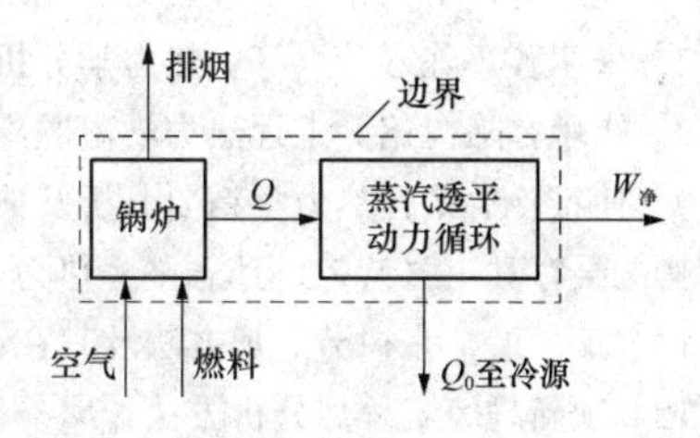

图10-4　习题10-16图

10-18　对于水煤气反应$CO+H_2O_{(g)}\longrightarrow CO_2+H_2$。(1)使用生成焓数据确定在状态298K、0.101 325MPa下的反应焓（反应热效应）；(2)证明该反应热效应是下列两个反应$H_2O_{(g)}\longrightarrow H_2+\frac{1}{2}O_2$、$CO+\frac{1}{2}O_2\longrightarrow CO_2$的反应热的和。

10-19　利用标准状态（0.101 325MPa、298K）下的生成焓和绝对熵数据，确定液态水的标准生成吉布斯函数。

10-20　碳和氧反应生成CO_2，试确定在0.101 325MPa和298K状态下所生成的吉布斯函数$(G_f^0)_{CO_2}$。

10-21　燃料电池内的反应可认为是一个可逆的等温等压反应过程。若燃料电池在298K和0.101 325MPa的状态下工作，试确定燃料电池的输出功。

10-22　估算反应$CH_4+2O_2\longrightarrow CO_2+2H_2O$在298K和0.101 325MPa状态下的吉布斯函数的变化量。(1)使用生成吉布斯函数的数据。(2)使用生成焓和绝对熵的数据。

10-23　铯的离子化反应按下式进行：$Cs\longrightarrow Cs^++e^-$。式中：Cs为中性铯原子；$Cs^+$为离子化的单铯离子；$e^-$为电子气。若该反应在2000K温度时平衡常数为15.63。(1)确定在2000K和0.101 325MPa状态下铯被离子化的程度；(2)如果要求在2000K温度下离子化程度为99%，试确定离子化压力。

10-24　当温度为298K时，1mol碳和2mol氧混合燃烧，若反应在0.101 325MPa压力下进行，燃烧后温度升高到3000K。试求该生成物的平衡组分。

10-25　CO和O_2的理论混合物在一个容器中发生爆炸，容器中反应物的初始压力和温度分别为：$p_1=0.101\ 325$MPa，$T_1=600$K。计算燃烧生成物的组分以及4500K温度时的压力。4500K下的平衡常数$K_p=\dfrac{p_{CO_2}}{p_{CO}\ (p_{O_2})^{0.5}}=26.3$。

10-26　确定反应$H_2O_{(g)}+CO\rightleftharpoons H_2+CO_2$在2000K温度时的平衡常数$K_p$，并表示成$\lg K_p$的形式。

10-27　确定反应$H_2O+CO\rightleftharpoons H_2+CO_2$在1.0atm压力和2000K温度下的反应热。

参　考　文　献

[1] 沈维道，童钧耕．工程热力学［M］.4 版．北京：高等教育出版社，2007.
[2] 武淑萍．工程热力学［M］．重庆：重庆大学出版社，2006.
[3] 王竹溪．热力学［M］.2 版．北京：北京大学出版社，2005.
[4] 刘桂玉，刘志刚，阴建民，等．工程热力学［M］．北京：高等教育出版社，1998.
[5] 曾丹苓，敖越，张新铭，等．工程热力学［M］.3 版．北京：高等教育出版社，2002.
[6] 沈维道，童钧耕．工程热力学［M］.5 版．北京：高等教育出版社，2016.
[7] 朱明善，陈宏芳，等．热力学分析［M］．北京：高等教育出版社，1992.
[8] 崔峨，陈树铭．工程热力学习题集［M］．北京：高等教育出版社，1985.
[9] 何雅玲．工程热力学精要分析及典型题精解［M］．西安：西安交通大学出版社，2000.
[10] 吴存真，张诗针，孙志坚．热力过程烟分析基础［M］．杭州：浙江大学出版社，2000.
[11] 王加璇，张树芳．烟方法及其在火电厂中的应用［M］．北京：水利电力出版社，1993.
[12] 项新耀．工程烟分析方法［M］．北京：石油工业出版社，1990.
[13] 毕明树，周一卉．工程热力学学习指导［M］．北京：化学工业出版社，2005.
[14] 严家騄，余晓福，王永青．水和水蒸气热力性质图表［M］.3 版．北京：高等教育出版社，2015.
[15] 曹德胜，史琳．制冷剂使用手册［M］．北京：冶金工业出版社，2003.